现代离子镀膜技术

王福贞　武俊伟　等编著

机械工业出版社

本书系统地介绍了各种现代离子镀膜技术的原理、特点、装备、工艺、发展历程和应用。其主要内容包括概述、真空物理和等离子体物理基础知识、真空蒸发镀膜技术、辉光放电离子镀膜技术、热弧光放电离子镀膜技术、阴极电弧离子镀膜技术、磁控溅射镀膜技术、带电粒子流在镀膜中的作用、等离子体增强化学气相沉积技术、等离子体聚合技术，以及离子镀膜技术在太阳能利用、信息显示薄膜、装饰性薄膜、光学薄膜、硬质涂层、碳基薄膜、热电薄膜等领域和低温离子化学热处理中的应用。本书内容全面、新颖，紧密联系实际，具有很强的系统性、科学性、先进性和实用性。

本书可供表面工程技术人员、相关领域的科研人员使用，也可供相关专业的在校师生参考。

图书在版编目（CIP）数据

现代离子镀膜技术/王福贞等编著. —北京：机械工业出版社，2021.6（2025.1 重印）

ISBN 978-7-111-68070-3

Ⅰ.①现… Ⅱ.①王… Ⅲ.①等离子涂层-镀膜工艺 Ⅳ.①TG174.442

中国版本图书馆 CIP 数据核字（2021）第 072837 号

机械工业出版社（北京市百万庄大街 22 号　邮政编码 100037）
策划编辑：陈保华　责任编辑：陈保华　王永新
责任校对：樊钟英　封面设计：马精明
责任印制：单爱军
北京虎彩文化传播有限公司印刷
2025 年 1 月第 1 版第 7 次印刷
169mm×239mm · 24 印张 · 495 千字
标准书号：ISBN 978-7-111-68070-3
定价：98.00 元

电话服务　　　　　　　　　　网络服务
客服电话：010-88361066　　机 工 官 网：www.cmpbook.com
　　　　　010-88379833　　机 工 官 博：weibo.com/cmp1952
　　　　　010-68326294　　金 书 网：www.golden-book.com
封底无防伪标均为盗版　　　机工教育服务网：www.cmpedu.com

序　1

起初接到王福贞老师的委托，要我为他们的新著《现代离子镀膜技术》写序，我的内心是很忐忑的。王老师是我的前辈，而且是表面工程领域受到同行共同敬仰的前辈，我作为晚辈给前辈的著作写序，怕是有诸多不合适之处，有一种难以承受之重感，所以最初是想推辞掉的。后来经过仔细斟酌，王老师耄耋之年，仍一心扑在事业上，又是编著《离子镀膜技术》视频教程，又是写科技专著，把自己一生的科研经验无私地、毫无保留地传授给大家，充分体现了老一辈科学家报国为民、无私奉献的爱国情怀和高尚品格，这种精神不正是我们需要学习和提倡的吗？基于对王老师的敬仰之意，以及弘扬王老师精神义不容辞的角度考虑，我欣然地接受了这个光荣的“差事”。希望我的这个“序”对于传承王老师的智慧、精神和品格，宣传王老师新著《现代离子镀膜技术》有所裨益。

作为具有代表性的表面工程技术，离子镀膜技术是一门高度交叉融合的技术，涉及材料科学、物理学、化学、真空技术、机械设计与制造等学科交叉，是一门有一定门槛高度的技术。发展到今天，离子镀膜技术的应用是如此的广泛，从航空航天技术到3C产品，从光电功能薄膜到日常装饰薄膜，人类社会生活的方方面面都离不开现代离子镀膜技术。可以说，现代离子镀膜技术与今天的人类生活息息相关，已经发展成了一门支撑现代科技的重要基础技术。我国目前在离子镀膜技术领域与国际水平尚存在一定的差距，主要是镀膜装备技术方面存在较大差距，高端镀膜装备依赖进口，严重制约了我国具有自主知识产权的先进镀膜技术的发展，是急需解决的“卡脖子”难题之一。相信通过我国离子镀膜领域科技工作者的持续努力，这一局面将会很快得到改善。

离子镀膜技术在过去的50年中取得了飞速发展和进步，王福贞老师既是这一过程的亲历者和见证者，又是相关领域技术进步的参与者和贡献者。50年耕耘离子镀膜技术的研发经历，付出的是王老师几近一生的心血，收获的是丰富的有关离子镀膜的第一手宝贵资料和经验。今天，集王老师和众多相关领域专家多年从事离子镀膜领域工作理论和实践经验编撰而成的新著《现代离子镀膜技术》即将出版面世，全书共19章，全面系统地介绍了等离子体增强物理气相沉积技术、等离子体增强化学气相沉积技术、等离子体聚合的放电原理和技术特点、镀膜装置和镀膜工艺技术，以及离子镀膜新技术的发展方向等，内容涉及离子镀膜基础理论和技术基础、不同类型离子镀膜的原理和技术、离子镀膜装备的设计和制造技术、现代离子镀膜技术在主要工业领域的应用等，是一本很值得相关专业领域的研究人员、技术人员及在校师生阅读与参考的专著。我相信，本书的出版，对推动离子镀膜技术的发展与进步必将产生深远的影响。

中国机械工程学会表面工程分会原主任
中国科学院兰州化学物理研究所研究员
陈建敏

序 2

真空镀膜技术是在真空环境中将材料蒸发、溅射或者分解、聚合，沉积到工件表面上形成薄膜的技术。真空镀膜技术对环境的污染小，可制备的薄膜材料宽泛，薄膜性能可控性好，应用范围广，已成为现代社会不可缺少的先进技术。

现代离子镀膜技术是将等离子体放电与物理气相沉积、化学气相沉积、高分子有机聚合等有机结合，巧妙地利用电场、磁场、弧光放电激励及增强的真空镀膜新技术。在新材料发展最活跃的一些领域，如新材料的合成与制备，材料表面与界面，材料的各向异性，亚稳态材料的探索，低维材料的开发，非晶、微晶材料的形成，能束与物质表面和界面的相互作用，晶体中杂质原子和微观缺陷的行为与影响等研究中，现代离子镀膜技术为薄膜科技工作者提供了多种手段；在满足国防军事、工业、农业和人们生活需求的各个方面，现代离子镀膜技术通过在各种功能薄膜产品中的应用，创造出很高的社会价值和经济价值，同时也促进了我国真空镀膜科学与技术的发展。

本书全面地反映了近年来离子镀膜技术的研究成果和进展，系统地展示出现代离子镀膜技术的理论水平和工程价值，内容丰富，知识性强，是我国一部有代表性的科学技术专著。

王福贞老师是我国离子镀膜领域的前辈和专家，她从 20 世纪 70 年代开始从事离子镀膜技术研发、教学和工程应用，拥有多项发明专利，参与撰写了多本专业书籍和视频教材。王老师今虽已是耄耋之年，但仍在为我国离子镀膜事业的发展，为推动新技术的应用，呕心沥血，笔耕不辍，其精神令人钦佩。

参加本书编著的其他作者也都是我国在离子镀膜领域不同方面卓有成就的专家、教授和企业家。他们将自己在实验室、教学和产业线上多年来获得的丰富的经验和高水平的研究成果及长期收集的国内外该领域的研究资料精心整理加工，为从事相关技术研究的科研人员、从事产品研制生产的技术人员和相关专业在校师生提供了一本有很高价值的参考书。

应王福贞老师的邀请为本书撰写序言，深感荣幸。相信本书的出版会对我国真空镀膜技术的科研、教育、生产以及整个镀膜产业产生巨大的推动作用。

中国真空学会薄膜专委会副主任
中国航天科技集团有限公司兰州空间技术物理研究所研究员
任妮

前　言

现代前沿科技在向互联网、大数据、智能化、量子化方向发展，传统产业向高端、快速、节能、绿色环保方向加速前进。很多产品向智能化、集成化、自动化发展，要求零部件具有各种优异的性能，很多元器件要求轻、薄、细、小、微型化，因此，需要在零部件、元器件表面镀一层微米级或纳米级厚度并具有各种特殊功能的薄膜材料。制备薄膜材料的方法从开始利用热能，发展到利用气体放电产生的等离子体能量进行镀膜的离子镀膜技术。伴随现代科学技术发展的需求，离子镀膜技术取得了迅猛发展，各种增强等离子体作用的离子镀膜新技术层出不穷，产生气体放电的物质源从金属蒸气、惰性气体、无机气体发展到有机气体，应用范围扩展到国民经济的各个领域。

离子镀膜技术可以制备国防、通信、航天航空、能源领域的太阳能利用、信息存储、光磁存储薄膜，半导体器件中的PN结和导电、绝缘、屏蔽等功能薄膜，高端制造业中的工模具高硬耐磨涂层、耐腐蚀抗氧化涂层，以及人们生活中具有节能、节电、装饰、包装等各种优异性能的薄膜，推动了前沿科学的发展，美化了人们的生活，创造了巨大价值。离子镀膜技术为人类进步做出了巨大贡献。

近些年来，薄膜领域的科技工作者巧妙地利用等离子体能量研发出多种新型离子镀膜技术，本书将介绍各种离子镀膜技术的原理、特点、装备、工艺、发展历程和应用。

本书定义：凡是在气体放电中进行镀膜的技术都称为离子镀膜技术。离子镀膜技术主要分为等离子体增强物理气相沉积技术、等离子体增强化学气相沉积技术、等离子体增强聚合技术。

本书是一本有等离子体物理基础理论、能和当前国内外先进离子镀膜技术紧密联系的技术图书。希望本书的出版能够开阔离子镀膜技术在职人员的视野并帮助他们进行知识更新，给广大青年读者提供离子镀膜技术知识，以利于真空镀膜事业人才的培养，从而推动我国离子镀膜技术和薄膜事业的发展。

本书从第1章至第11章，在讲述真空物理和等离子体物理基本知识的基础上，全面系统地介绍了等离子体增强物理气相沉积技术、等离子体增强化学气相沉积技术和等离子体增强聚合技术等各种技术的原理、特点及其发展历程中的设计理念。这部分内容可帮助读者理解国内外科技工作者灵活巧妙地利用等离子体为镀膜全过程服务的思路，体会到学习和掌握离子镀膜技术相关基础知识的重要性。从第12章至第19章，介绍现代离子镀膜技术在国民经济各领域中的应用。这部分内容可帮助读者理解离子镀膜技术对现代前沿科技和社会经济发展的重要性。

参加编著本书的作者都是在利用离子镀膜技术制备各种特殊功能薄膜的有成就的专家、教授和企业家。编写分工如下：第1~10章由北京联合大学王福贞教授撰写，第11章由北京印刷学院陈强教授撰写，第12章由广东省季华实验室罗骞研究员撰写，第13章由华南理工大学宁洪龙教授和史沐杨硕士撰写，第14章由哈尔滨工业大学（深圳）武俊伟教授和深圳创隆实业有限公司马楠博士撰写，第15章由光芯薄膜（深圳）有限公司郭杏元博士撰写，第16章由中国科学院金属研究所赵彦辉副研究员撰写，第17章由中国科学研究院兰州化学物理研究所张广安研究员撰写，第18章由哈尔滨工业大学（深圳）曹峰教授和侯帅航博士研究生撰写，第19章由深圳笙歌等离子体渗入有限公司马胜歌总经理撰写。

在此向给予作者支持和帮助的专家、教授、企业家致以诚挚的谢意。研究生张佳乐、何云鹏、杨杰、梁富源、伍世悠、杨嘉然、李伦特、李志远、唐开元等参与了部分章节内容的校对、整理工作，在此表示衷心的感谢。

由于编著者的水平有限，书中不足之处敬请赐教。

编著者

目 录

第1章 概　述

1.1 离子镀膜技术的应用领域

离子镀膜技术和人类的社会发展与生活息息相关，用等离子体增强技术制备的薄膜产品涉及电视机、计算机、手机等信息显示器件、半导体器件、光电子器件、光学器件，以及能源利用、材料的表面硬化、耐磨损、耐腐蚀及抗氧化等各个领域。随着国防现代化、高端加工制造业的发展和人民生活水平的提高，对薄膜产品提出了更高的性能要求。尤其在今后的云计算、智能化经济和互联网中，很多器件向小型化、集成化、智能化发展，对薄膜的制备技术水平会提出更高的要求。

1.2 科学技术现代化对薄膜产品的新要求

1. 特殊功能

高端产品要求零件表面具有各种特殊功能，如光热转换、光电转换、热电转换、光磁存储、反射光、透过光、滤过光、导电、绝缘、高硬度、高耐磨性和减摩性等，有的还要拥有绚丽多彩的装饰特色。

2. 成分多样化

为满足不同领域高新技术产品新性能的要求，薄膜的成分已经从纯金属膜发展到多种无机化合物薄膜和多种高分子有机聚合物薄膜。表1-1列出了当今满足各个领域需求的各种薄膜材料及应用范围。

表1-1　各种薄膜材料及应用范围

应用分类	涂层材料	基体材料	应用范围
高硬度、耐磨损	TiN、ZrN、HfN、TaN、NbN、CrN、CBN、Si_3N_4、TiC、ZrC、Cr_7C_3、SiC、Ti(C、N)、Ti(B、N)、Ti(Al、N)、β-C_3N_4、金刚石等	高速钢、模具钢、硬质合金、金属陶瓷等	机械加工工具、模具、机械零件

（续）

应用分类		涂层材料	基体材料	应用范围
耐高温、抗氧化		Al、W、Ti、Ta、Mo、Al_2O_3、Si_3N_4、Ni-Cr、BN、MCrAlY 等	不锈钢、耐热合金、钢、钼合金等	汽轮机叶片、排气管、喷嘴、航空航天器件、原子能工业耐热构件
耐腐蚀		TiN、TiC、Al_2O_3、Al、Cd、Ti、Cr、Cr_7C_3、Ni-Cr、Fe-Ni-Cr-P-B 非晶等	钢、不锈钢、非铁金属等	飞机、轮船、汽车、化工管道等构件、紧固件表面防护
美化装饰		TiN、TiC、TaN、TaC、ZrN、Cr_7C_3、Al_2O_3、Al、Ag、Ti、Au、Cu、Ni、Cr、Ni-Cr 等	钢、黄铜、铝、不锈钢、塑料、陶瓷、玻璃、纸箔等	首饰、钟表、灯具、眼镜、五金零件、汽车配件、电器零件等
微电子器件	导体膜	Re、Ta_2N、Ta-Al、Ta-Si、Ni-CrAl、Au、Mo、W、$MoSi_2$、WSi_2、$TaSi_2$、$Ti\text{-}Si_2$、Ag-Al-Ge、Al-Al_2O_3-Au 等	硅片、陶瓷、塑料、玻璃、合金等	薄膜电阻及引线、电子发射器件、隧道器件等
	介质膜	SiO_2、Si_3N_4、Al_2O_3、$BaTiO_3$、$PbTiO_3$、ZnO、AlN、$LiNbO_3$ 等	硅片、陶瓷、塑料、玻璃、	表面钝化、层间绝缘、电容、电热体等
	半导体膜	Si、α-Si、Au-ZnS、GaAs、CdSe、CdS、PbS、InSb、Ge、Pb-Sn-Te 等	硅片、陶瓷、塑料、玻璃、	光电器件、薄膜三极管、发光管、磁电器件、传感器等
	超导膜	Pb-B/Pb-Au、Nb_3Ge、V_3Si、Pb-In-Au、PbO/In_2O_3	—	超导器件
	磁性材料及磁记录介质	γ-Fe_2O_3、Co-Ni、Co-Cr、MnBi、GdCo、GdFe、TbFe、Ni-Fe、Co-Zr-Nb 非晶膜、$V_{13}Fe_5O_{12}$ 等	合金、塑料等	磁记录、磁头材料、磁阻器件、光盘磁盘等
	显示器件膜	ZnS、Y_2O_3、Ag、Cu、Al、SiO_2、Al_2O_3、Si_3N_4 等	玻璃、塑料等	荧光显像管、等离子显示、液晶显示
光学及光通信		Si_3N_4、Al、Ag、Au、Cu、TO_2、ZnO、SnO_2、GdFe、TbFe、InAs、InSb、PbS、金刚石等	塑料、玻璃、陶瓷等	保护、反射、增透膜、光开关、光变频、光记忆、光传感器等
太阳能利用		Au-ZnS、Ag-ZnS、CdS-Cu_2S、SnO_2 等	不锈钢、塑料、玻璃	光电池、透明导电膜等
润滑、减摩		Au、Ag、Pb、Cu-Au、Pb-Sn、MoS_2、$MoSe_2$、$MoTe_2$、WS_2、MbS、MoS_2-BN、MoS_2-石墨、Ag-MoS_2、类金刚石等	高温合金、结构金属、轴承钢等	超高真空、高温、超低温、无油润滑条件下工作、喷气发动机轴承、人造卫星轴承、航天航空高温旋转器件
包装		Cr、Al、SiO_2、Al_2O_3、TiN 等	纸、塑料、金属等	包装材料表面金属化、高阻隔防护

由表 1-1 可知，薄膜材料的成分繁多，各种特殊功能齐全，薄膜的应用领域广泛，在国民经济各个领域发挥着重要作用。

3. 薄膜的厚度为纳米至微米级

由于高新技术产品的智能化、集成化程度越来越高，现代微电子器件集成度要求越来越高，微电子芯片的每 $1mm^2$ 面积上要集成 1000000 个晶体管。晶体管组件的尺寸非常小，要求各个功能层的厚度越来越薄，只有纳米至微米级，芯片导线的宽度只有 5~7nm，现在又在向 3nm 发展，只能采用薄膜集成电路的方法制备。现在离子镀膜技术是目前制备薄膜集成电路的最优选择。

4. 优异的膜层组织和结构

为了制备出具有优异性能的薄膜产品，薄膜必须具有优异的组织和晶体结构。根据应用条件不同，可要求薄膜具有单晶、多晶、非晶等结构，以及细密的组织、柱状组织、多层纳米组织等组织。

5. 膜层致密、无瑕疵

由于高新技术产品向轻、小、薄、细、集成化、智能化方向发展，所以要求薄膜必须非常致密，没有瑕疵。

6. 高的膜-基结合力

薄膜和基体之间没有冶金结合，只是“贴敷层”，因此器件越小，越薄，越要求薄膜和基材有高的结合力。工模具硬质涂层的膜-基结合力要求也较高。

1.3 镀膜技术的类型

1.3.1 薄膜的初始制备技术

获得固体薄膜的技术历史悠久，开始多采用热能，进一步发展到利用等离子体增强技术。

1. 真空蒸发镀膜技术

真空蒸发镀膜技术是利用热源将固态物质源加热蒸发的方法，用热能将金属蒸发出来的金属蒸气原子在高真空中输运到基材表面沉积形成薄膜。这种热蒸发技术归为物理气相沉积（PVD）技术领域。

2. 化学气相沉积技术

化学气相沉积技术中也是利用热能将通入的无机物气体热分解成活性原子，然后在高温的基材表面化学反应沉积形成薄膜。该技术简称 CVD 技术。

3. 高分子有机聚合技术

气体的有机物单体在高温、高压和引发剂作用下聚合得到高分子聚合物，这种技术称为高分子有机聚合技术。

1.3.2 离子镀膜技术

自 1963 年美国的科学家 D. M. Mattox 在蒸发镀膜中引入气体放电以来，利用各种气体放电方式获得高性能膜层粒子的离子镀膜技术层出不穷。从固态物质源等离子体增强镀膜技术发展到气态物质源等离子体增强镀膜技术。所用的气态物质源从惰性气体、无机化合物气体发展到有机气体。在这些等离子体增强镀膜技术中又出现了许多种巧妙利用电场、磁场、弧光放电来激励、增强等离子体过程的镀膜新技术、新工艺，给薄膜科技工作者提供了多种手段用于镀制各个领域所需的具有特殊功能的薄膜材料。

离子镀膜技术的概念已经从蒸发型离子镀膜扩展到更广泛的领域。我们把凡是在气体放电中利用等离子体能量进行镀膜的技术都称为离子镀膜技术。现代离子镀膜技术包括物理气相沉积中的蒸发型离子镀膜技术、磁控溅射离子镀膜技术、弧光放电离子镀技术，以及等离子体增强化学气相沉积技术、等离子体增强聚合技术，可归纳为三种类型：

1）等离子体增强物理气相沉积技术（plasma enhanced physical vapor deposition，PEPVD）。

2）等离子体增强化学气相沉积技术（plasma enhanced chemical vapor deposition，PECVD）。

3）等离子体增强聚合技术（plasma enhanced polymerization，PEP）。

表 1-2 列出了各种现代离子镀膜技术及其特点。

表 1-2　各种现代离子镀膜技术及其特点

镀膜技术	技术类型	膜层粒子来源	放电类型	放电技术	反应机理
蒸发型离子镀膜	PEPVD	热蒸发	辉光放电 弧光放电	直流辉光 射频辉光 热弧光 冷场致弧光	金属离子、高能原子化合成新结构薄膜
磁控溅射离子镀膜	PEPVD	阴极溅射	辉光放电	直流辉光 射频辉光 微波辉光	金属离子、高能原子化合成新结构薄膜
等离子体增强化学气相沉积	PECVD	无机气体	辉光放电 弧光放电	直流辉光 射频辉光 微波辉光 热丝弧 等离子体炬	无机气体离子、高能活性自由基等活性基团化合成新结构薄膜
等离子体增强聚合	PEP	高分子有机气体	辉光放电 弧光放电	直流辉光 射频辉光 微波辉光 电晕放电	有机单体、活性基团等离子体聚合成高分子聚合物薄膜

由表 1-2 可以归纳出一些特点：

1）现代离子镀膜技术全部在各种气体放电中进行。

2）PEPVD 的膜层粒子来源于固体材料的蒸发和阴极溅射，PECVD 膜层粒子来源于无机气体，PEP 膜层粒子来源于有机气体物质源的直接通入。

3）气体放电方式有辉光放电和弧光放电。每种镀膜技术都是在气体放电中进行的，而且 PEPVD、PECVD、PEP 技术都向弧光放电发展。

4）等离子体增强聚合是近些年兴起的技术。等离子体是物质的第四态，具有比固体、液体和气体高几个数量级的能量。利用等离子体能量获得高分子聚合物的等离子体增强聚合技术在现代高端有机薄膜产品的制备中得到了广泛应用。由于开发出了各种利用等离子体能量增强镀膜的新技术、新工艺。近些年来，利用等离子体能量研发出一代胜似一代的具有特殊功能的薄膜材料，如在半导体集成电路、信息显示器件、光学薄膜、导电薄膜、绝缘膜、医用材料、阻隔薄膜等领域急需的新材料，创造出很高的经济价值。

1.4 本书的主要内容

本书将系统介绍气体放电的发生、发展的基本规律和等离子体特性，使读者理解各种离子镀膜技术的内涵。等离子体的基础知识，是设计镀膜机和制订镀膜工艺的依据，等离子体物理是一门重要的学科，是薄膜工作者必须掌握的基础知识。各种等离子体增强镀膜技术使用的气体包括单原子气体、多原子气体和高分子气体，放电过程都遵从等离子体的一般规律，但也有各自的特性。本书首先以单原子气体氩气为例，论述气体放电等离子体的物理基础知识，为理解多原子气体和有机气体放电的规律奠定基础。

1）首先简介真空物理基础知识，因为现代离子镀膜技术多是在真空中进行的，气体放电的基本过程与真空中粒子的运动规律和碰撞规律有密切关系。

2）在等离子体增强物理气相沉积技术、等离子体增强化学气相沉积技术和等离子体增强聚合技术的章节中介绍各种离子镀膜技术的原理、装置、工艺过程、技术特点及发展历程，使读者理解各种离子镀膜技术的内涵和新技术、新工艺的设计理念。论述等离子体物理基础知识在镀膜制备过程中的运用是本书的特色。

3）介绍现代离子镀膜技术在部分高新技术领域的应用，从而理解现代离子镀膜技术在国民经济发展中的重要意义。

第2章 真空物理基础知识

离子镀膜技术是在真空蒸发镀膜技术的基础上发展而来的，现代离子镀膜技术多是在真空环境下进行的。为了理解在真空中镀膜的意义和过程特点，首先介绍与真空相关的基础知识。

2.1 真空

2.1.1 真空的定义

真空一般指低于一个标准大气压的气体状态。这种状态同正常的大气状态相比较，气体较为稀薄，即单位体积内的分子数目较少，分子之间或分子与其他质点（如电子、离子）之间的碰撞概率减小，分子在单位时间内碰撞于单位表面积（如器壁）上的次数也相对减少。

2.1.2 真空的形成

真空的形成可分为自然真空和人为真空。

1. 自然真空

海拔不同，大气压强不同。海平面的标准大气压强为 1.01325×10^5Pa。当海拔10km 以上时，每增高 15km，大气压强递减约一个数量级，这是自然真空的实质。

2. 人为真空

人为真空是指人们对一个容器进行抽气而获得的真空空间。在离子镀膜技术中所涉及的真空，多指人为真空，即用真空泵把真空容器内的空气抽除到所需要的预定真空度进行镀膜。

理解真空的特点和真空中的一些规律，是真空离子镀膜技术工作者所应掌握的主要知识内容之一。这些知识包括真空物理、真空获得技术、真空应用技术、真空测量技术等。

2.1.3 真空度的意义

1. 真空度

气体稀薄的程度称为真空度。通常用气体的压强来表示一个真空容器中真空度的高低。气体压强越低，真空容器内的分子数越少，真空度越高。

2. 真空度单位

压强的法定计量单位为帕［斯卡］（Pa）。以往真空度曾采用标准大气压（atm）、毫米汞柱（mmHg）、托（Torr）、巴（bar）等压强单位[1-5]，其换算关系见表 2-1[1]。

表 2-1 压强单位换算关系

帕(Pa)	托(Torr)	毫巴(mbar)	标准大气压(atm)
1	7.500×10^{-3}	10^{-2}	9.869×10^{-6}
1.333×10^{2}	1	1.333	1.315×10^{-3}
100	7.500×10^{-1}	1	9.869×10^{-4}
1.103×10^{5}	760.00	1.013×10^{3}	1

3. 压强的产生

一个容器的压强是大量无规则运动的气体分子对器壁不断碰撞的结果。容器中的气体分子越多，压强越大；容器温度越高，压强越大。气体压强是大量气体分子热运动的体现。

人们通常把低于一个大气压的真空状态，按压强高低划分为以下区域：

低真空：$1\times10^{2}\sim1\times10^{5}$Pa，采用机械泵、滑阀泵抽除。

中真空：$1\times10^{-1}\sim1\times10^{2}$Pa，采用增压泵、罗茨泵抽除。

高真空：$1\times10^{-5}\sim1\times10^{-1}$Pa，采用扩散泵、分子泵抽除。

超高真空：$1\times10^{-8}\sim1\times10^{-5}$Pa，采用吸附泵、溅射泵抽除。

4. 不同真空度的分子数

真空是相对的，而不是绝对的，是相对于标准大气压而言的。在 0℃时，1 个标准大气压下，每 1cm³ 有 2.687×10^{19} 个气体分子，而在超高真空度下，每 1cm³ 中仍有 33~330 个气体分子，可见真空并不空。

2.2 气体分子运动的基本规律

一般把真空状态下的气体视为理想气体，用理想气体的规律讨论真空中气体分子运动的规律。

2.2.1 理想气体分子运动规律

真空中的气体为稀薄气体，一般可视为理想气体，在平衡状态服从理想气体状态方程。研究真空系统中气体分子的运动规律一般参照理想气体的运动规律。

1. 理想气体模型

探讨理想气体的运动规律时做以下一些假设：

1）把每个分子看作是一个质点。同类气体所有的分子性质相同，有同样的大小和相对分子质量，分子尺寸的大小相比气体分子间的距离可忽略不计。

2）每个分子永远做不停息的运动。

3）把分子看成是刚性球。刚性球的意义是分子在碰撞时不发生变形，碰撞接触时间为零。分子间没有相互间引力和斥力，它们所有的能量都是动能。弹性碰撞的意义是，碰撞时遵守能量和动量守恒定律，全部分子的平均速度不因碰撞而发生变化。分子间发生弹性碰撞时只改变方向，不改变内能。

理想气体属于平衡态气体，各宏观物理量不随时间和空间而发生变化，称之为稳态。温度不太低、压强不太高的实际气体都可视为理想气体。真空条件下的气体压强是不太高的情况，所以真空系统中的气体运动规律接近理想气体运动规律，可以用理想气体的规律来讨论真空中的气体分子运动规律。

2. 理想气体的一些特性

气体的宏观特性由 p、V、T 三个变量来描述，一定量理想气体的 p、V、T 遵守理想气体状态方程[1-5]：

$$pV=\frac{M}{\mu}RT \tag{2-1}$$

式中 p——气体压强（Pa）；

V——气体体积（m^3）；

T——热力学温度（K）；

M——气体质量（kg）；

μ——气体的摩尔质量（kg/mol）；

R——摩尔气体常数，与气体质量无关，$R=8.31\mathrm{J/(mol\cdot K)}$。

$$R=N_0k \tag{2-2}$$

式中 k——玻尔兹曼常数，$k=R/N_0=1.38\times10^{-23}\mathrm{J/K}$；

N_0——1mol 气体所含的分子个数，$N_0=6.022\times10^{23}$ 个/mol；

M 为全体气体的质量，若全体气体有 N 个分子，单个气体分子的质量为 m，气体分子密度为 n，则

$$M=Nm \tag{2-3}$$

当气体质量 M 和气体的种类确定之后，常数 R、μ 也就确定了。理想气体状态方程可以简化为

$$pV=CT \tag{2-4}$$

式中 C——与气体有关的常数。

实际中一般只有两个量是独立时，理想气体状态方程可以进一步简化为以下几

种基本定律：

1）一定质量的气体，在恒压下气体的体积与其热力学温度呈正比，即

$$V=CT \tag{2-5}$$

2）一定质量的气体，在恒容积下气体的压强与其热力学温度呈正比，即

$$p=CT \tag{2-6}$$

3）一定质量的气体，在恒温下气体压强与气体体积的乘积为常数，即

$$pV=C \tag{2-7}$$

2.2.2 理想气体的压强

1. 理想气体压强的基本公式

在标准状态下，气体的压强与单位体积所含气体的分子数（即气体分子密度 n）成正比，可用式（2-8）表示：

$$p=nkT \tag{2-8}$$

$$n=p/kT \tag{2-9}$$

式（2-9）还表明在相同的压强和温度下，各种气体单位体积内所含分子数相同。

2. 气体分子对墙壁产生的压强来自分子的能量

气体分子对器壁不断产生碰撞，容器中气体分子在宏观上对器壁施加的压强，是大量无规律运动的气体分子对器壁不断碰撞，在宏观上表现出一个恒定的压力。此压力正比于碰撞到器壁上气体分子的数量及其动能。在平衡状态下，气体分子各个方向的运动概率相等，三维方向速度分量的平均值相等，所以理想气体的压强 p 由单位体积内的分子数 n 和分子的动能 E 决定。这个动能是由气体分子的温度决定的，即气体压强是大量气体分子热运动的体现。

每个气体分子的平均动能 E 正比于气体的质量 m 和运动速度的平方 v^2，即

$$E=\frac{1}{2}mv^2 \tag{2-10}$$

动能是由每个气体分子的热能 ε 提供的[1-5]，ε 的计算公式为

$$\varepsilon=\frac{2}{3}kT \tag{2-11}$$

则

$$\frac{1}{2}mv^2=\frac{2}{3}kT \tag{2-12}$$

3. 混合气体的总压强等于各分压强之和

在混合气体中，互相不产生化学反应的各种混合气体的总压强等于各气体分压强的总和。设混合气体中，各气体压强分别为 p_1、p_2、p_3、…、p_n，则混合气体的总压强为

$$p=p_1+p_2+\cdots+p_n \tag{2-13}$$

2.2.3 气体分子的平均自由程

为研究真空中分子间的碰撞和带电粒子与气体分子间的碰撞问题，必须引入气体分子平均自由程[1-5]的概念。

1. 气体分子的碰撞概率

对于无规则运动的分子之间发生碰撞，分子从一处移到另一处时，其所走的路程必然是迂回的折线。某一分子在单位时间内与其他分子的碰撞次数是无规律的，大量分子碰撞次数的平均值称为平均碰撞次数，用 $\overline{Z}$ 表示，$\overline{Z}$ 与气体压强 p 呈正比。

2. 气体分子运动的平均自由程

分子任意两次碰撞之间通过的路程 λ 称为自由程。大量分子多次碰撞自由程的平均值称为分子运动的平均自由程，用 $\overline{\lambda}$ 表示。

若 $\bar{v}$ 为分子运动的平均速度，t 时间内分子运动的平均路程为 $\bar{v}t$。在 t 时间内分子平均碰撞次数为 $\overline{Z}t$ 次，则单位时间内平均自由程可由下式求得

$$\overline{\lambda}=\frac{\bar{v}t}{\overline{Z}t}=\frac{\bar{v}}{Z} \tag{2-14}$$

由上式可知，平均自由程与碰撞次数呈反比。压强 p 越大，气体分子密度越大，碰撞的次数越多，自由程越短。因此，气体分子平均自由程 $\overline{\lambda}$ 与气体压强 p 呈反比，与气体分子密度 n 呈反比[1-4]。即

$$\overline{\lambda}\propto\frac{1}{p} \tag{2-15}$$

$$\overline{\lambda}\propto\frac{1}{n} \tag{2-16}$$

在 20℃时，不同压强下的气体分子密度和平均自由程见表 2-2。由表 2-2[1]可知，真空度越高，气体分子的自由程越长，相互碰撞的概率越小。

表 2-2 20℃时不同压强下的气体分子密度和平均自由程

压强 p/Pa	1×10^{5}	1×10^{2}	1×10^{-1}	1×10^{-4}	1×10^{-6}	1×10^{-10}
气体分子密度 n/(个/cm³)	2.5×10^{19}	2.5×10^{16}	2.5×10^{13}	2.5×10^{10}	2.5×10^{8}	2.5×10^{4}
平均自由程 λ/cm	1×10^{-5}	1×10^{-2}	1×10^{1}	1×10^{4}	1×10^{6}	1×10^{10}

2.2.4 碰撞截面

气体分子在容器中或在管道内都会产生分子间的碰撞。为简化起见，做下列假设。

1. 关于碰撞的假设条件

1）分子是光滑的刚性小球，做完全弹性碰撞可忽略其势能。

2）在两次连续碰撞之间，分子做匀速直线运动。

3）分子直径与两次碰撞之间所走的路程（即自由程）相比，可以忽略不计。

4）碰撞过程是瞬间的。

5）分子碰撞不影响其密度分布，即气体处于稳态。

2. 碰撞的实质

所谓碰撞，实质上是分子（中心）在另一分子（中心）附近通过时，受另一分子给予的斥力，而使运动方向急剧改变的过程。

假设气体分子类似弹性球，直径为 d，只有两个分子的中心距离接近 d 时才能够发生碰撞，$d=2r$，定为分子的有效直径。可以设想以分子 A 的中心运动轨迹为轴线，以分子有效直径 d 为半径做一个圆柱体，凡是中心在此圆柱体内静止的分子都会和 A 碰撞。该圆柱体的截面积 $S=\pi d^2$，S 定义为碰撞截面[3-8]。在 t 时间内，A 所走的路程为 $\bar{v}t$，对应圆柱体的体积为 $S\bar{v}t$。设 n 为气体分子密度，则 A 与其他分子的碰撞次数为 $nS\bar{v}t$。因此，单位时间的平均碰撞次数 $\overline{Z}$ 为

$$\overline{Z}=\frac{nS\bar{v}t}{t}=nS\bar{v}=n\pi d^2\bar{v} \tag{2-17}$$

由此可知，气体分子在容器中或在管道内都会产生分子间的碰撞，碰撞频率与气体分子密度 n、气体分子的碰撞截面 S 及气体分子的运动速度 $\bar{v}$ 呈正比。单位时间内，单位面积上气体分子的碰撞频率 z 与气体分子密度和运动速度呈正比，即

$$z=n\bar{v} \tag{2-18}$$

以上讨论的是气体分子间的相互间的碰撞，而分子与器壁间的碰撞，则不能用此概念。一般容器尺寸多为 30~100cm，若气压为 1×10^{-3}Pa 时，$\lambda\approx1000$cm，已经远远地超出气体分子在容器中的飞行距离。

2.2.5 分子运动速度

真空容器中气体分子的运动是无规则运动，每个分子运动速度的大小、方向是无规律的、偶然的，但大部分分子运动速度服从麦克斯韦速度分布定律，即在某一运动速度 c 的分子数最多。图 2-1 所示为分子在不同温度下运动速度 c 的分布都遵守麦克斯韦速度分布曲线[1]。

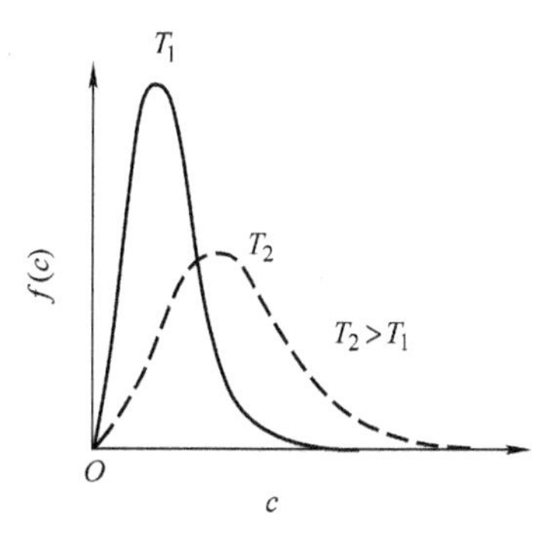

图 2-1 分子运动麦克斯韦速度分布曲线

气体分子运动速度不仅与温度有关，还与分子的质量有关。在相同温度下不同气体的平

均速度不同。表 2-3 列出了 15℃时一些气体分子的平均速度[2]。

表 2-3　15℃时一些气体分子的平均速度

气体	H_2	He	H_2O	N_2	O_2	Ar	CO	CO_2	Hg
v(cm/s)	16.93	12.08	5.65	4.54	4.25	3.80	4.54	3.62	1.70

2.3　气体分子和固体表面的相互作用

气体分子是指通入的工作气体分子。固体表面是指器壁和工件（在半导体等领域称为基板、基片或衬底）的表面。

气体分子和固体表面的相互作用过程如下：

1）气体分子与固体表面产生碰撞。

2）气体分子与固体表面发生物理和化学作用。

3）气体分子及蒸发出的原子从固体表面反射或被吸收。

4）金属的蒸发和升华。

2.3.1　碰撞

平衡状态下，固体表面受到气体分子的频繁碰撞，其碰撞于单位面积上的分子数可以做如下分析：

1）计算单位时间内碰撞于固体表面上小面积 dS 的分子数 N 为

$$N=\frac{n\bar{v}}{4}\mathrm{d}S \tag{2-19}$$

2）碰撞于单位面积上的分子数——蒸气原子通量为

$$N'=\frac{n\bar{v}}{4} \tag{2-20}$$

式（2-20）与前述的气体分子碰撞频率相同，由于考虑了气体分子的运动方向和速度分布选取了一个系数 1/4。

在真空离子镀膜技术过程中，膜层的获得主要是通过金属蒸气原子对工件的碰撞实现的。碰撞于单位面积上的蒸气原子数相当于蒸气原子通量。膜层的沉积速率正比于到达工件的蒸气原子通量。当 $p=1.3\times10^{-4}$Pa（高真空度），$T=27$℃ 时，$N'\approx3.7\times10^4$ 个/cm^2，说明在高真空条件下，每 1cm^2 的表面上，有 3.7×10^4 个原子到达工件上。

2.3.2　吸附和解吸或脱附

碰撞于固体表面的气体分子除有一部分会反射到真空空间外，还有相当多的气体分子被固体表面吸附。气体分子在固体表面上的吸附分为化学吸附和物理吸附两类，吸附的同时放出热量，两类吸附热的差别很大。与吸附相反的过程称为解吸或脱附。物理吸附的气体分子离开固体表面的过程称为解吸，化学吸附的气体分子离开固体表面的过程称为脱附。

1. 物理吸附和解吸

若固体表面的原子键饱和，表面已变得不活泼，则固体表面对气体分子产生物理吸附。吸附力主要是范德瓦耳斯力，吸附的同时放出热量。分子若从表面解吸，只需要提供吸附热，比较容易使气体分子从固体表面解吸。

2. 化学吸附和脱附

固体表面原子键未饱和时，有可能形成化学吸附。化学吸附作用力与化合物中的原子间作用力相似，比范德瓦耳斯力大得多，一般具有化学生成热的数量级。化学吸附的分子在脱附时需要提供更大的激活能。例如：氩气在玻璃上的吸附热为580J/mol，其值很小。而氧气的吸附热很大，氧气在钨上的吸附热为38.75kJ/mol，即要排除这些在金属上以原子态长期吸附的氧气，必须加热到1000℃以上。

在真空离子镀膜过程中，在容器壁和工件上吸附的杂质气体在镀膜过程中会不断解吸放出，将会影响膜层的纯度。因此，镀膜前，工件表面吸附的气体必须彻底清除。一般在镀膜前多进行烘烤或进行离子轰击溅射清洗，使器壁脱气、工件表面净化，以提高膜层和工件的附着力和保证膜层的质量。

2.3.3 蒸发和升华

镀膜过程中，需要把金属膜料加热蒸发出来。膜层材料首先被加热熔化然后蒸发汽化。在液体汽化时，分子要克服附近液体分子的引力脱离液面飞到空间去的现象称为蒸发。相反，气体液化称为凝结。在一定温度下的密闭空间中，当单位时间蒸发的量和凝结的量达到平衡状态时，此时的气体压强称为该温度下的饱和蒸气压；同样物质的升华也有饱和蒸气压的概念[1-4,6-9]。

饱和蒸汽压 p 与温度的近似关系式为

$$\lg p = A - \frac{B}{T} \tag{2-21}$$

式中 A、B——常数；

T——热力学温度。

一般真空手册都可查得各元素的饱和蒸气压曲线。部分金属在不同温度下的蒸气压曲线，如图2-2[1] 所示。

从式（2-21）和图2-2可知，金属蒸发时的真空度越低，即镀膜室的压强越高，金属蒸发的温度越高；真空度越高，金属蒸发的温度越低。例如：铝在标准大气压（1.01325×10^5Pa）的蒸发温度为2400℃，在1Pa时蒸发温度为1272℃，而在10^{-3}Pa时蒸发温度为847℃。因此，在进行蒸发镀膜时，真空度的控制是非常重要的，否则每次镀膜时的真空度有高、有低，实际的蒸发温度不同。在操作中，

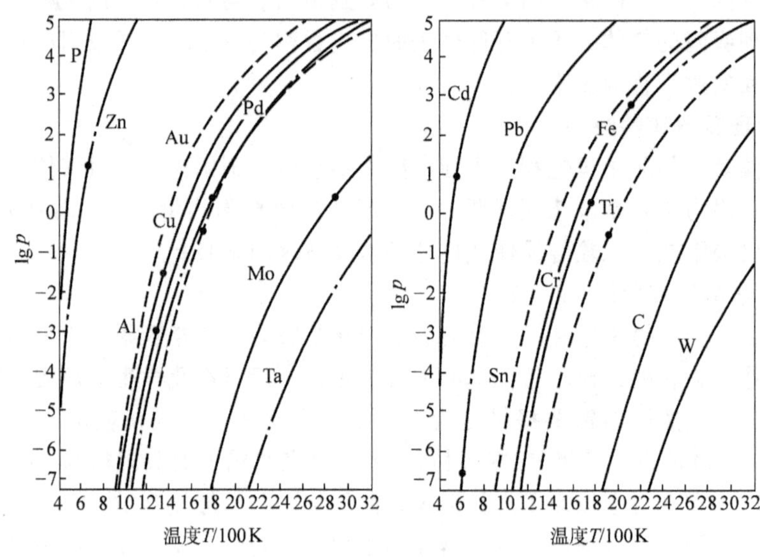

图 2-2　部分金属在不同温度下的蒸气压曲线

注：p 为蒸气压，单位为 Pa。

虽然提供了相同的加热功率，但如果每次蒸发舟的实际蒸发温度不同，从蒸发源每次蒸发出来的膜层原子的量是不同的。因此，必须严格控制蒸发时的真空度都高于 10^{-3}Pa，使金属在较低的温度下进行蒸发。

2.4　阴极表面的电子发射

在离子镀膜技术中，辉光放电技术源于电子被高能电场加速，高能的电子与气体分子和膜层产生碰撞电离产生辉光放电。离子镀膜技术中的电子除了来源于镀膜空间的原有电子之外，还来源于阴极表面的电子的发射。使阴极发射电子的因素可能是电子、离子、光子或阴极表面附近电场或温度场的作用等。

2.4.1　固体表面的电子状态

固体（阴极）表面产生的电子发射过程与气体中原子、分子因电离产生电子的机制不同，涉及的是从固态阴极表面发射出来的电子。在固体内部原子相互间排列紧密，相互间作用强烈。每个原子的电子，尤其是最外层电子，除了受到所在原子核的作用外，还会受到临近许多其他原子核的作用。因此，固体当中的单个原子不能看成一个独立系统，必须把整个固体作为一个系统考虑。

固体作为一个整体晶体，原子核对固体内部电子的作用相互抵消，价电子也为整个晶体所共有。这些价电子可以在晶体中自由运动，成为自由电子。但是，在金属与真空界面处，原子排列突然中断，金属中原子核对电子的束缚力在真空一侧不能抵消，电子受到阻挡，不能逸出。如果在某种外界因素的作用下，电子可以逸出固体表面进入周围空间，这种逸出的过程，称为固体的电子发射。在真空离子镀膜技术中，使用电子发射的现象颇多，应掌握电子发射机制并加以利用。

1. 金属内部的自由电子状态

金属内部的电子可分为束缚电子和自由电子。束缚电子所具有的能量较低，只能绕某一个原子核运动。当电子的能量超过金属的束缚能级时，才能够挣脱单个原子核的束缚在整块金属内做自由热运动，成为自由电子。金属内部自由电子的浓度很高，约 5×10^{22} 个/m^3，周围的离子对电子的作用相互抵消。

2. 偶电层力[1,9,10]

在金属边界处的情况不同，电子受到离子的吸引力，又回到金属中。虽然金属与真空边界处有 10^{10} 数量级“电子气”，电子有从金属飞出的趋势，但表面上有足够大的力阻止电子的逸出。这种阻力中，一种是电子偶电力。金属表面在一般状态下，并不发射电子。

即使在0K时，这种飞出、飞回的过程也不断进行着。这样就在金属边界形成了偶电层——最外层的离子和电子云，这种偶电层把进入其中的电子又排斥到金属内部。偶电层所产生的势垒高度和金属中电子具有相同的数量级。偶电层所产生的势垒高度 ε_0 称为金属的费米能级。费米能级是定义为0K时电子所具有的最高能级，是电子能量状态的一个非常重要的物理量。电子飞出金属必须反抗偶电层所形成的势垒 ε_0 才能逸出。

3. 电象力

由电学原理可知，位于金属前面 x 处的电荷和金属的相互作用遵守电象定律，即金属与电荷的作用好像在金属内部同样距离的 x 处，有一个与之符号相反、大小相同的电荷存在一样。因此，电子纵然跑出偶电层，金属对电子仍有吸引力，此力称为电象力[1]，如图2-3[10] 所示。电子欲飞出金属必须反抗电象力势垒高度 χ_0，χ_0 也称为电子的逸出功。不同金属的逸出功，决定于固体表面层晶格结构和电子分布。

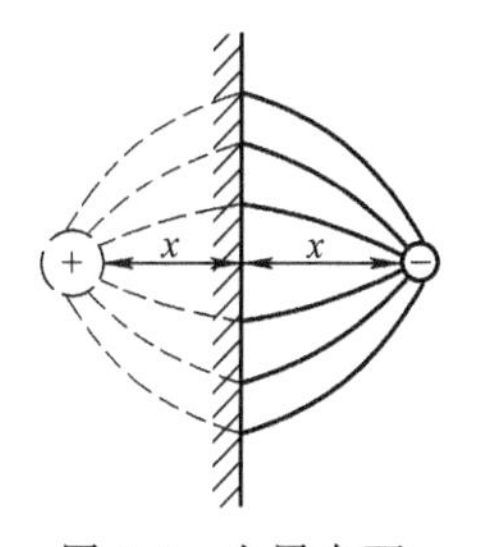

图2-3 金属表面电象力图

表2-4列出了几种难熔金属的基本参数[1]。由表2-4可知，金属表面发射电子所需的能量，比起气体或原子电离所需的能量小得多。因此，金属阴极表面的电子发射，对真空离子镀膜有重要作用。

4. 势垒

电子和真空交界处阻止电子逸出的势垒 W_0 由两部分组成：

1）电子反抗偶电层力所做的功 ε_0——费米能级。

2）电子反抗电象力所做的功 χ_0——逸出功。

图2-4所示为金属—真空交界处的势垒图[1]。图中 W_0 是金属—真空交界处的

表 2-4 几种难熔金属的基本参数

金属	熔点/K	逸出功/eV	发射系数 $A/[A/(cm^2 \cdot K^2)]$	发射温度/K
W	3650	4.52	75	2630
Mo	2890	4.24	51	2460
Ta	3300	4.19	55	2500
Nb	2770	4.01	30	2420
Re	3453	4.74	52	2780

势垒，阻止电子的飞出，即电子要从金属表面逸出，它所具有的能量必须超过 W_0。

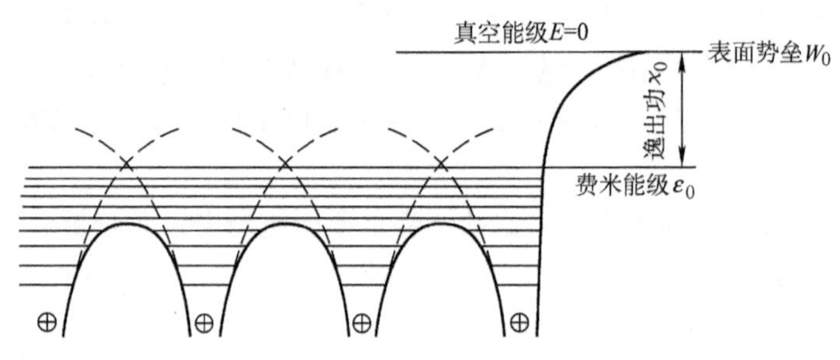

图 2-4 金属—真空交界处的势垒图

5. 金属表面的电子逸出

金属内自由电子的势能恒定，电子可以在其中自由运动，而金属表面有一个足够高的势垒，所以要使电子脱离金属逸入真空中，必须克服表面势垒的作用，需要有外界因素对电子做功。因此，只有能量大于势垒的电子才能从金属表面逸出到真空中[5-7]。

2.4.2 金属的热电子发射

1. 阴极温度对阴极电子发射的影响

由上述可知，只有当电子的能量大于表面势垒时，才可以脱离金属表面发射到真空中。

电子在金属中的运动速度也遵守麦克斯韦速度分布，而且在 0K 时停止运动。当金属被加热后，电子的动能大大提高，可以发射出热电子流。图 2-5 所示为电子能量分布与热发射的关系图[1]。图 2-5 中曲线 1 为 $T=0$K 时电子的能量分布，这时电子的能量都不超过 E_0，没有任何发射。温度稍高时，电子的能量分布如图 2-5 中曲线 2 所示，这时已有部分电子的能量超过 E_0，但很少能克服表面势垒 W_0 的阻挡。

只有当阴极温度进一步升高，有一部分电子的能量超过 W_0 时，电子才有可能从金属表面向外发射，如图 2-5 中曲线 3 所示。单位阴极面积上所发射出的热电子

流密度 J 按下式计算：

$$J=AT^2e^{-\chi/kt} \quad (2\text{-}22)$$

式中 A——阴极材料的热电子发射系数 $[A/(cm^2 \cdot K^2)]$；

T——阴极材料的温度（K）；

χ——电子逸出功（eV）；

k——玻尔兹曼常数。

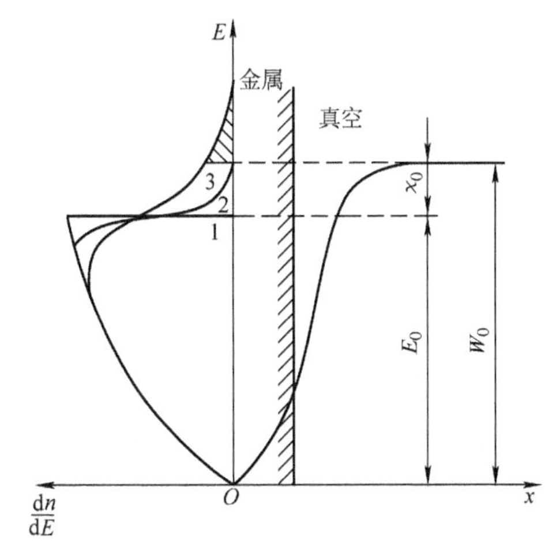

图 2-5 电子能量分布与热发射的关系图

对于钨、钼等金属的热电子发射系数已经列入表 2-4 中。由热电子流密度公式可知，随阴极温度的升高，热电子流密度迅速增大。在热电子发射温度范围内，阴极温度升高一点，热电子发射的电流密度大幅度提高，可以从阴极发射出 100A/cm² 以上的热电子流。

以上讨论的只是热阴极电子发射的规律，而且是没有施加负电压情况的热电子发射。

2. 热阴极与外加电场下的电子发射

保持一定的阴极温度，同时在阴极和阳极间施加电压 U。当外加电场很强时，固体表面的势垒发生变化，外界加速电场对阴极电子发射产生影响。因为实际势垒是表面势垒和外电场两者作用的叠加。例如，图 2-6 中曲线 1 是原来表面势垒的分布曲线[1]，曲线 2 是外电场形成的势垒分布，曲线 3 是实际的势垒分布，也就是曲线 1、2 的合成。显然外电场的作用不仅使实际势垒高度降低，还使逸出功也随之降低了 $\Delta\chi$。当外加电场大到使 $\Delta\chi \geqslant \chi_0$ 时，处在费米能级的电子也能离开阴极表面。

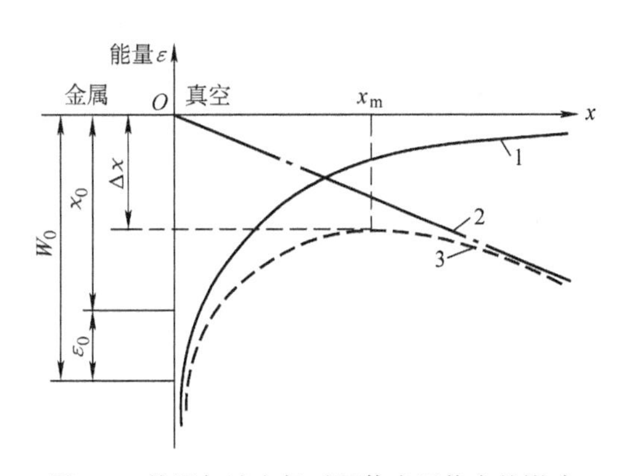

图 2-6 外界加速电场对固体表面势垒的影响

具有一定温度的热阴极，再有外电场的联合作用，势垒降低更多了，即热电子更容易逸出，降低了热电子的发射温度，即在有外加电场时热电子可以在更低的温度下发射出来。在离子镀膜技术中，热电子和加速电场联合使用的技术得到了广泛应用，如空心阴极离子镀、热丝弧离子镀、热电子辅助沉积等技术都是充分利用阴极发射的高能热电子流工作的。

2.4.3 金属的冷场致发射

由图2-6可知，当外加电场大到使 $\Delta\chi \geqslant \chi_0$ 时，处在费米能级的电子也能离开阴极表面。当电场强度 $E=U/d$ 足够大时，纵然阴极温度为0K，也能发射电子。这种形式的电子发射称为场致发射。达到场致发射的电场强度 E 必须达到 $10^6 \sim 10^8$V/cm。场致电子发射的电子流发射密度 j 按下式计算[6]：

$$j=AE^2\mathrm{e}^{-b/E} \tag{2-23}$$

式中 E——电场强度；

A、b——常数。

由式（2-23）可知，场致电子发射电流密度随电场强度的提高迅速增大。一般场致发射时的阴极处于低温状态时，依靠高端电场强度金属也能发射电子，因此称之为冷场致发射。

产生场致发射所必需的高电场强度 $E=10^6 \sim 10^8$V/cm。虽然可以通过提高阴极和阳极间的电压来提高电场强度，但这样高的电场强度时很难实现，一般是设法缩短极间距离 d 来实现。极间距离越短，电场强度越大。实际做法是在阴极前面形成正离子堆积层，使正离子堆积层和阴极的距离 d 小于微米级时，电场强度 E 增大到可以达到冷场致发射的条件。

实际上，阴极表面并不平整，发射表面有许多凸起。这些凸起处，正离子堆积层和阴极的距离更近，电场强度更大。因此，首先在凸起点处发生击穿，产生冷场致发射电子流。

2.4.4 光电子发射

当外部光源的光束照射到金属表面上，光的频率大于某一定值时，金属中的电子可获得能量而逸出金属表面，这种因光的照射而使金属发射电子的物理现象，称为光电子发射。在光照射下发射出来的电子称为光电子，光电子所形成的电流称为光电流。光电子的最大动能随着入射光频率升高而直线增加，而入射光强度的增大对此不起作用。对于每一种发射材料都存在着一个光电发射的极限频率，当入射光的频率小于这个极限值——阈值时，不论光强度如何大，都不能得到光电子发射。

固体内的电子吸收了足够能量的光子后，克服表面势垒而逸出。由于光子的能量取决于光子的频率（或波长），所以光子的能量 $h\nu$（h 为普朗克常量，ν 为光子的频率）与金属逸出功的关系如下：

$$h\nu \geqslant \chi_0 \tag{2-24}$$

光子的能量大于逸出功时，多余的能量转变为发射电子的动能：

$$\frac{1}{2}mv_{\mathrm{c}}^2 = h\nu - \chi_0 \tag{2-25}$$

式中 v_{c}——发射电子的速度。

λ_c 为产生光电子发射的临界光波段长度，按下式计算：

$$\lambda_c = 12400/\chi_0 \tag{2-26}$$

χ_0 的单位为 eV。对于逸出功低于 3eV 的阴极，可见光或红外光就可以引起光电子发射。而逸出功大于 3eV 的金属，必须紫外光才足以引起电子发射。当光子能量刚刚超过阈值时，光电子发射系数（也称光电子产额 γ_p，即发射的光电子数与入射的光子数之比）大约为 10^{-6} 量级。在可见光到近紫外光范围内，大多数金属的 γ_p 在 $10^{-4} \sim 10^{-3}$ 量级。

2.4.5　二次电子发射

当具有一定能量的电子、离子或其他粒子轰击阴极金属表面时，会引起金属表面发射出电子来，这种物理现象称为二次电子发射。被发射的电子称为二次电子。引起二次电子出现的入射粒子，称为原粒子。当原粒子是电子时，此原粒子称为一次电子[1,7-10]。本节讨论电子和离子入射金属表面的二次电子发射现象。

1. 电子轰击下的二次电子发射

在真空中，用电子轰击金属表面时，会从金属中发射出反电流，即产生二次电子。其发射规律如下：

1）对于相同的二次电子阴极材料和相同的一次电子能量，二次电子数 n_2 与一次电子数 n_1 呈正比，二次电流（i_2）与二次电流（i_1）也呈正比。

$$n_1 = \sigma n_2 \tag{2-27}$$

$$i_1 = \sigma i_2 \tag{2-28}$$

式中　σ——二次电子发射系数，即一个一次电子所产生的二次电子数，一般为 1～1.4。

2）随一次电子能量的增大，σ 上升很快，在一次电子能量为 400～800eV 时达到最大值，继续增加一次电子能量，σ 呈下降趋势。当一次电子能量很大时，σ 降为较小值。图 2-7 所示为金属的二次电子发射系数与一次电子能量的关系曲线[1]。

3）随一次电子入射角度的增大，二次电子发射系数增大。

在真空镀膜技术中，采用电子枪产生的高能电子束将坩埚中的金属加热蒸发出来进行镀膜，同时，这些高能电子束还会从金属锭中激发出二次电子。在活性反应离子镀膜技术（ARE）中，在坩埚上方安装正电极吸引这些二次电子，使坩埚上方有更多的金属膜层原子被电离，可提高金属离化率。

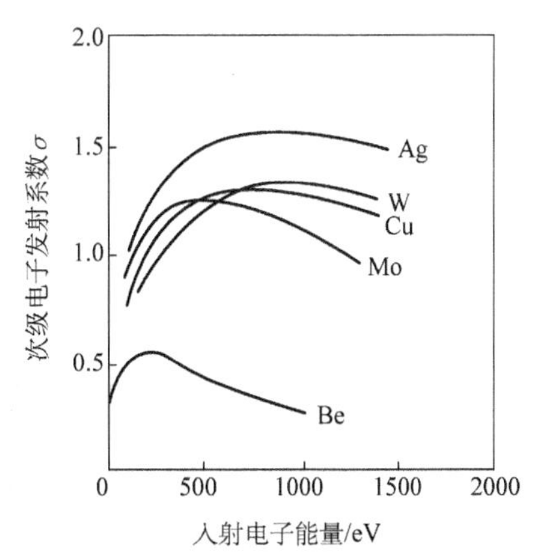

图 2-7　金属的二次电子发射系数与一次电子能量的关系曲线

2. 正离子轰击下的二次电子发射

在气体放电中，正离子轰击阴极表面，可以从阴极表面激发出电子，这种在正离子轰击下发射出二次电子的过程称为 γ 过程。把发射出的电子数目 N_e 与入射离子数 N_i 之比（二次电子流 i_e 与阴极离子流 i_i 之比）称为 γ 系数。

$$\gamma = i_e / i_i \tag{2-29}$$

$$\gamma = N_e / N_i \tag{2-30}$$

γ 系数决定于正离子的质量、电离电位和它的动能。当轰击阴极的电子能量为几十到几百电子伏时，γ 的数值在 1/100～1/10 之间。一般当正离子在电场中获得的能量远远大于 χ_0 时，则轰击阴极可以发射出二次电子。

在辉光放电中，正离子轰击阴极发射二次电子的 γ 过程是维持气体放电的基本过程。正离子在阴极位降区加速到达阴极，以很高的能量从阴极激发出二次电子，二次电子在阴极位降区又被加速向阳极运动。与阴极前的气体产生非弹性碰撞，使气体激发、电离，继续产生离子向阴极加速，可以再次从阴极激发出二次电子。从阴极发射出来的二次电子，在向阳极运动的过程中，只要能碰撞气体电离出一个离子就可以维持放电过程的连续不断地进行。我们把这个过程称为自持放电过程。该过程不需要用其他方式附加电子来维持放电过程的稳定进行。

固体表面的电子发射是各种离子镀膜技术的基础。例如：有了高能的正离子轰击阴极发射出二次电子，才能进行辉光放电离子镀膜；有了阴极产生热电子发射，才能进行空心阴极离子镀、热丝弧离子镀、热电子辅助镀膜；有了冷场致电子发射，才能进行阴极电弧离子镀；有了高能的一次电子流激发出二次电子，才能研发出活性反应离子镀膜技术等。因此，本章的真空物理基础知识是学习各种离子镀膜技术的基础知识。

参考文献

[1] 王福贞，马文存. 气相沉积应用技术 [M]. 北京：机械工业出版社，2007.

[2] 李云奇. 真空镀膜技术与设备 [M]. 沈阳：东北工学院出版社，1989.

[3] 达道安. 真空设计手册 [M]. 北京：国防工业出版社，2004.

[4] 高本辉，崔素言. 真空物理 [M]. 北京：化学工业出版社，1983.

[5] MATTOX D M. Handbook of physical vapor deposition (PVD) processing [M]. New York：Elsevier，2010.

[6] FREY H，KHAN H R. Handbook of thin-film technology [M]. Berlin：Springer，2015.

[7] Smith D L. Thin film deposition [M]. New York：McGraw-Hill，1995.

[8] 徐成海. 真空工程技术 [M]. 北京：化学工业出版社，2007.

[9] 关魁之. 真空镀膜技术 [M]. 沈阳：东北大学出版社，2005.

[10] 魏杨. 电真空物理 [M]. 北京：人民教育出版社，1961.

第3章　等离子体物理基础知识

3.1　引言

物理气相沉积技术的膜层粒子来源于固态物质源的蒸发或溅射。等离子体增强物理气相沉积技术是将气体放电引入到蒸发镀或溅射镀中，利用等离子体的能量增强镀膜过程，从而获得具有优异性能的薄膜材料。

真空蒸发镀是利用热能将固体膜料加热蒸发到工件上沉积薄膜。作为一种绿色环保的薄膜制备技术，该技术比液体电镀具有更多优点，得到了广泛应用；但该技术膜-基结合力低，膜层绕镀性差，膜层粒子能量低而不能生成化合物膜层。

1963 年，美国的 D. M. Mattox[1,2] 将辉光放电引入到蒸发镀膜中，工件接偏压电源的负极，蒸发电极接电源的正极。接通电源以后产生辉光放电，气体放电中的高能电子将气体和蒸发出来的膜层原子电离成为离子和激发成为高能中性原子。膜层粒子以高能状态到达工件表面形成膜层，高能状态的膜层粒子改变了薄膜的生长规律，显著提高了薄膜质量。这使人们看到了等离子体对镀膜的增强作用，从此，利用气体放电方式获得高能膜层粒子的离子镀膜技术层出不穷。这种技术称为离子镀膜技术，是蒸发型离子镀膜技术。

磁控溅射镀膜技术是利用辉光放电中的氩离子对阴极靶材产生阴极溅射作用得到膜层原子，后来发展到工件也加偏压电源，把溅射下来的膜层原子电离成为离子和激发成为高能中性原子，显著改善了膜层质量，这种技术称为溅射型离子镀膜技术。

上述两种技术的膜层粒子来源于固态物质源的蒸发或溅射，属于等离子体增强物理气相沉积（PEPVD）技术。表 3-1 列出了各种固态源离子镀膜技术及其特点。

真空蒸发镀膜时工件不加偏压，蒸发型离子镀膜和溅射镀膜时工件都加了偏压，镀膜是在辉光放电或弧光放电中进行的。从表 3-1 的最右一行的金属离化率可知，凡是在气体放电中进行的镀膜技术膜层粒子都有一定的金属离化率，即到达工件的膜层粒子中都有相当多的膜层粒子是以离子态加速到达工件表面，从而改变了

表 3-1 各种固态源离子镀膜技术及其特点

膜层物质来源	膜层粒子获得方法	镀膜技术类型	镀膜技术名称	能量来源	工作真空度/Pa	工件偏压/V	金属离化率(%)
固态源（物理气相沉积）	热蒸发	蒸发镀膜	电阻蒸发镀膜	热能	10^{-3}	0	0
			电子枪蒸发镀膜	电子束能量	10^{-3}	0	0
	热蒸发	离子镀膜	二级型离子镀膜	辉光放电	1~3	1000	1~3
			空心阴极离子镀膜	热弧光放电	10^{-1}	50~100	20~40
			热丝弧离子镀膜	热弧光放电	10^{-1}	100~120	20~40
			阴极电弧离子镀膜	冷场致弧光放电	10^{-1}	50~200	60~90
	磁控溅射	磁控溅射镀膜	二级型溅射镀膜	辉光放电	0	0	0
			平面靶磁控溅射镀膜	辉光放电	10^{-1}	100~200	10~20
			柱状靶磁控溅射镀膜	辉光放电	10^{-1}	100~200	10~15

薄膜形成的能量机制，提高了膜层质量。在介绍各种等离子体增强物理气相沉积技术之前，先系统介绍气体放电的基本规律，以便于理解各种离子镀膜技术的原理。

等离子体物理是一门重要的学科，本书主要介绍和离子镀膜技术相关的、必须掌握的基础知识，对有些公式不做详细推导，用相关结论分析离子镀膜过程中的规律、现象和各种离子镀膜技术的设计理念。

离子镀膜技术中使用的气体包括单原子气体、多原子气体和高分子气体。放电过程都遵从等离子体的一般规律，但也有各自的特性。在介绍各种等离子体增强物理气相沉积技术之前，首先以单原子气体氩气和金属原子为例，论述气体放电产生等离子体的物理基础知识。

3.2 等离子体

3.2.1 等离子体的定义

等离子体是一种电离气体，是离子、电子和高能中性原子的集合体，整体显中性，是继物质的固态、液态、气态之后的第四态[1-12]。物质具有不同能量时的聚集状态不同，图 3-1 所示为物质处于固态、液态、气态和等离子体态四种状态时所具有的能量范围[4]。

图 3-2 所示为水分子处于不同温度时所呈现的物质状态。0℃以下为固体——

冰，0~100℃为液体——水，高于100℃成为气体——水汽，10000℃以上就成为等离子体——电离气体。

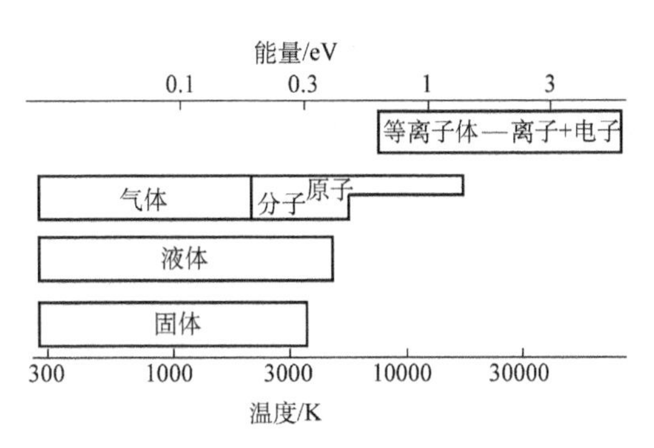

图 3-1 物质四种状态所具有的能量范围

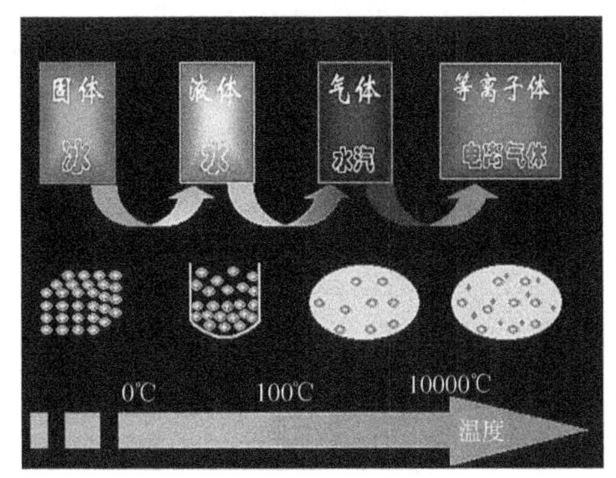

图 3-2 水分子处于不同温度时所呈现的物质状态

3.2.2 等离子体的分类

1. 按气体电离程度分类

(1) 完全电离状态气体 几乎所有中性粒子都呈离子态、电子态，是强导体，带电粒子密度为10^{10}~10^{15}个/cm^3。

(2) 部分电离状态气体 只有部分中性粒子被电离，电离度约为1%，其电导率与完全电离状态气体的电导率相近。

(3) 弱电离状态气体 只有极少量中性粒子被电离。

2. 按电子和重粒子的能量分类

(1) 热等离子体 热等离子体中的离子温度T_i和电子温度T_e相等，即$T_i \approx T_e$，均在10^4K范围，也称为平衡等离子体。在此高温下，所有的气体物质都会分解为原子或离解为带电粒子，包含大量的离子、自由基等活性粒子。

(2) 低温等离子体 低气压气体放电所获得的等离子体属于低温等离子体[1-9]。其特点是电子温度T_e高达数万摄氏度，而离子和其他粒子温度T_i比较低，即$T_e>>T_i$。低温等离子体也称为非平衡等离子体或冷等离子体。在低温等离子体中，电子有足够高的能量与气体进行非弹性碰撞，使气体激发、离解和电离。

图3-3所示为等离子体温度与气压的关系曲线[3-12]。由图3-3可知，只有在很高的压强下才能获得热等离子体。辉光放电、射频放电、低气压弧光放电均是在真空状态下放电产生的等离子体，$T_e>>T_i$，属于低温等离子体[9]。虽然离子、气体的温度低于电子的温度，但它们已经不是起初通入气体所具有的能量，而是低于电子能量的高能态活性粒子。

3.2.3 等离子体的获得方法

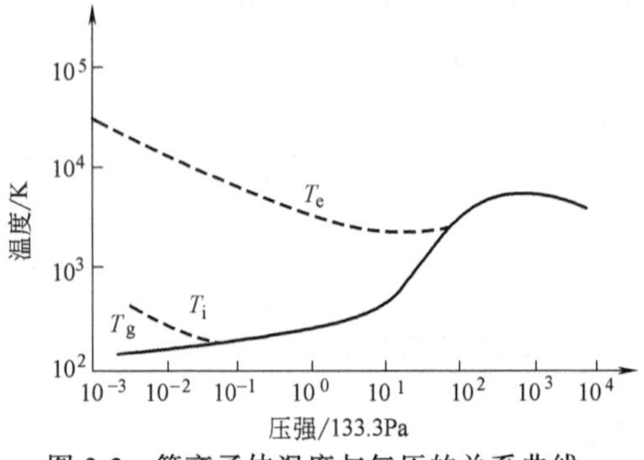

图 3-3 等离子体温度与气压的关系曲线

T_e—电子温度 T_i—离子温度 T_g—气体温度

等离子体的获得方法如下：

(1) 利用粒子热运动的方法 利用燃烧或冲击波使气体达到很高温度，分子和原子剧烈碰撞而离解为离子和电子。

(2) 利用电磁波能量的方法 利用光、X 射线、γ 射线照射使气体电离。

(3) 利用接触电离的方法 两种功函数（把原子中一个电子放到无限远时所需要的最小电位差）不同的金属，在高热表面接触时会发生离子化现象。

(4) 利用将电子与离子混合合成的方法 火箭推进器中采用此方法。

(5) 利用高能电子与气体产生碰撞电离的方法 电子在电场的作用下加速，获得足够的能量，与中性粒子碰撞使气体电离获得等离子体。这种电离过程可以在低气压中进行，也可以在大气压下进行。放电形式有电晕放电、辉光放电、弧光放电等形式。

3.3 气体的激发和电离

本节将讨论各种气体放电的发生、发展及其特点。

3.3.1 带电粒子的运动状态

在放电空间中有电子和气体分子存在，只有它们在不停运动时才能发生碰撞。碰撞电离的产生取决于高能电子所具有的能量和运动方式。带电粒子在放电空间有以下三种运动方式：热运动、迁移运动和扩散运动[1-12]。

1. 带电粒子的热运动

气体放电后获得包括电子、正离子、负离子和中性原子的等离子体，这些粒子做着无规律的热运动，遵循气体分子运动方程。当气体放电处于平衡状态时，各种粒子具有相同的平均动能，是由热能提供的动能。热能用 $3kT/2$ 表示，所以当放电处于平衡状态时，可以用下式表示它们之间的关系：

$$\frac{1}{2}m\bar{v}_e^2=\frac{1}{2}M_+\bar{v}_+^2=\frac{1}{2}M_-\bar{v}_-^2=\frac{1}{2}M_n\bar{v}_n^2=\frac{3}{2}kT \tag{3-1}$$

式中 m、M_+、M_-、M_n——电子、正离子、负离子和气体分子的质量；

$\bar{v}_e$、$\bar{v}_+$、$\bar{v}_-$、$\bar{v}_n$——电子、正离子、负离子和气体分子的平均速度；

k——玻尔兹曼常数，$k=1.38\times10^{-23}$J/K；

T——平衡温度。

由式（3-1）可以求出带电粒子的能量和它们所处温度的关系。带电粒子的能量用 eV 表示，它的物理意义是一个电荷量的电子经过 1 V 电位差获得的能量。经计算，具有 1eV 能量的带电粒子相当它在 11600K 时所具有的热能。

由各种粒子平均动能相等公式可知，电子的热运动速度 $\bar{v}_e=\sqrt{3kT/m}$，式中电子质量 m 很小，故电子热运动速度很大；而离子质量大，所以离子热运动速度小。

2. 带电粒子的迁移运动

在电场作用下吸引带电粒子向异性电极的运动称为迁移运动。一般可以把电子的运动看作在热运动的基础上叠加了沿电场方向的迁移运动。带电粒子经多次碰撞后，吸引到异性电极上，使放电空间通导电流。电子的迁移速度远大于离子的迁移速度。

3. 带电粒子的扩散运动

带电粒子在气体中分布不均匀，沿浓度降低方向运动的带电粒子数一般多于向相反方向运动的带电粒子数，这种定向运动称为带电粒子的扩散运动。真空度越低，碰撞次数越多，带电粒子沿浓度降低方向的运动速度越慢。

由以上分析可知，在放电空间内，电子、离子在电场、温度场和浓度梯度的驱动下一直不停地运动。

3.3.2 粒子间碰撞后能量的变化规律

由于带电粒子在放电空间不断进行热运动、迁移运动和扩散运动，必然与气体分子不断发生碰撞，碰撞分为弹性碰撞和非弹性碰撞[3-9]。

1. 弹性碰撞

粒子间进行弹性碰撞时只改变运动方向不改变内能，遵守能量守恒和动量守恒定律。

能量守恒：
$$\frac{1}{2}m_1v_1^2+\frac{1}{2}m_2v_2^2=\frac{1}{2}m_1u_1^2+\frac{1}{2}m_2u_2^2 \tag{3-2}$$

动量守恒：
$$m_1v_1+m_2v_2=m_1u_1+m_2u_2 \tag{3-3}$$

式中 m_1、m_2——入射粒子和目标粒子的质量；

v_1、v_2、u_1、u_2——两种粒子碰撞前后的速度。

对心碰撞前，目标粒子处于静止状态，即 $v_2=0$，则求得 u_1、u_2：

$$u_1=\frac{m_1-m_2}{m_1+m_2}v_1 \tag{3-4}$$

$$u_2=\frac{2m_1}{m_1+m_2}v_1 \tag{3-5}$$

目标粒子获得的能量为 ε_2，则

$$\varepsilon_2=\frac{1}{2}m_2u_2^2=2\frac{m_1^2m_2}{(m_1+m_2)^2}v_1^2 \tag{3-6}$$

由于入射粒子的能量 ε_1 为

$$\varepsilon_1=\frac{1}{2}m_1v_1^2 \tag{3-7}$$

$$则\ \varepsilon_2=4\frac{m_1m_2}{(m_1+m_2)^2}\varepsilon_1 \tag{3-8}$$

设 Δ 为入射粒子损失能量分数，则

$$\Delta=\frac{\varepsilon_2}{\varepsilon_1}=4\frac{m_1m_2}{(m_1+m_2)^2} \tag{3-9}$$

平均入射粒子损失能量分数 $\overline{\Delta}$：

$$\overline{\Delta}=2\frac{m_1m_2}{(m_1+m_2)^2} \tag{3-10}$$

当离子与气体分子或原子弹性碰撞时，离子质量 $M_i\approx$原子质量 M，离子的损失能量分数为

$$\overline{\Delta}_i\approx\frac{1}{2} \tag{3-11}$$

上式表示当两个重粒子，如离子与原子，或原子与原子凡是发生弹性碰撞时，入射粒子的能量损失自身能量的 1/2[3]（或全部[6-9]）。

当电子与气体分子或原子弹性碰撞时，由于电子质量 m 小于原子质量 M，所以

$$\overline{\Delta_e}=2\frac{m}{M} \tag{3-12}$$

一般$\overline{\Delta_e}\approx10^{-4}\sim10^{-6}$[3]，故产生弹性碰撞时，电子损失能量极少；但电子在由阴极向阳极运动的过程中，要经过频繁的碰撞。电子在 1eV 能量加速下，在气压为 133.3Pa 的气体中，每秒与气体分子、原子碰撞 10^9 次，因此电子在每秒内通过弹性碰撞传递给气体分子、原子的能量也是不可忽视的。

2. 非弹性碰撞

电子与中性原子产生非弹性碰撞后，目标粒子的内能增加，变成高能粒子。非弹性碰撞时能量的变化，假想二粒子对心碰撞，且 $v_2=0$，入射粒子有一部分能量转化为目标粒子的内能 W，则

$$\frac{1}{2}m_1v_1^2=\frac{1}{2}m_1u_1^2+\frac{1}{2}m_2u_2^2+W \tag{3-13}$$

$$m_1v_1=m_1u_1+m_2u_2 \tag{3-14}$$

可以推导出目标粒子获得最大内能 W_{max} 与入射粒子能量的关系为

$$W_{\max}=\frac{m_2}{m_1+m_2}\varepsilon_1 \tag{3-15}$$

当离子与中性气体原子产生非弹性碰撞时，$m_1 \approx m_2$，$W_{\max}=\varepsilon_1/2$，即离子最多也是把其能量的一半传递给中性原子，损失能量分数$\overline{\Delta_i}=1/2$。

当电子与中性气体原子产生非弹性碰撞时，$m_1 << m_2$，$W_{\max} \approx \varepsilon_1$，即电子几乎把所有的动能都传递给中性原子。

表 3-2 列出了带电粒子与中性气体分子发生弹性碰撞和非弹性碰撞时，能量损失的一般规律[2,5,6,8,9]。

表 3-2 碰撞过程中带电粒子能量损失分数$\overline{\Delta}$

碰撞方式	电子	离子、原子
弹性碰撞	$10^{-2}\%\sim10^{-4}\%$	1/2[3]，1[6,8,9]
非弹性碰撞	1	1/2

注：参考文献［6，8，9］中离子和原子弹性碰撞$\overline{\Delta}\approx1$。参考文献［3］中考虑了平均的概念，所以离子和原子弹性碰撞$\overline{\Delta}\approx1/2$。

综上所述，在气体放电过程中，电子在弹性碰撞中几乎不损失能量，但在非弹性碰撞时几乎把全部能量传递给目标粒子。电子与中性气体分子产生非弹性碰撞后使中性气体分子内能增加，把从电场加速获得的能量全部传递给气体分子或金属原子，使之激发成受激原子或电离成离子，所以电子可看作是气体放电中能量的传递员。

离子镀膜时，等离子体中的离子、高能中性原子在频繁的碰撞过程中将自身的能量传递给低能的气体原子和金属原子，使镀膜空间充满了各种层次能量的活性粒子。它们的能量比电子低很多，但它们已经不再是刚刚通入的室温气体的能量，也不再是刚刚蒸发出来的金属所携带的2000℃以下的热能（<0.2eV），而是高能态的等离子体。离子能量为 1～100eV，所以一旦气体和金属原子电离后，其能量会提高 100～1000 倍。同时又会碰撞产生各种高能的活性原子，放电空间内将产生各种能量状态的活性基团。

3.3.3 由电子非弹性碰撞产生的激发与电离

1. 原子处于基态

原子是由原子核和围绕其运动的电子组成的。电子受原子核的束缚在不同能级的电子轨道做旋转运动。通常，原子或分子中的电子都处在各自的能级上，这种状态最为稳定，称原子处于基态。

电子在电场作用下获得能量 ε 的大小与电子在加速电场经过的电位差 U 成正比，即 $\varepsilon=eU$，ε 的单位为 eV。U 越大，电子的能量 ε 越大。

2. 电子与气体碰撞产生激发

当基态原子 A 受到高能电子碰撞时，A 原子中低能级轨道上的电子吸收了入射电子能量后，由低能级轨道跃迁至高能级轨道，破坏了原子的稳定状态，原子变为激发态，称为受激原子 A^*，其过程表示为

$$A+e^- \rightarrow A^*$$

入射电子在加速电场中获得的能量恰好能使气体原子激发时，该电子在电场中经过的电位差称为激发电位，用 U_r 表示，单位为 V。

原子受激发有两种状态：

(1) 谐振激发　受激原子是不稳定的，受激原子会在 $10^{-8} \sim 10^{-6}$s 内放出所获得的能量，回跳到低能级上去，回复到正常状态。放出的能量以光量子的形式辐射出去，可以看到气体发光，称为激发发光。

(2) 亚稳激发　有的受激发原子停留时间较长，10^{-4}s 至数秒后才放出所获得的能量，回到正常的稳态，这种激发状态称为亚稳态。受激发原子称为亚稳原子，是长寿命的亚稳原子，相应的激发电位称为亚稳激发电位，用 U_m 表示。表 3-3 列出了一些元素的电离电位、谐振激发电位和亚稳激发电位[10]。

表 3-3　一些元素的电离电位、谐振激发电位和亚稳激发电位

周期	元素	原子序数	亚稳激发电位 U_m/V	谐振激发电位 U_r/V	一次电离电位 U_i/V
Ⅰ	H	1		10.198	13.595
	He	2	19.8	21.21	24.58
Ⅱ	Li	3		1.85	5.39
	Be	4		5.28	9.32
	B	5		4.96	8.296
	C	6	1.26	7.48	11.264
	N	7	2.38	10.3	14.54
	O	8	1.97	9.15	13.614
	F	9		12.7	17.418
	Ne	10	16.62	16.85	21.559
Ⅲ	Na	11		2.1	5.138
	Mg	12	2.709	2.712	7.644
	Al	13		3.14	5.984
	Si	14	0.78	4.93	8.149
	P	15	0.91	6.95	10.55
	S	16		6.52	10.357
	Cl	17		8.92	13.01
	Ar	18	11.55	11.61	15.755

（续）

周期	元素	原子序数	亚稳激发电位 U_m/V	谐振激发电位 U_r/V	一次电离电位 U_i/V
Ⅳ	K	19		1.61	4.339
	Ca	20	1.88	1.886	6.111
	Sc	21	1.43	1.98	6.56
	Ti	22	0.81	1.97	6.83
	V	23	0.26	2.03	6.74
	Cr	24	0.94	2.89	6.764
	Mn	25	2.11	2.28	7.432
	Fe	26	0.85	2.4	7.9
	Co	27	0.43	2.92	7.86
	Ni	28	0.42	3.31	7.633
	Cu	29	1.38	3.78	7.724
	Zn	30	4	4.03	9.391
	Ga	31		3.07	6
	Ge	32	0.88	4.65	7.88
	As	33	1.31	6.28	9.81
	Se	34		6.1	9.75
	Br	35		7.86	11.84
	Kr	36	9.91	10.02	13.996
Ⅴ	Rb	37		1.56	4.176
	Sr	38	1.775	1.798	5.692
	Y	39		1.305	6.38
	Zr	40	0.52	1.83	6.835
	Nb	41		2.97	6.88
	Mo	42	1.34	3.18	7.131
	Tc	43			7.23
	Ru	44	0.81	3.16	7.36
	Rn	45	0.41	3.36	7.46
	Pd	46	0.81	4.48	8.33
	Ag	47		3.57	7.574

（续）

周期	元素	原子序数	亚稳激发电位 U_m/V	谐振激发电位 U_r/V	一次电离电位 U_i/V
V	Cd	48	3.73	3.8	8.991
	In	49		3.02	5.785
	Sn	50	1.07	4.33	7.332
	Sb	51	1.05	5.35	8.64
	Te	52	1.31	5.49	9.01
	I	53			10.44
	Xe	54	8.32	8.45	12.127
Ⅵ	Cs	55		1.39	3.893
	Ba	56	1.13	1.57	5.81
	La	57	0.37	1.84	5.61
	Ce	58			-6.91
	Pr	59			-5.76
	Nd	60			-6.31
	Pm	61			
	Sm	62			5.6
	Eu	63			5.67
	Gd	64			6.16
	Tb	65			-6.74
	Dy	66			-6.82
	Ho	67			
	Er	68			
	Tu	69			
	Yb	70			6.2
	Lu	71			6.15
	Hf	72		2.19	5.5
	Ta	73			7.7
	W	74	0.37	2.3	7.98
	Re	75		2.35	7.87

（续）

周期	元素	原子序数	亚稳激发电位 U_m/V	谐振激发电位 U_r/V	一次电离电位 U_i/V
Ⅵ	Os	76			8.7
	Ir	77			9.2
	Pt	78	0.102	3.74	8.96
	Au	79	1.14	4.63	9.223
	Hg	80	4.667	4.86	10.434
	Tl	81		3.28	6.106
	Pb	82	2.66	4.38	7.416
	Bi	83	1.42	4.04	7.287
	Po	84			8.2±0.4
	At	85			9.2±0.4
	Rn	86	6.71	8.41	10.745
Ⅶ	Fr	87			3.98±0.10
	Ra	88			5.277
	Ac	89			6.89±0.6
	Th	90			
	Pa	91			
	U	92			4

高能亚稳中性原子在放电空间长时间的存在，既可以与气体原子发生更多的碰撞，将其一半的能量传递给气体原子，提高膜层原子能量，又可以产生累积电离，自己再获得一部分能量，使亚稳受激原子电离，提高电离概率。

3. 电子与气体碰撞产生电离

（1）电离过程　电子与气体发生碰撞，常态原子A中最低能级上的电子吸收入射电子的能量后，脱离原子约束跑出去，原子变为缺失电子的正离子A^+，放电空间多出一个电子，此过程称为电离。电离过程表示为

$$A+e^- \rightarrow A^+ +2e^-$$

电离所吸收的能量称为电离能，使电子获得电离能的电位称为电离电位，用U_i表示。表3-3中列出了一些元素的电离电位U_i，这种电离过程称为第一类非弹性碰撞[3-7]。

由一个原子电离出一个电子的过程称为一次电离，失去二个电子称为二次电离，失去三个电子称为三次电离。如果电子是逐个电离出的，称为逐次电离过程。如果一次被电离出两个以上电子，称为多荷电离，相应的离子称为多荷离子，此过程较少发生。

（2）微分电离系数　电子的能量尽管大于电离电位或激发电位，但并不是每次碰撞都能发生电离或激发。形成电离或激发的比例，称为电离概率或激发概率，分别用 f_i、f_r 表示。

电离概率的大小与电子能量有关。电子在气压为 133.3Pa、0℃气体中，每经 1cm 路程所产生的离子数定义为微分电离系数，用 S_e 表示，同样也有微分激发系数。

图 3-4 所示为几种气体的微分电离系数 S_e 与电子能量 ε 的关系曲线[3]。由图 3-4 可知，各气体的曲线多是有极大值曲线，峰值出现在 50～100eV 范围内。

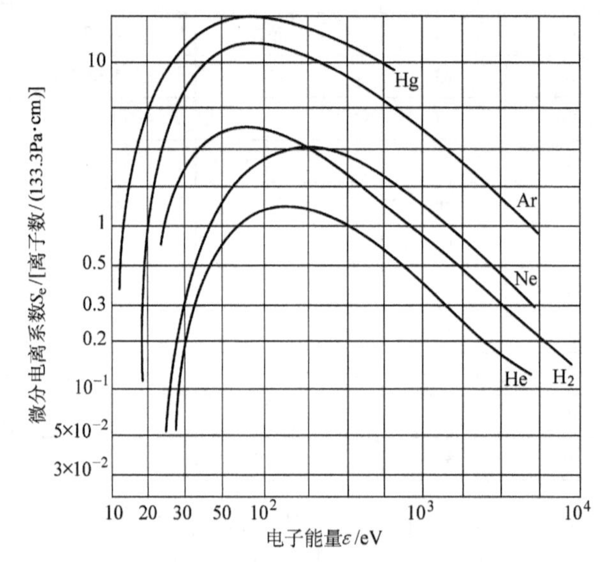

图 3-4　气体的微分电离系数 S_e 与电子能量 ε 的关系曲线

当电子能量过大时，气体的电离程度反而降低。这是由于当入射电子与气体原子接触时，最外层电子脱离原子核约束产生电离需要一定的能量交换时间，如果电子能量很高，速度太快，电子与原子的作用时间很短，来不及能量交换，故微分电离系数较低。辉光放电的电压在 1000V 以上，弧光放电电压为 20～70V，弧光放电的微分电离系数大于辉光放电的微分电离系数。因此，弧光放电中气体离子和金属离子的密度比辉光放电大许多倍。

（3）电离率　电离率是气体放电后产生的离子数量与原子数量总和的比例，用 α 表示[3-6,8]

$$\alpha=\frac{n_i}{n_i+n_a}=\frac{n_i}{n_o} \tag{3-16}$$

式中　n_i——离子数量；

n_a——中性原子数量；

n_o——全部重粒子数量。

在镀膜时，如果 n_i 为金属离子的数量，n_o 为全部金属离子和中性原子的数量，则 α 为金属离化率。

3.3.4 第二类非弹性碰撞

其他因素所造成的激发和电离称为第二类非弹性碰撞[3-12]。

1. 正离子造成的转荷过程

正离子与气体原子质量相近。正离子与气体原子碰撞时，如果要贡献出一半的能量才能使气体原子电离，则正离子必须具有很高的能量，但在气体放电中只有较少一部分正离子能达到如此高的能量。因此，正离子引起的电离概率很小。但是，正离子与原子产生的转荷过程比较容易进行。高能离子和低能中性原子碰撞时，只产生电荷交换而无能量交换，结果得到的是高能中性原子和低能离子，此过程称为转荷过程，其表达式为

$$A^+ + B(\varepsilon\downarrow) \rightarrow A + B^+(\varepsilon\downarrow)$$

转荷过程比非弹性碰撞过程频繁得多，转荷过程是放电空间产生离子和高能中性原子的重要来源之一。低能离子在电场作用下继续加速，又可成为高能离子。

2. 亚稳原子造成的累计电离

亚稳原子是长寿命的受激原子，只需再得到少量的能量就可以被激发或电离。它的作用是增加了逐次跃迁和逐次累积电离的可能性。

如汞的电离电位是 10.434V，对于具有 4.66eV 能量的汞亚稳原子，只需要与具有 5.774eV 能量的电子相互碰撞就能将汞原子电离。由此可知，亚稳原子的存在降低了气体的有效电离电位，有利于电离概率的提高。放电空间内亚稳原子的存在对提高离化率也起到了重要作用。

3. 亚稳原子将能量传递给电子

受激亚稳原子 A_m 与电子相互作用时，将能量传递给电子使电子速度增大，自身变为常态原子，此激发的逆过程可表示为

$$A_m + e^- \rightarrow A + e^-(\varepsilon\uparrow)$$

4. 受激亚稳原子 A_m 与常态原子间相互作用产生能量转移

使常态原子成为受激原子，自身变为常态原子，此过程表示为

$$A_m + B \rightarrow A + B_m$$

5. 潘宁效应

气体离子 A^+和亚稳原子 A_m 与不同类型的 B 原子相互碰撞时，A 的电离电位或激发电位大于 B 的电离电位，碰撞后 B 原子会变为离子，A 变为常态原子，此过程称为潘宁效应，表示为

$$A^+ + B \rightarrow A + B^+ + e^-$$

$$A_m+B \rightarrow A+B^{+}+e^{-}$$

气体的电离电位和激发电位都比金属的电离电位高许多，它们之间相互碰撞最容易产生潘宁效应，产生更多的金属离子。潘宁效应在等离子体聚合中的作用更为明显。

6. 受激亚稳原子 A_m 与化合物气体分子 BC 相互作用

受激亚稳原子 A_m 与化合物气体分子 BC 相互作用时，使化合物分子离解为基元粒子（活性原子），活性基团被电离成为常态原子，此过程表示为

$$A_m+BC \rightarrow A+B+C$$

$$A_m+BC \rightarrow A+B^{+}+C+e^{-}$$

由以上各种反应可知，高能电子与气体发生非弹性碰撞得到高能受激发原子和高能离子后，高能受激发原子和离子又会与低能气体原子、金属原子发生一系列复杂的第二类非弹性碰撞，使得放电空间存在大量不同层次能量的离子和原子。它们的能量都远高于通入的气体原子和刚蒸发出的金属原子。由于辉光放电的离化率低，一般为 1%~3%，即产生的离子数量很少，而且经过与低能的气体分子、原子碰撞后，自身能量降低，但是这将低能的原子能量提高了，放电空间获得了大量的有一定能量的活性粒子，因此放电的电子能量高，而离子、原子的能量相对比较低，成为非平衡等离子体。

7. 热电离

只有气体温度达到 3000K 以上时，才可观察到高速原子碰撞而引起的热激发和热电离。

8. 光电离

光的能量用光量子 $h\nu$ 表示。光子与原子碰撞时，当入射光子的能量 $h\nu$ 大于某种原子的 eU_i 时，便能发生光电离：

$$A+h\nu \rightarrow A^{+}+e^{-}$$

光子能量大于分子的 eU_r，可以产生光致激发。设产生光致电离的极限波长为 λ_o，一般可见光不能直接引起气体的光电离，只有短波长的紫外光、X 射线、γ 射线和激光才可引起光电离，但是光致激发的概率比光致电离的概率大得多。金属发光多源于金属吸收了光子的能量后产生跃迁，又回跳时发出能量。不同金属，不同能级放出光的波长不同，发光颜色不同。

3.3.5 附着和离脱

在放电空间里电子被原子、分子等捕获形成负离子的过程称为附着；反之，电子从负离子放出的过程称为离脱。定义中性原子和相应负离子基本能量之差为原子对电子的亲和势 E_A，单位为 eV。

1. 附着

在气体放电中形成负离子的方式有以下几种：

$A+e^- \rightarrow A^- + h\nu$ 附着

$AB+e^- \rightarrow A^- + B$ 分子离解

$AB+e^- \rightarrow AB^- - h\nu$ 形成分子性负离子

$A+B+e^- \rightarrow A^- + B(\varepsilon\uparrow)$ 三体附着

2. 离脱

在等离子体中，离脱方式有以下几种：

$$A^- + B \rightarrow A + B + e^-$$

$$A + B^- + e^- \rightarrow AB + 2e^-$$

惰性气体和金属原子形成的负离子都是非常不稳定的。卤族元素只有在获得一个电子将最外电子层填满时，才能成为稳定的负离子。

3.3.6 带电粒子的消失——消电离

在低气压气体放电获得的等离子体中存在大量的带电粒子，它们时刻进行电离的逆过程。电子与离子在空间复合或在器壁上复合或进入电极而消失，带电粒子在放电空间消失的过程称为消电离。

1. 带电粒子在电极上的消失

带电粒子由于电极的加速分别进入异性电极而消失，电子进入阳极，离子进入阴极。

2. 带电粒子在器壁上复合

带异性电荷的粒子由于浓度梯度的影响而扩散，在器壁上碰到一起很容易复和，多余的能量会加热器壁。

3. 带电粒子在空间复合

带不同电荷的粒子在空间复合的形式多样，统称为体复合。在放电空间里电离—复合、电离—消电离的过程频繁发生着。

1）离子与电子的复合：

$A^+ + e^- \rightarrow A + h\nu$ 复合发光

$AB^+ + e^- \rightarrow A + B$ 分解复合

$A^+ + 2e^- \rightarrow A + e^-$ 三体复合

$A^+ + e^- + B \rightarrow A + B$ 三体复合

2）正离子与负离子复合：

$$A^+ + B^- \rightarrow AB + h\nu$$

$$A^+ + B^- \rightarrow A + B$$

$$A^+ + B^- + C \rightarrow AB + C(\varepsilon\uparrow)$$

3.3.7 气体放电中的发光现象

在低气压气体放电过程中，高能电子将气体和金属原子激发、电离后处于非平衡状态。处于非平衡状态的受激原子和离子会趋向于稳态，此过程会以光量子的形态放出原来吸收的能量，产生发光现象[3-8]。

1. 激发发光

谐振受激原子会在 10^{-8}s 的时间内回迁到稳态的能级，放出原来受激跃迁时吸收的能量。这些能量以光量子的形态发射出来，产生激发发光现象。

2. 复合发光

在放电空间内，离子遇到电子后产生复合变成稳态原子，在复合过程中要放出原来吸收的能量。这些能量以光量子的形态放出，产生复合发光现象。

由于原子结构不同，电子所在能级的能量不同，产生的激发发光、复合发光的频率不同，发光颜色也不同。

离子镀膜过程中，不断产生电子和离子的复合、金属离子和电子与反应气体的三体复合、谐振受激原子的回迁等过程，产生发光现象。电离程度越激烈，光的强度越大。不同元素电子的能级不同，发光颜色不同。氩气是蔚蓝色，通入氮气沉积氮化钛薄膜时是樱红色。

通过上述各种反应过程可知，在离子镀膜的放电空间内会连续不断地产生高能电子与气体产生非弹性碰撞，得到高能受激发原子和高能离子。这些高能受激原子和离子又会与低能的气体原子、金属原子产生一系列复杂的碰撞过程，使放电空间具有不同能量层次的离子和原子。放电空间内充满了大量活性粒子，其能量都远远高于通入的气体原子和刚蒸发出的金属原子。

镀膜空间内的各种高能粒子均起因于高能电子，所以镀膜空间内电子越多，镀膜过程中的各种高能粒子越多，膜层粒子的总体能量越高，越有利于进行化学反应，从而生成高质量薄膜。现代离子镀膜技术都是千方百计获得更多的电子，以提高镀膜空间的等离子体密度，进而提高膜层粒子总体能量。

3.4 气体放电

3.4.1 气体放电的过程

1. 雪崩放电

将容器抽真空，当其真空度在 1~10Pa 之间时，接通阴极和阳极之间的电源，此时真空室内原有的电子在电场作用下加速运动。当电子能量达到一定值时，与中性气体分子碰撞并使之电离。离子向阴极加速运动，电子向阳极加速运动的过程中进一步产生更多的碰撞电离，带电粒子数量数迅速增加，形成电子的繁流过程，也称雪崩放电过程，其过程如图 3-5 所示[3]。此时的放电属于非自持放电过程，如果将原始电离源除去，放电立即停止。

2. 维持自持放电的条件

若将原始电离源去掉，放电仍能维持，则该过程称为自持放电过程，用 γ 表示。其物理意义是，在单位时间内正离子从单位阴极表面激发出一个二次电子，二次电子在向阳极运动的过程中与气体发生碰撞电离，产生一个正离子，正离子又加速到达阴极激发出一个二次电子的放电过程。

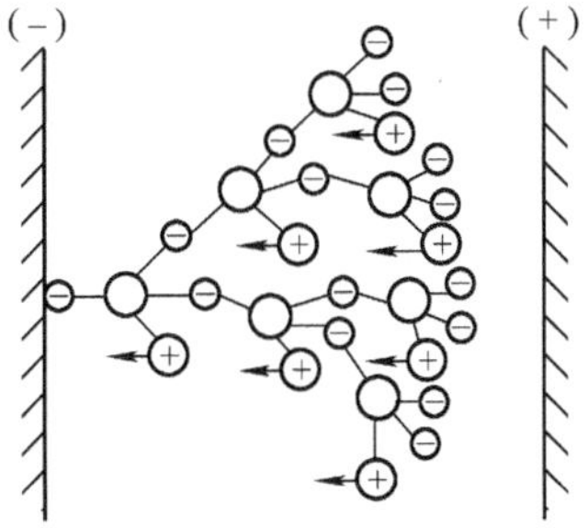

图 3-5 雪崩放电过程

3. 气体的点燃条件

电子使气体电离的条件是电子所携带的能量大于气体的电离能。科学家巴邢发现，使气体产生放电的因素很多，如气压 p、极间距离 d、阴极逸出功 χ、气体种类和成分、温度和原始电离强度等，所以使气体产生放电的电压是一个复杂的物理量。

巴邢发现，在其他条件不变的情况下，气体点燃电压，即放电电压 U_z 不是单独与气压 p、极间距离 d_c 有关，而是和 p 与 d_c 的乘积有关。此规律如图 3-6 所示[1,3-12]，在某一 pd_c 值，U_z 有最小值 U_{zmin}。此点电压称为自持放电点燃电压，用 U_{zmin} 表示。

U_z 是 pd_c 乘积的函数，不单独是 p 或 d_c 的函数。不同气体、不同阴极的 $U_z=f(pd_c)$ 曲线如图 3-6 所示[10]，此曲线称为巴邢曲线。由图 3-6 可知，气体的巴邢曲线是有最低点的曲线，在曲线左半部，随 pd_c 的减小，U_z 上升很快；在曲线右半部随 pd_c 增加，U_z 上升缓慢。pd_c 单位为 Pa · m。

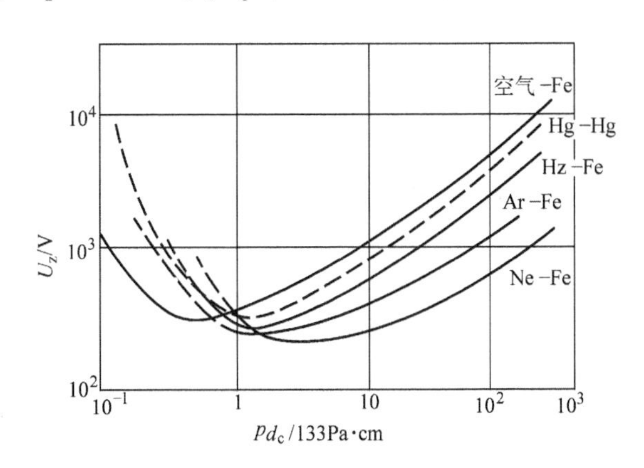

图 3-6 几种气体的巴邢曲线

气体最低点燃电压 U_{zmin} 不仅与气体有关，也与阴极材料有关。表 3-4 列出了不同气体、不同阴极材料的 U_{zmin} 和 pd_c 值[9]。

表 3-4　不同气体、不同阴极材料的 U_{zmin} 和 pd_c 值

气体	阴极	U_{zmin}/V	pd_c/1.333Pa·m
He	Fe	150	25
Ne	Fe	244	30
Ar	Fe	265	15
H_2	Fe	275	7.5
O_2	Fe	450	7.0
空气	Fe	330	5.7
Hg	Fe	425	18
Hg	Fe	520	20
N_2	Fe	335	0.4

从巴邢曲线可看出，引燃起辉放电时所加的阴极电压有一个最低电压。实践中发现，在引燃气体放电时，一旦产生气体放电，其放电电压会发生陡降，说明选择的引燃电压不是最低点燃电压。一般情况下，气体点燃以后，放电电压会自动降低维持自持放电的电压。其中，铁基材料用氩气放电的点燃电压约 265V。

3.4.2　气体放电的伏安特性曲线

1. 伏安特性曲线的测定

气体放电两极间的电压-电流变化曲线称为伏安特性曲线。图 3-7 所示为测定气体放电伏安特性曲线的装置[10]，回路中 E_a 为直流电源，R_a 为可变电阻。接通电源 E_a 后，测出极间的电压、电流，并绘制出气体放电过程中两极间的电压-电流变化曲线，即伏安特性曲线[3-12]。

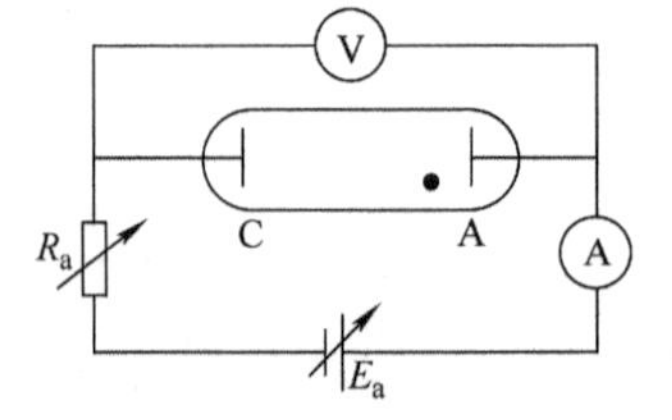

图 3-7　测定气体放电伏安特性曲线的装置

2. 伏安特性曲线的特点

图 3-8 所示为气体放电伏安特性曲线[3]。

非自持暗放电区Ⅰ：图 3-8 中 AB 段表示电压由 0 逐渐增加时出现非常微弱的电流（10^{-12}A）。此电流是由空间残余电子引起空间电离产生的。在此区间虽然随着极间电压的增大放电电流也增大，但电流较微弱，看不到发光现象，称为非自持暗放电，属雪崩式的汤生放电过程。

自持暗放电区Ⅱ：从 B 点开始进入自持放电阶段，产生雪崩式的汤生放电。B 点电压 V_b，也叫击穿电压，一般高于实验条件（p、d）下的点燃电压 U_{zmin}，BC 段已经有微弱发光，称为自持暗放电区Ⅱ。

过渡区（电晕放电区Ⅲ、前期正常辉光放电区Ⅳ）：如果回路中电阻不大，经过渡区放电很快过渡到 E，电压陡降至 V_n，电流突增，阴极上发出较强的辉光，

进入正常辉光放电区。

正常辉光放电区Ⅴ：由伏安放电特性曲线可知，V_b 是点燃电压，V_n 是维持稳定正常辉光放电的电压，也就是巴邢曲线的 U_{zmin}。

从 E 点开始转入正常辉光放电后，阴极表面只有一部分发光，称为阴极斑点。减小限流电阻，起辉面积增加。极间电流随起辉面积的增加而增大，但是正常辉光放电的电压保持不变，这是正常辉光放电的特点。

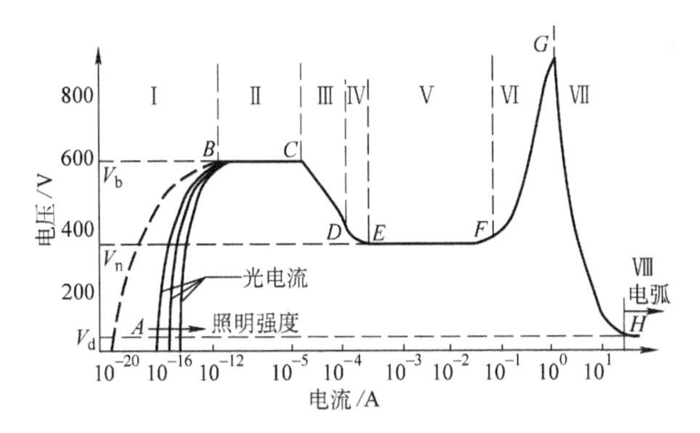

图 3-8 气体放电伏安特性曲线

Ⅰ—非自持暗放电区 Ⅱ—自持暗放电区 Ⅲ—电晕放电区 Ⅳ—前期正常辉光放电区
Ⅴ—正常辉光放电区 Ⅵ—异常辉光放电区 Ⅶ—辉光向电弧放电过渡区 Ⅷ—电弧放电区
V_b—放电点燃电压 V_n—正常辉光放电电压 V_d—弧光放电电压

异常辉光放电区Ⅵ：当阴极斑覆盖整个阴极表面时，即到达 F 点，出现随着极间电压增加、极间电流也增大的现象，即进入异常辉光放电阶段。FG 段具有异常辉光放电的特点，电流密度为 mA/cm^2 级。到达 G 点附近，阴极电流密度很大，局部阴极被加热到很强的热电子发射过程，空间电阻减小，电压陡降，电流突增，很容易过渡为弧光放电。

由 G 开始进入辉光向电弧放电过渡区Ⅶ：极间电压由数百伏突降至几十伏，电流密度由 mA/cm^2 级突然升至 $100A/cm^2$ 级。G 点是弧光点燃电压，GH 是异常辉光放电向弧光放电转变的过渡区。只要电源允许，此现象较易实现。

从 H 点开始进入稳定的弧光放电区Ⅷ：电压为几十伏，电流密度在 $100A/cm^2$ 以上。

3.5 辉光放电

3.5.1 辉光放电的特点

辉光放电是应用较早的放电形式，是各种放电的基础。

1. 辉光放电的点燃

在只有阴极、阳极电场的真空容器中，真空度低于1Pa时，接通直流电源后气体被电离，工件产生辉光放电，工件表面被辉光层包围。辉光放电电流密度为mA/cm^2级，电压为400~5000V，是高电压小电流密度放电形式。辉光放电时产生激发发光、复合发光现象，光的颜色因气体而异。

2. 阴极位降区

（1）阴极前的电位分布　真空容器中，放电前极间电位分布如图3-9[10]中的OA_0所示，呈直线分布。放电后，在空间产生的正离子密度和电子密度相近。由于电子质量小，运动速度大，向阳极迁移率大；而正离子相反，质量大，向阴极运动速度小，所以堆积在阴极附近，这种正的空间电荷效应使两极间电场畸变，相当于使阳极A向阴极C移动，形成等效阳极。两极间电压主要分布在阴极和等效阳极之间，称为阴极位降，如图3-9中的OA_2所示。等效阳极到阴极的距离用d_2表示，也称为阴极位降区宽度[1-8]。

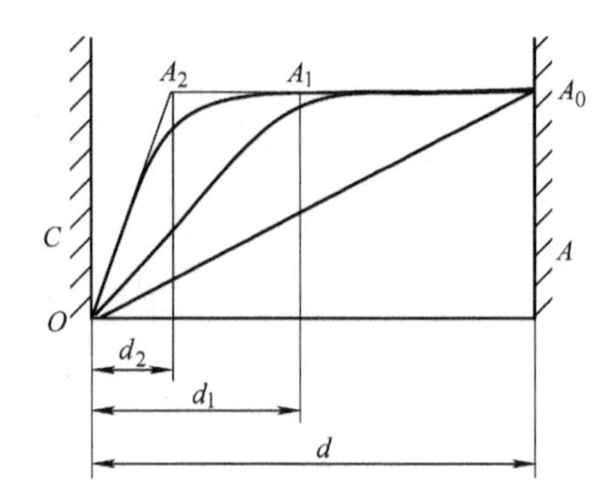

图3-9　放电空间极间电位分布

等效阳极相当于将阳极向阴极方向推移，极间距离缩短至d_2，改变了电场强度E，在气体点燃之前，场强$E=U_z/d$，在U_z的作用下，电子得到足够的能量将气体点燃，进入自持放电阶段。在放电发展过程中，由于正离子的堆积作用，形成的等效阳极逐渐靠近阴极C，即在放电的发展过程中，阳极相当于由A处移至A_1处，再移至A_2处。由于阴极与阳极之间距离的缩短使电场强度增加，$E_2=U_z/d_2$。当空间压强p不改变时，电子平均自由程λ_e不变，所以电子能量$eE_2\lambda_e>eE\lambda_e$。而电子原来的能量$eE\lambda_e$足以使气体电离，极间电压$U_z$仍可维持放电过程。因此，一旦将气体点燃，两极电压$U_z$将自动沿巴邢曲线降至$U_{zmin}$，此时等效阳极与阴极间距离用$d_c$表示，放电进入稳定的正常辉光放电区，此时正离子的堆积层到阴极的距离即为d_c，d_c就是前面讲过的d_2，即在离阴极距离为d_c很小的距离形成了正离子鞘层。阴极与阳极之间的电位降主要分布在d_c范围内，极间电压将出现陡降现象，形成高的电场强度，电子和离子在d_c区这个狭窄的区间得到加速。正离子加速轰击阴极，从阴极激发出二次电子。电子则加速向阳极方向运动，在d_c区间与中性气体原子碰撞，产生一系列非弹性碰撞，最终仍产生一个电子，满足自持放电过程条件，维持气体放电过程的进行。

（2）阴极位降区的宽度　辉光放电时，两极间电压主要降落在阴极位降区内。阴极位降的宽度与电压、气体成分和阴极材料有关。阴极位降区有一些特点，其他放电条件不变，只改变气压p，阴极位降U_z不变；阴极位降区的宽度d_c与p成反比，随着真空度的降低（p 的增大），阴极位降的宽度 d_c 减小；当 pd_c 的乘积不变，U_c 不变；当 $d=d_c$ 时，极间距离除阴极位降区外，其他各区都不存在，放电仍能进行；当 $d<d_c$ 时，放电立即熄灭；如果只改变极间距离 d，无论把阴极移向阳极还是把阳极移向阴极，阴极位降区宽度 d_c 始终不变，只是其他区间相应缩短。常用此原理对阴极进行间隙屏蔽，一般间隙宽度为 1~3mm，间隙深度为 8~15mm。

3.5.2 正常辉光放电和异常辉光放电

1. 正常辉光放电和异常辉光放电特性对比

在伏安特性曲线的分析中，介绍了正常放电和异常辉光放电的区别，其特性对比见表 3-5[10]。

表 3-5 正常辉光放电和异常辉光放电特性对比

特性	正常辉光放电	异常辉光放电
阴极位降大小	与电流无关 与气压无关	与电流成正比 随气压升高而减小
阴极位降区宽度	与电流无关 随气压升高而减小	随电流增大而减小 随气压升高而减小
电流密度	与电压无关 随气压升高而增大	随电压增大而增大 随气压升高而增大
阴极起辉面积	与电流成正比	阴极全部布满辉光

2. 正常辉光放电的点燃电压

正常辉光放电的起辉（点燃）电压就是最低点燃电压 U_{zmin}。如果阴极与阳极之间的距离 d 和气压 p 的乘积恰好为巴邢曲线最低点时的 pd_c，则气体放电的点燃电压就是 U_{zmin}。对于铁阴极和氩气、氮气、氧气、氢气，U_{zmin} 只有 100~343V。表 3-6 列出了几种阴极材料和气体产生正常辉光放电时的阴极位降[2,3,10]。刚点燃时，只是在阴极表面一个很小的面积上起辉，随着电源功率的加大，阴极表面的起辉面积逐渐增加，直至辉光布满整个阴极。在辉光沿阴极扩展的过程中，电压保持不变，阴极电流随辉光面积的增加而加大。由表 3-6 可知，对于各种阴极材料，氩气的正常辉光放电的阴极电位在 165V 以下。对于铁阴极，双原子气体的正常辉光放电电位在 343V 以下。

表 3-6 几种阴极材料和气体产生正常辉光放电时的阴极位降 （单位：V）

阴极材料	空气	Ar	He	H_2	Hg	Ne	N_2	O_2	CO	CO_2
Al	229	100	141	170	245	120	180	311		
Ag	280	131	162	216	318	150	233			
Au	285	131	165	247		158	233			
C				240			210			

（续）

阴极材料	空气	Ar	He	H_2	Hg	Ne	N_2	O_2	CO	CO_2
Cu	370	131	177	214	442	220	208		484	460
Fe	269	165	161	250	298	150	215	343		
Mo		145	171		535	115				
Ni	226	131	158	211	275	140	197			
W		140	155		305	125				
Zn	277	110	143	184			216	354	480	410
Ta		156	131			158				

一般阴极与阳极之间的距离 d 是一定的，放电空间的气压 p 很难设定为巴邢曲线最低点气压值，必须提高阴极与阳极之间的电压，气体才能产生辉光放电。无论真空室内气压高于或低于这个气压范围，都必须将极间电压调高到 B 点，才能由繁流放电区Ⅱ，经过电晕放电区Ⅲ和前期正常辉光放电区Ⅳ，进入到稳定的正常辉光放电区Ⅴ。放电电压陡降到 E 点，E 点电压就是 U_{zmin}，在 EF 区间辉光逐渐布满整个阴极，放电电压不变，电流逐渐增加，呈正常辉光放电特性。

如果真空室内气压保持 p 不变，两电极间距离过大或小于巴邢曲线的最低点 d 值，则必须提高极间电压才能产生辉光放电，或者移动电极间距离也可以在接近 U_{zmin} 的较低电压起辉。

在高于 U_{zmin} 的电压起辉时，外电源提供的能量高于 U_{zmin} 的电压起辉的能量。如果实际的 pd 远离 pd_c 时，所加的电压会较高，有的需要 1000V 以上，此时工作点在巴邢曲线的左方或右方。由于外电源给阴极提供了很高的能量，因此一旦点燃气体放电，阴极表面会马上布满辉光，进入异常辉光放电区，看不到辉光在阴极表面逐渐扩展的过程。

3. 异常辉光放电

阴极表面布满辉光以后，放电电流随着极间电压升高而增大。伴随辉光电流的增大，工件表面辉光亮度增大，当电压和气压确定后，异常辉光放电稳定进行。一般辉光放电型离子镀膜、磁控溅射、等离子体增强化学气相沉积、辉光离子渗氮的放电多在异常辉光放电区域。

3.5.3 辉光放电两极间各种特性的分布

1. 两极间光强不均出现明暗相间的发光层[3-12]

气体放电进入辉光放电阶段后，可发现辉光强度从阴极到阳极的分布是不均匀的，而且极间电荷分布、电位分布、电场强度分布等特性也都不均，图 3-10 所示为辉光放电极间特性分布[10]。该图清楚地表明了辉光放电过程中，辉光强度（光强）、电位、电场强度、正电荷、负电荷、净电荷、电流密度和气体温度的分布规律。

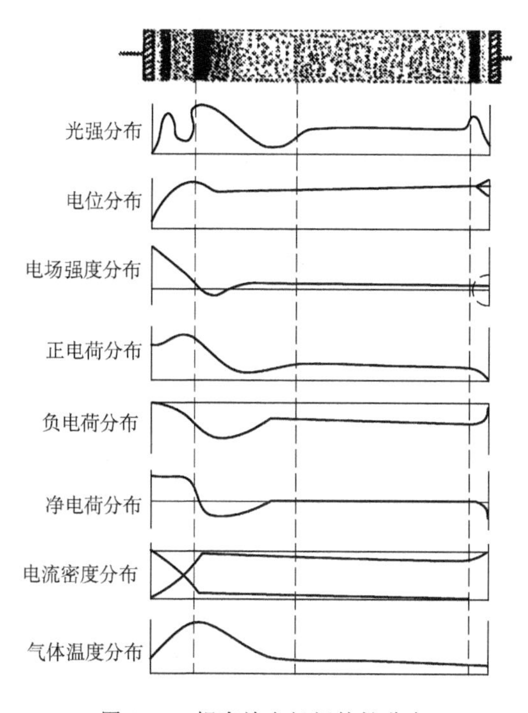

图 3-10 辉光放电极间特性分布

2. 各区形成原因

从阴极到阳极区间分为阿斯顿暗区、阴极辉区、阴极暗区、负辉区、法拉第暗区、正柱区、阳极暗区和阳极辉区[10]。

图 3-11 所示为图 3-10 中最上面的辉光放电时两极间光强不均，出现明暗相间的发光层的放大图。

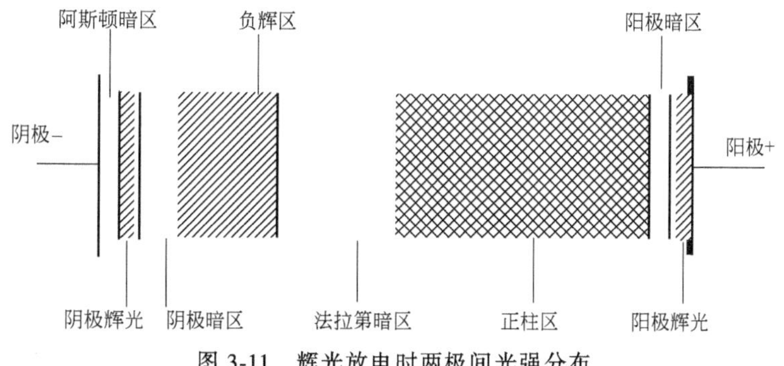

图 3-11 辉光放电时两极间光强分布

阿斯顿暗区：离子将电子从阴极激发出来，电子向阳极运动的过程中，进入阴极位降区加速，但能量较小，不足以产生激发发光，因此形成阿斯顿暗区。

阴极辉区：电子到达阴极辉区时，已经具有激发气体的能量，可以激发发光。

阴极暗区：激发过程中失去能量的电子多数为慢速电子，能量小于电离能。电子进入阴极暗区后，在高场强的作用下以较高速度离开阴极暗区，不发生碰撞所以不发光。

负辉区：电子在阴极暗区被加速进入负辉区。电子具有很高的能量，可产生更多的电离和激发。在此区产生大量的激发发光和复合发光，形成很强的辉光，因此负辉区的光最强。放电气体成分不同，辉光颜色也不相同。

法拉第暗区：大部分电子在负辉区损失了能量，能量不足以引起明显的电离和激发，所以形成暗区。

正柱区：电子密度和正离子密度几乎相等，也称为等离子体区。带电粒子密度一般为 $10^{10}\sim10^{12}$ 个/cm^3，在气体放电中的作用就是传导电流，即等离子体是一强导体。正柱区的电场强度比阴极区小几个数量级。

阳极区：电子被阳极吸收，离子被阳极排斥，阳极前形成负的空间电荷，电位急剧增高，形成阳极电位。电子在阳极区被加速后，在阳极前产生激发和电离，形成阳极辉。

在放电容器可以看到，从阴极到阳极之间的辉光层的明暗分布。图 3-12 所示为直流辉光离子渗氮时工件周围的辉光。由图 3-12 可以明显看到明暗相间层。

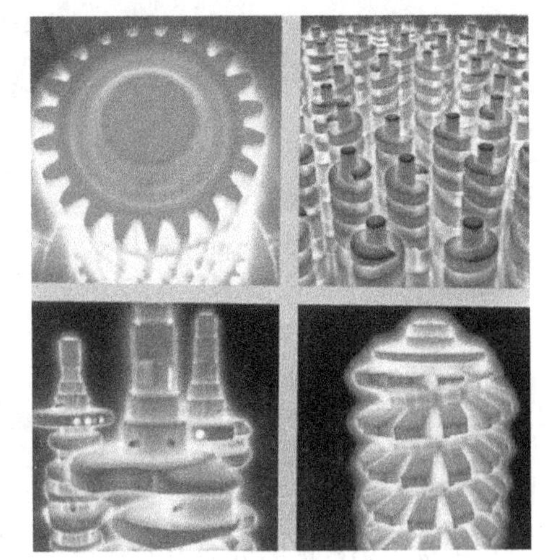

图 3-12　直流辉光离子渗氮时工件周围的辉光

3.5.4　辉光放电的空心阴极效应

1. 两个平板阴极辉光叠加现象

前面讨论的是单阴极的放电特点，若有两个平行平板阴极 C_1、C_2 置于真空容器中，A 为阳极，接通电源后将产生辉光放电。图 3-13 所示为两个平行平板阴极放电装置[10]。

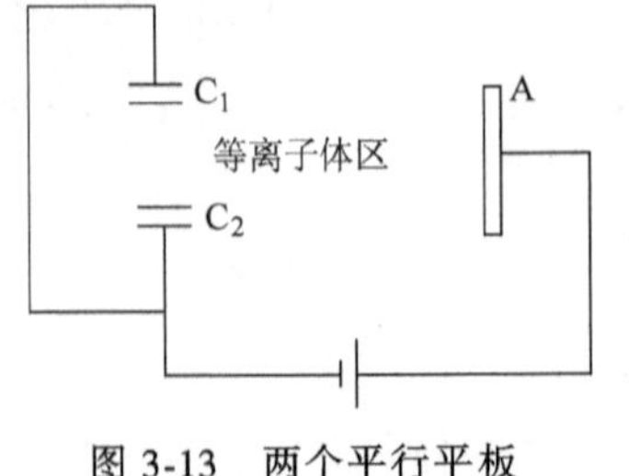

图 3-13　两个平行平板阴极放电装置

当满足气体点燃条件时，两个阴极都产生辉光放电，在两阴极附近形成各自的阴极暗区和负辉区。当两阴极 C_1、C_2 间的距离达到 $d_1+d_2>2d_c$ 时，两阴极前都存在暗区和负辉区，两个法拉第暗区和正柱区是公用的。当 $d_1+d_2<2d_c$ 时，两个负辉区叠加了。此时，从 C_1 发射的电子在 C_1 的

阴极位降区加速，进入 C_2 的阴极位降区时，又被减速排斥。两电极间的电子在 C_1、C_2 之间来回振荡，增加了电子和气体分子间的碰撞概率，引起更多的激发和电离过程，导致电流密度和负辉光强度增加，这种现象称为辉光放电的空心阴极效应[10]。

图 3-14 所示为二平行阴极板间光的强度分布[10]。图 3-14 中两条虚线分别为 C_1、C_2 的辉光强度，产生辉光放电的空心阴极效应后，辉光的强度叠加，两极间光的强度分布如图 3-14 中曲线 M 所示。

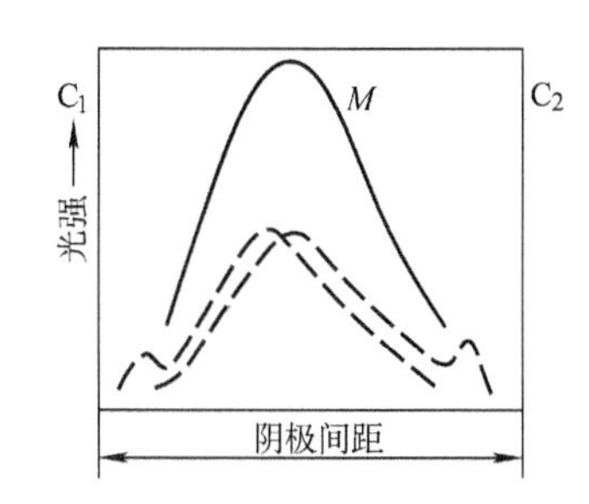

图 3-14 二平行阴极板间光的强度分布

如果空心阴极效应的负辉区长度为 d，阴极位降为 V_c，气压为 p，它们存在的函数关系为

$$pd = f(V_c)$$

由上式可知，当气压 p 较大时，两个阴极间距必须很小才能产生辉光放电的空心阴极效应；而当气压 p 较小时，两个阴极间距离较大时也可以产生辉光放电的空心阴极效应。因此，当两个阴极间的距离一定时，能否产生辉光放电的空心阴极效应由气压决定。

若阴极是空心管，空心管内径相当于两个平行电极板间的距离，在一定气压下会产生辉光放电的空心阴极效应，管的中心会形成很强的负辉区。

2. 不同阴极距离放电后的辉光强度

在同一真空室内、相同真空度和阴极电压的条件下，不同形状阴极和不同阴极板距离时辉光的强弱如图 3-15 所示。

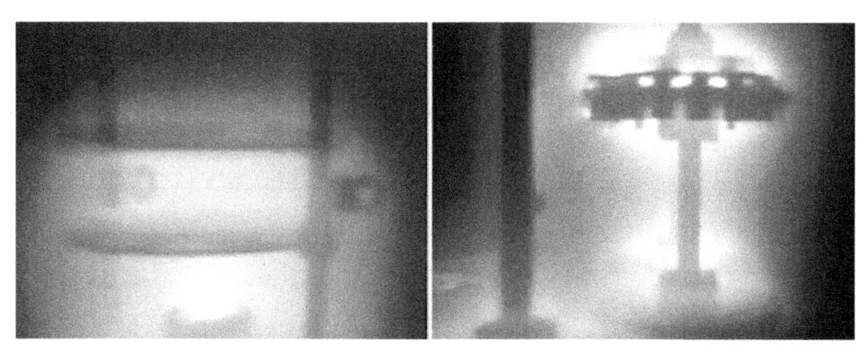

图 3-15 不同形状的阴极和不同阴极板距离时辉光的强弱

由图 3-15 可以看出以下规律：

1）平面阴极板间的距离不同，辉光放电的辉光强度不同。两平板电极间的距离越近，辉光强度越大。

2）管状阴极直径相对较小，辉光叠加增强则辉光亮度更大，小孔的辉光亮度最大。

3.5.5 射频放电

低气压辉光放电的形式有直流辉光放电、中高频放电、射频放电和微波放电。后两种放电形式在等离子体化学气相沉积和等离子体聚合中应用广泛。表 3-7 列出了几种电源的频率[6,8,13-15]。本节主要介绍射频放电。

表 3-7 几种电源的频率

放电方式	中高频放电	射频放电	微波放电
放电频率	20kHz、40kHz、100kHz	13.56MHz	2.45GHz

1. 射频放电特点

在真空容器中放置两个电极，接高频电源（频率为 13.56MHz），接通电源以后产生高频放电，即射频放电（radio-frequency glow discharge，RF 放电）[6,8,13-15]。两极的电极性高速交替变化，电子在两极间来回振荡，增加了和气体原子的碰撞电离概率。离子质量大，在两极之间来回振荡。在频率很高时离子视为静止，带电粒子在电极上的复合低于直流放电，因此电极可以放到容器的外边。点燃电压和维持放电电压都低于直流放电，产生的等离子体密度高达 $10^9 \sim 10^{10}$ 个/cm^3。

2. 高频放电现象

高频放电和低频放电两极间的放电特点不同。图 3-16a[10] 所示为两极通入低频交流电的交替发光，每半个周期与直流辉光放电相同；而在两电极间通入高频交流电后，便分辨不出两极发光的交替变化现象，高频放电的各部分发光强度不随时间而变，各区有一定的发光颜色，如图 3-16b[10] 所示。等离子体光柱在中部，两边是负辉区和阴极暗区，两极附近的放电是完全对称的。这一现象是由于高频放电时，外加电压变化周期大于电离和消电离所需时间，当电场方向改变时，空间电荷来不及重新分布，等离子体区来不及消电离。

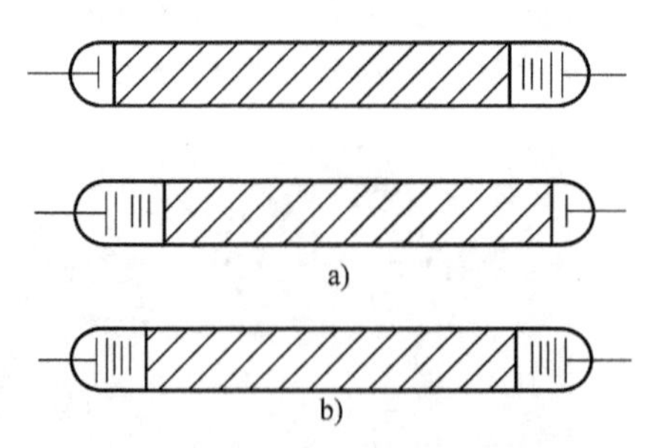

图 3-16 低频放电与高频放电极间光的分布
a）低频放电 b）高频放电

3. 射频放电的电极形式

射频放电的两个电极可以在放电管内，也可在放电管外。内部电极常用平板型电极，外部电极结构多采用感应线圈。

（1）内部电极 图 3-17 所示为平板型电极射频放电装置[10]，其中接射频电源的电极外设屏蔽罩。在与它对应的接地电极上安装工件，也称工件台，工件台和放电室一起接地。在高频电场中，电子经过多次来回振荡，增加了与气体粒子的碰撞概率，易引起强烈电离，产生的等离子体密度高达 $10^9 \sim 10^{10}$ 个/cm^3。高频放电着

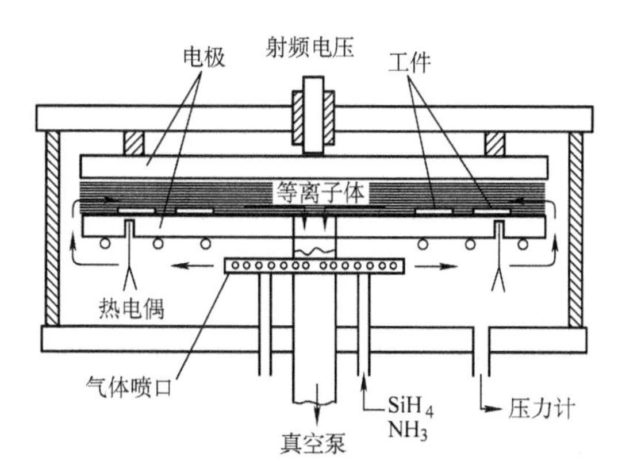

图 3-17 平板型内电极射频放电装置

火电压和稳定放电电压只有几百伏。高频放电中存在着大量的累积电离，放电气压为 $10^{-2} \sim 10^{-1}$Pa。接通电源后两极板间产生辉光放电。当极板间电场、气体、温度分布均匀后，可以获得均匀的薄膜。平板型电极射频放电可获得大面积的具有特殊功能的薄膜，应用于半导体、光电子器件等领域。

（2）外部电极 外部电极型射频放电装置是在反应室外设感应线圈，也称无极型放电[6,8-10,13-15]。无极型射频放电装置如图 3-18[10] 所示。

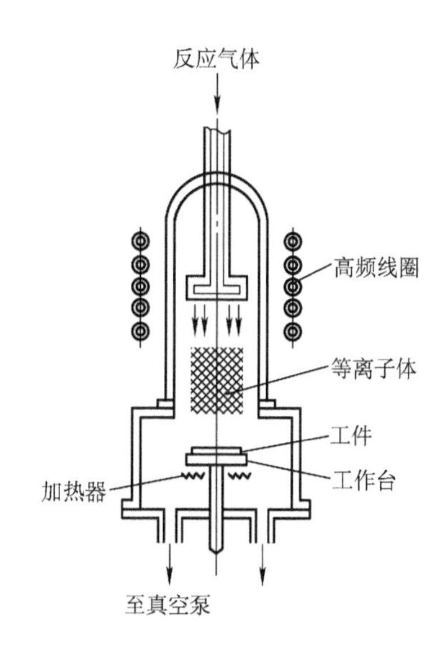

图 3-18 无极型射频放电装置

将放电容器放置在高频线圈中，依靠线圈中的高频磁场在放电管内产生感应电场来激发产生等离子体，可以产生无极型放电。在高频电场中，电子运动速度比离子大得多。无极型放电装置内不设电极，可以获得纯净的等离子体，有利于获得高纯度薄膜。

高频电场中带电粒子和气体发生非弹性碰撞的概率比直流辉光放电大，所以在较低气压下仍可维持稳定的放电过程。直流辉光放电的气压范围为 $1 \sim 10^2$Pa，高频放电的气压为 $10^{-2} \sim 1$Pa，这是由于高频率交变电场可使电子来回振荡，增大了与气体碰撞电离的概率。在高真空度下，虽然气体分子数量少，由于碰撞概率大，也能产生强烈的辉光放电。

4. 射频电源的阻抗匹配[6,8]

为了有效地将高频功率从电源传输线输入至放电电极，使传输功率达到最大，需要使放电负载与电源、传输线之间实现阻抗匹配，一般在负载与电源之间设置匹配回路，也称匹配耦合电路。平板电极需要采用电容耦合，高频感应式无极装置采用电感耦合。

5. 射频放电的利用

1）有利于溅射镀绝缘膜。电极极性的迅速变化可用于直接溅射绝缘靶材获得绝缘膜。如果采用直流电源溅射沉积绝缘膜时，绝缘膜会阻挡正离子进入阴极，形成正离子堆积层，易造成击穿打火。阳极沉积绝缘膜后会阻挡电子进入阳极，产生阳极消失现象。而采用射频电源镀绝缘膜时，由于电极极性是交替变换的，上半个周期在阴极上积累的正电荷将在下半个周期内被电子中和，阳极上积累的电子被正离子中和；下半周期过程相反可以消除电极上的电荷积累，放电过程可以正常进行。

2）高频电极产生自偏压[6,8]。在平板电极结构的射频装置中，采用电容耦合匹配的电路中高频电极产生自偏压。放电中电子迁移速度与离子迁移速度的巨大差异，使在给定时间中电子能够得到更大的运动速度，而离子速度较慢造成累积，高频电极在每个周期的大部分时间处于负电位，对地形成负电压，这就是高频电极的自偏压现象。

射频放电电极产生的自偏压加速离子轰击阴极电极不断发射二次电子维持放电过程，自偏压起到了和直流辉光放电中阴极位降类似的作用。虽然采用的是射频电源，但是由于高频电极产生的自偏压可以达到 500～1000V，所以放电可以稳定进行。

3）射频放电在后面介绍的大气压下辉光放电和介质阻挡型辉光放电中发挥了重要作用。

3.5.6 微波放电

微波放电是将微波能量转换为内能，使气体激发、电离的一种产生等离子体的气体放电方式，通常采用的频率为 2.45 GHz。图 3-19 所示为微波放电装置示意图[6]。

电子发生碰撞的时间与电场位相匹配时，电子能被持续加速。理想状态是：在

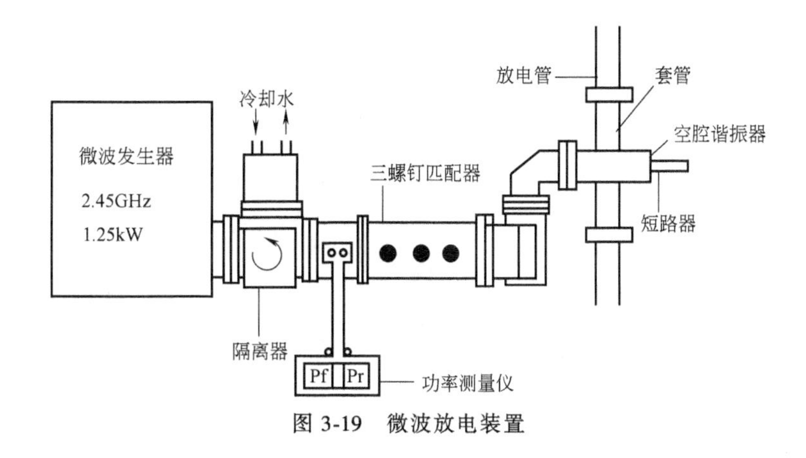

图 3-19　微波放电装置

电子与氩原子发生弹性碰撞并改变其运动方向的瞬间，恰好电场换向，这将使电子的速度和能量得以连续增长。这种机制被普遍认为是微波放电中能有效产生大量电离的主要原因。如果在二次电子发出时恰好与电场换向达到相位一致，便能有效增进电离。产生微波的装置称为微波振荡器或微波发生器。由微波发生器即微波源发出的微波通过传输线传输到储能元件，再以某种方式与放电管耦合。无须在放电空间设置电极就可以将功率局部集中而获得高密度的等离子体。等离子体密度高达 $10^{12} \sim 10^{14}$ 个/cm^3。

使用矩形金属波导管或同轴电缆传输微波，波导管与放电空腔进行谐振耦合。波导管与放到空腔耦合的形式很多，将在微波 PECVD 中介绍。

3.5.7　大气压下的辉光放电

前面介绍的是低气压辉光放电，即在真空中辉光放电的形成、发展规律，并介绍了高能电子、离子引起各种电离、受激、转荷、潘宁效应，以及带电粒子的复合和离脱等过程，其中更多的是利用惰性气体、无机气体和金属的放电过程。如今气体放电技术已经应用到对有机材料进行改性和聚合，在有机薄膜基材上获得新的有机高分子材料。如果仍然在低气压进行处理，必须配置真空系统，一次性调整和运行费用比较高，所以发展了大气压下辉光放电技术。

大气压下辉光放电技术主要有电晕放电、介质阻挡放电和大气压辉光放电。在大气压中产生放电必须有很高的击穿电压或采用射频电源、微波电源。

1. 电晕放电

电晕放电是一种在大气压下的放电形式[6,8,16]，分为正电晕放电和负电晕放电两种。图 3-20a 所示为负电晕放电装置[16]，阴极是丝状结构，叫线电极，阳极为板状或筒状结构，阴极和阳极的曲率悬殊，用高电压电场或射频电源引发辉光放电。图 3-20b 所示为负电晕放电照片[16]。

电晕放电基本参数：放电电压为 $10^3 \sim 10^5$V，放电气压为 $10^5 \sim 10^6$Pa，电流密

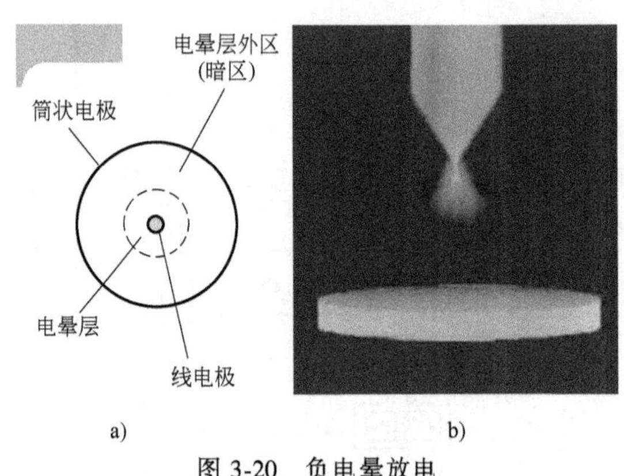

图 3-20 负电晕放电

a）负电晕放电装置 b）负电晕放电照片

度为 $10^{-6} \sim 10^{-3}A/cm^2$。

当阴极曲率半径小，电场强度很大时，雪崩放电产生的电流密度很大，产生的大量离子进入电晕外围向阴极迁移，电子被阳极吸收。放电时有闪烁并发出嘶嘶的声响，散发出臭氧的味道。由于电晕放电的范围小，能量低，放电能量不均匀，所以电晕放电通常局限于实验室。

2. 介质阻挡放电

介质阻挡放电（dielectric barrier discharge，DBD）的主要特征是电极被绝缘材料覆盖。当一个或两个电极上覆盖了绝缘介质，将高压交流电加在两个电极上就会产生介质阻挡放电。采用交流电源后在绝缘层上积累的电荷可以被中和，在连续交流电场的重复过程中维持放电的进行[6,8,16-18]。DBD 具有常压下反应的特点，应用中可以增大反应物的流量，使反应易于进行。这是一种常压下的等离子体增强化学气相沉积，有的称为 DBD-CVD。

DBD 电极结构的设计形式多种多样。图 3-21 所示为常用介质阻挡放电的结构[16]，有平板式结构和管式结构两种。电极用的绝缘介质有玻璃、电木、聚苯乙烯等。介质阻挡放电能够在高气压和很宽的频率范围内工作，通常的工作气压为 $10^4 \sim 10^6$Pa。电源频率可从 50Hz 至 1MHz，振幅为 100kV。在实际应用中，管式电极结构广泛应用于各种化学反应器，而平板式电极结构则被广泛用于工业中的高分子、金属薄膜及板材的改性、接枝、表面张力的提高、清洗和亲水改性。

介质阻挡放电需要在高电压下进行。当两电极间电场大到使气体分子发生非弹性碰撞时，气体产生离子化的非弹性碰撞过程大量增加。当空间内电子密度高于临界值时产生击穿放电，两极间产生许多丝状微放电，系统中可明显观察到丝状发光现象，电流会随着施加电压增加而迅速增加。图 3-22 所示为介质阻挡放电两极间丝状放电照片[16]。

在介质阻挡放电中，电极间距离很重要，一般只有 3mm 左右。只要电极间的

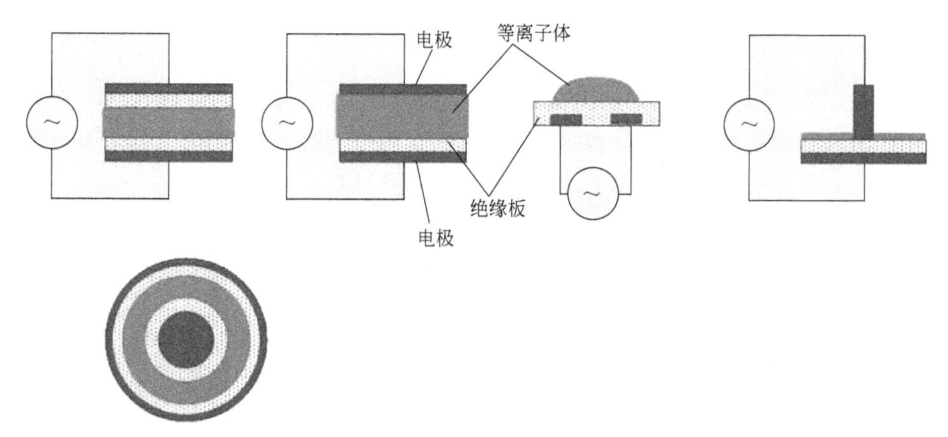

图 3-21 常用介质阻挡放电的结构

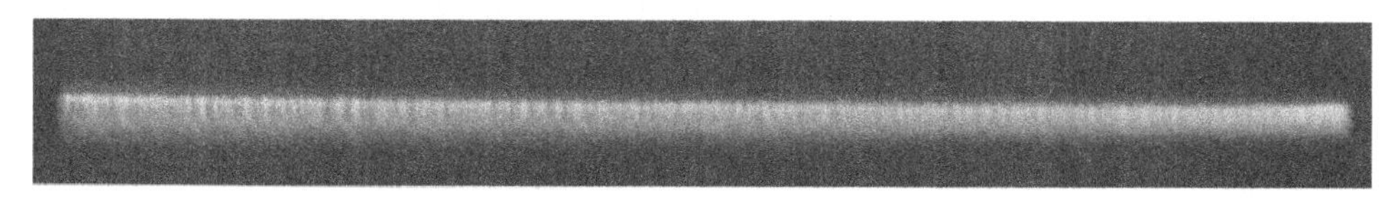

图 3-22 介质阻挡放电两极间丝状放电照片

气隙均匀，则放电稳定。微放电由大量脉冲电流细丝组成，每个电流细丝在放电空间和时间上都是无规则分布的，放电通道基本为圆柱状，其半径一般为 0.1～0.3mm，放电持续时间极短，一般为 10～100ns，电流密度高达 0.1～1kA/cm^2，每个电流细丝就是一个微放电。

图 3-23[19] 说明了采用大气压镀膜的意义。图 3-23a 所示为在低气压真空环境中用等离子体处理化纤纺织品的装置，处理成卷的纺织品需要很大的抽真空系统；

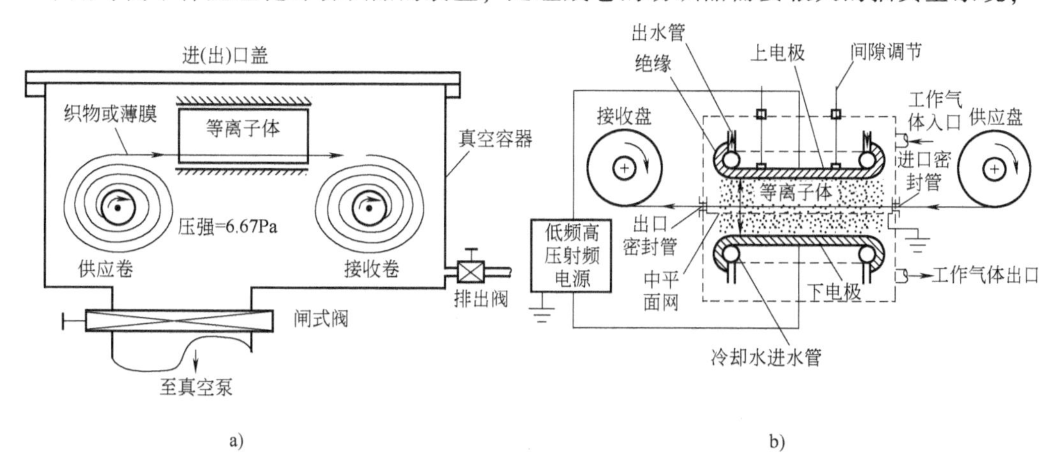

图 3-23 化纤制品辉光放电处理装置对比

a）真空系统内等离子体处理 b）大气压 DBD 等离子体处理

图 3-23b 所示为在大气压下用 DBD 等离子体技术处理化纤纺织品，设备结构简单，便于流水线工程化和产业化。

由于 DBD 放电过程会产生大量的自由基和激发态准分子，如 OH、O、NO 等，它们的化学性质非常活跃，很容易和其他原子、分子或其他自由基发生反应而形成稳定的原子或分子，因此可被广泛用于各种无机材料，如沉积 DLC、GaN、SiO_2、a-SiC：H，金属材料和高分子材料的表面改性，以及用来处理挥发性有机物（VOCs）等污染源，在环保方面有重要价值，采用管式电极结构还可制成臭氧（O_3）发生器。

大气压下的电晕放电和介质阻挡放电目前虽被广泛用于各种无机材料、金属材料和高分子材料的表面处理中，但无法用于各种化纤纺织品、毛纺织品、纤维和无纺布等材料的表面处理。线-筒状结构的介质阻挡放电，细丝直径很小，电流密度很大，固介质材料或试品会被烧蚀或击穿，且功率密度低（不高于 $1W/cm^3$），最佳功率密度只有几百 mW/cm^3。低气压下辉光放电虽然可以处理这些材料，但存在成本高，处理效率低等问题，目前无法流水线式地应用于纺织品的表面处理。

有研究表明，采用中频 DBD 可以简化放电装置[20]，提高放电气压，增加薄膜的聚合速率。

3. 大气压辉光放电

大气压辉光放电（atmospheric pressure glow discharge，APGD），又称大气压下空气间隙辉光放电。其放电装置的基本结构与 DBD 近似。辉光放电外观不是丝状放电，而是均匀充满电极之间的弥散放电，并发出柔和的光，是大气压下较大体积的均匀放电[21]。

4. 大气压次辉光放电

大气压次辉光放电又称类辉光放电或次大气压辉光放电[22]，是在短间隙的平行金属板间（或覆盖介质板）的氦气交流放电（无脉冲）中产生的辉光放电，定义为次辉光放电。维持大规模大气压中辉光放电的条件是选择合适的电阻绝缘材料，采用工频（50～60Hz）电源代替大容量射频电源，采用低放电电压和空气与氦气的混合气体。大气压次辉光放电与大气压辉光放电的区别在于：在大气压辉光放电中，每一个半周期只有一个电流峰，时间在微秒量级，而丝状放电每半个周期会出现很多电流脉冲，时间在纳秒量级；大气压次辉光放电一般半个周期有 2～3 个电流脉冲，持续时间也较长（微秒级），放电峰在每个周期内也准确出现在相同位置，重复性好，每半个周期内产生更多的活性粒子，放电为弥散状。

大气压次辉光放电的操作没有大气压辉光放电的要求那么苛刻，处理纺织品和碳纤维等材料时不会出现烧伤现象。其处理温度低，成本低，处理时间短，主要参数如下：

1）大气压次辉光放电工作气压为 10^4～10^6Pa，放电装置与介质阻挡放电类似。

2）放电装置为两个电极，其中一个电极覆盖有绝缘介质材料，放电间隙

3~5mm。

3）放电用工频（50~60Hz）电源代替大容量射频电源。

4）脉冲幅度是丝状介质阻挡放电电压的1/3~1/2。

5）采用空气和氦气的混合气体。由表3-3可知，He的电离电位、谐振激发电位和亚稳激发电位都很高，高于空气中解离后的O、N、C的激发电位，在放电过程中容易产生潘宁放电现象，易获得更多的高能粒子和活性基团，可在较低电压下维持放电过程。

图3-24 大气压次辉光放电照片

6）大气压下次辉光放电的视觉特征为均匀的弥散放电，看不到丝状放电。图3-24所示为大气压次辉光放电照片[16]。

大气压次辉光放电具有辉光放电均匀性好，所需要能量密度小，可以在每个周期内多次产生均匀活性粒子，持续时间更长，可在大气压下进行放电等优点。

大气压次辉光放电可以对各种粉粒、片材和棉、涤棉纺纺织品进行表面处理、表面聚合、表面接枝[21]、表面催化和化学合成，还可以制备BN、类金刚石等，应用前景广阔。

3.6 弧光放电

3.6.1 弧光放电的特性

异常辉光放电的电流密度很大时，离子会强烈轰击阴极表面，使阴极局部升温而发射大量热电子，空间电阻降低，极间电压陡降，电流突增，辉光放电过渡成弧光放电。表3-8为弧光放电和辉光放电特性对比[10]。

表3-8 弧光放电和辉光放电特性对比

放电参数	辉光放电	弧光放电
电压	数百V	数十V
电流密度	mA/cm^2	数百A/cm^2
发光强度	弱	强
发光部位	整个阴极表面	局部弧斑
阴极发射电子的过程	正离子轰击表面发射	热电子或场致电子

3.6.2 弧光放电的类型

1. 根据放电气压分类

(1) 低气压弧光放电　低于 100Pa 气压下的电弧，又称真空电弧。弧柱中的电子温度高达 10^4~10^5K，重粒子温度略高于环境温度，形成非平衡等离子体。

(2) 高气压弧光放电　存在于高于 100Pa 气压的气体或蒸气电弧中，大气压下的电弧为高气压弧。弧柱中的电子、正离子、中性气体原子或分子间达到热平衡，以气体温度高达 4000~20000K 的收缩弧柱为特征。

2. 根据弧光放电的形成方式分类

根据弧光放电形式，分为热弧光放电和冷场致弧光放电，下面分别进行介绍。

3.6.3 热弧光放电

1. 热电子发射[10,13,14]

当金属表面温度很高，金属阴极的电子能量高于逸出功时，电子就会脱离束缚发射出来，当热电子流密度很大时形成热阴极弧光放电。自持热阴极弧光放电是靠阴极稳定发射热电子来维持的。

一般采用电阻温度系数高的难熔金属钨、钼或钽发射热电子。表 3-9[10] 列出了钽的热电子发射密度与温度的对应关系，即温度越高，热电子发射密度越大。

表 3-9　钽的热电子发射密度与温度的对应关系

温度/K	密度/(A/cm²)
2500	2.38
2600	5.74
2700	11.25
2800	22.47
2900	43.27
3000	79.67

热电子发射密度按下式计算：

$$J = AT^2 e^{-\chi/kT}$$

式中　J——热电子流密度 (A/cm^2)；

A——材料的热电子发射系数 [A/(cm^2·K^2)]；

T——阴极材料温度 (K)；

χ——电子逸出功 (eV)；

k——玻尔兹曼常数，$k=1.38\times10^{-23}$J/K。

由上式可知，材料的 A、χ、k 是一定的，阴极材料发射的热电子密度随温度升高迅速增加。

2. 热电子发射材料

离子镀膜技术常用的热电子发射材料有难熔金属钨、钼、钽和六硼化镧[11]。

(1) 难熔金属　钨的热电子发射温度为2600~2900K，一般用丝状材料；钽的热电子发射温度为2400~2800K，多用管状材料；钼的热电子发射温度为2200~2500K，一般为丝状、片状或管状。

(2) 六硼化镧　六硼化镧是陶瓷型热电阻发射材料，热电子发射温度（1700K左右）低于钽管，热电子的发射系数大，可以在低温范围内发射热电子。

3. 空心阴极弧光放电

(1) 空心阴极弧光放电条件　图3-25所示为空心阴极弧光放电原理[10]。

空心阴极弧光放电采用钽管作为空心阴极枪，钽管接弧电源负极，镀膜室内另设阳极接弧电源正极。弧电源由引弧电源和维弧电源并联组成。引弧电压为1000V左右，引燃辉光放电，电流可达30~40A，维弧电源电压为20~70V，弧电流可达80~300A。由钽管通入氩气后产生空心阴极弧光放电，真空度为100Pa左右。

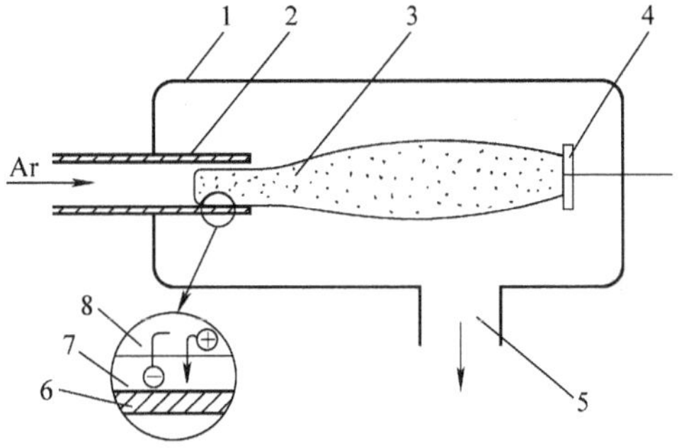

图3-25　空心阴极弧光放电原理

1—镀膜室　2—钽管　3—电弧等离子体　4—阳极　5—真空系统　6—钽管壁　7—发射出电子　8—电弧等离子体区-正离子轰击管壁

首先用数百伏高压点燃气体，产生空心阴极辉光放电。由于辉光放电空心阴极效应，空心阴极内电流密度很大，产生大量的氩离子轰击阴极钽管管壁。钽管温度升至2100℃以上发射热电子，钽管内气体放电的电子和热电子一起形成高密度的电子流射向阳极，这些高密度电子流到达阳极后使阳极升温。空心阴极弧光放电属于自持热阴极弧光放电。

(2) 空心阴极的温度分布　空心阴极弧光放电稳定进行之后的温度分布，如图3-26[10]所示。

由图3-26可知，钽管支撑根部有水冷卡头，温度最低；钽管开口端由于产生热辐射温度也略低；钽管距开口端部 l（20mm左右）处温度最高。

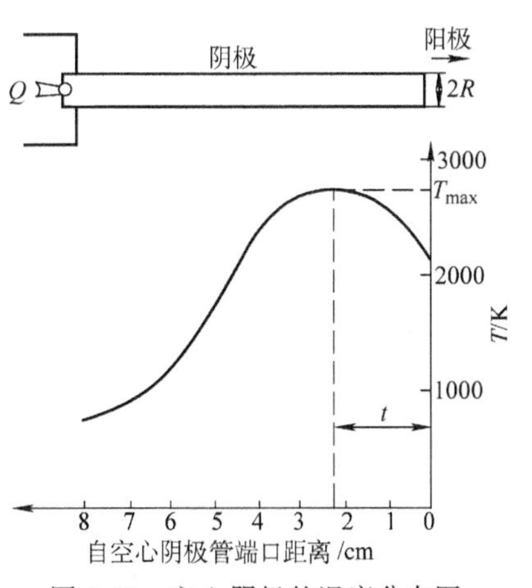

图3-26　空心阴极的温度分布图

(3) 空心阴极电弧的功率损耗　图3-27所示为空心阴极电弧的功率损耗[10]，

图中 $W_{总}$ 为空心阴极电弧的总功率，$W_{阳}$、$W_{阴}$ 分别为在阳极和阴极上消耗的功率。由图 3-27 可知，在不同空心阴极放电电流下，空心阴极放电功率大部分功率都损耗在阳极上，在阴极上的损耗很少。空心阴极离子镀中，阳极为安装于坩埚中的金属锭，空心阴极枪有 60%的功率消耗于金属的加热蒸发。

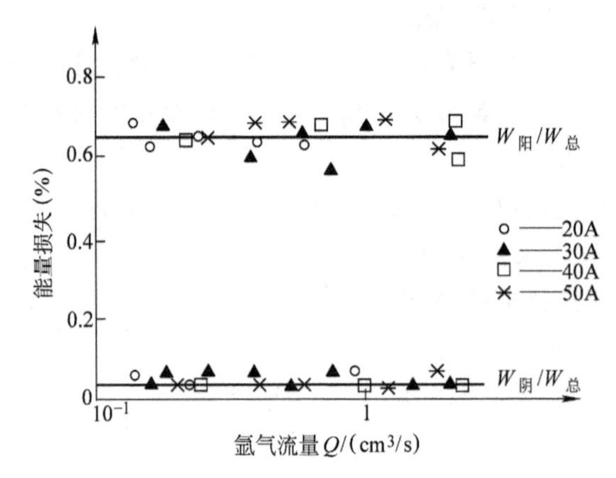

图 3-27　空心阴极电弧的功率损耗

4. 热丝弧枪弧光放电

热丝弧枪产生的弧光放电也属于热弧光放电类型[10,13,14]。热丝弧枪体安装在镀膜室顶部，枪体内安装钨丝和钽丝。热丝弧枪匹配有加热电源和弧电源，用低电压大电流的加热电源将钨丝、钽丝加热到高温，发射高密度电子。由热丝弧枪通入氩气，接通弧电源以后，高密度热电子流将氩气电离，又产生出大量电子。高密度热电子和氩气放电产生的电子汇聚成弧光电子流射向阳极。

3.6.4　冷阴极弧光放电

（1）冷场致电子发射[10,13,14]　冷阴极前的正离子堆积形成正离子和阴极间的偶电层，也称等离子体鞘层。鞘层场强达到 10^6～10^8V/cm 时发生击穿，发射大量的电子流，称为场致发射。冷阴极弧光放电的阴极材料多选用铜、银、钛等低熔点金属。整体阴极材料处于冷态，电弧引起局部阴极材料的蒸发增大了蒸气压，自由程缩短至 10^{-8}～10^{-4}cm。

（2）冷场致弧光放电的自持过程　冷场致弧光放电的阴极面积很小，为 10^{-6}～10^{-4}mm^2。当偶电层被击穿时，微区电流密度可达 10^6～10^8A/cm^2，能量密度达 (1～3)×10^5W/cm^2，蒸发出来的金属原子在弧斑附近又被电离为正离子。这些离子在靶面前继续形成正离堆积的偶电层，从而维持弧光放电的稳定进行。

（3）冷场致电弧在阴极表面迅速移动　阴极表面是不平整的，阴极凸起的部位与正离子堆积层的距离较近，电场强度更大，所以优先产生冷场发射，产生电弧[9]。凸起点的阴极材料被加热蒸发后逐渐形成凹坑，电场强度变小，电弧熄灭，另一个凸起点又会产生冷场致电弧，继续蒸发出膜层粒子。因此，冷场致电弧不是固定不动的，而是在阴极表面跑动的，可以自动连续不断地进行跑动。

（4）阴极表面产生耀眼弧光　产生冷场致电弧时，阴极击穿的面积很小。在很小的区域内，离子进入阴极，电子发射出来，产生大量的复合发光，形成耀眼的弧斑。因为电弧在阴极表面迅速移动，可以观察到弧斑在阴极上连续移动。

（5）冷场致电弧发射的等离子体密度大　产生冷场致电弧时，阴极击穿的面积很小，通过的电流密度很大，蒸气原子与高密度电子流碰撞电离的概率非常大，又会产生更多的离子和电子，所以冷场致电弧可产生高密度的等离子体。

3.7 带电粒子的作用

气体放电中的带电粒子包含离子和电子，它们在电场的作用下向异性电极运动，下面讨论离子到达阴极和电子到达阳极时产生的一些重要作用[2,3,7,10,13,14]。

3.7.1 离子的作用

离子轰击阴极表面将发生一系列物理化学现象，图3-28所示为离子轰击阴极表面所产生的各种效应[10]。

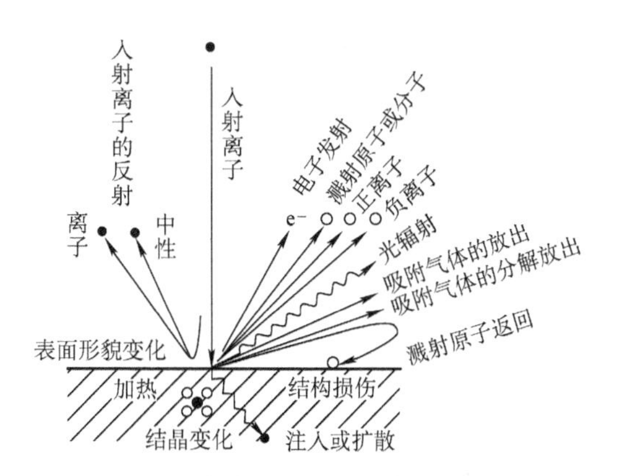

图3-28　离子轰击阴极表面所产生的各种效应

1. 正离子激发二次电子发射

离子轰击阴极引发二次电子发射的过程，是维持自持放电的必要条件。二次电子数目 N_e 与入射离子数目 N_i 之比或二次电流 i_e 与阴极离子电流 i_i 之比称为二次电子发射系数，用 γ 表示[1,5,8]，即

$$\gamma=\frac{N_e}{N_i}=\frac{i_e}{i_i} \tag{3-17}$$

γ 取决于阴极材料、正离子质量、电离电位和自身动能。只有当入射离子能量

大于阴极逸出功χ时，才可以激发出二次电子，使辉光放电自持进行。

2. 离子轰击加热阴极

离子轰击阴极时，将绝大多数能量（>60%）转化为热能，使阴极升温。在离子渗氮、离子渗金属及等离子体化学气相沉积中，工件不用外加热源，用离子轰击加热就可以达到所需温度；在离子镀膜中，离子轰击使工件升温，有利于膜层原子的扩散，改善膜层组织；在溅射镀膜中，靶阴极需要良好的冷却条件，否则靶材成分会分解甚至熔化。

3. 气体离子产生阴极溅射作用

阴极溅射是指高能氩离子轰击阴极时，轰击离子与阴极靶材原子发生动量交换和能量交换，使阴极表面的中性原子或分子脱离阴极逸出的过程。

（1）溅射系数　溅射系数为一个入射离子溅射出的原子数，用S表示，溅射系数与轰击粒子的种类有关。不同气体随能量增加，轰击铜靶的溅射系数S增大，如图3-29[10]所示。由图3-29可知，入射离子的原子序数越大，能量越高，溅射系数越大。通常选用氩气作为工作气体，也可用氮气对工件进行轰击清洗。

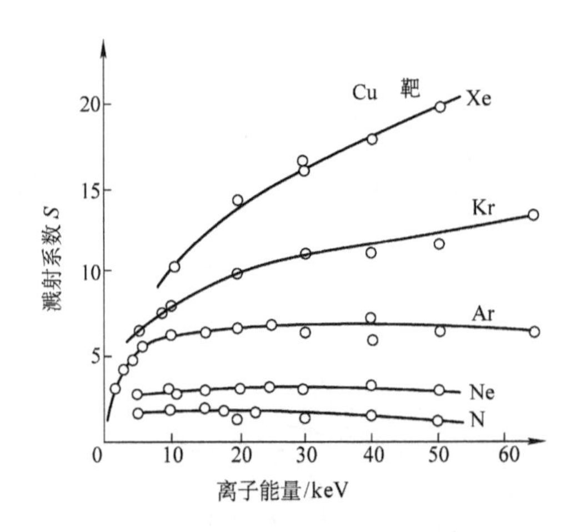

图3-29　溅射系数与轰击粒子的种类和能量关系曲线

溅射系数与压强的关系如图3-30[10]所示。由图3-30可知，气压p较低时，S不随p变化，p增大到一定值以后S逐渐减小。这是因为当p较大时气体分子数增多，气体分子之间碰撞次数增多而发生散射，到达阴极的氩离子数量减少的缘故。

溅射系数与轰击离子能量的关系如图3-31[10]所示。

由图3-31可知，溅射系数与轰击离子能量的关系曲线分为三部分[10]：

第Ⅰ部分为离子能量较低、几乎没有发生溅射的低能区域。当离子能量增加到某值时才发生溅射现象，该值称为阈能（一般金属阈能为10~30eV）。表3-10[10]列出了氩离子溅射常用金属的阈能。

第Ⅱ部分离子能量为 40～10^4eV，溅射系数随粒子能量升高而增大，在 10^4eV 处达到饱和。磁控溅射技术即主要在这一区域。

第Ⅲ部分离子能量高于 3×10^4eV，溅射系数随离子能量升高而下降。一般认为，这是因为离子注入晶格内部，大部分能量损失在靶材内部，导致表面溅射效应减小的缘故。

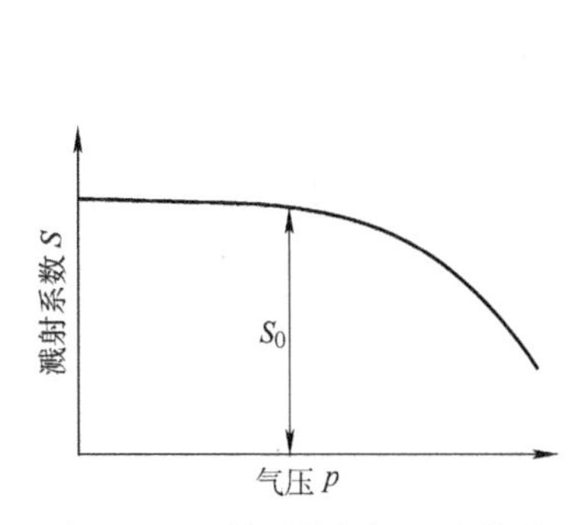

图 3-30 溅射系数与气压的关系

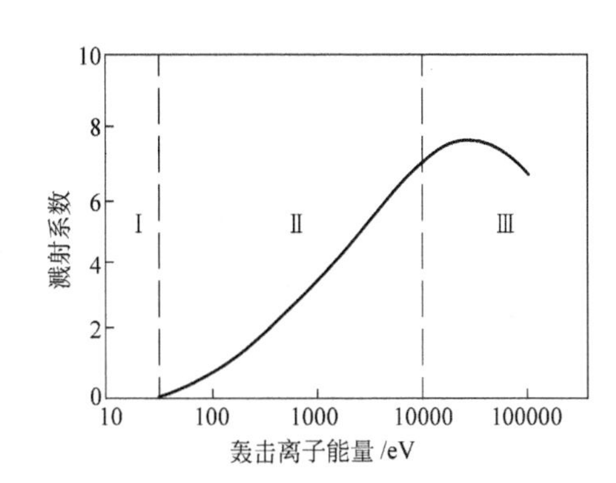

图 3-31 溅射系数与轰击离子能量的关系

表 3-10 A_r^+溅射常用材料所需的阈能值

材料	Be	Al	Ti	V	Cx	Fe	Co	Ni	Cu	Ge	Zr	Nb
阈能/eV	15	13	20	23	22	20	25	21	17	25	22	25
材料	Mo	Rh	Pd	Ag	Ta	W	Re	Pt	Au	Th	U	Ir
阈能/eV	24	24	20	15	26	33	35	25	2	24	23	8

表 3-11[10] 列出了 500eV 氩离子对不同靶材的溅射系数。

表 3-11 500eV 氩离子对不同靶材的溅射系数

靶材	相对原子质量	Ar 离子的溅射系数	靶材	相对原子质量	Ar 离子的溅射系数
C	12.01	0.12	Cu	63.57	2.35,20,1.2
Al	26.97	1.05	Zn	66.38	—
Si	28.06	0.5	W	183.92	0.57
Ti	47.90	0.51	Mo	95.95	0.80,0.64
Fe	55.84	1.10/0.34	Ag	107.88	312,24,23,306
Ni	68.89	1.45/1.33	Au	197.20	2.4,2.5

（2）溅射速率　单位时间内的阴极物质溅射量称为溅射速率，用 R 表示。R 与入射离子密度 J_i 和溅射系数 S 的乘积呈正比[5,8,11]，即

$$R \propto SJ_i$$

入射离子的密度越大，溅射速率越大；溅射系数越大，溅射速率越大。

（3）溅射原子的能量和速度分布　一般从蒸发源蒸发出来的原子能量为 0.1～0.2eV，而在溅射中，由于溅射离子与高能入射离子进行能量交换和动量交换，飞溅出来的原子能量较大。例如，用 1200eV 加速的氮离子溅射铝时，飞出的原子能量约 10eV，而溅射钼、钨、铂时，飞出的原子能量约为 35eV，可以认为溅射原子的动能比蒸发原子的能量大 1～2 个数量级，一般为 5～10eV。

不同溅射电压加速下的氩离子轰击溅射的原子动能分布曲线如图 3-32[10] 所示。曲线遵循麦克斯韦分布，多数原子能量在 5～10eV 范围内。

（4）离子注入　由图 3-31 可知，当入射离子能量大于 30000eV 时，产生了注入效应而溅射系数减小，轰击粒子深入靶材，增加了阴极表层的晶体缺陷。注入深度为 5～10nm/keV。离子注入是材料表面改性的重要手段，具有广阔应用前景。

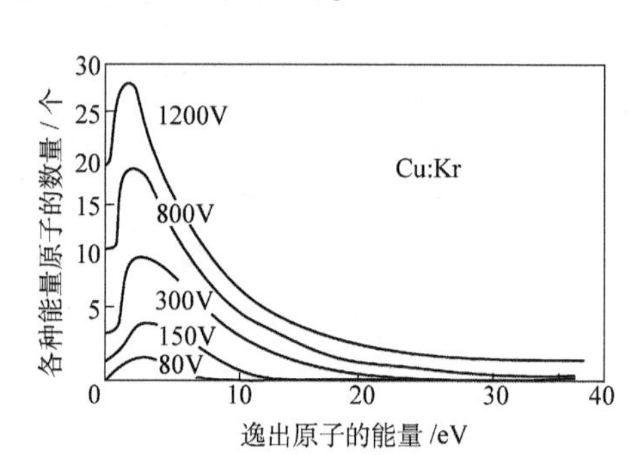

图 3-32　不同溅射电压氩离子轰击溅射原子动能的分布曲线

（5）高能离子束可以激发出阴极材料的各种特征粒子　膜层的微区分析仪器正是利用了离子激发出的各种特征谱线，如离子探针质量分析、卢瑟福背散射谱、场离子显微镜、原子探针场离子显微镜等。

3.7.2　电子的作用

1. 电子轰击二次电子发射

真空中，电子轰击金属表面，在一次电子能量足够大时，也会从轰击表面上激发出二次电子，且二次电子可以达到相当大的数量。

2. 电子轰击阳极加热

电子轰击阳极，把动能转化为热能，甚至可使阳极材料熔化蒸发。

3. 高能电子轰击阴极激发出俄歇电子、X 射线等特征粒子

用于膜层微观组织、结构和成分微区测试的仪器，如透射电子显微镜、扫描电子显微镜、俄歇电子能谱、低能电子衍射、扫描隧道显微镜、场电子显微镜、原子力显微镜等都是用电子束激发出的各种特征粒子进行测试的。

3.8　带电粒子的运动

离子镀膜技术是在低气压气体放电等离子体中进行的，镀膜空间有大量的离子和电子。近些年来，薄膜科技工作者利用各种电磁场控制带电粒子的运动，增加电子与气体、电子与金属膜层原子的碰撞概率，提高镀膜空间的等离子体密度，沉积

出各种功能的薄膜材料。本节介绍带电粒子在电场、磁场及电磁场中的运动规律和各种离子镀膜技术中的电磁场设置[3,9,10,23]。

3.8.1 带电粒子在电场中的运动

1. 带电粒子在静电场中的运动

若带电粒子电荷为 q，在均匀电场 $\vec{E}$ 中受电场力 $\vec{f}$ 的作用，其方向与电场方向平行。

$$\vec{f}=q\vec{E}=ma$$

$\vec{f}$ 方向与场强 $\vec{E}$ 平行，若 $q>0$，则 $\vec{f}$ 与 $\vec{E}$ 同向；若 $q<0$，则 $\vec{f}$ 与 $\vec{E}$ 反向。正电荷受力方向与电场同向，负电荷与之反向。本节重点讨论电子在电场中的运动。电子经过电位差 U 后，所得的能量 eU 变为电子的动能：

$$\frac{1}{2}mv^2=eU$$

式中 e、m——电子的电荷量和质量。

由此可得电子速度 v 与电位差 U 的关系为

$$v=\sqrt{2\frac{e}{m}U}$$

将电子的荷质比带入，则 $v=5.93\times10^7U^{1/2}\mathrm{cm/s}$

电子在电场方向的加速度为

$$a=-\frac{e}{m}E$$

2. 电子在径向电场中的运动

径向电场是两度均匀电场，是应用极坐标运动方程的实例。设两个同轴圆柱电极，内外电极半径分别为 r_1、r_2，电位分别为 U_1、U_2。两极间的电场是径向的，其强度为

$$E_r=\frac{U_1-U_2}{\ln\frac{r_1}{r_2}}\frac{1}{r}$$

设有一个电子以横向速度 v_0 在半径 $r_1=r_2$ 处进入电场。由于电场使电子所受的径向力为$-eE_r$。若在 $r_1=r_2$ 的力与惯性离心力的大小相等、方向相反，则径向加速度为零，于是电子做圆周运动。这时电场强度应为 $E_r=r_0=mv_0^2/er_0$，$v_0=v_1$ 的电子在径向电场中的轨迹为 $r=r_0$ 的圆。当 $v_1<v_0$ 或 $v_1>v_0$ 时，其轨迹如图 3-33[10] 所示。

3.8.2 带电粒子在磁场中的运动

1. 带电粒子在均匀磁场中所受的力

（1）受洛伦兹力带电粒子的运动方向 垂直于均匀磁场时，带电粒子所受的

力称为洛伦兹力。

$$F=-evB$$

F 的向量等于电场 E 和磁场 B 的向量乘积，则

$$\vec{f}_{\mathrm{m}}=q(\vec{v}\times\vec{B})$$

洛伦兹力 $\vec{f}_{\mathrm{m}}$ 的方向垂直（$\vec{v}\times\vec{B}$）面，按左手法则确定。图 3-34 所示为电子运动方向垂直于均匀磁场时的运动轨迹[10]。当 $q>0$ 时，$\vec{f}_{\mathrm{m}}$ 与（$\vec{v}\times\vec{B}$）同向；若 $q<0$，$\vec{f}_{\mathrm{m}}$ 与（$\vec{v}\times\vec{B}$）反向。

（2）电子的运动轨迹　图 3-34 所示为电子运动方向垂直于均匀磁场时的运动轨迹，即带电粒子只做回转圆周运动。

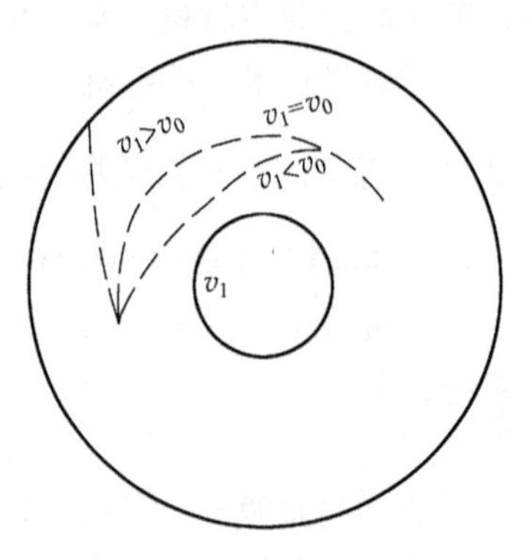

图 3-33　电子在径向电场中运动的轨迹

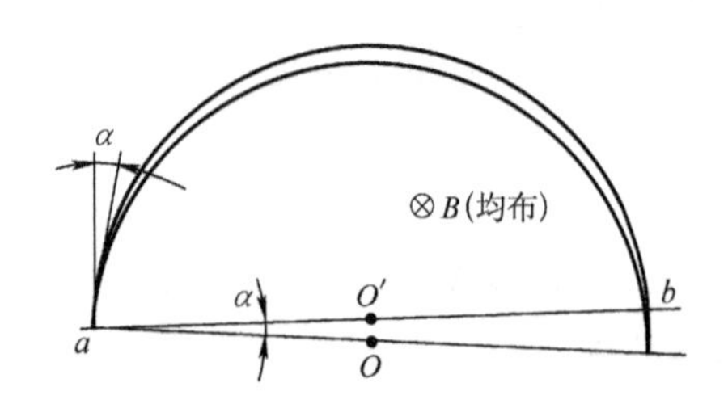

图 3-34　电子运动方向垂直于均匀磁场时的运动轨迹

磁场对电荷作用的力与电场不同。只有运动的电荷才受磁场作用力，且力始终与运动方向垂直。磁场对电荷不做功，磁场对运动的电荷产生作用，只改变电荷方向，而不改变电荷动能。

均匀磁场中，若 $\vec{v}/\!/\vec{B}$，则 $\theta=0°$，$\vec{f}_{\mathrm{m}}=0$，电荷不受力；若 $\vec{v}\perp\vec{B}$，则 $\theta=90°$，$\vec{f}_{\mathrm{m}}=q(\vec{v}\times\vec{B})$。

若电子以速度 v 垂直进入均匀磁场 B 中，则电子受到的力 $F=-evB$，其方向与 v 及 B 的面垂直，大小始终保持一定，运动的轨迹为一圆周，即做圆周运动。

（3）电子运动的半径、角速度和周期　洛伦兹力在数值上等于作用在电子上的向心力，故有

$$mv^2/r_{\mathrm{m}}=evB$$

轨迹半径为

$$r_{\mathrm{m}}=mv/eB$$

电子运动的角速度 ω 及周期 T 分别为

$$\omega=\frac{v}{r}=\frac{eB}{m}$$

$$T=\frac{2\pi}{\omega}=\frac{2\pi m}{eB}$$

由以上两式可知，均匀磁场中电子运动的角速度和周期只与 B 和 m 有关，而与 v 无关。正离子的回转方向与电子相反，回转半径大，角速度小，周期长。

若电子运动速度 $\vec{v}$ 与 $\vec{B}$ 不垂直，夹角为 θ，则电子运动轨迹为等节距的螺旋线。

电子的旋转半径：
$$r_m=\frac{mv}{eB}\sin\theta$$

螺距：
$$h=\frac{2\pi m}{eB}v\cos\theta$$

可以利用均匀磁场使电子聚焦。电子垂直磁场运动时的聚焦作用如图 3-34 所示，由 a 点出发的发散电子束，在距 a 点距离为 $2r_m$ 的 b 点聚焦；电子平行磁场的聚焦作用如图 3-35[3,10] 所示，由 O 点射出的电子束，电子沿不同的螺旋线前进，螺距相同。电子束轨迹均交于一点。

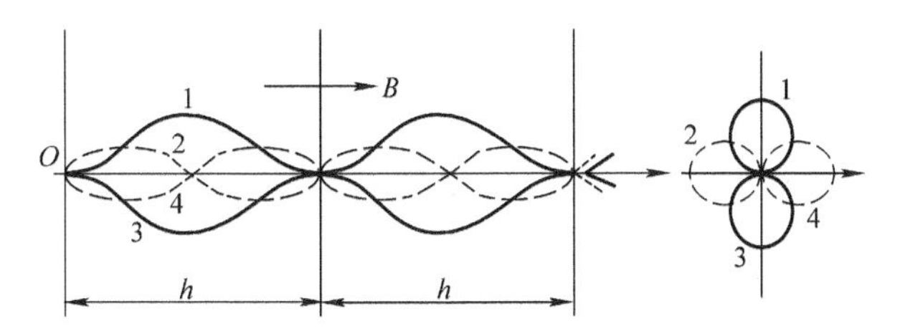

图 3-35　电子平行磁场的聚焦作用

2. 电子在非均匀磁场中的运动

图 3-36 所示为电子在非均匀磁场中运动轨迹[10]。

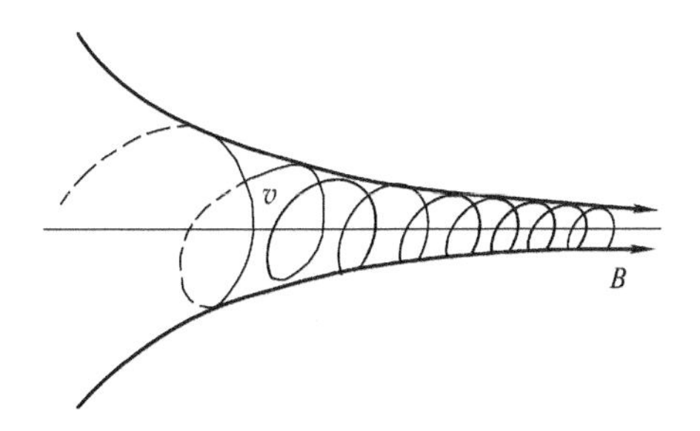

图 3-36　电子在非均匀磁场中的运动轨迹

如图 3-36 所示，当电子在非均匀磁场中向磁感应强度 B 增加的方向运动时，由于 $r\propto\frac{1}{B}$，所以形成螺旋线的半径随 B 的增加而减小，为磁场聚焦过程。

3.8.3 带电粒子在电磁场中的运动

1. 带电粒子在正交电磁场中的运动

带电粒子在电场和磁场同时存在时，受电场力和洛伦兹力的综合作用[9,10,23]。

$$\vec{f}-\vec{f}e+\vec{f}m=q[\vec{E}+(\vec{v}\times\vec{B})]$$

对于电子：$\vec{f}=e[\vec{E}+(\vec{v}\times\vec{B})]$

带电粒子的运动轨迹：当电子的初速度 $v_0=0$ 时，电子在正交均匀电磁场中的运动是做回转运动加沿电场方向的漂移运动。运动轨迹为圆周运动与直线运动的合成，即为旋轮线，如图 3-37[10] 所示。旋轮半径 $r=mE/eB^2$，即旋轮半径与电场强度 E 成正比，与磁感应强度 B 的平方成反比。

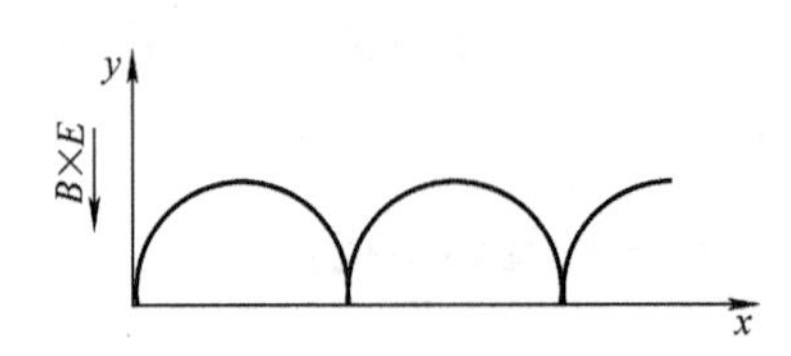

图 3-37 电子做旋轮线运动轨迹

电子和离子在相反的方向上被加速，离子的质量大，所以旋轮线半径比电子大，方向相反。电子和正离子在不同初速度时的旋轮线轨迹如图 3-38[10] 所示。

2. 带电粒子在径向电场和磁场中的运动

带电粒子在径向电磁场中运动，要受径向力的作用。径向力包括径向电场产生的径向电场力、径向磁场产生的洛伦兹力和离心力。横向力只有轴向磁场产生的洛伦兹力。带电粒子在径向电磁场中的运动轨迹如图 3-39[10] 所示。电子的回转半径小，回转频率大，最后飘逸到阳极上去；离子的回转半径大，回转频率小，最后飘逸到阴极上去，最终实现等离子体分离。

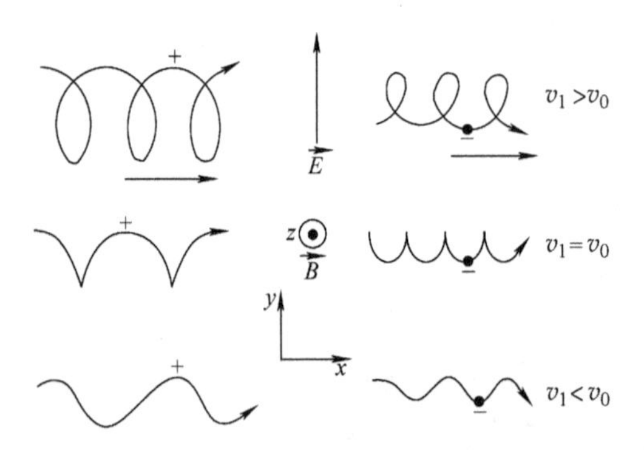

图 3-38 电子和正离子在不同初速度时的旋轮线轨迹

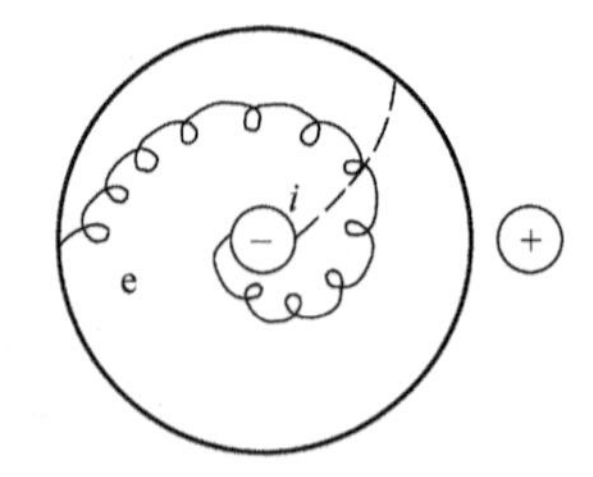

图 3-39 带电粒子在径向电磁场中的运动轨迹

3.9 电磁场的运用

近些年来，为制备出性能更加优异的薄膜材料，薄膜科技工作者在镀膜机中配置了多种电磁场。正确设计电磁场并充分运用等离子体能量为镀膜全过程服务，对发展新型离子镀膜技术的意义重大。现代离子镀膜机基本为同轴电磁场型离子镀膜机和正交电磁场型离子镀膜机。

3.9.1　同轴电磁场型离子镀膜机

1. 空心阴极离子镀膜机和热丝弧离子镀膜机

空心阴极枪、热丝弧枪安装在镀膜室顶端，底端安装阳极，镀膜室周边的上下安装两个电磁线圈。图 3-40 所示为空心阴极离子镀膜机和热丝弧离子镀膜机的结构[10]。弧光电子流从上向下做螺旋线运动。

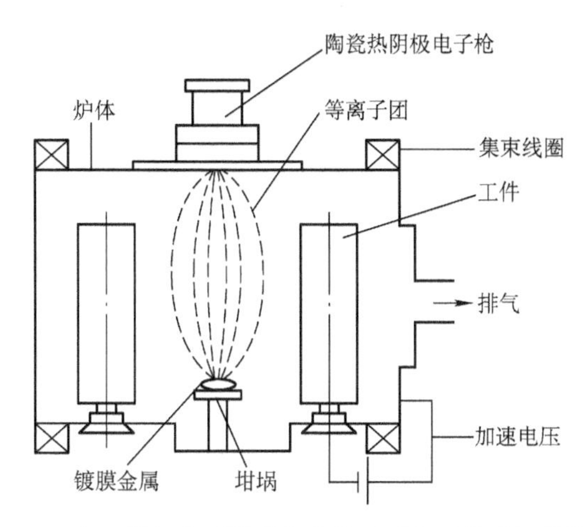

图 3-40　空心阴极离子镀膜机和热丝弧离子镀膜机的结构

2. 永磁体加电磁控的小圆形阴极电弧源

电磁线圈加速弧斑在靶的周向做旋转运动，减少了弧斑在靶面的停留时间，减小了熔池面积，细化了膜层组织。

3. 双电磁控阴极电弧源

阴极电弧源配置两个电磁线圈，提高了电子流的旋转速度，细化了膜层组织。

4. 磁控电子回旋 PECVD

在直流 PECVD 镀膜室外安装上下两个电磁线圈，使电子做旋转运动，增加了电子与气体的碰撞概率，提高了膜层粒子的离化率。

5. ECR 微波 PECVD

在镀膜室外安装上下两个电磁线圈，可提高离化率。

6. 弧光放电 PECVD

在弧光放电 PECVD 设备镀膜室周边的上下安装两个电磁线圈，沉积金刚石膜时，同轴电磁场可将弧光电子流旋转起来激励碳氢化合物的气体电离。

3.9.2　正交电磁场型离子镀膜机

1. 磁控溅射靶

采用的磁控溅射靶有小圆形靶、矩形平面靶、旋磁型柱状靶、旋靶管型柱状靶等。

2. 阴极电弧源

采用的阴极电弧源有小圆形阴极电弧源、矩形平面阴极电弧源、旋磁型柱状阴极电弧源、旋靶管型柱状阴极电弧源等。

参考文献

[1] MATTOX D M. Handbook of physical vapor deposition (PVD) processing [M]. New York: Elsevier, 2010.

[2] MATTOX D M, Metallizing ceramics using a gas discharge [J]. Journal of The American Ceramic Societ, 1965, 38 (7): 385-386.

[3] 魏杨. 电真空物理 [M]. 北京: 人民教育出版社, 1961.

[4] 王福贞, 闻立时. 表面沉积技术 [M]. 北京: 机械工业出版社, 1989.

[5] CHANPMAN B. Glow discharge processes: sputtering and plasma etching [M]. New Fairfield: John Wiley & Sons Inc, 1980.

[6] 赵化侨. 等离子体化学与工艺 [M]. 合肥: 中国科技大学出版社, 1993.

[7] FREY H, KHAN H R. Handbook of thin-film technology [M]. Berlin: Springer, 2015.

[8] 葛袁静, 张广秋, 陈强. 等离子体科学技术及其在工业中的应用 [M]. 北京: 中国轻工业出版社, 2011.

[9] 田民波, 李正操. 薄膜技术与薄膜材料 [M]. 北京: 清华大学出版社, 2011.

[10] 王福贞, 马文存. 气相沉积应用技术 [M]. 北京: 机械工业出版社, 2007.

[11] 林世宁. 气体电子学 [M]. 北京: 人民教育出版社, 1961.

[12] 徐学基, 诸定昌. 气体放电物理 [M]. 上海: 复旦大学出版社, 2001.

[13] 关魁之. 真空镀膜技术 [M]. 沈阳: 东北大学出版社, 2005.

[14] 徐成海. 真空工程技术 [M]. 北京: 化学工业出版社, 2006.

[15] 戴大煌, 周克崧, 袁镇海. 现代材料表面技术科学 [M]. 北京: 冶金工业出版社, 2004.

[16] 陈佳. 低温等离子体的产生方法 [Z]. 南京: 南京科罗拉等离子体科技有限公司, 2009.

[17] 徐世友, 张溪文, 韩高荣. 介质阻挡放电常压化学气相沉积技术及其在薄膜制备中的应用 [J]. 材料导报, 2003, 17 (9): 75-77.

[18] 庄洪春, 孙鹞鸿, 彭燕昌. 介质阻挡放电产生等离子体技术研究 [J]. 高电压技术, 2002, 28 (12): 57-58.

[19] 李成榕, 王新新, 詹花茂, 等. 等离子体表面处理与大气压下的辉光放电 [J]. 高压电器, 2003, 39 (4): 46-51.

[20] 汤文杰, 陈强, 张跃飞. 中频 DBD 等离子体聚合马来酸酐薄膜的研究 [J]. 真空科学与技术, 2007, 27 (3): 246-249.

[21] 郝艳捧, 关志成, 王黎明. 等. 大气压空气辉光放电 [J]. 北京: 电工电能新技术, 2005, 24 (2): 69-72.

[22] 赵中华, 沈安京, 黄广友. 次辉光放电等离子体在棉织物前处理中的应用 [J]. 印染, 2008 (1): 1-5.

[23] 赵凯华, 陈熙谋. 电磁学 [M]. 3 版. 北京: 人民教育出版社, 2001.

第4章 真空蒸发镀膜技术

真空蒸发镀膜技术是最早应用的真空镀膜技术，在光学、半导体器件、塑料金属化等领域至今仍发挥着重要作用。真空蒸发镀膜技术是离子镀膜技术的基础，所以首先介绍真空蒸发镀膜技术。

4.1 真空蒸发镀膜技术的分类

真空蒸发（vacuum evaporation，VE）镀膜技术是在高真空度中将固体膜料加热、蒸发（升华）成为蒸气原子，然后到达工件形成薄膜的技术。根据将固态膜料加热汽化的方法不同，分为电阻蒸发镀、电子枪蒸发镀、激光蒸发镀、高频感应加热蒸发镀[1-6,8-11]。表 4-1 列出了几种真空蒸发镀膜技术的特点。

表 4-1 几种真空蒸发镀膜技术的特点

技术名称	电阻蒸发镀	电子枪蒸发镀	高频感应加热蒸发镀	激光蒸发镀
热能来源	难熔金属热能	电子束动能	高频感应电流	激光能量
功率密度/(W/cm^2)	小	10^4	10^3	10^6
特点	简单成本低	金属化合物	蒸发速率大	纯度高，不分馏

4.2 真空蒸发镀膜机

4.2.1 电阻蒸发镀膜机

1. 电阻蒸发镀膜机结构

电阻蒸发镀膜机由镀膜室、抽真空系统、蒸发源系统、工件架组成，还配有基板加热装置、进气系统、轰击电极和轰击电源等。

镀膜室上方安装工件架，工件安放在工件架上。镀膜室下方设有电阻蒸发源。用高真空机组抽真空，真空度为 6×10^{-3}Pa 左右。图 4-1 所示为采用电阻蒸发源的真空蒸发镀膜机结构[1]。

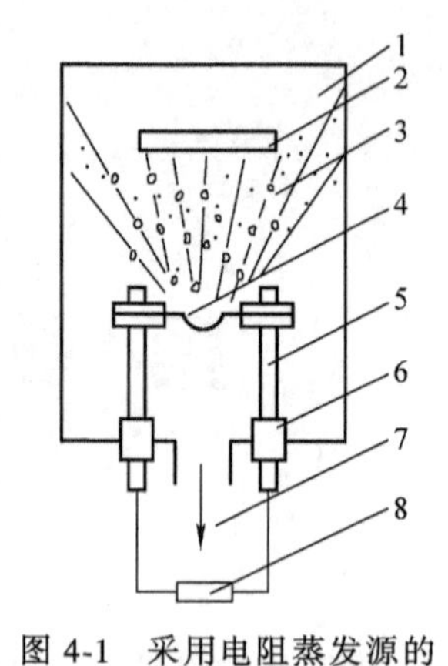

图 4-1　采用电阻蒸发源的真空蒸发镀膜机结构
1—镀膜室　2—工件　3—金属蒸气流线　4—电阻蒸发源　5—蒸发电极　6—电极密封组件　7—真空系统　8—蒸发电源

电阻蒸发源采用电阻温度系数大的高熔点金属钨、钼、钽等制作。将欲蒸发的膜料安装在蒸发源上。蒸发时，在蒸发电极上通以低电压大电流的交流电，使难熔金属蒸发源升温，达到可以将欲蒸镀的膜料熔化、蒸发的温度。大量的蒸气原子克服固态膜料原子间的范德瓦耳斯力的约束飞离金属表面进入气相，按直线方式到达到工件表面，凝结成金属薄膜。因此，真空蒸发镀膜过程是由固态膜材蒸发、蒸气原子在高真空中输运和蒸气原子在工件表面形核、成长的过程，即蒸发—输运—镀膜（也叫沉积）过程。

2. 电阻蒸发镀膜工艺过程

以在玻璃上镀光学薄膜为例，介绍电阻蒸发镀膜的工艺过程。

（1）安装工件和蒸镀膜料　将被蒸发膜料安放在电阻蒸发源上，工件安装在工件架上以后，关闭镀膜室。

（2）抽真空　开启机械泵，当真空度达到预真空 2Pa 后，打开扩散泵或分子泵，将真空度抽至本底真空度，一般为 5×10^{-3}Pa。

（3）烘烤加热工件　开启碘钨灯烘烤加热电源，对工件加热，达到预定温度。对于基材为玻璃、陶瓷等的工件，需要烘烤到 350℃以上。

（4）轰击净化工件　向镀膜室充入氩气，真空度保持在 2~3Pa。因为玻璃是绝缘件，不能直接连接放电电源，所以另设轰击电极[1-5]。接通轰击电源后，轰击电极产生辉光放电。镀膜空间获得辉光放电的等离子体，包括电子、氩离子和高能氩原子。氩离子在轰击电极的吸引下，加速到达轰击电极，维持辉光放电过程。高能氩原子也具有很高的能量，在镀膜室内做无规律的运动，可以对工件进行溅射、刻蚀，把工件上的污染层溅射下来，对工件起到清洗作用，从而提高工件与膜层的结合力。

在蒸发镀膜机中一般都设置轰击电极。轰击电压为 1000~3000V，真空度为 2~3Pa。轰击 20min 后，关闭氩气，将镀膜室真空度抽至 6×10^{-3}Pa。

（5）镀膜　开启电阻蒸发电源，将蒸发源缓慢升温。直到被蒸发金属预熔，然后迅速加大蒸发功率，使金属很快蒸发出去。由于真空度高，气体分子自由程远大于蒸发源到工件的距离，因此膜层原子从蒸发源蒸发出来之后，很少与其他气体分子或膜料原子产生碰撞，而是“径直”地射向工件形成膜层。在高真空度下，蒸发出来的金属原子以原子态形式飞向工件，得到细密的膜层组织。图 4-1 中的 3 示意地表示了金属的蒸气流线。

（6）取出工件　达到预定的膜层厚度以后，向镀膜室冲入大气取出工件。

3. 真空蒸发镀膜技术特点

1）真空蒸发镀膜过程包括膜料物质的蒸发、蒸气原子在高真空中传输和蒸气原子在工件表面形核、成长为成膜的过程。

2）真空蒸发镀膜的沉积真空度高，一般为 $10^{-5} \sim 10^{-3}$Pa。气体分子自由程为 1~10m 数量级，远大于蒸发源到工件的距离，这个距离叫蒸发距离，一般为 300~800mm。膜层粒子几乎不与气体分子和蒸气原子发生碰撞，径直达到工件。

3）真空蒸发镀膜膜层没有绕镀性，蒸气原子在高真空度下径直方向工件。工件上只有面向蒸发源的一面可获得膜层，工件的侧面、背面几乎得不到膜层，膜层的绕镀性差。

4）真空蒸发镀膜层粒子的能量低，其到达工件的能量是蒸发时所携带的热能。由于真空蒸发镀膜时工件不加偏压，金属原子只是靠蒸发时的汽化热，蒸发温度为 1000~2000℃，携带的能量相当于 0.1~0.2eV[1] 所以膜层粒子的能量低，膜层和基体结合力小，很难形成化合物涂层。

5）真空蒸发镀膜层组织细密。真空蒸发镀过程是在高真空下形成的，蒸气中的膜层粒子基本上是原子尺度，在工件表面形成细小的核心，生长成细密的组织。

4. 电阻蒸发源

（1）电阻蒸发源的材料　电阻蒸发源一般采用钨、钼、钽制作。这些金属的熔点高、电阻温度系数大，很容易升到很高温度。将被镀的膜料安放在蒸发源上以后，将电阻蒸发源加热，使低熔点蒸发材料熔化，蒸发或升华成为蒸气原子[1-6,8-11]。表 4-2 列出了钨、钼、钽的主要物理参数[4]。其主要特点是随着温度的升高电阻率加大，由于产生的热量越大，越容易将膜料蒸发。

表 4-2　钨、钼、钽的主要物理参数

材料	钨(W)	钼(Mo)	钽(Ta)
密度/(g/cm^3)	18.0~19.3	10.0~10.3	16.6
熔点/℃	3380	2580	3000
热膨胀系数/(10^{-7}/℃)	44.4(27℃) 72.6(2027℃)	51(27℃) 72(2000℃)	66(20℃)
热导率/[W/(m·K)]	167.5(0℃) 117.2(1250℃)	134(0℃) 71(2173℃)	54.4(0℃)
电阻率/$10^{-8}\Omega \cdot m$	5.5(20℃) 25.5(750℃) 40(1200℃) 85(2400℃)	5.78(27℃) 23.9(727℃) 35.2(1127℃) 47.2(1527℃)	13.5(20℃)

（2）电阻蒸发源的形状　用钨、钼、钽加工成丝状或舟状蒸发源。图 4-2 所示为各种电阻蒸发源的形状[1]。如果被镀材料为丝状，可以安放在用钨丝、钼丝、钽丝绕制成的螺旋状蒸发源上。如果被镀材料是粉状或块状，膜料可放在钨舟、钼

舟、钼舟、石墨舟或导电氮化硼做的舟内加热[1-6,8-11]。

（3）电阻蒸发加热电源　电阻蒸发加热电源采用低电压大电流电源。一般电压为4～8V，电流为100～500A。大电流通过电阻蒸发源时，产生的热量使蒸发源升温，进而加热膜料使之蒸发。由于这种蒸发源具有结构简单、使用方便、造价低廉等优点，所以至今应用广泛。

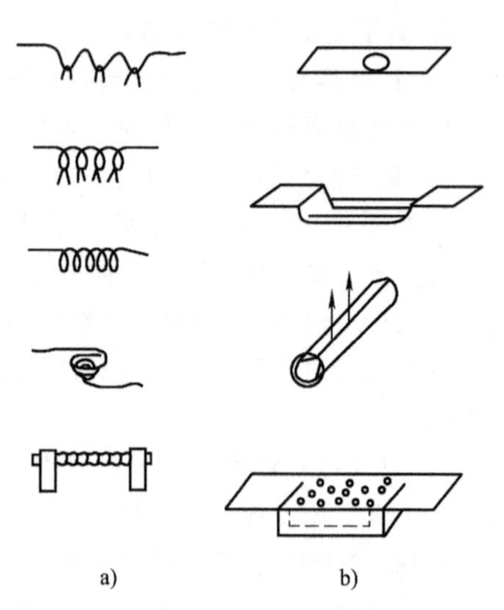

图4-2　各种电阻蒸发源的形状

a）丝状蒸发源　b）舟状蒸发源

5. 蒸发膜料的特性

电阻蒸发镀的膜料为低熔点材料，如金（Au）、银（Ag）、硫化锌（ZnS）、氟化镁（MgF_2）、三氧化二铬（Cr_2O_3）等。

（1）金属的蒸发　电阻蒸发的金属多为低熔点金属，如铝、金、银等。在大气压条件下蒸发温度（沸点）很高，而在真空条件下由于饱和蒸气压降低，蒸发温度也随之降低。表4-3为常用金属的影响物理常数[4]。由表4-3可知，在1.33Pa时各种金属的蒸发温度都远低于沸点[6]。

表4-3　常用金属的影响物理常数

金属	熔点/K	沸点/K	1.33Pa时的蒸发温度/K	蒸发速度/[g/(cm^2·s)]	蒸发所需热量/(kcal①/g)
铝(Al)	932	2736	1490	7.84	3.1
铬(Cr)	2276	2933	1670	10.5	2.0
铜(Cu)	1357	2846	1530	11.9	1.4
银(Ag)	1234	2435	1300	16.8	0.68
金(Au)	1336	3081	1670	20.0	0.43
钛(Ti)	1940	3575	2010	8.99	2.5
镍(Ni)	1725	3157	1800	10.5	1.9
锆(Zr)	2128	4747	2670	10.8	1.8

① 1cal=4.1868J。

（2）合金膜料的蒸发　选用合金膜料时，合金内各种金属的蒸气压不同，因此在某一真空度时的蒸发温度不同。低熔点的金属先蒸发，高熔点的金属还没有达到蒸发温度或蒸发很慢，使膜层中先沉积的成分与后沉积的成分不同，即产生分馏现象。克服分馏现象一般采用闪镀，即瞬时蒸发法，也就是把蒸发材料做成细粒的膜粒，把细粒一点一点地落到蒸发源上，尽可能地使每个细粒在瞬间蒸发掉。或采用多个蒸发源分别蒸发，每个蒸发源分别控制最佳温度，则可以在工件上沉积合金膜。

(3) 化合物的蒸发 化合物蒸发时，在高温下也会有一定的分解，因此需要补充适当的反应气体，以保证所镀膜层成分复合化学计量比，从而保证膜层的性能。

4.2.2 电子枪蒸发镀膜机

1. 电子枪蒸发的膜料

在蒸发高熔点膜料或蒸发速度要求很高时，采用电子枪蒸发源。电子枪蒸发源是高能量高密度的蒸发源，功率密度达 $10^4 \sim 10^9 W/cm^2$，用于蒸发熔点较高的金属或化合物等，如铜、钛、铬、氧化锆、氧化硅、氧化钨（WO_3）、钇钡铜氧（YBaCuO）等一些金属或化合物。

2. 电子枪蒸发镀膜机结构

图 4-3 所示为 e 形电子枪蒸发镀膜机的结构[1]。

电子枪真空蒸发镀膜机由镀膜室、抽真空系统、电子枪系统、水冷坩埚、工件架、工件加热装置和轰击电极组成，匹配有蒸发电源、加热电源、轰击电源、进气系统等。

镀膜室上方安装工件架，工件安放在工件架的卡具上。镀膜室下方设有电子束蒸发源。用高真空机组抽真空，真空度为 6×10^{-3}Pa 左右。

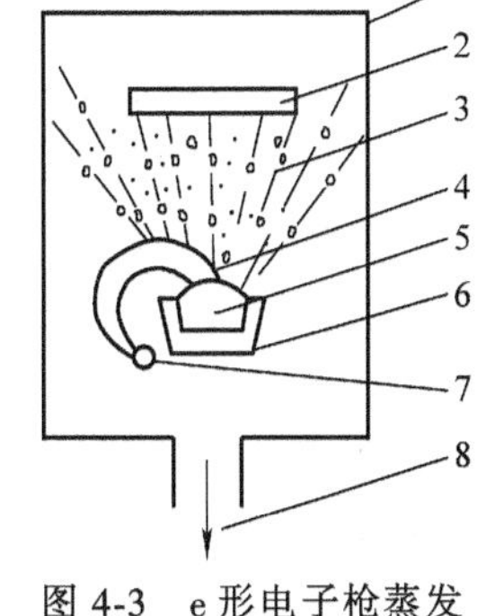

图 4-3 e 形电子枪蒸发镀膜机的结构

1—镀膜室 2—工件（基板）架 3—金属蒸气流线 4—电子束轨迹 5—金属锭 6—水冷坩埚 7—真空系统 8—e 形电子枪枪头

3. 电子枪结构

电子枪由发射热电子的阴极、加速阳极和聚束极组成。

1）发射热电子的灯丝阴极一般由钨丝制造，连接电子枪高压电源的负极，并连接低电压大电流加热电源，可以把钨丝加热到白炽状态发射热电子。

2）电子加速阳极把热电子流加速为高能的电子束。一般电子枪的加速电压为 6～30kV，电流为 0.1～15A。电子束流在高压电场作用下加速轰击到坩埚内的待蒸发金属锭上，将动能转化为热能将金属蒸发。

4. 电子枪形式

根据电子束轨迹的不同，电子枪分为直射式电子枪、环形电子枪、e 形电子枪，常用 e 形电子枪。

图 4-4[1] 所示为 e 形电子枪的结构。电子枪枪头 1 包括用钨丝制作的发射热电子的阴极和加速电子的阳极。如果不加偏转磁场，电子束流会在电场作用下做直线运动。如图 4-4 所示，增设了偏转磁场后，电子受磁场产生的洛伦兹力的作用，

改变运动方向，使电子束流向右方偏转射向坩埚。电子束轨迹成旋轮线形，形状如同英文字 e，故称 e 形电子枪。e 形电子枪结构中的磁场是由图 4-4 中两个平行磁极板 6 和它们中间夹持的电磁线圈 5 产生的。电磁线圈 5 中通入电流以后产生磁场，将两个平行磁极板磁化，在两个磁极板之间形成 N 到 S 均匀磁场。电磁和磁场相互垂直，电子在正交电磁场作用下偏转到金属锭上。离子方向与电子相反，向远离坩埚的方向运动，可以避免正离子对膜层的污染。e 形电子枪的偏转角度为 270°、240°和 180°[1]。

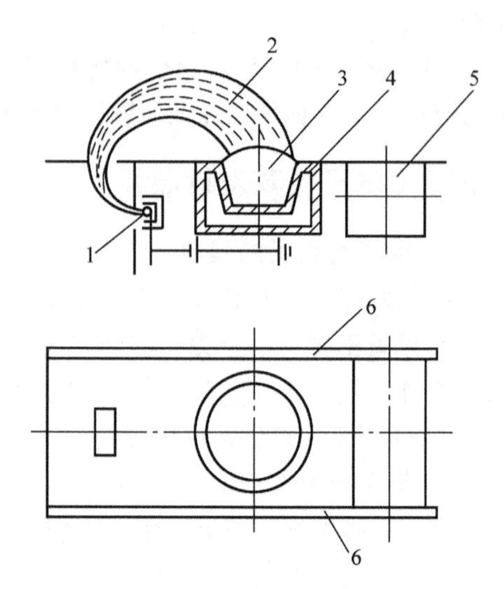

图 4-4 e 形电子枪的结构
1—e 形电子枪枪头 2—电子束轨迹 3—金属锭 4—水冷坩埚 5—电磁线圈 6—平行磁极板

电子枪在高真空条件下才能稳定发射电子流。如果真空度太低，气体分子密度大，电子流在运动的过程中会将周围的气体电离，使电流突然增大。一般电子枪的电路系统都有过流保护，电流突增若超过保护电流，电子枪的高压电源会自行切断而不能正常发射电子束。电子枪在真空度高于 10^{-2}Pa 时才能正常工作。

5. 水冷坩埚

电子枪蒸发源的组件中，除电子枪之外，坩埚也是很重要的组成部分。坩埚是电子枪的阳极，电子束的落点。坩埚均采用水冷结构，其中放置被蒸发的膜料。市场上可以买到粉状膜料和金属锭，金属锭与坩埚内壁必须接触良好。图 4-5 所示为几种形状的金属锭[1]。

图 4-5 几种形状的金属锭

在镀多层膜时，在电子枪镀膜机中，设置可以旋转的多坩埚，即坩埚转轴的上方加工出多个安放被蒸膜料的小坩埚。每个小坩埚的中心为电子束斑点的位置。每次坩埚轴旋转时，便有一种膜料被蒸发。根据预先的设定，使各坩埚内的材料逐次被蒸发，可以得到所需的多层膜。图 4-6 所示为电子枪组件外形和多坩埚照片。

6. 电子枪蒸发镀膜的操作过程[1]

高压电子枪发射的电子束流的密度很大，如果电子束落点控制不当，电子束流

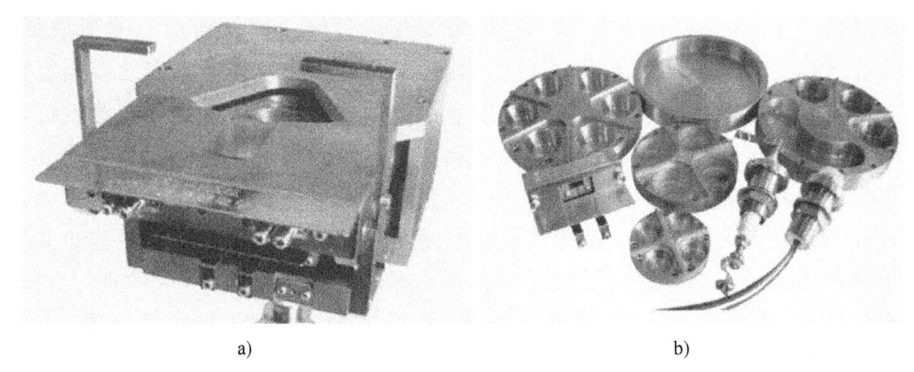

a) b)

图 4-6 电子枪组件外形和多坩埚

a）电子枪组件外形 b）多坩埚

不能偏转到金属锭上，可能将镀膜室壁等处加热烧熔，所以按照电子枪的操作程序进行操作很重要。

1）一般电子枪的枪电压是确定的，所以首先开启磁场电源，调到预定的磁场电流。设定磁场强度 H，即确定电子束轨迹，保证电子束的偏转半径按预定的轨迹运行，使电子束斑能落到坩埚内的金属锭上。

2）开启枪的高压电源，枪电压为设定值。

3）开启钨丝加热电源，缓慢加热钨丝。

4）逐渐增大钨丝的加热电流，在坩埚内的金属锭表面可看到电子束束斑。

5）增大灯丝电流预熔金属锭，加大电子束电流将金属锭预熔，可以看到金属液的滚动。如果束斑不在金属锭的中心，可以调磁场电流，稍微改变电子束的偏转半径，使电子束斑点正好落在金属锭中央。

6）继续增大灯丝电流，加大电子束功率充分预熔金属锭，然后打开坩埚上方的挡板，蒸发的膜料飞向工件形成膜层。

在 e 形电子枪的操作中，如果不预先给出磁场电流，电子束不会产生偏转，有可能直接射向其他地方而烧毁某些部件。预定磁场电流的目的是使电子束一出来，就按照预定轨道产生偏转。

为了扩大电子束斑的作用范围，电子枪电源还配有 X—Y 扫描系统，使电子束在金属锭表面扫描，扩大金属熔化区域的蒸发面积，使蒸发金属量增多，从而提高沉积速率。

产业化过程中，必须固定枪电压、磁场电流、钨丝加热电流及扫描条件，还要保证一定的冷却水温度与流量、金属锭的散热量，以确保金属的蒸发量的稳定；否则难以保证膜层质量的重复性，尤其在反应沉积化合物薄膜时，金属的蒸发量一定了，才能保证化合物薄膜的成分符合化学计量比。

4.2.3 激光蒸发镀膜机

激光蒸发镀膜机是将激光束的能量转化为热源加热膜层材料的。通常激光束的

功率密度达到 $10^6 W/cm^2$ 以上。以无接触方式使膜料加热蒸发镀在工件形成膜层。根据激光工作方式的不同，可以进行脉冲输出或连续输出。前者具有使膜层材料瞬间蒸发的特点，后者使膜层材料缓慢蒸发。激光蒸发的主要优点是：在蒸发沉积合金膜时不产生分馏现象；能蒸发任何高熔点材料；激光蒸发镀膜在超高真空度中进行，可以减少和避免对膜层的污染，还可以避免电子束蒸发时，膜层表面带电现象等。此外，激光束的能量高，使膜层粒子获得更高的能量，在工件不经加热的情况下能够得到结晶良好的膜层。因此，激光蒸发源是沉积介质膜、半导体膜、金属膜和化合物膜的良好方法。采用激光束作为蒸发源[1,2] 的蒸发镀膜机结构如图 4-7[1] 所示。

4.2.4 高频感应加热蒸发镀膜机

高频感应加热蒸发镀膜机利用感应加热原理把金属加热到蒸发温度。将装有膜层材料的坩埚放在螺旋线圈的中央，在线圈中通以高频电流，可以使金属膜层材料产生感应电流将自身加热[1,8,9]。图 4-8 所示为高频感应加热蒸发源的结构[1]。装有被蒸发材料的坩埚放置在高频感应圈中，通入的高频率电流的频率为 8kHz。

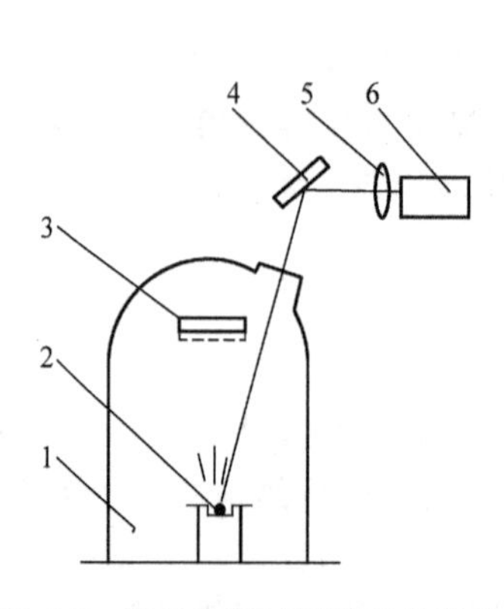

图 4-7 激光束蒸发镀膜机的结构

1—镀膜室 2—待蒸金属 3—工件 4—反射镜 5—聚光镜 6—激光源

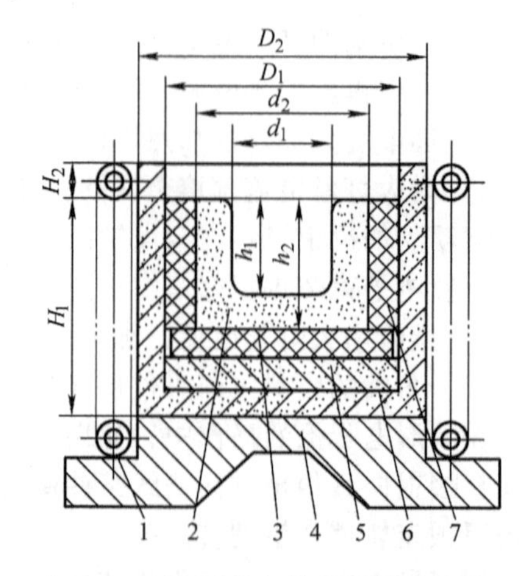

图 4-8 高频感应加热蒸发源的结构

1—感应线圈 2—内坩埚 3—绝热层 4—底座 5—调整垫 6—外坩埚 7—绝热筒

4.3 真空蒸发镀膜层的组织

4.3.1 真空蒸发镀膜层的形成条件

真空蒸发镀膜层的形成过程包括蒸发、输运与沉积过程。因此，真空蒸发镀膜的重要的形成条件是，必须有较高的真空度和将金属加热蒸发的加热源。

1. 高真空度

1）高真空度时金属的蒸发温度低。金属的蒸发或升华过程是在真空条件下进行的，不同真空度时，金属的蒸发温度不同。图 2-2 已经给出了部分金属在不同温度下的蒸气压曲线，由图 2-2 可知，随真空度的升高，金属的蒸发温度降低。表 4-4 列出了部分金属在不同真空度时的蒸发温度与熔点[4]。

表 4-4 部分金属在不同真空度时的蒸发温度与熔点

金属	真空度/Pa						熔点/℃
	1.33×10^{-3}	1.33×10^{-2}	1.333×10^{-1}	1	1.333×10^{1}	1.33×10^{2}	
	蒸发温度/℃						
Cu	946	1035	1141	1273	14324	1628	1083
Ag	767	848	936	1047	1184	1353	961
Au	1083	1190	1314	1465	1646	1867	1063
Be	942	1029	1130	1246	1395	1582	1284
Mg	287	331	383	443	515	605	651
Zn	211	248	292	343	405		419
Cd	148	180	220	264	321		321
Hg	-23.9	-5.5	18	48	82	126	-38.9
B	1052	1140	1239	1355	1489	1648	2000
Al	724	808	889	996	1123	1279	660
In	667	746	840	952	1088	1260	157
C	2129	2288	2471	2680	2926	3214	
Si	1024	1116	1223	1343	1485	1670	1410
Ti	1134	1249	1384	1546	1742	1965	1727
Zr	1527	1660	1816	2001	2212	2459	2127
V	1465	1586	1725	1888	2079	2207	1697
Nb	2194	2355	2539				2500
Ta	2407	2599	2820				2096
Bi	474	536	609	689	802	934	271
Cr	907	992	1090	1205	1342	1504	1900
Mo	1 923	2095	2295	2533			2622
W	2554	2767	301 6	3309			3352
Mn	717	791	878	980	1103	1251	1244
U	1461	1585	1730	1898	2098	2338	1132
Fe	1084	1195	1310	1447	1602	1783	1535
Co	1249	1362	1494	1649	1833	2056	1478
Ni	1157	1257	1371	1510	1679	1884	1455
Zr	1993	2154	2340	2556	2811	3118	2454
Pt	1606	1744	1904	2090	2313	2582	1774

由表 4-4 可知，Au 在 133.3Pa（常压）时的蒸发温度为 1867℃，在 1.333×10^{-3}Pa 时的蒸发温度只有 1083℃。Ti 在 133.3Pa 时的蒸发温度为 1965℃，而在 1.333×10^{-3}Pa 时的蒸发温度只有 1334℃。一般蒸发镀的工作真空度在 $10^{-5}\sim10^{-3}$Pa 范围，蒸发温度远低于常压下的蒸发温度。

2）镀膜室内的气体分子数随真空度的升高而减少。在 0℃ 时，1atm（101.325kPa）下，每 $1cm^3$ 有 2.687×10^{19} 个气体分子，而在超高真空度 $10^{-8}\sim10^{-7}$Pa 下，每 $1cm^3$ 中仍有 33~30 个气体分子，可见真空并不空。如果蒸发镀膜时真空度太低，会有大量的残余空气存在，必将污染膜层质量，所以真空蒸发镀一般在 5×10^{-3}Pa 真空度进行，沉积高纯度膜层时在超高真空度中进行。

3）在高真空中膜层原子不发生碰撞。由 $p\lambda\approx665$cm·Pa 可知，随真空度的降低，镀膜室内的气压升高，气体分子自由程缩短，气体分子间碰撞次数增加。由此计算出了当蒸发距离为 175mm 时，蒸发原子从蒸发源到工件的路程中，碰撞一次以上的分子比率（ρ_1）和碰撞 10 次以上的分子比率（ρ_{10}），计算结果列入表 4-5[1] 中。由表 4-5 可知，在 1.33×10^{-2}Pa 高真空度下，气体分子自由程已经大于蒸发距离。膜层原子从蒸发源逸出后几乎不会发生任何碰撞，就可以到达工件，从蒸发源得到的能量几乎不损失，在工件表面可以进行适当的迁移、扩散，形成细小的核心，后续的膜层原子在细小的核心上生长成细密的膜层组织。在 5×10^{-3}Pa 高真空度下，从蒸发源蒸发出来的金属原子径直沉积到工件上，中间不发生碰撞，不再返回蒸发源。

表 4-5 不同真空度下气体分子的碰撞比率

真空度/Pa	平均自由程 λ/mm	碰撞 1 次以上分子比率 ρ_1(%)	碰撞 10 次以上分子比率 ρ_{10}(%)
1.33	4.8	≈100	97
1.05	6.0	≈100	95
6.6×10^{-1}	9.6	≈100	84
1.33×10^{-1}	48	97	31
1.06×10^{-1}	60	95	26
6.6×10^{-2}	96	84	17
1.33×10^{-2}	480	31	3.6

真空度低时，气体分子自由程短，蒸气原子将会发生多次碰撞，产生气体散射效应；有部分蒸气原子有可能返回蒸发源，使实际的沉积速度减小。真空度太低时，蒸发出来的膜层粒子会与残余的空气分子发生反应，形成化合物混入膜层组织中，污染膜层的纯度。

在高真空中，原子间碰撞概率小，蒸气原子能量损失少，到达基板形成细小的晶核，后续蒸气原子生长成细密的膜层组织。

在低真空中，膜层原子在飞向工件的过程中会发生多次碰撞损失能量，低能的原子间会产生凝结，以粗大的核心到达工件表面，后续的凝结颗粒团继续生长成粗大的膜层组织。

2. 蒸发需要加热源

欲使被镀的固体材料蒸发，必须提供足够的能量，使其克服周围固体或液体原子的吸引力而蒸发汽化进入气相中。不同材料所需的蒸发热不同。表4-6列出了几种常用金属在1Pa时的蒸发热（也叫汽化热）[1]。

表4-6 几种常用金属在（1Pa时）的蒸发热

金属	蒸发热/(kJ/g)	金属	蒸发热/(kJ/g)
Al	12.98	Cr①	8.37
Ag	2.85	Zr	7.53
Au	2.01	Ta	4.6
Ba	1.34	Ti	10.47
Zn	2.09	Pb	1
Cd	10.47	Ni	7.95
Fe	79.53	Pt	3.14
Cu	5.8	Pd	4.02

① Cr升华为气态。

4.3.2 真空蒸发镀膜层的生长规律

蒸发镀膜时，膜层的形核、长大规律是各种离子镀膜技术的基础。

1. 形核

在真空蒸发镀技术中，膜层粒子以原子的形态从蒸发源蒸发出来后，在高真空中径直飞向工件，在工件表面通过形核、长大的方式形成膜层。

真空蒸发镀时，膜层原子从蒸发源逸出时的能量约0.2eV。当膜层粒子间的凝聚力大于膜层原子与工件之间的结合力时，形成岛状晶核。单个膜层原子在工件表面滞留的时间里做无规则的运动、扩散、迁移，或与其他原子相碰撞形成原子团。原子团中原子的数量达到某一临界值时，就形成了稳定的晶核，称均质形核。

一般工件表面不是绝对平滑，包含有许多缺陷和台阶，这造成了工件不同部位对入射原子吸附力的差异。缺陷的表面吸附能大于正常表面，因而成为活性中心，有利于优先形核，称异质形核。当凝聚力与结合力相当，或膜层原子与工件结合力大于膜层原子间的凝聚力时，形成层状结构。离子镀膜技术中，多数情况为形成岛状核心。

2. 生长

当薄膜的核心形成后，继续捕获入射原子而长大。各岛状原子团一边长大一边相互结合成为更大的半球，逐渐形成遍布于工件表面的半球形岛状膜层。

当膜层原子能量较高时，可以在表面充分扩散，且后续来的原子团较细小时，可以形成平滑的连续膜。如果原子在表面的扩散能力弱，沉积的原子团的尺寸较大时，则以大型的半岛晶核的形态存在。

岛状核心的顶部，对凹下部分有很强的遮蔽作用，即产生“阴影效应”。凸出表面的部分更有利于捕获后续沉积原子而优先生长，使表面的凹凸程度越发增大，形成足够大的锥状晶或柱状晶。锥状晶间形成穿透空隙，表面粗糙度值增大。在高真空度下可获得细密的组织，随真空度的降低，膜层组织越来越粗大。

4.3.3 影响膜层生长的因素

1. 真空度的影响

在低真空度条件下，蒸气原子之间的碰撞频繁，能量降低，在相互碰撞时，在空间集结形成原子团。这些低能的原子团到达基板后很难进行扩散、迁移，便形成了粗大的岛状晶核，凸起部分对凹陷部分产生阴影效应，最后长成锥状或柱状晶。真空度越低，柱状晶越粗大，膜层的表面粗糙度值越大。图 4-9 所示为不同真空度下蒸发镀铝膜断口的扫描电镜照片[7]。由图 4-9 可知，真空度对蒸发镀膜层组织的影响是非常明显的。

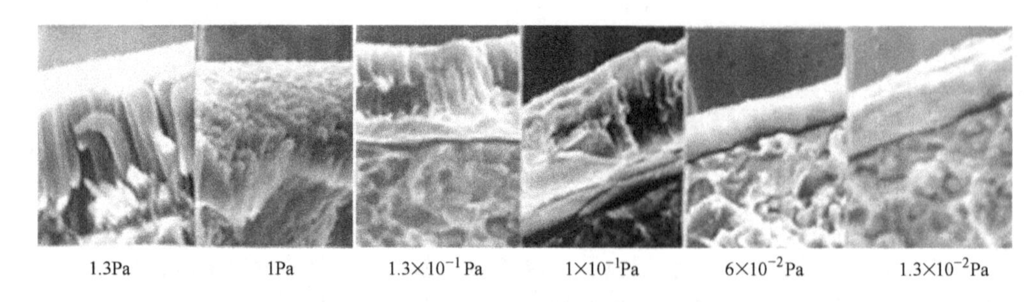

图 4-9　不同真空度下蒸发镀铝膜断口的扫描电镜照片

真空蒸发镀膜时，如果真空度低，工件表面将吸附一层残余气体，使到达工件的蒸气原子不能直接与基材原子结合，膜-基结合力低，膜层组织疏松。

由以上分析可知，真空蒸发镀技术必须在较高的真空度下进行。一般真空蒸发镀在 10^{-5}~10^{-3}Pa 的真空度下进行，气体分子自由程 λ 为 m 级以上，远大于工件到蒸发源的距离。从蒸发源逸出的蒸气原子径直抵达工件获得膜层。高真空度时形成细小的晶核，生长成理想的、细密的膜层组织。因此，真空蒸发镀膜时必须尽量在高真空度条件下进行。

2. 温度的影响

蒸气原子沉积到冷态的工件上，依靠本身携带的能量很难做到长程扩散和迁移，只能形成粗大的岛状晶核，生长为粗柱状或锥状晶。随工件温度升高，沉积原子的扩散、迁移能力提高，晶核细化，生长成细柱状晶。当工件温度超过被镀材料的再结晶温度时，膜层组织发生再结晶，获得再结晶型等轴晶。B. A. Movchan 和 A. V. Demchishin 研究了工件温度对真空蒸发镀膜层组织影响规律，提出了 M-D 模型，如图 4-10[1] 所示。

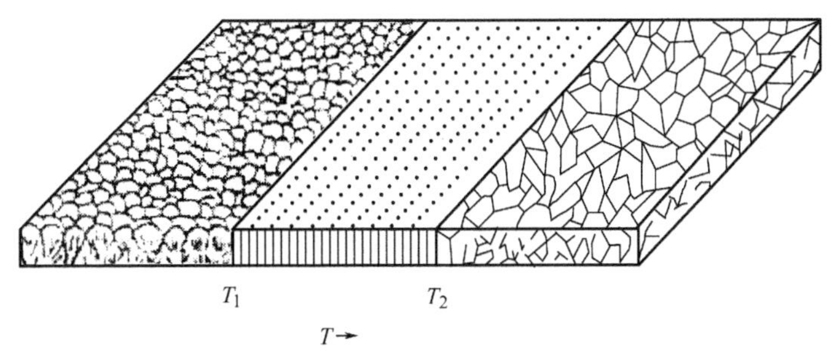

图 4-10 M-D 模型

M-D 模型表明，设 T_M 为被镀材料的熔点，$T_1=0.3T_M$，$T_2=0.5T_M$ 为再结晶温度。工件温度升至 T_1 时锥状晶消失，工件温度升至 T_2 期间柱状晶消失，超过 T_2 得到再结晶组织。蒸发镀不同材料时控制工件温度，可获得所需组织。

4.3.4 膜层厚度的均匀性

目前，真空蒸发镀所采用的蒸发源多是点状或小面积蒸发源。在大面积的工件上很难获得均匀厚度的膜层[1-6,8,9]。

假设每一个蒸气原子从蒸发源出发入射到工件上，中间不发生任何碰撞，全部沉积到工件上。蒸气原子以 mg/s 级的蒸发速度向各个方向蒸发。

在单位时间内，任何方向上通过一个立体角 ω 的膜材质量为

$$dm=\frac{m}{4\pi}d\omega$$

式中 m——膜材总量。

如图 4-11[1] 所示，如果蒸发材料到达某一与蒸发方向呈 θ 角的小面积 dS 上，则沉积在这个小面积上的膜层厚度 δ 可按下式计算：

$$\delta=\frac{m}{\pi\rho}\times\frac{\cos2\theta}{r^2}$$

由上式可知，膜层厚度按余弦定理分布，膜厚因位置不同而使厚度分布不均匀。在平面工件卡具上，中心处的膜层厚度比边缘处的厚度大。合理设计球面工件卡具，可使膜层厚度分布更加均匀。一般蒸发面积比较大

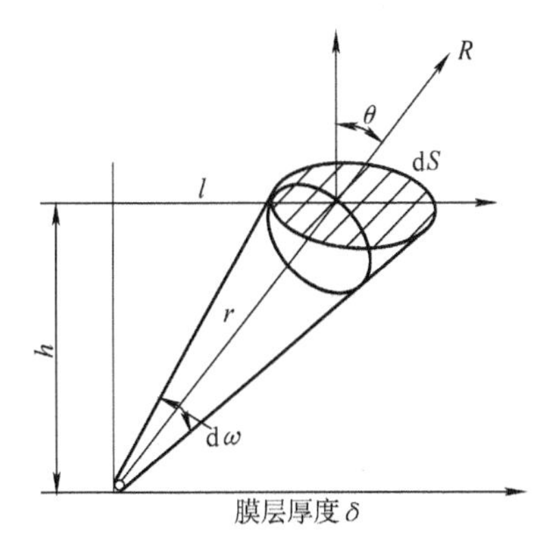

图 4-11 真空蒸发镀膜层厚度分布

时，不是将蒸发源放置在镀膜室中心，而是放置在相当镀膜室半径1/2处附近的位置，同时工件架进行旋转，以保证膜层厚度的均匀性。

高真空蒸发镀时，膜层粒子径直到达工件表面，被碰撞到侧面和背面的概率很小，因此真空蒸发镀的绕镀性差，只有面向蒸发源的一侧可以获得膜层。

4.4 真空蒸发镀膜机

真空蒸发镀技术是应用最早的镀膜技术，至今仍广为应用，如半导体器件中的导线、光学镜头、激光武器、手机盖板、防伪膜、屏蔽膜、食品包装袋、医用包装袋等。根据应用的不同需求，可选择不同的镀膜机的机型，如立式镀膜机、卷绕式镀膜机。

4.4.1 立式蒸发镀膜机

以光学镀膜机为例，介绍立式电子枪蒸发镀膜机。立式蒸发镀膜机多是单室机，并配抽真空系统。图4-12所示为立式蒸发镀膜机照片。

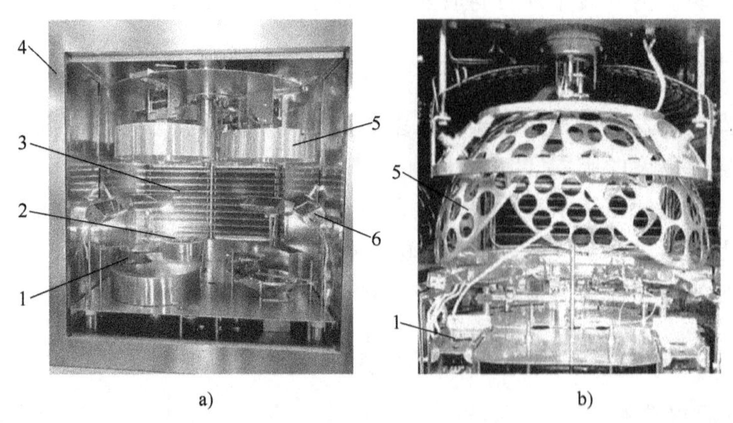

图4-12 立式蒸发镀膜机照片

a）内部结构 b）多层行星转架

1—电子枪 2—离子源 3—抽气口 4—镀膜室 5—工件架 6—碘钨灯

镀膜室内安装两把e型电子枪组件。水冷多坩埚中根据需要安放不同的膜料，可以是粉，也可以是金属锭。工件架为多层行星转架（见图4-12b)，以保证膜层厚度的均匀性。工件一般用碘钨灯加热。镀膜室内还配置有轰击电极、膜厚控制仪等。有的真空蒸发镀膜机配装辅助沉积的离子源，以提高膜-基结合力。

立式真空蒸发镀膜机在生产光学镜片，红外、紫外器件，天文望远镜，手机盖板，汽车灯的反光罩等方面应用广泛，如图4-13所示。其中图4-13a、b为光学镜片，图4-13c为手机盖板，图4-13d为汽车灯反光罩。

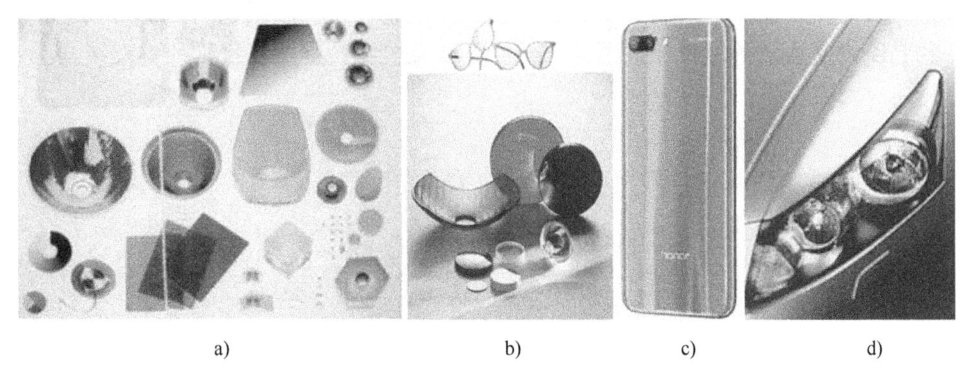

a) b) c) d)

图 4-13 立式真空蒸发镀膜产品
a)、b) 光学镜片 c) 手机盖板 d) 汽车灯反光罩

4.4.2 卷绕式蒸发镀膜机

1. 卷绕式蒸发镀膜机用的柔性薄膜材料

卷绕式蒸发镀膜机可在铜箔、铝箔、有机薄膜、织物、纸张等柔性基材上沉积多种功能的薄膜，如电屏蔽膜、电容器膜、防伪膜、装潢膜、包装膜、阻隔膜、反光膜、隔热膜、汽车贴膜及柔性透明导电膜等。

成卷的柔性材料展开长度达几千米，幅宽为600~2000mm，基材薄膜的厚度为12~25μm。要求整卷的镀膜过程一次性连续完成[1,8,9]，薄膜基材的运行速度高达100~500m/min 。图4-14所示为卷绕式蒸发镀膜机用成卷的有机薄膜原材料。

图 4-14 卷绕式蒸发镀膜机用成卷的有机薄膜原材料

2. 卷绕式蒸发镀膜机的配置

一台卷绕式蒸发镀膜机分为上下两个室，各自有抽真空系统维持各自的真空度。

(1) 上下两个室的功能 卷绕式蒸发镀膜机下面是镀膜室，安放加热蒸发源，上面是柔性薄膜的卷绕室。卷绕室由三部分组成，包括放卷辊、收卷辊、冷辊及各种张紧轮。成卷的原料薄膜安装在放卷辊上，薄膜基材通过冷辊到达收卷辊。放卷辊一边放，收卷辊一边收。由于两个辊子的外径尺寸连续在变化，所以随时需要调节两个辊子的放、收速度，以保证有机薄膜紧贴敷在冷辊上正常运行。

有机薄膜紧贴敷在冷辊上，从下面的蒸发源通过。下面蒸发源的温度为1000℃以上，产生很大的热辐射。冷辊的作用是降低有机薄膜的温度，否则下面蒸发源发射的热会使有机薄膜变形或损坏。张紧轮的作用是使有机薄膜紧紧地贴敷在冷辊上以快速连续蒸发镀膜。图 4-15[8] 所示为卷绕式蒸发镀膜机的内部结构。

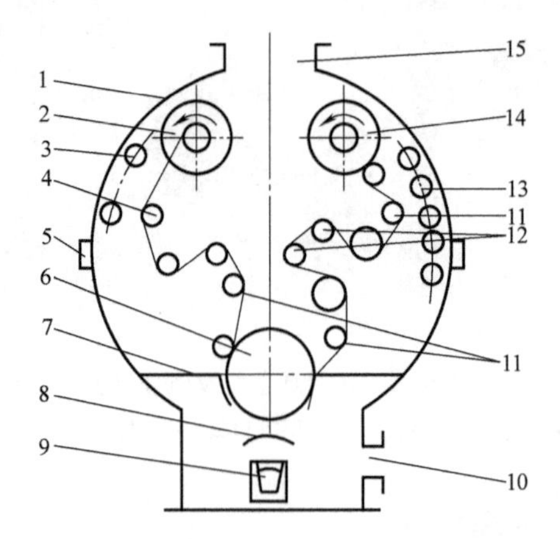

图 4-15 卷绕式蒸发镀膜机的内部结构

1—真空室 2—收卷辊 3—照明灯 4、12—导向辊 5—观察窗 6—冷辊 7—隔板 8—挡板 9—蒸发源 10—镀膜室抽取口 11—张紧轮 13—加热装置 14—放卷辊 15—卷绕室抽气口

（2）上下两个室的真空度　卷绕式蒸发镀膜机的上下两个室分别设置抽真空系统。下室是镀膜室，要求真空度必须高于 2×10^{-2}Pa，以保证膜层的质量，否则膜层中混杂有铝的氧化物，而且膜层组织粗化。上室是原料的卷绕室，一大卷有机薄膜基材的放气量大，如果抽至 2×10^{-2}Pa 的真空度，则需要配的抽真空系统太大了。因此，将不同工作条件的两个室分别配置抽真空系统。卷绕室的真空度适当降低到 1×10^{-1}Pa 范围。

卷绕式蒸发镀膜机内部结构既要求保证上下两室的真空度（一般上下两个室之间设有隔板，隔板与冷辊之间的间隙尽量小），还必须保证有机薄膜的顺畅运行。

3. 卷绕式蒸发镀膜机的蒸发源

卷绕式蒸发镀膜机的蒸发源有电阻蒸发源、高频感应蒸发源、电子枪蒸发源[8,9]。图 4-16 所示为卷绕式蒸发镀膜机中安装的各种蒸发源。

（1）导电氮化硼坩埚蒸发铝　图 4-16a 所示为用于镀铝的氮化硼坩埚，图中上边箭头指示的是铝丝。

（2）铝丝采用送丝机构　为了保证在蒸镀整卷的有机基材薄膜的过程中始终有铝原子的蒸发，铝丝采用送丝机构连续向坩埚内送入铝料。如图 4-16b 所示，左边是沿有机薄膜幅宽排布的多个导电氮化硼坩埚，右边是与坩埚对应的送丝机构。连续送丝保证氮化硼坩埚内始终有定量的铝料供应，在整卷的有机基材上镀出均匀的膜层。

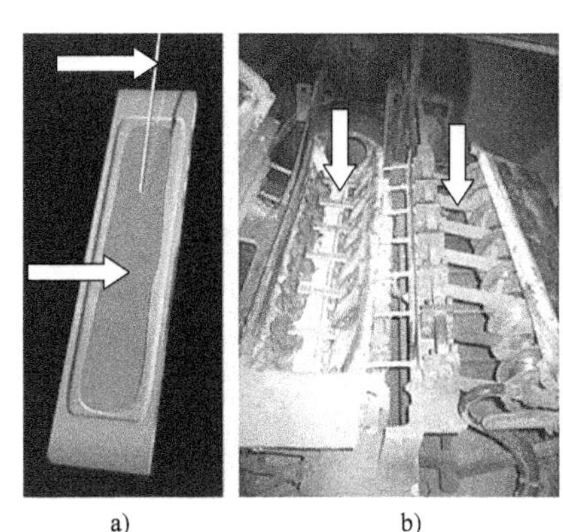

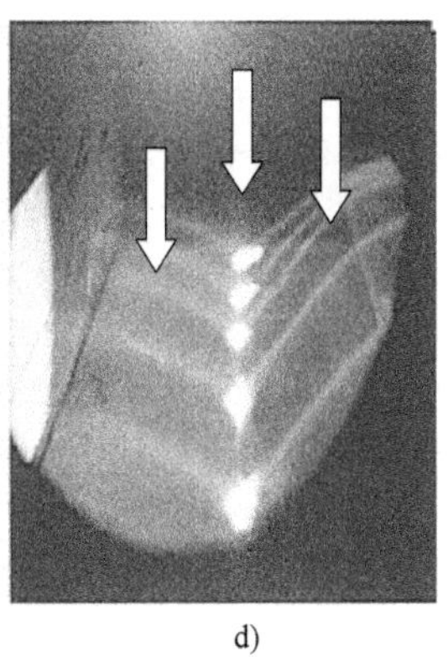

a) b) c) d)

图 4-16 卷绕式蒸发镀膜机中安装的各种蒸发源

a）氮化硼坩埚 b）电阻蒸发源 c）高频感应蒸发源 d）电子枪蒸发源

（3）高频感应蒸发源 在蒸镀高熔点材料或蒸镀厚的膜层时，用高频感应蒸发源。如图 4-16c 所示，左上方箭头指示的是感应圈，右下方指的是坩埚。将高熔点的铜等金属放在坩埚内，通过感应加热的方式将铜等金属蒸发出来进行镀膜。

（4）电子枪蒸发源 图 4-16d 所示是配置了多把高压电子枪作为蒸发源的镀膜机。由于金属锭较大可以连续蒸发金属，所以电子枪蒸发源可用于连续高速蒸发高熔点金属。

从图 4-16 中可以看到，每种类型的蒸发源都匹配多个导电氮化硼坩埚、多个高频感应坩埚、多把高压电子枪，目的是确保沿薄膜基材的幅宽获得厚度均匀的膜层。

卷绕式蒸发镀膜机的结构和工艺要求较为严格，所镀产品在很多领域发挥着重要作用。图 4-17 所示为卷绕式蒸发镀膜产品。

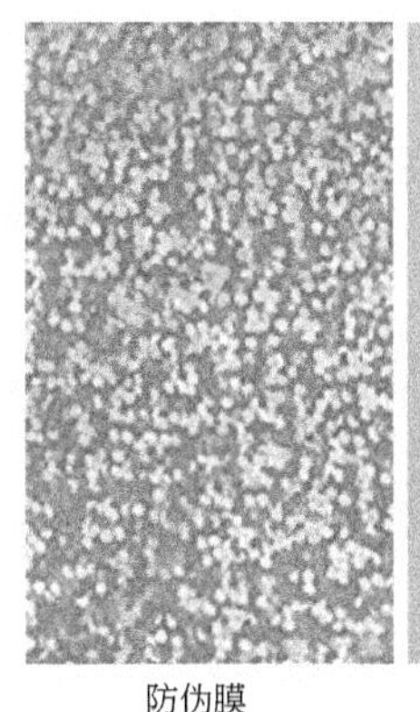

防伪膜

屏蔽膜

包装膜

电容器膜

图 4-17 卷绕式蒸发镀膜产品

参考文献

[1] 王福贞，马文存．气相沉积应用技术［M］．北京：机械工业出版社，2007.
[2] FREY H，KHAN H R．Handbook of thin-film technology［M］．Berlin：Springer，2015.
[3] 沢木司．真空蒸着［M］．東京：日刊工業新聞社，1965.
[4] 王福贞，闻立时．表面沉积技术［M］．北京：机械工业出版社，1989.
[5] MATTOX D M．Handbook of physical vapor deposition（PVD）processing［M］．New York：Elsevier，2010.
[6] 李云奇．真空镀膜技术与设备［M］．沈阳：东北工学院出版社，1989.
[7] 王福贞，翟乐恒，张建华，等．离子镀技术中基板偏压作用的研究［J］．真空，1982（5）：38-45.
[8] 张以忱．真空镀膜技术［M］．北京：冶金工业出版社，2009.
[9] 徐成海．真空工程技术［M］．北京：化学工业出版社，2007.
[10] 田民波，李正操．薄膜技术与薄膜材料［M］．北京：清华大学出版社，2011.
[11] 徐滨士，刘世参．表面工程技术手册：下［M］．北京：化学工业出版社，2009.

第5章 辉光放电离子镀膜技术

蒸发型离子镀膜技术是在真空蒸发镀膜技术的基础上发展起来的新技术，它将产生等离子体的气体放电方式引入真空镀膜领域，整个镀膜过程都在气体放电中进行。离子镀膜技术大大提高了到达工件膜层粒子的能量，可以获得性能更优异的膜层，扩大了薄膜的应用领域。离子镀膜技术的出现使薄膜的制备技术获得了较大发展，受到了广大薄膜科技工作者的关注和青睐。

几十年来，科技工作者在真空镀膜领域研发了多种采用气体放电方法，用等离子体能量增强镀膜的技术，如由辉光放电发展到弧光放电，由固态物质源离子镀膜技术发展到气态物质源的辉光放电离子镀技术，气态物质源中又由无机物气体发展的有机物气体。这些离子镀膜技术的设计理念都起源于辉光放电，因此本章详细介绍辉光放电离子镀膜技术的原理、特点、工艺和发展，以便于读者学习和理解各种离子镀膜技术的内涵。

5.1 直流二极型离子镀膜技术

美国 D. M. Mattox 于 1963 年发明了直流二极型辉光放电离子镀膜技术，即直流二极型离子镀膜技术，最先在固态物质源的电阻蒸发镀膜机中引入了辉光放电过程，使膜层粒子由原子变为高能的离子到达工件，显著提高了所镀膜层的质量。人们由此看到了等离子体能量在镀膜过程中的作用。

5.1.1 直流二极型离子镀膜的装置

图 5-1 所示为直流二极型离子镀膜的装置[1]。

直流二极型离子镀膜装置的真空室配有抽真空系统、进气系统。采用丝状或舟状电阻蒸发源把被镀金属加热蒸发。和蒸发镀技术不同的是离子镀工件接偏压电源的负极，蒸发电极接偏压电源的正极，这种配置的镀膜机称电阻蒸发源直流二极型离子镀膜机[1,2]，简称为直流二极型离子镀膜机。

5.1.2 直流二极型离子镀膜的工艺过程

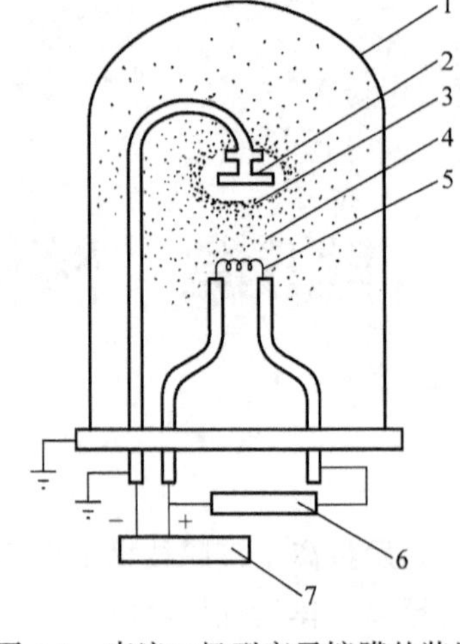

图 5-1 直流二极型离子镀膜的装置
1—真空室 2—工件 3—等离子体区 4—电阻蒸发源 5—偏压电源电极 6—蒸发电源 7—偏压电源

直流二极型离子镀膜的工艺过程如下：

1）安装被蒸发膜料。

2）安装工件。

3）抽真空。关闭镀膜室后，用机械泵抽预真空，达到 2Pa 后开启扩散泵或分子泵抽高真空，抽至本底真空度为 5×10^{-3}Pa。

4）清洗工件。镀膜室通入氩气，保持真空度为 2~3Pa。工件施加负偏压 1000~3000V。接通偏压电源后，工件产生辉光放电，氩气被电离为正离子。氩正离子受工件负电压吸引，在电场的加速作用下高速到达工件表面，以高能量对工件表面进行阴极溅射，轰击清洗工件表面的污物。清洗时间一般为 20min。

5）镀膜过程。开启电阻蒸发电源，使蒸发源缓慢升温，被蒸发金属预熔后迅速加大蒸发功率使金属蒸发。蒸发出的金属原子在放电空间内部分被电离成为离子，金属离子受工件负偏压吸引，加速到达工件表面形成薄膜。

6）取出工件。薄膜达到预定厚度后，关闭蒸发电源、偏压电源、气源。待工件温度降至 120℃ 以下，向镀膜室通入空气，取出工件。

5.1.3 直流二极型离子镀膜中的粒子能量

1. 离子镀膜中的高能粒子

蒸发源蒸发出来的金属蒸气原子，在向工件飞行的过程中，与辉光放电中的高能电子发生非弹性碰撞，部分金属原子被电离和激发成为高能金属离子和高能中性金属原子[1-3]。以 Al 为例，Al 的蒸发温度在 1000℃ 左右，Al 电离单位是 5.984V。从蒸发源蒸发出来的 Al 原子具有的热能相当于 0.1eV 的能量，而在气体放电中 Al 被电离成离子后，能量马上会提高到 5.984eV。

2. 离子到达工件所携带的能量

直流二极型离子镀膜中，金属离子化是在阴极暗区内进行的。当工件所加的负偏压为 V_c 时，离子在负辉区与阴极暗区边界处被加速获得能量为 $E_i = eV_c$。由于真空度低，分子自由程短，离子由边界处到达阴极的过程中会发生多次碰撞，碰撞次数为 d_k/λ，即由阴极位降区的厚度 d_k 和气体分子自由程 λ 决定。离开负辉区的离子数为 N_0，经过多次碰撞后，到达阴极的能量 E_i 可以由 T. G. Teer 教授论文中给出的经验公式进行计算[3,4] 近似为

$$E_i \approx N_0 eV_c\left[\frac{2\lambda}{d_k}-\frac{2\lambda^2}{d_k^2}\right] \tag{5-1}$$

式中 V_c——工件所加负偏压（V）；

N_0——离开负辉区的离子数（个）。

离子镀系统中，当真空度为1Pa左右时，λ/d_k 近似为1/20，离子平均能量近似为 $eV_c/10$；当工件偏压 V_c 为1~5kV时，离子平均能量为100~500eV。

3. 原子到达工件所携带的能量

在直流二极型离子镀膜中，金属蒸气原子并非全部电离为金属离子，T. G. Teer教授测得的金属离化率只有0.1%~3%，也就是说，到达工件的膜层粒子中只有不到3%是离子态，更多的是原子态。根据前面分析，中性粒子的数量大约为 d_k/λ，相当于离子数量的20倍左右。在放电空间，高能离子与中性原子之间还会发生弹性碰撞和非弹性碰撞，每次碰撞后中性原子获得离子能量的1/2（或全部），成为高能中性原子。当 V_c 为1~5kV时，中性原子获得的最高能量为50~225eV。

通入的气体能量约为0.03eV（相当于300K时的能量），高能中性原子又会在与这些低能中性原子碰撞的过程中，把自身1/2（或全部）的能量传递给低能原子[5-8]。这样逐次碰撞、逐次传递1/2（或全部）的能量，在离子镀膜放电空间就产生了各种不同层次能量的高能中性原子，能量范围为0.03~225eV，高于通入气体的能量。

在辉光放电中，高能电子还会将金属原子激发为受激原子。在镀膜空间，这些高能的受激原子也会与金属原子产生碰撞，将自身能量的1/2传递给低能的原子，进一步产生大量的不同层次能量的高能中性原子。因此，在离子镀过程中，存在高能的电子、高能的离子和大量的和各种能量状态的中性原子，属于低温非平衡等离子体。但虽然镀膜空间存在中性原子，但是这些活性粒子的能量已经不是刚刚蒸发出来的2000℃（相当0.2eV的能量）左右的金属原子，也不是刚刚通入的低温的气体，而是具有0.03~225eV能量的高能粒子。在辉光放电离子镀膜技术中，虽然只有0.1%~3%是离子态的金属膜层粒子，但还有大量的高能中性原子，这有利于提高膜层质量。我们必须建立起的概念是：通入的气体或蒸发出来的金属蒸气原子，在气体放电中立刻会被电离、激发，将从电子获得的能量传递给低能的气体和金属原子，使其能量升高几个数量级成为高能粒子。

由以上分析可知，离子镀的成膜过程包括蒸发，辉光放电使金属膜层原子离子化，金属离子在电场加速作用下输运，高能量膜层粒子到达工件沉积成薄膜，即蒸发→离化→电场加速→高能量成膜。离子镀膜技术中膜层粒子的能量比蒸发镀膜的粒子能量高出几个数量级，这将会改变膜层的形核、生长机制，有利于提高膜层质量。

5.1.4 直流二极型离子镀膜的条件

辉光放电是离子镀膜的必备条件，为产生辉光放电，必须保证镀膜室内为低真空度和阴极工件施加负偏压[1-4,12,16]。

1. 低真空度保证发生碰撞电离

辉光放电的产生条件是金属原子和气体分子与高能电子发生非弹性碰撞。只有在一定低真空度下，气体分子自由程较短，高能电子与金属蒸气原子才会发生非弹性碰撞，金属原子才会被电离成离子和激发成高能中性原子。最初的直流二级型离子镀的真空度为1~2Pa，气体分子自由程为毫米级。

2. 工件施加负偏压保证获得高能电子

工件施加负偏压，才能使真空室内的电子在高压电场加速作用下成为高能态电子，高能电子在与金属蒸气原子和气体分子碰撞时，才可发生碰撞电离，获得辉光放电等离子体。蒸发出的低能量金属原子被电离成高能量的金属离子和激发态高能金属原子，高能金属离子到达工件表面即沉积成膜。直流二级型离子镀膜的工件偏压为1000~3000V，属于异常辉光放电。施加工件负偏压和低真空条件下镀膜是离子镀与蒸发镀的根本区别。

5.1.5 直流二极型离子镀膜中高能离子的作用

1. 边成膜边轰击清洗

高能金属离子加速运动至工件表面，产生阴极溅射，能有效清除工件表面吸附的残余气体和污染层[1-4,16]；而且在成膜过程中，薄膜受到高能粒子轰击而始终保持活性和清洁状态，有利于提高膜层原子之间的结合力。

2. 提高膜层致密度

高能金属离子持续轰击沉积的膜层表面，对已沉积的膜层起着“夯实”作用，将表面结合不牢的膜层粒子轰击下来，从而提高膜层致密度[1-4,16]。

3. 改善膜层的形核和生长过程

1）高能膜层粒子到达工件表面后，有较高的迁移和扩散能力，可以形成细小的核心，后续膜层粒子可以进一步“击碎晶核”，从而在表面形成致密的膜层组织。

2）到达工件的高能金属离子和中性原子会持续轰击沉积的膜层表面，可将表面结合不牢的膜层离子轰击下来[4]，实现一边溅射，一边镀膜，从而提高膜层致密度。

3）通过控制施加到工件上的负偏压，可以改变膜层的形核生长规律，改善膜层的组织。图5-2所示为在真空度1Pa时膜层断口组织的扫描电镜照片[9]。

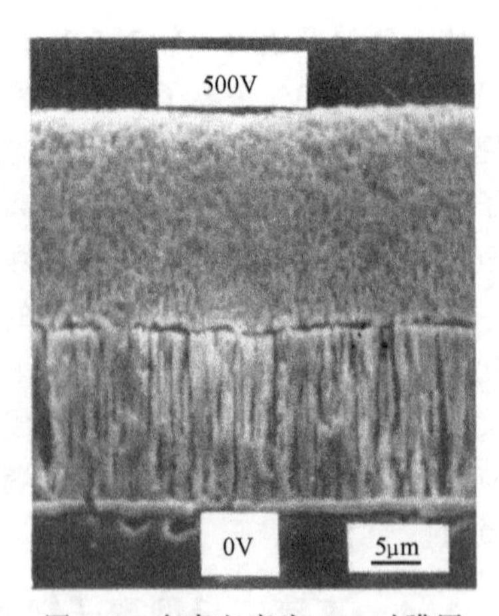

图5-2 在真空度为1Pa时膜层断口组织的扫描电镜照片

如图5-2所示，最下面接近基体的一层是不加偏压（0V），在低真空下真空蒸发镀的膜层组织，获得的是柱状晶；之后向工件施加的偏压由1kV、3kV增加到5kV，离子镀膜所得的膜层组织逐渐细化，最后获得的是细密的等轴晶组织。由该图可以明显看出，离子镀技术中的偏压具有细化膜层组织的作用。

随着工件所加偏压的升高，膜层粒子的能量提高，可在很大程度上消除锥状晶、柱状晶，获得细密的等轴晶。图5-3所示为不同工件偏压对离子镀铝膜层组织的影响[10-12]。

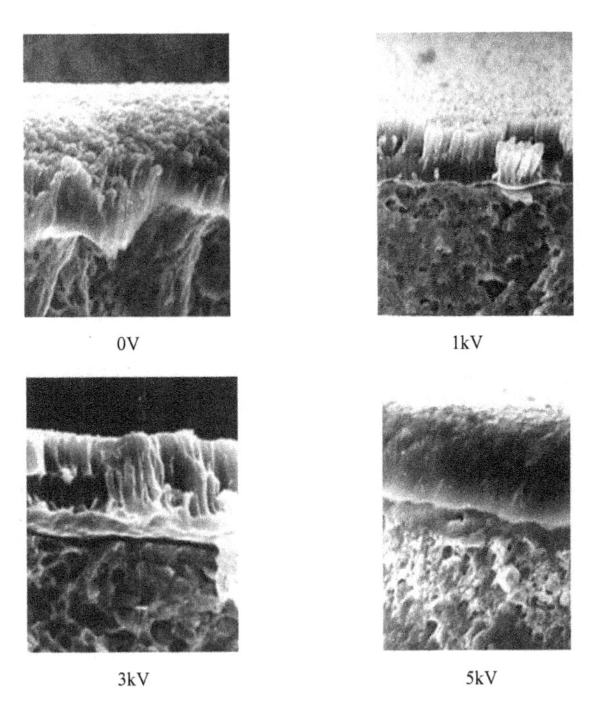

图5-3　不同工件偏压对离子镀铝膜层组织的影响 2000×

4. 控制膜层晶体结构

高能金属离子加速到达工件表面，影响膜层原子的晶体结构和在晶格中的排列规律。图5-4所示为不同基板偏压下离子镀铝层的X射线衍射图谱[12,13]。由该图可知，不同工件偏压对铝层的衍射峰强度有不同影响，随工件偏压的升高，(111)峰降低，(200)峰增强。因此，可以通过控制负偏压来获得单晶膜和非晶膜层。

5. 形成伪扩散层

镀膜时，初始到达工件的高能离子会将部分基材原子溅射下来，这种将基材原子溅射下来的过程称为反溅射过程[4,13,15]。反溅射下来的基材原子在等离子体空间也会被电离成离子，它们在工件负偏压的吸引下，也会加速返回工件。在第二、三层的膜层中，这种返回工件的基材成分的比例逐渐减少，直至形成纯镀材的膜层。因此，基材和膜层之间含有膜-基成分的渐变层，或膜-基共混层，称为伪扩散层[4,13,14]，它区别于热处理形成的高温扩散层。伪扩散层的存在，分散了由于膜-基材料热膨胀系数不同而产生的应力，从而使膜-基结合力得到提高。

用俄歇电子谱仪可以测出伪扩散层的存在。图 5-5 所示为用俄歇电子谱仪测出的 Fe、Ag 俄歇电子谱线[13]。被测样品是在铁基材上分别用离子镀银和蒸发镀银的试样。由该图可知，在膜-基界面处，离子镀样品的 Fe、Ag 共混层的俄歇谱强度比蒸发镀大得多。实际上，蒸发镀的膜层和基材之间没有共混层，但由于俄歇电子谱仪用的电子束斑同时照射到膜层和基材，所以测得的 Fe、Ag 俄歇电子峰曲线中也有一些交混层。

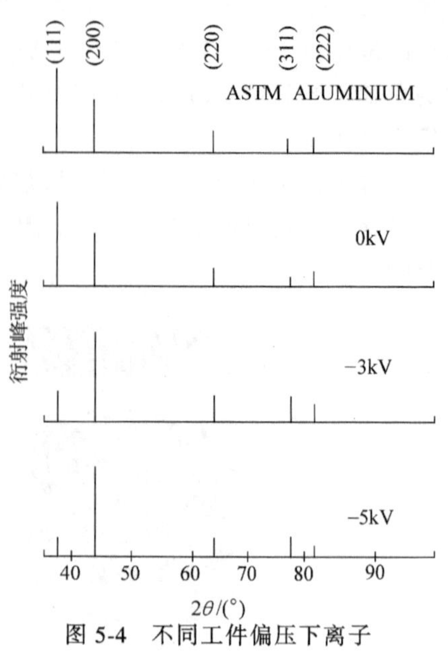

图 5-4 不同工件偏压下离子镀铝膜层的 X 射线衍射图谱

离子镀膜的沉积速度必须大于反溅射速度才能获得所需膜层。因此，离子镀初期采用高偏压，用金属离子轰击刻蚀工件表面，使表面净化并形成共混层；然后逐渐降低偏压，减少反溅射效应获得较厚的膜层。总之，离子镀技术制备膜-基界面的伪扩散层是提高膜-基结合力的重要措施。

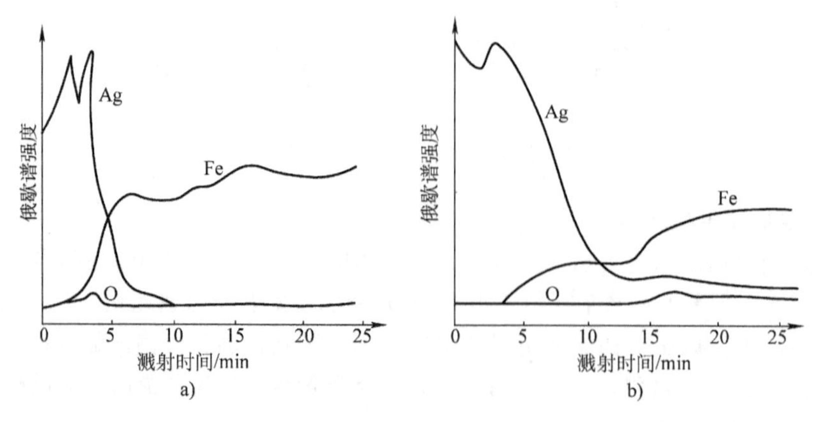

图 5-5 用俄歇电子谱仪测出的 Fe、Ag 俄歇电子谱线

a）蒸发镀 b）离子镀

6. 提高膜-基结合力

选择在铁基试样上蒸发镀铝和离子镀铝进行膜-基结合力对比。因为 Fe 和 Al 的膨胀系数相差较大，Fe 的膨胀系数为 12.18×10^{-6}/℃，Al 的膨胀系数为 24×

10^{-6}/℃，从热力学角度看，两种元素既不互溶又不能相互化合，所以选用这样的膜-基材料进行对比，效果更明显。实验中采用e型电子枪蒸发镀铝。采用热冲击法对比膜-基结合力。镀铝工艺参数见表5-1[13]。

表5-1 镀铝工艺参数

工艺参数	二极型离子镀	蒸发镀
基板偏压/V	3	0
镀膜真空度/Pa	1	8×10^{-3}
镀膜时间/min	10	10

镀铝后，在试样表面刻上网格，将试样放于箱式电阻炉中加热温度500℃，保温10min，然后置于干冰中急冷，对比铝层的剥落情况，结果见表5-2[13]。

表5-2 热冲击实验结果

热冲击结果	直流二极型离子镀	蒸发镀
热冲击次数/次	11	1
膜层剥落情况	完好	剥落

实验结果表明，金属离化率不足3%的直流二极型离子镀铝的膜-基结合力远高于蒸发镀铝。这说明尽管Fe和Al没有热力学联系，但直流二极型离子镀生成的膜-基共混的伪扩散层，减弱了膜-基界面的热应力，提高了膜-基结合力。

7. 提高基材温度

高能量的金属离子加速到达工件后，将能量传递给工件，使工件升温。

8. 绕镀性好且膜厚均匀

膜层粒子在向工件迁移的过程中，发生非弹性碰撞的概率很大，膜层离子因此散射到零件背面；由于零件整体带负电位，金属离子会被吸引而沉积到零件的各个部位[1-4,16]。图5-6所示为蒸发镀和离子镀时膜层粒子的流线示意图[16]。由该图

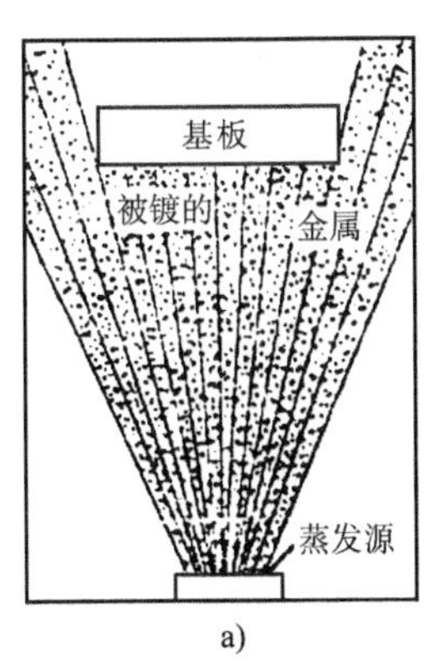

a)

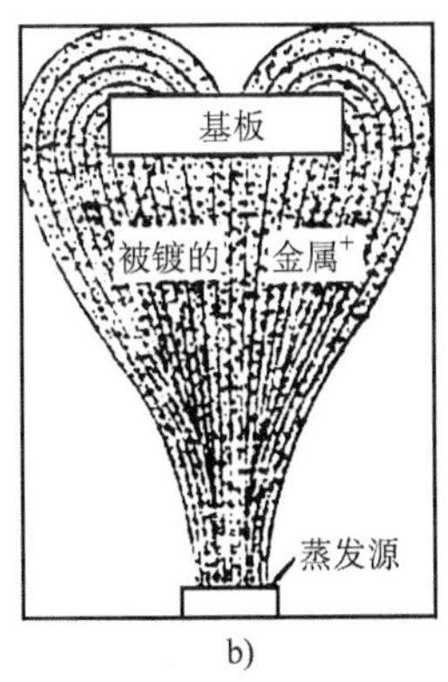

b)

图5-6 蒸发镀和离子镀时膜层粒子的流线示意图
a）蒸发镀 b）离子镀

可以直观看到，离子镀膜技术的绕镀性优于蒸发镀膜。

5.1.6 离子镀膜层形成的影响因素

辉光放电离子镀中，影响膜层形成的因素很多，最主要的是气压和工件偏压，二者对膜层形成综合影响的规律如下：

1. 对形核的影响[2-4,9-12]

1）如果在低真空度下工件上不加偏压进行蒸发镀，初始蒸发出来的金属蒸气会凝结为粗大的核心；但在工件上加了偏压后膜层原子一旦蒸发出来就会与高能电子、离子和高能中性原子发生碰撞，不会凝结成大的晶核，而且在向工件输运的过程中还会被其他高能粒子撞击而破碎，形成细小的核心。

2）高能离子和中性原子到达工件，本身就有较大的扩散能力和迁移能力，也可以形成细小的核心。

3）已经形成的核心还会被后续的高能粒子进一步击碎，形成更细小的晶核[9-12]。

2. 对薄膜生长的影响

离子镀中，膜层离子在1~3kV偏压电场作用下，加速向工件运动，由于能量很高，在与其他蒸气原子碰撞时，不会发生黏结现象，仍以细小的粒子流高速到达工件，在细小的核心上长成细密的等轴晶。由于高能离子的不断轰击，膜层组织更加致密。

3. 真空度和偏压的综合影响

图5-7所示为不同真空度、不同负偏压时离子镀铝膜层的扫描电镜照片[10]。

（1）真空度的影响　图5-7中最左侧纵列为不加偏压时的组织形貌，随真空度的降低，膜层组织逐渐粗化。1.33Pa时膜层组织为粗大的锥状晶，6.67×10^{-1}Pa时为柱状晶，在1.06×10^{-2}Pa的高真空下可以获得细密的膜层组织。这是符合真空蒸发镀规律的。高真空度下气体分子自由程长，蒸发出来的膜层原子以细小的核心到达工件表面，后续的膜层原子也是不发生碰撞地以细小的膜层粒子到达工件表面形成致密的膜层组织。随着真空度的降低，蒸发出来的膜层原子在空间会发生碰撞凝结成为粗大的核心，后续的膜层也是以大的原子团到达工件表面形成粗大的柱状晶。

（2）偏压的影响　图5-7中横坐标为偏压由低到高，可以看到在低真空度和高真空度范围偏压的影响规律是不同的[2,9-13,15-17]。在低真空范围，随着真空度的升高，消除柱状晶、锥状晶所需施加的偏压越高；而在高真空度范围，随着真空度的升高，消除柱状晶所需的偏压反而降低。

由图5-7可知，在不同真空度下，消除锥状晶、柱状晶所需的偏压不同。将不同真空度下消除锥状晶（Ⅰ区）和柱状晶（Ⅱ区）所需的偏压进行连线，发现两条线均为有极大值曲线，即消除两种组织所需的负偏压都在真空度为6.67×10^{-1}Pa时

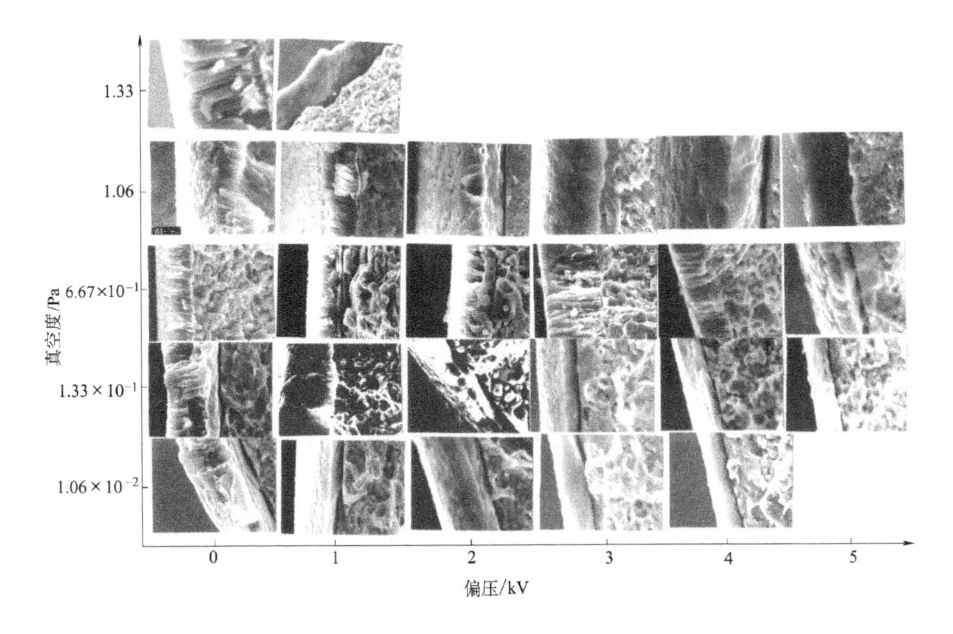

图 5-7 不同真空度、不同负偏压下离子镀铝膜层的扫描电镜照片

最大。高于 6.67×10^{-1}Pa 时，随着真空度的升高，本身容易形成细密的膜层组织，消除锥状晶和柱状晶不需要很高的偏压；低于 6.67×10^{-1}Pa 时，随着真空度的降低，消除两种组织所需的偏压也降低。这是由于随着真空度的降低，气体分子自由程缩短，非弹性碰撞概率增大，辉光放电的电流密度增加，有更多的金属离子和气体离子到达工件表面，更高的离子能量和基材温度更有利于击碎粗大的晶核和消除锥状晶（Ⅰ区）和柱状晶（Ⅱ区），从而更容易获得细密的等轴晶（Ⅲ区）。

图 5-8 所示为归纳以上规律的三维立体模型，该图表征了在不同真空度、不同偏压下获得的特征组织，称为离子镀铝 V-P 组织模型[17]，并阐明了这两个重要工艺参数对离子镀膜层组织综合影响的规律。离子镀铝的 V-P 组织模型体现了工件偏压和真空度对膜层组织综合影响的结果。

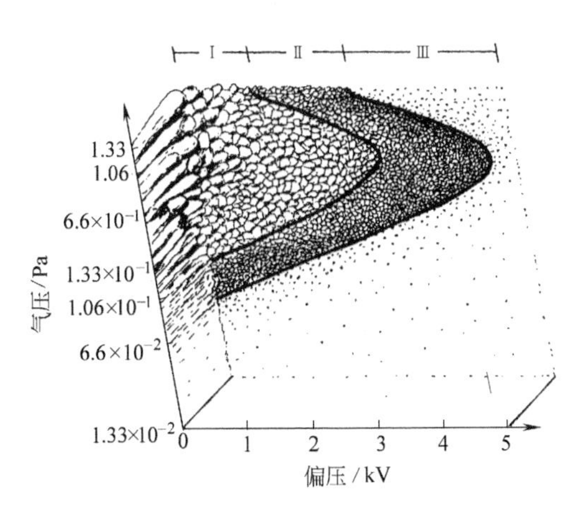

图 5-8 离子镀铝的 V-P 组织模型

5.1.7 直流二极型离子镀膜技术的特点

直流二极型离子镀膜层粒子在电场中获得能量，成为高能离子和高能原子。

1. 优点

与蒸发镀膜相比，离子镀膜的膜-基结合力大，膜层组织细密，绕镀性好，结构可控。

2. 不足之处

1）膜层粒子携带能量过高，对基材的组织、结构产生一定的损伤。

2）膜层粒子携带能量过高，不适于在低温基材上应用。

5.2 辉光放电离子镀膜技术的发展

辉光放电离子镀技术使膜层粒子总体能量升高，这个突出优点扩展了真空镀膜技术的应用领域，成为 1963 年以来真空镀膜技术发展的热点。

虽然直流二极型离子镀膜的金属离化率很低，只有 1%~3%，但它所体现出的优点在生产实践中已经发挥了很大作用。例如：为提高飞机紧固件抵抗大气、海洋环境的腐蚀，原来采用电镀技术获得镉镀层，但镉镀层中残存的氢气会产生“镉脆”，容易引发飞机事故；D. M. Mattox 采用离子镀铝的方法，在飞机紧固件表面进行离子镀铝膜，彻底解决了“镉脆”问题，人们由此看到了等离子体能量在镀膜技术中的作用。

科技工作者希望充分发挥离子镀技术的优势，扩大离子镀的应用范围，希望利用气体放电所得的等离子体能量获得化合物膜层，实现在高速钢刀具上沉积 TiN 的愿望。以往热化学气相沉积 TiN 硬质涂层的温度为 1000℃，希望将温度降至高速钢回火温度 560℃以下。但实践中发现，直流二极型离子镀的金属离化率较低，高能金属离子数量较少，膜层粒子的整体能量不够高，难以进行反应沉积，不易获得化合物膜层。因此，人们又研发出了多种增强辉光放电强度和提高金属离化率的离子镀方法，目的是获得更多的高能膜层粒子，使其在低温下容易与反应气体进行化合，获得 TiN 等硬质涂层。

表 5-3 列出了各种增强型辉光放电离子镀膜技术及其特点[16]。

表 5-3 各种增强型辉光放电离子镀膜技术及其特点

名称	放电方式	工件偏压/kV	蒸发源	金属离化率(%)
直流二极型离子镀膜	辉光放电	1~3	电子枪	1~3
活性反应离子镀膜	辉光放电	0.5~1	电子枪	3~10
热阴极离子镀膜	辉光放电	0.5~1	电子枪	3~10
射频离子镀膜	辉光放电	0.5~1	电子枪	3~10
增强型活性反应离子镀膜	辉光放电	0.5~1	电子枪	5~15

根据蒸发金属所采用的技术和增强金属原子电离的方法不同，在直流二极型离子镀膜技术的基础上发展出了热阴极离子镀、射频离子镀、集团离子束离子镀、活性反应离子镀等增强型辉光放电离子镀膜技术[2,16]。一般采用电子枪蒸发源获得 Ti 原子，通入反应气体 N_2，实现在高密度辉光等离子体中获得 TiN 硬质膜。本节分别介绍各种类型的辉光放电离子镀技术的蒸发源、离化源、技术原理及发展状况。

5.2.1 电子枪蒸发源直流二极型离子镀膜技术

直流二极型离子镀膜技术是最早发明的离子镀膜技术，至今仍有其应用价值。增强型辉光放电型离子镀膜技术多采用电子枪蒸发源，是在较低的真空度下镀膜，而蒸发镀是在高真空下镀膜，所以采用电子枪蒸发源的离子镀膜机与蒸发镀膜机的结构不同，对镀膜机结构有特殊要求。

1. 电子枪蒸发源直流二极型离子镀膜机的结构

图 5-9 所示为采用 e 型电子枪蒸发源直流二极型离子镀膜机的结构[9]。

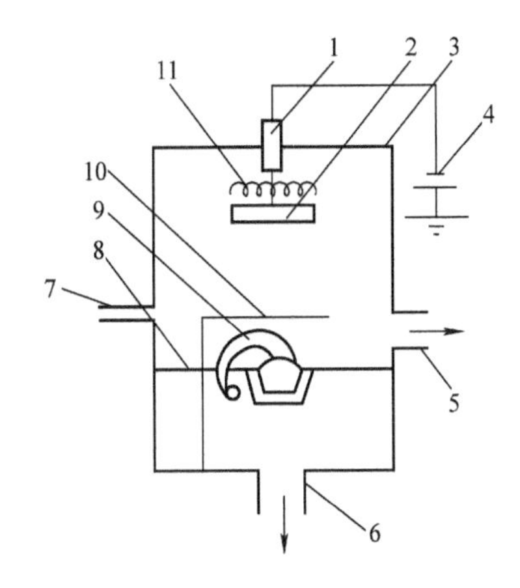

图 5-9 采用 e 型电子枪蒸发源直流二极型离子镀膜机的结构

1—偏压电极 2—工件 3—镀膜室 4—偏压电源 5—镀膜室真空系统 6—电子枪室真空系统 7—进气系统 8—差压板 9—电子束 10—挡板 11—工件烘烤加热系统

1) 采用电子枪蒸发源的直流二极型离子镀膜机的镀膜室分两个真空空间：一个是电子枪室，真空度为 2×10^{-2}Pa，保证电子枪正常工作；一个是镀膜室，真空度为 $(3\sim8)\times10^{-1}$Pa，保证产生气体放电易于进行离子镀膜。可以分别设抽真空的系统，或者是在镀膜室内设置差压板，差压板上开出通气孔，从电子枪室抽气，镀膜室内的气体由小孔抽出，形成电子枪室和镀膜室的气压差，满足电子枪的稳定工作和辉光放电离子镀膜的稳定进行。

2) 差压板上要加工气阻孔，气阻孔的大小既要保证上下两个真空室的真空度压差，又要能够允许 e 型电子束通过。开孔的位置必须在 e 型电子束的 e 形轨迹上，以保证电子枪产生的电子束将水冷坩埚内的金属加热熔化、蒸发。因此，采用e型电子枪作蒸发源的辉光放电型离子镀膜机中，差压板上气阻孔的大小和位置是镀膜机设计的关键和难点。

在安装e型电子枪蒸发源的蒸发镀膜机中，电子枪和坩埚、工件都在10^{-3}Pa的高真空度下工作，不需要设置差压板。这是e型电子枪离子镀膜机和e型电子枪蒸发镀膜机结构的本质区别。

2. 电子枪蒸发源型直流二极离子镀膜的工艺过程

电子枪蒸发源直流二极型离子镀膜的工艺过程比蒸发镀膜的工艺过程复杂，其工艺过程如下：

1）安装工件。

2）安装金属锭。

3）抽真空。开启电子枪室和镀膜室的机械泵，抽预真空，达到6Pa后开启扩散泵，抽到真空度为5×10^{-3}Pa。

4）清洗工件。向镀膜室通入氩气，真空度保持在2~3Pa。工件施加负偏压1000~3000V。接通偏压电源以后，工件产生辉光放电，氩离子轰击清洗20min。

5）镀膜过程。工件清洗后的镀膜过程中，工件负偏压为1000~3000V，真空度为2~3Pa，工件周围仍然产生辉光放电。开启电子枪电源，电子束通过差压板上的气阻孔进入镀膜室。电子束的束斑聚焦在金属锭上将金属加热、蒸发出来，膜层原子在镀膜室的放电空间内被电离成为离子，离子受工件负偏压吸引加速到达工件表面形成薄膜。在离子镀中，金属的蒸发和镀膜过程都是在辉光放电等离子体的环境中进行的。

由于镀膜室真空度较低，从蒸发源蒸发出来的金属原子向工件飞行的过程中，与辉光放电等离子体中的高能电子发生非弹性碰撞，金属原子被电离和激发得到金属离子和高能中性原子。金属离子在工件所加高偏压的吸引下，以100~500eV的能量加速到达工件实现离子镀膜过程。成膜过程也是蒸发，辉光放电离化金属原子，金属离子在电场加速作用下输运，高能金属离子到达工件表面沉积成膜，简述为蒸发→离化→电场加速输运→高能量沉积的过程。镀膜过程中有大量的高能中性原子参与镀膜。由于差压板上气阻孔的设计合理，镀膜过程中的电子枪室可始终保持高真空状态，可保证电子枪稳定工作，所以采用电子束蒸发源的离子镀膜机的设计难度就在于气阻孔的尺寸和位置设定。

6）取出工件。达到预定膜层厚度以后，关闭蒸发电源、偏压电源和气源。待工件温度降至120℃以下后，向镀膜室通气，取出工件。

5.2.2 活性反应离子镀膜技术

为提高电子枪型辉光放电离子镀膜的金属离化率，在直流二极型离子镀膜机的基础上开发出了如图5-10所示的增强型辉光放电离子镀膜机[16]。

1. 活性反应离子镀膜设备

活性反应离子镀膜技术是美国 R. F. Bunshan 于 1972 年发明的，英文名称为 activated reactive evaporation[16,18-20]（ARE）。图 5-10a 所示为活性反应离子镀膜机的结构。

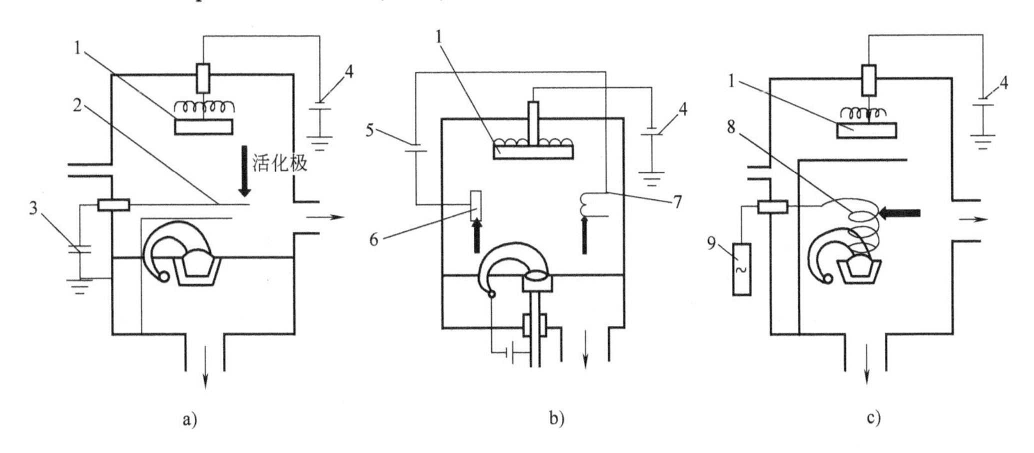

图 5-10 增强型辉光放电离子镀膜机的结构

a）活性反应离子镀 b）热阴极离子镀 c）射频离子镀

1—工件 2—活化极 3—活化极电源 4—工件偏压电源 5—加速极电源 6—加速极 7—热灯丝 8—高频感应圈 9—高频感应电源

活性反应离子镀膜机的特点是：在 e 型电子枪蒸发源型的二极离子镀膜机中，在坩埚上方安装一个活化电极，活化电极接直流电源的正极，坩埚接负极，放电时活化电极对地（坩埚）形成放电回路。安装活化电极的目的是吸引 e 型枪电子束从金属锭上激发出的二次电子。活化极将坩埚附近散乱的二次电子吸引汇聚到坩埚上方，增强了坩埚上方的电子密度，增加了二次电子与从坩埚蒸发出来的金属原子的碰撞概率，提高了等离子体密度，便于反应沉积获得 TiN 等化合物膜层。

2. 活化极提高金属离化率

与直流二极型离子镀膜机一样，最初研制的活性反应离子镀膜机中，为了保证电子枪的正常工作和离子镀膜的顺利进行，在镀膜室内设置了差压板和气阻孔（或匹配另一个抽真空系统）。差压板下方安放电子枪，上方安放水冷坩埚。坩埚上方安装活化极，活化极电压范围为 50～100V，电流为 15A。工件在镀膜室的最上方并接负偏压电源，偏压范围为 500～1000V，镀膜真空度为（5～8）×10^{-1}Pa。活化极增加了坩埚上方的电子密度，增加了电子与坩埚上方蒸气原子的碰撞概率，使金属离化率提高到 3%～10%。

5.2.3 热阴极离子镀膜技术

1. 热阴极离子镀膜设备

热阴极离子镀膜机是在原直流二极型离子镀膜机的基础上，在工件和坩埚之间增加了热阴极。图 5-10b 所示为热阴极离子镀膜机的结构[16,21,22]。

在坩埚和工件之间放置用钨（钼、钽）丝制作的阴极，阴极丝上除了接加热电源，还接 50~100V 直流电源的负极，热灯丝的对面设置加速阳极。首先将钨丝加热到发射热电子的温度，并接通热阴极的加速电源，热电子被加速成为高能电子，以一定的速度向阳极运动，即在蒸发源和工件之间增加了横向运动的高能热电子流；然后开启电子枪电源，将膜层材料蒸发，从蒸发源蒸发出来的膜层原子在向工件运动的过程中，被高密度的高能电子碰撞电离，离化率达 3%~10%。

2. 热电子增强 ARE 技术

把热阴极用于 ARE 设备中，进一步增强了离化效果，更有利于进行反应沉积的技术，称为增强型活性反应离子镀，即增强型 ARE[16]。在增强型 ARE 中既采用活化电极，又安装了热灯丝和加速电极，增大了电子和膜层原子的碰撞概率，进一步提高了金属离化率（达到 15%以上）。增强型 ARE 可以实现在 5×10^{-2}Pa 的高真空度中镀膜而无须设置差压板，电子枪、坩埚工件可以设置在一个镀膜室，活化极电流达 40A 以上，提高了设备利用率，更容易化合反应形成 TiN 等化合物膜层，可以产业化生产 TiN 表壳。

5.2.4 射频离子镀膜技术

射频离子镀膜技术的特点是在工件和坩埚之间安装了高频线圈[21,22]，电源频率高达 13.56MHz，工件接 0.5~1kV 的负偏压。图 5-10c 所示为射频离子镀膜机的结构。

离子镀膜过程中，高频线圈产生无极环形放电，使电子在高频电场作用下沿圆周做高频振荡运动，延长了电子的运行路线和存在时间，从而提高了金属原子和高能电子发生非弹性碰撞的概率，金属离化率为 3%~10%。

5.2.5 集团离子束离子镀膜技术

1. 集团离子束离子镀膜机

集团离子束离子镀英文名称为 cluster beam plating（CIB）。集团离子束离子镀膜机的结构如图 5-11 所示[16]。蒸发源为密闭的坩埚，坩埚周围设置高频感应圈，坩埚和工件之间设置热阴极和加速电极，热阴极发射电子流被加速电极加速，负极工件接 3~5kV 的高偏压[16,21-23]。

2. 集团离子束离子镀膜的工艺过程

1）金属蒸气从密闭坩埚喷口喷出集团原子束。离子镀的蒸发源采用感应加热的方式，在密闭坩埚内放置被蒸发金属，坩埚上方有一个喷口，周围设置高频感应圈。在镀膜时，镀膜室的真空度一般为 $10^{-3}\sim10^{-2}$Pa，坩埚内金属被感应加热而蒸发后，压力达到 10^2Pa 以上。由于绝热膨胀的原理，坩埚内的金属蒸气从喷口喷出，向工件方向飞去。

2）金属蒸气冷凝为原子团。金属蒸气由高气压室射向低气压室，由于处于过冷状态而冷凝形成原子团。每个微米级原子团由 20~2000 个原子组成。

3）形成集团离子束。原子团在离开喷口的中性原子团，在飞行途中与高能热电子发生非弹性碰撞，使原子团中的个别原子失去电子，成为正离子，而其余数百个原子仍然是中性原子，称集团离子束。集团离子束在高压电场的加速作用下到达工件，形成膜层。由于膜层粒子中大部分是原子，只有少数为金属离子带动诸多的原子到达工件，每个膜层原子的能量很低，但是沉积速度很大。到达工件的是大量低能量的膜层原子，这一技术克服了一般离子镀技术中由于膜层粒子携带能量过高对工件造成损伤的不足。尤其对于绝缘体或半导体工件来说，由于正离子堆积而造成的电荷积累的影响较小。

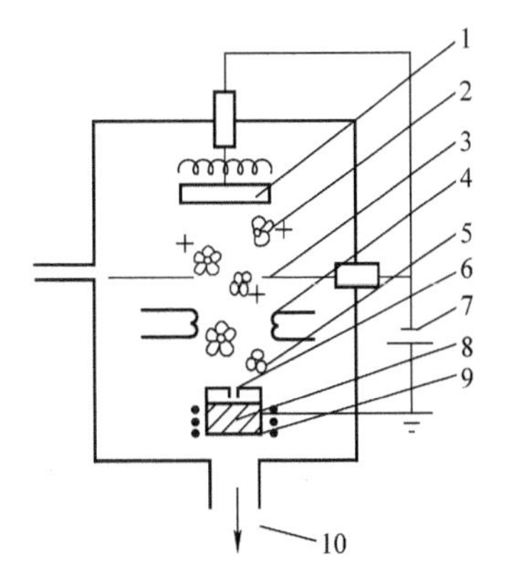

图 5-11 集团离子束离子镀膜机的结构

1—工件 2—集团离子 3—加速器 4—热阴极 5—集团原子 6—坩埚喷口 7—偏压电源 8—加热坩埚 9—感应圈 10—真空系统

5.3 增强型辉光放电离子镀膜技术的共同特点

1. 工件偏压低

由于增设了提高离化率的装置，提高了放电电流密度，偏压降低为 0.5~1kV，减少了高能离子的过度轰击造成的反溅射和对工件表面的损伤效应。

2. 等离子体密度增加

增加了各种促进碰撞电离的措施，金属离化率由 3%提高到 15%以上。镀膜室内的钛离子和高能中性原子，氮离子、高能活性原子和活性基团密度增大，有利于反应生成化合物。以上各种增强型辉光放电离子镀膜技术已经可以在较高等离子体密度中进行反应沉积获得 TiN 硬质膜层，但由于属于辉光放电类型，放电电流密度不够高（仍为 mA/cm^2 级），钛和氮的总体等离子体密度不够高，反应沉积化合物膜层的工艺难度较大。

3. 点状蒸发源镀膜范围小

各种增强型离子镀膜技术都是采用电子束蒸发源，坩埚作为点状蒸发源，仅限于坩埚上方的一定区间进行反应沉积，所以生产率低，工艺难度大，难以产业化。

4. 电子枪高压操作

电子枪电压为 6~30kV，工件偏压为 0.5~3kV，属于高压操作，有一定的安全隐患。

在20世纪的七八十年代，薄膜科技工作者们努力提高辉光放电离子镀膜的金属离化率，仍难以达到规模化生产，但是薄膜科技工作者们仍不懈开拓，坚持推进弧光放电离子镀膜技术发展，为离子镀膜技术不断开辟更新的领域。本章所介绍这些技术内容，目的是使读者理解前人在离子镀膜技术初期的设计思路，想出更多提高碰撞概率，提高离化率的措施。这些设计理念至今对我们还是有指导意义的。

参考文献

[1] MATTOX D M, Metallizing ceramics using a gas discharge [J]. Journal of The American Ceramic Societ, 1965, 38 (7): 385-386.

[2] MATTOX D M. Handbook of physical vapor deposition (PVD) processing [M]. New York: Elsevier, 2010.

[3] TEER D G, DELCEA B L. Grain structure of ion-plated coatings [J]. Thin Solid Films, 1978, 54 (3): 295-301.

[4] TEER D G. Adhesion of ion lated filmsand energies of deposition [J]. Adhesion. 1977 (8): 289-300.

[5] 魏杨. 电真空物理 [M]. 北京：人民教育出版社，1961.

[6] 赵化桥. 等离子体化学及其工艺 [M]. 合肥：中国科技大学出版社，1993.

[7] 葛袁静，张广秋，陈强. 等离子体科学技术及其在工业中的应用 [M]. 北京：中国轻工业出版社，2011.

[8] 田民波，李正操. 薄膜技术与薄膜材料 [M]. 北京：清华大学出版社，2011.

[9] MATTOX D M, KOMINIAK G J. Structure modification by ion bombardment during deposition [J]. Journal of Vacuum Science and Technology, 1972, 9 (1): 528-532.

[10] 焦文来. 离子镀铝的膜层组织结构和性能的研究 [D]. 北京：北京工业大学，1982.

[11] 翟乐恒，张建华，王福贞. 离子镀铝层组织与性能的研究 [J]. 材料保护，1984 (1): 13-16.

[12] 王福贞，翟乐恒，张建华，等. 离子镀技术中基板偏压作用的研究 [J]. 真空，1982 (5): 38-45.

[13] 王鲁闵. 离子镀银的膜基结合力研究 [D]. 北京：北京工业大学，1982.

[14] MATTOX D M, MCDNALD J E. Interface formation during thin film deposition [J]. Journal of Applied Physics, 1963, 34 (8): 2493-2495.

[15] 翟乐恒，张建华，王福贞. 不同基板上离子镀铝层膜基结合力的研究 [J]. 真空，1984 (2): 19-23.

[16] 王福贞，马文存. 气相沉积应用技术 [M]. 北京：机械工业出版社，2007.

[17] 王福贞，焦文来，张建华，等. 离子镀铝 V-P 组织模型 [J]. 真空科学与技术，1984 (5): 297-301.

[18] BUNSHAN R F. Activated reactive evaporation process for high rate deposition of compounds [J]. Journal of Vacuum Science and Technology, 1972, 9 (6): 1385-1387.

[19] RAGHURAM A C, BUNSHAN R F. The effect of substrate temperature on the Structure of titanium darbide deposion by activated reactive evaporation [J]. J. Vac. Sci. Technol., 1972, 9 (6): 1389-1394.

[20] 陈宝清. 离子镀及溅射镀膜 [M]. 北京：国防工业出版社，1990.

[21] 张以忱. 真空镀膜技术 [M]. 北京：冶金工业出版社，2009.

[22] 王福贞，闻立时. 表面沉积技术 [M]. 北京：机械工业出版社，1989.

[23] 徐滨士，刘世参. 表面工程技术手册：下 [M]. 北京：化学工业出版社，2009.

第6章　热弧光放电离子镀膜技术

上一章介绍了辉光放电离子镀膜技术，该技术存在金属离化率低，获得 TiN 等化合物膜层的工艺难度较大等缺点。从 1975 年开始，相继出现了各种弧光放电离子镀膜技术，其共同特点是放电空间内的等离子体密度大，金属离化率高，膜层粒子活性大，容易反应生成化合物涂层。弧光放电离子镀膜技术包括空心阴极离子镀膜技术、热丝弧离子镀膜技术、阴极电弧离子镀膜技术等，见表 6-1。

表 6-1　几种弧光放电离子镀膜技术的特点

技术名称	空心阴极离子镀膜	热丝弧离子镀膜	阴极电弧离子镀膜
弧光放电特征	热空心阴极电弧	热电子电弧	冷场致电弧
金属蒸气来源	热弧光电子流	热弧光电子流	冷场致发射电弧
被蒸发金属状态	形成固定熔池	形成固定熔池	微弧蒸发，无固定熔池
弧源安放位置	镀膜室顶部	镀膜室顶部	镀膜室顶部、侧部、底部
金属离化率(%)	20~40	20~40	60~90
获得化合物涂层	较容易	较容易	很容易
膜层组织质量	细密	细密	粗糙，有大熔滴颗粒
电弧作用	加热、清洗、蒸发、离化	加热、清洗、蒸发、离化	加热、净化、蒸发、离化
生产率	较低	较低	高

从表 6-1 可知，弧光放电离子镀膜技术的金属离化率均高于辉光放电离子镀膜技术。本章主要介绍热弧光放电离子镀膜技术。

热弧光放电离子镀膜技术的镀膜工艺过程与辉光放电离子镀膜技术基本相同。热弧光放电离子镀膜技术的特点是：热弧光放电是气体源弧光放电，产生大量电子流，与氩气、氮气和金属蒸气原子产生激烈的非弹性碰撞，得到高密度气体离子和金属膜层离子，提高了镀膜空间的等离子体密度。与辉光放电相比，弧光放电更易进行化合反应生成如 TiN 等硬质膜层，这开辟了离子镀膜技术在工模具上沉积硬质膜层的新纪元。图 6-1 所示为采用热弧光放电离子镀膜技术生产的产品。

热弧光放电离子镀膜技术主要有两大类：空心阴极离子镀膜技术和热丝弧离子镀膜技术。

图 6-1　热弧光放电离子镀膜技术生产的产品

6.1　空心阴极离子镀膜技术

6.1.1　空心阴极离子镀膜机

空心阴极离子镀膜技术是由日本真空株式会社的小宫宗治发明的[1,2]。空心阴极离子镀的英文名称为 hollow cathode discharge（HCD）。

图 6-2 所示为最初的空心阴极离子镀膜机的结构[3,4]。空心阴极枪枪体安装在镀膜室壁上，枪体内安装钽管，枪体外设辅助阳极、聚焦线圈和偏转线圈。镀膜室底部设水冷坩埚，坩埚周围有聚焦线圈。

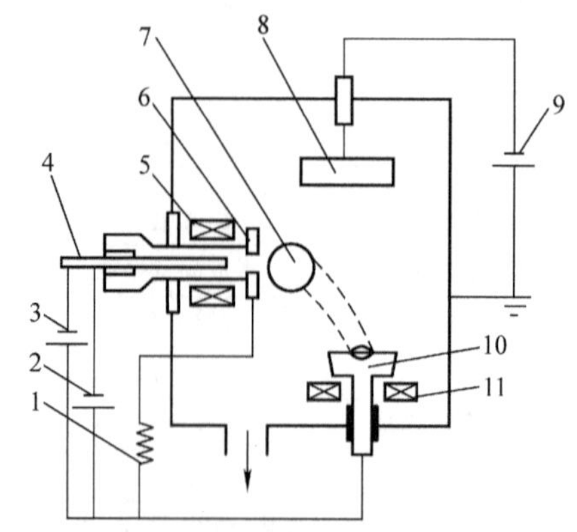

图 6-2　最初的空心阴极离子镀膜机的结构
1—辅助阳极外接电阻　2—维弧电源　3—引弧电源　4—钽管　5—聚束线圈　6—辅助阳极　7—偏转线圈　8—工件　9—偏压电源　10—坩埚　11—坩埚聚束线圈

6.1.2　空心阴极离子镀膜的工艺过程

空心阴极离子镀膜的工艺过程如下：

1）在坩埚内放入钛锭。

2）安装工件。

3）抽真空到 5×10^{-3}Pa 后，由钽管向镀膜室通入氩气，真空度在 100Pa 左右。

4）开启偏压电源。

5）开启弧电源以后引燃空心阴极放电。钽管内产生辉光放电，放电电压为 800～1000V，引弧电流为 30～50A。由于辉光放电的空心阴极效应，辉光放电电流密度很大，钽管内高密度的氩离子轰击钽管壁，使管壁迅速升温到发射电子流，放电方式由辉光放电突变为弧光放电，电压为 40～70V，电流为 80～300A。钽管温度达到 2300K 以上，呈白炽状态，从钽管发射出高密度弧光电子流，并射向阳极。

6）调整真空度。空心阴极枪产生辉光放电的真空度为 100Pa 左右，而镀膜真

空度为 $8\times10^{-1}\sim2$Pa。因此，引燃弧光放电后，尽快减少通入的氩气，将真空度调到适合镀膜的范围。

7）镀钛底层。电子流射到阳极坩埚的钛金属锭上，动能转换为热能，将钛金属加热蒸发出来，蒸气原子到达工件形成钛薄膜。

8）沉积 TiN。向镀膜室通入氮气，氮气和蒸发出的钛原子被电离为氮离子和钛离子。在坩埚上方，钛蒸气原子与高密度的低能电子流发生非弹性碰撞的概率较大，使得金属离化率高达 20%～40%，钛离子比较容易与反应气体氮气进行化合反应，沉积获得氮化钛膜层。空心阴极枪既是蒸发源，又是离化源。

镀膜时，还应调整坩埚周围电磁线圈的电流，使电子束聚焦到坩埚中心，从而增大电子流的功率密度。

9）关机。膜层厚度达到预定膜层厚度以后，关闭弧电源、偏压电源和气源。

6.1.3 空心阴极离子镀膜的条件

引燃空心阴极弧光需要具备以下条件：

1）用钽管制成的空心阴极枪安装在镀膜室壁上，可用于发射热电子流。钽管内径为 $\phi6\sim\phi15$mm，壁厚为 0.8～2mm。

2）电源由引弧电源和维弧电源并联组成。引弧电源电压为 800～1000V，引弧电流为 30～50A；维弧电压为 40～70V，维弧电流为 80～300A[2-4]。

空心阴极弧光放电过程遵循“伏安特性曲线”中由异常辉光放电转化为弧光放电的过程。首先需要电源提供 800 V 的起辉电压，以使钽管产生辉光放电，钽管内高密度的氩离子将钽管轰击加热到发射热电子的温度后，会产生大量的等离子体电子流，空心阴极弧电流突增，然后还需要有维持弧光放电的大电流电源。这种由辉光放电向弧光放电转换的过程是自动进行的，因此需要配置一个既能输出高电压，又能输出大电流的电源。

如果将这两个要求集中在一个电源上，电源变压器的二次输出端必须用很粗的导线绕很多匝数，才能输出高电压和大电流，这将是一个体积很大的电源。经过多年改进，可将体积不大的引弧电源和维弧电源并联，引弧电源用细导线绕多匝，就可以输出 800 V 高电压来引燃钽管产生辉光放电；维弧电源用粗导线绕较少匝数，就可以输出几十伏电压和几百安的电流来维持空心阴极弧光放电的稳定进行。由于两个电源并联在钽管上，在由异常辉光放电转化为弧光放电的过程中，两个电源会自动衔接，由高电压小电流自动切换为低电压大电流。

3）要快速调整真空度。钽管内产生辉光放电的真空度为 100Pa 左右，在如此低的真空条件下所沉积的膜层组织必然粗大，因此在引燃弧光放电后必须马上减少氩气通入量，迅速将真空度调至 $8\times10^{-1}\sim2$Pa，以便于获得细密的初始膜层组织。

4）工件转架安装在镀膜室上方，工件接偏压电源负极，真空室接正极。由于空心阴极弧的电流密度大，离子镀膜的工件偏压不需要达到1000V，一般为50～200V。

5）在坩埚周围设置聚焦电磁线圈，线圈通入电流后产生的电磁场可使电子束聚焦在金属锭的中心，增大电子流的功率密度。

6.1.4 空心阴极离子镀膜机的发展

空心阴极离子镀膜技术的出现提供了高密度的弧光等离子体，空心阴极枪产生的高密度低能电子流在坩埚上方与金属蒸气原子发生非弹性碰撞的概率较大，使更多的金属和反应气产生激发、电离。金属离化率高达20%～40%，到达膜层的粒子中有相当多的离子和大量高能原子，整体膜层粒子的能量很高。与辉光放电离子镀膜技术相比，更容易和反应气体发生化合反应，以获得氮化钛等化合物膜层。空心阴极枪既是蒸发源，又是离化源。空心阴极离子镀膜技术的出现，开辟了在高速钢刀具上沉积硬质涂层的新纪元。但是，初始空心阴极枪结构复杂，故障率高。为了克服其不足，人们研发出多种形式的空心阴极枪，空心阴极离子镀膜机的结构也随之不断发展。

1. 最初用钽管做的空心阴极枪[1-5]

图6-2所示空心阴极离子镀膜机中的空心阴极枪在镀膜室内占据了较大空间[2]：在空心阴极钽管出口处设置辅助阳极，目的是从空心阴极枪引出电子流；设置电磁聚束线圈，目的是汇聚电子束；设置电磁偏转线圈，目的是使电子束落在坩埚内的金属锭上，蒸发出沉积的金属膜层材料。这种空心阴极枪结构复杂，镀膜室内有水管、电极接线等，故障率很高，且钽管需要经常更换，成本较高。

为了提高空心阴极离子镀技术水平，先后研发出多种形式的空心阴极枪结构。例如，用裸露的钽管直接对着金属锭加热[4,5,8]，其结构如图6-3a[4]所示，该结构虽然简化了枪体结构，但钽管的热辐射对工件的影响较大。又如，带差压室的空心阴极离子镀膜机[6]：钽管和枪室安装在镀膜室外边，由钽管向枪室通入氩气，枪室和镀膜室之间有起气阻作用的小孔，其结构如图6-3b[4]所示，气阻孔保证枪室真空度在100Pa，镀膜室真空度为8×10^{-1}～2Pa，引燃空心阴极弧光放电以后可以立即进行镀膜。其优点是差压室的设计同时满足了引燃钽管放电必须在低真空度和镀膜在较高真空度进行的条件，所镀初始膜层的组织细密，而且工件不直接受钽管热辐射的影响[6,7]。

2. 钽管和六硼化镧复合结构空心阴极枪

1）钽管发射热电子的温度为2300K，热电子发射系数小，寿命短，需要经常更换，成本较高；而六硼化镧是可以发射热电子的陶瓷材料，热电子的发射温度为1700K，发射系数大。复合结构的空心阴极枪工作原理是，先用钽管发射的弧光电子流把钽管加热，再用钽管的热量将六硼化镧加热到发射热电子的温度[4,5]。日本不二越公司采用的是这种复合结构的空心阴极枪，发射出来的弧光电子流密度大，

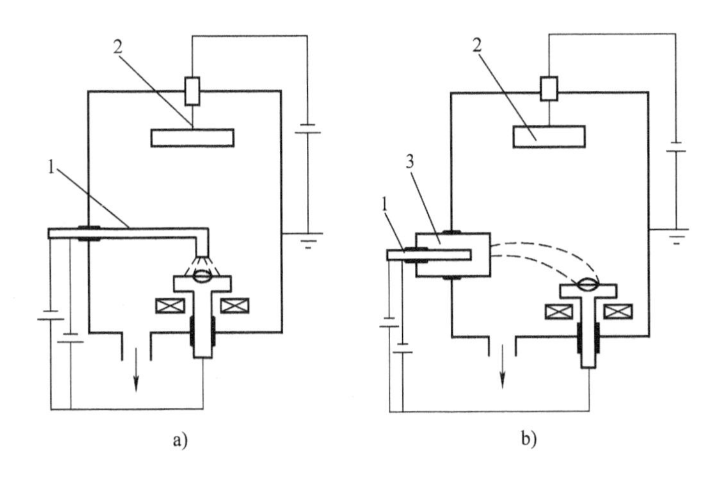

图 6-3 改进后钽管空心阴极离子镀膜机的结构
a）裸管空心阴极枪 b）差压室型空心阴极枪
1—钽管 2—工件 3—差压室

空心阴极枪的寿命长[9]。

2）枪室和镀膜室之间也有气阻孔，可以保证枪室和镀膜室对真空度的要求，在引燃弧光放电的过程中不必大幅调整氩气流量。

3）钽管和六硼化镧复合结构空心阴极枪安装在镀膜室顶部中央，接弧电源负极；阳极设置在镀膜室下方，接弧电源正极。弧光电子流由镀膜室上方向下方的阳极发射。

4）镀膜室外设上下两个短电磁线圈。线圈通入电流后产生的磁场方向为上 N 下 S，即镀膜室内形成同轴电磁场，使电子做旋转运动，线圈的磁场强度为 0.2 T 左右。空心阴极枪发射的弧光电子流向下方阳极运动的过程中做旋转运动，其运动轨迹为一条螺旋线，即电子在同轴电磁场的作用下一边旋转一边向下运动，从而延长了电子在镀膜室内的运动路程，使得高密度电子与更多的气体和金属原子发生碰撞电离，提高了镀膜室内的等离子体密度。

6.2 热丝弧离子镀膜技术

6.2.1 热丝弧离子镀膜机

热丝弧离子镀与空心阴极离子镀一样，都属于热弧光放电离子镀。热丝弧离子镀也叫热阴极离子镀[2,8]，英文名称为 hot cathode deposition，是 Balzers 公司的早期产品。热丝弧离子镀膜机结构与复合结构空心阴极离子镀膜机的结构基本相同，不同的是前者镀膜室顶端安装的是热丝弧枪。

6.2.2 热丝弧离子镀膜的工艺过程

热丝弧离子镀是20世纪80年代Balzers公司的技术，图6-4所示为热丝弧离子镀产品。

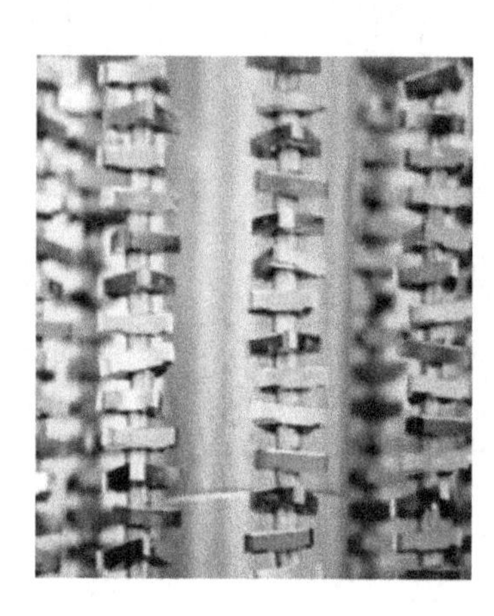

图6-4 热丝弧离子镀产品

下面以TiN薄膜为例，来介绍热丝弧离子镀膜的工艺过程。

1. 引燃热丝弧放电

将钽丝（钨丝）加热至2300K以上，钽丝呈白炽状态，可发射大量热电子流。向热丝弧枪室通入氩气，热电子流把氩气电离再次增加等离子体电子流密度。从热丝弧枪室向阳极发射出高密度电子流弧柱，弧电压为50V左右，弧电流为150~200A。

2. 加热工件

将弧电源正极接工件，弧光电子流射向工件，轰击加热工件。

3. 清洗工件

将弧电源正极接坩埚周围的辅助阳极，工件接偏压电源负极。热丝弧发射的电子流在射向辅助阳极的过程中电离氩气，用氩离子轰击清洗工件。

4. 镀TiN薄膜

将弧电源正极接坩埚，通入氮气。弧光电子流射向坩埚内的金属锭上，把金属加热蒸发。金属蒸气原子与通入的氮气都被弧光电子流电离，得到高密度金属离子、氮离子、金属活性原子、氮的活性原子和活性基团，它们到达工件表面化合反应生成TiN薄膜。

5. 调整线圈电流

在工件的加热、清洗和镀膜过程中，需要不断调整电磁线圈的电流来改变电子的旋转半径。

6.3 热弧光放电离子镀膜的技术特点

现代热弧光放电离子镀膜技术的空心阴极枪和热丝弧枪都安装在镀膜室顶端，接弧电源负极，正极在不同阶段分别接工件、辅助阳极和坩埚。工件转架在周围旋转，镀膜室外设上下两个短电磁线圈。

在整个工件加热、清洗和镀膜的不同阶段，改变弧电源的正极连接位置和电磁线圈通入电流的大小，可使弧光电子流发挥不同的作用。

图 6-5 所示为热弧光放电离子镀膜机的工艺过程[4]。

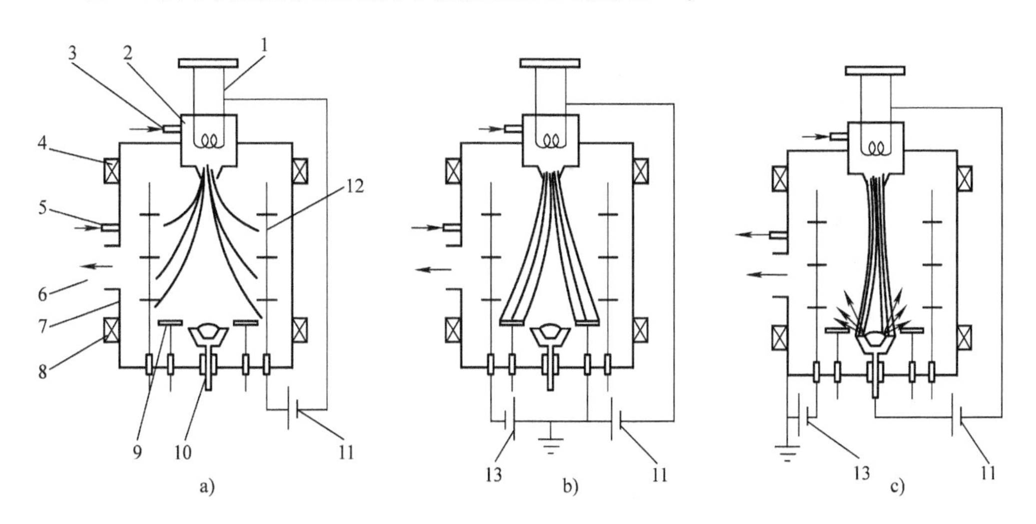

图 6-5 热弧光放电离子镀膜机的工艺过程

a）加热阶段 b）刻蚀清洗阶段 c）镀膜阶段

1—钽丝 2—热丝弧枪体 3—氩气进口 4—上磁线圈 5—反应气进口 6—真空系统 7—真空室 8—下磁线圈 9—辅助阳极 10—坩埚和金属 11—弧电源 12—工件 13—偏压电源

1. 加热阶段

在利用弧光电子流加热时，弧电源正极接工件，电磁线圈通入小电流。从热丝弧枪发射的弧光电子流以大的旋转半径向工件运动并加热工件。由于电子质量小，加热比较缓慢。

2. 轰击清洗阶段

工件加负偏压，弧电源正极接坩埚周围的辅助阳极，电磁线圈通入的电流应适当增加。从热丝弧枪发射的弧光电子流以稍小的旋转半径射向辅助阳极。同时，弧光电子流把工件周围的氩气电离，获得高密度的氩离子流，氩离子向工件加速运动并轰击清洗工件。工件偏压为 200V，偏流大于 10A。

3. 镀膜阶段

工件保持负偏压，弧电源的正极接坩埚，电磁线圈通入电流进一步加大。从热丝弧枪发射的弧光电子流聚焦到坩埚内的金属锭上把金属加热蒸发，进行镀膜。

图6-6所示为镀膜过程三个阶段的放电照片。由图6-6可以清楚地看到，加热时弧光电子流射向工件，镀膜室内充满了等离子体弧光；清洗时，高密度氩离子轰击工件使工件的放电强度增大，发光强度增大；镀膜时，弧光电子流聚集到金属锭上，弧光电子流和蒸发出来的金属膜层原子产生激烈的碰撞电离，产生刺眼的光芒。

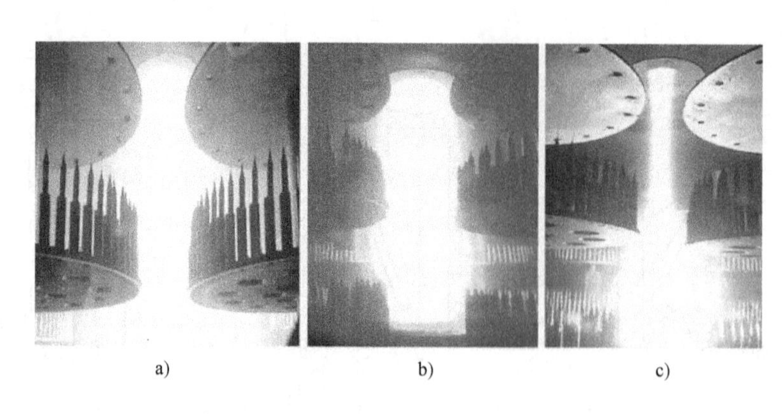

a)　　b)　　c)

图6-6　镀膜过程三个阶段的放电照片

a）加热阶段　b）轰击清洗阶段　c）镀膜阶段

热丝弧离子镀与空心阴极离子镀的操作过程基本一致，这两种技术都是只用一个电子枪来发射弧光电子流，来完成工件加热、工件清洗和镀膜的全过程，表现出独特的优点。电子流对微小型工件具有重要意义，用高密度的氩离子流轰击清洗工件，工件偏流达到10A以上时的清洗效果较好；用聚焦后的高密度电子流加热蒸发金属，效率较高。更重要的是，电子流与蒸发出的金属原子相向运动，增加了电子流与膜层原子的碰撞概率，使得金属离

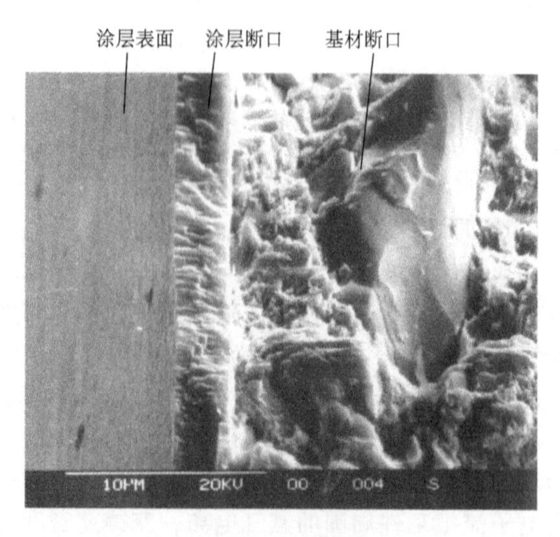

图6-7　空心阴极离子镀的TiN膜层断口扫描电镜照片

化率提高至40%左右，大大增加了到达工件的膜层粒子能量。空心阴极枪和热丝弧枪是工件加热源、清洗源、离化源和镀膜源。热弧光放电离子镀膜技术充分利用电磁场控制热弧光电子流，为镀膜全过程服务的设计理念值得借鉴。

和辉光放电离子镀膜技术相比，热弧光放电离子镀膜技术的金属离化率更高。热弧光放电离子镀膜技术是利用高密度的弧光电子流电离金属和反应气体，由于放电电压为50~70V，碰撞电离概率大，金属离化率接近40%，镀膜空间充满大量高能离子、原子和活性基团，粒子整体能量高容易反应生成化合物膜层。TiN硬度高于2000 HV，具有绚丽的金黄色泽和仿金效果，广泛用于高速钢刀具涂层和装饰品。由于金属膜层原子是从坩埚内金属锭上以原子态蒸发出来的，所镀膜层的组织较为细密。图6-7所示为采用空心阴极离子镀的TiN膜层断口扫描电镜照片（基材为高速钢）[7]。由图6-7可以看到，TiN膜层的断口组织较为致密[6,7]。

6.4 辉光放电离子镀膜与热弧光放电离子镀膜对比

本节以空心阴极离子镀（HCD）和活性反应离子镀（ARE）为例，对比辉光放电离子镀膜技术和热弧光放电离子镀膜技术的不同。

6.4.1 电子枪对比

空心阴极离子镀（HCD）和活性反应离子镀（ARE）都采用电子束加热蒸发金属，但电子枪的原理和特性不同，后者采用的是e型电子枪。表6-2为e型电子枪与空心阴极枪的特性对比。

表6-2 e型电子枪与空心阴极枪的特性对比

类　型	e型电子枪	空心阴极枪
枪电压/V	6000~30000	30~70
枪电流/A	0.3~5	50~250
电子枪功率/W	0.5×10000	100×50
电子束偏转	高电压和均匀磁场偏转	低压电场吸引
束斑尺寸	x—y磁场扫描	坩埚周围的聚焦线圈
电子束特点	高能，密度小	低能，密度高
碰撞概率	小	大
差压室	枪室高，镀膜室低	枪室低，镀膜室高
电子枪的作用	蒸发	加热、清洗、蒸发、离化

6.4.2 镀膜技术特点对比

空心阴极离子镀是弧光放电离子镀技术，金属离化率高，容易反应生成氮化钛等硬质涂层；活性反应离子镀属于辉光放电离子镀技术，金属离化率低，不容易反应生成氮化钛等硬质涂层。表 6-3[4] 对比了二者的技术特点。

表 6-3 空心阴极离子镀和活性反应离子镀技术特点的对比

类　型	活性反应离子镀	空心阴极离子镀
工件偏压/V	500~1000	100~200
金属离化率(%)	<15	20~40
放电特征	辉光	弧光
生成氮化钛难易	难	易
氮分压范围	窄	宽
蒸发源形式	坩埚,金属熔池	坩埚,金属熔池
操作安全性	枪高压,工件高压	枪低压,工件低压

如表 6-3 所示，热弧光放电离子镀膜技术金属离化率高，操作电压低，是很受青睐的技术。

空心阴极离子镀技术于 20 世纪 80 年代时在获得氮化钛膜层方面发挥了重要作用，但由于采用点状蒸发源，装炉量小，生产率低，所以目前很少用于蒸发镀膜。近几年主要用高密度弧光电子流电离氩气，用高密度氩离子清洗工件，也称之为增强辉光放电清洗技术。

热丝弧离子镀技术和空心阴极离子镀技术都是热弧光放电离子镀技术，金属离化率提高到 20%~40%，比辉光放电离子镀的离化率高，更易进行反应沉积获得化合物薄膜。这两种镀膜技术把 TiN 硬质膜的沉积温度由原来用 CVD 沉积的 1000℃降低到 500℃，沉积 TiN 硬质膜的刀具类型由硬质合金延伸到高速钢刀具，因此这两种镀膜技术在 20 世纪 80—90 年代成为沉积高速钢刀具 TiN 硬质膜的主要技术，被誉为“刀具革命”，从此开启了弧光放电离子镀硬质涂层的新纪元。

参 考 文 献

[1] KOMIYA S, TSURUOKA K. Production and measurement of dense metal ions for physical vapor deposition by a hollow cathod discharge [J]. Japanese Journal of Applied Physics Supplement, 1974, 13 (S1): 415.

[2] 小宫宗治. 利用空心阴极放电方法的蒸镀技术 [J]. 翁国屏, 王隽品, 译. 真空, 1981 (6): 10-14.

[3] 周开亿. 空心阴极放电及其应用 [M]. 北京: 真空科学与技术杂志社, 1982.

[4] 王福贞, 马文存. 气相沉积应用技术 [M]. 北京: 机械工业出版社, 2007.

[5] 张以忱. 真空镀膜技术 [M]. 北京: 冶金工业出版社, 2009.

[6] 郭远纪, 王福贞, 等. 空心阴极离子镀氮化钛 [J]. 新工艺新技术, 1987 (3): 7-10.

[7] 郭远纪, 王福贞, 张贵荣, 等. 一种新型空心阴极枪 [J]. 真空科学与技术. 1988, 8 (2): 129-131.

[8] 徐滨士, 刘世参. 表面工程技术手册 [M]. 北京: 化学工业出版社, 2009.

[9] 加藤, 範博. アーク式イオンプレ - ティング装置: 特開 2006161121 [P]. 2006-06-22.

第7章　阴极电弧离子镀膜技术

阴极电弧离子镀膜技术采用的是冷场致弧光放电技术。最早把产生冷场致弧光放电技术应用于镀膜领域的是美国 Multi Arc 公司。该技术的英文名称为 arc ion plating（AIP）。

阴极电弧离子镀膜技术是各种离子镀膜技术中金属离化率最高的技术。膜层粒子的离化率达到60%~90%，膜层粒子大部分以高能离子的形态达到工件表面，具有很高的能量，容易反应获得 TiN 等硬质膜层。将沉积 TiN 的温度降低到500℃以下，还具有沉积速率高、阴极电弧源安装位置多样、镀膜室空间利用率高、可以镀制大零件等优点[1-11]。目前，该技术已经成为在工模具和重要装备零件上沉积硬质膜层、耐热涂层和装饰膜层的主要技术。

随着国防工业和高端加工产业的发展，对工模具硬质涂层的要求越来越高。原来切削加工的零件多为一般碳钢，硬度在30HRC以下，现在被加工材料有不锈钢、铝合金、钛合金等难加工材料，还有硬度高达60HRC的高硬材料。现在用数控机床加工，要求高速、高寿命、无润滑切削，所以对刀具上所镀硬质涂层性能提出了更高的要求。飞机燃气轮机叶片、压气机叶片、挤出机螺杆、汽车发动机活塞环及矿山开采机械等零部件对膜层性能也都提出了新要求。新的要求促进了阴极电弧离子镀膜技术的发展，生产出了多种具有优异性能的产品。图7-1所示为阴极电弧离子镀的各种产品。

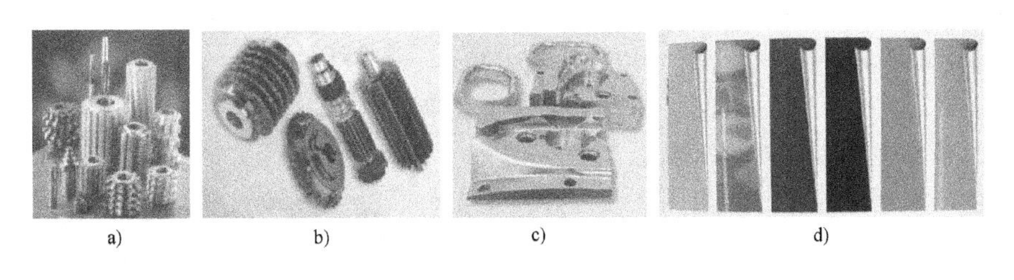

a)　b)　c)　d)

图7-1　阴极电弧离子镀的产品

a）高速钢刀具　b）硬质合金成形刀具　c）模具　d）装饰钢板零件

7.1 阴极电弧源

阴极电弧离子镀技术采用阴极电弧源作为蒸发源，是一种没有固定熔池的固态蒸发源。阴极电弧源的形式多样，有小圆形阴极电弧源、矩形平面阴极大弧源、柱状阴极电弧源。各种阴极电弧源的尺寸范围和磁控方式见表 7-1。

表 7-1 各种阴极电弧源的尺寸范围和磁控方式

弧源靶材形状	小圆形	平面矩形	圆柱(管状)形
尺寸范围/mm	ϕ60×40 ϕ100×40 ϕ160×12	160×1000 200×1500 200×2000	ϕ70×7 ϕ100×10 ϕ150×15
磁控方式	永磁 永磁+电磁 全电磁	电磁 电磁+永磁	永磁 永磁+电磁
安装位置	镀膜室壁上、顶上	镀膜室壁上	镀膜室中间、侧边

7.2 小弧源离子镀膜技术

各种形式的阴极电弧离子镀膜机的原理和结构大体相同。首先介绍小圆形阴极电弧源（简称小弧源）离子镀膜机，便于读者对其他各种阴极电弧离子镀膜机的镀膜原理、电弧源结构、镀膜机配置、镀膜工艺特点的理解。

7.2.1 小弧源离子镀膜机的结构

1. 电弧离子镀膜机中的小弧源[1-11]

（1）小弧源的排布　小弧源离子镀膜机中在镀膜室壁上安装多个小弧源。图 7-2 所示为安装多个小弧源的离子镀膜机[1]。

图 7-2　安装多个小弧源的离子镀膜机

在镀膜室壁上或顶上安装多个小圆形阴极电弧源。弧源靶材直径为 ϕ60mm、ϕ100mm、ϕ160mm，厚度为 12~40mm。与其他阴极电弧源相比，尺寸小得多，故称小弧源。

在产业化设备中，为了保证膜层厚度沿工件转架高度分布的均匀性，多是将小弧源沿真空室壁高度方向从上到下呈螺旋线形排布。每个小弧源均配一个引弧针和一个弧电源。目前小弧源离子镀膜机中有的安装 8 个、20 个、40 个不等的小弧源。

(2) 小弧源结构 图 7-3 所示为小弧源的结构[1]。

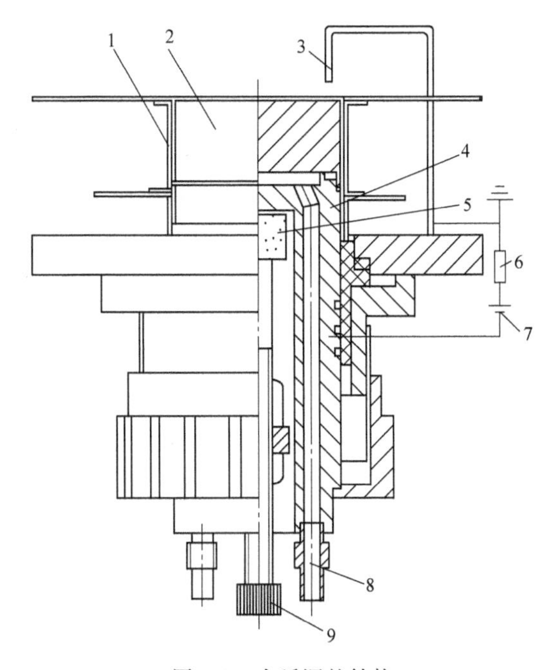

图 7-3 小弧源的结构

1—屏蔽罩 2—靶材 3—引弧针 4—水冷靶座 5—永磁体

6—引弧针电阻 7—弧电源 8—冷却水管 9—永磁体调节螺杆

(3) 小弧源的供电系统 小弧源连接弧电源的负极，镀膜室壁接正极。弧电源的空载电压为 70~120V，放电电压为 18~28V，弧电流为 80~300A。

(4) 引弧系统 冷场致弧光放电需要由引弧装置引燃弧光放电，首先形成一个初始的等离子体鞘层。当引燃起弧光放电后，引弧装置的电路自动切断，由弧电源维持阴极电弧源和镀膜室之间的稳定放电，电弧的弧斑在靶面上迅速移动，从弧斑处蒸发出膜层材料，在工件上沉积形成膜层。引弧的方式有电磁牵引机械引弧、气动引弧、激光引弧、高压脉冲引弧等方式。

2. 工件偏压电源

工件连接负偏压电源的负极，真空室接正极。工件偏压电源一般采用脉冲偏压电源，电压为 50~1000V，占空比连续可调。工件施加负偏压以后可以吸引金属离子加速到达工件表面，金属离子和反应气体离子在工件表面化合反应生成 TiN 等硬质涂层。

3. 进气系统

工作气体由布气管引入，以保证在镀膜区域内反应气体分布均匀。在批量生产或生产大工件时，工件转架很高，反应气体的均匀分布是保证化合物涂层质量均匀性的重要条件。镀制 TiN 膜时通入氮气，真空度为 3×10^{-1} ~ 5Pa。

4. 预烘烤加热装置

在工模具上沉积硬质膜层时，工模具预加热温度在 400℃以上。镀膜室需要匹配较大功率的加热装置，加热功率为 10 ~ 30kW。

7.2.2 小弧源离子镀膜的工艺过程

阴极电弧源离子镀膜的工艺过程与其他镀膜技术基本相同，安装工件、抽真空等有些操作不再重复。

1. 轰击清洗工件

镀膜前对向镀膜室通入氩气，真空度为 2×10^{-2}Pa。开启脉冲偏压电源，占空比为 20%，工件偏压为 800 ~ 1000V。开启弧电源后产生冷场致弧光放电，从弧源发射大量的电子流和钛离子流，形成高密度的等离子体。其中的钛离子在工件所加负高偏压作用下加速射向工件，将工件表面吸附的残余气体和污染物轰击溅射下来，使工件表面被清洗净化；同时，镀膜室内的氩气被电子电离，氩离子也加速轰击工件表面。因此，轰击清洗效果好，只轰击清洗 1min 左右就可以将工件清洗干净，此过程叫“主弧轰击”。由于钛离子质量大，如果用小弧源轰击清洗时间太长，那么工件温度容易过热，刀具刃口会软化。一般生产中是从上到下逐个开启小弧源的，每个小弧源轰击清洗时间为 1min 左右。

2. 镀钛底层

为了提高膜-基结合力，一般在镀氮化钛之前先镀一层纯钛底层。真空度调至 5×10^{-2} ~ 3×10^{-1}Pa，工件偏压调至 400 ~ 500V，脉冲偏压电源的占空比调到 40% ~ 50%。仍然逐个引燃小弧源产生冷场致弧光放电。由于工件负偏压降低，钛离子的能量降低了，到达工件以后的溅射作用小于沉积作用，会在工件上沉积形成钛过渡层，以提高氮化钛硬质膜层和基体的结合力。此过程也是对工件进行加热的过程。纯钛靶材放电时，等离子体的光为蔚蓝色。

3. 镀氮化钛硬质膜层

真空度调整到 3×10^{-1} ~ 5Pa，工件偏压调至 100 ~ 200V，脉冲偏压电源的占空比调到 70% ~ 80%。通入氮气后，在弧光放电等离子体中和钛进行化合反应，沉积获得氮化钛硬质膜层。此时，真空室内的等离子体的光为樱红色。如果通入 C_2H_2、O_2 等，可获得 TiCN、TiO_2 等膜层。

7.3 阴极电弧离子镀膜的机理

1. 冷场致弧光放电的产生

通常两个电极之间即使施加很高电压，也很难自然发生击穿放电，因此在阴极电弧离子镀膜机中必须设置引弧装置来引燃初始弧光。引弧方式有电磁驱动机械引弧、气动引弧、高压引弧和脉冲引弧。

引弧装置引燃初始弧光等离子体以后，靶面前产生正离子的堆积，形成很薄的等离子体鞘层。正离子堆积层和阴极靶面间的电场强度达到 $10^6 \sim 10^8$V/cm，此场强大于靶材的电子逸出功而造成击穿，击穿后从阴极靶面发射出大量电子流，正离子进入阴极。击穿点的面积只有 $10^{-6} \sim 10^{-4}$mm^2[1-9]。

2. 击穿点——金属的蒸发熔池

一般小弧源放电电流为100A左右。在 $10^{-6} \sim 10^{-4}$mm^2 的击穿面积上通过100A的电流，电流密度达到 $10^6 \sim 10^8$A/cm^2，微弧的能量密度达（$1 \sim 3$）$\times 10^5$ W/cm^2，产生很大的热量，把击穿点附近的阴极材料加热蒸发。由于加热速度太快，表面的金属还没有完全熔化，熔池内部的金属已经熔透，由于绝热膨胀作用，产生了极高的蒸气压力而从熔池中喷发出来[1-5]。电弧喷发产物既有细密的金属蒸气，也有大大小小的熔滴，沉积到工件表面上的膜层中有大大小小的熔滴颗粒，大的熔滴颗粒可以达到10μm以上。蒸发出来的金属流密度很大，膜层的沉积速率大，阴极电弧的击穿点就是膜层原子的蒸发熔池[1-9]。

3. 靶面产生耀眼的弧斑

在击穿点附近，高密度的电子和离子产生复合，产生激烈的复合发光和激发发光。发光的强度很大，形成刺眼的光芒，称之为弧斑。

4. 冷场致电弧首先在靶面的凸起部位产生

实际上，阴极表面并不平整，表面有许多凸起（小丘）。这些凸起处的正离子堆积层和阴极的距离更近，电场强度更大。因此，首先在凸起点处发生击穿，产生冷场致发射电子流。由于凸起点的面积很小，场致电子发射的电流密度很大，把阴极材料局部熔化，蒸发出来。熔化的区域称为熔池[1-9]。

图7-4所示为阴极电弧源靶材的烧蚀过程。图7-4a所示为靶面前形成了等离子鞘层；图7-4b所示为电弧首先在靶面上最高部位放电；图7-4c所示为最高点的电弧熄灭，电弧在另一凸起点产生[1-9]。

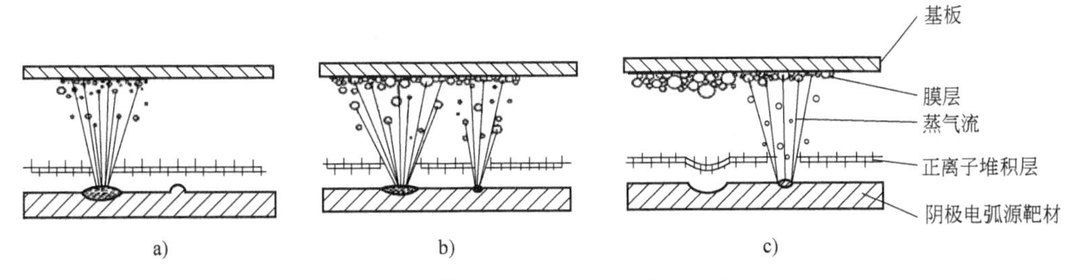

图7-4　阴极电弧源靶材的烧蚀过程

a）靶面前形成等离子鞘层　b）电弧首先在靶面上最高部位放电　c）电弧在另一凸起点产生

凸起点的金属蒸发后靶面产生凹坑，熔池处的电场强度降低，场致发射停止不能继续维持放电。冷场致电弧又会在另一个凸起点产生，所以阴极弧斑在靶面上不是固定的，而是不断移动的，移动速度达 10~100m/s，可以看到微小的弧斑在阴极表面迅速移动，叫“自由弧”，也叫“任意弧”。

5. 阴极电弧蒸发源靶材始终保持固态

凸起点的放电停止后，小熔池很快凝固。由于阴极靶材后面有水冷装置，阴极靶材只是在弧斑处的瞬时局部熔化、蒸发，整个阴极靶材一直处于固态。和前面介绍的几种离子镀膜技术不同，阴极电弧蒸发源没有固定熔池，始终处于固态，所以阴极电弧源可以在镀膜室的不同位置任意安放[1-9]。一般阴极电弧源沿镀膜室壁的高度螺旋排布多个小弧源，用于镀长度为 3m、4m 的整张不锈钢装饰板，也可以镀长拉刀、螺杆等细长工件。

6. 金属离化率高

蒸发出来的金属蒸气原子在击穿点附近与高密度的电子流产生激烈的碰撞电离。靶面附近有高密度的电子、离子、高能中性原子。弧光放电形成的电弧等离子体是强流等离子体，带电粒子密度为 10^{12}~10^{14} 个/cm^2。带电粒子的能量在 10~100eV 范围。阴极电弧离子镀技术的金属离化率很高，达 60%~90%，是各种离子镀技术中金属离化率最高的[1]，阴极电弧源既是蒸发源又是离化源。

7.4 阴极电弧离子镀膜技术的发展

由于阴极电弧离子镀膜技术的金属离化率高，容易反应沉积 TiN 等化合物膜层，在沉积工模具硬质涂层方面发挥出了重要作用。近些年来又研发出很多新形式的阴极电弧离子镀膜机[11-16]，如矩形平面大弧源离子镀膜机、柱状阴极电弧源离子镀膜机等。小弧源离子镀膜机的发展主要表现在细化膜层组织，消除大熔滴颗粒等方面。

7.4.1 小弧源离子镀膜机的发展

1. 膜层中的大颗粒

阴极电弧源不加磁场控制时，电弧放电优先在凸起的位置产生，一个最高的凸起点消失了，又会在另一个最高的凸起点产生弧光放电。粗大的“自由弧”的弧斑在靶面上做无规律的随机移动，膜层组织粗糙，含有大的熔滴颗粒[1-13]。

2. 永磁控磁场控制弧斑运动

早期，小弧源的磁场一般是在靶材的后方放置永磁体，如图 7-3 所示。永磁体采用铁氧体，靶面的水平磁场分量为 2~5mT。永磁体的形状可以是圆柱形、圆环形或环—柱组合。利用这些永磁体在靶面前产生的平行靶面的磁场分量和垂直靶面的电场分量联合产生的正交电磁场的作用，驱使弧斑在靶面上沿一定的轨迹移动[1-9]。

小弧源靶材后面放置永磁体后，在空间实际上存在着一个三维电场和一个三维磁场。电磁场综合作用控制阴极弧斑运动。电弧受到电磁场多方位的作用力，如周向力、径向力、轴向力。

周向力使电弧在靶面上做周向旋转；径向力使电弧沿半径方向做扩展运动；轴向力使电弧沿垂直靶面的方向加速运动，是稳弧力。图 7-5 所示为永磁控小弧源的弧斑形貌照片[1]。

弧斑在靶面上做从里圈到外圈的旋转运动，还可以看到垂直于靶面的向前发射的弧柱，比“自由弧”的弧斑明显细化。

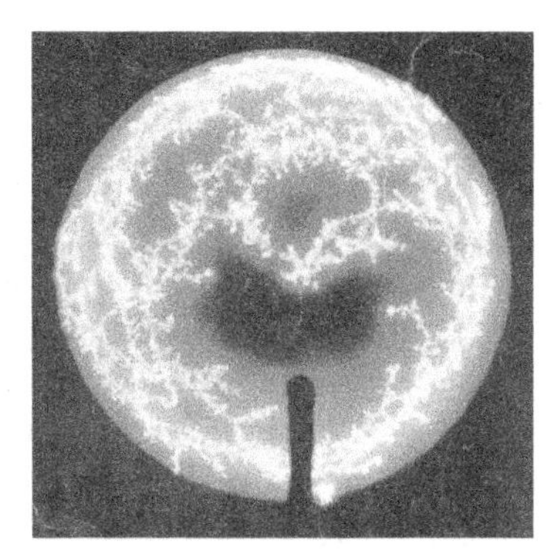

图 7-5 永磁控小弧源的弧斑形貌照片

在靶面上始终可以看到弧斑在不停地运动，也就不断地从靶面蒸发出金属原子。金属原子被电离成为高密度的金属离子，在工件负偏压的吸引下到达工件上反应生成所需的氮化钛等硬质涂层。

如前所述，磁场添加到一个高密度的放电等离子体中，使带电粒子产生径向旋转、周向旋转和向前方推进的作用力，维持电弧进行稳定燃烧。因此，阴极电弧离子镀在靶材后面都加永磁体，用电磁场控制弧斑运动。对于不同形状的阴极电弧源，采用的磁场设置不同。近些年的发展主要是改进电磁场控制技术来促进阴极电弧离子镀技术的发展，使弧斑移动速度更快，从而进一步细化膜层组织，提高膜层质量，开发出高质量的薄膜产品。

多年使用的永磁控小弧源结构简单，安装方便，成本低，但膜层组织中仍有大的熔滴颗粒，使膜层组织粗化，这是阴极电弧源最大的缺点。图 7-6 所示为靶材后面配置了永磁体之后，小弧源离子镀膜层的断口组织[1,2]。由该图可以明显地看到，电弧离子镀膜层组织中仍有大大小小的颗粒。

近些年来研发了很多细化膜层组织的方法，下面将介绍小弧源的各种新型磁场的设计理念。

3. 增设电磁场加速弧斑运动

阴极电弧源离子镀中等离子体密度很高，可以用电磁场控制电弧运动。同轴电磁场可以增加带电粒子的旋转速度，正交电磁场可以改变带电粒子的运动方向。具体的电磁场匹配方式介绍如下：

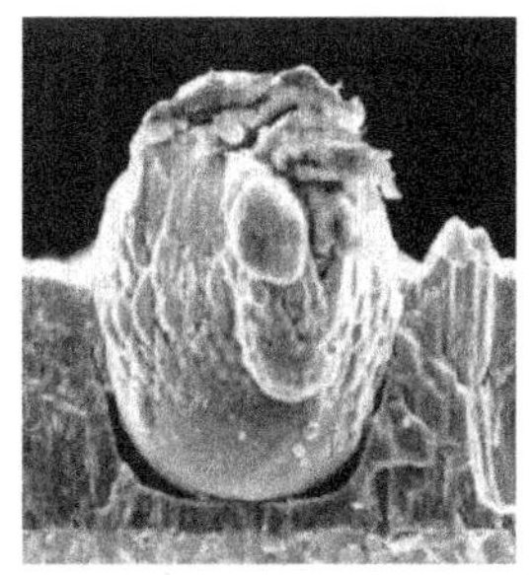

图 7-6 小弧源离子镀膜层的断口组织

（1）永磁体外边加电磁线圈　在永磁体外边增设电磁线圈，增加同轴电磁场强度以提高电子的旋转速度，使弧斑在全表面迅速扫描，靶面的弧斑呈雾状。弧斑在靶面的停留时间大大缩短，使弧斑处的金属熔池减小，弧斑细化，膜层组织可以细化[12]。图 7-7 所示为增加电磁线圈电流后小弧源放电形貌[12]。图 7-7 和图 7-5 相比可以看出弧斑细化的效果，看不到一个个的弧斑，所镀膜层组织很细密。这种小弧源在工模具硬质涂层领域发挥了很大作用。

（2）采用双电磁线圈同轴磁过滤　在阴极电弧源靶材前面设置两个电磁线圈，使发射出来的电弧一边旋转一边前进，从而增加了电弧的旋转速度，细化了弧斑。图 7-8 所示为双电磁线圈同轴磁过滤阴极电弧离子镀膜机的原理[13]。

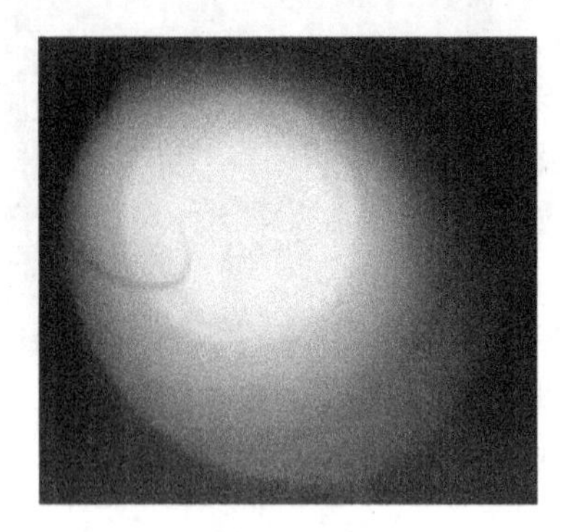

图 7-7　增加电磁线圈电流后小弧源的放电形貌

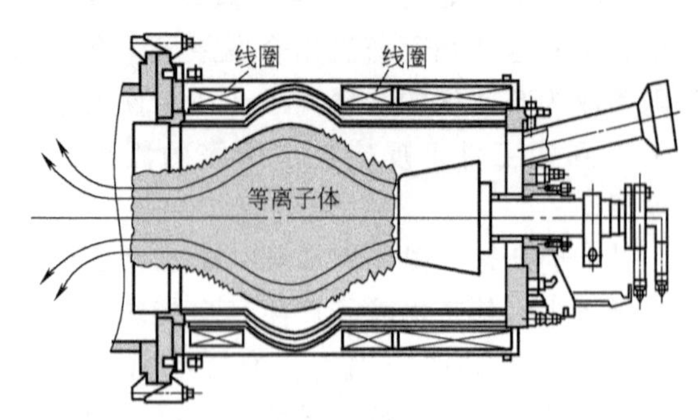

图 7-8　双电磁线圈同轴磁过滤阴极电弧离子镀膜机的原理

采用双电磁线圈同轴磁过滤阴极电弧离子镀膜机镀出的膜层组织更为细密。图 7-9 所示为安装电磁线圈前后所镀膜层的金相组织[13]。从图 7-9 可知，匹配了双电磁线圈的膜层组织最细密。

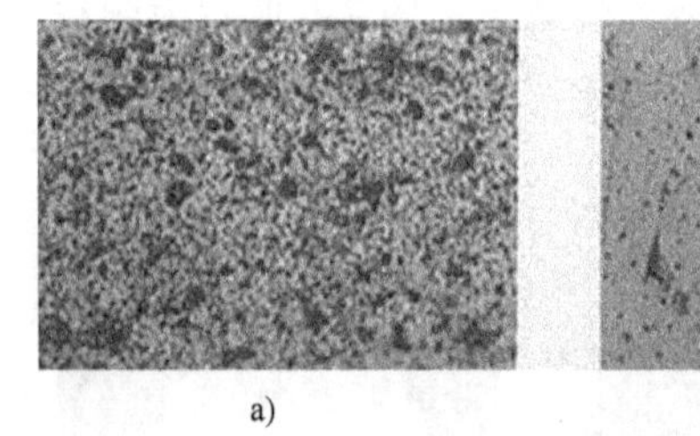

a)

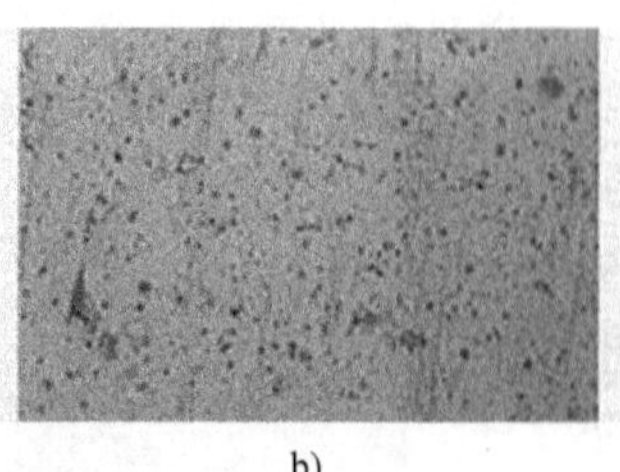

b)

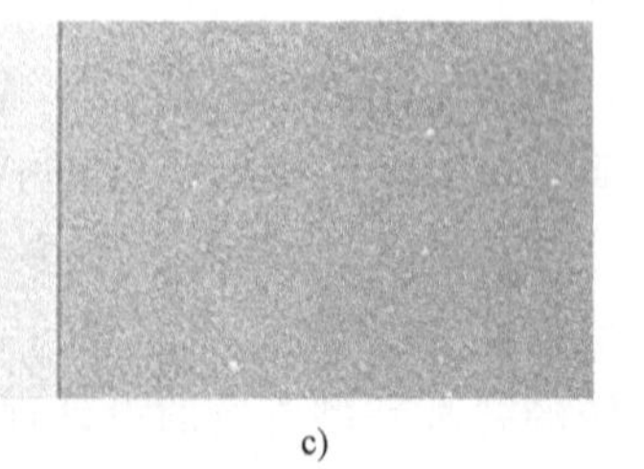

c)

图 7-9　安装电磁线圈前后所镀膜层的金相组织×500

a）永磁控小弧源　b）匹配一个电磁线圈　c）匹配两个电磁线圈

加了双电磁线圈后，虽然加快了弧斑沿靶面的移动速度，但也会使弧柱受到压缩，使弧柱的发射角度减小，两个电弧源之间的沉积速率低于电弧源正面的沉积速率，使得沿工件转架高度方向的膜层厚度不均匀。为此，大连维钛克科技股份有限公司在弧斑进入镀膜室后使电弧进行周向扫描，从而加大了电弧的作用范围，提高了两个弧源间的沉积速率，提高了沿工件转架高度方向膜层厚度的均匀性。该技术可以用于沉积大刀具、大模具。

4. 电磁偏转型磁过滤阴极电弧源

采用电磁偏转型磁过滤系统，控制阴极电弧源发射的金属离子从特定的偏转轨道进入镀膜室。其结构特点是在阴极电弧源和镀膜室之间设置一个固定半径的弯管。弯管周围有电磁线圈，产生的电磁场使金属离子流沿设定的弯管轨道进入镀膜室，沉积到工件上形成膜层[2-8,15-18]。

由于不同金属的质量 m 不同，根据 $r=mv/(eB)$，通过调节通入线圈的电流来调制磁感应强度 B，选定的各种不同元素离子的偏转半径 r 恰好为弯管的半径，使离子按设定的半径从偏转轨道进入镀膜室。这种设置可以将不带电的金属熔滴过滤掉，甩到弯管壁上。图 7-10 所示为电磁偏转型磁过滤离子镀膜机的结构。到达工件的膜层粒子基本上是离子，大熔滴不带电，不受电磁场控制，被甩到弯管壁上，保证膜层组织细密及其纯度。但这将降低沉积速率，整机的生产率比较低[2-8,15-18]。图 7-10a 所示弧流进行了一次 90°偏转[8]；图 7-10b 所示弧流进行了二次 90°偏转，这样可以获得更纯净的离子流沉积，从而获得高纯度的薄膜[2]。

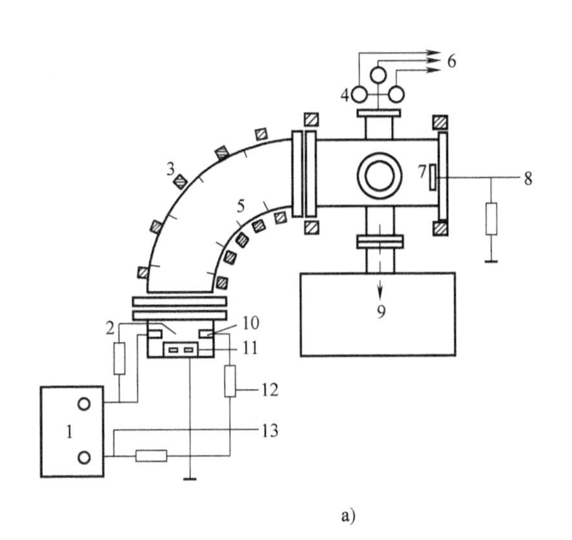

a)

b)

图 7-10 电磁偏转型磁过滤离子镀膜机的结构

a) 一次 90°偏转 b) 二次 90°偏转

1—电源 2—引弧针 3—偏转电磁线圈 4—真空计 5—弯管 6—控制系统 7—基板 8—粒子流测量 9—真空系统 10—阳极 11—阴极弧源 12—弧电压测量 13—弧电流测量

通过施加各种电磁场，改变小弧源表面或周边的电磁场分布，就可以使小弧源所镀膜层质量大大提高。

5. 小弧源靶材的厚度在减薄

最早小弧源靶材的直径为 ϕ60mm，靶材厚度为 40mm，靶座的水冷槽的直径为

ϕ40mm 左右。只靠这么小的冷却水槽很难把靶面产生的热量传递走，所以靶面上熔化的金属量大，金属熔池大，容易喷发出大的熔滴，使膜层组织粗化。现在除了小弧源在永磁体的周围加电磁线圈外，还改变了靶材的尺寸。靶材直径为 ϕ160mm，靶材厚度为 12mm，靶材减薄，水冷效果好，所镀膜层组织细密。采用靶材直径为 ϕ100mm 的小弧源，靶材的厚度已由 40mm 减薄为 20mm 以下。

7.4.2 矩形平面大弧源离子镀膜机

1. 矩形平面大弧源结构

矩形平面大弧源由靶材、靶座、屏蔽罩、引弧针和靶材后面的磁场组成[19-21]。采用电磁控方式控制弧斑运动，电磁线圈安放在靶材的后面。电磁线圈的结构可以是长形单圈、双圈套联或多圈串联等多种方案。在前面基础知识内容中介绍过，矩形平面大弧源采用电磁线圈产生的磁场也是由外向中心分布的，如图 7-11b 所示。产生的正交电磁场控制靶面前的电子做旋轮线运动。

2. 矩形平面大弧源的磁场

大弧源靶面的磁场强度与小弧源的磁场强度一样，为 2~5mT。调节各个线圈的电流，改变靶面的磁场强度，可以改变弧斑的运动轨迹，从而实现微调靶材利用率。连续改变磁场电流使弧斑在靶面上连续扫描，金属膜层原子沿全靶面蒸发出来，实现沿靶材高度方向的均匀镀膜。图 7-11a 所示为矩形平面大弧源离子镀膜机外形，图 7-11b 所示为电磁线圈，图 7-11c 所示为王福贞和上海都浩真空镀膜技术有限公司合作研发的矩形平面大弧源放电时的弧斑形貌[1]。

3. 矩形平面大电弧源镀膜工艺

1）矩形平面大弧源离子镀膜机的配置与小弧源一样，将矩形平面大弧源安装在镀膜室的侧壁上。矩形平面大弧源的结构与小弧源相同，包括靶材、靶座、磁控结构、屏蔽罩等。靶材长度为 400 ~ 1200mm，宽度为 120 ~ 200mm，厚度为 15 ~ 20mm。弧电流为 100~300A，弧电压为 20~30V。矩形平面大弧源离子镀膜机只需配一个引弧针和一个弧电源。由于靶材的长度与工件转架的高度相当，因此沿工件转架高度方向的膜层厚度比较均匀。一般一台镀膜机中安装 2 个或者 4 个矩形平面大弧源。

a)

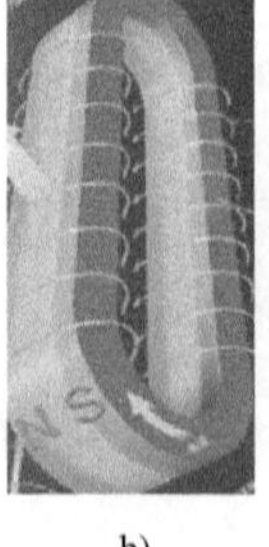

b)

c)

图 7-11 矩形平面大弧源离子镀膜机及其放电时的弧斑形貌
a）矩形平面大弧源离子镀膜机外形 b）电磁线圈 c）弧斑形貌

2）大弧源靶材的厚度为15~20mm，冷却水可以较快地将靶面的热量带走，使靶面温度降低，产生大的液滴少，膜层组织比小弧源的膜层组织细密。

4. 矩形平面大弧源离子镀膜机的发展

近几年，矩形平面大弧源的弧斑向劈裂弧方向发展。科汇工业机械有限公司通过改变电磁控方式，提高弧斑在靶面上的移动速度，形成劈裂弧，使弧斑细化，靶材利用率提高到60%以上，放电电流由200A提高到400A。图7-12所示为劈裂弧放电形貌[22]。图7-12中已经没有明显的弧斑“跑道”，弧斑沿全靶面分布。

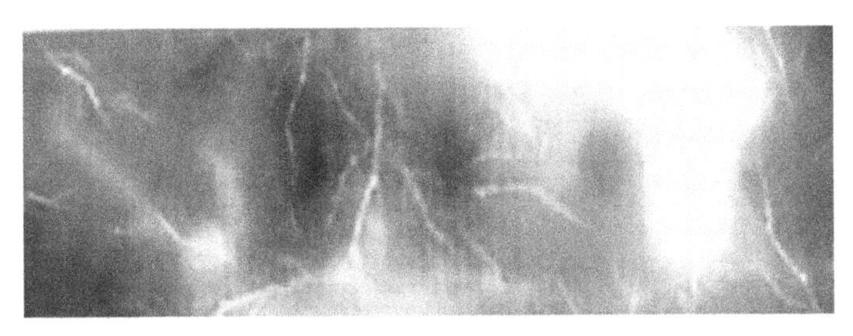

图7-12 劈裂弧放电形貌

近些年，矩形平面大弧源的技术进步使其在工模具硬质涂层市场占有一定份额。

7.4.3 柱状阴极电弧源离子镀膜机

柱状阴极电弧离子镀膜机中安装柱状阴极电弧源。柱状阴极电弧源与小弧源一样，也是产生冷场致弧光放电。柱状阴极电弧源也采用磁场控制电弧运动，磁场可以设置在靶管内，也可以设置在靶管外。磁场设置在靶管内的有旋磁型柱状阴极电弧源和旋靶管型柱状阴极电弧源。柱状阴极电弧源采用的永磁体也是铁氧体。

1. 旋磁型柱状阴极电弧源离子镀膜机

（1）旋磁型柱状阴极电弧源离子镀膜机的结构　一台镀膜机只安装一个旋磁型柱状阴极电弧源，旋磁型柱状阴极电弧源安装在镀膜室中央，一台镀膜机只配一个引弧针和一个弧电源[1,2,23-25]。图7-13所示为旋磁型柱状阴极电弧源离子镀膜机的结构[25]。安装柱状阴极电弧源的离子镀膜机与小弧源离子镀膜机基本相同。只是所用的引弧针不是像

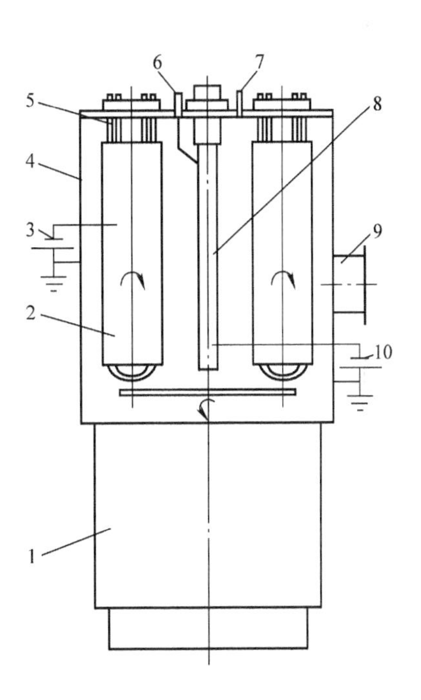

图7-13 旋磁型柱状阴极电弧源离子镀膜机的结构

1—机座 2—工件 3—偏压电源 4—真空室 5—加热管 6—引弧针 7—进气系统 8—柱状阴极电弧源 9—真空系统 10—柱弧源电源

小弧源的引弧针那样做前后迁移运动，而是做周向旋转运动，从而增加引弧针与靶管的接触面积和引弧的准确率[23]。

（2）旋磁型柱状阴极电弧源　旋磁型柱状阴极电弧源主要由靶管、磁轴、磁轴转动机构和屏蔽罩组成。图 7-14 所示为旋磁型柱状阴极电弧源的结构[1]。旋磁型柱状阴极电弧源的靶管不动，靶管内设置的磁轴在旋转电动机的带动下不断进行旋转运动。

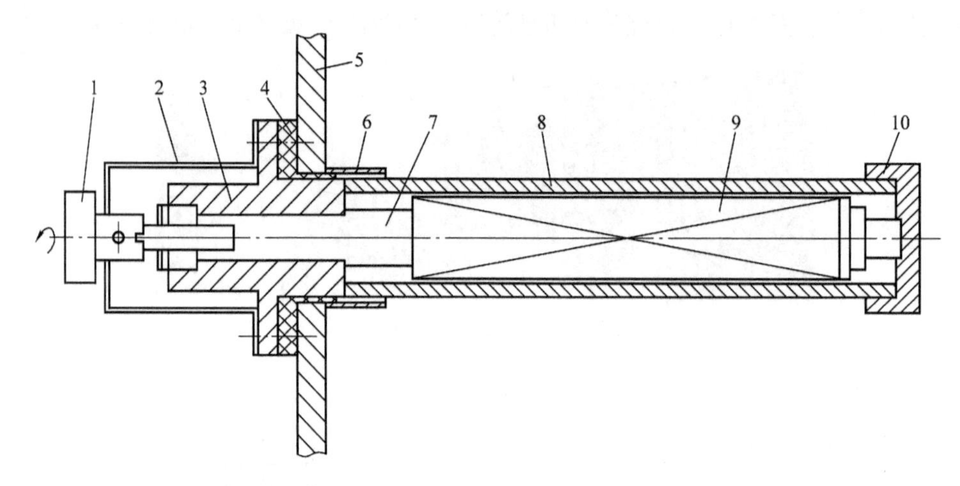

图 7-14　旋磁型柱状阴极电弧源的结构

1—旋转电动机　2—电动机座　3—靶管座　4—绝缘圈　5—法兰
6—屏蔽罩　7—旋转轴　8—靶管　9—磁轴　10—端盖

磁轴由永磁体和磁轴座（磁极靴）组成。磁轴座为导磁材料，上面安装永磁体。其永磁体的排布方式如图 7-15 所示。在磁轴上排布两个 N-S-N 向上的永磁体，每一个 N-S-N 都会在靶面形成从外边的 N 到中心 S 的磁力线分布。永磁体背面的 S-N-S 被磁轴座短路了。只有空间剩余磁场来控制电子在靶面运动，产生两个光圈。用电动机带动磁轴座旋转，使两个光圈在靶管表面旋转，可以连续向周围 360°方向镀膜。

（3）直条形弧斑和螺旋形弧斑　旋磁型柱状阴极电弧源放电后，弧斑光圈沿柱状弧源靶管全长的表面做旋转运动，向周围 360°方向镀膜。弧斑可以是直条形，也可以是螺旋线形。柱弧源弧斑的形貌是由永磁体排出来的。如果需要直条形弧斑，永磁体在磁轴座上排成直线形。需要螺旋形弧斑时，永磁体在磁轴座上排成螺旋线形。图 7-16a 所示为直条形弧斑，图 7-16b 所示为螺旋线形弧斑[1]。

（4）旋磁型柱状阴极电弧源的放电参数　从旋磁型柱状阴极电弧源不断地向周围发射蒸气原子，向周围的工件上进行沉积获得所需膜层。膜层厚度沿工件转架高度的均匀区大。旋磁型柱状阴极电弧源结构简单，操作简便。旋磁型柱状阴极电弧源钛靶靶管的直径多为 ϕ70mm、ϕ100mm、ϕ150mm，管壁厚度为 7mm、10mm、

15mm，冷却效果好，所以膜层组织更细。一个长度为1000mm的旋磁型柱状阴极电弧源的弧电压为18~25V，弧电流为100~300A。

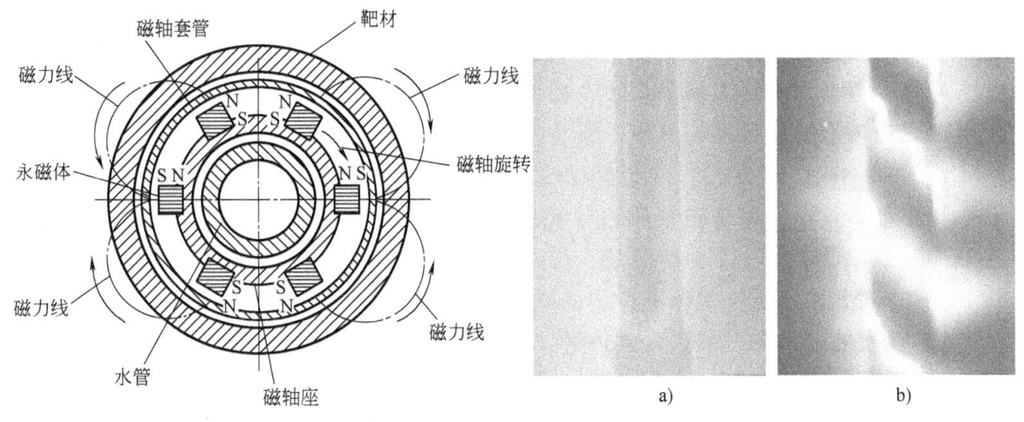

图7-15 永磁体的排布方式

图7-16 直条形弧斑和螺旋线形弧斑
a）直条形弧斑 b）螺旋线形弧斑

(5) 旋磁型柱状阴极电弧源所镀膜层组织细密 图7-17所示为不同阴极电弧源所镀膜层的组织[1]。由图7-17可知，小弧源所镀膜层组织有大的熔滴颗粒（见图7-17a)；矩形平面大弧源的组织细密一些，仍然有不少的熔滴（见图7-17b)；旋磁型柱状阴极电弧源所镀出的膜层组织最细。

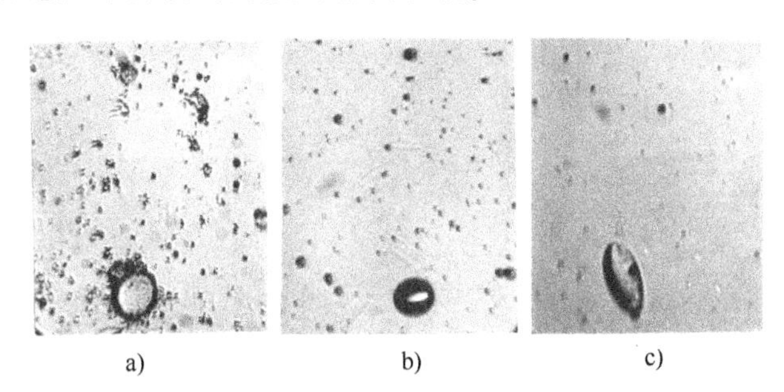

图7-17 不同阴极电弧源所镀膜层的组织×500
a）小弧源 b）矩形平面大弧源 c）旋磁型柱状阴极电弧源

2. 旋靶管型柱状阴极电弧源离子镀膜机

(1) 旋靶管型柱状阴极电弧源 旋靶管型柱状阴极电弧源靶管内的永磁体不动，而是靶管进行旋转。旋靶管型柱状阴极电弧源靶管内的永磁体只排布在面向工件的一侧，只有靶管的一侧产生弧光放电，只产生一个光圈，并只向工件一侧镀膜。旋靶管型柱状阴极电弧源相当一个平面阴极电弧源的作用，安装在镀膜室侧边。

(2) 旋靶管 旋靶管可以提高靶材利用率。如果靶管不旋转，靶管表面面向工件的位置不断受到烧蚀，像平面弧源那样产生烧蚀沟，降低靶材利用率。为了提高靶材的利用率，靶管必须进行旋转。一旦产生弧光放电，靶管只向工件的一侧不断地进行镀膜，可是这时的靶管在连续旋转，弧斑在靶面上连续不断地扫描，使得靶管上的各个部位都能经过弧光放电区域，产生熔池进行镀膜。靶管连续旋转可以使靶材烧蚀均匀，提高靶材利用率。靶管上的各个部位的靶材可以均匀蒸发、烧蚀、减薄。与平面矩形大弧源相比，靶材利用率高；与小弧源相比，沿工件转架的上下镀膜均匀。镀膜机结构简单，安装方便。

（3）磁钢的排布方式　旋靶管型柱状阴极电弧源靶管内的永磁体（铁氧体）有两种排布方式：一种是磁轴侧边安装的 N-S-N 三条永磁体（铁氧体）都采用强永磁体（铁氧体），形成平衡磁场；另一种是磁轴上只安装一条强永磁体（铁氧体），另外两条采用比铁氧体磁性弱的磁性材料，形成非平衡磁场。

1）在磁轴上排布三条强永磁体时，永磁体面向靶管方向（向外的方向）的磁极性是 N-S-N，背向靶管方向（向内的方向）的磁极性是 S-N-S；但由于安装永磁体的磁轴座的材料是导磁体，把这个方向的磁极性短路了。只在靶管表面产生从 N 到中间 S 的剩余磁场，使电子做旋轮线运动。电子被约束在靶管表面产生更多的碰撞电离，获得高密度的金属离子。电子和离子相互复合产生复合发光，形成一个光圈。

2）在磁轴上只安装一条强永磁体的非平衡柱状阴极电弧源中，一条强永磁体的排布方式如图 7-18a 所示。图 7-18b 所示为王福贞研发的安装一条强永磁体的柱状阴极电弧源的向下镀膜放电照片。靶管内的一条强永磁体安放在靶管内磁轴的下方，这是向下面镀膜的装置。

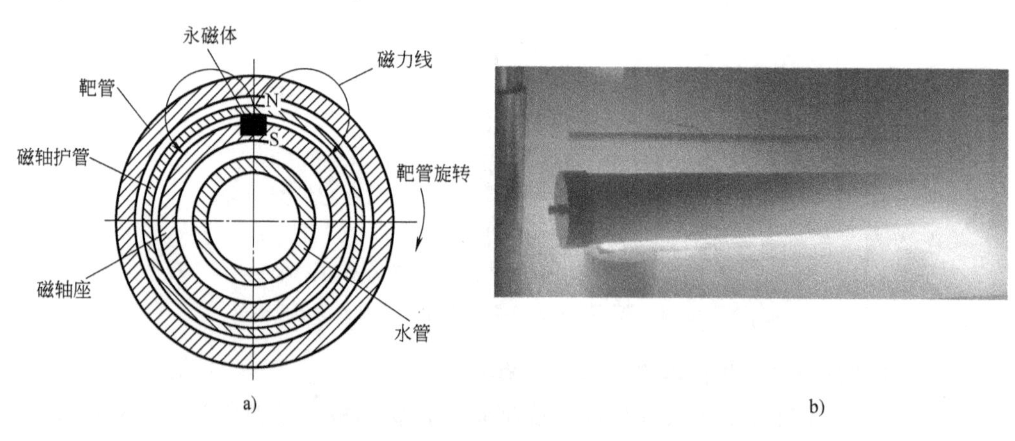

图 7-18　一条强永磁体的排布方式及向下镀膜放电照片

a）一条强永磁体的排布方式　b）向下镀膜放电照片

中间的永磁体面向靶管方向（向外）的磁极性如果是 N，背向靶管方向的磁极性为 S，安装永磁体的磁轴座被磁化了，磁轴座的磁极性感应为 S，但是磁极性比较低。在靶面上形成了从中心的 N 到磁轴座 S 的磁力线分布，这种排布的非平衡磁控溅射靶，在靶管的表面也会形成平行靶面的磁场。非平衡磁场的磁力线向靶的周边扩展范围加大，非平衡磁场也会使电子做旋轮线运动，产生更多的碰撞电离，产生弧光放电，获得高密度的金属离子。电子和离子又相互复合产生复合发光，只形成一个光圈。放电后，也可以连续不断地向镀膜室内部安放的工件进行镀膜。可以通过改变S极的结构来调整极性的非平衡程度。

（4）旋靶管型柱状阴极电弧源离子镀膜机的发展　Platit公司生产的π80、π311、π411型离子镀膜机中采用旋靶管型柱状阴极电弧源。柱状阴极电弧源靶管内用永磁加电磁线圈的磁控结构控制弧斑运动。

镀膜室门上安装3（或2）个旋靶管型柱状阴极电弧源，镀膜室中间安装1个旋靶管型柱状阴极电弧源。旋靶管型柱状阴极电弧源接弧电源的负极，镀膜室接正极。靶管外配置的桶形屏蔽罩上有长方形开口。根据需要，靶管内的磁控结构和桶形屏蔽罩开口可以旋转180°。

Platit公司巧妙地利用电场、磁场和桶形屏蔽罩上开口方向的变化，使这种旋靶管型柱状阴极电弧源具有了清洗靶管、清洗工件和镀多层膜的功能。

1）清洗靶管。前一次镀膜以后，在靶面上残存的一些污染层必须清洗掉，否则会影响下一次膜层的纯度和膜-基结合力。图7-19所示为π80型离子镀膜机的工作原理[26]，其中，图7-19a所示为清洗过程，图7-19b所示为镀膜过程。

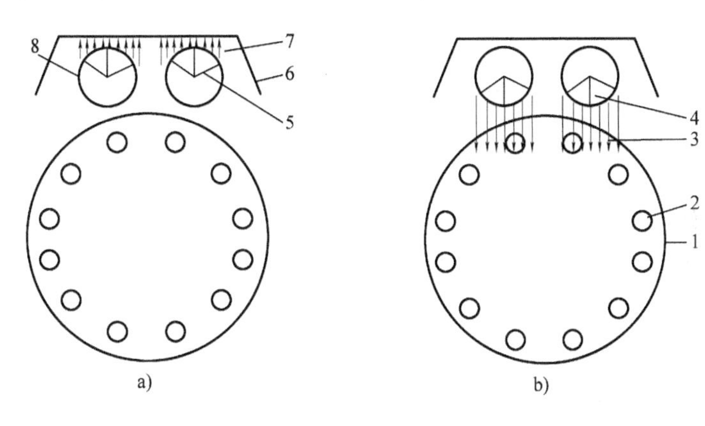

图7-19　π80型离子镀膜机的工作原理

a）清洗过程　b）镀膜过程

1—镀膜室　2—工件　3—向前的蒸发方向　4—向前方的磁控结构

5—向后方的磁控结构　6—衬板　7—向后的蒸发方向

8—旋靶管型柱状阴极电弧源

在π80型离子镀膜机中，在每次镀膜之前，将磁控结构旋转180°，转向远离工件的后面。桶形屏蔽罩开口也转向后面。只通氩气，点燃弧光放电后，旋转的靶面连续经过电磁场产生的电弧弧斑将靶面上的残余污染物质蒸发掉，靶面得到清洗。从靶面蒸发出来的污染物都镀到背面的衬板上。清洗靶管后，再将磁控结构和桶形屏蔽罩开口转回工件方向，靶管继续旋转，通入氮气等反应气体，在工件上化合反应沉积得到 TiN 等化合物膜层。

2）清洗工件。Platit 公司在 π311 型离子镀膜机中推出了清洗工件新技术。图 7-20a 所示为 π311 型离子镀膜机的结构，图 7-20b 所示为清洗工件的工作原理[27]。

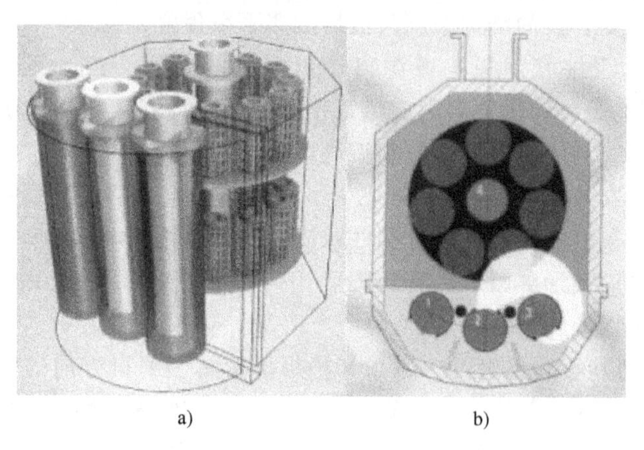

a)　　b)

图 7-20　π311 型离子镀膜机的结构和清洗工件的工作原理

a）π311 型离子镀膜机的结构　b）清洗工件的工作原理

一般阴极电弧源都接弧电源的负极，镀膜室接弧电源的正极。在 π311 型离子镀膜机中，把门上安装的旋靶管型柱状阴极电弧源中的一个阴极电弧源接弧电源的正极，另一个阴极电弧源仍然接弧电源的负极。这样，这两个柱弧源就相互成为阴极与阳极了。接通弧电源以后，这两个柱状阴极电弧源之间产生冷场致弧光放电，弧光等离子体中的电子在向阳极运动的过程中，把镀膜室内的氩气电离，用高密度的氩离子轰击清洗工件。由于氩离子流密度大，工件无须加 800V 负偏压，只加 200V 以下就可以了，即不再用阴极电弧源中的钛离子流轰击清洗工件了，而是用低能量高密度的氩离子流清洗工件。氩离子质量轻，对工件的损伤小，最后所镀膜层的表面亮度比用钛离子清洗的好。

3）沉积多层膜。在 π311 型离子镀膜机门上的三个柱状阴极弧源和镀膜室中间的柱状阴极弧源分别安装不同的纯金属靶管。镀膜时根据需要通入反应气体，采用不同成分的靶材可以沉积 TiN、CrN、TiCrN、CrAlN、CrAlSiN 多层膜、多层纳米膜，可用于提高工模具的寿命。

4）柱状磁控溅射靶和柱弧源联合使用。在 π411 型离子镀膜机中，把镀膜室中间的柱状阴极电弧源换成柱状磁控溅射靶。π411 型离子镀膜机的结构原理与 π311 型离子镀膜机相同，不同之处在于中间改用旋磁型柱状磁控溅射靶[28]。

中间配置旋磁型柱状磁控溅射靶的目的是镀非金属膜层，如 TiB_2、SiC 等。采用高频率的磁控溅射电源，可以溅射非金属材料。用中间的柱状磁控溅射靶镀绝缘膜时，门上的柱状阴极电弧源仍然开启。门上的三个靶分别安装 Ti 靶、Al 靶和 Cr

靶，中间安装 TiB_2 靶，可以镀 AlCrTiN/BN 多层纳米膜，随膜中 BN 含量的增加，硬度提高，应力下降，从而得到高硬度、高韧性的新涂层。

在这种装置中镀 AlCrTiN/BN 多层纳米膜时，门上的柱状阴极电弧源具有重要作用就是提供弧光放电电子流，高密度的电子流有以下作用：①弧光电子流将更多的氩气电离，用高密度的氩离子溅射靶管，提高沉积速率；②弧光电子流将从磁控溅射靶上溅射下来的膜层原子电离，提高磁控溅射靶材原子的离化率；③柱状磁控溅射靶上积存的绝缘膜可以被更多的氩离子及时溅射下来，减少“靶中毒”。这种装置在镀绝缘膜时，膜层质量好，沉积速率高；镀 AlCrTiN/BN 多层纳米膜时，每小时所镀膜层厚度达到 2μm。

Platit 公司在旋靶管型离子镀膜机中的技术不断更新，使旋靶管型柱状阴极电弧源具有以下作用：靶管的清洗、工件的清洗、镀纳米多层膜和增强磁控溅射、减少“靶中毒”，从而充分利用弧光等离子体为镀膜全过程服务。

3. 外装电磁线圈的柱状阴极电弧源离子镀膜机

外装电磁线圈的柱状阴极电弧源离子镀膜机是美国 Voptec 公司的专利产品[29]。图 7-21a 所示为外装电磁线圈的柱状阴极电弧源离子镀膜机的结构[1]。在靶管的周围安装电磁线圈，线圈同时可以与弧电源的阳极连接。电磁线圈既产生磁场又是阳极，有利于放电的稳定进行。线圈的圈数很少，要达到所需的磁场强度，线圈内必须通入大电流以保证所需的安匝数，为此，电磁线圈应该是水管里通冷却水结构。因为线圈的螺距比较大，为了提高靶管的利用率，磁控系统须上下窜动。从图 7-21b 可以看到弧斑在靶管表面的放电特征[2]。

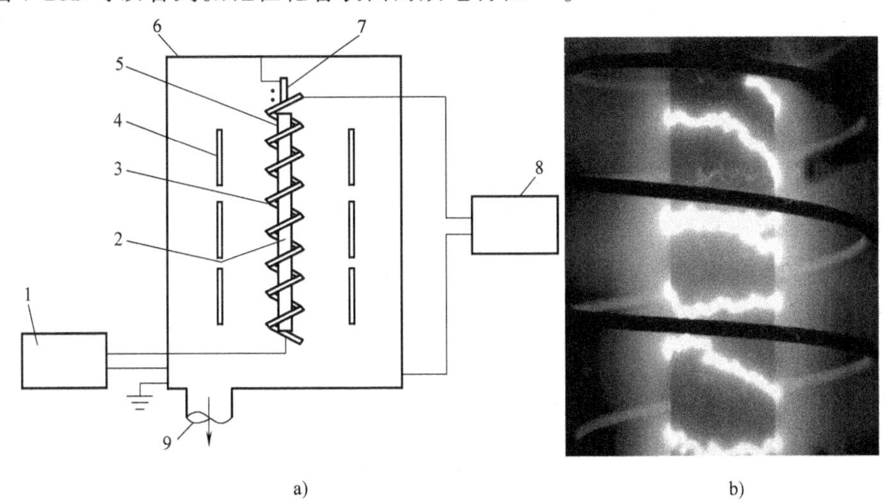

图 7-21 外装电磁线圈的柱状阴极电弧源离子镀膜机的结构和放电特征

a）外装电磁线圈的柱状阴极电弧源离子镀膜机的结构 b）放电特征

1—弧电源 2—电弧弧斑 3—线圈 4—工件架 5—柱状阴极电弧源

6—镀膜室 7—引弧针 8—线圈电源 9—真空系统

7.5 对阴极电弧离子镀膜机配置的特殊要求

由于阴极电弧离子镀膜技术采用冷场致弧光放电，和其他镀膜机相比，对镀膜机的配置有以下特殊要求。

7.5.1 引弧装置的设置

必须用引弧装置触发引弧，在靶面前产生初始弧光，使靶面前形成正离子堆积的鞘层，从而获得冷场致弧光放电所需的高的电场强度，维持冷场致电弧的连续发射。提供一个初始的等离子体场，对阴极电弧放电的触发是非常重要的条件。

7.5.2 磁场的设置

不设置磁场虽然也可以产生冷场致弧光放电，但弧斑在靶面上无序地移动，产生的是自由弧，弧斑粗大，膜层组织中粗大的熔滴多。配置合理的磁场控制弧斑沿靶面快速运动以后，减少了大颗粒，并使靶面烧蚀均匀，可提高靶材利用率。合理地设置磁场，使阴极电弧离子镀膜技术在工模具沉积硬质涂层方面得到了广泛的应用，显著地提高了工模具寿命，涂层工模具的市场份额大大提高。

7.5.3 屏蔽结构的设置

阴极电弧源产生冷场致弧光放电的发生部位为阴极靶面上的凸起点，因此阴极电弧源的所有表面上的凸起部位都可以产生弧光放电。但是，在阴极电弧离子镀膜机中，只需要面向工件靶面进行放电，靶面周边的阴极必须屏蔽，使之不能产生冷场致弧光放电。

1. 必须设置屏蔽罩

如果靶材的侧边不设置屏蔽罩，靶的侧边也会产生弧光放电。在阴极靶材和绝缘件接触的地方一旦产生了弧光放电，产生的热量会使绝缘材料熔化，或由于被镀的金属也镀到了绝缘件上，使绝缘件的绝缘度降低而造成击穿，严重时电弧在某一点连续燃烧甚至熔化烧穿，使镀膜不能进行。因此，阴极电弧源靶材不需要放电的部位必须设屏蔽装置。

2. 屏蔽罩间隙的尺寸

为了使靶材的侧边不产生弧光放电，一般阴极电弧的屏蔽罩和靶材之间的间隙小于1.2mm，而且间隙必须均匀，才能限制电弧向侧边“窜弧”，否则在大间隙处会出现“窜弧”现象。

屏蔽罩在阴极电弧源的结构中是非常重要的，除了间隙宽度，还要考虑间隙的深度能够限制电弧在屏蔽罩间隙中发展。在各种阴极电弧离子镀膜机中间隙深度最好不小于10mm。

7.6 阴极电弧离子镀膜技术的特点

阴极电弧离子镀采用冷场致弧光放电进行镀膜，和前面介绍的几种离子镀膜技术相比，有其独特的优点和不足。几十年来，科技工作者充分发挥了它的优点，克服了它的不足，使其更加完善，使所沉积的硬质涂层水平不断提高。

1. 膜层组织中有大熔滴

和空心阴极离子镀膜、热丝阴极离子镀膜和磁控溅射镀膜的膜层组织相比，电弧离子镀膜的膜层组织中有较大的熔滴颗粒。

前面已经介绍了多种细化膜层组织的措施，可使膜层组织细化。这些措施使得阴极电弧离子镀技术的优点，如金属离化率高，膜-基结合力好，容易在大型零件上镀膜等，得到了进一步发挥。

2. 容易获得氮化钛等化合物膜层

阴极电弧离子镀时，在弧斑处有高密度的电子流与高密度的金属蒸气原子产生激烈的碰撞电离，金属离化率高达60%~90%，即到达工件的膜层粒子中有60%~90%是以离子态到达的，还有大量的高能的中性原子，是各种离子镀膜技术中金属离化率最高的。到达工件的膜层原子整体的活性高，容易与反应气体进行化合反应，有利于获得TiN、ZrN、CrN、TiAlN、AlTiN、TiCN、TiO_2等化合物膜层。镀膜过程中通入反应气体量的范围宽，通氮气的真空度在3×10^{-1}~5Pa范围内都可以获得硬度高、色泽优异的硬质涂层，而且沉积获得化合物膜层的温度从化学气相沉积的1000℃降低到高速钢的回火温度500℃左右，在200℃可以沉积氮化钛等装饰层。

3. 沉积速率快

阴极电弧源熔池面积小，但加热功率密度大，蒸发速率高。又由于金属离化率高，绝大部分金属离子都会在工件偏压吸引下，沿着电场定向到达工件形成膜层，所以沉积速率快。由于没有固定溶池，也就没有被蒸发材料耗尽的问题，一块靶材，可以用很长时间，可以进行连续镀膜，或获得厚的膜层。

4. 便于镀多层膜

随着国防事业和高端加工产业的发展，对硬质涂层性能提出了更高要求，只靠单层膜、单元化合物硬质膜已经满足不了需求，所以近些年来用阴极电弧离子镀膜机沉积出了多元金属化合物膜、多层梯度膜、多层纳米膜。在镀膜机中，相邻的阴极电弧源匹配不同成分的靶材，可以沉积出不同成分组合的多层膜，使工模具寿命显著提高，如图7-22和图7-23所示[14]。由图7-22和图7-23可知，沉积了多层膜和单层纳米膜以后，工模具的寿命显著提高。

5. 生产率高

和安装电子枪、空心阴极枪、热丝弧枪蒸发源的离子镀膜技术相比，阴极电弧

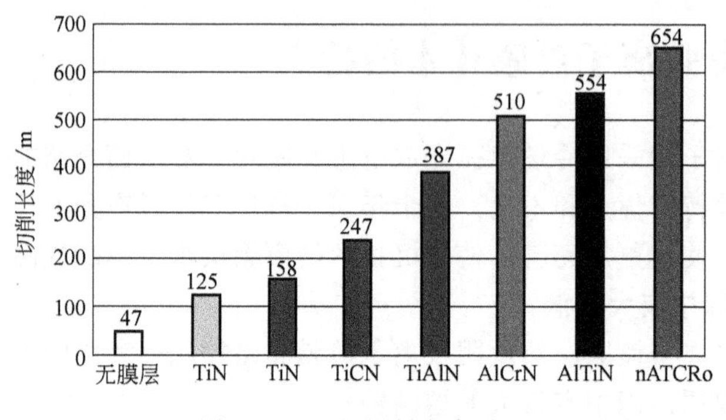

图 7-22　刀具切削寿命对比

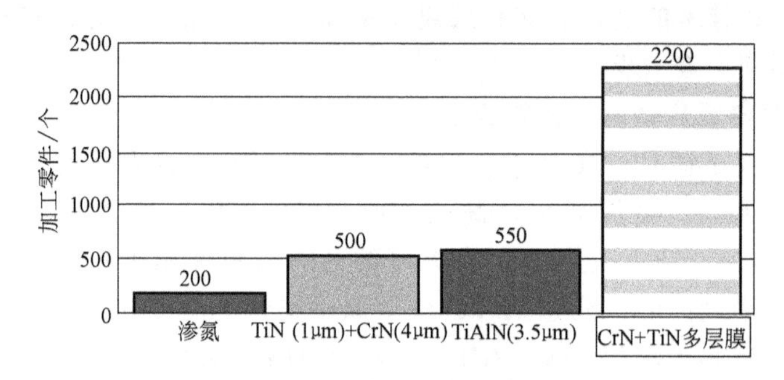

图 7-23　模具加工零件寿命对比

源是固态蒸发源，没有固定熔池，位置可以任意摆放，镀膜室空间利用率高，生产率高。在一台镀膜机中安装多个小电弧源，分别负责工件不同高度区域的镀膜。在生产大型零件方面突显其优点，装炉量大，可以生产 4m 长不锈钢装饰板和 6m 长不锈钢管。

7.7　清洗技术的发展

7.7.1　钛离子清洗工件的不足

镀膜前工件的清洗对在工件上沉积硬质涂层是非常重要的。在离子镀膜机中，对阴极电弧源发射的弧光等离子体中的钛离子用 800~1000V 负偏压加速，以轰击清洗工件，清洗的效果非常好，可有效地提高膜-基结合力。但是，钛离子的能量太高，会使工件过热或对工件表面造成损伤；工件表面会沉积上许多大大小小的熔滴颗粒，成为硬质涂层的起始破损点，降低刀具类工件的寿命，降低装饰产品表面的亮度。

最近几年清洗技术得到了很大改进。新的清洗技术不再用钛离子清洗工件，改用弧光放电等离子体中的电子流将氩气电离，用高密度的氩离子清洗工件。各公司在这种新的清洗技术中对阴极和阳极位置的设置都提出了各自的设计方案。目前该技术已经成为阴极电弧离子镀膜技术中清洗工件的主流技术。

7.7.2 弧光放电氩离子清洗技术

1. 弧光放电氩离子清洗技术原理

阴极电弧离子镀膜时产生的弧光等离子体中，除了有钛离子，还有高密度的电子流。弧光电子流把镀膜室内的氩气电离，得到高密度的氩离子，可用高密度的氩离子流清洗工件。Sulzer 公司称这种技术为电弧增强辉光放电技术[31]。

由于氩离子是由高密度的电子流碰撞电离得到的，氩离子流密度大，不需要加800~1000V 的负高压，只加 200V 以下的负高压就可以有很好的清洗效果。由于氩离子质量较轻，对工件表面的损伤小，工件表面没有大颗粒，膜层表面亮度好[30]。

2. 获得弧光放电氩离子流的方法

获得弧光放电氩离子流的方法主要有气体源弧光放电和固体源弧光放电。各种弧光放电氩离子清洗技术中，阴极和阳极的位置不同。根据产品形状、大小、装炉方式、镀膜机形式的不同，可选用不同的阴极与阳极的配置方式。

7.7.3 气态源弧光放电氩离子清洗技术

1. 用空心阴极枪和热丝弧枪发射的弧光电子流

从空心阴极枪和热丝弧枪发射的弧光电子流从上向下射向阳极的运动过程中，把镀膜室内的氩气电离，获得高密度的氩离子流，用氩离子流清洗工件[30]。

在安装小弧源的离子镀膜机中，大连纳晶科技有限公司采用空心阴极枪，Hauzer 公司采用热丝弧枪。这两种枪都是用气体源产生气体弧光放电的。产生的弧光电子流在向阳极运动的过程中将氩气电离，用低能量高密度的氩离子清洗工件的技术。枪电流为 150~200A，工件偏压在 200V 以下，工件偏流可达 20~30A。图 7-24 所示为气体源弧光放电氩离子清洗装置。其中，图 7-24a 所示为采用空心阴极枪的装置，图 7-24b 所示为采用侧装热丝弧枪的装置[30]。

2. 空心阴极枪的配置

大连纳晶科技有限公司将空心阴极枪安装在镀膜室顶部的中央，镀膜室外设上下两个电磁线圈，用同轴电磁场控制弧光电子流的旋转半径，增加碰撞概率，提高氩离子密度。从图 7-24a 可以看到镀膜机顶上安放的电磁线圈。清洗时工件，偏压为 200V，偏流可以到达 30A。

3. 热丝弧枪的配置

Hauzer 公司将热丝弧枪安装在镀膜室顶部的右侧边，镀膜室外不加电磁圈。阳极有两个位置：一个是在镀膜室的右下方，与热丝弧枪上下对应的位置，从热丝弧枪发射的电子流向下面阳极运动的过程中把氩气电离；另一个阳极的位置是工件

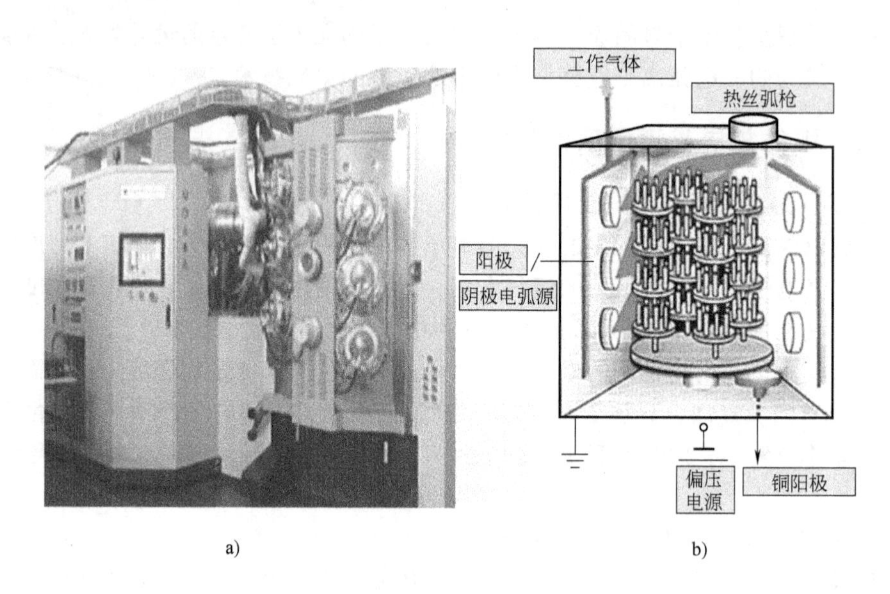

a) b)

图 7-24 气体源弧光放电氩离子清洗装置

a）采用空心阴极枪的装置 b）采用侧装热丝弧枪的装置

注：图 a 由大连远东工具有限公司提供图，图 b 由 Hauzer 公司提供。

转架对面的小弧源上。在小弧源镀膜机中，在清洗工件阶段首先把镀膜室壁上的小弧源接到热丝弧电源的正极上，接通弧电源以后，热丝弧枪发射的弧光电子流穿过工件转架，发射到对面的小弧源上，弧光电子流把工件周围的氩气电离，用氩离子流清洗工件[30]。清洗后，把小弧源又接到阴极电弧源弧电源的负极上，镀膜室接弧电源正极，接通弧电源以后进行阴极电弧离子镀的常规镀膜。在这种镀膜机中，小弧源先作为清洗源，后作为镀膜源。

7.7.4 固态源弧光放电氩离子清洗技术

1. 固态源

固态源就是各种形式的阴极电弧源，仍然是利用阴极电弧源发射的弧光等离子体；但是，不是以利用钛离子为主，而是利用阴极电弧源发射的弧光等离子体中的电子流将氩气电离，用氩离子流清洗工件。弧电流为 100~200A，工件偏压在 200V 以下，工件偏流可达 10~20A。用低能量高密度的氩离子清洗工件，工件不容易过热，表面不容易受到损伤，亮度好。

2. 采用固体源弧光放电氩离子清洗源的镀膜机

固体源弧光放电氩离子清洗技术已经在生产中得到了充分的利用，取得了很好的效果。

现将各种固体源弧光放电氩离子清洗技术的阴极、阳极位置介绍如下：

（1）两个柱弧源互为阴阳极　在 π311 型镀膜机中，用门上的两个柱状阴极电弧源互为阴阳极清洗工件，该技术称为 LGD 技术。

图 7-25 所示为固体源进行弧光放电氩离子清洗装置[29,31-33]。

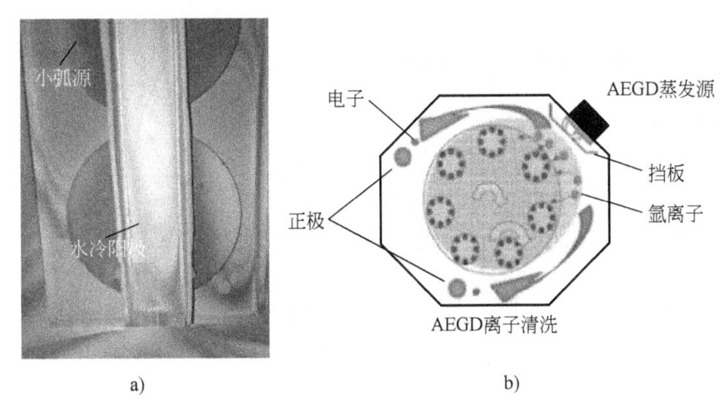

图 7-25　固体源进行弧光放电氩离子清洗装置

a）IET 技术　b）AEGD 技术

（2）阳极板设在小弧源的前面　Balzers 公司镀膜室门上安装小弧源，小弧源前面设大的挡板。在小弧源和工件之间设置水冷阳极。接通弧电源以后，门上的小弧源和阳极板之间产生弧光放电，偏压在 200V 以下，偏流可达 18A 以上。该技术称为 IET 技术[30]。

（3）阳极和小弧源设置在工件转架的两边　Sulzer 公司在镀膜室侧边安装小弧源，阳极设置在工件转架对面的镀膜室侧边，即阴极、阳极排布在工件转架的两侧。该技术称为 AEGD 技术[33]。

（4）矩形平面大弧源和门上的阳极板　上海都浩真空镀膜技术有限公司的大弧源设置在镀膜室门的侧边，水冷阳极安装在门上。偏压在 200V 以下，偏流可达 10A 以上[30]。

以上几种固态源氩离子清洗技术，都是利用阴极电弧产生的弧光放电。为了避免弧源发射大颗粒的影响，在清洗时必须用挡板把大颗粒挡住，在利用阴极电弧源发射的弧光氩离子清洗工件时要防止大颗粒的污染[30-33]。

（5）阳极设置在电弧离子镀膜室中间　王福贞在专利中提出：在安装小弧源的阴极电弧离子镀膜机中，阳极设置在镀膜室中间。通常，各种阴极电弧源在镀膜机中的阴极电弧源接弧电源的负极，正极接到镀膜室壁上。这种新的清洗方法在清洗阶段时，弧电源的正极不是接在镀膜室壁上，而是接在镀膜室中间另设水冷阳极上。壁上的小弧源和中间的水冷阳极产生冷场致弧光放电以后，电子流在向阳极运动的过程中把工件周围的氩气电离，用高密度低能量的氩离子轰击清洗工件。图 7-26 所示为阴极电弧源先做清洗源的镀膜机结构[34]。镀膜室壁上的阴极电弧源可以是小弧源、平面大弧源、旋磁型柱状阴极电弧源。

工件清洗后的镀膜阶段，仍然利用镀膜室中间的阳极和镀膜室壁上的小弧源进

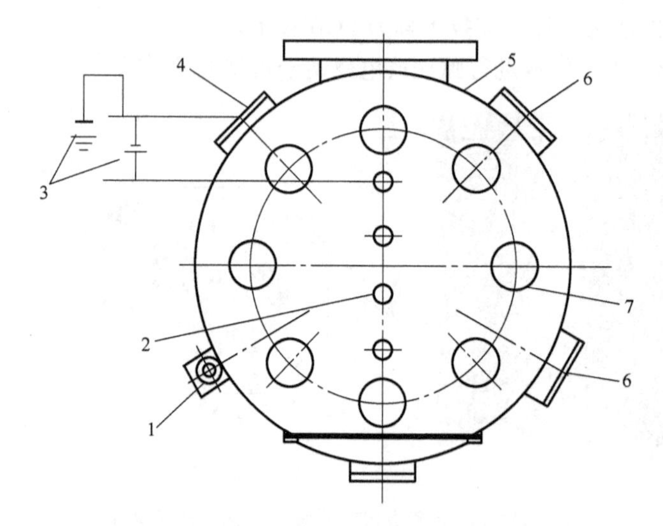

图 7-26 阴极电弧源先做清洗源的镀膜机结构

1—旋磁型柱状阴极电弧源 2—水冷阳极 3—弧电源 4—矩形平面大弧源 5—真空室 6—小弧源 7—工件

行阴极电弧离子镀的镀膜。阴极电弧源先为清洗源后为镀膜源，阳极始终在镀膜室的中间，阴极电弧源发射的电子流还可以进一步离化膜层原子。

由以上的实例可说明，阴极电弧离子镀膜技术中工件的清洗技术取得了很大进步。充分利用弧光电子流的作用，虽然利用阴极电弧源清洗工件，但不是利用高能量的钛离子，而是转化为利用低能量高密度的氩离子流。虽然用的是氩离子流，但是又不是辉光放电中的低密度氩离子，而是用弧光放电得到的高密度氩离子流，清洗效果大大提高。这是阴极电弧离子镀膜技术的重大革新。

7.8 阴极电弧离子镀中脉冲偏压电源的作用

近年来，在电弧离子镀中，脉冲负偏压越来越得到人们的重视，脉冲偏压电源的应用使得电弧离子镀膜层质量得到了很大提高。

1. 电弧离子镀中直流偏压电源的不足

电弧离子镀的离化率高达60%~90%，具有沉积速率快、膜-基结合力强、绕镀性好、容易进行反应沉积获得 TiN 膜层等优点，已成为获得 TiN 等硬质膜层不可替代的镀膜技术。传统的电弧离子镀一直采用直流偏压电源。采用恒定的直流负偏压，金属离子对工件进行持续不断地轰击，从而会造成以下不足：

1）阴极电弧离子镀膜的温度在 500℃左右，不适宜在低回火温度的工件进行上镀膜。

2）膜层内应力较大，沉积厚膜困难。

3）膜层组织粗化，有大的熔滴颗粒。

4）直流偏压电源的灭弧速度慢，工件上的污染物容易产生打弧现象，容易将工件表面烧伤。

2. 脉冲偏压电源的使用

（1）脉冲偏压电源的参数　为了克服阴极电弧离子镀中直流电源的不足，1991年，德国的W. Olbrich[35,36]提出了脉冲偏压电源，从而产生了脉冲偏压电弧离子镀。本节将介绍脉冲偏压电源在沉积硬质涂层中的作用。

目前，我国的脉冲偏压电源的设计制造水平和国外相比还有很多差距。典型的电源参数：频率为5~80kHz，脉冲偏压幅值为0~1500V，可叠加直流偏压为0~-300V，占空比为5%~85%，功率为5~8kW。此外，非对称的双极性脉冲偏压电源也开始得到应用。

采用脉冲偏压电源供电时，电压存在中断间隙，在一个脉冲周期内间断供电。通电时间占脉冲周期的比例称为占空比，一般在仪表上用百分数表示。在一个脉冲周期内间断供电的时间用占空比调节。

（2）脉冲偏压电源在镀膜工艺中的应用[34-37]

1）主弧轰击清洗阶段。通常用800~1000V高偏压进行“主弧轰击”，占空比调至20%左右，即在主弧轰击时导通时间占20%，这个时间里施加高偏压，用高能量的钛离子轰击清洗工件。由于导通时间短，立刻就切断了高电压，即便工件上有造成打弧的污染物，由于高压自动切断了也不会产生连续打弧现象，电弧放电立刻终止，有很好的灭弧效果。

2）轰击加热阶段。工件偏压为400~500V，占空比调至40%左右。用较低能量的钛离子对工件进行间断轰击加热，使工件一边加热一边均热。

3）镀膜阶段。工件偏压为150~200V，占空比调至80%左右。通入氮气，真空度为3×10^{-1}~5Pa。高密度的金属离子、气体离子在低偏压的加速下到达工件表面反应沉积形成很好的膜层。

在镀膜的全过程中不断地调节各个参数，可以获得膜-基结合力高、硬度高、色泽金黄绚丽的氮化钛膜层。

3. 脉冲偏压电源的作用[1,2,37-40]

1）灭弧速度快。在主弧轰击时采用20%的占空比，使工件上所施加的高偏压可以自动“过零”。切断对形成电弧的供电，使电弧自动熄灭，不会形成连续的大弧光烧伤工件。

2）工件温度低。由于脉冲偏压是间断供电，工件只是在导电的时段内受到吸引过来的离子的轰击加热，在不导通的时段内工件不受离子轰击，能减少总输入的平均能量，实现缓慢均匀加热，所以工件温度比采用直流电源时连续受到离子轰击的温度低。

在高速钢等550℃左右回火的工模具上沉积氮化钛等硬质膜层时，为了提高金属的离化率和提高硬质膜层的致密度，通常将占空比调到80%左右；而对于低温回火的工模具和锌铝合金件，则需要将占空比调低，以降低沉积温度。图7-27所示为脉冲和直流偏压下基体温度的对比[36]。适当控制占空比，可以扩大电弧离子镀的应用范围。图7-28所示为不同偏压幅值下脉冲占空比对基体温度的影响[36]。

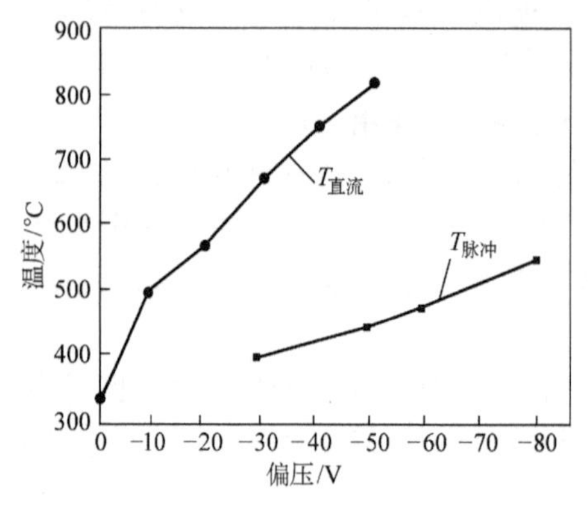

图7-27　脉冲和直流偏压下基体温度的对比

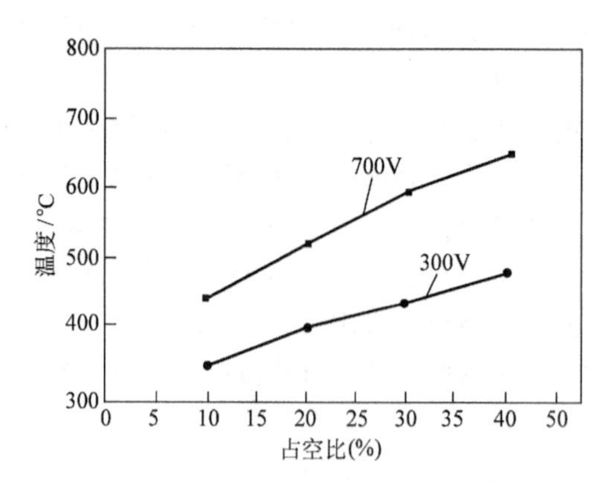

图7-28　不同偏压幅值下脉冲占空比对基体温度的影响

3）大熔滴减少，膜层组织更加致密。图7-29所示为采用直流偏压和脉冲偏压离子镀氮化钛膜层的组织[35]。从图7-29可看出，采用脉冲偏压的组织（见图7-29b），比采用直流偏压的组织（见图7-29a）显然细化多了。

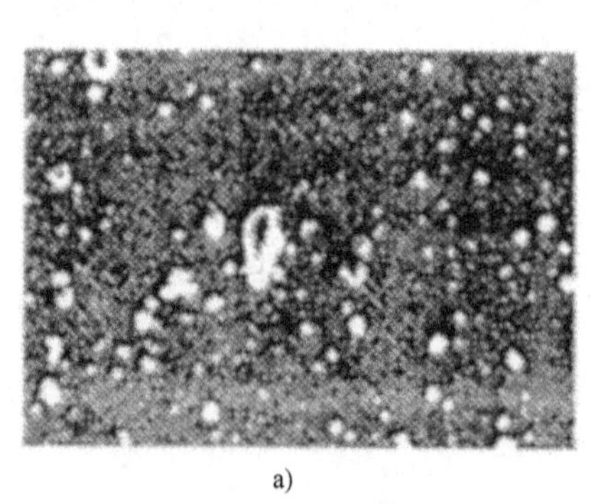

a)

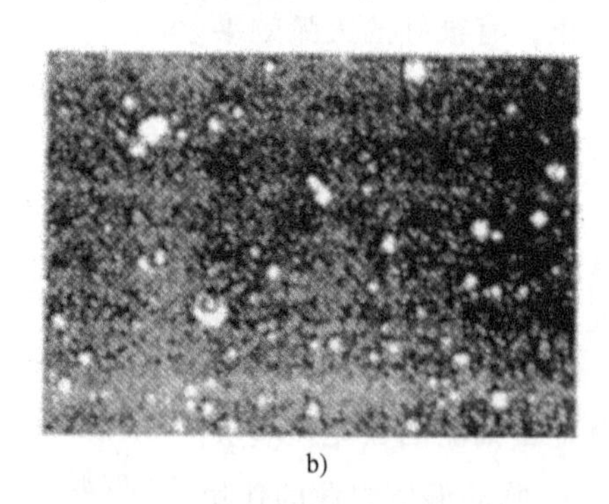

b)

图7-29　采用直流偏压和脉冲偏压离子镀氮化钛膜层的组织

4）膜层应力小。由于采用脉冲偏压电源，工件上的膜层在连续生长过程中间断接受离子轰击，可以松弛膜层生长过程中的应力，可以获得与基体结合良好的厚膜层。目前可以沉积出4~7μm的硬质膜层，显著提高了工模具的寿命。

由以上分析可知，电弧离子镀技术中，脉冲偏压的作用是很大的，必须根据不同工件的形状、尺寸、材料和使用工况来确定脉冲偏压电源的各个参数。

经过科技工作者多年的努力，使阴极电弧离子镀膜技术的优势得到了充分发挥，所镀产品质量空前提高，应用领域迅速扩大，在工件表面改性中的作用更显重要。进入21世纪以来，我国在工模具硬质膜层的设备、工艺等方面也取得了长足进步，工模具的寿命显著提高，在我国高端加工制造业中发挥了很大作用。

参考文献

[1] 王福贞，马文存. 气相沉积应用技术［M］. 北京：机械工业出版社，2007.

[2] ANDRES A. Cathodic arcs：from fractal spots to energetic condensation［M］. Berlin：Springer，2008.

[3] VYSKOCEIL J，MUSIL J. Cathodic arc evaporation in thin film technology［J］. Vac. Sci. Technol，1992，A10（4）：1740-1748.

[4] 张钧，赵彦辉. 多弧离子镀膜技术与应用［M］. 北京：冶金工业出版社，2007.

[5] MATTOX D M. Handbook of physical vapor deposition（PVD）processing［M］. New York：Elsevier，2010.

[6] FREY H，KHAN H R. Handbookof thin-filmtechnology［M］. Berlin：Springer，2015.

[7] SNAPER A. Arc deposition process and appratus：US 3625848［P］. 1971-10-07.

[8] 张以忱. 真空镀膜技术［M］. 北京：冶金工业出版社，2009.

[9] BOXMAN R L，SANDERS D M，MARTIN P J，et al. Handbook of vacuum arc science and technology：fundament and application［M］. Park Ridge：Noyes Publications，1995.

[10] 王福贞. 离子镀膜技术的进展［J］. 真空，2014（5）：1-9.

[11] 樊勇. 真空阴极电弧离子镀的发展及应用［J］. 新技术新工艺，2008（4）：49-51.

[12] 胡中军，董骐. 4G阴极电弧气相沉积技术在刀具涂层上的应用［J］. 中国表面工程，2012（1）：2.

[13] 陈大民. 磁镜场真空电弧过滤器：201320807631. 5［P］. 2013-12-11.

[14] 王福贞. 阴极电弧离子镀技术的进步［J］. 真空与低温，2020，26（2）：87-95.

[15] CHOONG Y S，TAY B K. LAU S P，et al. High deposition rate of aluminum oxide film by off-plane doublebend filtered cathodic vacuum arc technique［J］. Thin Solid Films，2001，386：1-5.

[16] INABA H，FUJIMAKI S，SASAKI S，et al. Properties of Diamond-Like Carbon Films Fabricated by the Filtered Cathodic Vacuum Arc Method［J］. Jpn. J. Appl. Phys. 2002，41（1）：5730-5733.

[17] 李刘合. 阴极磁控过滤弧［J］. 真空，1999（3）：14-19.

[18] 杨木，于振华，张俊，等. 离子镀中弯管磁过滤器的效果和颗粒去除效果的研究［J］. 真空科学与技术学报，2017（12）：1217-1223.

[19] 王福贞. 新型电磁控阴极电弧源：90100946. 6［P］. 1990-02-27.

[20] GOROKHOVSKY V I. Rectangular cathodic arc source and methodof steering an arc spot：US6645354［P］. 2003-11-11.

[21] 王福贞，唐希源，周友苏，等. 用多弧离子镀膜机镀氮化钛［J］. 金属热处理，1994（5）：17-21.

[22] JOHAN B. Cathodic arc deposition：US 9587305［P］. 2017-05-07.

[23] 侯彤. 旋转磁控柱状阴极电弧源：94102867. 4［P］. 1994-03-26.

[24] 王福贞. 旋转磁控柱状阴极电弧源多弧离子镀膜机：96218605. 8［P］. 1996-08-09.

[25] 王福贞. 旋转磁控柱状阴极电弧源［J］. 真空，1997（2）：43-45.

[26] Cselle T，Mojmir J. Glow discharge apparatus and method with lateral rotating arc cathodes：US20140311895［P］. 2014-10-23.

[27] Jilek S M，Jilek J M，Coddet，et al. Filtered cathodic arc deposition apparatus and method：EP 20120801511［P］. 2016-02-03.

[28] Ondrej Zindulka，Mojmir Jilek. Magnetron sputtering process：US9090961B2［P］，2015-07-28.

[29] WELTY R P，et al. Apparetus and method for coating a substrate. Using Vacuum Arc Evaporation：

US5269898 [P]. 1993-10-14.

[30] 王福贞. 弧光放电氩离子清洗源 [J]. 真空, 2019 (1): 27-33.

[31] ERKENS G, VETTER J, MÜLLER J. "唯一真正" 的高效能混合工艺——苏尔寿 HI3 PVD 技术开创新一代高效能涂层 [J]. 工具技术, 2013, 47 (5): 3-7.

[32] VETTER J, MULLER J, ERKENS G. Dominoplatform: PVD coaters for arc evaporation andhigh current pulsed magnetron sputtering [J]. Materials Science and Engineering, 2012 (39): 012004.

[33] VETTER J, BURGMER W, PERRY A J. Arc-enhanced glow discharge in vacuum arc machines [J]. Surface and Coatings Technology, 1993, (59): 152-155.

[34] 王福贞. 一种设置固体弧光等离子体清洗源的镀膜机: 201721044882. 7 [P]. 2017-08-21.

[35] OLBRICH W. Improved control of TiN coating properties using cathod arc evaporation a pulsed bias [J]. Suef. Coat. Technol. 1991, 49: 258-262.

[36] 戚东, 等. 电弧离子镀脉冲负偏压电源及其特性研究 [J]. 金属热处理, 2002, 27 (12): 56-59.

[37] WEN L S, et al. Low temperature deposition df titanium nitride [J]. Mater. Sci Technol. 1998 (14): 289-293.

[38] LIN G Q, et al. Experiments and theoretical explanation of droplet elimination phenomenon in pulsed-bias arc deposition [J]. J. Vac. Sci. Technol, 2004, 22 (4): 1218-1222.

[39] 黄美东, 等. 脉冲偏压电弧离子镀低温沉积 TiN 硬质薄膜的力学性能 [J]. 金属学报, 2003, 39 (5): 526-520.

[40] 赵彦辉, 史文博, 刘忠海. 电弧离子镀沉积工艺参数的影响 [J]. 真空, 2018, 55 (6): 49-59.

第8章 磁控溅射镀膜技术

磁控溅射镀膜技术属于固态物质源离子镀膜技术范畴。固态物质源离子镀膜技术的分类见表8-1。本章介绍固态物质源离子镀膜技术中的磁控溅射镀膜技术。

表8-1 固态物质源离子镀膜技术分类

膜层物质来源	膜层粒子获得方法	镀膜技术类型	镀膜技术名称	气体放电方式	工件偏压/V	金属离化率(%)
固态源	热蒸发	蒸发镀膜	电阻蒸发镀膜	无	0	0
			电子枪蒸发镀膜	无	0	0
		蒸发型离子镀膜	直流二极型离子镀膜	辉光放电	1000	1~3
			空心阴极离子镀膜	热弧光放电	100~200	20~40
			热丝弧离子镀膜	热弧光放电	100~200	>40
			阴极电弧离子镀膜	冷场致弧光放电	100~200	60~90
	阴极溅射	磁控溅射镀膜	二极型溅射镀膜	辉光放电	0	0
			平面靶磁控溅射镀膜	辉光放电	100~200	10~20
			柱状靶磁控溅射镀膜	辉光放电	100~200	10~15

由表8-1可知，磁控溅射镀膜技术在辉光放电中进行，膜层粒子来源于辉光放电中的氩离子对阴极靶材产生的阴极溅射作用。溅射下来的膜层原子沉积到工件上形成所需膜层。磁控溅射装置是1974年由J. S. Chapin提出的。磁控溅射英文名称

为 Magnetron Sputtering（MS）。磁控溅射在非金属基材上镀膜，一般工件不负加偏压；但在金属基材上沉积薄膜时，工件一般接负偏压电源。

和阴极电弧离子镀膜技术相比，磁控溅射镀膜技术所镀的膜层组织细密；和空心阴极离子镀膜和热丝弧离子镀膜技术相比，磁控溅射是大面积镀膜源，可以镀制大零件；和真空蒸发镀膜技术相比，膜层粒子的能量大，膜-基结合力好，膜层组织致密，无针孔等。因此，磁控溅射镀膜技术是镀制半导体器件、信息显示器件等具有特殊性能的功能薄膜的主要镀膜技术，也是镀制节能玻璃、透明导电玻璃、高档装饰品、手机盖板等的主要镀膜技术。目前，该技术在工模具沉积硬质膜层和飞机、汽车等装备上耐磨零件膜层的应用发展也很快。图 8-1 所示为采用磁控溅射镀膜技术生产的产品。

图 8-1　磁控溅射镀膜技术生产的产品

8.1　磁控溅射镀膜的设备与工艺过程

磁控溅射镀膜技术中，膜层粒子来源于氩离子对阴极靶产生的阴极溅射作用。磁控溅射靶材形状与阴极电弧源的靶材形状类似，有平面靶、圆锥靶、柱状靶，平面靶的形状又有圆形、方形。为了便于对磁控溅射镀膜技术的理解，下面以安装平面磁控溅射靶、用于沉积氮化钛的磁控溅射镀膜机为例进行介绍。

8.1.1　平面靶磁控溅射镀膜机

平面靶磁控溅射镀膜机由真空室、抽真空系统、进气系统、真空度测量系统、加热系统、工件转架系统和磁控溅射靶组成，另外，还配有靶电源、工件偏压电源。

真空室壁上安装矩形平面磁控溅射靶，沉积氮化钛时，采用钛靶材。钛靶的长度与工件转架高度相当。磁控溅射靶接溅射电源的负极，真空室接正极，或在平面磁控溅射靶周边设阳极。工件接偏压电源的负极，真空室接正极[1-9]。图 8-2 所示为磁控溅射离子镀机的结构[1]。

8.1.2　磁控溅射镀膜的工艺过程

采用磁控溅射镀膜技术，沉积氮化钛的工艺过程和其他离子镀膜过程类似，下

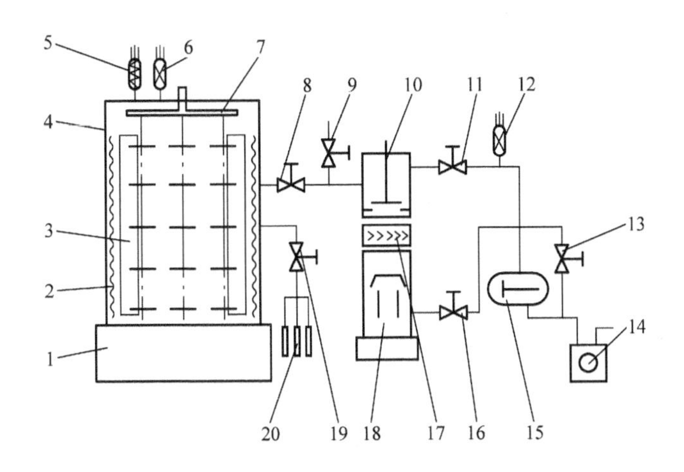

图 8-2　磁控溅射离子镀机的结构

1—机座　2—加热器　3—平面磁控溅射靶　4—真空室　5—电离规管　6、12—热偶规管　7—工件架　8—节流阀　9—充气阀　10—高阀　11—预抽阀　13—旁通阀　14—机械泵　15—罗茨泵　16—前级阀　17—冷阱　18—扩散泵　19—压电阀　20—气瓶

面重点介绍用磁控溅射靶进行镀膜的工艺特点。

1. 轰击清洗工件

1）沉积功能薄膜的磁控溅射离子镀膜机中，采用辉光放电产生的氩离子清洗工件。即向镀膜室充入氩气，放电电压为1000V左右，接通电源以后产生辉光放电，用氩离子轰击清洗工件。

2）产业化生产高端装饰品的磁控溅射镀膜机中，多采用小弧源发射的钛离子进行清洗。磁控溅射镀膜机配置小弧源，用小弧源放电产生的弧光等离子体中的钛离子流轰击清洗工件。

2. 镀氮化钛膜层

沉积氮化钛薄膜时，磁控溅射靶靶材选用钛靶。靶材接磁控溅射电源的负极，靶电压为400~500V；氩气的通入量固定，控制真空度为 $(3\sim8)\times10^{-1}$Pa；工件接偏压电源的负极，电压为100~200V。

开启磁控溅射钛靶电源后产生辉光放电，高能的氩离子轰击溅射靶材，从靶材上溅射出钛原子。

通入反应气体氮气，钛原子和氮气在镀膜室内被电离成为钛离子、氮离子。在工件所加负偏压电场的吸引下，钛离子、氮离子加速到达工件表面化合反应沉积生成氮化钛膜层。

3. 取出工件

达到预定的膜层厚度以后，关闭磁控溅射电源、工件偏压电源、气源。待工件温度低于120℃后，向镀膜室通入空气，取出工件。

8.2 阴极溅射和磁控溅射

磁控溅射镀膜技术是从二极型阴极溅射（简称二极溅射）技术发展而来的新技术。镀膜原理都是采用辉光放电得到的氩离子对靶材产生阴极溅射效应。在磁控溅射中增加了磁场，因此提高了沉积速率。

8.2.1 阴极溅射

1. 二极溅射技术

图 8-3 所示为二极溅射的原理[1]。用膜层材料制成靶材，接靶电源负极，工件接靶电源正极，靶电压为 1~5kV。靶与工件距离为 60mm 左右。首先将真空度抽至 6×10^{-3}Pa，然后充入氩气，真空度保持为 10Pa。接通靶电源后，靶面产生辉光放电，氩气被电离，氩离子在阴极靶材所加电场的吸引下以很高能量轰击靶材，产生阴极溅射效应，将靶材原子溅射下来传输到工件上沉积成薄膜。氩气电离时，产生的电子到达阳极会将工件加热。二极溅射的电流密度低，约为 $1mA/cm^2$，溅射速率低，只有 1~40nm/min，因此这种技术很长时间得不到实际应用[1-9]。

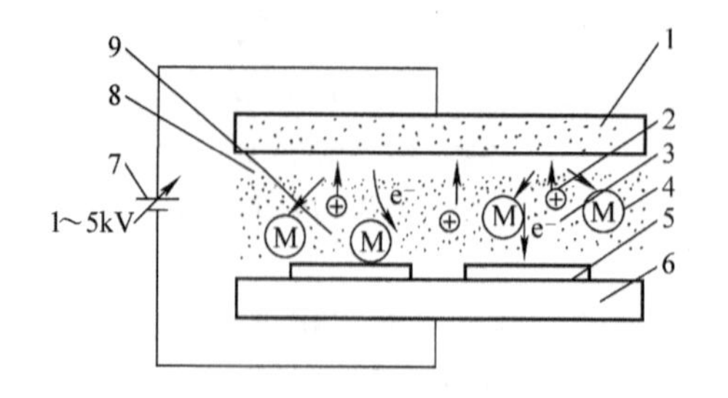

图 8-3 二极溅射的原理
1—靶材 2—氩离子 3—电子 4—溅射下来的金属原子 5—工件 6—工件架 7—靶电源 8—暗区 9—等离子体

2. 阴极溅射原理

阴极靶材是固体靶材，原子间因范德瓦耳斯力紧密结合。如果使靶材原子脱离靶面的约束，必须提供一定的能量。在阴极溅射过程中，氩离子在溅射靶所加负偏压吸引下加速到达靶材表面。高能的氩离子和靶材原子产生能量交换、动量交换，靶材表面层的原子得到足够高的能量脱离范德瓦尔力的约束从靶材表面飞出，在放电空间输运到工件上形成薄膜[1-9]。

图 8-4 所示为阴极溅射的原理。溅射前，阴极靶材表面原子排列整齐，高能氩离子飞向阴极靶材表面，如图 8-4a 所示；氩离子轰击靶材表面，把靶材表面的原子溅射下来，如图 8-4b 图所示。这个过程称为阴极溅射。

3. 几种增强阴极溅射镀膜技术

为了提高沉积速率，开发了多种增加碰撞概率、增强辉光放电过程的阴极溅射镀膜技术。各种增强阴极溅射技术的措施和效果见表 8-2[1]。

随着氩离子流的增加，溅射速率增大，从靶上溅射的膜层原子的数量越多，沉积速率也就越大。磁控溅射的沉积速率比二极溅射的沉积速率高得多，磁控溅射技术已成为当今制备高新技术产品中各种功能薄膜的主要技术。

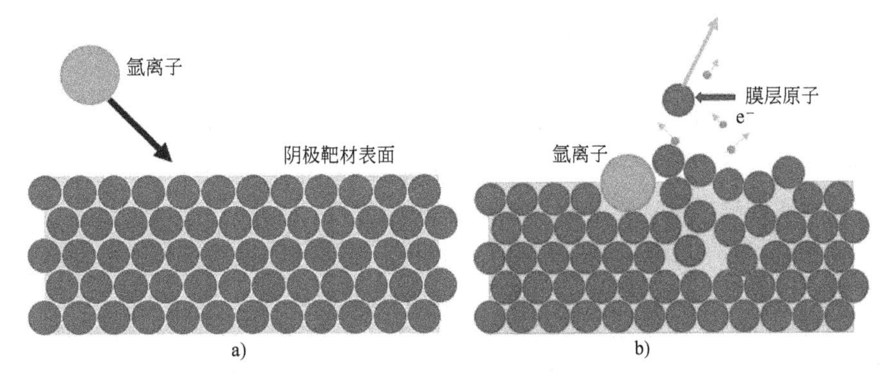

图 8-4 阴极溅射的原理

a）溅射前 b）溅射时

表 8-2 各种阴极溅射技术的措施和效果（铜靶）

工艺参数	二极溅射	三极溅射	四极溅射	射频溅射	磁控溅射
增强放电措施	辉光放电	增设热阴极	热阴极+磁场	射频辉光	辉光+磁控
靶电压/kV	1～5	1～2	1～2	1～2	0.3～0.5
靶功率密度/(W/cm^2)	3	3	5	12	12
靶电流密度/(mA/cm^2)	0.2～1.5	1～3	1～5	1～3	3～50
氩气压强/Pa	10^1	10^{-1}～10^0	10^{-1}～10^0	10^{-2}～10^{-1}	10^{-1}～10^0
沉积速率/(nm/min)	40	50～100	50～100	50～100	200～600

（1）三极溅射　三极溅射是在二极溅射的基础上，设置了热阴极和吸引热电子的加速阳极。热阴极发射高能的电子流，提高了与氩气碰撞电离概率，也提高了放电电流密度，得到更多的氩离子轰击溅射靶材，从而提高了沉积速率。

（2）四极溅射　四极溅射是在三极溅射的基础上，在镀膜室外加电磁线圈。电磁线圈的作用是使电子做螺旋线运动，增加电子到达阳极的路径，从而增加非弹性碰撞概率，放电电流密度进一步提高，从而提高了沉积速率。

（3）射频溅射

1）射频溅射可镀绝缘膜。以上几种阴极溅射溅射技术均采用直流电源镀导电膜。如果采用直流电源沉积氧化物绝缘膜（又称介质膜）时，靶材表面会产生“靶中毒”现象。这是因为靶面沉积了绝缘物后，阻挡氩离子进不了靶阴极，堆积在靶面上，氩离子堆积多了会形成高压鞘层引起“击穿”产生冷场致弧光放电，出现“打弧”现象。靶上的电压由400V突降到20V左右，电流突然增大，使溅射镀膜过程无法进行，即产生“靶中毒”。另外，如果阳极上沉积了绝缘物后，阻挡电子进不了阳极，产生“阳极消失现象”。采用射频溅射电源，可以避免“打弧”现象和“阳极消失现象”，从而使镀膜过程稳定进行。近些年，射频溅射技术在等离子体聚合领域应用非常广泛。

2）射频溅射一般直接采用 SiO_2、Al_2O_3 等绝缘靶材。射频电源用工业安全频率 13.56MHz。气体放电的气压为 $10^{-2}\sim10^{-1}$Pa，靶电压为 1~2kV。放电电流密度较大。射频溅射电极形状有平板形和螺旋线形。

3）射频溅射的优点：射频溅射几乎可以用来沉积任何固体材料的薄膜；所得膜层致密，纯度高；膜层与工件附着力强，工艺重复性好。

4）射频溅射的不足：射频溅射的设备贵；射频电源对周围的弱电仪器有干扰，射频电源对人体有危害，需要进行防护；目前，还没有大功率的射频电源。

（4）磁控溅射　磁控溅射是在二极溅射的基础上，在靶材后面放置永磁体，使电子在正交电磁场的作用下，在靶面不断地做旋轮线运动，增加电子和氩气碰撞概率，提高了氩离子流密度，有更多的氩离子轰击溅射靶材，沉积速率高。

4. 几种阴极溅射技术放电电流的对比

在二极溅射的基础上增设了热阴极、射频电场和磁场以后，使镀膜室内非弹性碰撞的概率加大，靶电流增大，溅射电压降低，阴极溅射速率提高，膜层的沉积速率提高[1-9]。图 8-5 所示为几种阴极溅射技术中靶电流和靶电压的关系曲线[1]。

由图 8-5 可知，几种阴极溅射技术靶的放电电压降低了，四极溅射、射频溅射的靶电流都提高了，磁控溅射的靶电压可以降低到 400~600V，靶电流密度可高达 $50mA/cm^2$。由于电流密度的提高，镀膜真空度由低真空的 10^0Pa 级升高到 10^{-1}Pa 级，所镀膜层组织更加细密。

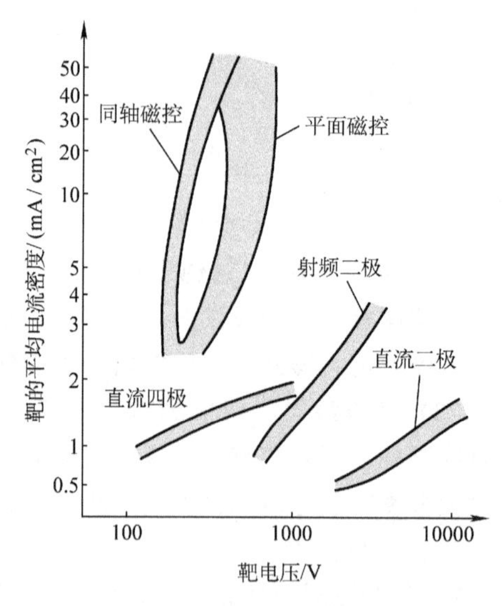

图 8-5　靶电流和靶电压的关系曲线

8.2.2　磁控溅射

1. 磁控溅射靶的结构

磁控溅射镀膜技术在辉光放电中进行，镀膜空间有电子、氩离子可以接受电磁场的束缚。因此，在阴极溅射靶中增设磁场，与电场联合作用控制电子的运动，可增加电子与氩气的碰撞电离概率。

（1）磁场的建立　平面磁控溅射靶是磁控溅射技术最早产业化应用的磁控溅射靶结构[1-9]，也是产生其他类型磁控溅射靶的基础。图 8-6 所示为平面磁控溅射靶的结构[1]。

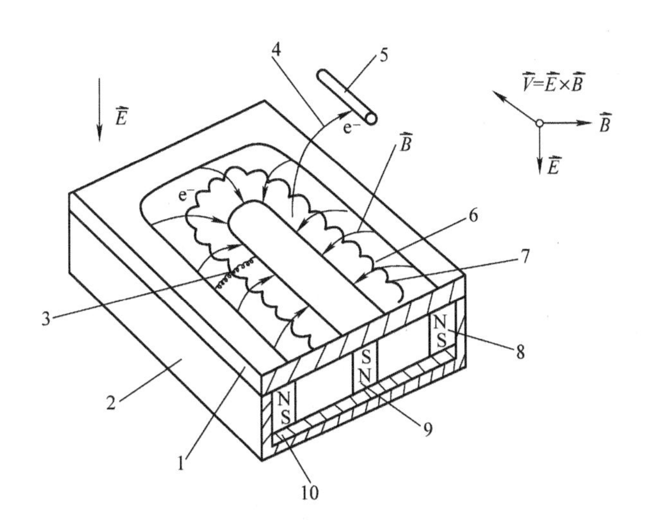

图 8-6 平面磁控溅射靶的结构

1—靶材 2—靶座 3—沿磁力线的电子轨迹 4—最后逃逸出的电子

5—阳极 6—靶面上的电子运动轨迹 7—靶刻蚀区

8—外周永磁体 9—内部永磁体 10—磁极靴

(2) 靶面前磁场的分布 将欲沉积的金属材料制作成靶材，安装在磁控溅射靶靶座上，中间通水冷却。磁控溅射靶座接磁控溅射电源的负极，沉积室接正极或在靶材周边设阳极。靶材的后面安装永磁体，多采用钕铁硼。磁极的方向如图 8-6 所示，中心部分钕铁硼永磁体的排布方向与外周钕铁硼永磁体的排布方向相反。在靶面上产生的磁力线方向如图 8-6 所示的方向，即由周边向中心，或反向排列磁力线方向由中心向外周边。永磁体后面的磁极性被磁极靴短路了，只有靶前面有空间剩余磁场，这就是要利用的磁场。

2. 电子在正交电磁场作用下做旋轮线运动

当不设磁场时，放电空间的电子会直接跑到阳极。加了磁场以后，电子不能直接跑向阳极而是受到正交电磁场的作用。电子在电场的作用下做直线运动，在磁场的作用下做旋转运动。在磁控溅射靶的永磁体配置情况下，垂直的电场与水平分量的磁场相互合成，在靶面前建立了正交电磁场[1-5]。电子在正交电磁场的作用下的运动是直线运动和旋转运动叠加的旋轮线运动（也叫摆线运动），电子一边旋转一边前进，电子在正交电磁场所受的作用力为

$$\vec{f}=\mathrm{e}[\vec{E}+(\vec{v}\times\vec{B})]$$

式中 $\vec{v}$——电子运动速度；

e——电子电荷量；

$\vec{B}$——磁感应强度。

电子在正交电磁场作用下做旋轮线（摆线）运动，电子不会直接跑到阳极上

去，而是在靶面前连续不断地做旋轮线运动，相当于设置了“电子阱”。当电子的能量耗尽以后漂移到阳极。在靶面前增加了电子与气体分子碰撞的概率，提高了离化率，产生更多的氩离子轰击靶材，使溅射速率提高。对许多材料，溅射速率达到了电子束的蒸发速率，可以缩短沉积时间，提高生产率，这是阴极溅射技术的一大进展。

3. 磁场不均匀对电子的束缚力不均匀

平面磁控溅射靶靶面前平行靶面的磁场分量是不均匀的[1-9]。图 8-7a 所示为平面磁控溅射靶靶面的磁力线和磁场强度的分布[1]。由图 8-7a 可知，靶后面的磁力线都被磁极靴短路了，只有靶面前有磁力线分布。磁力线最高点的水平磁场分量最大，束缚电子的数量最多，其他部位水平分量小。图 8-7b 所示为沿靶面的水平磁场分量分布[8]。磁场水平分量最大的部位对电子的束缚力最大，电子与氩气产生碰撞电离最激烈，其他部位较弱。靶面磁场强度分布的不均匀，造成靶面放电不均匀，这是平面磁控溅射靶的缺点之一。

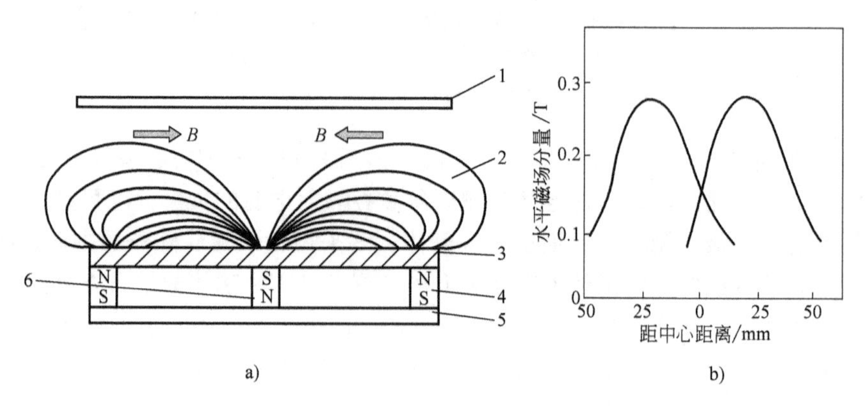

图 8-7　平面磁控溅射靶的磁场分布

a）磁力线和磁场强度分布　b）水平磁场分量分布

1—工件　2—磁力线　3—靶材　4—外周永磁体　5—磁极靴　6—内部永磁体

（1）靶面上产生辉光圈　图 8-8a 所示为平面磁控靶靶面的辉光圈。其他靶面的部位由于氩离子密度低，复合发光的强度低，亮度低。

没有磁场时，整个阴极靶材表面布满辉光，但辉光亮度低。加了磁场以后，靶面前面磁力线最高点位置的水平磁场分量最大，电子与氩气碰撞电离的概率最大，等离子体密度最高。这个部位的电子和氩离子容易复合，复合发光强度最大，在靶面上出现很强的辉光圈（矩形圈或圆形圈）。阴极靶面放电产生的辉光不均匀。

（2）平面磁控溅射靶靶材利用率低　在放电最激烈的区域产生的氩离子最多，对靶材的阴极溅射作用越强烈，溅射速率最大，是靶材提供膜层原子的主要区域。此处的靶材溅射刻蚀得很快，靶材在这个区域出现凹陷[1,2,4-9]。图 8-8b 所示为平面磁控溅射靶上产生的刻蚀沟。靶材越薄，凹陷处的磁力线越容易穿过靶面，在靶

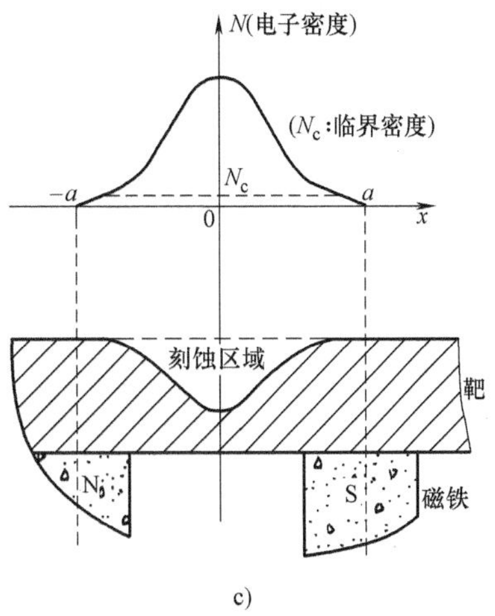

a) b) c)

图 8-8 平面磁控溅射靶的不均匀特性

a）辉光圈 b）刻蚀沟 c）靶面凹陷处电子密度分布曲线

面产生的磁通量越大，正交电磁场对电子产生的约束力越大，凹陷处产生的放电越激烈，电子的密度越大，产生的阴极溅射越多。图 8-8c 所示为靶面凹陷处电子密度分布曲线[8]。这种分布加重了靶材溅射刻蚀的不均匀程度，甚至靶材凹陷处被“打漏”，这是绝对不允许的。平面磁控溅射靶材利用率很低，一般采用直流磁控溅射电源平面磁控溅射靶的靶材利用率为 30%左右。

8.3 磁控溅射镀膜技术的特点

与前面介绍的真空蒸发镀、辉光放电离子镀、空心阴极离子镀、热丝弧离子镀和阴极电弧离子镀技术不同，磁控溅射镀膜层粒子不是来源于热蒸发，而是来源于辉光放电中氩离子对阴极靶材产生的阴极溅射作用。

8.3.1 磁控溅射镀膜技术的优点

磁控溅射镀膜技术具有以下优点：

1）磁控溅射镀膜比电弧离子镀膜的膜层组织细密，粗大的熔滴颗粒少[1-9]。图 8-9 所示为磁控溅射氮化钛膜层组织[1]。工艺参数为沉积靶电压为 400V，真空度为 8×10^{-1}Pa。

图 8-9 磁控溅射氮化钛膜层组织×500

2）膜-基结合力优于真空蒸发镀膜。真空蒸发镀膜技术中，膜层原子的能量只是蒸发时携带的热能，相当于 0.1~0.2eV；而磁控溅射镀膜技术中，膜层粒子的能量是由氩离子与靶材表层原子产生能量交换、动量交换得到的（4~10eV）[1,5,6]，可以提高膜-基结合力；但和阴极电弧离子镀膜技术相比，结合力还是很低的，在镀制工模具和装饰产品时还需要用阴极电弧源先清洗工件。

3）膜层的成分与靶材成分接近。磁控溅射的膜层是氩离子从靶材上溅射下来的，膜层成分与靶材成分很接近。产生的“分馏”或“分解”现象和蒸发镀膜相比，是比较轻的。但是，一般在镀制性能要求非常严格的功能膜时，在溅射过程中必须补入一定的反应气体，使膜层的化合物膜层成分符合化学剂量比，以保证膜层的性能要求。

4）膜层的绕镀性好。磁控溅射镀膜的真空度低，一般为 5×10^{-1}Pa 左右。气体分子的自由程短，碰撞概率大，和蒸发镀膜相比，膜层粒子的散射能力强，绕镀性好，膜层厚度均匀。

5）磁控溅射靶是面积型镀膜源。平面磁控溅射靶和柱状磁控溅射靶的长度都可以做到 300~3000mm，虽然都是线状镀膜源，但加上工件进行连续运动，可以在大面积的零件上镀膜。如在宽度为 3300mm 的玻璃表面镀膜，可获得不同色泽和不同透过率的均匀膜层。磁控溅射在沉积大面积的薄膜方面已获得了广泛的应用。

6）工件上施加负偏压。起初磁控溅射技术中在非金属基材（如玻璃、陶瓷、塑料）上镀膜时，工件不加负偏压，被溅射下来的膜层原子只携带氩离子传递的能量到工件表面形成膜层，一般能量为 10eV 左右。现在磁控溅射镀膜技术广泛应用在金属基材上，在工件施加负偏压以提高膜层质量成了镀制具有特殊功能薄膜和镀制高档装饰产品的主流技术。

8.3.2 磁控溅射镀膜技术的不足

磁控溅射镀膜技术有许多的优点，但是它仍有以下方面的不足[1-8]：

1）平面靶材溅射刻蚀不均匀，靶材利用率低，成本高；而且当靶材出现凹陷以后，靶面的磁场强度不均匀，与新靶时对比，靶面磁场发生了很大变化，工件上所镀膜层的厚度不均匀，膜层质量的重复性也不好。

2）虽然磁控溅射所镀膜层的结合力优于蒸发镀，但与阴极电弧离子镀相比，膜-基结合力还是很低。因此，在镀高档装饰产品时，先用小弧源清洗工件，然后用磁控溅射技术镀 TiN 等精饰膜层。

3）磁控溅射镀膜在辉光放电中进行，金属离化率低，用直流磁控溅射反应沉积氮化钛等化合物膜层的工艺难度很大，反应气的配气量很难控制。

磁控溅射镀膜过程中，通入的氩气是溅射靶材获得膜层粒子的气体，首先应设定氩气的真空度和靶电压，稳定用氩离子溅射出来的膜层钛原子的量。通入的氮气是反应气体，在放电空间和金属膜层原子一起被电离获得钛离子、氮离子、高能的钛原子、高能的氮原子及氮的活性集团，在工件表面化合反应沉积获得氮化钛薄膜。由于磁控溅射的金属离化率只有 10%~15%，金属的活性比较低，化合反应生成硬度高、颜色金黄绚丽的氮化钛膜层的配气难度大，必须严格控制通入的反应气体的流量。

4）磁控溅射沉积绝缘膜时，容易产生“靶中毒”[1-8,17]，出现“打弧”现象和“阳极消失”现象，使磁控溅射过程不能正常进行。

以上这些不足，影响了磁控溅射镀膜技术优势的发挥。

8.4 磁控溅射离子镀膜技术的发展

几十年来，薄膜科技工作者在提高磁控溅射镀膜技术的金属离化率、膜-基结合力、靶材利用率、沉积速率、克服“靶中毒”等方面做了很多努力，取得了显著进步，使磁控溅射镀膜技术在各个高新技术领域的作用越来越大。

8.4.1 柱状磁控溅射靶

平面磁控溅射靶在科研、生产中应用历史悠久，在其使用中一直存在靶材利用率低、沉积绝缘膜时容易产生“靶中毒”，平面靶的结构复杂成本较高等问题，因此研发出了柱状磁控溅射靶。柱状磁控溅射靶可分为旋磁型和旋靶管型。其靶材利用率高，“靶中毒”轻，目前在装饰产品和卷绕镀膜机中应用范围逐渐增大[1-6,8]。

1. 旋磁型柱状磁控溅射靶

（1）旋磁型柱状磁控溅射靶的结构　如图 8-10[1] 所示，旋磁型柱状磁控溅射靶采用管状的靶材，中间通水冷却。管内的永磁体安装在磁轴座上，磁轴座进行旋转，但靶管不动[5,6,8]。

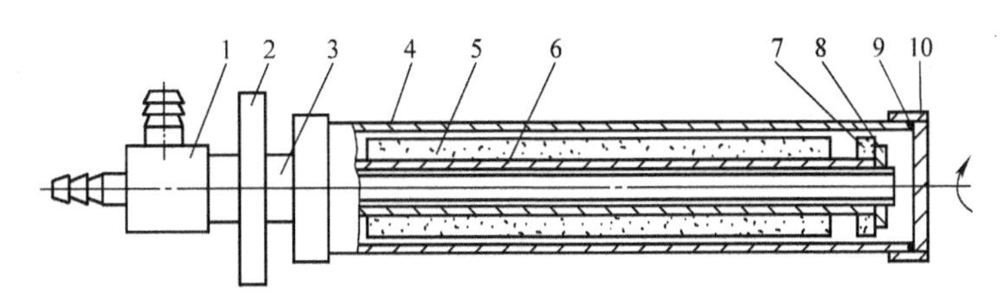

图 8-10　旋磁型柱状磁控溅射靶的结构

1—水嘴　2—法兰　3—永磁体转轴　4—靶管　5—永磁体　6—导水管
7—端部永磁体　8—螺母　9—密封圈　10—端盖

（2）旋磁型柱状磁控溅射靶的永磁体排布[5,6,8]　图 8-11a、b 所示为旋磁型、旋靶管型柱状磁控溅射靶靶管内永磁体的排布。

由图 8-11a 可知，在旋磁型柱状磁控溅射靶靶管中，在磁轴座上排布 6 条永磁体，在靶管表面的磁极性方向为两个 N-S-N，相当于在靶管上有左右两个平面磁控溅射靶的磁场排布。磁轴座是导磁材料，相当于平面磁控溅射靶的磁极靴，把向内的磁极性都短路了。空间的剩余磁场方向都是从外部的 N 到中心的 S。柱状磁控溅

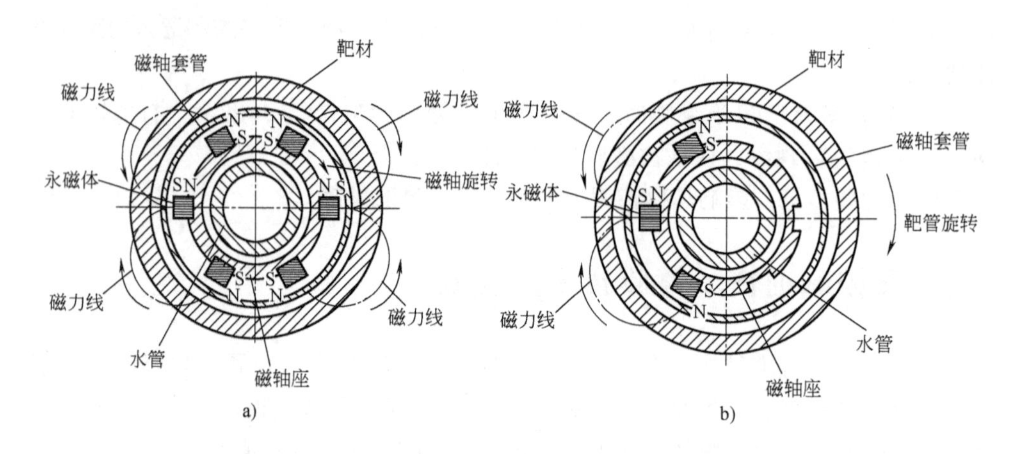

图 8-11　旋磁型柱状磁控溅射靶靶管内永磁体的排布

a）旋磁型　b）旋靶管型

射靶也是利用平行靶管周向的磁场分量和垂直靶管表面的电场分量，靶材表面的磁场强度为 40mT 左右。约束电子在正交电磁场的作用下，沿靶管表面做旋轮线移动，与氩气产生碰撞电离，氩离子轰击溅射靶材，将靶管上的膜层离子溅射下来在工件表面形成薄膜。

永磁体在靶管表面的磁极性方向为两个 N-S-N，这种排布相当于在靶管表面形成了两个平面磁控溅射靶，放电后产生两个长条形辉光圈，辉光圈沿全靶的长度分布。

（3）永磁体进行旋转而靶管不动　靶管内的磁轴座进行旋转，磁轴旋转带动靶面上的辉光圈旋转。磁轴连续旋转，连续向周围 360°方向镀膜[5,6,8]。

永磁体沿靶管长度排布，辉光沿靶管长度方向放电，向周围的工件镀膜。工件上沿高度方向所镀膜层厚度均匀。靶管上各点的溅射条件接近，靶管刻蚀速率接近。这种柱状磁控溅射靶，即旋磁型柱状磁控溅射靶设置在镀膜室的中心，向镀膜室周边的工件镀膜。图 8-12a 所示为旋磁型柱状磁控溅射靶放电的照片。由该图可知，旋磁型柱状靶靶面上的辉光圈在靶面上连续扫描，氩离子连续对靶面产生阴极溅射，溅射下来的膜层原子向周围 360°方向镀膜。靶管内永磁体从上到下的磁场强度是均匀的，靶面从上到下辉光放电的强度是均匀的，各点的溅射速率也是均匀的，所以从上到下的膜层厚度是均匀的。

2. 旋靶管型柱状磁控溅射靶

旋靶管型柱状磁控溅射靶也是采用管状靶材，中间通水冷却，安装在镀膜室的侧边。靶管内的磁轴座上只在一侧安放钕铁硼永磁体，相当一个平面磁控溅射靶的磁场排布。永磁体不动，靶管进行旋转[5,6,8]。图 8-11b 所示为旋靶管型柱状磁控溅射靶内永磁体的排布[5,6,8]。外圈排 N，中间排一条 S。接通磁控溅射电源以后，靶面产生辉光放电。图 8-12b 所示为旋靶管型柱状磁控溅射靶放电的照片。靶面上只有放置永磁体的一侧产生长条形辉光放电圈向工件的方向镀膜。靶管必须旋转，如果靶管不转动，那么只有放置永磁体的一侧产生辉光放电，进行阴极溅射，就会像平面磁控溅射靶那样造成靶管刻蚀的不均匀性。靶管表面连续经过辉光圈，膜层原子连续被溅射，不断地向工件方向镀膜。

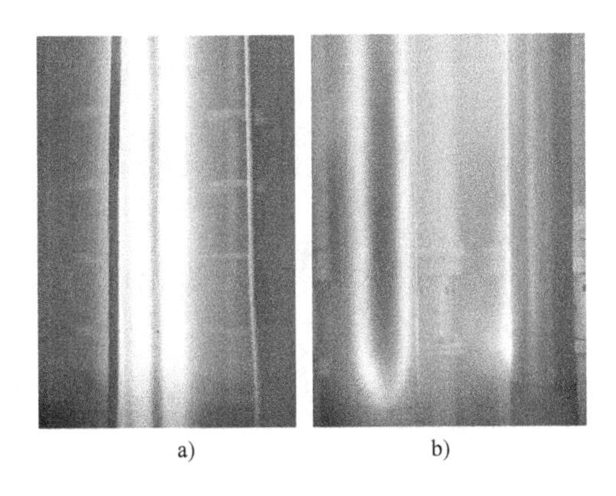

图 8-12 柱状磁控溅射靶放电的照片
a）旋磁型 b）旋靶管型

3. 柱状磁控溅射靶的优点

1）比平面靶的靶材利用率高。在镀膜过程中，无论是旋磁型还是旋靶管型柱状磁控溅射靶，靶管表面各个部位连续经过永磁体前面产生的溅射区接受阴极溅射，靶材可以受到均匀的溅射刻蚀，靶材利用率高。靶材利用率高达 80%~90%。

2）不容易产生“靶中毒”。镀膜过程中靶管表面始终受到氩离子的溅射刻蚀，表面上不容易积存很厚的氧化物等绝缘膜，不容易产生“靶中毒”。

3）旋靶管型柱状磁控溅射靶的结构简单，安装方便。

4）靶管材料成分多样。平面磁控溅射靶靶材用金属靶材时直接水冷，而一些不能加工成形的靶材，如 Cr 靶、ITO（In_2O_3-SnO_2）靶等用粉末材料进行热等静压方式获得板状靶材，由于尺寸不能做得很大，又有脆性，所以需要用钎焊方式与铜背板连成一体再安装在靶座上。柱状靶材除了用金属管材之外，还可以在不锈钢管表面喷涂各种需要镀膜的材料，如 Si、Cr 等。

目前，在产业化生产中采用旋靶管型柱状磁控溅射靶进行镀膜的比例在增加；而且不单是立式镀膜机，卷绕镀膜机中的孪生靶也在用柱状磁控溅射靶，近几年逐渐用柱状孪生靶替代平面孪生靶。图 8-13 所示为安装磁控溅射靶卷绕镀膜机的内部结构[6]。

8.4.2 平衡磁控溅射靶与非平衡磁控溅射靶

为了充分利用镀膜室内的电子，提高磁控溅射镀膜空间的等离子体密度，发明了非平衡磁场的磁控溅射镀膜机。

1. 平衡磁控溅射靶的磁场

在平面磁控溅射靶后面安装的永磁体，当磁极性 N-S-N 全都是强永磁体钕铁硼时，这种磁控结构称为平衡磁场结构，磁极性也可以按 S-N-S 排列。在靶面前呈现由外边的 N 到中心的 S 的磁力线分布，或在靶面前呈现由外边的 S 到中心的 N 的磁力线分布。由于钕铁硼的磁场很强，在平衡磁控溅射靶中，磁力线被紧紧地约束

a)

b)

图 8-13　安装磁控溅射靶卷绕镀膜机的内部结构

a）平面孪生靶　b）柱状孪生靶

在靶面前，磁场只能约束靶材附近的电子，远离靶面的地方磁场强度迅速减低，不能对电子产生有效的约束力，不会有很多的电子和氩气产生碰撞电离，所以远离靶面的区域溅射的膜层原子很少。因此，平面直流磁控溅射镀膜机中靶面到工件的距离应小于 90mm，大于 90mm 时工件上几乎镀不上膜，这种工件到靶面的距离称为靶-基距。安装平衡磁控溅射靶镀膜机的装载量少，生产率低。

在磁控溅射镀膜机中安装平衡磁控溅射靶后，两个相邻平衡磁控靶的磁场方向排布相同，两个靶的外周磁极性是相同的，是 N 对 N、S 对 S，两个临近的靶之间的磁性是相斥的。电子在两个靶之间不受电磁场约束直接逃逸到镀膜室壁而得不到充分利用。

2. 非平衡磁控溅射靶的磁场

非平衡磁控溅射靶的磁场排布是靶心部的磁性材料与周边的磁性材料的磁场强度不相等[1,5,6,8]。可以是心部采用强磁材料，周边使用弱磁材料；或者是心部采用弱磁材料，周边使用强磁材料。图 8-14 所示为平衡和非平衡磁控溅射靶靶面磁力线的分布[1]。

强磁材料采用钕铁硼永磁体，磁场强度为 420mT（4200Gs）；弱磁材料采用磁场强度小于 420mT 的导磁材料，工业纯铁是最简单的一种，也可以用磁场强度为 130mT（1300Gs）的铁氧体，或把钕铁硼的磁场强度充磁到小于 420mT 的任何数值。强磁材料和弱磁材料可以搭配成具有各种非平衡程度的非平衡磁控溅射靶[1,2,10-13]。

图 8-15 所示为平衡和非平衡磁控溅射靶靶面磁力线的模拟分布[12]。由图 8-15 可知，非平衡磁控溅射靶所产生的磁场，不仅在靶面前方有磁力线分布，而且磁力线还向靶的前方推移、向靶材两边扩展，磁力线推向离靶面更远的地方，即磁场向空间扩展。

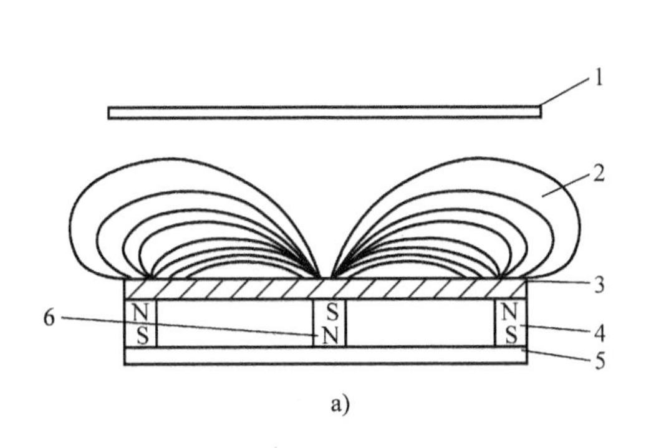

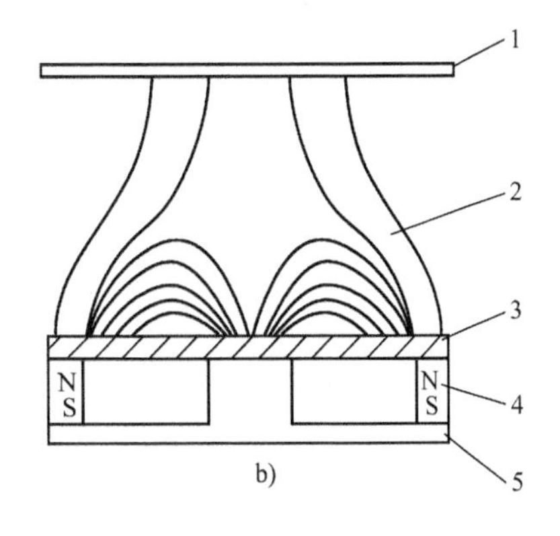

图 8-14 平衡和非平衡磁控溅射靶靶面磁力线的分布

a）平衡磁控分布 b）非平衡磁控分布

1—工件 2—磁力线 3—靶材 4—外圈磁性材料 5—磁极靴 6—内部磁性材料

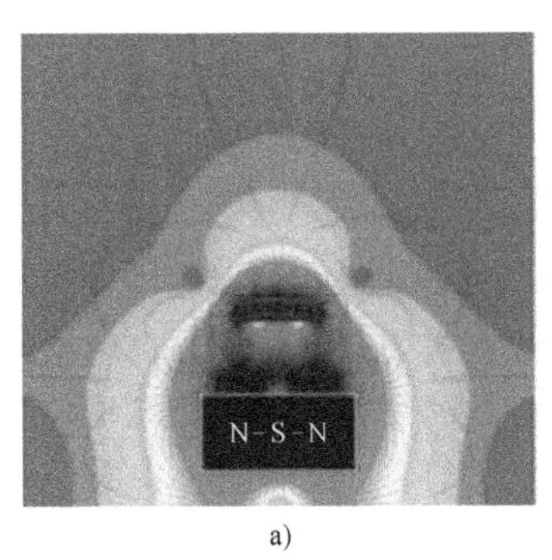

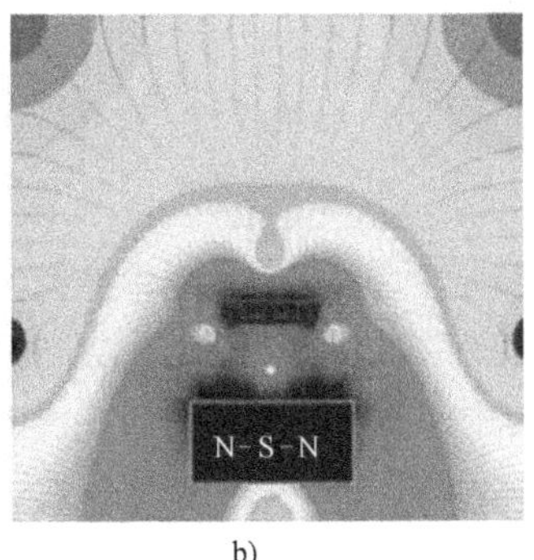

图 8-15 平衡和非平衡磁控溅射靶靶面磁力线的模拟分布

a）平衡磁控分布 b）非平衡磁控分布

注：该图由 Gencoa 公司提供。

3. 闭合磁场

如果把相邻的两个非平衡磁控溅射靶的磁极性反向排列，一个靶的磁力线是 N-S-N，另一个靶是 S-N-S，相邻两个靶周边的磁极性分别为 N-S、S-N。两个靶之间可以相互吸引，磁力线可以交联起来，整个镀膜室形成闭合磁场[1,5,6,8,13]。镀膜室内的电子受到电磁场的约束，不能逃逸到镀膜室壁上，而是在镀膜室内做旋转运动，和更多的氩气、金属膜层原子产生碰撞电离，从而提高等离子体密度、沉积速率和金属离化率。这种方法只是通过改变磁场的排布，就可以将电子束缚在镀膜室内，并增强磁控溅射等离子体密度[1,8,12]。图 8-16 所示为不闭合磁场和闭合磁场的原理[8]。如图 8-16a 所示，相对两个靶之间的磁力线靶两边的磁极性相同，相互排斥不能闭合；如图 8-16b 所示，两个靶之间的磁力线靶两边的磁极性相反，相互吸引实现对向闭合；如图 8-16c 所示，镀膜室内四个靶的磁力线方向相反，相邻两个靶的磁力线全部闭合，整个镀膜室内四个靶之间的电子全部被束缚起来进行旋转运动，不能跑到阳极而是在镀膜室内连续不断地做旋转运动，增加了电子和氩气碰撞电离概率，提高了沉积速率，并增加了电子和金属原子的碰撞概率，提高了金属离化率。

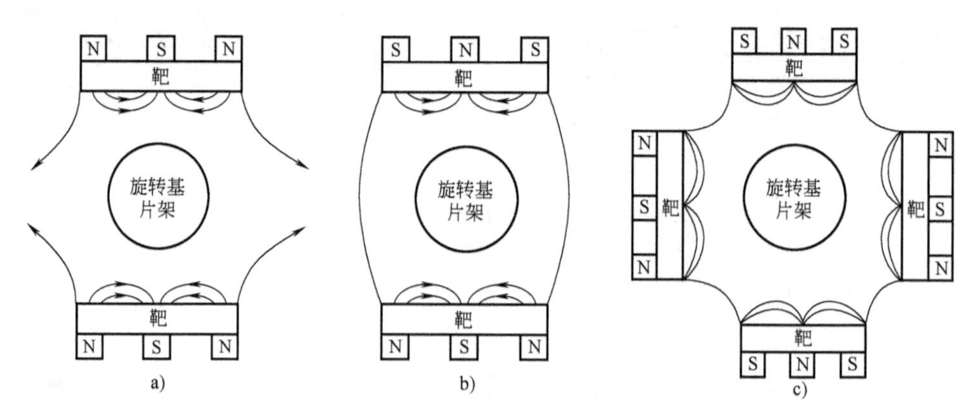

图 8-16　不闭合磁场和闭合磁场的原理

a）不闭合　b）对向闭合　c）四个靶全部闭合

图 8-17 所示为 Teer 公司的非平衡闭合磁场的磁控溅射镀膜机的原理[12]。图 8-17a 所示为非平衡闭合磁场的磁控溅射镀膜机内永磁体的布局。纵向安装永磁体的排列为靶的中间是 S，周边是 N；横向安装永磁体的排列为靶中间是 N，周边是 S。也就是，相邻两个靶周边的磁极性一个是 N，另一个是 S，两个靶之间有磁力线交联。电子在两个靶之间做旋轮线运动，和更多的氩气产生碰撞电离。

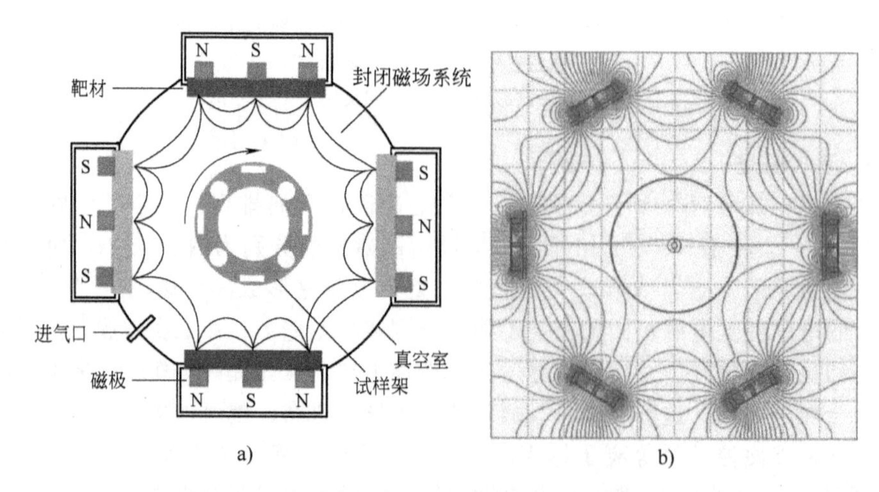

图 8-17　非平衡闭合磁场的磁控溅射镀膜机的原理

a）永磁体的布局　b）非平衡闭合磁场计算机模拟

图 8-17b 所示为非平衡闭合磁场计算机模拟。镀膜室内安装六个非平衡磁控溅射靶。由图 8-17b 可以看到，靶前面有磁力线，相邻两个靶之间也有磁力线交联，形成了整个镀膜室内的磁场全封闭，即闭合磁场。

Hauzer 公司采用的非平衡闭合磁场的磁控溅射镀膜机，除了在镀膜室内安装四个平面非平衡磁控溅射靶之外，在每个平面靶的周围还加装了电磁线圈，如图 8-18 所示。电磁线圈产生的磁场方向增强了平面靶周边的磁场强度，有利于增强两个靶之间闭合磁场强度[1,5,6,8,13]。如图 8-18a 所示，电磁线圈磁场的方向与靶侧边永磁场外圈的磁极性相同，增强了相邻两个靶之间的磁场强度[1]。如图 8-18b 所示，一个靶增加了电磁线圈以后靶周边的磁力线得到了加强[8]。

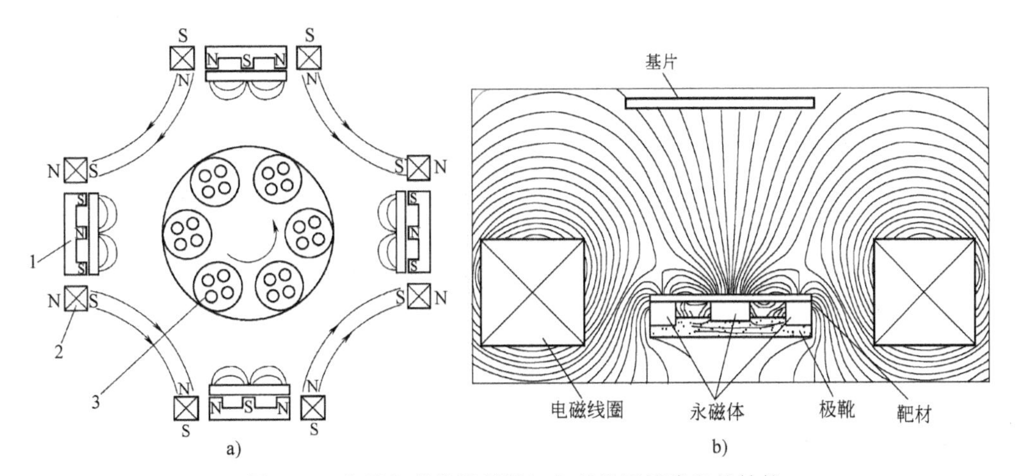

图 8-18 非平衡磁控溅射靶加电磁线圈镀膜机的结构

a）电磁线圈磁极性方向 b）加电磁线圈后磁力线的分布

1—非平衡磁控溅射靶 2—电磁线圈 3—工件转架

在每个非平衡平面靶的周围加装电磁线圈，还可以通过调整靶材后面永磁体的前后位置和线圈电流来调整磁控溅射靶的非平衡程度，使靶面磁场强度的分布与初始磁场强度相当，从而保证溅射速率、镀膜厚度和膜层质量的重复性。

采用非平衡闭合磁场的技术，提高了磁控溅射镀膜技术的沉积速率和金属离化率，可以提高膜层粒子的活性，并可以降低反应生成化合物薄膜的温度。采用磁控溅射镀膜技术，可以把沉积 CrN、TiN 硬质涂层的温度降低至 200℃以下；还可以先用非平衡磁场镀过渡层，再用 PECVD 沉积 DLC 自润滑层；或采用石墨靶直接沉积 DLC 类金刚石薄膜、GLC 类石墨膜。图 8-19 所示为各种精密耐磨零件，这些零件经淬火后低温回火，并采用非平衡闭合磁控溅射镀膜技术沉积了 DLC 膜。这样的技术使硬质涂层的应用领域扩宽到 200℃以下回火的耐磨零件。

4. 柱状非平衡磁控溅射靶

旋靶管型柱状磁控溅射靶的磁场也可以排布出非平衡磁场。如果旋靶管型柱状磁控溅射靶内 N-S-N 或 S-N-S 三条强磁材料全用钕铁硼永磁体，称之为柱状平衡磁控溅射靶；如果中间排布一条钕铁硼永磁体，周边为弱磁材料或周边

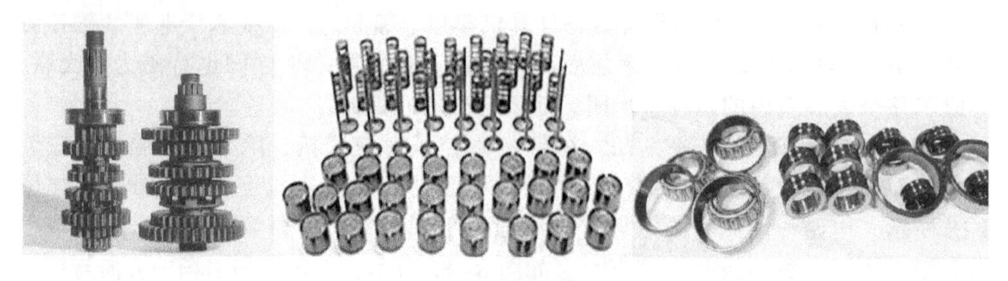

图 8-19 各种精密耐磨零件

排布强磁材料，中间是弱磁材料，则称之为旋靶管型柱状非平衡磁控溅射靶。图 8-20 所示为安装一条钕铁硼永磁体的旋靶管型柱状非平衡磁控溅射靶的原理[14]。

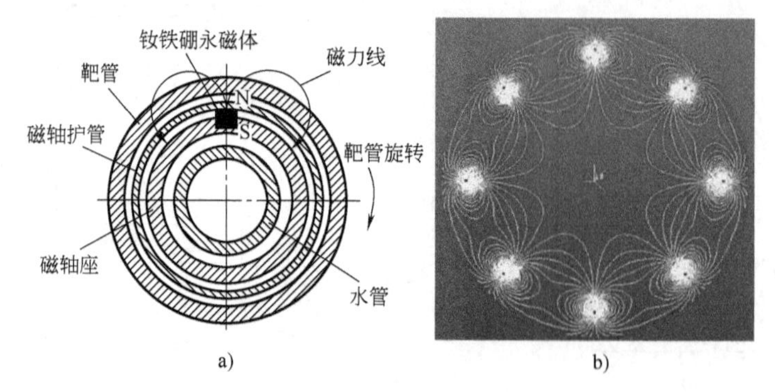

图 8-20 安装一条钕铁硼永磁体的旋靶管型柱状非平衡磁控溅射靶的原理

a）钕铁硼永磁体的排布 b）计算机模拟

在磁轴座上只排布一条钕铁硼永磁体和安装三条的平衡磁场分布相比较，三条的磁场紧紧地约束在靶管附近，而安装一条的磁场可以向前推，向周边扩展，扩大了磁场的作用范围，便于进行闭合磁场排列。改变弱磁材料的材质、排布方式，可以调整柱状非平衡磁控溅射靶的非平衡程度。

相邻两个柱状旋靶管型非平衡磁控溅射靶的磁极性反向排列，使得镀膜室内的磁力线形成全封闭的闭合磁场[14,15]。图 8-20b 所示为在直径为 ϕ1m 的镀膜机内反向安装 8 个柱状非平衡磁场的计算机模拟[15]。由图 8-20b 可知，8 个靶之间磁力线实现了交连，形成了整个镀膜室内的闭合磁场。只要相邻两个靶的磁力线实现了相互交连，就可以束缚电子在镀膜室内做连续旋转运动，提高电子和氩气、金属膜层原子碰撞电离的概率，从而提高等离子体密度和膜层粒子的总体活性，这有利于化合反应沉积化合物膜层。

8.4.3 磁控溅射镀介质薄膜技术的进步

几十年来，磁控溅射镀膜技术除了在磁控溅射靶形式，靶的磁场配置，提高靶材利用率和提高磁控溅射镀膜等离子体密度等方面取得很大进步之外，在沉积介质膜的工艺控制和电源配置方面也取得了明显的进步。

半导体器件、光学器件、光电子器件、节能玻璃等高新技术领域需要镀 Al_2O_3、SiO_2、Si_3N_4、Nb_2O_5 等介质膜。如在宽度为 3300mm、长度为 6800mm 的玻璃上镀 Low-e 节能多层膜中有两层 Si_3N_4 绝缘膜，需要采用反应溅射技术镀化合物膜。图 8-21 所示为 Low-e 玻璃的多层面结构。在玻璃基材上首先镀 Si_3N_4 介质膜，然后镀 Ag、CrNi 、Si_3N_4 膜。镀 Ag、CrNi 膜时，可以用 Ag 靶、CrNi 合金靶采用直流磁控溅射镀膜。镀 Si_3N_4 膜时，采用直流磁控溅射遇到了“靶中毒”等问题。经过几十年的努力，研发出了许多新技术，保证了在高端器件和大尺寸玻璃上磁控溅射镀介质膜的质量和产业化生产。

1. 采用中频电源加孪生靶

(1) 采用中频电源　采用直流磁控溅射镀介质膜时，由于靶面上和阳极上沉积了绝缘膜产生“靶中毒”和阳极消失现象，使镀膜过程不能正常进行。采用射频溅射可以镀绝缘膜，但射频电源没有大功率电源。目前采用中频电源，频率为 20kHz、40kHz、100kHz。中频电源的两个电极分别与两个“孪生靶”连接。在放电过程中，两个靶互为阴阳极，两个靶的电极性迅速变化[1,5,6,8,16,17]。图 8-22a 所示为孪生靶的放电情况[1]。

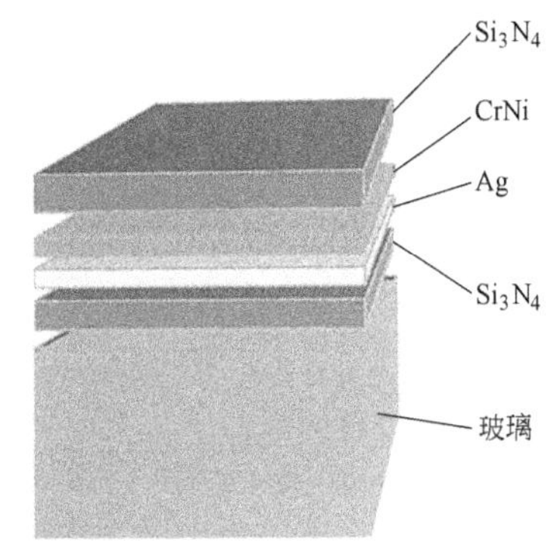

图 8-21　Low-e 玻璃的多层面结构

连接中频电源的两个磁控溅射靶，称为孪生靶。孪生靶可以并排安放，也可以对向安放。孪生靶采用纯材料靶材，通入反应气体放电后，电子、离子在两个靶来回振荡。图 8-22b 所示为两个孪生靶上正负半周电位的变化[8]。

(2) 克服“靶中毒”　在沉积绝缘膜时，如果阴极靶面（电极性为负半周）上沉积了绝缘膜，氩离子进不了靶阴极而是累积在靶阴极附近，正离子堆积的鞘层电位太高了会产生冷场致发射，出现打弧现象，即造成“靶中毒”。采用中频电源后，由于靶的电极性迅速变化，当阴极靶的电极性瞬时为正半周，吸引电子到达阴极可以中和掉堆积的氩离子，不会产生打弧现象。

(3) 消除阳极消失现象　如果阳极靶面（电极性为正半周）上沉积了绝缘膜，使电子进不了阳极，累积在阳极上，即产生阳极消失现象，当阳极靶为正极性时，吸引正离子中和掉累积的电子。由于中频电源电极性的瞬时变化，可以使放电过程正常进行，稳定沉积介质膜。中频电源加孪生靶沉积 Si_3N_4、Ta_2O_5、SnO 等绝缘膜的沉积速率比直流磁控溅射的沉积速率提高 2 倍，沉积 SiO_2、TiO_2 的沉积速率提高 6 倍[16]。

采用中频电源连接在柱状孪生靶上沉积 Low-e 玻璃中的 Si_3N_4 绝缘膜，柱状孪

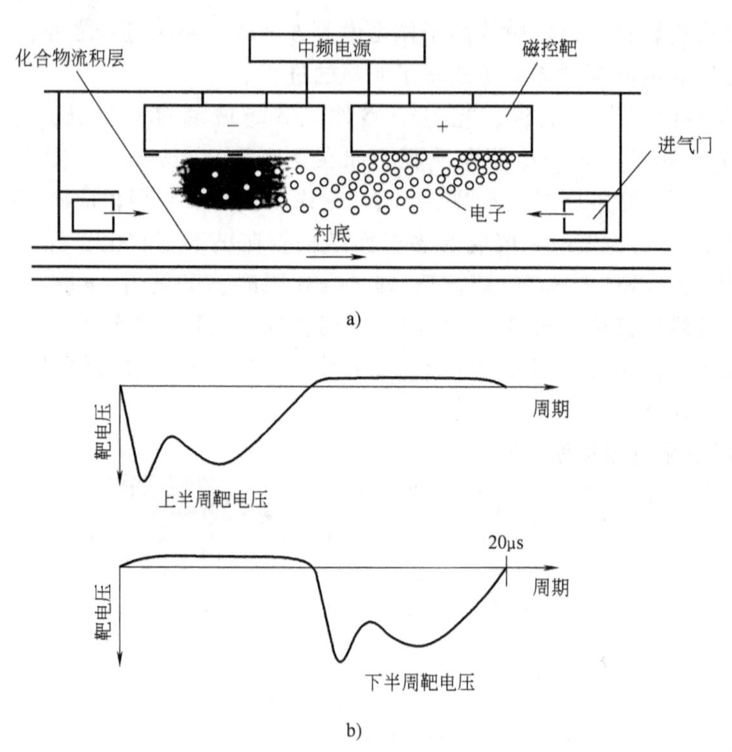

图 8-22 孪生靶的放电情况及电位的变化
a）放电情况 b）电位的变化

生靶长度为 3800mm，中频电源电流高达 150A，可以在玻璃宽度为 3300mm、长度为 6500mm 的连续生产线上生产 Low-e 玻璃。采用中频电源加孪生靶的原理与采用射频电源类似，但中频电源的频率低，没有高频辐射，有大功率电源产品，成本较低。在磁控溅射镀膜技术中，采用中频电源加孪生靶是磁控溅射镀膜技术的一大进步。

（4）提高等离子体密度　采用中频电源后，带电粒子在沉积室内来回振荡，增加了非弹性碰撞概率，增强了放电空间的等离子体密度，提高了金属离化率，有利于进行反应沉积，获得氮化钛等化合物涂层的工艺范围比较宽。图 8-23 为在同一个设备中用直流磁控溅射靶和中频磁控溅射靶沉积镍膜时的放电照片[1]，左边为中频磁控溅射靶放电照片，右边为直流磁控溅射靶放电照片。由图 8-23 可以看出，采用中频电源时靶面光强，这说明中频电源提高了靶前面的等离子体密度。

2. 控制磁控溅射镀绝缘膜的放电模式

一般沉积 Al_2O_3、SiO_2、Si_3N_4 等绝缘膜采用中频电源镀纯材料靶，通入氧气、氮气等反应气体进行反应沉积的工艺稳定性已经有很大改善，但仍然有一定的难度，需要在沉积过程中对通入的反应气体进行严格控制[1,5,8,16,17]。

由于溅射纯材料和溅射化合物的放电特性不同，在形成绝缘膜的前后，镀膜模式的变化将影响镀膜过程的稳定。

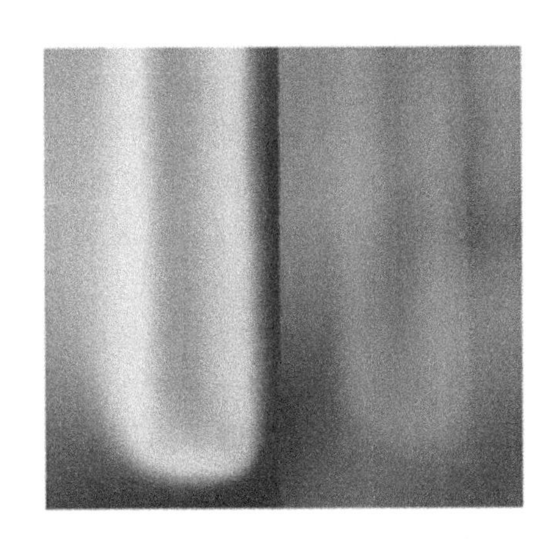

图 8-23 沉积镍膜时放电照片

(1) 纯金属和化合物的溅射系数不同 沉积纯金属膜和化合物膜时，由于溅射系数不同使工艺特性出现不同的反应模式。表 8-3 列出了某些纯金属及其氧化物，采用直流磁控溅射（DC）时的溅射系数和采用射频溅射（RF）时的溅射系数[1]。从表 8-3 可知，纯金属比化合物的溅射系数大一个数量级、射频溅射化合物膜的溅射系数比直流溅射的溅射系数大。

表 8-3 某些纯金属及其氧化物的溅射系数

纯金属	溅射系数	化合物	DC 溅射系数	RF 溅射系数
Al	1.24	Al_2O_3	0.18	0.24
Si	0.53	SiO_2	0.013	0.45
Ti	0.58	TiO_2	0.96	
Cr	1.3	Cr_2O_3	0.18	
Ta	0.62	Ta_2O_5	0.15	0.13

(2) 放电的金属模式和反应模式 在沉积 Al_2O_3 绝缘膜时，采用 Al 靶材，通入氧气。随着氧气通入量的增加，薄膜中反应生成氧化物的含量增加。图 8-24 所示为磁控溅射沉积绝缘膜时，反应磁控溅射的靶电压迟滞效应曲线[16]。由图 8-24 可以看出以下规律：

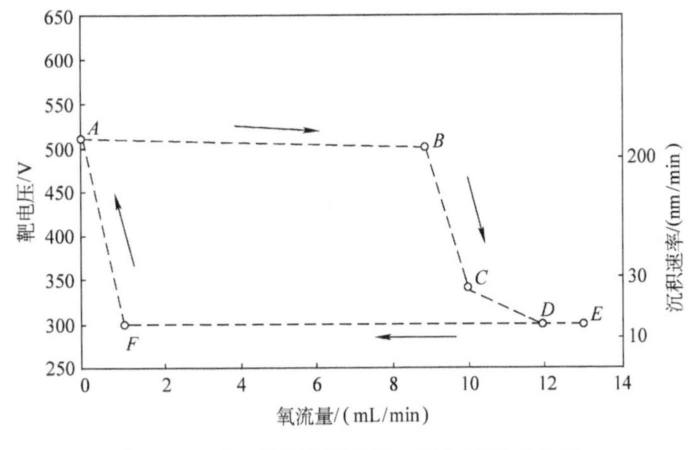

图 8-24 反应磁控溅射的靶电压迟滞效应曲线

1）对于一块新的阴极靶材来说，随着通入溅射室反应气流量的增加，放电电压和沉积速率都很大，而且几乎不变，如由 *A* 到 *B*。此时沉积的膜层，基本是以金属态为主，称为金属模式[1,4,8,16]。

2）到达 *B* 点时，放电电压和沉积速率突然降低，此时沉积的膜层中出现了氧化物，即进入了反应模式。由 *B* 到 *C* 随着通入氧气量增多，膜层中氧化物的量急剧增多。

3）到达 *D* 点后，即使减少反应气体的通入量，放电电压和沉积速率仍然很低，只有降到 *F* 点，通气量很少了，电压和沉积速率才回升到 *A*，使溅射镀膜过程无法正常进行。这种现象称为反应沉积绝缘膜的迟滞现象。为了克服这种现象，保证沉积绝缘膜的质量和沉积工艺的稳定性，研发出了一些控制措施，主要是控制反应气体的通入量。

（3）闭环控制反应气的通入量　除了采用中频电源加孪生靶抑制打弧现象以外，还要控制镀绝缘膜的模式转换。随着通入氧气量的增加，反应过程会从金属模式向反应模式转换，在某一通气量附近放电电压发生陡降，而且镀膜室内产生的等离子体的光的频率也随之变化。因此，采用以下两种方法控制镀绝缘膜的工艺，以稳定放电过程和膜层的质量。

1）采集放电电压的变化。电压到 *B* 点时，放电电压会突然降低，说明镀膜的模式开始由金属模式向反应模式转换。通入的反应气体再多，电压会降低很多。采集电压值的突降信号，反馈控制进气系统，减少反应气体的通入量，使反应气体的通入量在 *B* 点向 *C* 点过渡区保持基本恒定，不会向反应模式转换，保持沉积绝缘膜工艺的稳定性，从而保证膜层的质量。

2）采集镀膜室内放电光的光谱。由于在金属模式时镀膜室内辉光的颜色和反应模式时辉光的颜色不同，可以采集镀膜室内放电光的光谱变化，反馈控制进气系统，微调反应气体的通入量，确保工艺过程始终处于由金属模式向反应模式过渡模式范围，从而保证反应沉积绝缘膜有较高的沉积速率和获得比较理想的绝缘膜比例[1,5,6,16-18]。图 8-25a 所示为采集等离子体光谱闭环控制装置[16]，图 8-25b 所示为控制流程[8]。

闭环控制过程是用光探头，即平行光管获取等离子体光谱信号，经过滤光片、放大器、进入控制器与设定的信号进行对比，控制器输出反馈信号指令，进气阀微调反应气体的通入量，使反应过程控制在过渡区。等离子体强度信号进行闭环控制后，所获得的膜层中绝缘膜比例达不到100%，但必须达到相当的比例才能具有足够高的绝缘性能。

3. 分区法沉积绝缘膜

沉积绝缘膜的镀膜方式基本上是一边溅射纯材料靶材，一边通入反应气进行反应沉积，闭环控制反应气进气量，可以获得大面积优异的绝缘膜。直接反应沉积氧化物等绝缘膜的沉积速率低，生产率低，工艺难度大。日本新柯隆（Shicron）公

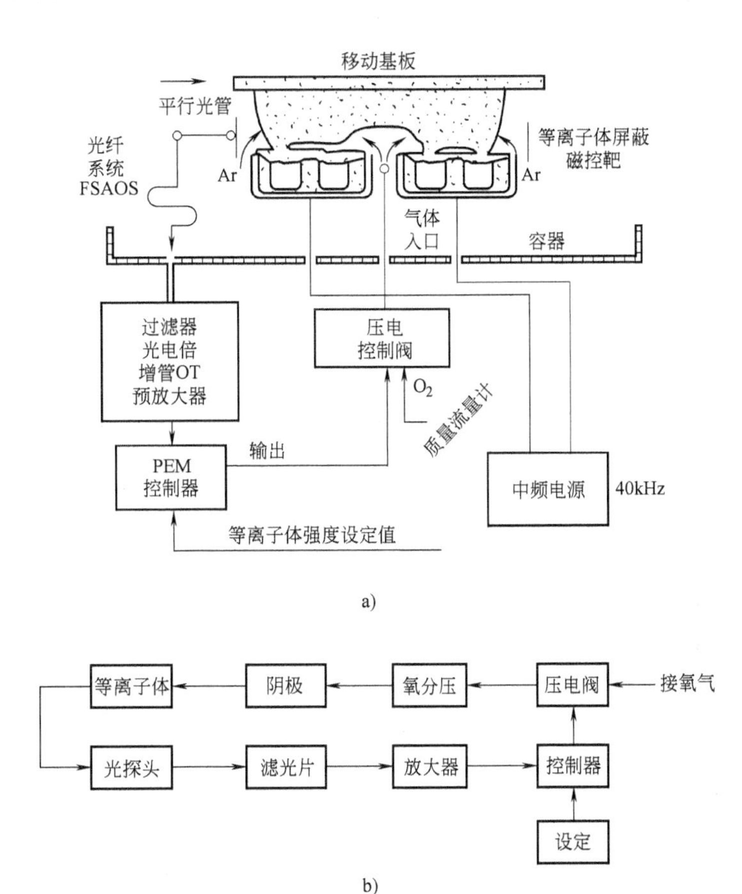

图 8-25 采集等离子体光谱闭环控制装置和控制流程

a）控制装置 b）控制流程

司等采用了分区法（也叫两步法、双区法）沉积绝缘膜的新型磁控溅射镀膜机。图 8-26 所示为分区法沉积绝缘膜镀膜机的结构[19]。

其特点是沉积绝缘膜的腔室分镀膜室和反应室，镀膜室内安装纯材料磁控溅射靶 4，如 Al 靶、Si 靶等，反应室安装离子源 1。在镀膜室内，在工件上先沉积一层纯 Al、Si 或 Ti 膜，然后将工件转到反应室进行氧化反应得到化合物 Al_2O_3 或 SiO_2 介质膜。因为绝缘膜是后氧化反应生成的，所以没有“靶中

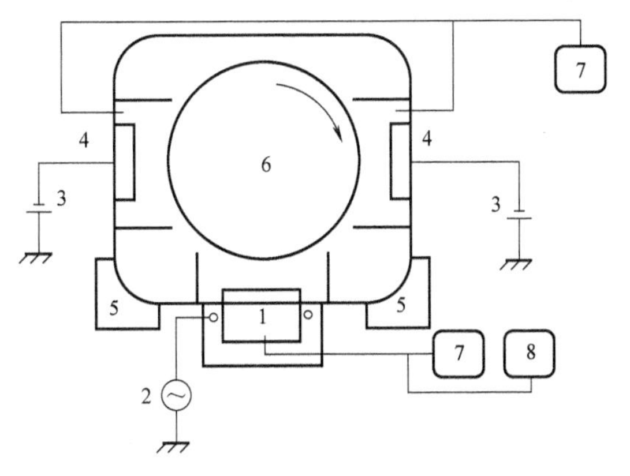

图 8-26 分区法沉积绝缘膜镀膜机的结构

1—离子源 2—离子源电源 3—溅射靶电源 4—磁控溅射靶 5—真空系统 6—工件转架 7—进气系统 8—反应气

毒”问题，而且纯金属的溅射速率快，生产效高，在沉积多层光学膜方面发挥了很大作用。这种技术完全规避了“靶中毒”问题，而且提高了沉积速率，还可以精确控制光学膜的成分，保证光学产品具有更优越的性能。

8.4.4 热阴极增强磁控溅射

前面介绍的提高磁控溅射放电等离子体密度的方法多是改变磁控结构、电源配置，本节介绍在磁控溅射镀膜机中增设热阴极发射高密度电子流，以提高碰撞概率、增强磁控溅射的技术[21-23]。

1. 磁控溅射镀膜机中增设热阴极装置

美国西南研究院在磁控溅射镀膜机中增设了发射热电子流的钨丝。图 8-27 所示为磁控溅射镀膜机中增设热阴极的结构[21]。

2. 热阴极增强磁控溅射的效果

将钨丝加热到发射热电子的高温发射高密度电子流，同时要设置加速电极将热电子加速成为高能量的电子流。高密度、高能量的电子流可以将更多的氩气电离，将更多的金属膜层原子电离，以获得更多的氩离子来提高溅射速率，从而提高沉积速率；可以将更多的金属电离，提高金属的离化率，有利于反应沉积获得化合物膜；金属膜层离子到达工件，提高工件的电流密度，从而提高沉积速率[21-23]。图 8-28 所示为在磁控溅射镀 TiSiCN 硬质涂层时，增设热阴极前后工件的电流密度和膜层组织[21]。

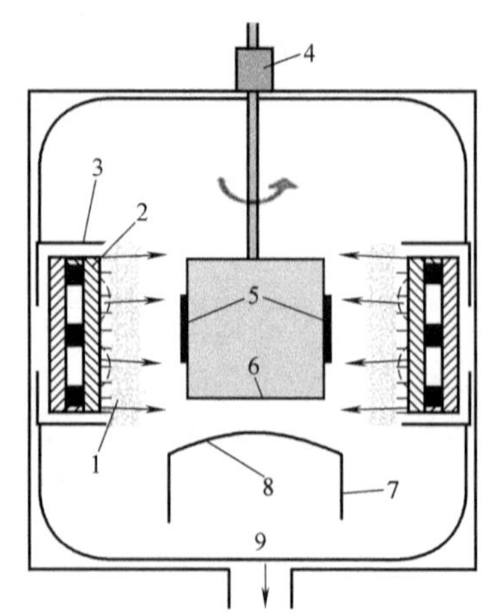

图 8-27　磁控溅射镀膜机中增设热阴极的结构

1—靶前面的等离子体　2—靶材　3—靶的屏蔽结构　4—工件转架电极　5—工件　6—工件转架　7—热灯丝支架　8—热丝　9—真空系统

由图 8-28 可知，加设热阴极前，工件上电流密度仅为 0.2mA/mm^2，增加了热阴极以后提高到 4.9mA/mm^2，相当于提高了 24 倍左右，而且膜层组织更细密。由此可见，在磁控溅射镀膜技术中，增设热阴极对提高磁控溅射沉积速率和提高膜层粒子活性是非常有效的。该技术可显著提高汽轮机叶片、泥浆泵柱塞、研磨机零件的寿命。

8.4.5 高功率脉冲磁控溅射

高功率脉冲磁控溅射（high power impulse magnetron sputtering technology, HiPIMS）是磁控溅射的新技术，其特点是通过高功率电源和非平衡磁控溅射靶结合使用来提高金属离化率。1999 年，由瑞典人 V. Kouznetsov 提出了该技术。

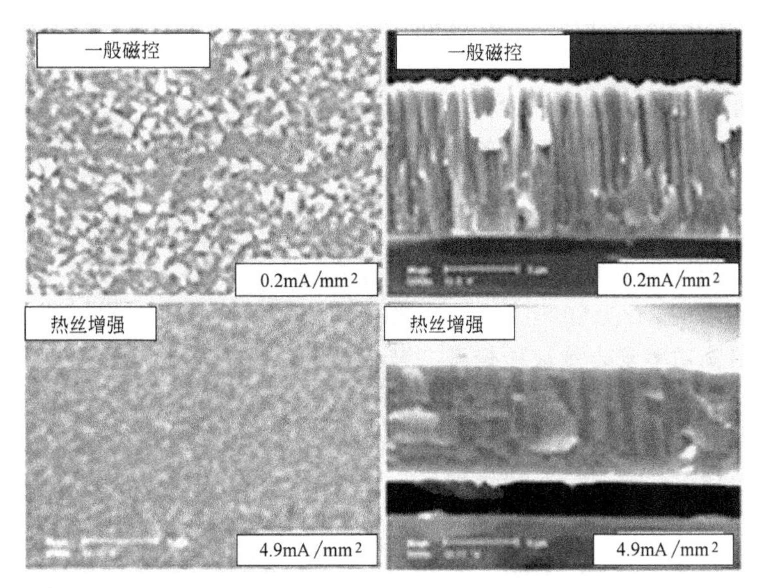

图 8-28 增设热阴极前后工件的电流密度和膜层组织

1. 高功率脉冲磁控溅射装置

图 8-29 所示为 HiPIMS 的装置[24]。非平衡磁控溅射靶接高功率脉冲磁控溅射电源。接通高功率脉冲磁控溅射电源以后，在工件和非平衡磁控溅射靶之间产生高密度的等离子体。

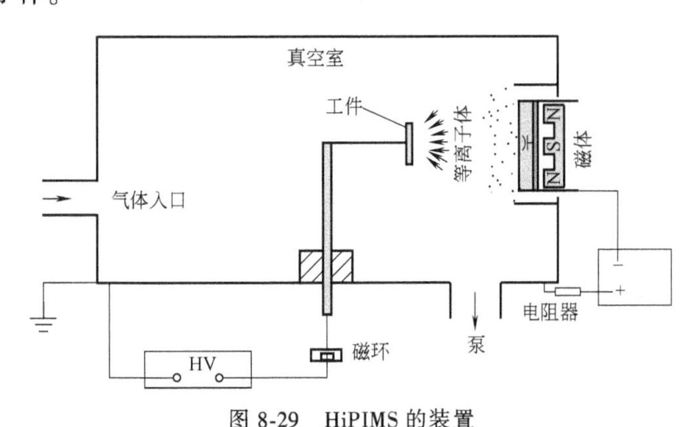

图 8-29 HiPIMS 的装置

2. 高功率脉冲磁控溅射的主要参数

HiPIMS 电源峰值功率高，可达到 1000~3000W/cm^2，约是普通磁控溅射的 100 倍。等离子体密度达 10^{18}/m^3 数量级。靶材离化率极高，溅射 Cu 靶的离化率可达 70%，与阴极电弧离子镀的离化率相当。在相同条件下，等离子体中的离子种类发生了变化。直流磁控溅射放电等离子体中以氩离子为主，而采用 HiPIMS 以后，放电等离子体中以金属离子为主。图 8-30 所示为采用直流磁控溅射和 HiPIMS 镀 TiN

时等离子体发出光的变化[25]。图 8-30a 所示为氩离子的光，图 8-30b 所示为钛离子的光，钛离子光的强度增强了。

3. 高功率脉冲磁控溅射的镀膜

采用 HiPIMS 技术沉积 CrN 的工艺过程如下：

1）抽真空到本底真空度后，通入氩气至 1Pa；靶基距为 14cm；通入氩气和氮气，两者流量比为 10∶6。

2）开启高功率复合脉冲磁控溅射电源后，进行高压辉光清洗，电压为 10kV，频率为 50Hz、200μs，清洗时间为 15min；沉积 Cr 过渡层的电压为 18kV，频率为 50Hz、200μs，沉积时间为 5min；沉积 CrN 薄膜的电压为 900V，频率为 50Hz、200μs，沉积时间为 60min，沉积 CrN 的膜层厚度为 1.4μm。

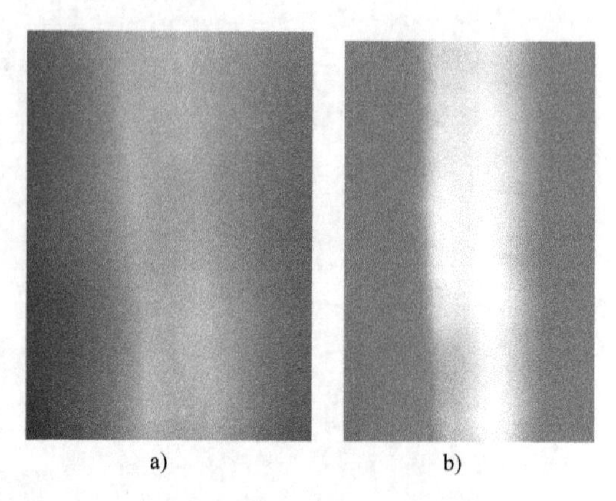

图 8-30　等离子体发出光的变化
a）氩离子的光　b）钛离子的光

4. 高功率脉冲磁控溅射沉积膜层的质量

由于 HiPIMS 可以获得高份额的高能金属离子，离子能量高，离化率高，所以所沉积的膜层组织非常细密，性能优异。图 8-31a 所示为直流磁控溅射 ZrN 膜层表面扫描电镜组织，图 8-31b 所示为 HiPIMS 技术沉积的 ZrN 膜层扫描电镜表面组织，图 8-31c 所示为 CrN 原子力显微镜形貌，图 8-31d 所示为 CrN 扫描电镜断口组织[25]。由图 8-31 可看出，用 HiPIMS 技术沉积的组织非常细密。

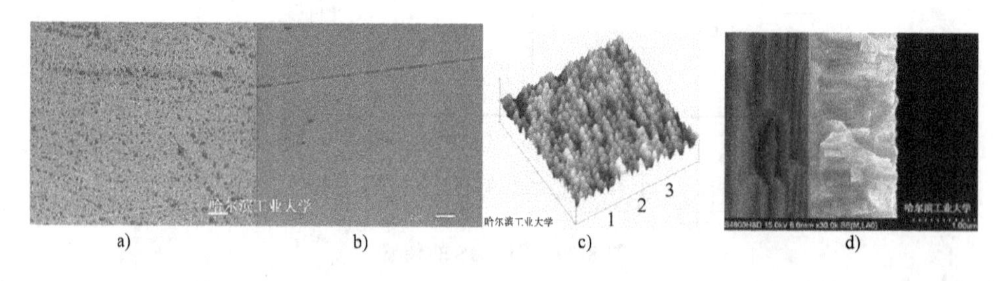

图 8-31　用 HiPIMS 技术沉积的膜层表面和断口组织
a）直流磁控溅射的 ZrN 膜层扫描电镜表面组织　b）HiPIMS 技术沉积的 ZrN 膜层扫描电镜表面组织
c）CrN 原子力显微镜形貌　d）CrN 扫描电镜断口组织

HiPIMS 技术的优势近些年得到了发挥，主要是电源方面取得了很大进步，克服了沉积速率低、膜层应力大等不足，在生产中逐渐得到应用。

8.5 磁控溅射工件清洗新技术

磁控溅射镀膜技术是在辉光放电等离子体中进行的，放电的电流密度低，镀膜室内的等离子体密度低，使得磁控溅射的膜-基结合力低，沉积速率低，金属离化率低，不易化合反应生产化合物膜。对于沉积多种功能薄膜的清洗一般仍然采用辉光放电氩离子轰击工件，而对于镀装饰产品和耐磨涂层则采用阴极电弧源发射的钛离子进行清洗。这种清洗技术最早起源于 ABS 源。

8.5.1 ABS 源

阴极电弧源镀 TiN 的膜-基结合力好，但是膜层组织粗大；磁控溅射镀 TiN 的膜层组织细密，但是膜-基结合力差。因此研发了 ABS 源[1,20,26]。其作用是先作为阴极电弧源使用，用弧光等离子体中的钛离子清洗工件；然后作磁控溅射靶使用，用于镀 TiN。用一个靶结构可以获得结合力好、膜层组织细密的 TiN 膜。

1. ABS 源的结构

一般阴极电弧源靶材表面的磁场强度为 2~5mT，磁控溅射靶靶材表面的磁场强度为 30~50mT。现在只用一个 ABS 源的靶结构，通过改变靶材后面外圈磁钢与靶材的距离来改变靶材表面的磁场强度[28]。图 8-32a 所示为 ABS 源的结构[26]。

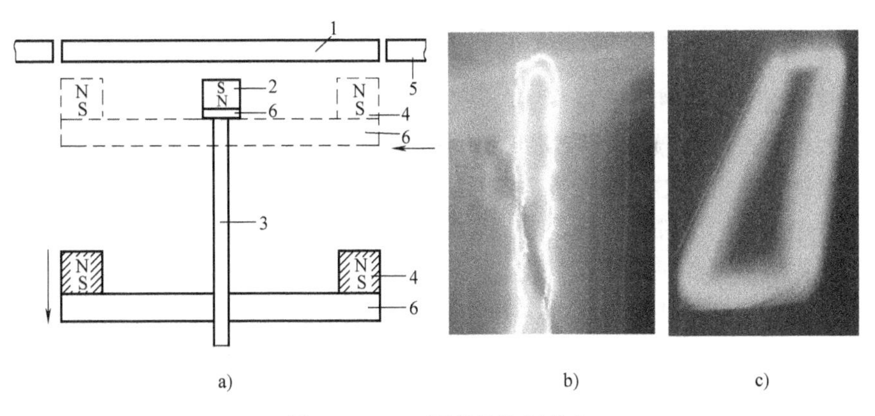

图 8-32 ABS 源的结构与放电

a) ABS 源的结构 b) 弧光放电 c) 辉光放电

1—靶材 2—中心永磁体 3—导磁杆 4—外圈永磁体 5—镀膜室 6—极靴

2. ABS 源的操作过程

1) 先将外圈永磁体拉到后边。在图 8-32a 所示的靶的结构中，外形圈永磁体和中心永磁体全都是钕铁硼。当外圈永磁体拉到后面后，表面的磁场强度低，只有 2~5mT，适合产生弧光放电。靶材接弧电源的负极，镀膜室接正极。接通弧电源以后，靶面产生冷场致弧光放电成为阴极电弧源。利用阴极电弧源发射的弧光等离子体中的钛离子轰击清洗工件，即先做清洗源用。

2）后将外圈永磁体推到前面。将外圈永磁体向前推，靶面表面的磁场强度高，达到30~50mT，适合辉光放电。靶材接磁控溅射电源的负极，镀膜室接正极。接通磁控电源以后，靶面产生辉光放电，作为磁控溅射靶进行镀 TiN 膜。这样既可以提高膜-基结合力，又可以获得细密的膜层组织。

ABS 源既可以产生弧光放电，又可以产生辉光放电，如图 8-32b、c 所示。

3. 磁控溅射镀膜机的标配

ABS 源的设计理念至今还在采用。很多磁控溅射镀膜机仍然配置小弧源，镀膜前用小弧源清洗工件以提高膜-基结合力，然后开启磁控溅射靶进行镀膜，小弧源几乎成为磁控溅射装饰镀膜机的标配。

与采用辉光放电清洗工件相比，小弧源清洗时钛离子的轰击能量高，密度大，清洗效果好；但是钛离子的能量太高了，对工件产生损伤，而且工件表面会有大大小小的熔滴积存，这降低了工件的表面光度，俗称“发朦”。

8.5.2 弧光放电氩离子清洗工件

近几年采用弧光放电等离子体中的电子流将氩气电离，用高密度的氩离子清洗工件，这一新技术在阴极电弧离子镀膜一章中介绍过了，显示出了优越性。但在磁控溅射镀膜机中还比较少用。

8.5.3 用弧光放电源增强磁控溅射镀膜

磁控溅射镀膜在辉光放电中进行，放电的电流密度低，镀膜室内的等离子体密度低，使得磁控溅射技术有膜-基结合力低、金属离化率低、沉积速率低等缺点。在磁控溅射镀膜机中增设弧光放电装置，可以利用弧光放电产生的弧光等离子体中的高密度电子流对工件进行清洗，还可以参与镀膜和进行辅助沉积。

在磁控溅射镀膜机中增设弧光放电源，可以是小弧源、矩形平面电弧源、柱状阴极电弧源。阴极电弧源产生的高密度的电子流在磁控溅射镀膜的全过程中可以发挥以下作用[27-29]：

1）清洗工件。在镀膜前开启阴极电弧源等，用弧光电子流将氩气电离，利用低能量高密度的氩离子清洗工件。

2）电弧源和磁控靶一起镀膜。在开启辉光放电的磁控溅射靶镀膜时，也开启阴极电弧源，两种镀膜源同时进行镀膜。当磁控溅射靶材和弧源靶材成分不相同时，可以镀多层膜，阴极电弧源所镀的膜层是多层膜中的一个间隔层。

3）阴极电弧源在参与镀膜时提供高密度的电子流，增加与溅射下来的金属膜层原子、反应气体的碰撞概率，提高沉积速率，提高金属离化率，发挥辅助沉积的作用。

在磁控溅射镀膜机中配置的阴极电弧源集清洗源、镀膜源、离化源于一身，发挥弧光等离子体中弧光电子流的作用，对提高磁控溅射镀膜质量产生积极的作用。

参考文献

[1] 王福贞，马文存. 气相沉积应用技术 [M]. 北京：机械工业出版社，2007.

[2] KELLY P J，ARNELL R D. Magnetron sputtering：a review of recent developments and application [J]. Vacuum，2000 (56)：159-172.

[3] CHANPMAN B. Glow discharge processes [M]. New Fairfield John Wiley & Sons Inc，1980.

[4] DEPLA D，MAHIEU S. Reactive sputter deposition [M]. Berlin：Springer，2008.

[5] MATTOX D M. Handbook of physical vapor deposition (PVD) processing [M]. New York：Elsevier，2010.

[6] FREY H，KHAN H R. Handbook of thin-film technology [M]. Berlin：Springer，2015.

[7] 徐成海. 真空工程技术 [M]. 北京：化学工业出版社，2007.

[8] 张以忱. 真空镀膜技术 [M]. 北京：冶金工业出版社，2009.

[9] 田民波. 薄膜技术与薄膜材料 [M]. 北京：清华大学出版社，2011.

[10] WINDOW B，SAVVIDES N. Unbalanced DC magnetrons as sources of high ion fluxes [J]. J. Vac Sei. Technol，1986，4 (3)：453-455.

[11] KOMATH M，et al. Studies on the optimization of unbalanced magnetron sputtering cathode [J]. Vacuum，1999，(52)：307-331.

[12] TEER D，TEER P. Deposition of material to formal coating：US 2012/0097528 A1 [P]. 2012-04-26.

[13] MUNZ W D，et al. Industrial seale manufactured superlattice hard PVD coatings [J]. Surface Engineering，2001，17 (1)：15-27.

[14] 王福贞. 一种磁控溅射镀膜机：201720302687.3 [P]. 2017-03-27.

[15] 王福贞. 一种磁控溅射镀膜机：201720302520.7 [P]. 2017-03-27.

[16] 姜燮昌. 大面积反应溅射技术的最新发展及应用 [J]. 真空，2002 (3)：1-9.

[17] 徐滨士，刘世参. 表面工程技术手册：下 [M]. 北京：化学工业出版社，2009.

[18] BELLIDO-GONZALEZ V，DANIEL B，COUNSELL J，et. al. Flexible reactive gas sputtering process control [C] //Society of Vacuum Coaters 47th Annual Technical Conference Proceedings. Liverpool，2004.

[19] SONG Y Z，SAKURAI T，MARUTA K，et al. Optical and structural properties of dense SiO_2、Ta_2O_5 and Nb_2O_5 thin-films deposited by indirectly reactive sputtering technique [J]. Vacuum，2000，59 (2)：755-763.

[20] CHIBA S，MOTOKI A，FUJIKURA K，et al. Metal deposition and oxygen-ion implantation for optical thin films [J]. Vacuum，2004，74 (3)：449-454.

[21] 魏荣华. 等离子体增强磁控溅射 Ti-Si-C-N 基纳米复合膜层耐冲蚀性能研究 [J]. 中国表面工程，2009，22 (1)：1-10.

[22] 李灿民，魏荣华. 等离子体增强磁控溅射沉积 (TiAl) 纳米复合涂层在铸铝模具上的应用 [J]. 中国表面工程，2012，25 (2)：1-7.

[23] 张鑫，王晓明，高键波. 靶电流密度对热丝增强等离子磁控溅射制备 Cr_2N 薄膜结构与性能的影响 [J]. 功能材料，2018，3 (49)：03070-03075.

[24] 田修波，吴忠振，巩春志. 高功率复合脉冲磁控溅射离子注入与沉积方法：201010213894.4 [P]. 2010-06-30.

[25] 吴忠振，田修波，巩春志. 基片偏压模式对高功率脉冲磁控溅射 CrN 薄膜结构及成分影响的研究 [J]. 稀有材料与工程，2013，42 (2)：405-409.

[26] MUNZ W D, et al. A new method for hard coating ABSTM (arc bond sputtering) [J]. Surface and Coating Technology, 1992 (50): 169-178.

[27] 王福贞. 一种设置气体弧光等离子体清洗源的镀膜机: 201820274436.4 [P]. 2018-02-07.

[28] 王福贞. 一种设置固体弧光等离子体清洗源的镀膜机: 201721044882.7 [P]. 2017-08-21.

[29] 王福贞. 一种设置固体弧光等离子体清洗源的镀膜机: 201820436472.5 [P]. 2018-03-29.

第9章　带电粒子流在镀膜中的作用

前面几章介绍了把辉光放电和弧光放电引入到真空镀膜过程中，使膜层粒子变成高能态活性粒子后进行镀膜的技术，这是直接利用电子将在电场中获得的能量经过非弹性碰撞传递给气体和膜层粒子后进行镀膜的技术。在镀膜过程中体现了高能电子、离子在获得优异性能的薄膜材料中的贡献。本章介绍利用外加的离子束、弧光电子流对材料进行表面改性和薄膜制备。

9.1　带电粒子流的类型

带电粒子流分为离子束和弧光电子流。

1）离子束包括气体源放电产生的离子束和固体源放电产生的离子束。

2）弧光电子流包括气体源放电产生的弧光电子流和固体源放电产生的弧光电子流。

9.2　离子束

9.2.1　离子束的能量及作用

1. 离子束能量范围分类

离子束的能量是在高压电场加速下获得的。其能量（E）范围如下：

1）高能离子束能量，$E=20\sim100\text{keV}$，用于离子束注入和离子束混合。

2）中能离子束能量，$E=500\sim1000\text{eV}$，用于离子束溅射镀膜、离子束刻蚀、镀膜前预轰击清洗。

3）低能离子束能量，$E\leqslant500\text{eV}$，镀膜时进行辅助沉积。

2. 离子束对材料表面的作用

不同能量的离子束对材料表面产生的作用不同[1-6]。

（1）离子束注入　直接用高能的离子束注入材料表面，可以获得用一般冶金方法很难获得的非平衡合金、过饱和固溶体、亚稳态合金及化合物、非晶态表面等不同组织结构的新材料；还可以进行离子束反冲注入和离子束混合。

（2）离子束溅射　用高能离子束溅射靶材，获得高纯度的膜层。

（3）离子束刻蚀　用高能离子束把基材上多余的材料溅射下来，从而获得由所需材料组成的图形，这是半导体行业、光电子行业刻蚀电路板的关键技术。

（4）离子束增强辅助沉积　在镀膜的过程中，同时用高能离子束轰击工件，即一边镀膜，一边轰击。离子束向沉积粒子提供能量，进行离子束辅助增强沉积，可以获得符合化学计量比的化合物涂层，并改善膜层组织。

在离子束和材料表面相互作用过程中，这几种现象都会存在，只是在不同的能量范围内其中某一种现象会占主导地位。

9.2.2　离子注入

离子注入是利用高能离子束对材料表面进行浅层改性的一种重要方法，

1. 离子注入的种类

离子注入从工艺角度可分为：气体离子注入、金属离子注入、全方位离子注入、离子束反冲注入、离子束混合[1-7]。

2. 离子注入机

图 9-1 所示为工业用离子注入机的结构。这是一种带有质量选择的离子注入机[1]。

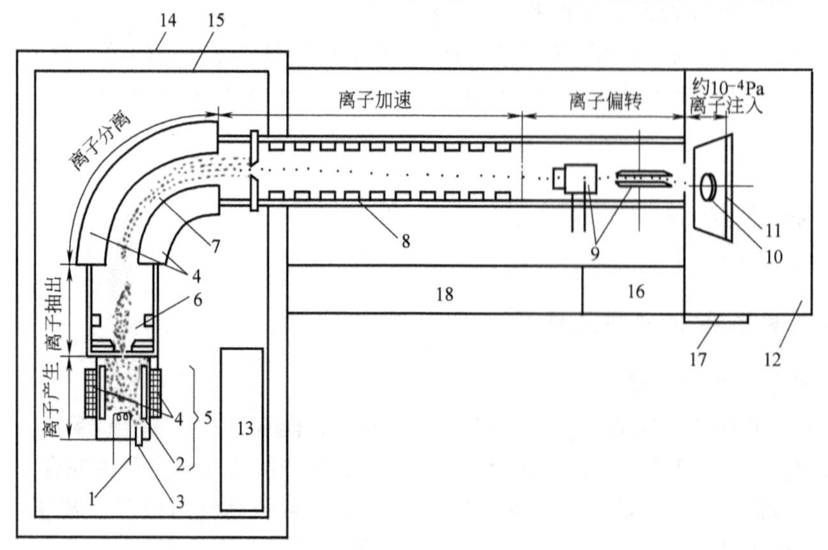

图 9-1　离子注入机的结构

1—阴极灯丝　2—阳极　3—气体入口　4—电磁线圈　5—离子源　6—输出腔　7—离子分离器　8—加速管　9—离子偏转系统　10—工件　11—工件台　12—注入靶室　13—电源　14—保护屏　15—高压区　16—控制台　17—观察窗　18—真空系统

（1）高能离子的获得　离子注入源系统是将气体或金属蒸气通入电离室电离成为正离子，并将正离子加速，使其得到很高速度而注入固体中。

（2）离子注入机的组成　离子注入机包括离子源、质量分析系统、加速系统和偏转扫描系统等。

1）离子源。离子源是离子束系统中最关键的部件。它的作用是把需要注入元素的原子电离成为离子。注入气体离子（如 N^+、Ar^+、H^+）是直接向放电室引入气体；而注入金属离子则是将金属加热蒸发后，将金属蒸气原子引入到放电室电离得到金属离子，再将离子从放电室引出，形成具有 20～500keV 能量的离子束。

2）质量分析系统。从离子源引出的离子束包括有几种，甚至几十种元素的离子。一般根据应用情况只需要一种元素的离子进行离子注入。离子分离器是离子质量分析系统，其作用是把需要的离子从众多离子束中分离出来，使其射向工件表面，将不需要的离子偏离掉。一般采用偏转磁场，使选定的离子沿偏转通道进入放置工件的靶室进行注入。经过这种质量分析后，其他离子被过滤掉。

3）加速系统。离子在电场作用下，受到加速而得到高能量，通常采用三级引出系统，被加速的离子能量最高可以达到 20～500keV。

4）扫描系统。能量为 20～100keV 的高能离子呈“束”状直射到工件表面，在工件表面的作用范围小。保证高能离子注入的均匀性有两个方法：一个方法是使工件旋转；另一个方法是调节电磁场进行扫描，使离子束在样品上进行反复均匀地扫描，扩大离子束对材料工作面进行改性处理的作用范围。

3. 离子注入原理

离子注入是将预先选定元素的原子电离成离子，再经过电场加速，使其获得 20～500keV 的能量，然后将其引入到固体表层的过程。理论上讲，元素周期表中的所有元素都可以用来进行离子注入[1-7]。

载能高速运动的离子轰击到材料表面产生级联碰撞，强行进入基体材料表面一定深度内。注入的深度取决于离子质量、能量及靶材的种类，一般为几纳米到几百纳米，注入过程大约在 10^{-12}s 内完成。

离子注入除了增加表面的入射元素含量以外，还增加了许多空位、位错、空位团、位错团、间隙原子、间隙原子团等缺陷，对入射层的性能产生很大的影响。

4. 离子注入工艺类型[1,2]

（1）连续注入　连续注入时，离子被加速到 20～500keV 的能量连续注入材料表面后，材料表面产生大量晶体缺陷，使材料的耐蚀性、耐磨性显著提高。离子束能量一般为 60keV 左右，采用脉冲电源时离子注入效果进一步提高。

（2）反冲注入　反冲注入是先在工件基材 A 的表面沉积一层新材料 B 的薄膜，然后用高能的气体离子束（如 Ar^+或 N^+等），将 B 材料的原子撞击进入基材的晶格中形成 A+B 的混合层，使表面具有新的性能。反冲注入需要离子束具有更高的能量，离子束能量达到 150keV 以上。

(3) 离子束混合[1]

1) 离子束混合。预先将所需的几种元素交替沉积在基体上形成多层薄膜（每层厚度为几纳米至几十纳米），然后用载能离子轰击膜层，使多层膜界面消失，变成均匀的原子级的混合，从而在基体表面上形成新的合金。离子束混合，可在双层介质间进行，也可在多层金属膜间进行多层离子束混合：

例如：金属膜与衬底间的混合，集成电路中，浅结欧姆接触就采用了这种单层金属与衬底的混合形式。经离子束混合后，界面处形成了硅化物，降低了欧姆接触电阻。

2) 多层金属膜的离子束混合。离子束混合在双层金属系统制备成的多层膜中进行，是多层膜离子束混合，可用来研究两种金属的合金相变。其衬底可以是金属，也可以是陶瓷或绝缘体。

3) 动态混合技术。沉积与注入同时进行，即通常所说的离子束增强沉积技术。依据能量的不同荷能离子可分为高能离子（MeV 数量级）和低能离子（keV 以下数量级）。高能离子束需借助离子加速器实现，且易于造成基体表层大量缺陷的产生，极易轰击掉大量沉积原子，大大降低沉积速率。低能离子束具有较好的表面作用效果，故离子束增强沉积技术中通常采用低能离子束轰击。荷能离子束轰击膜层表面，将引起许多物理化学效应，这些效应对膜层的组织、结构将产生决定性的影响。

图 9-2 所示为离子束混合过程[1]。

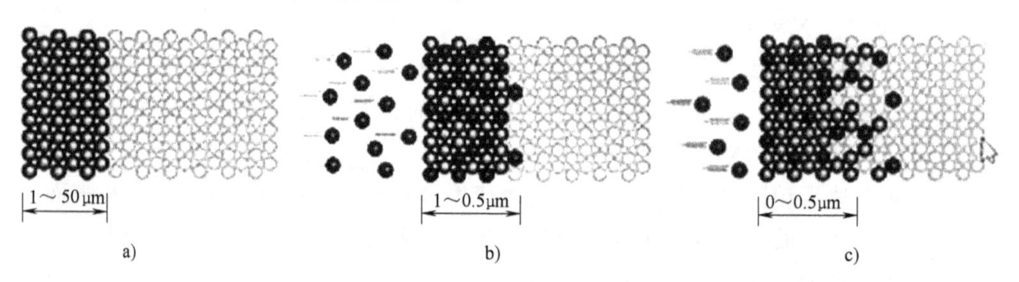

图 9-2 离子束混合过程

a) 沉积膜层 b) 离子注入 c) 离子束混合

○—基材原子 ●—膜层原子 ●—离子

5. 离子注入技术的优越性

综合考虑，具有 20～500keV 能量的离子，注入材料表面的优越性可归纳为以下几点：

1) 离子注入过程具有离子冶金效果，注入层成分不受热力学平衡的限制。

2) 控制注入离子剂量，可获得所需表面特性。

3) 注入过程基材温升小。

4) 注入过程工件尺寸不发生变化，表面粗糙度不受影响。

5）注入元素是埋于注入层中的，表面改性层不会像涂层那样剥落。

6）注入离子可穿过原有表面涂层或氧化物阻挡层及热屏障层。

7）基材整体性能不受影响。

8）注入元素仅限于表面层，能达到整体材料合金化同样的效果。只进行表面改性，可节约昂贵材料及战略资源。

离子注入技术在航空航天、机械制造、生物医学、电子工业等领域被广泛地应用于改善材料的耐磨性、耐蚀性、抗氧化性、抗疲劳性能及特殊性能（如超导、磁性光学材料）的功能特性。在冶金学研究方面，离子注入技术发挥其原子冶金的优势，被用来研究相变过程及合成新相，研究各种元素在陶瓷材料、超硬材料等材料中所起的冶金学作用行为。

9.2.3 离子束溅射镀膜和离子束刻蚀

能量为500~1000eV的中等能量的离子束主要用于离子束溅射镀膜和离子束刻蚀[6-8]。

1. 离子束溅射镀膜

用中等能量的离子束轰击材料表面，离子具有的能量使之进入不了材料的晶格中，而是把能量传递给靶材原子，使其产生溅射作用飞离材料表面，而后在工件上沉积形成薄膜。由于是离子束产生的溅射，所以溅射下来的膜层原子的能量很高，而且是在较高真空度下用离子束轰击靶材，膜层的纯度高，可以沉积高质量的薄膜，同时离子束膜层的稳定性提高，可达到改善膜层光学和力学性能的目的。离子束溅射的目的是形成新的薄膜材料。

2. 离子束刻蚀

离子束刻蚀也是用中等能量的离子束轰击材料表面产生溅射，对基材产生刻蚀作用，是半导体器件、光电子器件等领域制作图形的核心技术。半导体集成电路中芯片的制备技术是要在直径为ϕ12in（ϕ304.8mm）的单晶硅基圆上制备出上百万个晶体管。每个晶体管是由多层功能不同的薄膜搭建而成的，由有源层、绝缘层、隔离层、导电层等组成。每一个功能层都有自己的图形，因此每镀一层功能薄膜以后，需要用离子束刻蚀掉无用的部分，将有用的薄膜成分保留下来。现在芯片的导线宽度已经达到7nm，制备如此精细的图形必须采用离子束刻蚀技术。与开始采用的湿法刻蚀相比，离子束刻蚀属于干法刻蚀，刻蚀精度高。

离子束刻蚀技术有用非活性离子束刻蚀和用活性离子束刻蚀两种。前者用氩离子束进行刻蚀，属于物理反应；后者用氟离子束溅射，氟离子束除了用高能量产生溅射作用以外，氟离子束还可以与被刻蚀的SiO_2、Si_3N_4、GaAs、W等薄膜发生化学反应，是既有物理反应过程，又有化学反应过程的离子束刻蚀技术，刻蚀速率快。反应刻蚀的腐蚀气体有CF_4、C_2F_6、CCl_4、BCl_3等，生成的反应物为SiF_4、$SiCl_4$、GCl_3、WF_6，都是腐蚀性气体被抽除。离子束刻蚀技术是生产高新技术产品的关键技术。

9.2.4 离子束辅助沉积及低能离子源

1. 离子束辅助沉积

离子束辅助沉积（ion beam assisted deposition，IBAD），主要采用低能离子束，对材料表面改性时发挥助力作用。

（1）离子辅助沉积的特点　在镀膜过程中一边镀膜，一边用荷能离子束照射，沉积的膜层粒子在基材表面不断受到来自离子源的荷能离子的轰击。

（2）离子辅助沉积的作用　高能离子随时轰击掉结合不牢固的膜层粒子；通过能量的转移，使沉积粒子获得较大的动能，从而改善形核生长的规律；随时对膜层组织产生夯实作用，使薄膜生长得更致密；如果注入的是反应气离子，在材料表面可以形成符合化学计量比的化合物层，化合物层和基材之间没有界面。

2. 离子束辅助沉积用离子源

离子束辅助沉积的特点是膜层原子（沉积粒子）在基材表面不断受到来自离子源的低能离子的轰击，使薄膜组织非常致密，膜层的性能提高。离子束的能量 $E \leqslant 500\text{eV}$。常用的离子源包括：考夫曼离子源、霍尔离子源、阳极层离子源、中空阴极霍尔离子源、射频离子源等。

（1）考夫曼离子源　考夫曼（Kaufman）离子源是一种采用热灯丝的离子源。图 9-3 所示为考夫曼离子源的结构和外形[8]。该离子源内设热阴极发射热电子维持放电。阴极周围围绕着一个圆柱形阳极，气体在两个电极之间被电离。为了提高电离效率增设了永磁体，电子在电磁场的作用下做螺旋线运动，增加了和氩气的碰撞概率。考夫曼离子源有两个栅极：一个是屏蔽栅极，一个是加速栅极。阴极发射的

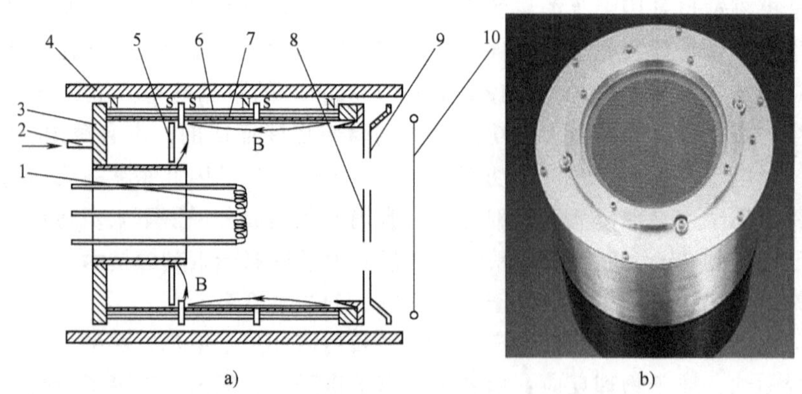

图 9-3　考夫曼离子源的结构和外形

a）结构　b）外形

1—灯丝　2—进气系统　3—底板　4—屏蔽栅极　5—罩　6—后阳极　7—永磁体　8—主阳极　9—加速栅极　10—中和灯丝

电子与气体碰撞，气体电离后产生的离子通过屏蔽栅极的小孔后形成离子束，并由加速栅极引出，经中和器中和后直接轰击基板或靶材。中和的目的是为了避免电荷在基板上聚集而产生对后续离子的排斥作用[1-8]。

考夫曼离子源可以在较低压强下 10^{-2} ~ 10^{-1}Pa 工作，放电电压也比较低，一般为 50V 左右，放电电流为 1 ~ 2A，离子束电压为 100 ~ 1000eV，束流密度为 20 ~ 40μA/cm^2。考夫曼离子源具有不受环境影响、污染较小、工件升温低、可冷镀、放气量小等优点，因而在光学薄膜的制备中广泛应用。

（2）霍尔离子源　霍尔（End-Hall）离子源也是有灯丝的离子源。图 9-4 所示为霍尔离子源的结构和外形[8]。阴极是灯丝，位于阳极的上方，阳极下面匹配永磁体，该离子源没有栅极。阴极在阳极上方发出的热电子在正交电磁场的作用下形成环形的霍尔电流。离子在阴极电位和霍尔电流的作用下向上加速，从而增加了碰撞概率[1-8]。

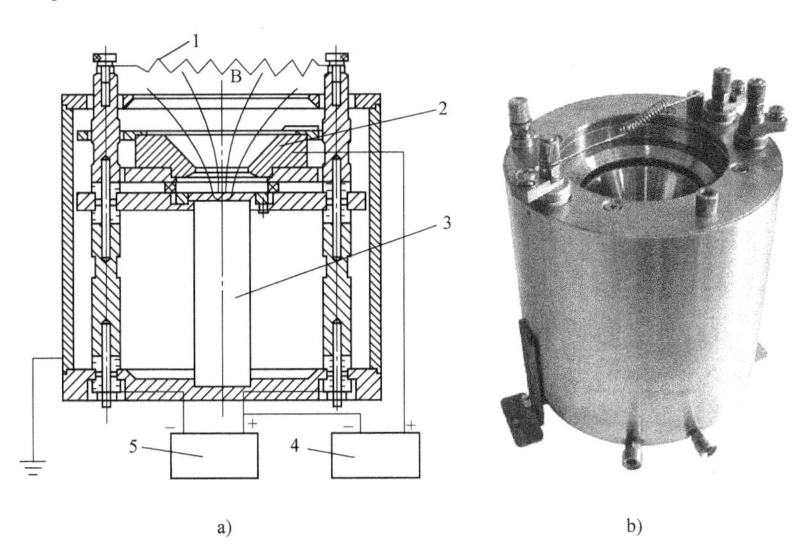

图 9-4　霍尔离子源原理图及外形照片

a）结构　b）外形

1—灯丝　2—阳极　3—永磁体　4—电源　5—灯丝电源

霍尔离子源的引出离子束能量为 50 ~ 150eV，最大束流为 1500mA，工作真空度为 9×10^{-3} ~ 6×10^{-2}Pa，工作气体为 O_2、Ar、N_2、空气等。离子流密度很高，发散角大，易维护，为低端光学镀膜装备的首选。霍尔离子源在电子枪蒸发镀膜机中应用较多。

考夫曼离子源和霍尔离子源都是有热灯丝的离子源，容易受反应气体的腐蚀，效率不高，寿命低。

（3）中空阴极霍尔离子源　由于霍尔源灯丝的寿命低，目前市面上出现采用空心阴极放电方式产生电子的中空阴极霍尔离子源。图 9-5 所示为中空阴极霍尔离子源的外形和放电照片[9]。中空阴极霍尔离子源不用灯丝，也设有阳极和磁场，只是用钽管等难熔金属制成的空心阴极发射高密度发电子流。中空阴极霍尔离子源和霍尔离子源相比有很多优点，见表 9-1[9]。

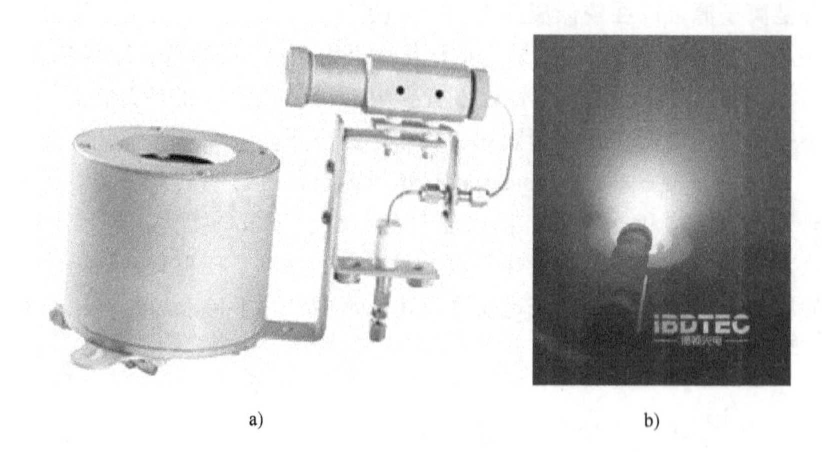

a)　　　　b)

图 9-5　中空阴极霍尔离子源的外形和放电照片

a）外形　b）放电照片

表 9-1　中空阴极霍尔离子源和霍尔离子源特性对比

离子源	中空阴极霍尔离子源	霍尔离子源
灯丝	无	有
空间温度/℃	70	200
对产品污染	无	有
工作时间/h	100	10
离子束流/A	13	5~7
工作气体	氧气、惰性气体	惰性气体

（4）射频离子源　射频离子源是无灯丝离子源，离子源外设感应圈，将气体离化，靠阳极把离子推出，离子流射程远。射频离子源的束流能量大，离子束工作时间长达 1000h 以上，适用于任何工作气体，对空间温度影响小于 70℃，对产品无污染。图 9-6 所示为射频离子源的原理和放电照片[10]。

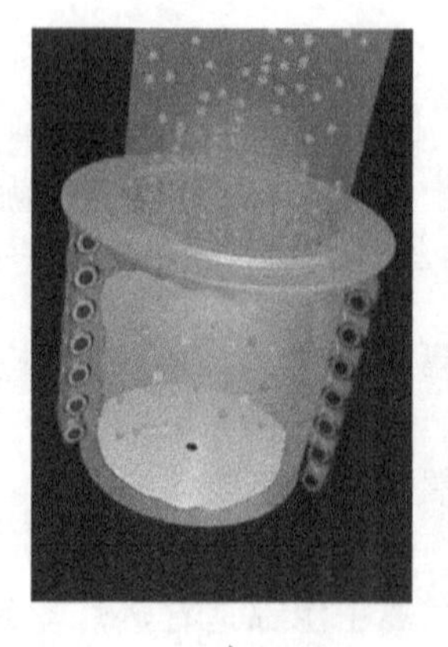

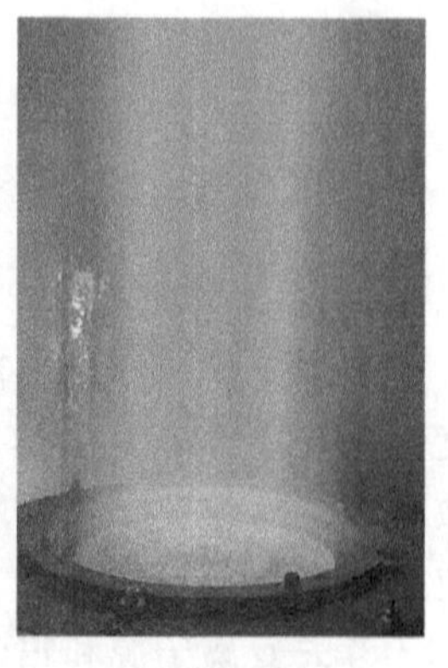

a)　　　　b)

图 9-6　射频离子源的原理和放电照片

a）原理　b）放电照片

（5）阳极层离子源　阳极层离子源是一种冷离子源，不用灯丝。离子源引入工作气体后被离化产生等离子体区域，阳极位于等离子体区域的底部，阴极位于等离子体区域的中间和周边。阴极与阳极间放电产生的电子流在等离子体区通过电磁场的作用，产生闭合式环形的电子漂移；同时阴极与阳极间的电场使等离子体区域的离子加速离开阳极[11]。所采用的阴极与阳极间距离，可以使离子源在较宽的真空度范围内顺利起辉放电。

图 9-7 所示为阳极层离子源的结构、外形和放电照片[11]。如图 9-7a 所示，采用一个永磁体就可产生所需的磁场，从而缩小了离子源的尺寸，使用更方便。

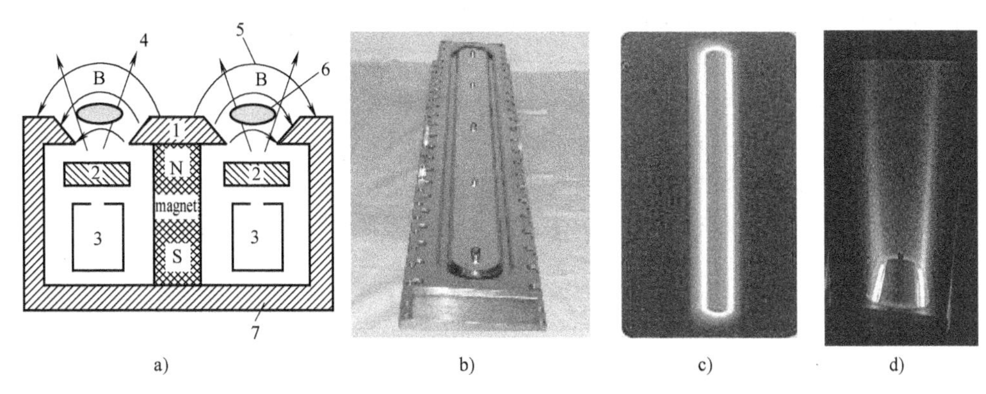

图 9-7 阳极层离子源的结构、外形和放电照片

a）结构 b）外形 c）放电（正向）照片 d）放电（侧向）照片

1—阴极 2—阳极 3—进气系统 4—离子束 5—磁力线 6—等离子体区 7—永磁体

阳极层离子源的形状可做成矩形，长度可以和工件转架相当。目前，阳极层离子源在镀前工件的清洗和高分子柔性基材的表面活化等方面发挥了重要作用。

3. 离子束辅助沉积效果

离子注入的主要不足之处是其注入层比较浅，约为百纳米数量级。这一深度对材料表面改性，特别是金属材料表面改性来说显得不足。为了弥补这一缺点，人们把离子注入与膜层沉积过程结合起来，形成了离子束辅助沉积表面改性技术。

离子束辅助沉积技术是把离子注入与气相沉积薄膜相结合的材料表面改性新技术。由于离子束能量范围比较低，离子不能进入材料表面，在镀膜的过程中，一边镀膜一边用低能的离子束照射，离子束给膜层原子提供相应的能量，以改善形核、生长的特点；离子束夯实膜层组织得到优异的单质膜；采用一定能量的离子束进行轰击混合，还可以反应化合生成具有理想化学配比的化合物膜层[1-8,12]。这种技术还可在较低的轰击能量下连续生长较厚的膜层。

（1）离子束辅助沉积技术产生的效应

1）物理效应，在镀膜前离子的轰击作用或溅射作用将表层吸附的杂质原子、油污分子解附，脱离基体表面，从而大幅度改善界面状态，有助于提高膜-基结合力。在镀膜过程中，离子束辅助沉积中离子动能在几十电子伏至几百电子伏之间可调。载能离子与基体或膜层原子碰撞后，将部分能量传递给基体原子，引起碰撞级联效应和反冲共混，这有助于界面共混层的宽化。

2）化学效应，常见的氮化物薄膜（如 TiN、CrN、BN、Si_3N_4 膜等）及氧化物薄膜（如 Al_2O_3、CuO 膜等）在应用离子束辅助沉积工艺制备时，一般均采用可参与化学反应的离子进行轰击。在膜层表面，这些离子与沉积原子或直接与基体原子反应形成化合物。这种表面化学反应是反应型离子束增辅助积工艺的基础与前提。高能离子轰击也会造成一些结合较弱的化学键断开，并重新结合成更为牢固的新键，可以获得符合化学剂量比的化合物薄膜。

（2）离子束辅助沉积的效果　离子束照射与膜层沉积过程同步进行，将离子束的辅助改性效应贯穿于膜层沉积的全过程，最突出的效果是改善膜-基结合力、组织形貌、膜层应力、膜层密度及过渡层成分和性能。图 9-8 所示为真空蒸发镀过程中进行离子束辅助沉积前后膜层组织的扫描电镜照片[2]。由图 9-8 可以看出，离子束辅助沉积后的膜层组织较为致密，膜层的性能得到显著提高。

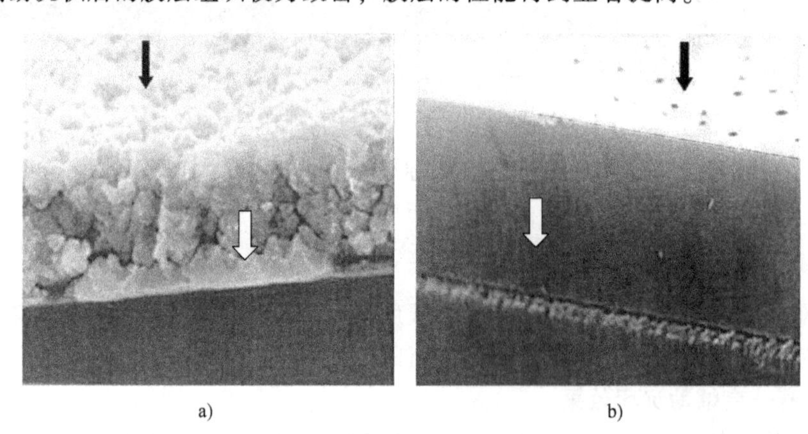

a)　　b)

图 9-8　真空蒸发镀过程中进行离子束辅助沉积前后膜层组织的扫描电镜照片

a）离子束辅助沉积前的膜层组织　b）离子束辅助沉积后的膜层组织

4. 离子束辅助沉积装置

理论上讲，各种基本的真空镀膜设备中均可增加一套前述的辅助轰击离子源构成离子束辅助沉积系统。

图 9-9 所示为电子束蒸发镀离子束辅助沉积和磁控溅射镀离子束辅助沉积的原理[2]。这种技术的特点是膜层粒子与轰击离子同时到达工件表面。

（1）采用电子束蒸发镀方式　图 9-9 a 所示为采用电子束蒸发镀方式的离子束辅助沉积的原理。膜层材料一边用电子枪蒸发，一边用离子束对工件进行辐照，可将膜层组织夯实，从而得到致密的膜层组织。

（2）采用离子束溅射镀方式　图 9-9 b 所示为采用磁控溅射镀方式的离子束辅助沉积的原理。该设备中有两种离子束：一种是溅射离子束，从上面射向下面的靶材，靶材和基体样品、离子束和基材样品离子都在呈 45°角的位置；另一束离子束

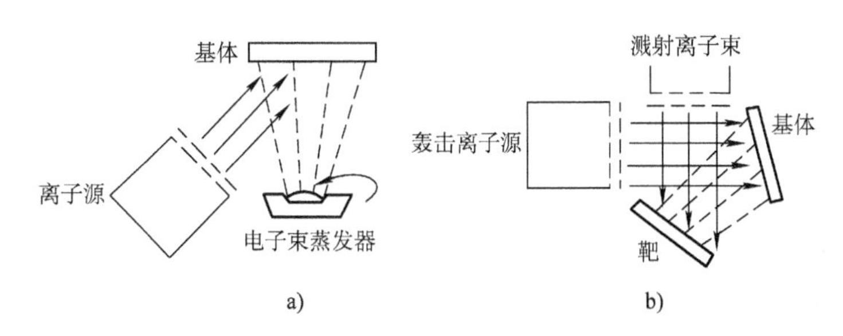

图 9-9 电子束蒸发镀离子束辅助沉积和磁控溅射镀离子束辅助沉积的原理
a）电子束蒸发镀离子束辅助沉积 b）磁控溅射镀离子束辅助沉积

是辅助用离子束。用离子束从靶材上溅射下来的膜层原子沉积到基体上，同时用左边的离子源对工件进行辐照，实现一遍溅射镀膜一遍用离子束轰击。这种方法的优点是：溅射粒子是被高能的离子束溅射下来的，自身具有较高能量，故其与基体有较好的结合力；金属与非金属元素的任意成分组合可溅射沉积膜层种类较多；镀膜的真空度高，有利于获得优异的特殊功能薄膜。

(3) 采用常规磁控溅射镀膜方式 常规磁控溅射镀膜技术的缺点是金属离化率低，很难进行反应沉积获得化合物膜层。现在一边用磁控溅射靶镀膜，一边用离子束离子辅助轰击，来提高磁控溅射膜层的质量、膜-基结合力及膜层粒子的离化率，从而提高沉积速率，这样容易获得化合物薄膜。该技术广泛应用于机械、宇航、信息、建筑、装潢等领域。采用长条形阳极层离子源，对大面积的平面产品镀膜更适用。

(4) 离子束辅助沉积技术的应用 离子束辅助沉积技术成功地合成了一些新型材料，制备了一些高性能薄膜，在电子器件的绝缘膜、保护膜、光学膜、激光镜镀膜、工具模具及轴承的耐磨抗蚀膜层等方面获得了应用。

1）提高膜层的致密度。离子束辅助沉积技术最早的应用领域是电、磁、光等功能性薄膜。它以低能离子源进行辅助轰击，用离子束精确控制膜层结构、致密度等。从图 9-8 可以看出，离子辅助沉积提高了电子束蒸发镀膜层组织的致密度。膜层的致密度提高，孔洞率下降，结合力提高，并具有较高的抗激光破坏能力与较低的光学分散度。

2）获得符合化学剂量比的功能薄膜。常见的光学膜均为氧化物膜，如 TiO_2、SiO_2、ZrO_2、Al_2O_3、BeO、Ta_2O_5、HfO_2、In_2O_3 等。在镀膜中直接蒸发这些氧化物，其中的氧会有一定的缺失，从而会影响光学薄膜的性能。因此，采用氧离子束增强沉积技术可补足在沉积过程中氧的缺失，从而制备出高质量的光学膜。

3）获得掺杂金属的类金刚石膜（M-DLC）。类金刚石膜以其高硬度、高耐磨性和高耐蚀性而得到广泛的应用。采用低能离子束辅助沉积方法制备的类金刚石膜，膜层硬度可达 5100HV，而且实验表明，采用离子束辅助沉积方法制备掺杂金属的类金刚石膜具有优良的膜-基结合强度，极低的表面粗糙度与优良的耐磨性。

离子束辐照与膜层沉积过程同步进行，将离子注入增强、改性的效应作用于膜层沉积的全过程，可改善了膜-基结合力、组织形貌、膜层应力、膜层密度及过渡层成分和性能，从而获得优异的薄膜。

9.3 弧光电子流

近些年来，弧光放电中的高能量、高密度弧光电子流在离子镀膜过程中发挥了突出的作用，如加热工件，清洗工件，增强离化效果和镀膜等。这些内容在前面的章节中都介绍过了，本节将归纳、整理弧光电子流的特点、产生方法和应用，读者可从中体会充分利用弧光电子流的重要意义。

9.3.1 弧光电子流的特点与产生方法

1. 弧光电子流的特点

弧光放电产生的弧光等离子体中的电子流、离子流、高能中性原子的密度比辉光放电高得多。在镀膜空间内有更多的气体离子和金属电离、受激发的高能原子及各种活性基团，它们在镀膜过程中的加热、清洗、镀膜阶段发挥了重要作用。弧光电子流的作用形式和离子束不同，不全是汇聚成“束”，多数是发散状态，所以称之为弧光电子流。因为弧光电子流向阳极运动，所以弧电源的正极接在哪里，弧光电子流就射向哪里，阳极可以是工件、辅助阳极、坩埚等。

2. 产生弧光电子流的方法

（1）气体源产生弧光电子流　空心阴极弧光放电、热丝弧弧光放电的弧电流都可以达到200A左右，弧电压为50~70V。

（2）固体源产生弧光电子流　阴极电弧源，包括小弧源、柱弧源、矩形平面大弧源等。每个阴极电弧源放电的弧电流为80~200A，弧电压为18~25V。

两种弧光放电等离子体中的高密度、低能量的弧光电子流与气体、金属膜层原子可以产生剧烈的碰撞电离，获得更多的气体离子、金属离子和各种高能活性原子和活性基团，从而提高了膜层离子整体的活性。

9.3.2 弧光电子流的应用

1. 气体源弧光电子流的应用

1）Balzer公司最早发明了热丝弧离子镀膜机。热丝弧枪发射的弧光电子流从上向下发射到阳极的过程中，通过改变阳极的位置和电磁电流的变化控制弧光电子流加热工件、清洗工件和镀膜的全过程。该镀膜机现在虽然不再用于镀膜，但是仍然用于工件的加热和轰击清洗。

2）Hauzer公司通过改变阳极的位置，只利用电场的作用，使弧光电子流在向阳极运动的过程中将氩气电离得到高密度的氩离子流，以轰击清洗工件；将氮气电离得到高密度的氮离子流进行弧光离子渗氮。

3）最初空心阴极枪只是在空心阴极离子镀膜机中使用，大连纳晶科技有限公司将空心阴极枪安装在小弧源离子镀膜机中作为工件的轰击清洗源使用，清洗效果好，而且提高了工件表面的亮度。

4）彭弘建博士将空心阴极枪安装在小弧源离子镀膜机中，在用小弧源镀膜的同时开启空心阴极枪，用高密度的弧光电子流提高与膜层粒子的碰撞概率，使膜层组织细化。图 9-10 所示为空心阴极弧光电子流细化膜层组织的原子力显微镜照片。由图 9-10 可见，随空心阴极弧电流的增加，膜层中的大颗粒逐渐减少并细化，这表明高密度的弧光电子流可以细化阴极电弧源的膜层组织。

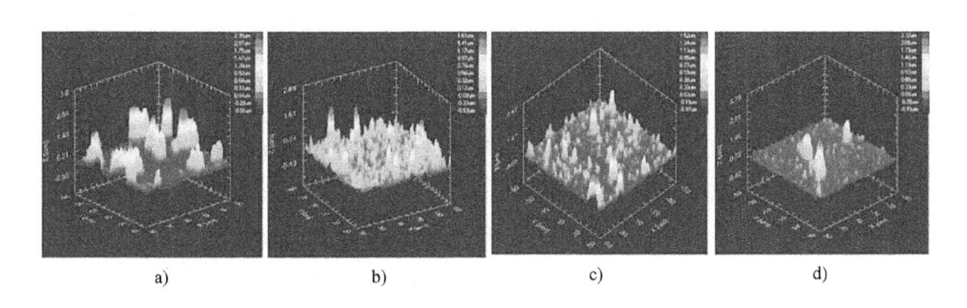

图 9-10　空心阴极弧光电子流细化膜层组织的原子力显微镜照片

a）空心阴极枪电流为 0A　b）空心阴极枪电流为 120A　c）空心阴极枪电流为 140A

d）空心阴极枪电流为 160A

注：该图由彭弘建博士提供。

2. 固体源弧光电子流的应用

（1）弧光电子流增强工件清洗技术　在离子镀膜过程中，一般都利用辉光放电氩离子清洗工件，但辉光放电得到的氩离子流密度低；而用阴极电弧源发射的等离子体中的钛离子清洗工件，工件表面将产生大颗粒。现在出现了利用阴极电弧源发射的冷场致弧光等离子体中的电子流将氩气电离，用低能量高密度的氩离子清洗工件的新技术；而且用氩离子清洗工件时，阴极与阳极的位置有很多种匹配，同样是用电场可以驱使电子流射向任何所需位置的阳极。用低能量高密度的氩离子流轰击清洗工件，清洗效果好，工件表面的亮度高。这是获得高密度氩离子流最简便、成本最低的方法。

（2）弧光电子流增强磁控溅射镀膜过程　磁控溅射镀膜技术是在辉光放电中进行的，等离子体密度低，使用磁控溅射的沉积速率低，膜-基结合力低，金属离化率低，膜层粒子能量低难以获得化合物膜层。因此，近些年来出现了在磁控溅射镀膜机中配置阴极电弧源来增强磁控溅射镀膜技术水平的新技术。

1）高密度的弧光电子流将氩气电离得到高密度的氩离子流轰击清洗工件，替代多年的钛离子轰击清洗技术，可提高磁控溅射所镀高档装饰产品的装饰效果。

2）高密度的弧光电子流将氩气电离得到高密度的氩离子流溅射靶材，可提高沉积速率。

3）在磁控溅射靶镀膜中匹配的阴极电弧源，在清洗工件之后还可以与磁控溅射靶一起镀膜，可镀合金膜和多层膜。

4）进行辅助沉积。阴极电弧源在参与镀膜的过程中，阴极电弧源发射出的100A以上的电子流可以使溅射下来的膜层原子提高离化率，容易形成化合物膜；同时有更多的金属离子到达工件，可以提高磁控溅射的沉积速率。

在第7章里曾介绍过Platit公司把原来柱状阴极电弧离子镀膜机中间安装的柱状阴极电弧源改为柱状磁控溅射靶，开发出π411机型。中间的磁控溅射靶安装陶瓷绝缘状靶材TiB_2，门上的柱弧源分别安装Al、Cr、Ti靶材。两种不同类型的柱状镀膜源一起镀膜，镀$AlCrTi/TiB_2$复合硬质涂层。门上的柱弧源既可以清洗靶管和工件，又是镀膜源，在和中间的柱状靶同时镀膜的过程中提供有以下作用。

1）发射高密度的电子流，提高了氩离子密度，使沉积速率提高。

2）高密度的电子流将溅射下来的TiB_2膜层粒子的离化率提高，可以提高沉积速率，使沉积$AlCrTi/TiB_2$复合硬质涂层的沉积速率达到2μm/h。

3）提高离化率有利于提高Al、Cr、Ti、TiB_2膜层粒子的活性，容易反应沉积获得$AlCrTi/TiB_2$复合硬质涂层。

这是利用阴极电弧源发射的弧光电子流增强磁控溅射镀膜很好的实例。

参考文献

[1] 徐滨士，刘世参．表面工程技术手册：下［M］．北京：化学工业出版社，2009.

[2] 王福贞，马文存．气相沉积应用技术［M］．北京：机械工业出版社，2007.

[3] 戴达煌，周克崧，等．现代材料表面技术科学［M］．北京：冶金工业出版社，2004.

[4] MATTOX D M. Handbook of physical vapor deposition（PVD）processing［M］. New York：Elsevier，2010.

[5] FREY H，KHAN H R. Handbook of thin-film technology［M］. Berlin：Springer，2015.

[6] 田民波．薄膜技术与薄膜材料［M］．北京：清华大学出版社，2011.

[7] 徐成海．真空工程技术［M］．北京：化学工业出版社，2007.

[8] 张以忱．真空镀膜技术［M］．北京：冶金工业出版社，北京，2009.

[9] 刘伟基．一种用于离子源的中空阴极：201821582003.0［P］．2018-09-27.

[10] 刘伟基，冀鸣，赵刚．射频离子源系统及离子源设备：201922501752.7［P］．2019-06-26.

[11] 刘涌．闭合式电子漂移型离子源：200403208419.6［P］．2004-10-06.

[12] 傅永庆，朱晓东，徐可为，等．离子束辅助沉积技术及其进展［J］．材料科学与工程，1996（3）：22-32.

第10章 等离子体增强化学气相沉积技术

在固态物质源离子镀膜技术中，介绍了等离子体增强物理气相沉积技术的放电原理、各种离子镀膜技术的特点及其发展。本章开始介绍气态物质源离子镀膜技术，气态物质源离子镀膜技术包括等离子体增强化学气相沉积技术和等离子体增强聚合技术。这两种气态物质源的离子镀膜技术中的膜层物质源不是来自固体，而是直接向反应室通入气体。等离子体化学气相沉积通入的气态物质源多为无机气体，等离子体增强聚合技术通入的多为有机气体。

气态物质源在气体放电中被解离、电离、激发成为分子离子、原子离子、受激原子及自由基的活性基团。它们具有很高的能量，可以提供进行化合反应所需的能量，从而降低薄膜的沉积温度，而且可以产生用常规技术无法进行的反应，获得常规技术很难获得的薄膜材料。近几十年来，气态物质源离子镀膜技术在能源、半导体、机械、冶金、化工、纺织、光学、医药、环保等领域得到了广泛应用[1-8]。

10.1 气态物质源镀膜技术分类

近些年来气态物质源的沉积技术发展很快，沉积过程由只利用热能进行化学反应沉积的过程，发展到利用辉光放电等离子体和弧光放电等离子体的能量进行化学反应沉积的过程。气态物质源镀膜技术分类见表10-1。其中，热化学气相沉积技术是各种等离子体化学气相沉积技术的基础。

表10-1 气态物质源镀膜技术分类

气体类型	技术类型	简称	沉积温度/℃
无机	热化学气相沉积	HCVD	1000
金属有机	热化学气相沉积	MOCVD	500~1000
无机、有机	原子层沉积	ALD	<500
无机	辉光放电等离子体化学沉积	直流 PECVD	500
		射频 PECVD	200
		微波 PECVD	<200

（续）

气体类型	技术类型	简称	沉积温度/℃
无机	介质阻挡辉光放电	DBD	常温
有机	大气压次辉光放电	APGD	常温
无机、有机	弧光放电等离子体化学沉积	热丝弧 PECVD	1000
		等离子炬 PECVD	1000

10.2 化学气相沉积技术

现代社会发展需要零部件具有各种优异的性能薄膜材料，单靠一种成分的材料已经满足不了要求，需要具有特殊高性能的新的化合物薄膜材料，如硬质涂层 TiN，半导体膜 GaAs，介质膜 SiO_2、Si_3N_4 等。制备化合物薄膜材料需要将两种元素化合成为一种化合物，需要提供足够的激活能。最初获得化合物薄膜的技术主要是用加热的方法，将气态物质源加热后在基体表面上形成固态薄膜，是利用热能提供形成化合物所需要的能量。很多反应生成化合物薄膜的温度在 500~1000℃ 范围。这种技术称为化学气相沉积技术（chemical vapor deposition，CVD）。

化学气相沉积技术是最早用来获得与基体成分不相同的固体薄膜的镀膜技术。以前很多半导体器件中的薄膜都是采用化学气相沉积技术制备的，现在该技术在沉积碳纳米管、半导体集成电路、光电子器件、硬质涂层等领域仍然被广泛应用。

化学气相沉积技术有热化学气相沉积技术、金属有机化合物化学气相沉积技术和原子层沉积技术等，它们最初的共同特点是薄膜的沉积过程都不是在气体放电中进行的。

10.2.1 热化学气相沉积技术

热化学气相沉积技术（hot chemical vapor deposition，HCVD）。HCVD 是由气态物质在热能的激发下获得固态薄膜的技术。在高温下，利用热能将反应气体分解成活性原子和活性基团，在高温的工件表面沉积出固态薄膜。这是利用热能将气态物质源转换为固态物质的技术。整个反应过程是热激活、热分解、热化合的热平衡过程[5-8]，可以在常压或 100Pa 的低真空度下进行。HCVD 应用广泛，是其他气态物质源沉积技术的基础。下面以沉积 TiN 为例介绍 HCVD 的特点。

1. HCVD 的沉积装置

图 10-1 所示为 HCVD 沉积 TiN 等硬质涂层的装置。

2. HCVD 的工艺过程

HCVD 技术是利用热能将气态物质转换为固态物质的技术。整个反应过程是热

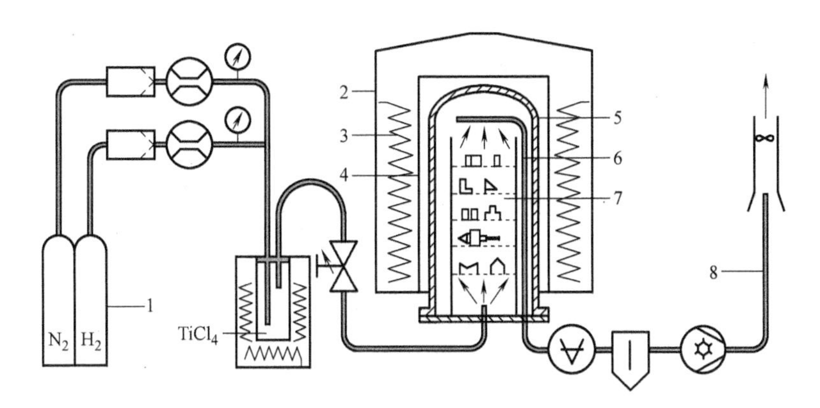

图 10-1 HCVD 沉积 TiN 等硬质涂层的装置

1—气瓶 2—加热炉 3—加热器 4—加热炉内壳 5—加热炉膛

6—加热炉内衬 7—工件 8—排气系统

能激励反应气体进行热分解和热化合的热平衡过程。

以沉积 TiN 为例进行介绍：反应气体为 $TiCl_4$、H_2、N_2，沉积温度为 1000℃，真空度为 200Pa[5]。

反应式如下：

$$2TiCl_4+4H_2+N_2 \rightarrow 2TiN+8HCl$$

在 1000℃高温下，$TiCl_4$、H_2、N_2 进行热分解，得到活性的 Ti、H、N 原子，这些活性的原子在 1000℃高温的工件上获得形成 TiN 化合物的所需的能量，进行化合反应获得固态薄膜，如 TiN 涂层，排出废气（尾气），即 HCl 气。图 10-2 所示为用 HCVD 沉积的硬质合金刀具和零件。

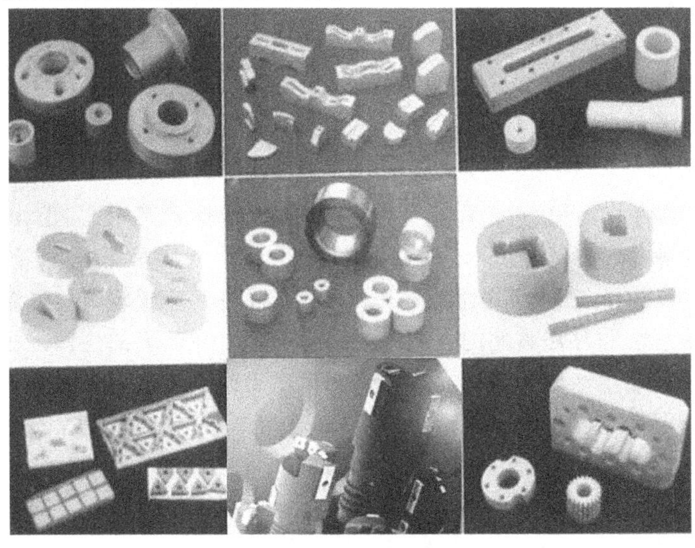

图 10-2 用 HCVD 沉积的硬质合金刀具和零件

原料气 $TiCl_4$ 和尾气 HCl 都是腐蚀性气体，所以气路系统需要严格防护，必须有严格控制的进气系统和尾气处理系统。反应生成的尾气不能直接排放到大气中，须经过滤系统才能进入抽真空系统。

3. HCVD 反应类型

HCVD 的反应类型很多，通过以下反应类型可以沉积出多种固态薄膜[5-8]。

（1）热分解反应　甲烷等氢化物加热分解，获得单晶硅薄膜或非晶硅膜。

$$SiH_4 \rightarrow Si+2H_2$$

（2）还原反应　用氢或卤化物作为还原剂制备纯材料膜，如纯 Cr 膜。

$$2CrCl_3+3H_2 \rightarrow 2Cr+6HCl$$

（3）氧化反应　利用氧气制备氧化物薄膜，如 SiO_2 膜。

$$SiH_4+O_2 \rightarrow SiO_2+2H_2$$

（4）化合反应　利用含有化合物薄膜成分的气体在反应室中进行热分解得到活性原子，然后化合反应生成所需的固态薄膜。该反应一般用于沉积碳化物薄膜、氮化物薄膜、硼化物薄膜，如 Al_2O_3、TiC、SiC、BN、GaAs 等固态薄膜。以下是一些化合物薄膜的化合反应式：

$$2AlCl_3+3CO_2+3H_2 \rightarrow Al_2O_3+3CO+6HCl$$

$$TiCl_4+CH_4 \rightarrow TiC+4HCl$$

$$SiCl_4+CH_4 \rightarrow SiC+4HCl$$

$$2TiCl_4+4H_2+N_2 \rightarrow 2TiN+8HCl$$

$$3SiCl_4+4NH_3 \rightarrow Si_3N_4+12HCl$$

$$As_4+As_2+6GaCl+3H_2 \rightarrow 6GaAs+6HCl$$

通常通入反应室的是气态源物质，但有些气态源物质在常温下有的是液体或固体，必须将这些气态源物质加热使之汽化，然后由氢气等载气带入反应室。

4. HCVD 的应用领域

1）沉积碳化物、氮化物、硼化物，如 Al_2O_3、TiC、SiC、BN 等超硬涂层。

2）沉积 GaAs 等薄膜。GaAs 薄膜是半导体器件中的重要薄膜，已有几十年历史。

3）沉积碳纳米管和石墨烯等特殊性能的高新技术产品。图 10-3 所示为用 HCVD 沉积的各种形态的碳纳米管。

4）采用常压化学气相沉积法（APCVD）在线生产节能玻璃。韩高荣教授把常压化学气相沉积法和浮法玻璃的生产工艺结合起来，在玻璃的生产线上设置镀膜工艺程序。浮法玻璃生产出来以后立即在热的玻璃表面上化合反应镀膜。这种工艺称为在线镀膜，可以生产阳光玻璃、LOW-E 玻璃、掺氮二氧化钛薄膜亲水性玻璃[10]、非晶硅薄膜（可用于发光器件[11]、光致变色玻璃）等。

图 10-4 所示为常压化学气相沉积制备纳米多层膜的设备[9]。以 SiH_4 和 C_2H_4 为原料，在温度为 660℃ 时可制备 Si/SiC 纳米复合薄膜材料。

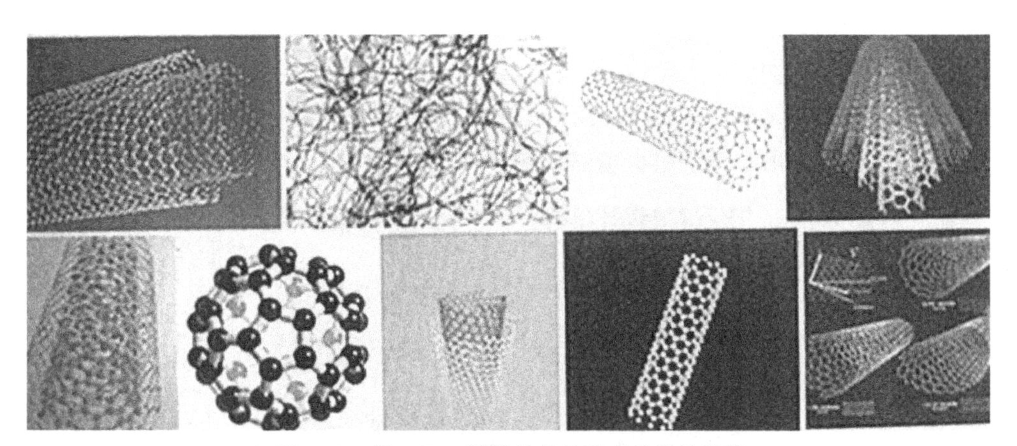

图 10-3 用 HCVD 沉积的各种形态的碳纳米管

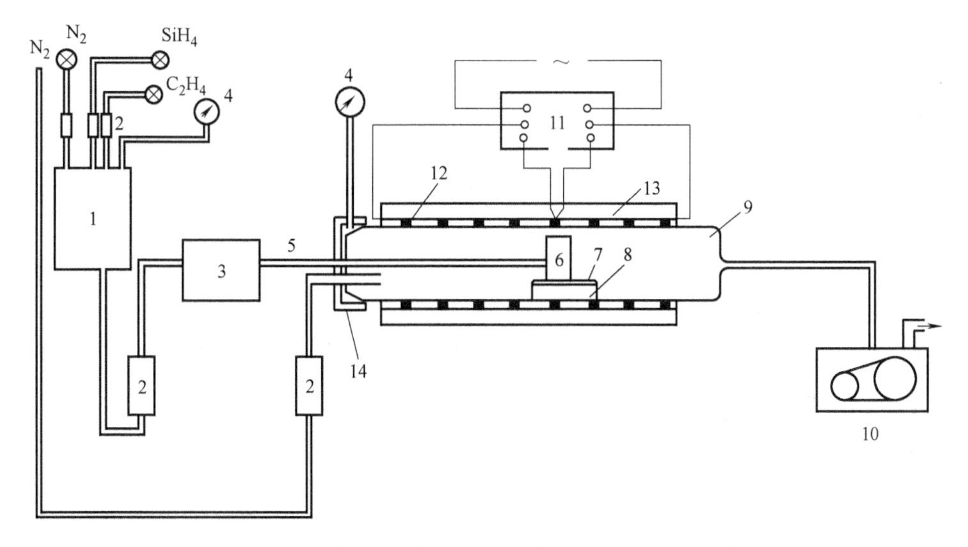

图 10-4 常压化学气相沉积制备纳米多层膜的设备

1—混气室 2—转子流量计 3—步进电动机控制仪 4—真空压力表 5—不锈钢管喷杆 6—喷头 7—基板 8—石墨基座 9—石英管反应室 10—机械泵 11—WZK 温控仪 12—电阻丝加热源 13—保温层陶瓷管 14—密封铜套

纳米复合薄膜材料可以有许多种组合，如金属/半导体、金属/绝缘体、半导体/金属、半导体/绝缘体、半导体/高分子材料等，而每一种组合又可衍生出众多类型的复合薄膜。目前，广泛研究的是半导体/绝缘体、半导体/半导体、金属/绝缘体、金属/金属等纳米复合薄膜材料，特别是硅系纳米复合薄膜材料。硅系纳米复合薄膜可应用于光电材料，该技术在大规模光电集成电路光电器件、太阳能电池、传感器、光计算机、仿真、制导、机器人、新型建材等领域有广阔的应用前景，日益成为关注焦点。

5. HCVD 特点

1）易于沉积多层膜。HCVD 技术容易更换通入的反应气体，可以实现沉积各种多层膜、多层纳米膜。图 10-5 所示为 HCVD 沉积的 7 层硬质膜（TiN-Al_2O_3-TiN-Al_2O_3-TiN-Al_2O_3-TiN）的扫描电镜断口组织[5]。

图 10-5　HCVD 沉积的 7 层硬质膜的扫描电镜断口组织

2）HCVD 的反应沉积过程是在高温下进行的，膜层和基材的结合力好。

3）HCVD 的工件浸没在反应气氛中，膜层的均匀性优于 PVD 技术。

4）HCVD 的设备与 PVD 的设备相比，结构简单。

5）HCVD 的缺点是，使用的原料气和产生的废气（尾气）多为氯化物、氰化物等腐蚀性气体和爆炸性气体，必须进行防护处理，严格执行环保政策。

6）HCVD 的沉积温度高，只能在硬质合金上沉积 TiN，不能在 560℃ 回火的高速钢刀具上沉积 TiN 等硬质涂层。

10.2.2　金属有机化合物气相沉积技术

金属有机化合物气相沉积技术（metal organic chemical vapor deposition，MOCVD）。采用的气态物质源是金属有机化合物气体[8]，沉积的基本反应过程与 CVD 近似。

1. MOCVD 的原料气

MOCVD 采用的气态物质源是金属有机化合物气。几种金属有机化合物及其特性见表 10-2[8]。

表 10-2　几种金属有机化合物及其特性

化合物	简名	分子式	状态	熔点/℃	沸点/℃
三甲基铝	TMAl	$Al(CH_3)_3$	液体	15	126
三乙基铝	TEAl	$Al(C_2H_5)_3$	液体	-58	194
三甲基镓	TMGa	$Ga(CH_3)_3$	液体	-15	5

（续）

化合物	简名	分子式	状态	熔点/℃	沸点/℃
三甲基砷	DEAs	$As(CH_3)_3$	液体	-87	53
二乙基锌	DEZn	$Zn(C_2H_5)_2$	液体	-28	118

金属有机化合物是有机物与金属化合生成的比较稳定的化合物。有机化合物有烷基、芳香基等。烷基包括甲基、乙基、丙基、丁基。芳香基包括苯基的同系物。三甲基镓［$Ga(CH_3)_3$］、三甲基铝［$Al(CH_3)_3$］用于沉积微电子、光电子、半导体中的三、五族化合物膜层，如用 $Ga(CH_3)_3$ 和氨气可以在硅片或在蓝宝石上外延生长 LED 灯中的 InGaN 发光层。LED 灯比钨丝白炽灯节能 90%，比日光灯节能 60%。现在各种路灯、照明灯和汽车车灯基本上都采用了 MOCVD 生产的 LED 发光薄膜。

2. 沉积温度

有机金属化合物的分解温度低，沉积温度比 HCVD 低。用 MOCVD 沉积 TiN 时，沉积温度可降到 500℃左右。

3. 设备

图 10-6 所示为 MOCVD 设备的配气系统和沉积室。

a)

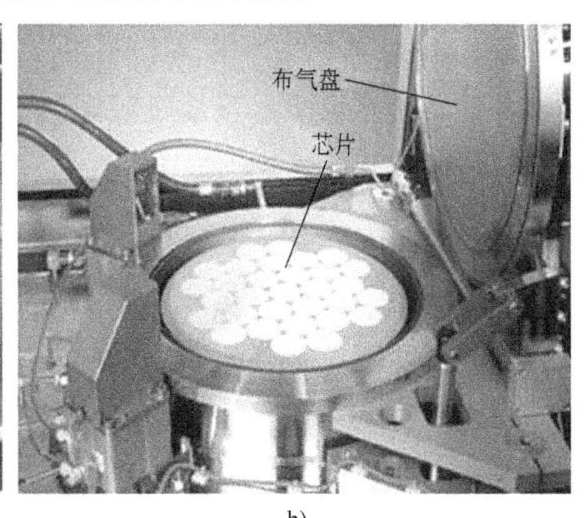

b)

图 10-6 MOCVD 设备的配气系统和沉积室
a）配气系统 b）沉积室

MOCVD 生产过程中，为了保证成品率，对温度和布气的均匀性要求也很严格，在直径为 ϕ500mm 的工件转盘上需要打 1000 个进气孔。

MOCVD 在半导体行业有更广泛的应用，如在 GaAs 的（111）面衬底上外延生长 GaAs 的纳米线，在 InP 的（100）面上外延生长 InP 纳米线等。

现在可以在玻璃宽度为 3600mm 的浮法玻璃生产线上，利用 MOCVD 技术沉积透明导电膜、电致变色膜等来制作幕墙玻璃、节能玻璃。

金属有机化合物虽然无毒，但是因为是有机化合物，含有碳，所以易燃，对防燃防爆的要求很严格，一般要采用手套箱操作或机械手封闭操作。

10.2.3 原子层沉积技术

原子层沉积技术（atomic layer deposition，ALD）属于化学气相沉积技术范畴，是一种特殊的CVD技术，应用越来越广泛[12-14]。

1. 原子层沉积的特点

原子层沉积时，每次只生长一个原子层厚度的薄膜。在基体上长满一层薄膜以后才生长第二层薄膜。该技术一般用于在有机薄膜上沉积氧化物、氮化物、硫化物薄膜。

（1）ALD用的基材　ALD用的基材多为有机薄膜，如聚乙烯（PE）薄膜、聚酯（PET）薄膜、聚偏二氯乙烯（PVDC）薄膜等。沉积前需要进行表面活化处理，以提高有机薄膜的活性。

（2）ALD沉积的薄膜　氧化物薄膜：Al_2O_3、SiO_2、ZnO、MgO；氮化物薄膜：Hf_3N_4、TaN；硫化物薄膜：SnS、Cu_2S；纯金属薄膜：Ru、Pt、Co、Ni。

（3）ALD使用的原料气　金属有机化合物气体，如Al（CH_3）$_3$、Ga（CH_3）$_3$、Si(CH_3)$_4$；反应气体，如O_3、H_2O、N_2O等。

2. 原子层沉积过程

用ALD沉积Al_2O_3的原料气为Al(CH_3)$_3$，反应气体为O_3、H_2O等。

原子层沉积过程包括两个半反应过程和四个基元步骤[12-14]。其具体的四个基元步骤如图10-7所示[12]。

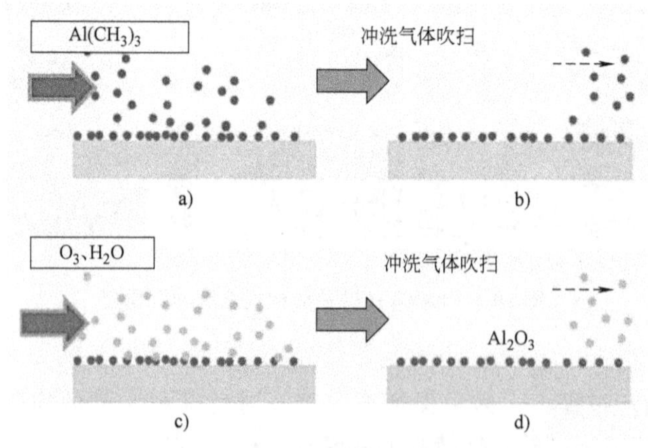

图10-7　ALD的技术原理图

a）步骤1：通入前驱体A金属有机化合物　b）步骤2：充气吹扫

c）步骤3：通入前驱体B氧化成Al_2O_3　d）步骤4：充气吹扫

步骤1：通入前驱体A，沉积Al_2O_3阻隔膜的前驱体A多是金属有机气体Al（CH_3）$_3$等，前驱体A通入反应室和基体产生吸附反应，沿基体表面生长出致密的一个原子层薄膜，如图 10-7a 所示。

步骤 2：用冲洗气体吹扫多余的 A 单体气源和副产物，如图 10-7b 所示。

步骤 3：通入前驱体 B，前驱体 B 采用 O_3 或 H_2O 等氧化性气体，通入反应室后与前驱体 A 发生氧化反应，形成 Al_2O_3 高阻隔膜，如图 10-7c 所示。

步骤 4：最后用冲洗气体吹扫多余的单体 B 和副产物，获得单原子层薄膜，然后依次循环将 A、B 两种前驱体脉冲交替通入反应室，两次冲洗清扫，获得一个单原子层膜 Al_2O_3，如图 10-7d 所示。

把上述四个步骤叫一个周期。一个周期只沉积一层单原子层薄膜。

3. 原子层沉积有自限制性

原子层沉积的自限制性是前驱体 A 在基体上沉积满一层薄膜以前不会再生长第二层 A，在剩余原料气和副产物吹走以后与通入的前驱体 B 化合形成所需化合物。基体长满了所需化合物薄膜以后才生长第二层。每个周期只生长一层化合物膜，这就是 ALD 的自限制性，这种自限制性可确保在基体上长满一层致密的单原子层薄膜。

4. ALD 的优点

ALD 每次只生长一层薄膜，其优点如下：

1）膜层的厚度均匀。没有 PVD 镀膜过程中遮挡造成的不均匀，所以保形性好，可以使半导体器件中的大深宽比的沟槽内的膜层厚度也有很好的均匀性。图 10-8 所示为集成电路中大深宽比沟槽内 ALD 薄膜的均匀性照片。

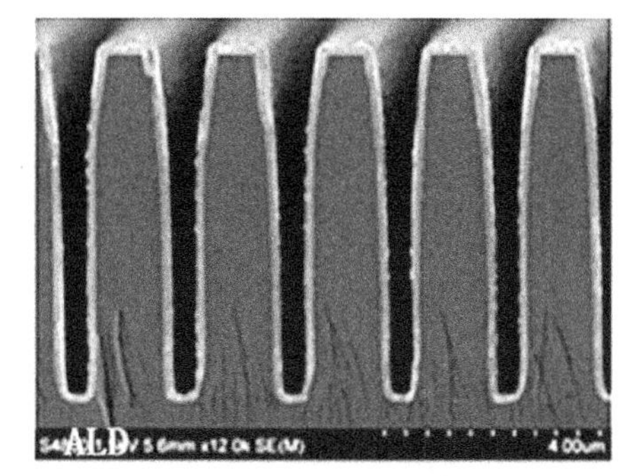

图 10-8 集成电路中大深宽比沟槽内 ALD 薄膜的均匀性照片

2）膜层厚度可以精确控制。因为是长满了一层才能生长第二层膜，控制沉积的周期可以控制膜层的厚度；可以用计数器记录膜层生长的层数；能够生长出几层到 1000 层以上的薄膜。

3）薄膜光滑度高。每次只生长一个原子层膜，具有原子级的薄膜光滑度。

4）可以在大幅面有机膜上沉积高档薄膜，生产率高。

5）可以方便地沉积大面积绝缘膜，没有“靶中毒”“阳极消失”等问题。

5. 原子层沉积技术的应用领域

ALD 技术可以沉积阻隔膜、量子阱系统的电致发光器件、显示器件等。ALD 在沉积封装阻隔薄膜方面显示了巨大的潜力。封装阻隔薄膜的作用是提高材料的阻隔空气和水蒸气的能力，主要应用如下[12-14]：

1）用于食品的储存、运输时的保鲜。

2）制作有机发光二极管的薄膜 OLED，基体材料是有机材料。沉积了发光二极管的薄膜 OLED 后，二极管容易受水蒸气、氧气的腐蚀，必须用 ALD 技术沉积一层 Al_2O_3、SiO_2 阻隔膜。

3）柔性太阳能电池、锂电池、有机电子器件、柔性电路板的基体材料都是有机物薄膜，需要沉积高阻隔膜，尤其是集成电路中铜的互连线中大深宽比沟槽中的铜膜更需要免受水蒸气的腐蚀，以延长使用寿命。图 10-9 所示为 ALD 应用产品。

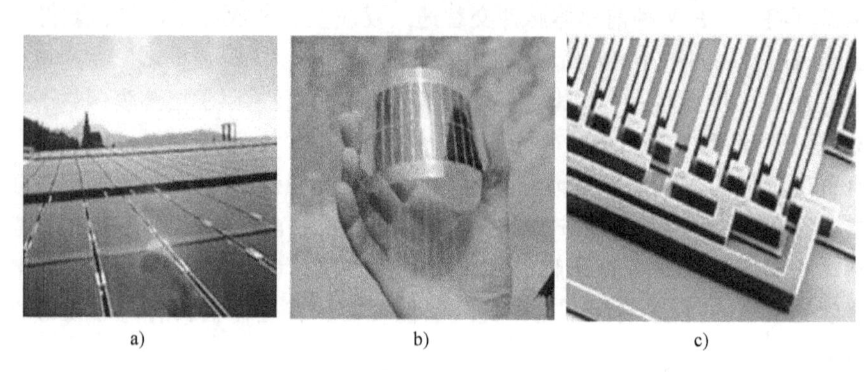

a)　　b)　　c)

图 10-9　ALD 应用产品

a）柔性太阳能电池　b）柔性可穿戴产品　c）微电子线路

近几年，在 ALD 技术中也采用等离子体增强技术进一步提高 ALD 薄膜的质量[12-14]。ALD 技术可在柔性基材卷绕镀膜连续在线生产高阻隔膜，在食品包装、微电子器件封装、半导体、光学、生物、医学等领域，有广阔的应用前景。

10.3　等离子体增强化学气相沉积技术

等离子体增强化学气相沉积（plasma enhanced chemical vapor deposition，简称 PECVD），利用气体放电增强化学气相沉积，是离子镀膜技术的新领域。利用等离子体能量在降低获得化合物薄膜的温度、制备新的薄膜材料等方面，突显了气体放电技术在增强化学反应方面的优越性，研发出很多等离子体增强气态物质源沉积薄膜的新技术。

10.3.1　等离子体增强化学气相沉积技术类型

几十年来，薄膜科技工作者在低气压辉光放电的基础上研发了很多激励气体放电的技术，先后出现了很多类型的 PECVD 方法，如直流脉冲 PECVD、射频 PECVD、微波 PECVD、大气压下辉光放电 PECVD、弧光 PECVD 等，而且也匹配了各种电磁场控制电子的运动，以延长电子的运行路线，从而提高和反应气体的碰撞电离概率，从而提高沉积室内的等离子体密度。利用这些技术，可以在低温下获得各种具有特殊功能的无机薄膜和高分子有机薄膜。表 10-3 列出了几种 PECVD 技术。

表 10-3 几种 PECVD 技术

等离子体引入及产生方法	工艺参数	特点	可涂层材料
直流辉光放电 PECVD	沉积温度:300~600℃ 直流电压:0~4000V 直流电流:16~49A/m^2 真空度:1×10^{-2}~200Pa 沉积速率:2~3μm/h	涂层均匀,一致性好;设备相对简单,造价低	TiN、TiCN 等
直流脉冲 PECVD	沉积温度:300~600℃ 等离子电压:0~1000V 脉冲持续时间:4~1000μs 脉冲断续时间:10~1000μs 脉冲持续时间:4~1000μs	涂层均匀,一致性好;热、电工艺参数能独立控制。设备相对简单,适于工业化生产	TiN、TiCN、纳米膜、nc-TiN/α-Si_3N_4、金刚石等
射频 PECVD (电容耦合)	沉积温度:300~500℃ 沉积速率:1~3μm /h 频率:13.56MHz 射频功率:500W	涂层质量和重复性好,设备复杂	TiN、TiC、TiCN、β-C_3N_4 等
微波 PECVD	微波频率:2.45GHz 沉积速率:2~3μm/h	微波等离子体密度高,反应气体活化程度高;无电极放电,涂层质量好,设备复杂,造价高	Si_3N_4、β-C_3N_4 等
大气压辉光放电 PECVD	介质阻挡放电 大气压次辉光放电	大气压下辉光放电,表面改性、化合、聚合、	有机膜改性纺织品等
弧光 PECVD	热丝弧弧光放电,等离子体弧柱电离气体	等离子体密度大,磁场搅拌	金刚石、类金刚石等

10.3.2 直流辉光放电增强化学气相沉积技术

在表 10-3 所列的各种 PECVD 技术中，直流辉光放电 PECVD 是最早应用的 PECVD 技术[15,16]，也是诸多气态物质源等离子体化学气相沉积技术的基础。

1. 直流辉光放电 PECVD 装置

图 10-10 所示为低气压直流辉光放电 PECVD 装置。在沉积室内安装工件，接直流电源的负极，沉积室接正极。反应沉积的真空度很低，只需要用机械真空泵抽真空。反应气体通过进气阀、气管进入沉积室[15]。

2. 直流辉光放电 PECVD 工艺过程

下面以沉积 TiN 为例介绍沉积工艺。

反应气体：$TiCl_4$、H_2、N_2。反应气中的 $TiCl_4$ 在室温下是液体，需要用水浴锅

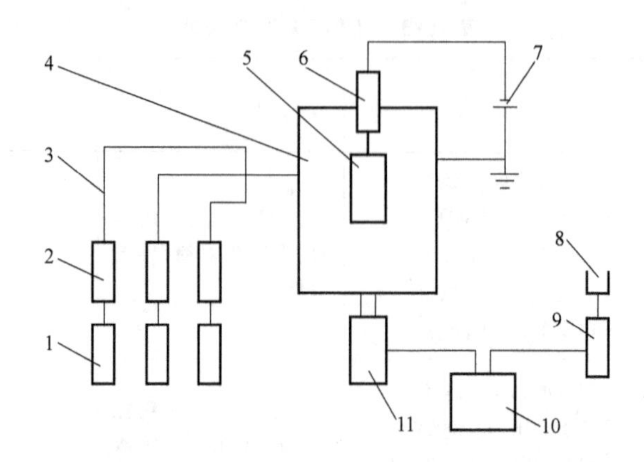

图 10-10 低气压直流辉光放电 PECVD 装置

1—气瓶 2—进气阀 3—进气管 4—沉积室 5—工件 6—电极 7—电源
8—排气管 9—过滤器 10—尾气处理装置 11—抽真空系统

加热至 80℃ 以上汽化后，用载气携带进入沉积室。真空度为 10~200Pa。

工件接直流电源的负极，镀膜室接正极，放电电压为 1500~1800V。接通电源以后，工件表面产生辉光放电，电流密度为 2~4mA/cm^2。

通入的反应气体被分解、解离、电离成为离子、活性原子和活性集团，提高了膜层粒子的总体能量，可以在 500℃ 的温度下在工件上进行化合反应获得固态薄膜——TiN 涂层，排出尾气 HCl 气。沉积速率为 1~3μm/h。反应式如下：

$$2TiCl_4+4H_2+N_2 \rightarrow 2TiN+8HCl$$

原料气 $TiCl_4$ 和尾气 HCl，都是腐蚀性气体，进气系统需要严格防护。因此，PECVD 装置和 CVD 装置一样，也必须有严格控制的进气系统和尾气处理系统。反应后的尾气不能直接排放到大气，必须通过过滤系统才能进入抽真空系统。

下面以沉积 TiN 为例，说明辉光放电等离子体化学气相沉积的意义。从沉积室中通入沉积 TiN 的反应气体 $TiCl_4$、N_2、H_2，工件上施加 1000V 以上的负电压，沉积室接电源的正极，接通电源以后，沉积室内产生了辉光放电。工件温度为 500℃ 时，可在工件上沉积出 TiN 固态薄膜，即在辉光放电中沉积 TiN 不需要 1000℃。这是因为在气体放电中高压电场将电子加速成高能电子，高能电子和反应气体产生非弹性碰撞，立即将多原子气体分解、解离、激发、电离成非常活泼的分子离子、原子离子和活性基团，形成等离子体。这些高能的粒子容易发生化合反应，生成固态化合物 TiN 沉积在工件上成为薄膜。这个过程称为等离子体增强化学气相沉积。用 PECVD 沉积 TiN，从根本上改变了气态物质源获得固态薄膜的能量供给体系[1-8,15,16]，借助气体辉光放电产生的等离子体的能量增强镀膜的过程，可以沉积出具有新结构、新功能的薄膜材料。

3. 直流辉光放电 PECVD 沉积膜层特点

（1）膜层组织形貌　膜层组织为致密的柱状晶。图 10-11 所示为膜层的断口扫描电镜照片[15]。沉积时间为2h，膜层厚度约为5μm，膜层表面为金黄色。

图 10-11 膜层的断口扫描电镜照片

（2）膜层的晶体结构图 图10-12所示为多种基材同炉沉积TiN膜层的X射线衍射峰[15]。由图10-12可知，不同基材在相同条件下沉积的TiN膜层的原子排列规律基本相同。

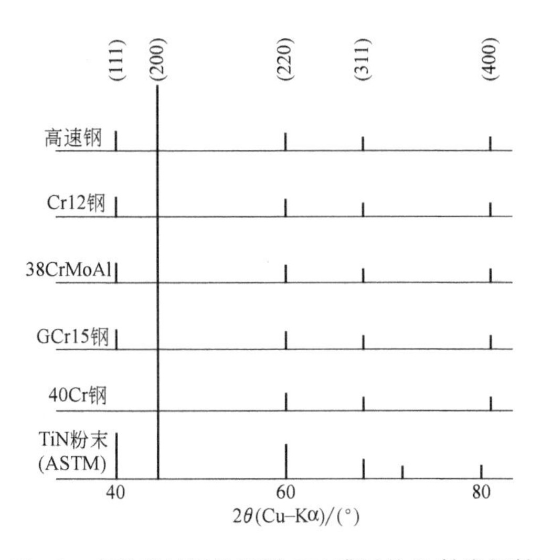

图 10-12 多种基材同炉沉积 TiN 膜层的 X 射线衍射峰

4. 直流辉光放电 PECVD 技术特点

1）降低形成化合物的温度。由于把气体放电技术引入到CVD中，使反应气体成为一种电离气体，在电离状态下，气体分子产生大量电子和正负离子，成为具有导电性的电离气体，这是物质的第四态——等离子体。通入的气体变成了高能的活性粒子，高能的活性粒子可以相互发生激烈的化合反应，沉积化合物的温度显著低于CVD的沉积温度。表10-4列出了HCVD和PECVD沉积一些化合物的典型沉积温度范围[1]。

表 10-4 HCVD 和 PECVD 沉积一些化合物的典型沉积温度范围

沉积薄膜	沉积温度/℃	
	HCVD	PECVD
多晶硅	650	200~400
Si_3N_4	900	300
SiO_2	800~1100	300
TiC	900~1100	500
TiN	900~1100	500
WC	1000	325~525

2）膜层的饶镀性好。PECVD 的真空度要求很低，一般为 10~100Pa，而且工件的各个方位都带电，整个工件表面可以吸引离子达到工件表面进行反应沉积，比 PVD 所镀膜层的饶镀性好。

3）获得各种化合物膜和多层膜。只改变通入的反应气体，可以获得各种化合物膜层和多层膜，如 TiN-TiCN，TiN- Al_2O_3-TiN 多层膜。

4）直流 PECVD 的设备结构简单。

5）原料气和尾气多是氯化物气体、氢化物气体，所以必须匹配严格的气路防污系统。

10.4 等离子体增强化学气相沉积原理

从直流辉光放电 PECVD 技术的分析中知道，等离子体增强化学气相沉积技术中常用的气态源物质为多原子气体，如 N_2、H_2、C_2H_2、CH_4、NH_3、$TiCl_4$、$AlCl_3$、$SiCl_4$ 等。多原子气体的结构比单原子气体复杂得多，放电特点和过程虽然也遵循单原子气体放电的规律，但是多原子气体的放电有自己的特点。下面以双原子分子为例，来分析气体分子的热运动过程、热分解过程和非弹性碰撞的激发、电离过程。

10.4.1 多原子气体的热运动

1. 双原子气体具有不同的能量状态

双原子气体在不同温度时所具有的状态不同。在 0K 附近时，双原子气体分子只有 x、y、z 三个轴向的自由度的平动。从 10K 起增加了旋转运动自由度，到 1000K 又增加了振动自由度。4000K 以上双原子气体才能产生热分解，因为双原子气体有很高的分解能，使气体产生电离比原子电离需要更高的能量[4,5]。图 10-13 所示为 1 个双原子分子在不同能量范围的状态[4]。气体放电时不需要热电离时所需的高温。

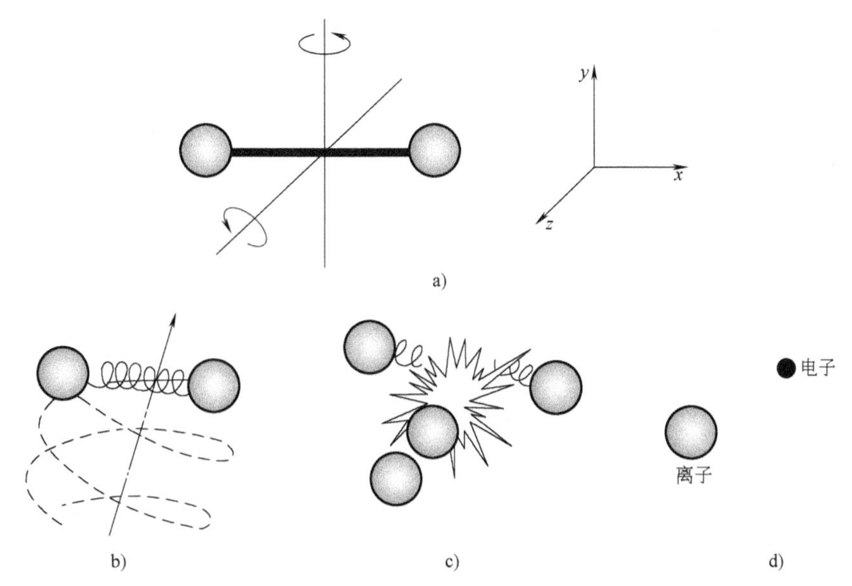

图 10-13　1 个双原子分子在不同能量范围的状态

a）三维平动和旋转运动三个旋转自由度　b）振动运动　c）分解　d）电离

2. 双原子气体的分解

在气体放电等离子体中，用高能的电子可以使双原子气体分解成原子。由于核间的相互作用，使气体分解也需要电子提供很高的能量。以 N_2 分解为氮原子为例，其反应式为

$$N_2+\varepsilon_D \rightarrow 2N$$

式中，ε_D 为 N_2 的分解能。当入射粒子的能量大于 ε_D 时，分子就可分解为氮原子。表 10-5 列出了几种常见分子的分解能[5]。由表 10-5 可知，分子的分解能和同元素的原子电离能比低得多，只有几个 eV；除 CO_2 之外都较低，比较容易分解。

表 10-5　几种常见分子的分解能

分　子	ε_D/eV	分　子	ε_D/eV
H_2	4.477	NO	6.18
N_2	9.76	OH	4.38
O_2	5.08	CO_2	16.56
CO	11.11	—	—

3. 双原子气体的激发与电离

多原子气体或分解得到的原子受到更高能电子的碰撞时产生电离和激发[1-5]，可以直接从分子轨道上分离出电子来，形成分子离子，也可以分解后产生单原子的电离和受激发的过程。在低压等离子体中，关键是电子具有很高的能量，它起着重

要的媒介作用。电场加速电子使之高速运动，高速运动的电子与气体产生非弹性碰撞，将能量传递给分子、原子，引起分子的离解、激发、电离和自由基化，产生高能的原子离子、分子离子、基元粒子、长寿命亚稳原子、激发态原子和电子等大量活性基团粒子。这些活性组分具有很高的能量，容易进行化学反应生成固体反应物。

10.4.2 多原子气体的激发和电离

1. 多原子气体的谐振激发电位和电离电位

多原子气体的谐振电位和电离单位比单原子气体的高。表 10-6 列出了常用气体的谐振激发电位、电离电位和可能发生的电离过程[5]。

表 10-6 常用气体的谐振激发电位、电离电位和可能发生的电离过程

气体	谐振激发电位 U_r/V	电离电位 U_i/V	可能发生的电离过程
H_2	7	15.37	$H_2 \to H_2{}^+$
		15.18	$H_2 \to H^+ + H$
		15.26	$H_2 \to H^+ + H$+动能
		15.46	$H_2 \to H^+ + H^+$+动能
O_2	7.9	12.5	$O_2 \to O_2{}^+$
		12.2	$O_2 \to O^+ + O$
CO_2	3	19.14	$CO_2 \to CO_2{}^+$
		19.16	$CO_2 \to CO + O^+$
CO_2	3	20.4	$CO_2 \to CO^+ + O$
		28.3	$CO_2 \to C^+ + O + O$
I_2	2.3	19.7	$I_2 \to I_2{}^+$
		19.2	$I_2 \to I^+ + I$
H_2O	7.6	12.59	$H_2O \to H_2O^+$
		17.3	$H_2O \to HO^+ + H$
		19.2	$H_2O \to HO + H^+$
N_2	8.3	15.8	$N_2 \to N_2{}^+$
		24.5	$N_2 \to N^+ + N$

2. 分子产生的受激发和电离过程

高能电子和各种气体分子产生的激发、离解、电离的过程如下：

氢气：

$$H_2 + e^- \to H_2{}^* + h\nu + e^- \quad (10\text{-}1)$$

$$H_2 + e^- \to 2H^{\cdot} + e^- \quad (10\text{-}2)$$

$$H_2+e^- \rightarrow H_2^{\ +}+2e^- \tag{10-3}$$

$$H_2+e^- \rightarrow H^* +H^+ +2e^- \tag{10-4}$$

式（10-1）为激发过程。$H_2^{\ *}$ 为激发态氢分子，$h\nu$ 为激发发光。

式（10-2）为自由基（$H^{\cdot}$）化过程。

式（10-3）为分子直接离化过程。

式（10-4）为离解离化激发过程。

3. 其他形式产生的激励活化过程

氮气是不活泼气体，在很多场合作为保护气使用，但是，在气体放电中变为活性粒子后可以进行多种化合反应。

氮气：

$$N_2+e^- \rightarrow N_2^{\ *} +e^-$$

$$N_2^{\ *} \rightarrow N_2^{\ +}+h\nu$$

$$N_2+e^- \rightarrow N_2^{\ +}+2e^-$$

在 PECVD 中经过下列反应式获得氮化物：

$$3SiH_4+2N_2 \rightarrow Si_3N_4+6H_2$$

$$2TiCl_4+4H_2+N_2 \rightarrow 2TiN+8HCl$$

在等离子体中存在着大量的带电粒子，包括电子、离子、分子离子、高能中性受激分子、亚稳原子、自由基等活性原子。它们之间还可以重新复合消失或产生累积电离、转荷过程或与其他活性粒子进行化合反应。

氨气：

$$NH_3+e^- \rightarrow NH+H_2+e^-$$

$$H_2+e^- \rightarrow 2H+e^-$$

$$H+NH_3 \rightarrow NH_2+H_2$$

$$NH_2+e^- \rightarrow NH+H+e^-$$

$$NH+NH \rightarrow N_2+H_2$$

氧气：O_2 与电子的亲和力大，当和电子产生碰撞时还会将电子捕获形成负离子。

$$O_2+e^- \rightarrow O_2^{\ -}$$

$$O_2+e^- \rightarrow O+O^-$$

还可以生成臭氧 O_3：

$$O_2+O_2+O_2 \rightarrow O_3+O_3$$

$$O_2^{\ -}+O_2^{\ +} \rightarrow O+O_3$$

从以上各种气体放电中发生的过程和得到的产物可知，高能电子和多原子气体产生非弹性碰撞后，将能量传递给了气体分子，使之成为各种活性粒子。由表 10-5 和表 10-6 可知，等离子体中的活性粒子的能量为 1～20eV，而 HCVD 在 1000℃ 提供的能量只有 0.1eV。由此可见，气体放电形成了等离子体后，提高了放电空间内粒子整体的能量。

在气体放电等离子体中，除了高能电子与气体分子或高能电子与原子产生相互碰撞之外，重粒子之间也会发生各种的弹性碰撞和非弹性碰撞，它们之间也有能量传递。高能的重粒子，比如粒子、原子、分子会将自身能量的 1/2~1 传递给低能的重粒子。因此，放电空间会有各种层次能量的中性粒子。它们的能量虽然没有电子的能量高，但一旦放电，这些粒子的能量就不是起初通入反应式时的 300K (0.03eV) 能量了，它们成了高能的活性粒子，容易在低温下发生化学反应沉积出固态薄膜。由于放电空间里大量的活性粒子的平均能量远低于电子的能量，所以属于非平衡等离子体。

10.4.3 等离子体中固体表面的反应

除了气相中的反应之外，还有在固体表面间发生的反应，根据反应的部位分为以下几种类型[5]：

$$A(s)+B(g)\rightarrow C(g) \tag{10-5}$$

$$A(g)+B(g)\rightarrow C(s)+D(g) \tag{10-6}$$

$$A(s)+B(g)\rightarrow C(s) \tag{10-7}$$

$$A(g)+B(g)+M(s)\rightarrow AB(g)+M(g) \tag{10-8}$$

式 (10-5) 为等离子体状态的气体同固相间发生反应生成新气相物质的反应，如等离子体刻蚀。

式 (10-6) 表示两种以上气体在等离子体中反应生成固体与新气相物质。化学气相沉积与等离子体化学气相沉积都属于此类反应。

式 (10-7) 表示等离子体状态的气体与固体物质在固体表面生成新的固态化合物，如金属表面的离子渗氮、离子渗碳、离子渗金属。

式 (10-8) 表示放置在等离子体中的固体表面起催化作用，促进气体分子的分解和复合。

PECVD 技术的目的是在零部件表面获得固态薄膜，主要利用的是式 (10-6) 的反应过程，即两种以上气体在等离子体中反应生成固体薄膜和排出新的气相物质的反应过程。在气体放电过程中通入的低能量的气体，被高能的电子激发、离解、电离以后，获得了氢、氮的多种活性粒子和钛离子。这些活性粒子在零部件表面被吸附进行化合反应生成 TiN 固态薄膜。

10.4.4 等离子体增强化学气相沉积技术的优点

等离子体增强化学气相沉积技术的优点如下：

1) 降低反应形成化合物的温度。多原子气体放电可降低形成化合物的温度，扩展化合物薄膜适用基材的范围。采用射频放电、微波放电产生等离子体密度更大的放电方式，可以在低温进行沉积[1-8]。

2）沉积效率高。与普通热化学反应中处于新生态的活性粒子相比，等离子体空间中，阴极前的等离子体电场分布是不均匀的，在阴极位降区电场强度最高，是化学反应的集中区[5]。图 10-14 所示为直流辉光放电中 NH_3 生成速度的分布[5]。由图 10-14 可以看出，反应集中在阴极表面，这有利提高沉积速率，减少了反应物在阳极沉积室壁上的沉积。在阴极附近，等离子体中的活性粒子在放电电场中始终具有很高的活性，化合反应速度快，沉积效率高。

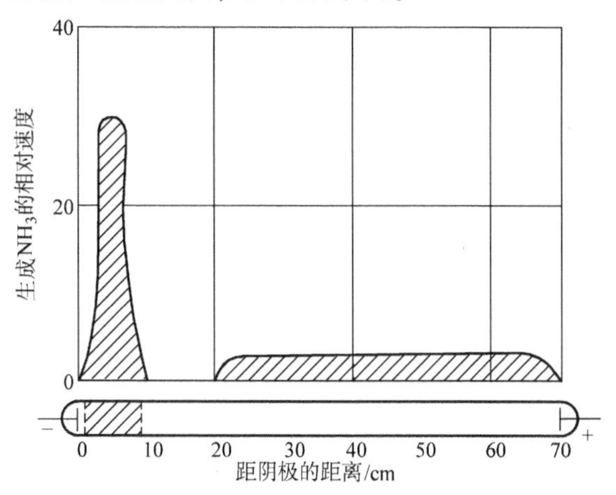

图 10-14　直流辉光放电中 NH_3 的生成速度分布

3）可控制的参数多。与普通热化学气相沉积相比，等离子体化学反应可控制的参数多，除了气压、温度之外，还有放电方式、放电电压、电流密度、气体的通入方式、电极结构等。优选这些参数，可以获得更优异的化合物薄膜材料。

直流 PECVD 技术中的问题之一是工件“打弧”问题。为了能够及时抑制弧光放电发生“打弧”问题，可采用脉冲电源和直流电源联合供电。脉冲电源采用高电压，低占空比，短时的高脉冲电压截止可以及时起到灭弧的作用。直流电一直保持低电压，可以保持 PECVD 沉积过程所需要的供电需求。

4）可发挥电磁场的作用。在多原子气体放电中，仍然可以利用电场、磁场、电磁场约束等离子体中带电粒子的运动，控制带电粒子的能量、电子密度和运动方向。目前已经研发出多种 PECVD 技术。

5）采用弧光放电 PECVD。薄膜的沉积过程和 PVD 技术一样采用弧光 PECVD 技术，利用弧光放电等离子体增强薄膜的沉积过程，使很多难于获得的薄膜材料成为可能。

10.5　各种新型等离子体增强化学气相沉积技术

为了充分发挥气态物质源等离子体能量的作用，几十年来研发出来多种

PECVD 技术。增加了电磁场、射频、微波等高频率的交变电源，采用大气压下辉光放电技术和弧光放电镀膜技术。下面将分别介绍几种新型等离子体增强化学气相沉积技术。

10.5.1 直流磁控电子回旋 PECVD 技术

在直流辉光放电 PECVD 沉积室外的上下部位设两个电磁线圈[17,18]。通过调整电磁线圈内的电磁电流改变沉积室内的磁场强度，从而改变电子的旋转半径，增加电子与气体分子碰撞的概率，调整沉积室内的等离子体密度，提高工件的电流密度。用直流磁控电子回旋 PECVD 可以沉积 TiN 薄膜。图 10-15 a 所示为在氮气压强为 40Pa 时，工件电流密度随所加电压升高的变化曲线[17]。图 10-15a 中最下面的一条曲线是没有加磁场时，放电电流随工件所加电压升高有微弱的增加的情况。从图 10-15a 中其他曲线可以看到，随电磁线圈电流的增加，工件电流迅速增加。这说明电磁线圈的增加提高了沉积过程中电子与氮气碰撞电离的概率。沉积 TiN 的沉积速率提高了 4~8 倍，电磁线圈在辉光放电中发挥了很大作用。用直流磁控电子回旋 PECVD 还可以沉积透明 DLC 薄膜，如图 10-15b[17,18] 所示。

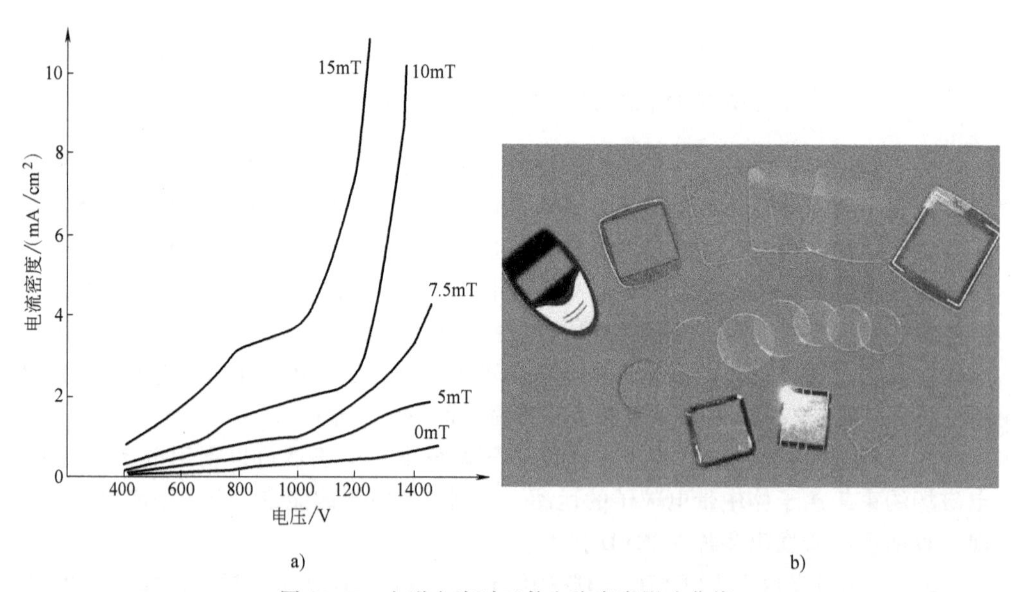

图 10-15 电磁电流对工件电流密度影响曲线

a）工件电流密度随所加电压升高的变化曲线 b）透明 DLC 产品

10.5.2 网笼等离子体浸没离子沉积技术

网笼等离子体浸没离子沉积技术（meshed plasma immersion ion deposition，MPIID 或称网笼 PECVD 技术），是美国西南研究院提出的新技术。将工件安放在用不锈钢丝编织的网笼里，网笼接直流脉冲电源的负极，真空室接正极。通入 Ar、H_2、C_2H_2 等反应气体，在大于 1Pa 的低真空度下产生辉光放电后，整个网笼内充满了辉光，工件浸没在等离子体中[19-21]。图 10-16 所示为网笼等离子体浸没离子沉积装置。利用这种装置可沉积 DLC。

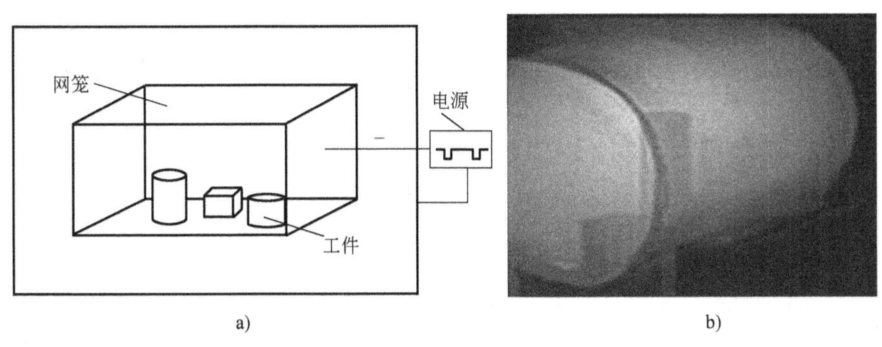

a)　　　　b)

图 10-16　网笼等离子体浸没离子沉积装置

a）网笼装置　b）网笼放电

由图 10-16 可知，网笼放电的等离子体密度很大，工件浸没在等离子体中，工件表面全方位受到反应气体离子流的轰击，提高了工件表面的活性，在高密度的等离子体中激励气体离化率高，可以获得更多的气体离子、原子离子及各种活性基团。气体的活性高容易沉积所需要的膜层。美国西南研究院利用这项技术在很多耐磨零件和工模具上沉积 DLC 薄膜，沉积厚度可达数十微米。

10.5.3　电磁增强型卷绕镀膜机

在真空蒸发镀膜技术中介绍的卷绕镀膜机，采用固态蒸发源蒸发所需的膜料进行镀膜。蒸发方式有电阻蒸发、高频感应蒸发、电子束蒸发。镀膜机中的放料辊、收料辊及冷辊都不带电，只有传输物料薄膜的功能，此技术一般称“卷对卷”镀膜技术。在磁控溅射镀膜技术中介绍的卷绕镀膜机，采用平面磁控溅射靶和柱状磁控溅射靶的技术。这两种技术的膜层粒子来源于固态物质源，下面介绍在卷绕镀膜机中采用气态物质源进行的“卷对卷”镀膜技术。北京印刷学院陈强教授等研制的卷绕镀膜机中的传输辊，除了有传送有机薄膜的功能之外，本身还是电磁辊，既带电又有磁场，可以激励电磁辊周边的反应气体电离，获得高能量的活性粒子，在有机薄膜基材上沉积所需膜层。该技术称为 LECVD 技术[22-26]。图 10-17 所示为电磁辊 LECVD 卷绕镀膜机的结构[22]。该设备结构简单，操作简便。

原料气从镀膜室的上方通入，从下方抽真空。两个电磁辊内安装了永磁体[22]，电磁辊接放电电源的负极，镀膜室接正极。接通电源以后，两个电磁辊之间产生辉光放电，把通入的反应气体电离；柔性薄膜从左边的辊子进到沉积室，经过两个电磁辊中间的放电区可以沉积所需膜层；然后经过张紧轮运行到右边的辊子

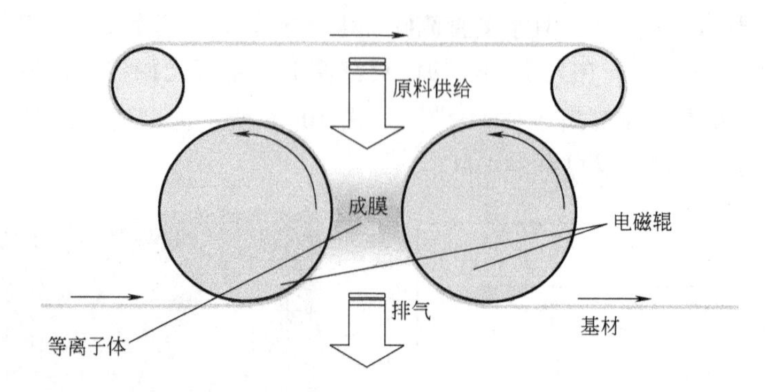

图 10-17　电磁辊 LECVD 卷绕镀膜机的结构

再一次接受镀膜，最后从右边输出，实现在柔性材料上进行镀膜。图 10-18 所示为电磁辊内设置磁场的布局[22]。

图 10-18　电磁辊内设置磁场的布局

沉积 SiO_2 高阻隔膜的原料气是 $C_6H_{18}Si_2O$ 和 O_2。$C_6H_{18}Si_2O$ 又称六甲基二硅氧烷。在放电区反应生成 SiO_2，排出 CO_2 等副产物气体。为了提高沉积速率，在镀膜室内可以安装多个电磁辊，可以在幅宽 1250mm 的有机薄膜上沉积高阻隔膜。放电功率为 8kW/1 对电极，沉积速率为 1500nm/min，有机薄膜卷绕传输速度为 100m/min。

图 10-19 所示为多个电磁辊的放电照片。图 10-20 所示为多对电磁辊沉积装置[23]。柔性基材多次经过电磁辊增加膜层厚度，用于沉积高阻隔膜、柔性光电子产品。

图 10-19　多个电磁辊的放电照片

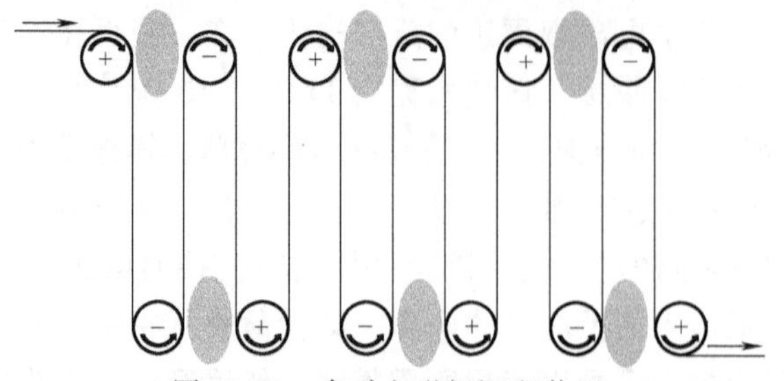

图 10-20　多对电磁辊沉积装置

10.5.4 射频增强等离子体化学气相沉积技术

射频增强等离子体化学气相沉积技术（ridio frequncy plasma enhanced chemical vapor deposition，RFPECVD 或称射频 PECVD）采用的频率为 13.56MHz。沉积温度降低到 200～500℃，沉积速率为 1～3μm/h，可以沉积 TiCN、β-C_3N_4、a-Si：H、μa-Si：H，已经应用于沉积非晶硅太阳能电池、平板显示器中的薄膜晶体管等。

下面介绍太阳能光伏膜的沉积过程。沉积的非晶硅太阳能电池光伏膜的结构是非晶硅串结微晶硅：a-Si：H—μa-Si：H，是半导体结构。改变通入的反应气体，可以沉积出半导体中的 PN 结。具体结构如图 10-21 所示，两边是玻璃，玻璃上都要镀透明导电膜 ZnO。中间是非晶硅-微晶硅太阳能光伏膜的结构。整个结构为前板玻璃-ZnO-p_1-i_1-n_1-p_2-i_2-n_2-ZnO-反光材料-背板玻璃。其中 i_1 是本征 1 层 a-Si：H，i_2 是本征 2 层 μa-Si：H。p_1、p_2 层是掺硼层，n_1、n_2 层是掺磷层。图 10-21 所示串结结构也称异质结结构。

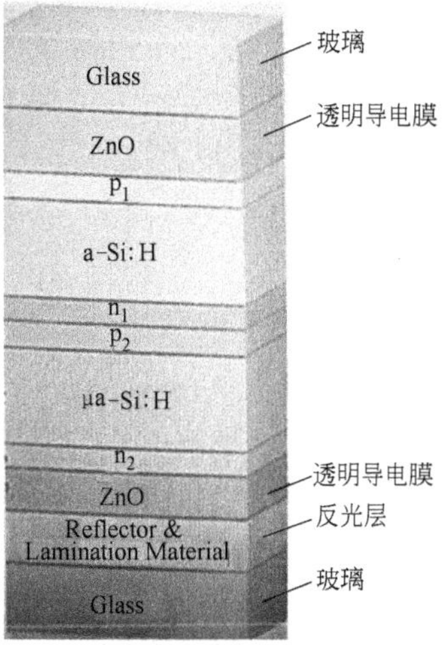

图 10-21 两层串结的太阳能电池结构

双结非晶硅太阳能电池光伏膜的沉积工艺过程如下：

1）采用射频 PECVD 技术：平板电极型结构，射频电源频率为 13.56MHz。

2）沉积室温度：220℃。

3）首先抽到高真空度，通入 H_2 清洗沉积室。

4）开启射频放电，清洗工件。

5）沉积功能膜层时一直开启射频放电。

这是沉积半导体的技术，沉积时每一层充入的反应气体由它的功能决定。

沉积 p_1 层：通入 H_2、SiH_4、B_2H_6。B_2H_6 是乙硼烷，B 是 3 价元素。这是一个掺硼层，是缺了一个电子，多了空穴的层。一般厚度为 15～30nm。

沉积 i_1 层：通入 H_2、SiH_4。中间的非晶硅是本征层，不掺杂，只通入 H_2、SiH_4。厚度为 1～500nm。

沉积 n_1 层：通入 H_2、SiH_4、PH_3。PH_3 是磷烷，P 是 5 价元素。这是一个掺磷层，是多一个电子的层。厚度为 20～40nm。再重复上面的 3 个过程，就可以获得非晶硅串结微晶硅太阳能光伏电池膜。

在气态物质源的 PECVD 中，射频放电在制备金刚石膜[24] 等特殊功能薄膜和柔性高分子材料织物、羊毛的表面改性、污水处理、环保等领域的应用在逐渐扩展。

采用钟罩型电容耦合射频辉光放电 PCVD 装置，可沉积硅系纳米复合薄膜。图 10-22 所示为钟罩型电容耦合射频 PCVD 装置[9]。射频频率为 13.586MHz，电极间距为 2.5cm。电容耦合辉光放电装置的最大优点是可以获得大面积均匀的电场分布，适合大面积纳米复合薄膜的制备硅/碳化硅纳米复合薄膜。

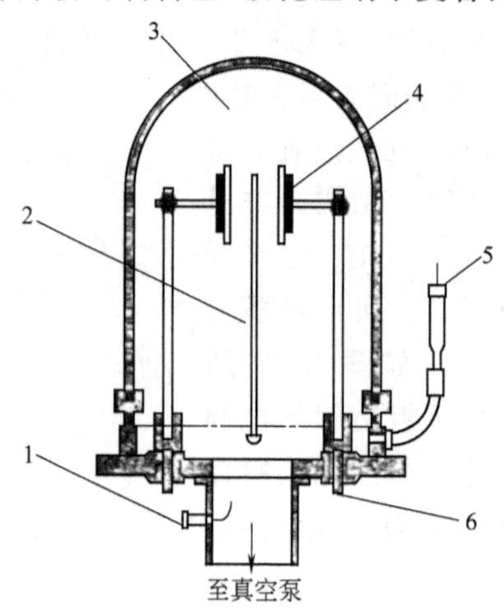

图 10-22　钟罩型电容耦合射频 PCVD 装置

1—进气阀　2—进气管　3—真空室　4—加热器　5—真空计　6—射频电源

10.5.5　微波增强等离子体化学气相沉积技术

微波增强等离子体化学气相沉积技术（microwave plasma Enhanced chemical vapor deposition，MPECVD，或称微波 PECVD），采用的微波电源的频率为 2.45GHz、915MHz，等离子体密度更高了，可以沉积更高质量的功能薄膜，如 ZrN、Si_3N_4、β-C_3N_4、金刚石膜及金刚石/硅的复合膜等[27]。

沉积金刚石薄膜的装置开始用石英管结构[27,28]，图 10-23 所示为石英管式微波装置[27]。微波由方形波导管横向导入，匹配有工件架、活塞、抽真空系统和进气系统。沉积金刚石薄膜采用 C_2H_2 或 CH_4 和 H_2。微波导入后，石英管内产生放电，在工件上沉积金刚石薄膜。石英管式装置的功率只有 2~3kW。功率再大时氢气会刻蚀石英管，所以相继出现了一些大功率的微波沉积装置。

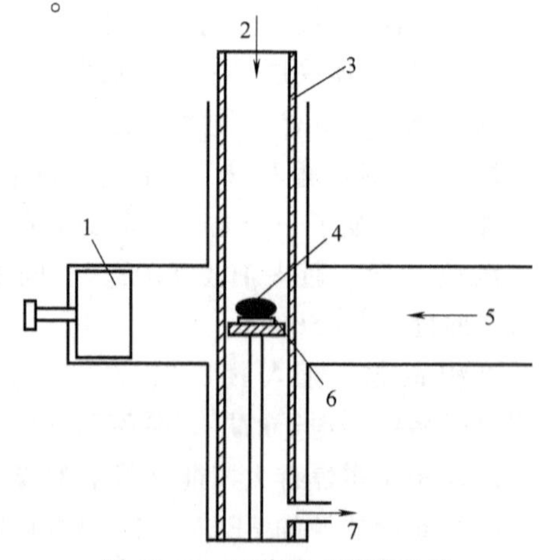

图 10-23　石英管式微波装置

1—活塞　2—进气口　3—石英管　4—等离子体　5—微波导入　6—工件架　7—排气

图 10-24 所示为圆柱多模谐振腔式和椭球谐振腔式微波装置[27]。图 10-24a 所

示的圆柱多模谐振腔式微波装置中，谐振腔室的下方安装环状石英窗，微波从下面导入，避免了氢气对石英窗的刻蚀，微波功率可以提高到 6kW。

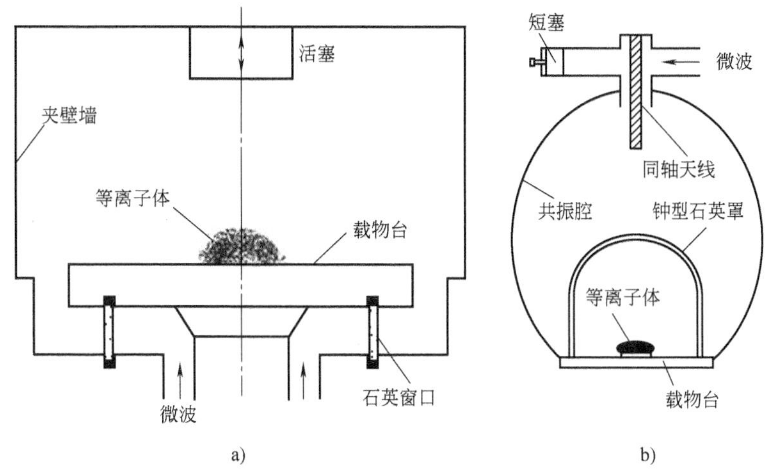

图 10-24 圆柱多模谐振腔式和椭球谐振腔式微波装置

a）圆柱多模谐振腔式 b）椭球谐振腔式

图 10-24b 所示的椭球谐振腔式微波装置中，椭球的上下焦点可以使微波汇聚，因此用同轴天线作为激励手段，将微波耦合进入谐振腔，微波从位处谐振腔上焦点的天线出发，将金刚石膜的沉积物质处于椭球的下焦点处。其功率可以到达 8kW。表 10-7 列出了北京科技大学采用以上两种高功率微波装置沉积的光学级金刚石自支撑膜的数据。图 10-25 所示为用椭球谐振腔微波装置沉积的光学级金刚石样品，其直径为 ϕ63mm[27]。

表 10-7 采用两种高功率微波装置沉积的光学级金刚石自支撑膜的数据

微波 PECVD 形式	椭球谐振腔式	圆柱多模谐振腔式
微波功率/kW	8	6
沉积直径/mm	ϕ63	ϕ30
沉积速率/(μm/h)	>3	>8

图 10-25 用椭球谐振腔微波装置沉积的光学级金刚石样品

10.5.6 电子回旋共振等离子体增强化学气相沉积技术

电子回旋共振等离子体增强化学气相沉积技术（electron cyclotron resonance plasma enhanced chemical vapor deposition，ECRPECVD 或称 ECR）中，在微波谐振室的周围配置电磁线圈，当输入的微波频率等于电子回旋频率时，微波的能量可以共振耦合给电子，获得能量的电子使反应气体充分电离，可在 10^{-3} ~ 10^{-2}Pa 高真空度和低温度下沉积：ZrN[28]、a-Si：H、Si_3N_4。图 10-26 所示为 ECR PECVD 装置的结构。该装置的上面是微波谐振腔，下面是沉积室，可以沉积高纯度、高品质的薄膜，应用于半导体器件的制备。

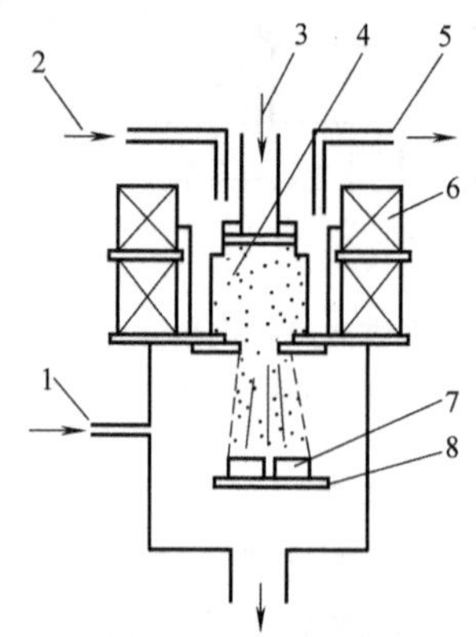

图 10-26 ECRPECVD 装置的结构

1—进气系统 2—冷却水进口 3—微波导入 4—微波等离子体
5—冷却水出口 6—电磁线圈 7—工件 8—工件架

10.5.7 热丝弧弧光增强等离子体化学气相沉积技术

热丝弧弧光增强等离子体化学气相沉积技术采用热丝弧枪发射弧光等离子体，简称热丝弧弧光 PECVD 技术[29,30]。该技术和热丝弧枪离子镀膜技术近似，其区别在于热丝弧枪离子镀获得固态薄膜是利用热丝弧枪发射的弧光电子流将坩埚中的金属加热蒸发出来，而热丝弧弧光 PECVD 是通入反应气体，如沉积金刚石膜通入的反应气是 CH_4 和 H_2。依靠热丝弧枪发射的高密度弧光放电流将反应气体电离子、激发，获得包括气体离子、原子离子、活性基团等多种活性粒子。热丝弧 PECVD 装置中仍然在镀膜室外安装上下两个电磁线圈，使高密度的电子流在向阳极运动的过程中旋转起来，增加电子流与反应气体碰撞电离概率。电磁线圈还可以使其汇聚成弧柱，以提高整个沉积室的等离子体密度。在弧光等离子体中，这些活性粒子的密度大，更容易在工件上沉积金刚石膜等膜层。

10.5.8 直流等离子体喷射电弧增强化学气相沉积技术

直流等离子体喷射电弧增强化学气相沉积技术有两种类型：一种是直流电弧等

离子炬垂直喷射的平面沉积技术；一种是强电流直流扩展弧光等离子体沉积技术的空间沉积技术。

弧光 PECVD 是利用弧光放电产生的弧光等离子体激励气体离解、激发和电离，获得高化学活性的离子、高能原子和各种活化基团，更容易进行等离子体化学气相沉积过程。电弧等离子体是一种近乎平衡的热等离子体，电子温度和离子温度近似相等。放电真空度低，在 3~1000Pa 范围进行沉积，气体分子自由程短，碰撞概率大，电弧温度高。

1. 平面沉积技术

在直流电弧等离子体炬的基础上增设了旋转电磁场，形成大口径长通道旋转电弧等离子炬，旋转电弧放电面积超过 $150mm^2$。图 10-27 a 所示为北京科技大学研发的直流电弧等离子体喷射 CVD 装置[31]。直流电弧等离子炬的杆状阴极用铈钨合金制作，周围设环状阳极，用无氧铜制作。从阴极与阳极之间通入 H_2、Ar，从等离子炬出口通入 CH_4。接通弧电源以后，气体被电离产生弧光放电使气体迅速加热膨胀，形成的高温高焓射流从喷口高速喷出成为高温等离子体射流，称等离子体喷射电弧[29,30]，这是一种接近热等离子体弧光放电。通入的 CH_4 在高温等离子体中被激励活化，生成 H 原子和 CH、CH_3、C_2H_2 等活化基团。作为金刚石膜化学气相沉积活化源的 H 原子在工件上聚合放出能量，加上等离子体的发射，把工件加热至 700~1200℃。沉积真空度为 3~3000Pa。C-H 活化基团在高温的工件上沉积金刚石膜的沉积速率高达 40~50μm/h，比微波 PECVD 高许多倍。

图 10-27b 所示为旋转电弧放电照片[31]。由该照片可看到，电弧在大面积衬底

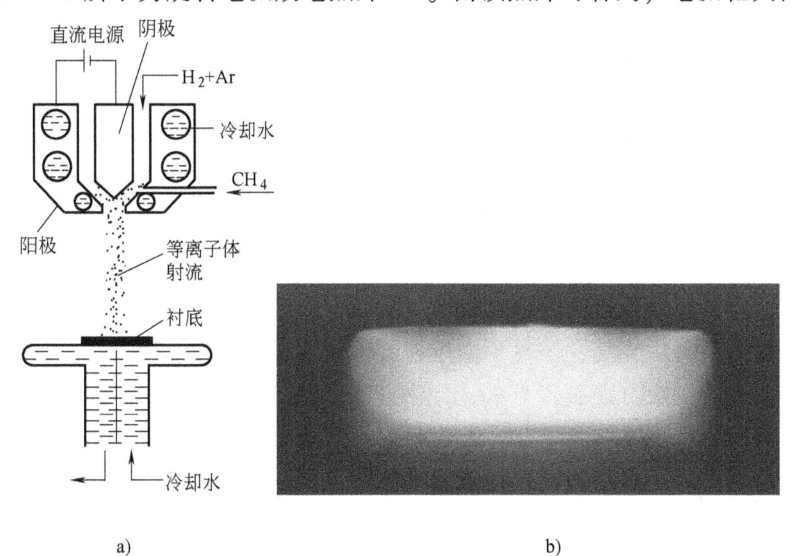

图 10-27　直流电弧等离子体喷射 CVD 的装置

a）直流电弧等离子体喷射 CVD 装置　b）旋转电弧放电照片

上均匀放电。采用直流电弧等离子体喷射金刚石自支撑膜获得的工具级尺寸直径大于 ϕ150mm，厚度大于 3mm，光学级直径大于 ϕ60mm。图 10-28 所示的直流电弧等离子体喷射金刚石自支撑膜，可应用于难加工的刀头、精密拉丝模、高功率 CO_2 工业激光窗口、高档探测器、传感器产品等领域。

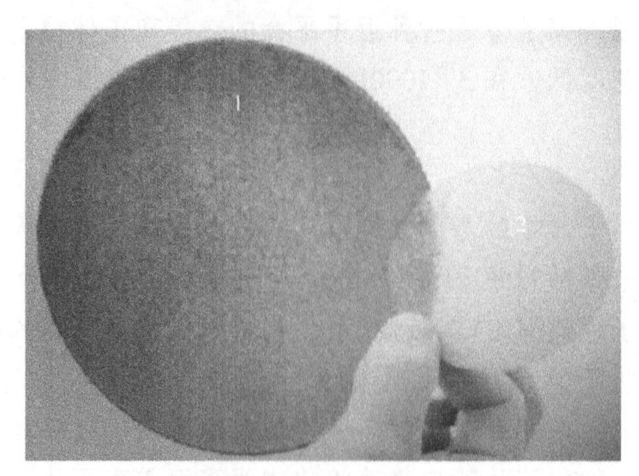

图 10-28　直流电弧等离子体喷射金刚石自支撑膜

1—工具级　2—光学级

2. 空间沉积技术

平面沉积技术强电流直流扩展弧光等离子体沉积技术虽然可以沉积大面积金刚石膜，但却满足不了在麻花钻头、端面铣刀、球形铣刀等复杂形状的刀具上沉积金刚石膜的需求，为此研发出了强电流直流扩展弧光等离子炬沉积金刚石膜技术。图 10-29 所示为北京科技大学唐伟忠教授研发的强电流直流扩展弧的装置[32,33]。直流弧光等离子炬安装在沉积室的顶部，阳极安装在沉积室底部，室外设上下两个聚焦磁线圈。

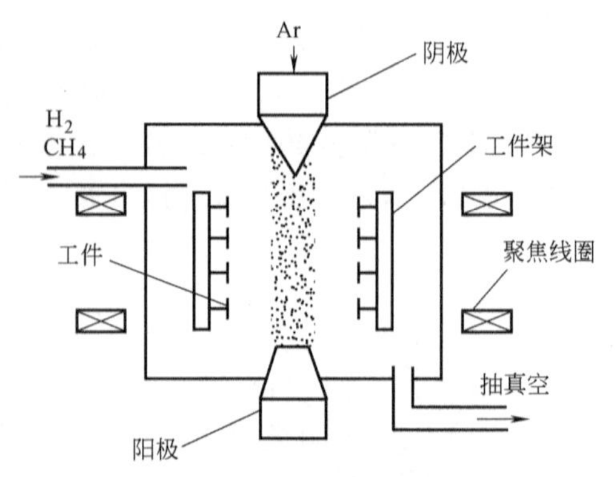

图 10-29　强电流直流扩展弧的装置

从等离子炬通入氩气，等离子体炬连接弧电源的负极。沉积室底部设置水冷阳极，接弧电源的正极。镀膜室外的上下各安装电磁线圈。从沉积室通入反应气体 H_2、CH_4。接通弧电源以后产生弧光放电，从等离子炬发射弧柱射向阳极。磁线圈起稳弧和聚焦作用，弧柱可以拉长到 400mm。图 10-30 所示为在北京科技大学拍摄的强电流直流扩展弧放电照片。弧电流在射向阳极的过程中把反应气体活化，使反应气体分解、离解、激发和电离，获得高化学活性的离子和高活性的各种化学基团，如 CH、CH_3、C_2H_2 等活性基团。电弧等离子体是近乎平衡的热等离子体。

弧电压为 50~150V，弧电流为 50~130A，线圈电流为 0~30A，放电的真空度

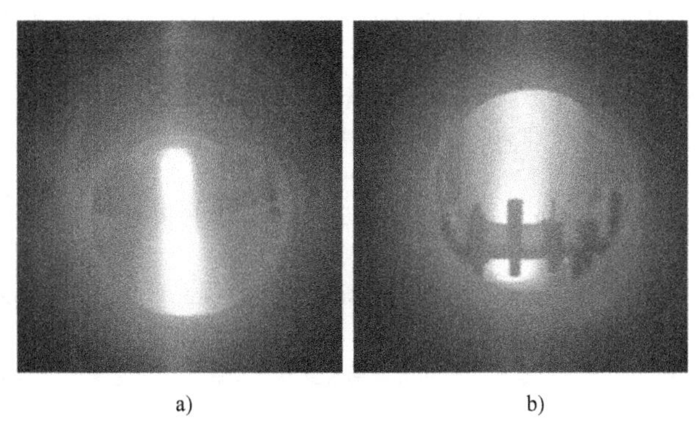

a)　　　　　　　　b)

图 10-30　强电流直流扩展弧放电照片
a) 上部　b) 下部

低（3~3000Pa）。电子自由程短，碰撞概率大，可以使更多的反应气体电离。电弧温度非常高，在 800℃以上的高温沉积获得金刚石膜，可用于在硬质合金微钻等复杂刀具上沉积金刚石膜。图 10-31 所示为用强电流直流扩展弧沉积的硬质合金微钻[29]。在硬质合金钻头、端铣刀、球形铣刀上沉积了金刚石膜以后，其寿命可提高几十倍。

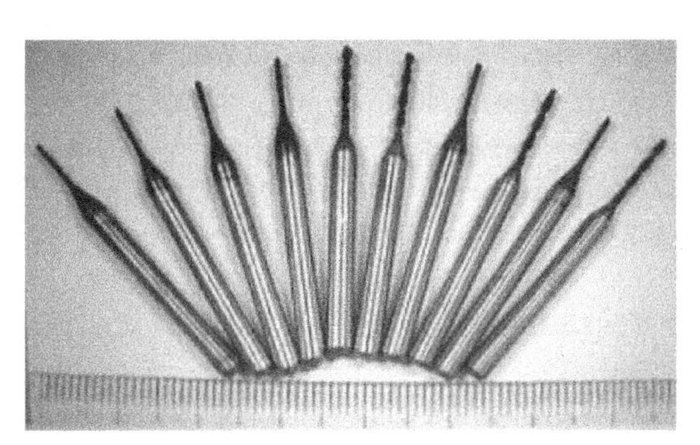

图 10-31　用强电流直流扩展弧沉积的硬质合金微钻

伴随科学技术的发展需求，利用等离子体能量增强气态物质源沉积薄膜技术，不仅在以无机物气体为原料的等离子体化学气相沉积技术中发挥着越来越重要的作用，而且在以高分子有机气体为原料的等离子体聚合技术中也发挥着重要的作用。这两方面技术的发展逐渐趋于融合，有时很难区分。

参 考 文 献

[1]　赵化桥. 等离子体化学与工艺 [M]. 合肥：中国科技大学出版社，1993.

[2]　葛袁静，张广秋，陈强. 等离子体科学技术及其在工业中的应用 [M]. 北京：中国轻工业出版社，2011.

[3]　YASUDA H. Plasma polymerization [M]. Orlando：Academic Press，1985.

[4] FREYH，KHAN H R. Handbook of thin-film technology [M]. Berlin：Springer，2015.
[5] 王福贞，马文存. 气相沉积应用技术 [M]. 北京：机械工业出版社，2007.
[6] 徐滨士，刘世参. 工程技术手册：下 [M]. 北京：化学工业出版社，2009.
[7] 张以忱. 真空镀膜技术 [M]. 北京：冶金工业出版社，2009.
[8] 田民波. 薄膜技术与薄膜材料 [M]. 北京：清华大学出版社，2011.
[9] 韩高荣，王建勋，杜丕一. 纳米复合薄膜的制备及其应用研究 [J]. 材料科学与工艺，1999，17 (4)：1-6.
[10] 王薇薇，郭玉，张溪文. APCVD 法制备掺氮二氧化钛薄膜及其性能研究 [J]. 功能材料与器件学报，2006，12 (3)：187-191.
[11] 刘涌，肖瑛，沃银花. 常压化学气相沉积方法制备非晶硅薄膜及其光致发光性能研究 [J]. 真空科学与技术学报，2004，24 (6)：460-471.
[12] 赵曼曼，陈强. 原子层沉积技术发展概况 [J]. 北京印刷学院学报，2016，24 (6)：78-82.
[13] 苗虎，李刘合，旷小聪. 原子层沉积技术发展概况 [J]. 真空，55 (4)：53-58.
[14] 魏海英，郭红革，周美丽. 柔性基体原子层沉积 Al_2O_3 薄膜研究进展 [J]. 真空，2017，54 (6)：34-40.
[15] 李世直，徐翔，王福贞. 用 PCVD 技术沉积 TiN 涂层的研究 [J]. 金属热处理，1987 (11)：5-10.
[16] 李世直，赵程，石玉龙. 等离子体化学气相沉积氮化钛 [J]. 真空科学与技术，1989，9 (5)：327-331.
[17] 朱霞高，侯惠君，林松盛. RFPCVD 沉积无色透明类金刚石保护膜的工艺研究 [J]. 广东有色金属学报，2006，16 (3)：188-191.
[18] 林松盛，侯惠君，朱霞高. Study of relationship between structure and transmittance of diamond-like carbon (DLC) films [J]. 广东有色金属学报，2005，15 (23)：502-506.
[19] WEI R H. Development of new technologies and practical applications of plasmaimmersion ion deposition (PI-ID) [J]. Surface and Coatings Technology，2010，241 (18-19)：2869-2874.
[20] 吴明忠，田修波，李慕勤. 网笼型空心阴极氩气放电特性研究 [J]. 真空科学与技术，2015，35 (3)：323-328.
[21] 魏荣华，李灿民. 美国西南研究院等离子体全方位离子镀膜技术研究及实际应用 [J]. 中国表面工程，2012，25 (1)：1-10.
[22] 陈强，张跃飞，付亚波. 具有磁场增强装置的等离子体装置：200720169925.4 [P]. 2008-05-28.
[23] 陈强，杨丽珍，刘忠伟. 具有磁场增强旋转阵列电极的等离子体装置：201310418810.4 [P]. 2014-03-19.
[24] 张华，杨坚，杨玉卫. RF-PECVD 制备类金刚石膜的研究 [J]. 真空，2012，(8)：42-47.
[25] 宋桦，缪远玲，梦月东. 利用等离子体技术制备和改性碳基纳米材料的研究进展 [J]. 材料导报 (A 综述篇)，2018，32 (10)：3295-3303.
[26] 杨莉，陈强，张授业. PECVD 法沉积了金刚石膜的结构及其摩擦学性能 [J]. 真空科学与技术，2008，29 (3)：292-297.
[27] 唐伟忠，于盛望，范朋伟. 高品质金刚石膜微波等离子体 CVD 技术的发展现状 [J]. 中国材料进展，2012，31 (8)：33-39.
[28] 刘天伟. 微波-ECR 等离子体辅助沉积 ZrN 薄膜结构和性能研究 [J]. 真空科学与技术，2004，24 (5)：334-339.
[29] KARNER J，PEDRAZZINI M，HOLLENSTEIN C. High current d. c. arc (HCDCA) technique for diamond deposition [J]. Diamond and Related Materials. 1996 (5)：217-220.
[30] REINCK I，SJOSTRAND W E，KARNER J，et al. HCDCA diamond-coated cutting tools [J]. Diamond

and Related Materials. 1996 (5): 819-824.

[31] 吕反修, 唐伟忠, 李成明. 直流电弧等离子体喷射在金刚石膜制备和产业化中的应用 [J]. 金属热处理, 2008, 33 (1): 43-48.

[32] 宋建华, 苗晋琦, 吕反修. 强电流直流伸展电弧等离子体 CVD 金刚石沉积均匀性研究 [J]. 金刚石与磨料磨具工程, 2006, 151 (1): 31-35.

[33] 黑鸿君, 李义锋, 刘艳青. 强电流直流扩展电弧制备硬质合金微型工具的 SiC 和金刚石涂层 [J]. 功能材料, 2013 (44): 1172-1176.

第11章 等离子体聚合技术

11.1 概述

11.1.1 等离子体聚合的定义与特点

1. 等离子体聚合的定义

等离子体聚合（plasma polymerization）是指在等离子体的作用下，有机单体发生或引发发生化学反应形成固体（胶体）材料（薄膜、油状物或粉末）的过程。

利用气体放电获得的等离子体将有机单体电离离解，使其产生各类活性种，由这些活性种之间或活性种与单体之间进行反应形成聚合膜，也就是说等离子体聚合是单体处于等离子体增强下进行的聚合，是制备高分子聚合物薄膜的一种新方法[1-6]。

用等离子体引发单体形成的聚合物具有优异的性能，可以制得超薄、均匀、连续、无孔的高功能聚合膜。等离子体聚合技术成为制备功能高分子薄膜和进行有机薄膜表面改性的一种有效新途径。随着科学技术的进步，等离子体聚合技术得到了广泛应用。等离子体聚合膜的性能见表11-1[2]。

表11-1 等离子体聚合膜的性能

表面性能	亲水性、疏水性、黏合性、印刷性、染色性、保护性、润滑性、耐磨性、耐污性、增硬性、抗溶性、耐蚀性
光学性能	减反射、增透、防雾、激光光导、过滤、光纤、光导互连、防潮、防霉，薄膜光器件、光敏树脂、核聚变靶
电气性能	绝缘性、抗静电性、半导体、光电导性、导电、钝化，电子束保护膜、电池隔膜
半导体和集成线路	磁盘、磁带及光盘保护，非晶硅和微晶硅、转换材料封装及集光器保护，光刻胶、刻蚀钝化层

（续）

医用性能	抗血栓性、组织适应性，传感器和探针、人造骨骼、人工肺膜、生物电极，药物缓释、靶向药物输送、肿瘤局部热疗、杀菌、解毒、细胞培养
透过性能	表面防护（防泄漏、耐药品性、耐气候性），反渗透膜、气体分离膜、超滤膜
其他	阻燃性、纤维收缩性，液晶调节膜、富集膜、色谱柱和填料化学修饰电极，空气净化，水净化、自清洁

2. 等离子体聚合的特点

与传统化学聚合相比，虽然等离子体聚合形成机制以及聚合物性质有所不同，但都是按照离子和自由基增长聚合的过程，其基本概念还是源于传统化学反应的发展延伸，属于化学聚合，所获高分子聚合物薄膜有很多新的性能。等离子体聚合具有以下特点[1-5]：

1）等离子体聚合不需要高温、高压和引发剂。

传统化学聚合基于聚合物分子尺寸不断增大的分子层面产生的反应，组成单体分子的原子排列在单体的有机合成过程中已经完成，聚合过程中很少发生分子内原子的重新排列；而且常规聚合过程需要在高压、高温和添加引发剂的条件下才能继续聚合，如合成高分子聚乙烯时，压力为150~300MPa，温度为170~200℃，并在引发剂作用下才能发生聚合反应。

等离子体聚合时，利用等离子体中电子、离子、中性粒子的碰撞或光辐照，把单体电离、离解成各类活性种，再由这些活性种之间或活性种与单体之间进行反应形成聚合物薄膜。因为大部分等离子体聚合是在真空状态下进行的，所以等离子体聚合也叫真空聚合，膜的沉积速率在 $10 \sim 10^3$nm/min 范围。现在已经发展到可以在大气压条件下进行等离子体聚合。

在等离子体聚合中存在各种活性粒子。这些活性粒子中电子的能量最高，形成的是非平衡的低温等离子体，具有各种层次能量状态的高能活性粒子。气体放电改变了聚合过程的能量状态，可以不需要催化剂能够在低温下进行各种聚合反应。

2）等离子体聚合薄膜多具有不溶与不熔特性，阻碍了在分子层面聚合，可以看作为原子排列过程（非分子过程）[1,2,5]。在这个过程中，原子间形成新的共价键起着重要作用，因而通过等离子体中许多新的反应途径，如接枝、支化和交联等过程生成支链、网状结构，获得极薄（纳米级或微米级）、无针孔、致密、强度好、耐热、耐药物腐蚀的薄膜。图11-1所示为常规聚合和等离子体聚合的聚合物结构[4]。聚合膜由成百上千个单体聚合成为高分子有机薄膜，图11-2所示为等离子体聚合聚乙烯薄膜的结构模型[4]。

3）等离子体聚合有机物多数处于有机聚合物材料之间，但不仅局限于有机材料的合成，可以包括有机和无机材料[5]；而且聚合物还可以沉积在玻璃片、有机物、金属、陶瓷等各种载体上。

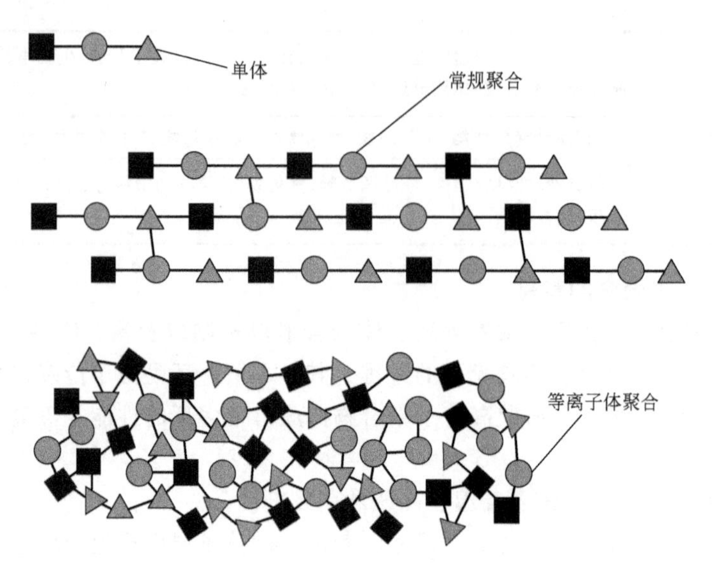

图 11-1　常规聚合和等离子体聚合的聚合物结构

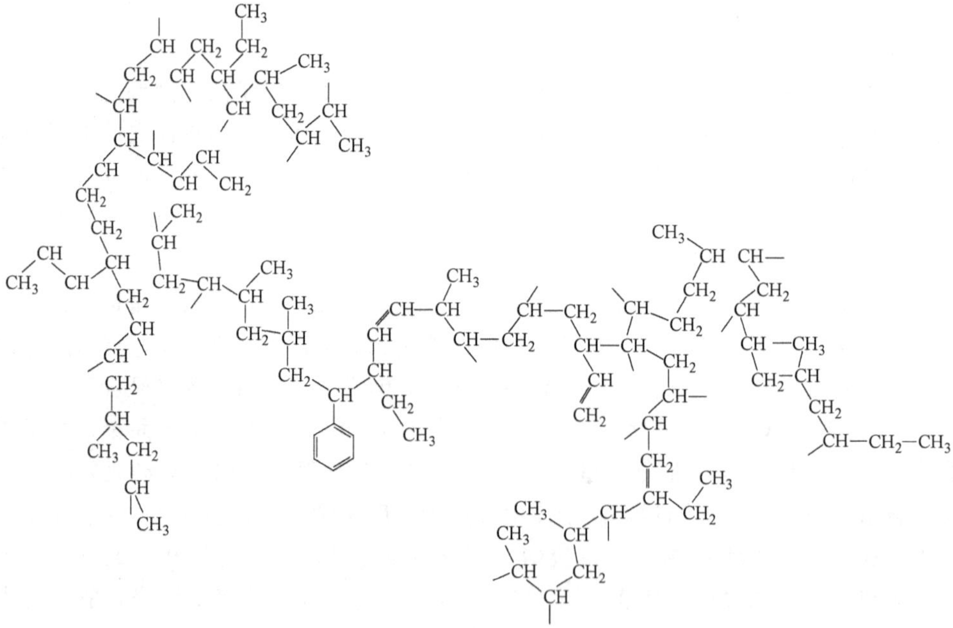

图 11-2　等离子体聚合聚乙烯薄膜的结构模型

4）等离子体聚合薄膜具有高度交联、无针孔、表面光滑、聚合物不溶与不熔、耐腐蚀、耐磨损等特点[2]。等离子体聚合物和常规化学聚合物的性能比较见表 11-2。

表 11-2 等离子体聚合物和常规化学聚合物的性能比较

等离子体聚合物	常规化学聚合物(常规自由基聚合)
自由基复合逐步增长聚合	自由基链增长聚合
一般不溶与不熔	可溶与可熔
有悬挂键紧密三维网状结构	无悬挂键的线性聚合
负温度效应聚合	正温度效应聚合
非晶体	半晶体

11.1.2 各种等离子体聚合技术简介

等离子体聚合技术包括：等离子体直接聚合、等离子体辅助聚合、等离子体接枝聚合、等离子体共聚合、等离子体诱导聚合、等离子体引发聚合等[2]。

1. 等离子体直接聚合

等离子体直接聚合是最为常用的等离子体聚合方式之一。等离子体直接聚合是把有机单体转变成等离子态，产生各类活性种，由活性种相互间或活性种与单体间发生加成反应进行聚合。用这种方法对聚合物赋予各种功能，特别适合于制备功能高分子薄膜。等离子体直接聚合只发生在等离子体条件下，即发生在等离子体气相中，聚合反应在等离子体环境中得到了大大增强。利用等离子体中电子、离子、激发态粒子、高能光子等加速前驱体的产生速率和生成浓度，增强化学反应速率和反应过程。这和传统聚合需要催化剂不同，等离子体聚合不需要任何催化剂。

2. 等离子体辅助聚合

等离子体辅助聚合是先利用不参加聚合反应的气体，如 H_2、CO_2、H_2O、N_2 等无机气体产生的等离子体中的高能电子、离子、激发态粒子将有机单体激活，然后进行常规反应不能进行的聚合反应过程，如聚合成氨基酸等[7]。

3. 等离子体接枝聚合

等离子体接枝聚合是在基体表面通过等离子体作用形成化学键，沉积大分子的聚合过程。等离子体接枝聚合可以在聚合物基体上沿各个方向进行聚合，是一种界面聚合。由于沉积在有机聚合物基体上的等离子体聚合物一般都和基体紧密键合，进行共价接枝聚合，所以等离子体聚合接枝可以看作是聚合的一种新方法。等离子体接枝聚合主要适用于有机物基体。图 11-3 所示为在有机基体上等离子体接枝聚合[8]。

4. 等离子体引发聚合

等离子体引发聚合是用非聚合性气体的等离子体作为能源对单体做短时间辐照，然后将辐照后的单体置于适当温度和溶剂中进行聚合[9]，是一种不需要引发剂的新聚合法。该聚合方法适于合成超高分子量聚合体或单晶聚合体，进行接枝聚

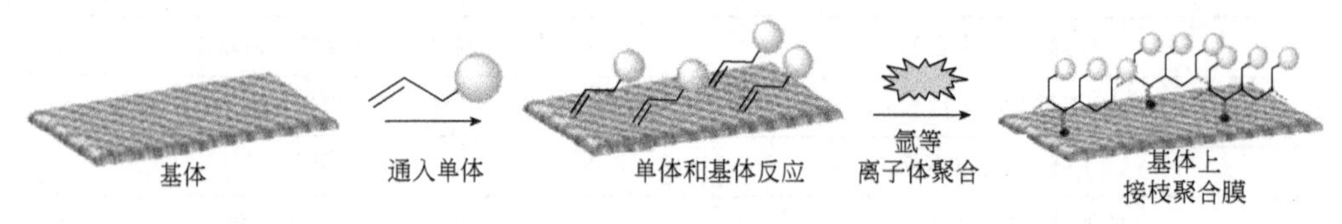

图 11-3 在有机基体上等离子体接枝聚合

合、嵌段聚合等。

等离子体引发聚合是先在气相中进行等离子体引发，然后链增长及终止是在凝聚相中进行的。通常是用等离子体照射聚合体系数秒至数分钟，然后在适当温度下进行聚合反应。从高分子合成化学的角度来讲，等离子体引发聚合法是把等离子体当作引发聚合时的一种能源[9,10]。

5. 等离子体诱导聚合

通常进行的等离子体诱导聚合是将一个盛有单体的密闭安培瓶放置在两平行板的电极板间，或在密闭安培瓶外表面缠绕几匝线圈，通入的单体挥发气体被电场激发产生等离子体，诱导出链引发基团。在等离子体辐照后，暴露于等离子体中的聚合物和其他固体表面的自由基可以用于诱导聚合反应进行。等离子体诱导聚合可以形成极高分子量的聚合物。

等离子体诱导聚合物的形成是通过等离子体诱导实现的，但其基本化学反应是传统的单体聚合，不受等离子体影响。尽管聚合前期过程中也使用了等离子体辐照，但是与等离子体直接聚合有区别，等离子体诱导聚合不是发生在等离子体气相中，而是在离开等离子体诱导后进行聚合的[11,12]。

11.2 等离子体聚合原理

等离子体聚合较为复杂，原因是基团粒子种类多，能量分布范围广，基元反应多，反应步骤复杂。可能会发生多种反应过程，如分子激发、离解、电解、基团-粒子中性化，以及离子和分子反应等。

在等离子体聚合中，高能电子的产生对等离子体聚合起着重要的作用，高能电子的温度高达 10^4K，而低能的单体气体分子的温度只有 10^2K（室温）。高能电子与低能的单体产生非弹性碰撞，发生电离、离解和激发等，得到种类繁多的各种活性反应基团[1-6]。这些活性基团在气相中或吸附在工件表面上时，将会在不同截面发生多种基元反应：不仅有气相反应，还有许多表面界面反应、沉积反应，以及吸附、解吸附等物理反应等，发生链增长、终止，最终形成等离子体聚合膜。

11.2.1 等离子体中的激励活化反应

等离子体聚合中使用的气体多为有机气体，它们在气体放电中会发生分解、解离、结合键断裂、电离、激发、转荷过程、潘宁效应等激励过程。

1. 结合键断裂

在等离子体聚合中，有机材料原有的共价键断裂，形成新的共价键。几种有机物的结合能见表 11-3[4]。

表 11-3 几种有机物的结合能

类　型	结合能/eV	类　型	结合能/eV
C═C	6.4	C—H	4.27
C—C	3.69	C—F	5.04
C—O	3.34	C—N	2.78

2. 电子使单体产生电离

氩气等中性原子气体和有机物气体在气体放电中产生电离所需的能量不同，因此发生电离的难易程度不同。几种中性原子、气体分子碰撞的电离能见表 11-4。将这些气体电离所需的能量都在 11.264eV 以上。由表 11-4 可知，对于氩气而言，电子必须具有 15.755eV 的能量才能使氩气电离，低于这个能量氩气不会电离[1]；但是有机物的情况复杂得多。

表 11-4 几种中性原子、气体分子碰撞的电离能

反应式	电离能/eV	反应式	电离能/eV
$Ar \rightarrow Ar^{+} + e^{-}$	15.755	$Cl_2 \rightarrow Cl_2{}^{+} + e^{-}$	11.5
$H \rightarrow H^{+} + e^{-}$	13.595	$H_2 \rightarrow H_2{}^{+} + e^{-}$	15.4
$C \rightarrow C^{+} + e^{-}$	11.264	$C_2 \rightarrow C_2{}^{+} + e^{-}$	12.1
$N \rightarrow N^{+} + e^{-}$	14.54	$N_2 \rightarrow N_2{}^{+} + e^{-}$	15.5
$He \rightarrow He^{+} + e^{-}$	24.58	$H_2O \rightarrow H_2O^{+} + e^{-}$	13.0

有机单体产生非弹性碰撞时会发生很多种类型的基元反应，不同的反应所需的能量不同。乙烯在等离子体聚合的典型基元反应方程及所需能量见表 11-5[2]。由 11-5 表可知，有的反应能只有 1.8eV，易发生反应；有的反应能较高，则较难发生反应。

由表 11-5 可知，乙烯在等离子体中聚合时，会发生各种解离、激发和电离反应，从而获得各种活性基团。气体放电中不单是高能电子可以激发乙烯单体活化，低能的电子也可以激励乙烯单体发生不同层次激活反应，使等离子体中存在各种能量的活性种，比惰性气体、双原子分子气体获得高能量活性粒子的概率大得多。

表 11-5　乙烯在等离子体聚合的典型基元反应方程及所需能量

基元方程式	所需能量/ev	基元方程式	所需能量/ev
$C_2H_4+e^- \rightarrow C_2H_2+H_2+e^-$	1.8	$C_2H_4+e^- \rightarrow C_2H_4^++2e^-$	10.5
$C_2H_4+e^- \rightarrow C_2H_2+2H+e^-$	6.3	$C_2H_4+e^- \rightarrow C_2H_2+H_2+2e^-$	13.1
$C_2H_4+e^- \rightarrow 2CH_2+e^-$	7.3	$C_2H_4+e^- \rightarrow C_2H_3^++H+2e^-$	13.3

3. 电子产生的激发

电子使单体受激发：

$$O_2+e^- \rightarrow 2O^*+e^-$$

$$H_2O+e^- \rightarrow OH^*+H^*+e^-$$

$$C_2H_4+e^- \rightarrow C_2H_3^*+2H^*+e^-$$

$$CH_4+e^- \rightarrow CH_3^*+H^*+e^-$$

$$C_6H_6+e^- \rightarrow C_6H_5^*+H^*+e^-$$

在等离子体中产生的受激发的高能粒子（标“*”者）的数量比产生离子的数量多[1,4]。

4. 自由基的产生

等离子体聚合中的主要活性种是自由基（标“·”者），自由基生成能为 1～4eV，有以下产生途径[1]：

激发态分子的解离：

$$(R^1—R^2)^* \rightarrow R^{1\cdot}+R^{2\cdot}$$

$$(RH)^* \rightarrow R^{\cdot}+H^{\cdot}$$

离子-电子的中和：

$$CH_3—C^+—CH_3+e^- \rightarrow CH_3—\underset{\displaystyle CH_3}{\overset{\cdot}{\underset{|}{C}}}—CH_3$$

离子-自由基复合：

$$CH_3—\overset{\displaystyle CH_3}{\underset{\displaystyle CH_3}{\overset{|}{\underset{|}{C^+}}}}—CH_3 \rightarrow CH_3^{\cdot}+CH_3—\underset{\displaystyle CH_3}{\underset{|}{\overset{\cdot}{C^+}}}—CH_3$$

离子-分子反应：

$$RH^++RH \rightarrow RH_2^{\cdot}+R^+$$

5. 其他激励活化反应

由于有机气体在等离子体聚合中产生多种基元反应，从而产生多种层次能量的带电与不带电的活性体，这些活性体之间也会发生很多反应，产生新电子、新活性基团。其主要过程如下：

（1）转荷过程　高能离子和低能原子产生非弹性碰撞时，高能离子只把电荷传递给低能原子，高能离子本身变成高能中性原子，低能原子成为低能离子。其过程可以在同种成分的粒子间进行，也可以在不同成分的粒子之间进行。

对同种类型原子：　　　　　　$A^{+}+A \rightarrow A+A^{+}$

对不同种类型原子：　　　　　$A^{+}+B \rightarrow A+B^{+}$

离子聚合中最有可能是单体离解电荷转移反应。

(2) 潘宁效应　有机单体发生多种基元反应所需的能量很低。如果在等离子体聚合过程中加入电离能高、激发能高的气体，如氩气、氦气，这些气体电离、激发后的能量很高，其中高能的亚稳态中性粒子与低能有机单体碰撞时，高能的气体粒子会将能量传递给低能的有机单体，产生使之电离的潘宁效应，从而产生更多能量较低的活性基团，提高活性粒子密度。一般在大气压介质阻挡放电（DBD）技术中通入氦气，氦的电离能达到24.58eV，远远高于有机气体的电离能（见表11-4和表11-5），使很多有机单体电离产生更多的活性基团，这有利于促进聚合过程的进行。

11.2.2　等离子体聚合反应

等离子体聚合中得到各种形式的中间能态物质，改变了从气态物质成为固态高分子聚合薄膜的能量状态，等离子体聚合过程中的活性基团会很快进行各种聚合反应，反应过程非常复杂。

1. 由简单聚合物聚合为到高分子聚合物

气体放电中获得的各种活性物质在基体的表面进行复杂的聚合反应。首先由通入的单体经过聚合形成简单聚合物，再进一步聚合直到形成高分子聚合物[2]。

2. 可以发生常规下不容易进行的反应

等离子体聚合中会发生常规聚合时不容易进行的反应。例如：氢很少与有机物发生反应，但是在等离子体中氢可以对有机物起还原作用，夺取反应物中的氢原子生成氢气，促进等离子体聚合过程的进行，反应式如下：

$$RCH_2CH_{3+}H\cdot \rightarrow RC\cdot HCH_3+H_2$$

3. 产生多种形态的聚合物

等离子体聚合产物的形态和PVD、PECVD不同，后两者获得的产物都是固态薄膜，而等离子体聚合产物在不同的工艺参数下具有不同的形态。改变等离子体聚合的工艺参数，如单体加入速度、真空度、输入的能量等，可以得到粉末、油状、薄膜等不同形状的聚合物。只有精确控制工艺参数后才能获得薄膜，而且可以获得支链、网状结构等无针孔、致密、强度好、耐热、耐药物腐蚀的性能优异的聚合膜[1,2,5]。图11-4所示为乙烷为单体的聚合物在不同工艺条件时等离子体碳氢聚合膜的形态[2]。由图11-4可知，只有在一定的工艺条件下才可以获得聚合物薄膜。

当气压低、流量小而放电功率较大时，放电气体中出现白色混浊现象。这是由于聚合反应在气相里进行，生成了微小的颗粒的缘故。这种微粒淀积在工件上呈粉状物。反之，当气压高、流量过大时，还会生成黏着性膜，甚至油状物。只有合适

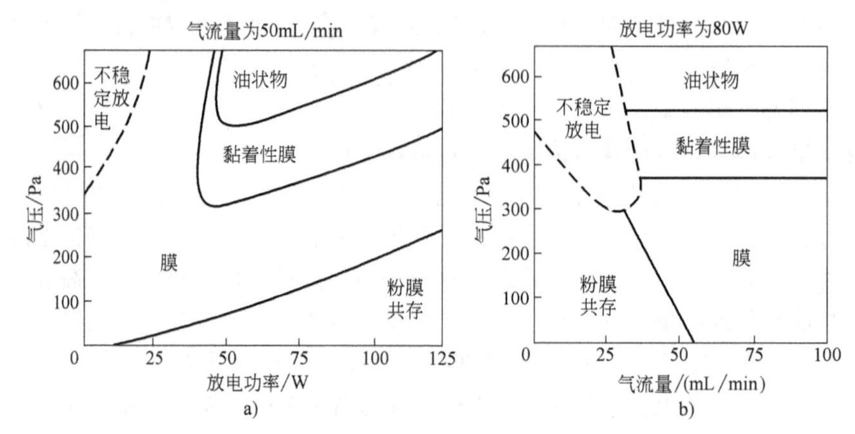

图 11-4　乙烷为单体的聚合物在不同工艺条件时等离子体碳氢聚合膜的形态

a）放电功率的影响　b）单体流量的影响

的工艺条件才能形成聚合物薄膜。

4. 非聚合性等离子体也可介入等离子体聚合

等离子体聚合多是有机气体的聚合过程，虽然 O、N、Ar、H 是不参加聚合反应的非聚合气体，但在等离子体聚合中也可发挥重要作用。

1）O、N 等产生的等离子体作用到聚合物材料表面时，与材料表面发生化学反应，改变材料表面的活性组分，这种反应称为反应性非聚合等离子体反应。

2）Ar、H 产生非反应性等离子体，对聚合物表面作用时不参与化学反应，但使材料表面产生大分子自由基。由于自由基的加成作用，使大分子间形成交联键，聚合物表面形成很薄的紧密的交联层。这种反应过程称为非反应性等离子体聚合反应[1]。

等离子体聚合不仅涉及普通化学和物理知识，还涉及有机、无机、高分子化学、材料物理、材料化学、界面科学、晶体学、真空科学与技术、等离子体物理等知识。为了更好地利用等离子体聚合技术，多年来科学家对等离子体聚合机理进行了深入研究，研究等离子体聚合机理主要集中在反应活性种、反应前驱体、气相聚合和表面聚合、自由基聚合和离子聚合等聚合机制的研究，并取得了一定的进展。有人提出等离子体聚合是离子反应机制，有人提出等离子体聚合是自由基反应机制等[1,2,5]。这些反应机制虽然在不同的等离子体聚合工艺中有一定的指导意义，但到目前为止，等离子体聚合的机制没有统一认识，在此对等离子体聚合机制不做详细介绍。

11.3　等离子体聚合装置及工艺

11.3.1　等离子体聚合装置

1. 等离子体直接聚合装置

1）等离子体直接聚合装置与等离子体化学气相沉积（PECVD）装置类似。等离子体聚合是在等离子体环境中输入反应单体，生成固体物质（包括薄膜、粉状物或油状物）的反应过程。广义上，等离子体聚合就是 PECVD 的一种形式，因此等离子体直接聚合装置与等离子体化学气相沉积装置在类型和结构上大体相同。但由于等离子体聚合多数使用有机单体，而有机单体反应特性与原子气体反应特性不同，等离子体聚合膜的性质和等离子体沉积膜的成膜机理也不同，因此在反应腔体设计、内部结构、聚合条件选择和控制等方面还是有着一定的差异。

2）等离子体直接聚合时的放电形式可以是 DBD 丝状放电、辉光放电和射流放电及其他放电形式，可以说，所有的低温等离子体源都可以进行等离子体聚合。

3）等离子体直接聚合多采用射频电源。采用直流辉光放电进行等离子体聚合时，聚合膜只在阴极表面沉积，而阳极上几乎不沉积。生成的聚合物不导电，则在聚合物厚度达到一定程度后，直流辉光放电就不再起辉[1,2]，因此通常使用射频辉光放电来进行等离子体聚合。采用射频电源进行等离子体聚合的射频放电电压低，放电稳定，容易产生均匀辉光放电，无论在实验室和工业应用中多采用射频放电方式。

射频等离子体聚合装置按功率源与反应腔体之间的能量耦合方式，分为电容式和电感式耦合放电两种。电容式耦合放电是通过电极将电场加到反应器上，又称为有电极放电；电感式耦合放电则通过线圈产生的感应场使其放电，又称无电极放电。无电极放电时，电极和等离子体不接触，它们被介质层（通常是石英玻璃）分开，不会因电极影响聚合物的纯度。

图 11-5 所示为最常用的射频平板式内电极电容耦合等离子体聚合装置[2]。单体由上电极进入放电区，薄膜在置于下电极的基体上直接聚合。由图 11-5 可以看到，基体、聚合物和电极是直接接触的。此外，这种装置聚合的薄膜会受等离子体的轰击，存在较强的沉积和刻蚀竞争机制；还存在电极污染、工件温升高等不足，不适应于大规模生产。

图 11-6 所示为电感式耦合等离子体聚合装置[2]。在电感式耦合等离子体聚合装置中，线圈是缠绕在玻璃的外面，和等离子体不接触。

在电感式耦合等离子聚合装置中，单体通入方式有多种形式，可以在放电区前、放电区或放电区后。如在放电区后进行薄膜聚合时，一般通入 Ar 作为放电气体，单体在辉光下游区进入放电区，聚合在置于更下游的工件上进行[2]。这种放电模式比把有机单体直接导入放电区来激发产生反应前驱体聚合要温和得多，有利于薄膜的聚合速率提高和得到高功能团含量的聚合物。

4）射流等离子体聚合是近年来发展很快的一种新型等离子体聚合方法。射流等离子体聚合装置如图 11-7 所示[13]。

根据单体的化学键不同，可以把单体直接通入放电区进行电离，然后在下游区聚合沉积；也可以把单体通入到等离子体羽中进行等离子体聚合。等离子体射流在高频引弧装置的作用下发生放电，电子流、离子流与中性单体气体发生碰撞，使单

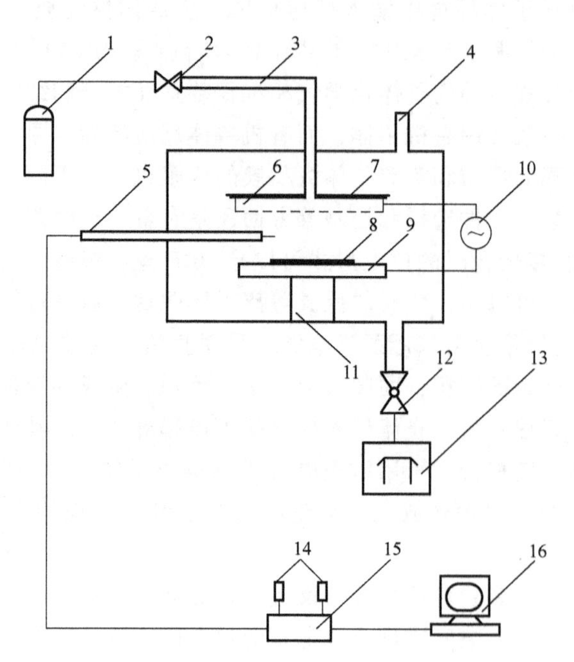

图 11-5 射频平板式内电极电容耦合等离子体聚合装置

1—单体 2、12—阀门 3—进气管道 4—真空规管 5—朗缪探针 6—上电极 7—隔离板 8—工件 9—下电极 10—高压电源 11—下电极支柱 13—机械泵 14—朗缪探针控制电源 15—计算机控制系统 16—真空泵

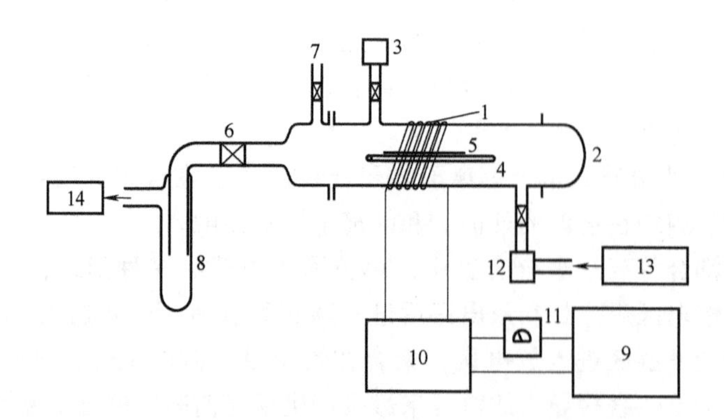

图 11-6 电感式耦合等离子体聚合装置

1—线圈 2—反应器 3—真空计 4—工件台 5—工件 6、12—阀门 7—载气 8—冷凝井 9—电源 10—阻抗匹配网络 11—功率表 13—单体 14—真空泵

体气体离解电离，从而形成等离子体射流。该等离子体射流在通道中发生膨胀喷射出高密度等离子体，如在距等离子体炬喷口区下游 15cm 处，等离子体羽中测得等离子体密度仍达 $10^9/cm^3$，对聚合反应而言，这是非常重要的，喷射而出的等离子

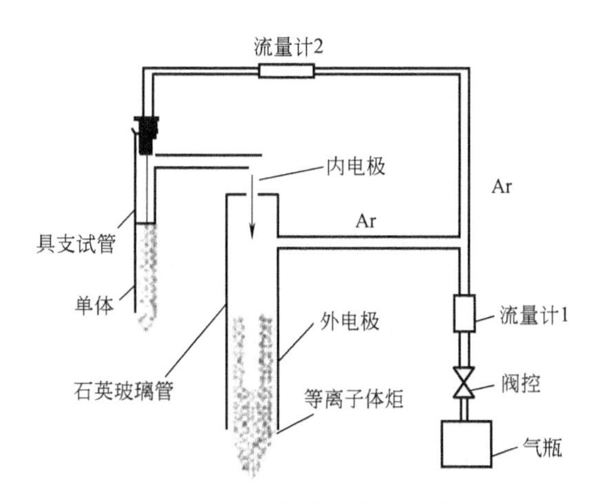

图 11-7 射流等离子体聚合装置

体射流与基体发生接触，在迅速降温的同时进行了一系列化学聚合反应形成聚合物。采用等离子体射流沉积有机薄膜、氧化硅、类金刚石（DLC）等，可以把反应单体通入到等离子体下游区或等离子体羽中，依靠等离子体中活性基团的反应，不需要基体加热，进行薄膜的沉积[13,14]。射流等离子体聚合装置不仅是结构简单，聚合速率快，更主要的是可以实现便携式操作。采用射流等离子体聚合，可以在大气压下产生等离子体，基体不受空间尺寸、真空条件限制，且操作方便。

5）等离子体聚合除了在真空中进行，还可以在大气压中进行。大气压等离子体聚合放电方式有电晕放电、介质阻挡放电、射流放电等。

2. 等离子体引发聚合装置

等离子体引发聚合装置与等离子体直接聚合装置类似。考虑等离子体引发聚合的特点，其装置普遍采用外电极类型。

等离子体引发聚合装置如图 11-8 所示[1]。该装置是典型的外电极电容耦合等

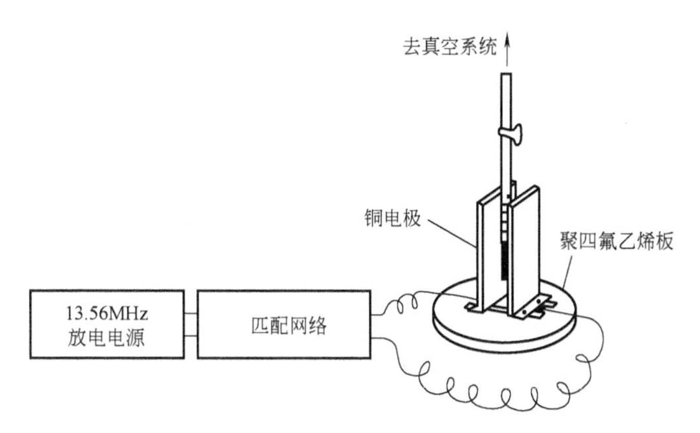

图 11-8 等离子体引发聚合装置

离子体引发聚合装置，可以进行多种烯类单体的等离子体引发聚合反应。等离子体引发聚合的特点是：聚合反应的引发是先在气相中进行，后进行聚合，链增长和链终止反应则在凝聚相内进行。

11.3.2 等离子体聚合工艺

1. 等离子体直接聚合工艺

无论是内电极式聚合设备，还是外电极式聚合设备，等离子体聚合的工艺过程相对简单，但是等离子体聚合中参数选择较为重要，因为等离子体聚合时参数对聚合薄膜的结构和性能影响较大。

等离子体直接聚合的操作步骤如下：

(1) 抽真空　在真空条件下聚合的本底真空要抽到 1.3×10^{-1}Pa。对需要控制氧或氮含量等有特殊要求的聚合反应，本底真空要求还要高。

(2) 充入反应单体或载气和单体的混合气体　真空度为 13~130Pa。对要求动态工作的等离子体聚合，应当选取适当的流量控制方式和流量，一般流量为 10~100mL/min。在等离子体中，单体分子受到载能粒子的轰击产生的电离、离解，得到离子、活性基因等活性粒子。被等离子体激活的活性粒子可以在气相、固相界面发生等离子体聚合反应。单体是等离子体聚合的前驱体来源，输入的反应气体和单体要求有一定的纯度。

(3) 激发电源的选择　可以采用直流、高频、射频或微波电源产生等离子体，为聚合提供等离子体环境。电源的选择则依据对聚合物的结构和性能等要求确定。

(4) 放电模式的选择　针对聚合物要求，等离子体聚合可以选择连续放电或脉冲放电两种放电模式。

(5) 放电参数的选择　在进行等离子体聚合时，放电参数需要从等离子体参数、聚合物性能和结构要求考虑。聚合时外加电源功率的大小由真空室体积、电极尺寸、单体流量和结构、聚合速率以及聚合物结构和性能等确定。例如，反应腔体容积为 1L 时，采用射频等离子体聚合，则放电功率在 10~30W 范围内。在这样的条件下产生的等离子体就能在工件表面聚合生成薄膜。等离子体聚合膜的生长速率随电源功率、单体的种类和流量，以及工艺条件的不同而有变化，一般生长速率为 100nm/min~1μm/min。

(6) 等离子体聚合过程中的参数测量　在等离子体聚合中需要测量的等离子体参数和工艺参数有：放电电压、放电电流、放电频率、电子温度、密度、反应基团种类和浓度等。

2. 等离子体引发聚合工艺

等离子体引发聚合的操作步骤如下：

(1) 单体加入反应容器　一般加入量为容器的 1/3。如果单体易挥发，则可以直接通入单体进行放电。如果单体不易挥发，则须加热使其挥发或通入惰性气体将其携带进入反应器。

(2) 引发放电电源的选择 采用直流、高频、射频或微波电源使装有单体的容器内产生等离子体，对单体进行等离子体辐照。采用射频产生等离子体的设备简单，电压较低，使用较为普遍。

(3) 等离子体引发聚合工艺的特点

1) 引发聚合速率和辐照时间的关系。一般引发辐照放电功率为50~150W。对甲基丙烯酸甲酯（MMA）进行引发聚合时，引发辐照放电功率为50W。后聚合温度为25℃时，随着等离子体辐照时间的增加，聚合速率增加，当达到一定的值后出现等离子体照射计量的一个饱和值。MMA聚合速率与等离子体照射时间的关系如图11-9所示。例如，对于MMA单体，辐照时间（剂量）超过20s后，其聚合速率不再随之增加[15]。

2) 后聚合速率与后引发溶液有关。把受等离子体辐照的单体从电极间移开，按照反应的要求加入溶剂进行后聚合反应。等离子体引发后，在水溶液中聚合反应速度特别高，而在乙醇等溶液中聚合反应速度显著减小。在生物化学、医学工程和药物学领域，水溶性烯类单体的聚合非常重要。

3) 单体辐照引发后的活性保持时间。Y. Osada等[22,26]研究了“等离子体引发+溶剂聚合”的特异聚合法，如AMPS或AAM固态单体在经等离子体辐照活化后加入水等溶剂，几乎瞬间即可有效地完成聚合。如果控制等离子体辐照后不让单体接触任何溶剂，即使放上几个月，单体仍然保持活性，等到希望聚合时只需加入溶剂就能瞬间得到聚合体。这是等离子体引发聚合的重要特点。

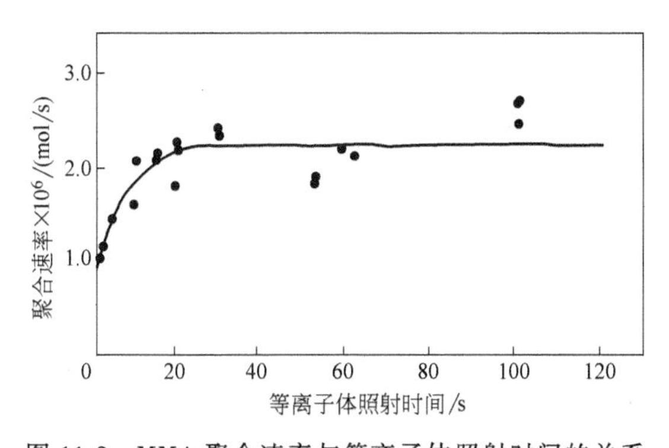

图11-9 MMA聚合速率与等离子体照射时间的关系

11.3.3 等离子体聚合工艺条件的选择和控制

等离子体聚合膜的分子结构会因放电条件不同而变化，有可能生成交联网状分子、支链聚合物和交联甚少的低分子量聚合膜。为使聚合膜的结构、性能及表面形貌达到预期的要求，同时又有尽可能高的聚合速率，对工艺条件的精心选择和控制是十分必要。

1. 工艺参数对聚合物性态的影响

等离子体聚合可以发生在等离子体直接/非直接接触或等离子体附近的基体表面上，也可以发生在等离子体辐照的单体中[1-5]。反应单体通入等离子体中后，通常就能在工件表面聚合出均匀透明的薄膜，但聚合物的结构和表现形貌会随工艺条件而变化。若条件不当，可能出现不正常现象以致不能成膜，甚至在气相生成粉状物、在工件表面生成液态油状物或黏膜。

在乙烯中掺入一定量乙炔单体时，生成聚合物的形态与放电条件的关系如图11-10所示[1]。流量较大时有利于成膜。因此，反应单体环境不同，获得聚合物薄膜的工艺条件必将随之变化。

2. 等离子体聚合反应中的重要工艺参数

(1) 输入功率的影响　等离子体聚合速率一般随放电功率的增大而升高。但当功率大到一定数值后，薄膜的沉积速率趋于稳定，再增加功率则可能会因为刻蚀的增加，而出现沉积速率降低的现象。图11-11所示为放电功率对四氟乙烯聚合速率的影响[17]。由图11-11可以看到，在功率达到一定值时曲线出现饱和平台，不再增加。

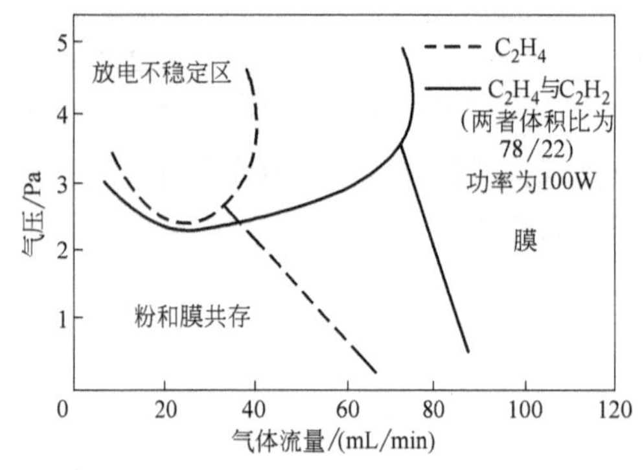

图 11-10　在乙烯中掺入一定量乙炔单体时，生成聚合物的形态与放电条件的关系

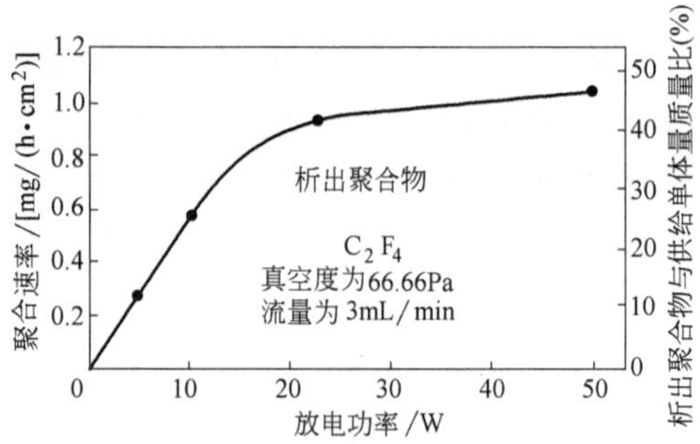

图 11-11　放电功率对聚四氟乙烯聚合速率的影响

(2) 载气、单体流量大小的影响　在等离子体中通入反应单体以外的气体称为载气，载气自身一般不参加聚合反应。在等离子体聚合中，经常采用通入惰性气体或其他非反应性气体作为稀释气体，或放电气体与单体混合来进行聚合的方法。有时因为单体的饱和蒸气压较低，也可以通过载气的通入，增加单体在真空室的含量。

通入载气对放电的影响主要是当载气进入放电室后可以产生潘宁放电，即用Ar、He的高能亚稳态原子与低能的中性原子或分子碰撞的放电模式使有机气体电离，可以达到使放电电压低、放电稳定的效果。

(3) 基体在真空室中位置的影响　直接聚合时，等离子体中的高能粒子对样品的轰击破坏作用大，因此采用远程聚合操作，即将等离子体激励过程和聚合过程的区域拉开一定的距离，或单体在气相中进行等离子体辐照后移出，在另一个环境中进行聚合，降低高能离子对样品的轰击损伤。为此，增加等离子体放电区与聚合区的距离，实现远程等离子体聚合是一个有效的改进聚合物结构的手段[33]。对于远程等离子体聚合，放电区的离子、电子等高能荷电粒子与反应区相互隔离，高能粒子对样品的轰击破坏作用大为减轻。由于离子、电子等高能荷电粒子的寿命较短，所以远程处理区域中的活性粒子以自由基为主[18]。

(4) 放电频率的影响　采用脉冲及低功率等离子体也可以有效降低等离子体中电子、离子的能量，减小对聚合薄膜的轰击刻蚀作用[32]。放电 10 μs、熄灭 1ms 的脉冲放电就可以防止基材升温和高能活性基团对基材的过度轰击，同时使射频聚合放电稳定。

(5) 大气压介质阻挡放电（DBD）　DBD 是等离子体聚合的一种重要的放电方式，近期发展很快，DBD 的特点是将至少一块绝缘介质插入在两个金属电极之间的气隙中，阻挡放电通道贯穿气隙，抑制弧光产生，是一种可在较高气压范围内产生均匀非平衡等离子体的放电方式，在等离子体聚合中应用越来越多。DBD 的电极结构形式请参阅本书第 3 章图 3-21。

DBD 具有工艺简单、操作方便、不需要真空系统、聚合效果好、节能等优点，在等离子体聚合中采用 DBD 系统较多。用 DBD 等离子体聚合纳米功能薄膜，比用其他方式制作速度快。此外，DBD 等离子体聚合所制备的薄膜具有膜质均匀、与基材结合好、污染少等特点，可应用于生物膜、功能硬膜、介质膜等方面。

通常的 DBD 采用频率 40kHz 的高频电源来驱动等离子体产生。近来，已实现大气压射频介质阻挡放电，而且可以实现大间隙放电[19]。

DBD 设备很容易实现卷对卷工艺，但是对连续放电，极易转变为非均匀放电模式（如火花、弧光放电等），而且在大气压下放电腔体、放电电极和中性气体将被加热，会出现能量利用效率不高的问题。采用脉冲 DBD 能够提供足够的功率密度，导致高能电子碰撞电离气体，产生具有高反应效率的大气压等离子体，促进一些常规条件下无法实现的反应发生，并且反应体系接近室温。因此，脉冲 DBD 聚合不仅极大地节约了能耗，而且避免了由于过热带来的安全隐患，保障了装置的长周期稳定运行。陈强教授等用 DBD 等离子体制备了类 PEO 生物功能薄膜[20]。

(6) 射流放电　近年来，射流等离子体聚合技术发展较快。其沉积步骤如下：

1）放电气体和反应单体输入到等离子体放电区并被电离。

2）等离子体以很高的速度自喷嘴喷出形成等离子体射流，与冷却的基体相接触，骤冷过程中在衬底表面形成高密度的成膜基团并发生化学反应。

3）在此基础上，薄膜开始吸附、形核、团聚、扩散、生长，最终成膜。射流等离子体还可以产生诱导聚合。

射流放电的特点是结构简单，聚合速率快，更主要的是可以实现便携式操作。

采用射流等离子体聚合，可以在大气压下产生等离子体，基体不受空间尺寸、真空条件限制，且操作方便等。此外，射流等离子体一般都是高密度等离子体，如在距等离子体炬的喷口区下游15cm处等离子体羽中，测得的等离子体密度仍达$10^9/cm^3$[21]。对聚合反应而言，这是非常重要的，可以实现快速沉积。如采用的大气放电等离子体炬聚合SiC_xO_y作为防腐层，沉积速率达到约10μm/min[22]。射流放电可以在直流下进行，也可以在高频、射频、微波下进行。

11.4 等离子体聚合膜的应用领域

1960年，J. Goodman首次将等离子体聚合膜应用于核电池隔膜，随后在其他多个领域得到开始应用[23]，如纺织物的接枝聚合、等离子体聚合微电子封装层、金属表面防腐层、抗划痕层、生物医学骨架、碳纳米管表面功能化耦合量子点、快速高精度湿度传感器、微纳米器件等。随着高技术的发展，各个领域对新材料的需求越来越多，特别是微电子领域，除对原来的半导体、精密陶瓷等无机材料的需求以外，对有机高分子材料的需求也越来越多。

11.4.1 等离子体直接聚合膜的应用领域

1. 电力能源

（1）导电膜　采用四甲基锡等为单体等离子体聚合成含金属的导电性聚合物，得到近乎导体的聚合膜。几种等离子体聚合膜的电导率见表11-6[1]。

表11-6　几种等离子体聚合膜的电导率

单体	电导率/(S/cm)	单体	电导率/(S/cm)
苯胺	2.8×10^{16}	噻吩	6×10^{14}
二茂铁	2.7×10^{13}	丙烯腈	$10^{12}\sim10^{13}$
丙二腈	3×10^{14}	四甲基锡	$10^{2}\sim10^{12}$

等离子体聚合的导电膜可用于抗静电，广泛应用于电子、军工、航天、煤炭、家电等行业，特别适用于印制电路板（PCB）、集成电路（IC）的包装，易燃易爆物品及易燃易爆场合物品的包装，以及其他需要静电防护的场合。

（2）绝缘保护膜　等离子体聚合的聚苯乙烯膜的绝缘击穿特性优于化学聚合的聚苯乙烯的性能，击穿场强在很宽的范围内几乎与温度无关，温度升到200℃仍不降低，耐热性能显著改善[24]。目前研制的等离子体聚合膜的击穿场强可达3~13MV/cm。

（3）电容器薄膜　等离子体聚合薄膜的介电常数值因C═O基等极性基团的存在而比化学聚合膜大。常用电介质中介电强度最高的云母片的介质强度为0.8~2MV/cm，而目前等离子体聚合膜的介电强度可达4.0~10MV/cm，比云母片大

5倍[25]。

等离子体合成的石墨烯超级电容器是一类介于传统电容和电池之间的新型储能元件，有着使用寿命长、充放电速率快等特点，应用领域非常广泛。二维平面碳纳米材料石墨烯被认为是最适用于超级电容的碳材料之一，高性能石墨烯薄膜的制备是超级电容材料的研究热点之一[26]。采用等离子体技术，可以实现高效、温和地制备石墨烯薄膜。

石墨烯薄膜具有较大的层间距和开放式的通道，这一结构形貌特征有利于增大电解液和石墨烯片层的有效接触面积，强化石墨烯薄膜材料的储能性能。

（4）电池质子交换膜　等离子体聚合燃料电池质子交换膜在燃料电池中有独特的性能而被广泛应用[27]。采用苯乙烯、三氟甲烷磺酸和苯磺酰氟作为单体，利用脉冲等离子体聚合高性能质子交换膜组装电池后，电池的性能更好，稳定性也得到提高[28]。

2. 有机抗蚀剂

集成电路在用光刻技术制备微细图形的时候，随着集成电路的集成度不断增加，其结构尺寸变得越来越微细化，加工的最小线幅已到纳米量级，必须利用电子束、离子束或X射线辐照对光刻胶曝光。对于新的曝光手段，必然要有相应的新抗蚀剂。

光刻胶是一种光致抗蚀剂，分为两类：

负性光刻胶：借助曝光的能量促使光刻胶交联，曝光的部分经过显影后得到保留。

正性光刻胶：曝光部分经过显影可被清除而“开窗”。对此类光刻胶，曝光使其分子链断裂降解。

在超大规模集成电路制造技术中，全干式刻蚀工艺已经成为人们关注的发展方向，光刻胶膜的作用极其重要。现在采用等离子体聚合膜可以形成很薄的支化及交联结构[1]。在等离子体聚合的高分子膜上形成微细图形的潜影，对正性光刻胶来说，曝光可以切断分子链使其降解；而对负电性光刻胶，则借助曝光应能促其进一步交联，保留下高质量的掩膜，使图形质量提高。

3. 功能薄膜

（1）低表面能薄膜　在数字印刷板材制备、贵重文物保护及关键电子器件保护方面，需要有不沾水、不沾油和自清洁性能，需要镀一层低表面能的薄膜。北京印刷学院等离子体物理及材料研究室研究用连续与脉冲射频放电产生的等离子体，对聚合的低表面能 SiC_xO_y 薄膜性能的影响。用复合工艺有利于低表面能薄膜的制备[29]。具体方法是表面斥墨层用八甲基硅氧烷，六甲基硅氧烷或四甲基硅氧烷为单体，利用脉冲等离子体聚合方法制备，再用四氟化碳等离子体接枝，可以制备出与吸光层连接紧密的平整、光滑、均匀、无针孔的表面斥墨层。等离子体聚合技术制备低表面能薄膜的工艺大大简化。这说明等离子体技术在新型印刷材料制备中可以起到其他办法所不能起到的作用。

(2) 高阻隔 SiO_x 膜　随着社会发展和人民生活水平日益提高，商品经济越来越发达，为了提高商品的流通周期，商品包装的作用日益重要，尤其对于食品、药品、化妆品、农药、洗涤用品等易变质类的商品。采用高阻隔性能包装材料往往是最有效的手段[30-33]。目前包装领域一般选用的阻隔性薄膜材料主要为含 EVOH 树脂共挤薄膜、涂覆 PVDC 薄膜、蒸镀氧化物薄膜、铝箔及真空镀铝薄膜等。其中，EVOH 树脂共挤薄膜、PVDC 薄膜是有机材料，存在环境污染、回收困难、阻隔有选择性等问题。铝箔或镀铝阻隔层阻隔性能较好，但是存在不透明、不能进行微波加热、不能进行探测检查等缺点[34]。

氧化物高阻隔层薄膜具有透明、阻隔和无污染的特点，在食品、药品和化妆品的保值保鲜包装以及真空绝热板（VIP）、量子点显示、有机发光二极管（OLED）、可穿戴电子、太阳能电池的封装等方面都有广泛的应用。采用的透明阻隔层主要为氧化铝或氧化硅材料。

北京印刷学院等离子体物理及材料研究室采用潘宁放电等离子体增强化学气相沉积技术（PDPs），以六甲基二硅氧烷（HMDSO）为单体，以氧气为反应气体，在 PET 等基材上沉积 SiC_xO_y 阻隔薄膜。对厚度为 12μm 的 PET 薄膜，透氧率从原膜的 135mL/(m^2·d) 降至约 1.7mL/(m^2·d)，透湿率从原膜的 36.5g/(m^2·d) 降至约 1.5g/(m^2·d)。图 11-12 所示为制备的 SiC_xO_y 阻隔薄膜产品。

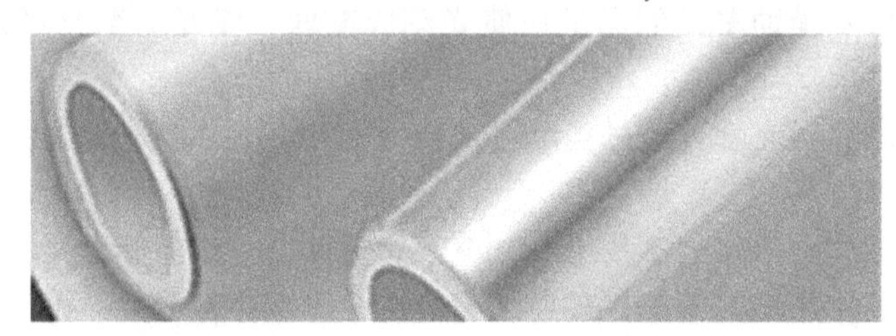

图 11-12　制备的 SiC_xO_y 阻隔薄膜产品

(3) 光学薄膜　以聚甲基丙烯酸甲酯或聚碳酸酯材料可以制成价廉而又易于加工的光学透镜，但其表面硬度太低而容易产生划痕，限制它们的应用。如采用有机氟或有机硅单体，在有机材料表面等离子体聚合 10μm 膜的薄层，可改善聚甲基丙烯酸甲酯或聚碳酸酯塑料的抗划痕性和反射指数[35]。

对于红外光谱仪中所需的 NaCl、KCl 和 CsI 单晶窗片，采用等离子体聚合氟类单体后，可以具有良好的耐水性、耐候性、抗紫外性能。此外，等离子体聚合薄膜有优良的光学、力学性能，还可用于制作集成光学器件。

(4) 润滑和硬质膜　金刚石、类金刚石薄膜是高硬度、低摩擦因数的自润滑薄膜，是近些年发展很快的自润滑硬质薄膜，应用范围很广。除了采用离子束、溅射、磁过滤阴极弧、脉冲激光、辉光放电等成功合成金刚石、类金刚石薄膜以外，采用CH_4、C_2H_2等有碳源作为单体，在等离子体中快速离解和电离，可以在低气压，甚至大气压下将这些前驱体迅速凝结在基体上形成薄膜，最大沉积速率可达1μm/s[36]。

4. 环境保护

反渗透复合膜的制备方法包括层压法、浸渍法、等离子体聚合法和界面聚合法等，其中，等离子体制备的反渗透膜表现出很多优势，功能层具有很好的耐氯性，支撑层与功能层之间的黏附性能也会很强。当采用不同含氮化合物作为单体，通过等离子体聚合，在多孔支撑层上制备了反渗透膜，其纯水通量达$7.58\times10^2m^3/(m^2\cdot d)$，脱盐率可达98%，所得的反渗透复合膜性能良好，而且耐蚀性也大大提高。

等离子体制备的反渗透薄膜制备技术，由于其设备投资小，能耗低，溅射周期短等优点，已成为海水淡化和苦咸水脱盐的主流技术[37]。

11.4.2 等离子体引发聚合薄膜的应用领域

1. 等离子体引发稻壳和秸秆再生

等离子体引发聚合纤维素和引发秸秆纤维是近来保护环境而发展较快的等离子体聚合技术。以低级浆玉米芯、玉米纤维、稻壳和秸秆为原料制备纤维素衍生物，具有原料资源丰富和可再生性的优点。20世纪60年代初，美国最早进行淀粉接枝聚合物研究，但淀粉属于粮食作物，不具有可持续发展性；随后国内外学者又用纤维素或其衍生物进行接枝聚合反应，但单体制备条件苛刻，而且工艺复杂，成本高，导致应用受到了限制。

传统纤维素接枝共聚物可用于复合材料，改变聚氯乙烯（PVC）等高分子材料的张力性质、形态和热力学行为等。但由于其引发剂多采用高价金属盐，原料多采用α-纤维含量较高的棉浆和木浆，工艺复杂，成本高，应用受限制。Matsuo等[38] 以玉米芯、秸秆等为原料，经过蒸汽、高温、高压或酸预处理，制备纤维素接枝聚合物，但由于反应条件苛刻，预处理工艺复杂，需要化学引发剂、交联剂，使用酸碱会产生环境污染，迄今并未在技术经济和环境方面获得竞争优势。因此以生物质秸秆等为原料，关键要选择合适的引发体系，减少酸碱用量，简化工艺。

等离子体引发聚合可以产生丰富的活性粒子，为秸秆纤维接枝聚合创造了良好条件，为浆玉米芯、玉米纤维、稻壳和秸秆原料的再利用和可再生性提供可能[43]。在等离子体引发秸秆纤维接枝聚合中，采用微流注放电产生的等离子体引发过程更为简单，减少了传统方法中所必需的预处理，不需要蒸汽、高温和高压等条件，无酸碱等环境污染物[39]。微流注放电等离子体引发秸秆纤维与甲基丙烯酸甲酯接枝聚合，以玉米秸秆为原料，制备秸秆纤维素与MMA接枝聚合物P（cell-MMA)，随着放电电压和接枝聚合时间的增加接枝率增加。在微流注放电电压为2.7kV，放电时间为180s，放电间隙为1.66mm，接枝温度为50℃，单体在乙醇中的质量分数为62.5%时，反应2h后可得到接枝率为35.2%。接枝链进入到秸秆纤维内部，改变了秸秆纤维的品型结构，热分解温度提高，使其在改变高分子材料的热力学行为等方面的应用更加广泛。

2. 等离子体引发聚合在其他领域的应用

例如，通过大气压介质阻挡放电等离子体引发N-异丙基丙烯酰胺（NIPAM）聚合，是将配置高浓度N-异丙基丙烯酰胺单体水溶液，经加热蒸发后，铺展在石英基板上，并置于常压氩等离子体环境处理，即可制备得到均匀、稳定、高纯度的聚N-异丙基丙烯酰胺（PNIPAM）薄膜。等离子体引发聚合制备磁性荧光微球，具有定向、载药双功能，可应用于酶载体、靶向治疗、磁共振造影、磁密封橡胶以及电磁屏蔽和吸波材料等领域[40]。

在金属表面上聚合有机物或使金属表面绝缘化，都涉及聚合物与金属之间的黏附性，即增加附着力的问题。如M.C.Zhang等研究聚四氟乙烯（PTFE）与铝金属间的黏附[41]，他们先用氩等离子体对PTFE进行预处理。工艺参数：频率为40kHz，功率为35W，压强为80Pa，并暴露在大气中约10min以产生氧化物和过氧化物，然后在其上进行丙烯酸酯甘油醇（GMA）的接枝共聚合，再进行热蒸发铝，结果使带有GMA接枝共聚合物的PTFE与Al之间的黏附力是PTFE与Al间的22倍，是仅经过Ar等离子体预处理的PTFE与Al之间的3倍。此外，采用等离子体聚合技术可应用于窗用玻璃、汽车百叶窗和氖灯、卤灯的反光镜，增加其耐磨性、耐蚀性等[42]。

等离子体引发聚合，是指单体经等离子体照射活化后，在适当的温度下可以聚合生成聚合物。从高分子合成化学的角度来讲，等离子体引发聚合法是把等离子体当作引发聚合时的一种能源。

11.5 等离子体表面改性

11.5.1 等离子体表面改性的定义

等离子体表面改性不是获得聚合膜，而是将材料暴露于非聚合性气体（Ar、F等）的等离子体中，利用等离子体进行辐照、轰击材料表面，引起高分子材料结构的许多变化，从而对高分子材料进行表面改性[43,44]。等离子体表面改性处理时，利用等离子体中产生的活性粒子（如带电粒子、紫外光子、单原子氧、臭氧、氧化氮、中性亚稳原子、氢氧基等活性基团）对材料进行表面改性。

11.5.2 等离子体表面改性的特点

高能态的等离子体对高分子材料进行轰击、照射，可以打断高分子材料的分子链、形成活性基团、增加表面能、产生刻蚀等。等离子体表面处理对本体材料内部结构、性能不产生影响，只是表面性能发生很大改变。

为了不损坏材料本身的特性，等离子体表面改性处理通常不使用较大功率密度的等离子体。这种处理和其他等离子体处理的区别在于：

1）不向处理表面注入离子或原子（如离子注入）。

2）不去除较大块的材料（如溅射或刻蚀）。

3）不向表面增加超过几个单（原子）层的物质（例如沉积）。

总之，等离子体表面处理涉及的只是最外几个原子层[44]。

等离子体表面改性的工艺参数主要有气体压力、电场频率、放电功率、作用时间等，工艺参数易于调节。等离子体改性过程中，许多活性粒子易于和所接触的处理表面发生反应，可以用来对材料表面进行处理。和传统方法相比，等离子体表面改性具有工艺方法简单、操作简便、成本低、无污染、无废弃物、生产安全、效率高等优点。

11.5.3 等离子体表面改性用的气体

目前已经报道的适用于等离子体表面改性的气体为非聚合性气体，放电后含有氮、氧、氟等各类气体产生的等离子体[2]。这些气体是 CF_4、C_2F_6、CF_3H、CF_3Cl、CF_3Br、NH_3、N_2、NO、O_2、H_2O、CO_2、SO_2、H_2/N_2、CF_4/O_2、O_2/He、空气、He、Ar、Kr、Ne 等。

11.5.4 等离子体表面改性的应用领域

1）等离子体表面改性主要是指对纸张、有机薄膜、纺织品、化纤的某些改性。采用等离子体对纺织品改性处理无须使用活化剂，处理过程中不破坏纤维自身的特性[45]，可改善纺织品的吸水性、疏水性、疏油性、黏着性、光反射性、透气性、抗静电性、摩擦因数、生物相容性，并具有手感好、容易着色等特点，而且环保，有很大的经济效益。

2）等离子体表面改性可应用于各种有机薄膜，如 PE、PP、PS、CPE、PTFE、PA6、PA66、NR、PVA、PMMA、聚 4-甲基戊烯、聚异丁烯、聚丁二烯、FEP 共聚物、乙烯-四氟乙烯共聚物、聚氟乙烯、聚二甲基硅氧烷、聚氧甲撑、聚丙烯腈、聚对苯二甲酸乙二酯、纤维素、醋酸纤维素、聚碳酸酯、聚氨基甲酸乙酯、聚酰亚胺等。等离子体辐照可以将有机薄膜的共价键切断，增加薄膜极性、黏着性、光反射性、透气性、抗静电性等。在柔性薄膜卷对卷的镀膜过程中，多采用阳极层离子源用氩离子轰击照射有机薄膜，可以显著提高膜-基结合力。等离子体表面改性提高了 PET 与涂料的黏着性，在激光印字方面发挥了巨大作用。

3）在医学领域，利用等离子体处理，可改善生物相容性和生物材料的亲水性、透气性、血溶性，可使人造血管、血液透析薄膜等生物医用材料得到广泛应用[44]。用等离子体对细菌培养皿进行处理，有利于细胞的生长。

还有很多其他应用，如对橡胶改性，进行污水、废气、废物处理等。等离子体表面改性是提高材料表面性能的主要手段，是经济有效地开发新材料的重要途径。

参考文献

[1] 赵化桥. 等离子体化学及其工艺［M］. 合肥：中国科技大学出版社，1993.

[2] 葛袁静，张广秋，陈强. 等离子体科学技术及其在工业中的应用［M］. 北京：中国轻工业出版社，2011.

[3] 李笃信，贾德民. 等离子体技术对高分子材料的表面改性［J］. 高分子材料科学与工程，1999，15（3）：1-6.

[4] FREY H，KHAN H R. Handbook of thin-film technology［M］. New York：Springer，2015.

[5] YASUDA H. Plasma polymerization［M］. Orlando：Academic Press，1985.

[6] 陈洁瑢. 低温等离子体化学及其应用［M］. 北京：科学出版社，2001.

[7] MILLER S L. Production of Some Organic Compounds under Possible Primitive Earth Conditions［J］. Journal of the American Chemical Society，1955，77（9）：2351-2361.

[8] LEVALOIS G J，TSAFACK M J，KAMLANGKLA K. Multifunctional coatings on fabrics by application of a low-pressure plasma process［J］. Swiss federal institute of technology，2012（9）：26-28.

[9] 温贵安，章文贡，林翠英. 等离子体引发的机理初探［J］. 高分子通报，1999，12（4）：67-70.

[10] 王雪梅，沈宁祥，盛京. 等离子体引发聚合及其研究进展［J］. 河北化工，2001，（2）：9-13.

[11] 王岱珂，陈捷. 等离子体共聚合反应的初步探讨［J］. 辐射研究与辐射工艺学报，1988（2）：42-44.

[12] 赵丽娜，孟宪辉，刘晓芳，等. 等离子体诱导下丙烯酸在PET表面的接枝聚合［J］. 广州化工，2014，42（17）：118-119.

[13] 韩尔立，陈强，葛袁静. 射频等离子体聚合 SiO_x 薄膜的研究［J］. 真空科学与技术学报，2006，26（6）：482-486.

[14] BABAYAN S E，JEONG J Y，UTZE A S，et al. Deposition of silicon dioxide films with a non-equilibrium atmospheric-pressure plasma jet［J］. Plasma Sources ence Technology，2001，10（4）：573-578（6）.

[15] OSADA Y，HONDA K. Application of Cold Plasma in Organic Reaction，Journal of Synthetic Organic［J］. 1986，44（1）：443-458.

[16] YOSHIHITO O，YU I，MITSUO T，et al. Plasmainitiated solution polymerization and its application to immobilization of enzyme［J］. ApplPolym SympApplied，38（1984）：89-95.

[17] JOHNSON D R，OSADA Y，BELL A T，et al. Studies of the mechanism and kinetics of plasma-initiated polymerization of methyl methacrylate［J］. Macromolecules，1981，14（1）：118-124.

[18] YASUDA H K，LAMAZE C E. Polymerization of styrene in an electrodeless glow discharge［J］. Journal of Applied Polymer Science，1971，15（9）：2277-2292.

[19] LI B，CHEN Q，LIU Z W. A large gap of radio frequency dielectric barrier atmospheric pressure glow discharge［J］. Applied Physics Letters，2010，96（4）：453-460.

[20] 谢芬艳，胡文娟，陈强. DBD等离子体制备类-PEO生物功能薄膜及其生物相容性研究［J］. 包装工程，2008，29（1）：4-6.

[21] 庄洪春，孙鹂鸿. 介质阻挡放电产生等离子体技术研究［J］. 高电压技术，2002，28（B12）：57-58.

[22] 韩尔立，陈强，张跃飞，等. DBD等离子体枪聚合 SiO_x 薄膜用于金属表面防腐性能研究［J］. 机械设计与研究，2006，22（2）：86-88.

[23] GOODMAN J. The formation of thin polymer films in the gas discharge［J］. Journal of Polymer ence，1960，

44 (144): 551-552.

[24] 水谷照吉. IVCVD 法（化学気相成長法）[J]. 電氣學會雜誌，1987，107（9）：885-890.

[25] LACOSTE R, MUHAMMAD A, SEGUI Y, et al. Definition and use of a specific value to characterize the dielectric breakdown of thin insulating layers [J]. IEEE Transactions on Electrical Insulation, 2007, EI-19 (3): 234-240.

[26] 董良旭. DBD 等离子体制备石墨烯薄膜结构和性能研究 [D]. 北京：北京印刷学院，2010.

[27] BRAULT P. Review of low pressure plasma processing of Proton Exchange Membrane Fuel Cell Electrocatalysts [J]. Plasma Processes and Polymers, 2016, 13: 10-18.

[28] JIANG Z Q, JIANG Z J. Plasma-Polymerized Membranes with High Proton Conductivity for a Micro Semi-Passive Direct Methanol Fuel Cell [J]. Plasma Processes and Polymers, 2016, 13 (1): 105-115.

[29] 周美丽，陈强，葛袁静. RF 等离子体聚合类聚乙烯氧（PEO-like）功能薄膜研究 [J]. 真空科学与技术学报，2006（5）：412-416.

[30] 邱丽萍. 高阻隔包装的昨天、今天和明天 [J]. 广东包装，2001（3）：11-12.

[31] 周祥兴. 气相防锈纸及气相防锈薄膜 [J]. 广东包装，2001（6）：33-35.

[32] 诸炳浩，愈晓康. 共挤流延阻透薄膜加工技术 [J]. 塑料包装，2001（2）：22-24.

[33] 王建清. SiO_x 镀膜包装材料的开发及发展 [J]. 塑料包装，2002，(2)：20-23.

[34] 陈玉胜，贺爱忠. HB-1 高阻隔镀铝复合膜研制与应用 [J]. 塑料包装，2003，13（4）：24-27.

[35] WYDEVEN T. Plasma polymerized coating for polycarbonate: single layer, abrasion resistant, and antireflection [J]. Applied Optics, 1977, 16 (3): 717-721.

[36] BIAN X, CHEN Q, ZHANG Y, et al. Deposition of nano-diamond-like carbon films by an atmospheric pressure plasma gun and diagnostic by optical emission spectrum on the process [J]. Surface & Coatings Technology, 2008, 202 (22-23): 5383-5385.

[37] 解利昕，阮国岭，张耀江. 反渗透海水淡化技术现状与展望 [J]. 中国给水排水，2000，16（3）：24-27.

[38] 付忠实，温国华，李熙. 由废弃植物纤维制备含氮吸水剂及其性能研究 [J]. 内蒙古农业大学学报（自然科学版），2008，29（1）：189-191.

[39] 宋春莲，张芝涛，赵文光. 微流注放电等离子体引发秸秆纤维与甲基丙烯酸甲酯接枝聚合 [J]. 化学反应工程与工艺，2010，26（2）：112-117.

[40] 苏彤，张小庆，杨永忠，等. 等离子体引发聚合制备磁性荧光微球及应用研究 [J]. 广东化工，2019，46（3）：133-135.

[41] ZHANG M C, KANG E T, NEOH K G, et al. Adhesion enhancement of thermally evaporated aluminum to surface graft copolymerized poly (tetrafluoroethylene) film [J]. Journal of Adhesion Science and Technology, 1999, 13 (7): 819-835.

[42] SUCHENTRUNK R, FUESSER H J, STAUDIGL G, et al. Plasma surface engineering—innovative processes and coating systems for high-quality products [J]. Surface & Coatings Technology, 1999, 112 (1-3): 351-357.

[43] 尚书勇，梅丽，印永祥. 等离子体技术在化工中的应用 [J]. 化学工业与工程，2006，22（5）：386-392.

[44] 李成榕，王新新，詹花茂. 等离子体表面处理与大气压下的辉光放电 [J]. High Voltage Apparatus，2003，39（4）：46-51.

[45] 赵中华，沈安京，黄广友. 次辉光放电等离子体在棉织物前处理中的应用 [J]. 印染，2008，(1)：1-5.

第12章 离子镀膜在太阳能利用领域的应用

现代离子镀膜技术在前沿科学技术进步的推动下取得了飞速发展，为国防事业、高新技术产品和美化人民生活的各个领域制备出了具有各种特殊功能的薄膜材料，推动了人类社会的进步。为了使读者理解现代离子镀膜技术在国家发展中的重要意义，从本章开始介绍现代离子镀膜技术在一些领域中的具体应用。

12.1 概述

用真空镀膜技术来制备利用太阳能的薄膜由来已久，不论是在太阳能光伏应用，还是太阳能光热应用，很多主要功能薄膜的获得都是通过真空镀膜技术实现的。太阳能应用领域包括了航空航天、大型地面电站、建筑一体化、户用热水器、光热发电系统等，利用太阳能的薄膜产品如图 12-1 所示。

a) b) c) d) e) f)

图 12-1 利用太阳能的薄膜产品

a）人造卫星采用的太阳能板 b）大型地面光伏电站 c）太阳能屋面
d）采用柔性太阳能的飞艇 e）太阳能热水器 f）槽式聚光集热电站

g) h) i)

图 12-1 利用太阳能的薄膜产品（续）
g）塔式聚光集热电站 h）碟式聚光集热器 i）菲涅尔式聚光集热电站

本章将分别介绍现代离子镀膜技术在太阳能光伏薄膜领域和太阳能光热薄膜领域的应用，将重点阐述太阳能光伏领域最新的薄膜技术发展，并介绍光热领域应用到的真空薄膜技术。

12.2 太阳能光伏薄膜领域的镀膜技术

在 1863 年欧洲发现光伏效应后，1883 年美国采用硒（Se）制作了第一个光伏电池。光伏电池的基本原理如图 12-2 所示。半导体材料吸收太阳光子后，能量超过能带宽度的光子可以激发电子在能级间跃迁，产生电子-空穴对。光激发产生的电子和空穴在半导体 PN 结电势差作用下发生分离，分别从 PN 结两边通过金属接触导出产生电流。

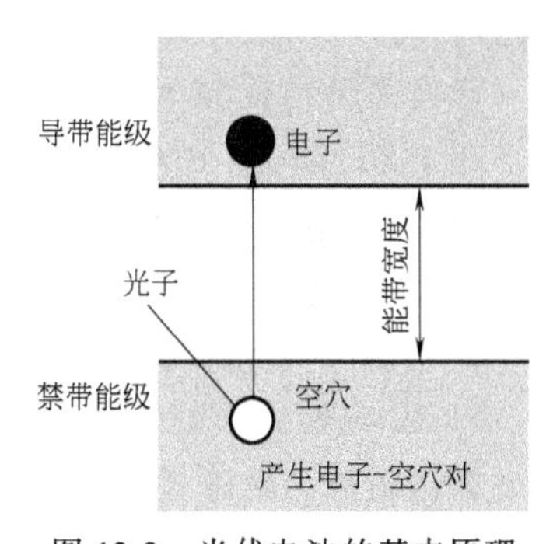

图 12-2 光伏电池的基本原理

光伏电池早期主要应用于航天、军事等领域。最近 20 年来，光伏电池的成本急剧下降促进了太阳能光伏在全球广泛的应用。2019 年底，全球太阳能光伏总装机量达到了 616GW，预计在 2050 年有望达到全球总发电量的 50%。由于光伏半导体材料对光的吸收主要发生在几微米到几百微米的厚度范围，且半导体材料表面对电池性能的影响非常重要，使得真空薄膜技术在太阳能电池制造上有广泛应用。

产业化的光伏电池主要分为两类：一类为晶硅太阳能电池，另一类为薄膜太阳能电池。最新型的晶硅电池技术包括钝化发射极和背面电池（PERC）技术、异质结电池（HJT）技术、钝化发射极背表面全扩散（PERT）技术及隧穿氧化层钝化接触（Topcon）电池技术等。薄膜在晶硅电池中的功能主要包括钝化、减反射、p/n 掺杂、导电。主流的薄膜电池技术包括碲化镉、铜铟镓硒、钙钛矿等技术。薄膜在其中主要作为光吸收层、导电层等。光伏电池中薄膜的制备较多采用了各类真空薄膜技术。太阳能电池中常用的薄膜材料和镀膜技术见表 12-1。

表 12-1 太阳能电池中常用的薄膜材料和镀膜技术

电池种类		所用薄膜材料	薄膜功能	真空镀膜方式
晶硅电池	PERC	SiO_x、SiO_xN_y、AlO_x、SiN_x	钝化层、减反射层	PECVD，ALD
	异质结	a-Si、TCO	钝化层、p/n 掺杂层、减反射导电层	HWCVD，PECVD，磁控溅射，RPD
	PERT、Topcon	SiO_x、SiN_x	钝化层	LPCVD，PECVD
薄膜电池	碲化镉	CdTe	光吸收层	蒸镀，磁控溅射
	铜铟镓硒	CuInGaSe	光吸收层	蒸镀，磁控溅射
	钙钛矿	PbI_2、CsBr、LiF、TCO	光吸收层、导电层	蒸镀，磁控溅射

12.2.1 晶硅太阳能电池中的镀膜技术

1. PERC 太阳能电池的薄膜层结构

PERC 电池市场占比从 2016 年的 9%上升到 2019 年超过 50%。图 12-3 所示为 PERC 电池的结构。PERC 电池通过在背面镀钝化薄膜叠层 AlO_x/SiN_x，显著减少了光生载流子在硅片表面的复合，提高了电池开路电压和光电转换效率。

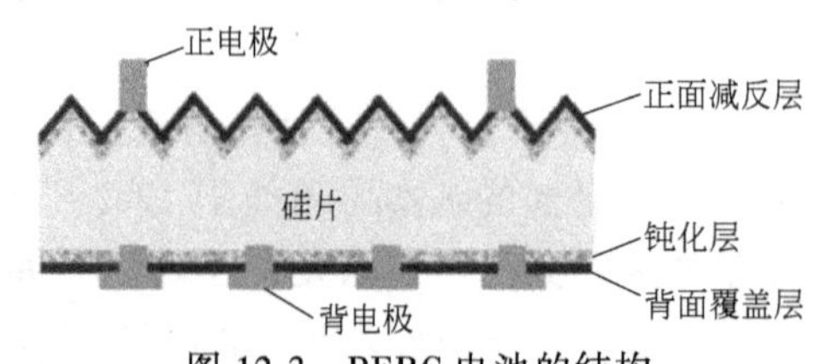

图 12-3 PERC 电池的结构

背面薄膜钝化技术对电池提效的作用早在 1989 年即由 Blakers 等人报道[1]，但直到 2009 年左右适用于大规模生产的 PECVD 和 ALD 镀膜设备的导入后，才开始大规模工业化应用。

2. PERC 电池中的 PECVD 镀膜

PERC 电池背面的钝化膜层早期主要为高温氧化硅薄膜，在石英管中于 900℃以上氧化制备。高温氧化硅薄膜钝化性能好，但没有在大规模生产中采用，原因之一是硅片在 900℃以上高温工艺后易导致电池转换效率降低，这个缺点对于含杂质较多的多晶硅片更明显。采用 PECVD 技术可以在低于 450℃温度沉积氮化硅（SiN_x）钝化层，但 PECVD 沉积的氮化硅带有大量正电荷，在其覆盖下的晶硅表面形成诱导反电势层，导致从电池背面收集的正电荷容易在诱导反电势层复合，即产生寄生短路效应[2]。解决此问题的两种方法：一是在氮化硅下方接触硅片方向再沉积一层 SiO_x 或者 SiO_xN_y 薄膜，由于 SiO_x 或者 SiO_xN_y 薄膜中的正电荷较少，没有类似 SiN_x 层的寄生短路效应；另一种方法是在氮化硅下沉积一层 Al_2O_3 薄膜，Al_2O_3 薄膜中含大量负电荷，也不会有寄生短路效应。Al_2O_3 薄膜的沉积方式有 PECVD、ALD、磁控溅射等。这两种叠层薄膜都成功应用于 PERC 电池的大规模生产，SiO_x/SiN_x 叠层沉积主要由 PECVD 的方式实现。

PERC 电池的量产可在管式和平板式 PECVD 平台上实现，一般采用 13.56 MHz 射频电源。管式 PECVD 设备与平板式 PECVD 设备相比，占地面积小，产能大，成本低，使用的镀膜前驱体化合物相对少。管式 PECVD 沉积薄膜时，硅片垂直放置在石墨舟中，通过炉体的电阻加热器其温度达到 400~500℃。反应气体从炉管一端进入并从另一端流出，等离子体直接在石墨片中间的硅片表面产生，反应气在等离体和温度的作用下裂解，并在硅片表面沉积薄膜。一台工业 PECVD 设备可放置多达 10 根石英管，极大地提高了设备产能。完成一种薄膜沉积后，切换气体再沉积第二层薄膜，可以在同一根炉管中沉积 SiO_x、SiN_x、SiO_xN_y、AlO_x 薄膜。沉积 AlO_x 薄膜时，通入金属有机化合物前驱体三甲基铝（TMA）和 N_2O 气体；沉积 SiN_x 薄膜时，通入 SiH_4 和 NH_3 气体。SiO_x/SiN_x 叠层和 AlO_x/SiN_x 叠层都可采用这种二合一方法在同一根炉管中沉积。这种设计的系统，即使有一根或者几根炉管出现故障，生产仍可在其他炉管中继续，有利于在线沉积稳定进行。

另一种规模生产设备是平板式 PECVD。其优点主要是薄膜沉积时没有绕镀问题，薄膜均匀性比管式 PECVD 易控制；缺点是占地面积大，产能提升空间有限，TMA 等前驱体化合物的单耗相对高。电池背面的 AlO_x（或者 SiO_x）薄膜与 SiN_x 薄膜在同一系统的不同反应腔室中依次沉积，可减少电池片在生产过程中的转移步骤。

3. PERC 电池中的 ALD 镀膜

PERC 钝化膜层也可采用 ALD 镀 AlO_x 薄膜，然后采用 PECVD 镀电池正反两面的 SiN_x 薄膜。ALD 镀膜方式含多次通气镀膜/抽空循环，每个循环所镀膜层很薄，甚至不到一个完整的原子层，所制备的 AlO_x 薄膜缺陷少，均匀性好，厚度可控性很好，前驱体化合物 TMA 单耗仅为 PECVD 单耗的 20%~30%。ALD 每个循环中的抽气过程非常重要，每个抽空过程持续数秒之多，导致镀膜速度在 2nm/min 以下，难以适用于大规模生产。

空间式 ALD 的不同工艺气体（TMA、H_2O）从不同进气通道流入，中间通入氮气隔离不同工艺气氛。镀膜硅片依次通过不同镀膜区域，通过 TMA 区域时发生化合物的吸附和部分裂解，通过氮气区域时未反应化合物或者副产物脱附，经过 H_2O 区域发生氧化反应。空间式 ALD 的原理如图 12-4[3] 所示。

由于不同气体之间隔离得很好，在腔室壁只发生单一反应物的吸附脱附，不会产生薄膜的沉积，可避免对设备腔体频繁清洗。反应过程中腔室气压可达到正常大气压水平，沉积速率可达到 1.2nm/s。一个 $TMA/N_2/H_2O/N_2$ 循环区域长度大约为 12cm，在一个腔室中这种 $TMA/N_2/H_2O/N_2$ 区域重复 8 次，可以在高速生产下沉积 1nm 的 AlO_x 薄膜。6 个反应腔室串接的系统可以沉积 6nm 的 AlO_x 薄膜，基本满足 PERC 电池的高速生产需求。空间式 ALD 设备在连串腔室中按通过次序完成 ALD 循环过程中的不同工艺步骤，可达 4000 片/h 以上的量产速度。

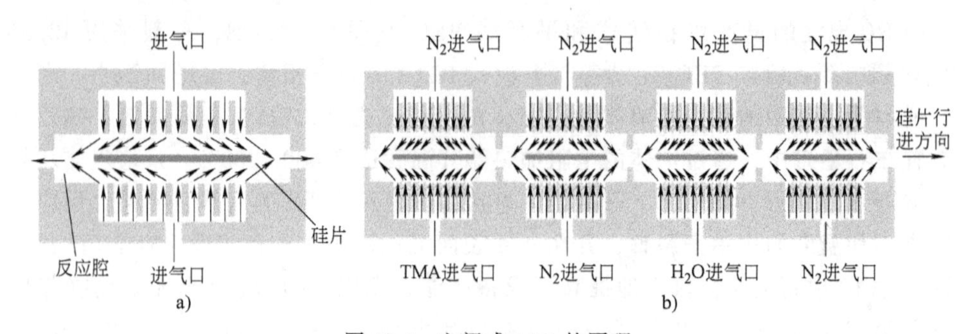

图 12-4 空间式 ALD 的原理

a) 只含一个区域的腔室 b) 含有四个区域的腔室

12.2.2 异质结太阳能电池中的镀膜技术

1. 异质结太阳能电池的薄膜层结构

晶硅-非晶硅异质结太阳能电池被认为是后 PERC 时代最可能成为主流路线的高效太阳能电池技术。异质结电池的薄膜结构如图 12-5 所示。硅片正反面分别沉积 i 本征非晶硅/p 掺杂非晶硅叠层和 i 本征非晶硅/n 掺杂非晶硅叠层，形成 PN 结和 NN+结，然后沉积 TCO（ITO）薄膜形成正反面电极。晶硅表面由本征非晶硅层钝化后，光生载流子在硅片表面的复合速率极大降低。产业化异质结电池能获得 745mV 以上的开路电压及 24%以上的量产平均效率，最高效率达到 26.63%。

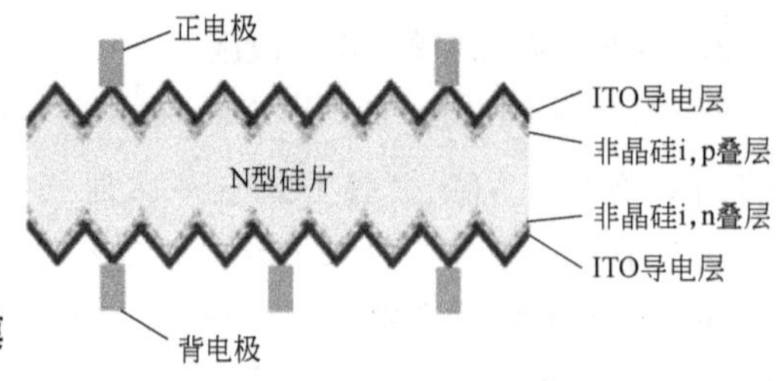

图 12-5 异质结电池的薄膜结构

2. 异质结电池中的 HWCVD 镀膜

异质结电池中非晶硅薄膜沉积的方式之一为 HWCVD（热丝 CVD 或 Cat-CVD[4]）。HWCVD 过程没有采用等离子体，化合物前驱体在 2100℃ 钨丝表面催化裂解，然后沉积到 200~250℃ 的硅片表面。在晶硅表面沉积薄膜时，没有离子对硅片表面的轰击，可保证硅片表面的低缺陷密度。HWCVD 的另一个优点是材料的利用效率可达 30%，相对 PECVD 10%以下的材料利用率，更节省反应化合物。HWCVD 设备通过添加平行排布的钨丝来增加镀膜的面积，也不需要昂贵的射频电源和射频电路。较大型的 HWCVD 一般采用立式的腔体设计和钨丝排布，如图 12-6[4] 所示。钨丝的直径可以为 ϕ0.25mm，钨丝的排布间距可以为 50mm。HWCVD 镀膜不受等离子动能和方向性影响，在半导体微纳结构上沉积薄膜可获得比 PECVD 更均匀覆盖。但 HWCVD 还有两个问题需要进一步解决：一是钨丝使用寿命，钨丝在镀膜过程中可能和反应气体在较低温区发生反应，生成硅化钨化合物，导致钨丝膨胀和脆化，产生断裂；二是腔室清洁，镀膜腔室的定期清洗如果采用气体蚀刻办法，容易造成钨丝的蚀刻。

3. 异质结电池中的 PECVD 镀膜

在异质结电池生产时，PECVD 可获得和 HWCVD 同水平的电池开路电压和钝化效果。PECVD 设备优势在于硅片不需要垂直放置，腔室和载板可通过等离子清洗，没有钨丝这种较昂贵的易耗设备备品需求。PECVD 设备的腔体内部结构如图 12-7[5] 所示，玻璃或者其他材质的载板平放在加热台面上，反应气体通过腔体上方电极的进气孔进入腔体，PECVD 通常采用 13.56MHz 射频电源通过回路连接在电极上。反应气体被射频电源电离分解后沉积在加热基体上。一般非晶硅的沉积温度为 180~250℃。等离子检测设备可以连接在腔室壁上，对等离子组分和等离子物理性能进行分析。

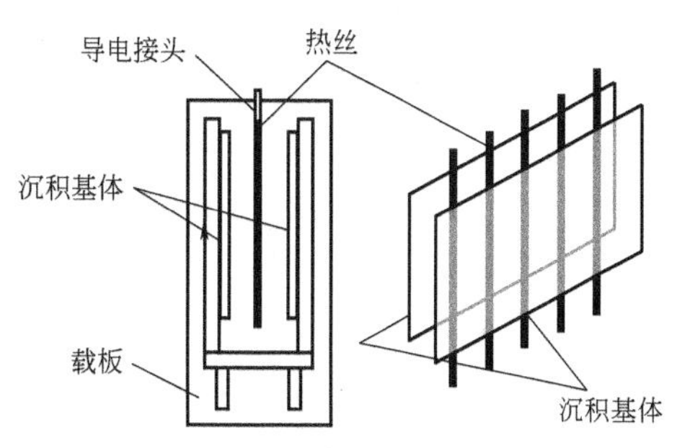

图 12-6 立式 HWCVD 设备

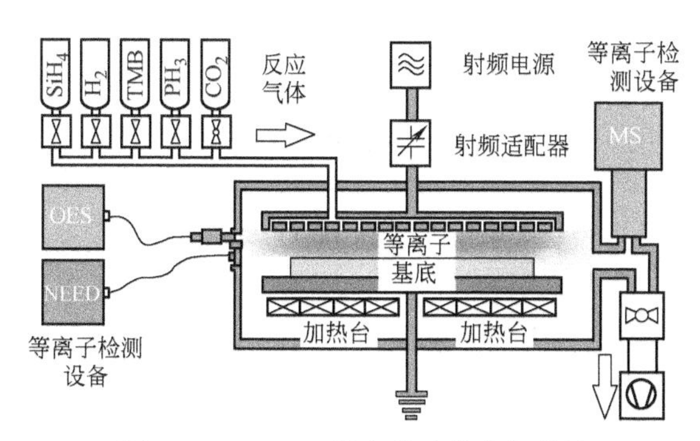

图 12-7 PECVD 设备的腔体内部结构

异质结电池要求本征非晶硅层具有非常低的缺陷密度。由于本征非晶硅层不导电，膜厚需要控制在几个纳米才能让载流子隧穿通过薄膜。一般认为，薄膜处于从非晶到纳米晶的过渡状态性能最好。改进薄膜钝化效果和提高 PECVD 生产率的方法有：采用 SiO_x 代替非晶硅薄膜，采用高气压高功率工艺，采用超高频 VHF 射频电源（60MHz）等。

4. 异质结电池中的透明导电薄膜镀膜

异质结电池中透明导电薄膜（TCO）有两种镀膜方式实现，一种是磁控溅射技术，另一种是离子蒸镀技术。为减少磁控溅射设备的保养频率和提高磁控溅射靶材的使用率，多采用图 12-8 所示的旋靶管型柱状磁控溅射靶。

图 12-8 旋靶管型柱状磁控溅射靶

溅射过程中，随着靶面的转动，已经沉积在靶上的 TCO 氧化物颗粒被溅离靶面，使靶面不易出现结瘤。为了减少溅射中 Ar 离子对非晶硅薄膜的轰击，磁极的磁场强度一般为 0.05~0.1T。可以在一条连续式镀膜线上串接多个腔体，依次进行 TCO 或者其他金属材料薄膜的溅射沉积。为减少生产过程中对电池硅片表面的接触和提高生产率，可在同一条磁控溅射线中进行正反两面的镀膜，无须进行硅片翻转。

蒸发型离子镀技术用来沉积 TCO 薄膜，是由于蒸发型离子镀对基体的轰击很小。蒸发型离子镀设备的离子束发生器一般位于真空腔室侧面，产生的离子束在磁场的作用下发生偏转并被导向位于腔室底部的蒸镀源。在离子束辅助下，金属氧化物蒸镀到位于蒸镀源上方的镀膜基体。这需要合理的设计蒸镀源排布和蒸镀源与基体的间距，为设计大产能的生产设备，往往需要并排放置两个蒸镀源。

12.2.3 晶硅太阳能电池镀膜技术的发展

晶硅电池技术发展的方向还包括 PERT 技术与 Topcon 技术，这两种技术被视为传统扩散法电池技术的延伸，图 12-9 所示为这两种技术的晶硅电池的结构。它们共同特点是电池背面都有钝化层，而且都采用一层掺杂多晶硅作为背场。钝化层较多采用高温氧化层，掺杂多晶硅层则采用 LPCVD 和 PECVD 等方式。管式 PECVD 和平板式 PECVD 已在 PERC 电池的大规模量产中使用。

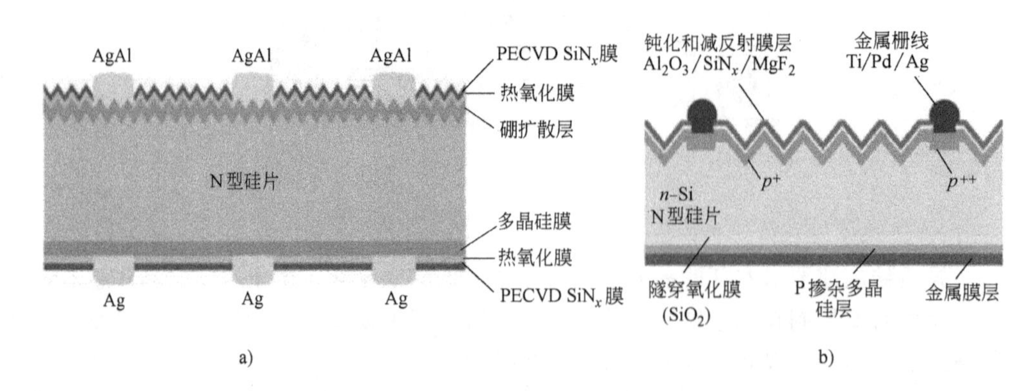

图 12-9 晶硅电池的两种结构

a）PERT b）Topcon

管式 PECVD 产能大，一般采用几十千赫的低频电源，离子轰击和绕镀问题可能影响钝化层的质量[6]。平板式 PECVD 没有绕镀问题，在镀膜性能上有较大优势，可用于掺杂 Si、SiO_x、SiC_x 薄膜的沉积。缺点在于所镀薄膜中含有大量氢，易造成膜层起泡，在镀膜厚度上受限。LPCVD 镀膜技术采用管式炉镀膜时，具有较大产能，可以沉积较厚的多晶硅薄膜，但也会有绕镀发生，在 LPCVD 工艺后还须将绕镀的膜层去除且不伤及底层。量产的 Topcon 电池已达到 23% 的平均转换效率[7]。

12.2.4 碲化镉、铜铟镓硒和钙钛矿太阳能电池中的镀膜技术

薄膜太阳能电池一直是行业的研究热点，几种转换效率能达到20%以上的薄膜电池技术包括碲化镉（CdTe）薄膜电池和铜铟镓硒（CIGS，Cu、In、Ga、Se的缩写）薄膜电池，在市场上占据一定份额，另一种薄膜电池即钙钛矿电池则被认为是重要的下一代技术。

1. 碲化镉薄膜电池

碲化镉是直接带隙半导体，对太阳光的吸收系数高，禁带宽度为1.5eV，有利于吸收地表太阳能光谱。碲化镉只需少于3μm的膜层厚度即可有效吸光，远低于晶硅的150~180μm厚度，节省材料。

碲化镉薄膜电池的两种结构如图12-10[8]所示。TCO薄膜和金属接触层采用CVD和PVD的方式沉积。吸光层碲化镉CdTe薄膜的沉积方式含蒸发镀、溅射、电化学沉积。工业上蒸发镀法比较普遍，主要有两种蒸发镀方式有两种：窄空间升华法和气相传输沉积[9]。

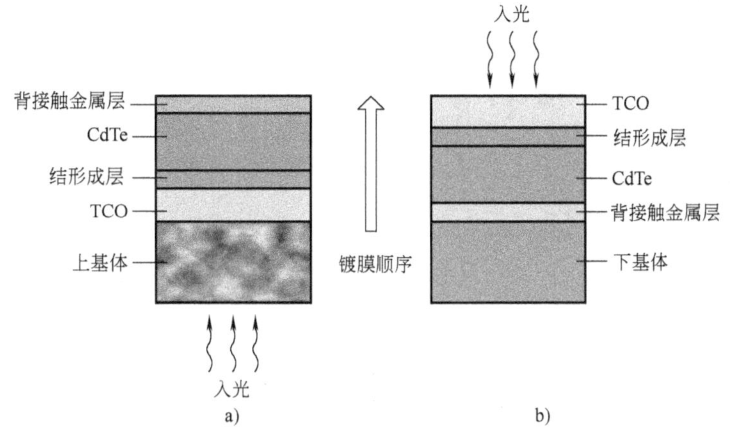

图12-10 碲化镉薄膜电池的两种结构

a）上入光 b）下入光

2. 铜铟镓硒薄膜电池

铜铟镓硒薄膜是一种具有黄铜矿结构的直接带隙半导体，制作的薄膜电池具有和碲化镉薄膜电池相似的优点：节省材料，光利用效率高，成本低等，而且不含有镉之类的剧毒元素。

图12-11[10]所示为一种铜铟镓硒薄膜电池的结构。该电池结构含有多个薄膜层。作为吸光层的主要薄膜材料是铜铟镓硒薄膜。铜铟镓硒的半导体性能主要是由于晶格结构中的Cu、Se空位缺陷引起的，是一种p型半导体。该薄膜材料的大规模生产具有一定挑战性。

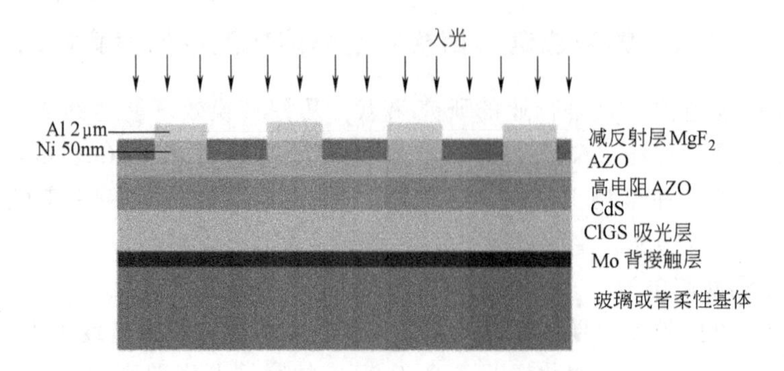

图 12-11　一种铜铟镓硒薄膜电池的结构

高质量铜铟镓硒薄膜在450～600℃生长，生产方法可以分为三种：分步硒化/硫化法、共蒸镀法和非真空法。分步硒化/硫化法和共蒸镀法为真空镀膜方法，如图 12-12[9] 所示。

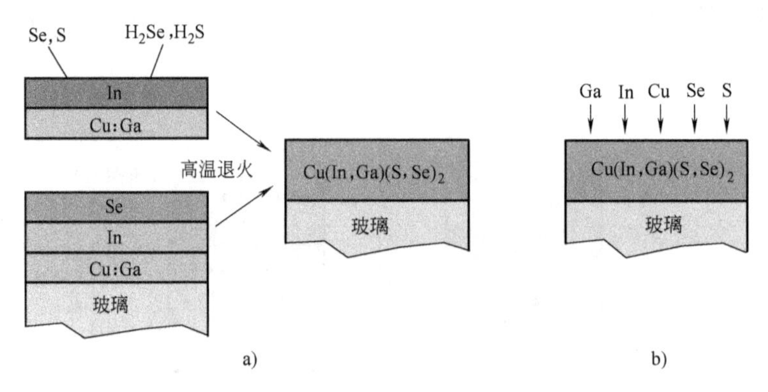

图 12-12　两种真空沉积制备 CIGS 薄膜的方法

a）分步硒化/硫化法　b）共蒸镀法

图 12-12a 所示的分步硒化/硫化法中，Cu、In、Ga 金属层先沉积在基体上(通常是采用磁控溅射法)，然后在含硫族元素气氛中 500℃左右退火产生 CIGS 化合物。退火气氛一般为单质硫族元素（Se 或 S）或者是氢化物（H_2Se 或 H_2S）。另一种替代方法为金属膜层上蒸镀 Se，然后通过在惰性气氛或者 Se 气氛中快速退火（RTP）硒化。

图 12-12b 所示的共蒸镀法中，CIGS 薄膜中的四种或五种元素同时蒸镀在基体表面形成化合物，硒蒸气须在整个过程中持续流入蒸镀腔室，以进入到沉积的薄膜中。蒸镀法的缺点是耗时，成本高，最重要的是蒸镀成膜一般呈余弦分布，多种组分在大尺寸基体上同时蒸镀成膜的组分均匀性很难控制。

小尺寸 CIGS 薄膜太阳能电池可以达到 23.4%转换效率，但大规模生产的转换效率还只有 17%～18%，成本也较高。

3. 钙钛矿薄膜电池

2009年，钙钛矿薄膜电池开始出现时转换效率仅为3.8%，之后转换效率提升很快，到2018年时，实验室效率已经超过23%。钙钛矿化合物的基本分子式为ABX_3。A位置通常为金属离子，如Cs^+、Rb^+，或者是有机官能团，如$(CH_3NH_3)^+$、$[CH(NH_2)_2]^+$；B位置通常是二价阳离子，如Pb^{2+}和Sn^{2+}离子；X位置一般为卤素阴离子，如Br^-、I^-、Cl^-。通过改变化合物的组分，钙钛矿化合物的禁带宽度在1.2~3.1eV间可调。钙钛矿电池在短波波长的高效光电转换，叠加对长波波长转换性能突出的电池，如异质结晶硅电池，理论上可获得30%以上的光电转换效率，突破晶硅电池29.4%理论转换效率极限。2020年，这种叠层电池已经在德国海姆霍兹柏林实验室获得了29.15%的转换效率，钙钛矿-晶硅叠层电池被认为是下一代主要电池技术之一。钙钛矿薄膜-异质结晶硅叠层电池结构如图12-13[11]所示。

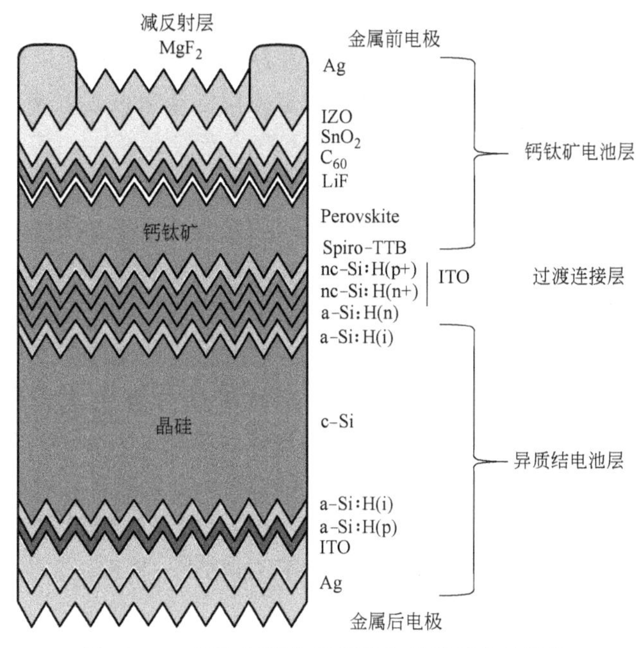

图12-13 钙钛矿薄膜-异质结晶硅叠层电池结构

钙钛矿薄膜层采用两步法实现：先通过共蒸镀法，在带绒面的异质结电池表面沉积多孔PbI_2和CsBr薄膜；然后采用旋涂方式覆盖上有机卤化物溶液（FAI、FABr）。有机卤化物溶液渗入蒸镀的无机薄膜孔隙后，在150℃反应并晶化成钙钛矿膜层。这样获取的钙钛矿薄膜厚度为400~500nm，和底层异质结电池串联优化电流匹配。钙钛矿薄膜上的电子传输层为LiF和C_{60}，依次通过热蒸镀方法获得，然后原子层沉积缓冲层SnO_2，再磁控溅射TCO作为透明前电极。这种叠层电池可靠性优于钙钛矿单层电池，但仍需改善钙钛矿薄膜在水汽、光、热等环境影响下的稳定性。

12.3 太阳能光热领域的镀膜技术

太阳能光热应用的历史比光伏应用更长，1891年就出现了商用太阳能热水器。太阳能光热应用是通过吸收太阳光，将光能转换成热能后直接利用或者储存起来，也可通过加热蒸汽驱动发电机转换成电能使用。太阳能光热应用按温度范围可分为三类：低温应用（<100℃），主要用于游泳池加热、通风空气的预热等；中温应用（100~400℃），主要用于家用热水和房间加热、工业中的工艺加热等；高温应用（>400℃），主要用于工业加热、热发电等。随着集热发电系统的推广，耐中高温和耐环境的光热材料研究成为重点。

薄膜技术在太阳能光热应用中也发挥着重要作用。由于地表太阳能能量密度不高（中午时分约为$1kW/m^2$），集热器需要较大面积来收集太阳能。太阳能光热薄膜的面积/厚度比大，导致薄膜容易老化，影响太阳能光热设备寿命。对光热薄膜的关键要求有三点：能效高，寿命长，经济性好。光谱选择性被用于评估太阳能光热薄膜的能效性。良好的光热薄膜需要在较宽太阳能辐射波段具有优异吸收能力，同时具有低热辐射率。a/e系数被用于评价薄膜的光谱选择性，其中，a代表太阳能吸收率，e代表热辐射率。不同薄膜的集热性能差异很大。早期的吸热薄膜为金属箔上的一层黑色涂料，黑色涂料在吸热升温后发出的长波段辐射会损失高达45%的能量，导致太阳能收集率只有50%。采用具有光谱选择性的薄膜材料，能显著改善光热薄膜的效能，这些材料如金属钼、铬或一些过渡金属的碳化物和氮化物。光热薄膜通常采用CVD或者磁控溅射的方式制备，热辐射率可以减至15%，薄膜的集热效率可达80%。理想光谱选择性集热薄膜在太阳能谱主要波段（<3μm）的吸收系数达到0.98以上，500℃热辐射波段（>3μm）的热辐射系数低于0.05，且能在500℃空气气氛中保持结构和性能稳定。理想光谱选择性集热薄膜的光谱响应如图12-14[12]中虚线所示。为进一步提升光热薄膜能效，具有优化光吸收与辐射比的叠层薄膜得到很大发展，如图12-15[13]所示。

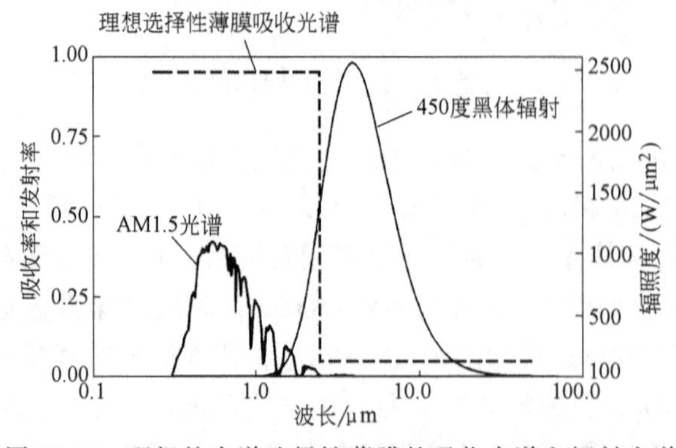

图12-14 理想的光谱选择性薄膜的吸收光谱和辐射光谱

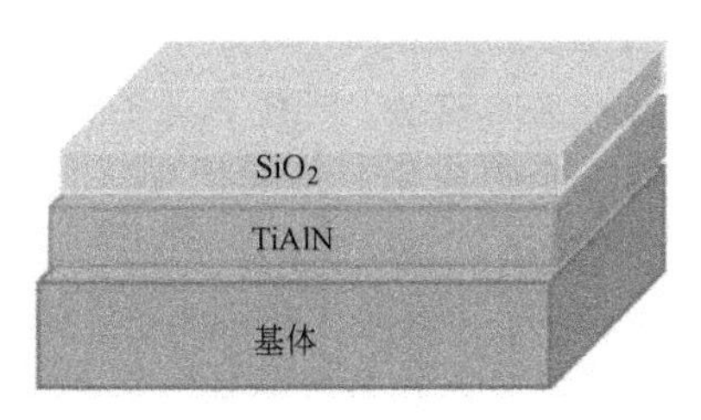

图 12-15　一种双层薄膜结构的光谱选择性光热薄膜

磁控溅射 TiAlN 薄膜本身具有很好的太阳能光谱选择性、高硬度、抗高温稳定性，以及与基体良好的结合力。通过在进光面叠加一层溅射的减反射薄膜 SiO_2，基体采用对长波段反射性能良好的金属铜，获得的叠层薄膜具有优异的太阳能光谱选择性。其太阳能吸收率可达 92%，热辐射率仅为 6%。这种叠层薄膜可采用卷到卷磁控溅射的方式在柔性金属箔上大规模生产，可以极大降低太阳能光热薄膜成本。此类薄膜基本能在 450~500℃保持长时间稳定。

12.3.1　光热薄膜材料

选择性吸收涂层材料可分为六类，如图 12-16 所示[13]。

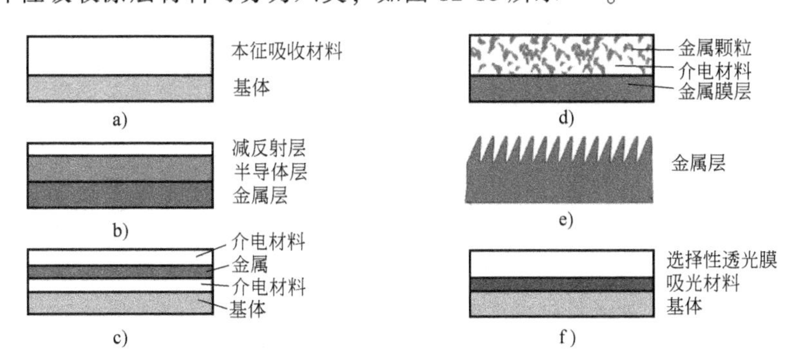

图 12-16　六类光热薄膜材料

a）本征吸收材料　b）半导体-金属叠层　c）金属-介电材料多叠层
d）金属-介电材料复合材料　e）表面绒化　f）选择性透光膜-吸光材料叠层

（1）本征吸收材料（见图 12-16a）　这类材料本身具有一定的光谱选择性，包括金属 W、掺硼硅、In_2O_3、HfC、V_2O_5、ZrB_2、SnO_2。单层薄膜的光谱选择性有限，经常在其上镀一层减反薄膜来提高其光谱选择性能，常用的减反薄膜包括 SiO_2、TiO_2、SiN、Al_2O_3、MgF_2 等。

（2）半导体-金属叠层（见图 12-16b）　半导体材料的禁带宽度在 0.5~1.3eV 之间，包括 Si、Ge、PbS 等半导体材料。这些半导体膜层能很好地吸收波长较短的太阳光，而底层的金属薄膜具有优良的低辐射率，从而提升了叠层材料的光谱选择性。Si 基薄膜通常由 PECVD 的方式沉积，经常在高温光热应用中采用。

（3）金属-介电材料多叠层（见图 12-16c） 入射太阳光在不同界面的反射和透过受到不同介电层和薄金属层的控制，产生良好的光谱选择性，并能在 400℃以上高温保持稳定，常用于高温光热应用。多叠层中采用的金属包括 Mo、Ag、Cu、Ni 等，介电材料包括 SiO_2、Al_2O_3、ZnS 等。

（4）金属-介电材料复合材料（见图 12-16d） 这种材料也称金属陶瓷，是包裹了金属颗粒的陶瓷材料。这种材料高温红外辐射很低，而包裹的金属颗粒可以吸收太阳光。通过调整金属颗粒的成分、大小、形状及膜层厚度，可以调节金属陶瓷薄膜的光谱选择性能。CVD、PVD、电化学沉积等技术可以用来制备金属陶瓷薄膜，如 Pt-Al_2O_3、Mo-MoO_2、W-WO_x 等。

（5）表面绒化（见图 12-16e） 合适尺寸的绒面能增强对太阳光的吸收，同时对红外辐射表现出良好的反射性能。这类材料通常为金属、合金、半导体或者金属陶瓷等。

（6）选择性透光膜-吸光材料叠层（见图 12-16f） 选择性透光膜包括 SnO_2：F、ZnO：Al 等，吸光材料包括黑色涂料或者是高掺杂的半导体材料。

12.3.2 低温光热薄膜

低温光热薄膜通常在太阳能热水器、游泳池循环水加热器等低于 100℃的范围内使用。采用的材料有涂料、铜、铝合金、铜铝合金、不锈钢等。低温薄膜光热利用效率可通过采用叠层薄膜的方式提升。

12.3.3 中温光热薄膜

中温光热薄膜主要为两种类型：半导体-金属叠层和金属-介电材料复合材料。半导体-金属叠层（如 PbS）薄膜蒸镀在 Al 基体上。该叠层薄膜可获得 $a/e=0.93\sim0.99/0.21\sim0.038$ 的光谱选择性，并能在 300℃维持稳定，但不能运用于更高温度的集热发电。

金属-介电材料复合材料包括化学制备薄膜，如黑镍（NiS-ZnS）、黑铬（Cr-Cr_2O_3）、黑铜（BlCu-Cu_2O：Cu）、黑不锈钢。这类材料可通过金属在化学浴槽中处理或通过电化学沉积方式获得。另一种为金属陶瓷镀膜型，如在不锈钢基体上反应溅射沉积 $NiCrO_x$，$a/e=0.8/0.14$；在 Cu 基体上反应溅射 SiO_2/TiN_xO_y，$a/e=0.94/0.044$；在 Cu 基体上溅射 Cr、Fe、Mo、Ti、Ta、W 的碳化物或硅化物；在 Ni 基体上反应溅射 NiO_x 渐变金属陶瓷和减反膜，$a/e=0.96/0.1$。此类薄膜材料的使用温度区间为 100~400℃。

12.3.4 高温光热薄膜

合适材料的半导体-金属叠层薄膜可用于高温光热应用。减反层/硅吸收叠层/反射层结构具有良好的高温稳定性，反射层采用 Ag 减少薄膜的热辐射率，硅吸收层在600℃以上通过CVD裂解沉积，然后镀上Si_3N_4减反射层，为防止Ag反射膜和基体反应，在Ag和基体之间还有一层Cr_2O_3阻隔层。该叠层在真空中650℃下保持20h以上，也可经受室温到500℃热循环冲击200次以上，在400℃的光谱选择性仍保持$a/e=0.91/0.09$。为了增加硅吸收层的热吸收性能，也有采用0.5um Ge和2.0um Si层的叠层作为吸收层，a/e（500℃）= 0.89/0.0545。这些硅基、锗基叠层吸收材料可以应用于集热发电装置。

其他的高温光热材料也包含多层吸收层体系、金属陶瓷体系、表面绒化体系，举两例如下：

直流磁控溅射过渡金属硼化物VB_2、NbB_2、TaB_2、TiB_2、ZrB_2、LaB_6等和硅化物WSi_2、$TiSi_2$等，具有极高温度稳定性。硼化物的熔点在3000℃以上，硅化物的熔点在2300℃左右。这些膜层镀在ZrN基体上，并覆盖SiO_2/Al_2O_3减反膜，该吸收膜材料在红外波段兼有高吸收和高辐射，通常用于太空领域。为减少辐射率，在其上可以覆盖SnO_2：F、ZnO_2：Al等选择性透光膜层。

金属陶瓷膜Ni、Co、Mo、W、Pt等掺杂的Al_2O_3薄膜在真空状态下可在300~800℃范围内保持稳定。例如，射频溅射的含Mo氧化铝薄膜，在350~500℃可维持$a/e=0.96/0.16$的光热性能。在Mo-Al_2O_3薄膜表面覆盖一层保护Al_2O_3膜层，可进一步提升热稳定性到900℃以上。由于在900℃以上不锈钢等基体的金属元素可能扩散到吸收膜层中而影响薄膜特性，所以超高温光热应用也应注意基体耐高温材料的选择。

12.4 展望

为摆脱传统能源的环境影响和资源地域分布不均的限制，世界各国逐步加大能源布局中新能源的占比。太阳能光伏和光热发电在未来20年必会发展成最主要的能源类型。真空薄膜技术在提升太阳能利用效率上发挥着关键作用，太阳能薄膜材料和工艺技术的持续发展，也必会极大推动传统能源到新能源的变革。

参考文献

[1] BLAKES A, WANG A, MILNE A, et al. 22.8% efficient silicon solar cell [J]. Applied Physics Letters, 1989, 55 (13): 1363-1365.

[2] DAUWE S, MITTELSTADT L, METZ A, et al. Experimental evidence of parasitic shunting in silicon nitride rear surface passivated solarcells [J]. Progress in Photovoltaics Research and Applications, 2002, 10 (4): 271-278.

[3] VERMONT P, KUZNETSOV V, GRANNEMAN E, et al. High-throughput solarcell passivationon in-line Levitrack ALD Al_2O_3 system—Demonstration of process performance [C] //Proc. 26th Eur. Photovoltaic Sol. Energy Conf.. München: WIP-Renewable Energies, 2011.

[4] ASARI S, FUJINAGA T, TAKAGI M, et al. ULVAC research and development of Cat-CVD applications [J]. Thin Solid Films, 2008, 516 (5): 541-544.

[5] GABRIEL O, KIRNER S, KLICK M, et al. Plasma monitoring and PECVD process control in thin film silicon-based solar cell manufacturing [J/OL]. EPJ Photovoltaics, 2014, 5: 55202 [2021-02-25]. https://www.epj-pv.org/articles/epjpv/pdf/2014/01/pv130015.pdf.

[6] POLZIN J, FELDMANN F, STEINHAUSER B, et al. Realization of TOPCon using industrial scale PECVD equipment [C] //8th International Conference on Crystalline Silicon Photovoltaics. Woodbury, N. Y.: AIP Press, 2018.

[7] CHEN Y, CHEN D, LIU C, et al. Mass production of industrial tunnel oxide passivated contacts (i-TOPCon) silicon solar cells with average efficiency over 23% and modules over 345W [J]. Progress in Photovoltaics Research and Applications, 2019, 27 (10): 827-834.

[8] BASOL B, MCCANDLESS B. Brief review of cadmium telluride-based photovoltaic technologies [J]. Journal of Photonics for Energy, 2014, 4 (1): 040996.

[9] POWALLA M, PAETEL S, AHLSWEDE E. Thin-film solar cells exceeding 22% solar cell efficiency: An overview on CdTe -, Cu (In, Ga) Se_2-, and perovskite-based materials [J]. Applied Physics Reviews, 2018, 5 (4): 041602.

[10] RAMANUJAM J, SINGHB U. Copper indium gallium selenide based Solar cells-a review [J]. Energy & Environmental Science, 2017, 10 (6): 1306-1319.

[11] SAHLI F, WERNER J, KAMINO B. Fully textured monolithic perovskite/silicon tandem solar cells with 25. 2% power conversion efficiency [J]. Nature Materials, 2018, 17 (9): 820-826.

[12] WATTOO A, XU C, YANG L. Design, fabrication and thermal stability of spectrally selective TiAlN/SiO_2 tandem absorber [J]. Solar Energy, 2016, 138: 1-9.

[13] NREL. Technical Report: Review of Mid- to High-temperature solar selective absorber materials [R/OL]. (2002-02) [2021-02-25]. https://www.nrel.gov/docs/fy02osti/31267.pdf.

第13章 离子镀膜在信息显示薄膜领域的应用

13.1 信息显示技术的发展

随着多媒体科技与网络技术的日益提升，人们对信息提取、交互以及显示的要求越来越高，获取信息的方式朝着更加便捷、多样化和绿色环保的方向多元发展。如图 13-1 所示，经过多年的发展，信息显示技术的主流从早期相对笨重的阴极射线管显示器（cathode ray tube，CRT）发展至如今以液晶显示器（liquid crystal display，LCD）和有机发光二极管（organic light-emitting diode，OLED）显示器为代表的平板显示器（flat panel display，FPD），并逐渐朝着大尺寸、高分辨率、轻薄和柔性化等方向发展。2019 年，LG Display 成功研发出全球首款透明可弯曲的 77in（1in = 25.4mm）显示屏，分辨率达到了超高清的级别，屏幕比例为 16∶9，透明度为 40%，可弯曲角度为 80°，大尺寸柔性显示产业的发展方兴未艾。

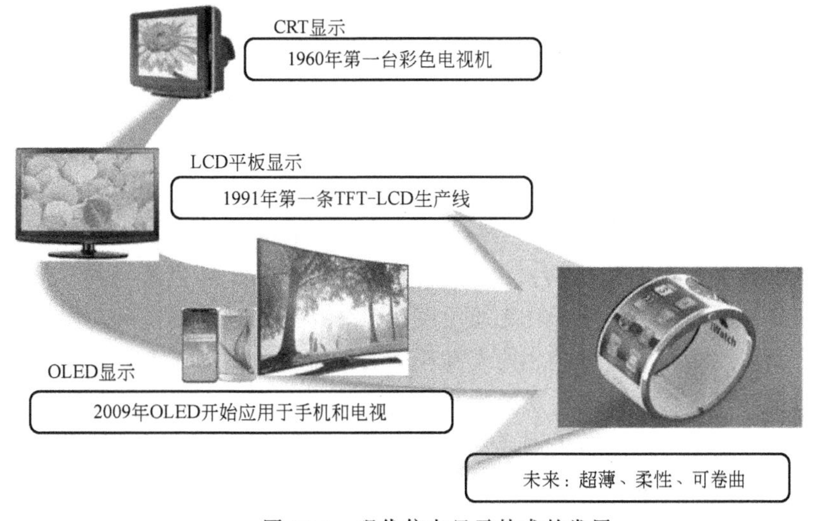

图 13-1 现代信息显示技术的发展

13.2　现代信息显示原理

1. 薄膜晶体管（thin film transistor，TFT）

目前市场上所流行的TFT-LCD与OLED显示器在结构上是相似的，均是以TFT阵列作为驱动电路控制每一个像素（图像中的一个最小单位），每个像素又分为RGB三原色的三个子像素，通过控制每个子像素的亮度，即可通过RGB（红绿蓝）三原色混合出不同的色彩。

2. TFT-LCD与OLED显示器的结构

TFT-LCD由背光源提供光源，经过彩色滤光片显示RGB三原色，而OLED显示器可以自发光显示RGB三原色而不需要背光源。我们常说的4k分辨率的显示器，其包括4096×2160（即8847360）个像素，每一个像素都由TFT独立控制，都具备如图13-2a所示的结构。

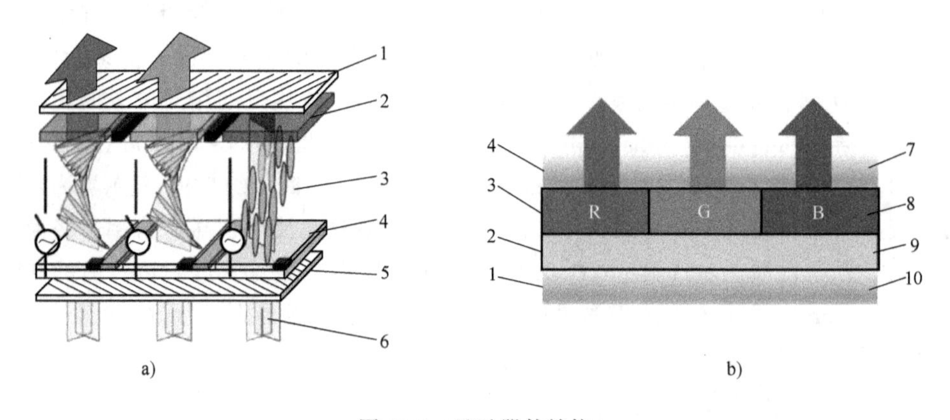

图13-2　显示器件结构

a）TFT-LCD显示屏幕的结构　b）OLED显示屏幕的结构

1—上偏振片　2—彩色滤光片　3—液晶　4—TFT阵列　5—下偏振片　6—背光源

7—封装玻璃　8—OLED发光元件　9—TFT阵列　10—玻璃衬底

TFT-LCD的基本构造为背光板上两片平行的带偏光片的玻璃基板夹着一层液晶盒，下基板玻璃上为TFT阵列，上基板玻璃上设置RGB彩色滤光片。TFT-LCD显示技术主要利用的是液晶分子对光线角度的改变作用：背光源发出的光先经过下偏振片变为振动方向与入射偏光片偏光轴相同的偏振光，偏振光再经过液晶，通过液晶分子的排列方式就可以改变穿透液晶的光线角度；然后，这些光线再经过前方的彩色滤光膜与上偏光片，由于偏光片只允许振动方向跟入射偏光片偏光轴相同的光通过，因此通过控制液晶分子的转动方向即可控制偏振光的出射与否。实际显示时，背光源持续发光，再通过TFT上的信号与电压改变来控制液晶分子的转动方向，从而达到控制每个 RGB 子像素点偏振光出射与否而达到显示目的。

OLED 显示器的结构（见 13-2b）相对比较简单，不需要背光层，由 TFT 阵列与 OLED 像素阵列组成，通过 TFT 阵列的电信号控制每个 OLED 子像素点发光元件的发光与否来达到显示的目的。相对于 TFT-LCD 来说，OLED 显示器更为轻薄，对比度及响应速度等性能更为优良，发展潜力更大。但由于目前 OLED 显示器还存在烧屏等问题，因此市场的主流依然是技术更为成熟的 TFT-LCD。

13.3 信息显示器件与信息显示薄膜

信息显示技术的发展离不开薄膜制备技术的进步，在 LCD 与 OLED 显示器中需要各种各样的功能薄膜，显示驱动电路的核心元器件薄膜晶体管（thin film transistor，TFT）与 OLED 的发光元件均为工艺严格的薄膜器件，由多层功能不同的薄膜搭建而成。

13.3.1 薄膜晶体管

TFT 是一种应用非常广泛的电压控制薄膜器件，是 TFT-LCD 与 OLED 等显示器的驱动电路核心的有源器件。TFT 的常见结构如图 13-3[1] 所示。TFT 的结构和工作原理和场效应管（MOSFET）类似，其中栅极、绝缘层（也叫介电层）及有源层（也叫半导体层）构成电容结构。通过在栅极上施加电压 V_{GS}，在栅极绝缘层中产生电场，该电场会在绝缘层和有源层界面之间产生一载流子层，称为沟道层。通过改变栅极电压的大小可以控制源极与漏极之间导电沟道的厚度，进而达到控制源极与漏极间漏流大小的目的[2]。在 TFT-LCD 与 OLED 显示器中，输入的电信号通过薄膜晶体管阵列主动地对屏幕上的各个独立的子像素的液晶或者 OLED 发光元件进行控制，从而达到显示的目的。

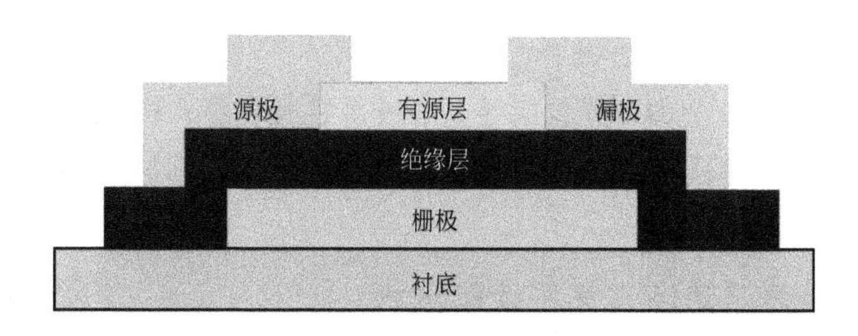

图 13-3 TFT 的常见结构

通常来说，TFT 中的薄膜包括：导电电极薄膜、绝缘层薄膜及半导体有源层薄膜。在工业生产中，这些薄膜通常由离子镀膜技术中的磁控溅射技术与化学气相沉积技术制备而成。

13.3.2 有机发光二极管

1. 有机发光二极管的基本结构

OLED 自有发光的亮度高，视角广，响应快，能耗低，并可制作柔性显示装置，被认为是代替液晶技术理想的下一代显示技术。如图 13-2b 中所示，OLED 显示器中的核心部分是每个子像素上具备发光能力的 OLED 发光元件。OLED 发光元件的基本结构包括阳极、阴极及夹在其间的发光功能层，其中发光层可据 OLED 材料在器件中的功能及器件结构的不同，可区分为空穴注入层（HIL）、空穴传输层（HTL）、发光层（EML）、电子传输层（ETL）、电子注入层（EIL）等材料，其基本结构如图 13-4[3] 所示。

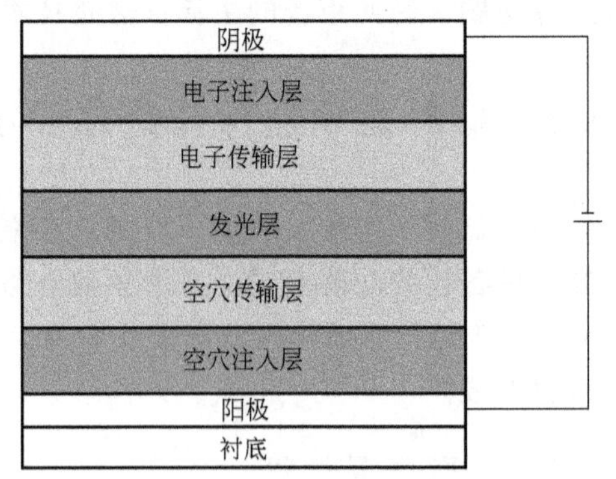

图 13-4 单个 OLED 发光元件的基本结构

在 OLED 中，空穴注入层和空穴传输层用于提高空穴的注入效率，而电子注入层和电子传输层用于增强电子的注入效率。其中，有些发光材料本身具有空穴传输或者电子传输的功能，通常称为主发光体；发光材料层中少量掺杂的有机荧光或者磷光染料可以接受来自主发光体的能量转移，并经由载流子捕获而发出不同颜色的光，该掺杂发光材料通常也称为客发光体或者掺杂发光体。

2. OLED 器件发光的基本原理

对 OLED 器件施加电压，空穴和电子分别从器件阳极和阴极注入有机发光层中。空穴和电子在有机发光材料中复合并释放出能量，并进一步将能量传递转移给有机发光材料分子，使其被激发到激发态，而后激子从激发态返回基态，能量以光的形式释放，最终实现 OLED 器件的电致发光[4]。

通常来说，OLED 中的薄膜包括导电电极薄膜及各层有机发光层材料。目前实现量产的 OLED 器件的阳极通常使用磁控溅射技术制备，而阴极与有机发光层材料通常使用真空蒸镀技术制备。

13.3.3 信息显示薄膜与离子镀膜技术

1. 信息显示器中的薄膜种类

在信息显示器中，除了 TFT-LCD 与 OLED 中的薄膜外，还包括显示面板中的配线电极薄膜及透明像素电极薄膜等。镀膜工艺是 TFT-LCD 与 OLED 显示器的核心工艺，随着信息显示技术的不断进步，信息显示领域的薄膜的性能要求越来越严格，需要精确控制均匀性、厚度、表面粗糙度、电阻率及介电常数等参数。

2. 平板显示器的尺寸

平板显示产业中，通常以生产线所应用的玻璃基板的尺寸划分代线。生产中一般先生产大尺寸的基板再切割成产品屏幕的大小，基板尺寸越大，就越适合制备大尺寸的显示器。目前，TFT-LCD 已发展到适宜生产 50in 以上显示器的 11 代线（3000mm×3320 mm），而 OLED 显示器目前发展到适宜制备 18～37in 显示器的 6 代线（1500mm×1850mm）。虽然玻璃基板尺寸的大小与显示产品的最终性能并非直接相关，但大尺寸基板加工具有更高的生产率与更低的成本。因此，大尺寸面板加工一直是信息显示产业的重要发展方向。但是，大面积加工也会面临均匀性差及优良率低的问题，主要通过工艺设备的升级与技术的改进解决。

另一方面，信息显示薄膜在加工过程需要考虑基板的承受温度，工艺温度的降低能够有效地拓展信息显示薄膜的应用领域并降低成本。同时，随着柔性显示器件的发展，不耐高温的柔性基板（主要包括超薄玻璃、软质塑料和木质纤维）对低温工艺的要求更为严格。目前，最常用的柔性高分子塑料基板可承受温度一般都在300℃以下，包括聚酰亚胺（PI）、多芳基化合物（PAR）和聚对苯二甲酸乙二醇酯（PET）等。

相对于其他的镀膜方式来说，离子镀膜技术能够有效地降低薄膜制备的工艺温度，其制备的信息显示薄膜性能优良，大面积生产均匀性好，能够满足显示器件的需求，优良率高，因此离子镀膜技术广泛应用于信息显示薄膜的工业生产及科学研究中。离子镀膜技术是当前信息显示领域的核心技术，该技术推动了 TFT-LCD 与 OLED 的诞生、应用及进步。

13.4　信息显示薄膜的制备

13.4.1　有源层薄膜

1. 有源层薄膜的功能

薄膜晶体管有源层薄膜是决定 TFT 器件性能的核心部分，其与绝缘层的界面处形成的沟道区域是 TFT 器件实现控制电信号的关键区域，同时为 TFT 器件提供了载流子。有源层中的载流子迁移率、载流子浓度、缺陷态密度和界面电荷的情况都会直接影响到器件的场效应迁移率、开关比、亚阈值摆幅、阈值电压、开启电压等电学性能，从而直接影响信息显示器件的刷新率与分辨率。

2. 信息显示器件中有源层薄膜的材料及镀膜工艺

目前常见的有源层材料包括非晶硅、低温多晶硅、氧化物半导体材料及有机物半导体。

（1）非晶硅薄膜　非晶硅薄膜的工艺成熟，商业应用最为广泛。在工业生产中，非晶硅薄膜通过等离子体增强化学气相沉积制备。在薄膜晶体管中，由于衬底的限制，非晶硅成膜的温度远远低于单晶硅集成电路的成膜温度，一般在300～400℃之间，因此温度的变化对成膜的速率具有重要的意义。PECVD方法相对于其他CVD方法，使用了等离子体促进薄膜的生长，等离子体中含有大量高能量的电子，电子与气相分子的碰撞可以促进气体分子的分解、化合、激发和电离过程，生成活性很高的各种化学基团，提供化学气相沉积过程所需的激活能，因而显著降低了CVD薄膜沉积的温度范围，使得原来需要在高温下才能进行的CVD过程得以在低温下实现。在TFT阵列工艺中，主要通过硅烷与氢气的反应生成非晶硅薄膜。在大尺寸面板的生产中，PVD制备的非晶硅的均匀性是一大关键，关键在于工艺设备及其制备技术的改进。以第7代到第8代生产线的改进技术为例，该技术提高了产生等离子体的2个电极的平行度，进一步提高了等离子密度的均匀性，解决了第7代生产线和第8代生产线大型基板中间与四周堆相膜厚的不稳定性问题。

PECVD沉积的非晶硅薄膜具有成本低廉、均匀性好等优势，是最早也是最广泛应用于薄膜晶体管的半导体材料，但其存在着致命的问题，即其迁移率相对较低，难以满足日益发展的高性能、低功耗的需求。多晶硅薄膜晶体管的迁移率较高，因此在一定程度解决了非晶硅迁移率不足的问题[5]。

（2）多晶硅薄膜　根据工艺温度的不同，多晶硅薄膜可分为高温多晶硅薄膜与低温多晶硅薄膜。

1）高温多晶硅薄膜制备的方法有两种：一种是直接沉积，如低压化学气相淀积法，将SiH_4在600℃左右经加热而解离为多晶硅；另一种是先沉积非晶硅薄膜，再进行退火或者固相晶化形成多晶硅薄膜。高温多晶硅薄膜沉积温度为580～630℃，而普通玻璃的软化温度一般为500～600℃，因而必须采用耐高温的石英玻璃做衬底。高温多晶硅薄膜主要用于液晶微型显示和液晶投影显示，应用面较窄。

2）低温多晶硅薄膜则是在高温多晶硅薄膜的基础上对工艺进行了改进，降低了工艺温度，从而扩大了应用领域。图13-5所示为柔性低温多晶硅薄膜显示器件。低温多晶硅薄膜的制备同样分为直接沉积与非晶硅晶化两种方法。低温多晶硅的非晶硅晶化法主要有准分子激光晶化法（ELA）和金属诱导横向晶化法（MILC）两种方式，已基本实现产业化生。前者具有产量大、工艺简单等优点[6]，但容易导致金属污染，严重降低器件性能；后者制备的多晶硅颗粒结晶性好，但工艺复杂，设备维护成本高，产量也较低。

图13-5　柔性低温多晶硅薄膜显示器件

近年来，电感耦合等离子化学气相沉积法（ICP-CVD）由于能够直接沉积低温多晶硅薄膜，开始受到重视。电感耦合等离子体（ICP）[7]优于传统的电容耦合等离子体（CCP），可在较低的气压下产生大面积均匀的高密度等离子体，薄膜沉积速率更高。ICP-CVD 制备低温多晶硅薄膜同样以 SiH_4 为源气体，高密度与高浓度的等离子体反应基团提高了薄膜的沉积效率与薄膜质量，相对于低压化学气相淀积法所需的衬底温度大大降低，有很大的应用潜力，但受限于对等离子体的控制技术还尚不成熟，薄膜的均匀性目前还相对较差。

多晶硅薄膜虽然在一定程度上解决了非晶硅薄膜迁移率不足的问题，但受限于工艺与多晶硅自身的多晶结构，其均匀性始终比较差，因而难以应用于当前大尺寸面板的生产。

（3）金属氧化物薄膜　金属氧化物薄膜晶体管具有迁移率高、稳定性好、透明度佳、工艺温度低和适用于大尺寸生产等优势，潜力巨大，是近来研究的热点[8,9]。

1）金属氧化物有源层材料主要为 ZnO、In_2O_3 和基于这二者掺杂的氧化物半导体材料，如 IZO、ZTO、AZO、IGZO 等。单组分的金属氧化物研究时间较早。In_2O_3 载流子浓度过高（约 $10^{18}/cm^3$），致使其费米能级和导带底十分接近，合理范围内的栅极电压很难使其耗尽；而 ZnO 的载流子浓度较低且存在多晶晶界的问题，因而早期金属氧化物薄膜难以应用于薄膜晶体管中[10]。

2）相比于单组分的氧化物半导体材料，多元组分的非晶氧化物可以获得性能更优异的薄膜晶体管。在多元氧化物中，增加铟元素的含量有利于增加载流子迁移率，而由于镓和氧较强的结合，可以抑制过剩的自由载流子，从而增大器件开态电压。其中，混合型非晶 IGZO 是目前最具有应用前景的薄膜晶体管沟道层材料之一，也是目前研究的热点。

目前氧化物薄膜晶体管的制备方法有溶液法[11]、磁控溅射[12]、激光脉冲沉积及原子层沉积等。溶液法在多组分掺杂上十分灵活，而且成本很低，但相对来说薄膜性能较差，不够稳定；激光脉冲沉积法与原子层沉积的成本太高，一般只用于实验室的研究；而磁控溅射法的薄膜性能相对来说更为表面更为平整，均匀性好，成本适中，且通过对非晶硅生产线的技术改造，可以实现非晶氧化物薄膜晶体管的工业化生产，大幅度降低了生产设备和成本的投入。自乐金公司在 2012 年实现 a-IGZOTFTs OLED 产品量产，a-IGZOTFTs 开始在大尺寸显示领域占有了一定市场份额。

在溅射金属氧化物这类半导体材料时，为了维持辉光放电的正常进行，通常采用射频电源进行溅射，但射频溅射的溅射速率较慢，因而可以采用脉冲直流磁控溅射的方法。脉冲直流磁控溅射结合了直流溅射与射频溅射两种模式的优势[13,14]，采用脉冲直流电源，在基板与靶材之间施加一个周期性的直流脉冲电场，在正压段也能实现靶材表面的自清洗效应，防止电弧效应的发生，在能够溅射绝缘材料的同时，也具备了直流溅射的速率优势[15]。Zheng[16] 通过脉冲直流溅射在 PEN 衬底上基于室温 Al_2O_3 绝缘层全溅射制备的柔性 a-IGZOTFT 的迁移率可以达到

18.3cm²/(V·s)，开关比可以达到约 10^7。利用脉冲直流溅射的电压波形调制技术，可改善半导体薄膜成分和电学特性，从而提升了室温 MOTFT 器件的整体性能。

13.4.2 OLED 发光功能层薄膜

1. OLED 发光功能层薄膜的类型

目前的 OLED 材料可以根据相对分子质量的大小，分为小分子 OLED 材料和高分子聚合物 OLED 材料两大类。

1）小分子 OLED 材料主要包括有机染料、颜料、金属配合物、共轭分子及共轭寡聚物等。

2）高分子聚合物 OLED 材料主要包括聚苯乙炔、聚噻吩类的有机共轭聚合物等。

从功能上看，OLED 发光功能层可包括电子传输层、空穴传输层、电子阻挡层、空穴阻挡层、电子注入层、空穴注入层及发光层，实际中根据具体情况，在 OLED 器件中也可能只包含其中的几层。

在 OLED 中，目前常用的电子传输材料大都是具有大共轭结构的平面芳香族化合物，它们接受电子的能力较强，而在一定正向偏压下又可以有效地进行电子的传递。到目前为止，常用的电子传输材料有 8-羟基喹啉铝（Alq_3）类金属配合物、噁二唑类化合物和喹喔啉类化合物等。大多数空穴传输材料为芳香族三胺化合物，主要原因是这类化合物的电离能相对较低，同时在三级胺上的 N 原子提供电子的能力较强，不断地给出电子，从而起到空穴传输的作用[17]。

2. 在 OLED 中发光材料应满足的条件

在 OLED 中一般有机发光材料应满足以下条件：

1）较高的荧光量子效率，且其荧光发光波长应分布在 380~700nm 的可见光区域内。

2）良好的半导体特性，即具有较高的载流子迁移率。

3）成膜性能良好。

4）良好的热稳定性与光稳定性。

目前常用的发光材料包括 Alq_3 类金属配合物、二苯代酚酞衍生物、四氰基对醌二甲烷、二唑衍生物及三苯基胺衍生物等。其中，Alq_3 类金属配合物是目前最常用的发光材料和电子传输材料，其介于有机化合物与无机化合物之间，是一种稳定的有机金属化合物，同时它的稳定性非常良好，且非常适合采用真空蒸镀法制备，目前广泛应用于 OLED 器件的工业生产与实验室研究。

3. OLED 中发光薄膜的镀膜技术

通常来说，小分子材料 OLED 多使用真空蒸发镀的方法制备，目前真空蒸发镀法制备的 OLED 器件已进入商用；而高分子聚合物 OLED 则是主要采用溶液法（包括旋涂与喷墨打印的方式）制备，目前尚在实验室阶段。

（1）真空蒸发镀　真空热蒸镀小分子 OLED 是最常用的沉积工艺，该工艺制备的 OLED 器件寿命长，稳定性好，因而最早进入商业化应用。在 OLED 器件的制备过程中，由于工艺的需要，以及避免各功能层间的互相污染，不同的功能层需要在不同的蒸镀机腔体内蒸镀，同时并通过机械手在不同的腔体之间进行转移。真空蒸镀法与溅射成膜法相比，真空蒸镀法需要更高的真空度来增加其气态分子的平均自由程，但是蒸镀技术的薄膜沉积速率较高且薄膜纯度较好，最重要的是蒸镀对薄膜的损伤较小；而溅射成膜法的粒子轰击会损伤相对脆弱的有机薄膜。不过，真空沉积成膜法依然存在一些问题，如有机材料利用率低，膜层均匀性差，以及不适合大基片镀膜等。

（2）有机气相沉积与有机气相喷涂　为解决真空蒸镀法存在的固有问题，研究者们提出了一些新的制备方法，如有机气相沉积[18]与有机气相喷涂[19]。有机气相沉积类似于化学气相沉积。在有机气相沉积中，有机小分子被置于一个单独的外部容器单元中加热蒸发，通过惰性载运气体（如氮气）输运至沉积腔室，并在冷却的基板上沉积形成薄膜。在此过程中，可以通过控制气体的流量及流速精确地调节沉积腔内有机蒸气的传输及掺杂浓度，使有机蒸气流均匀覆盖大面积基板，快速均匀地沉积有机薄膜，借助基板上方的掩膜版还能够进一步地制备图形化的薄膜。

有机气相喷涂是在有机气相沉积的基础上发展而来的一种基于载气体传输的喷印成膜方式。在有机气相喷涂中，有机小分子材料同样在加热容器中加热蒸发成热的惰性载气体运送至混合腔室，气体混合均匀经过细管从喷嘴中高速喷出，以类似于打印的方式在冷却的基板上形成薄膜。

有机气相沉积与有机气相喷涂可在冷却的基体上发生选择性吸附，因而材料利用率要高于传统的真空热蒸镀，且有机气相喷涂在精细图案化上具有更大的优势。但这两种工艺的主要问题在于需要持续地加热整个腔室及蒸发源，功耗较大，目前工艺亦尚未成熟，未能商用，但有一定的发展潜力。

（3）溶液法　溶液法包括旋涂与喷墨打印等方法，是高分子聚合物 OLED 主流的制备方法，也可以用于小分子 OLED 的制备。相对于目前主流的真空蒸镀法来说，溶液法的成本要低得多，且不需要真空的工艺环境，其中喷墨打印可以在基板上直接喷涂图案化的薄膜，应用前景很大。但是，溶液法在沉积多层膜结构的时候，由于溶剂间的互相影响，会导致薄膜遭到侵蚀，从而影响器件性能。目前来说，溶液法工艺依旧不成熟。

13.4.3　导电电极薄膜

1. 信息显示器件中导电电极薄膜的作用

导电电极薄膜是重要的信息显示薄膜，可用于 TFT 的源极、漏极、栅极，显示器中的像素电极及 OLED 的阴极与阳极等位置，不同材料的导电薄膜适用于不同位置的电极。

2. 信息显示器件对导电电极薄膜的要求

作为导电电极薄膜，其最重要的参数为薄膜电阻率的大小。电极的电阻在脉冲信号传输中，流过电流时会产生功率消耗，因此要求电阻率尽可能的小。另外，对应不同位置电极的需求，选择电极材料同时还要考虑：材料均匀性、黏附性、可加工性、热扩散、功函数、光学透过率及成本等多个问题。

3. 信息显示器件中导电电极薄膜的材料及镀膜工艺

常用的电极材料包括铝、铜等金属电极，以及以 ITO 为代表材料的透明电极等。

（1）常用的电极材料　常用的金属电极材料有铝、铜以及各类合金等。

1）铝的成本较低，电阻率基本满足需求，在薄膜晶体管的工业生产中，广泛应用于薄膜晶体管的源漏电极、栅电极及配线电极。采用磁控溅射法制备金属铝电极的技术较为成熟，该技术适用于大尺寸基板与工业生产，因此在工业生产中通常使用溅射法制备金属铝电极薄膜。一般情况下，选择成本较低、相对分子质量适中、离化相对容易的氩气作为溅射气体，设备多选用占地面积小、高产能、高成膜性能的枚叶式溅射设备。溅射法在金属铝电极薄膜的制备上有着许多优势。在溅射过程中，基板上不仅有原子的堆积成膜过程，还有气体离子入射、残留气体入射与反跳气体原子入射等现象存在。由于这些入射粒子带入的能量，堆积在表面的原子能够进行扩散，填补了一些薄膜缺陷，提高了膜的致密性。此外，由于溅射产生的原子具有较大的动能，覆盖性比较好，有利于最后制作 TFT 的像素电极。

2）相对于铝电极薄膜来说，铜的电阻率更低，能够有效降低功耗，在高性能的大尺寸显示器上更有优势，且铜的热导率是铝的 1.7 倍，散热性能更加优良[20]，是更有潜力的金属电极材料。但是，铜电极薄膜容易发生铜原子扩散影响器件性能，制备工艺较为复杂，因此目前应用上不如铝电极薄膜广泛。为解决铜电极目前存在的问题，研究者们提出了许多的解决方法，如 2013 年，Lee[21] 使用直流磁控溅射制备了 10nm 的 Ta 层作为 Cu 电极的扩散阻挡层，阻挡层的加入，有效阻止了 Cu 的扩散，使得器件性能得到极大改善。但是，叠层的电极结构不利于整体器件制备中的刻蚀，因而存在局限性。另外，也可通过掺入适当的合金元素改善电极薄膜的性能，如可以在 Cu 中掺入 Cr、Mg、Ti 等元素[22-24]。2015 年，Lee[25] 报道了直流磁控溅射法制备的 Cu-Ca（摩尔分数为 1%）合金源极、漏极 TFT，改善了电极的接触特性。此外，合金电极还抑制了 Cu 电极向沟道中的横向扩散，改善了器件性能。在 TFT 中可使用如图 13-6 所示的叠层电极结构提高性能。总之，磁控溅射法制备的铜合金电极薄膜有很大的潜力，值

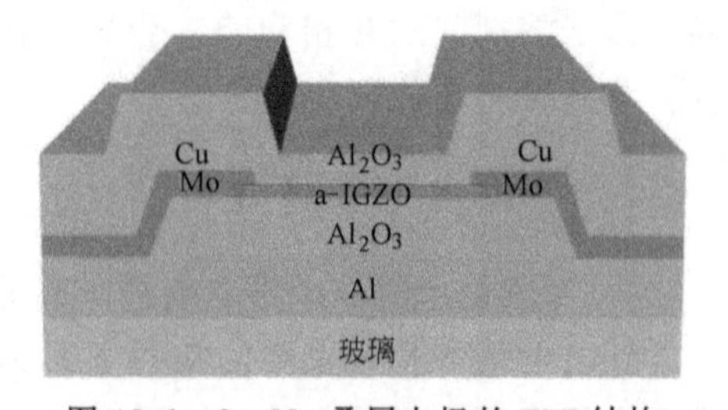

图 13-6　Cu/Mo 叠层电极的 TFT 结构

得进一步的研究[26]。

3）在选择电极薄膜的材料时，有时还应考虑功函数的影响。一般来说，OLED 的阴极材料同样使用金属电极，为实现对载流子的高效注入，通常选用功函数低于有机材料的费米能级的材料作阴极[27]。主要原因是大部分应用于有机材料的 LUMO 能级为 2.5~3.5eV，因此阴极材料的功函数越低，其注入势垒就越低，电子的注入就更加容易，OLED 器件的发光效率就越高[28]。OLED 器件常用的单层金属阴极有 Mg（3.7eV）、Li（2.9eV）、Ca（2.9eV）等。Al（4.3eV）与 Cu（4.7eV）的功函数过高，因此不适合作为 OLED 的阴极。

但是，低功函数的 Mg、Li 以及 Ca 等金属在大气中的稳定性比较差，耐蚀性差，且容易氧化或剥离，因此通常使用低功函数金属和高功函数且化学性能比较稳定的金属共蒸发形成合金阴极，如 MgAg（摩尔比为 10∶1）合金电极。发明专利 102593365A[29] 公开了一种钙铝合金阴极，该专利采用了真空烧结的方法，将 Al、Ba 和 Ca 材料按一定质量比例混合后在真空环境下烧结，然后进行阴极的真空蒸镀。合金阴极材料同时具备了低功函数与高稳定性的优点。OLED 的阴极电极制备，通常都采用蒸镀技术，而不是薄膜晶体管中常用的磁控溅射。这主要是因为磁控溅射的粒子轰击会对有机层产生破坏，而蒸镀技术则避免了这个问题，且蒸镀技术的薄膜沉积速率较高，纯度较好。因此，真空热蒸镀成为 OLED 阴极薄膜制备方法的主流，也是目前工业生产中使用的工艺方法。

（2）透明导电薄膜　除了铝、铜以及各类合金等不透明的金属电极外，信息显示器件在像素电极、OLED 的阳极等位置还需要用到透明电极。氧化铟锡（indium tin oxide，ITO）薄膜是最常用的透明电极薄膜，具有高电导率、高可见光透过率、高硬度、良好的化学稳定性，以及良好的图形加工特性[30]。ITO 薄膜的制备方法有磁控溅射[31]、化学气相沉积[32] 与激光脉冲沉积[33] 等，目前大规模工业生产主要使用的是磁控溅射法，该方法具有沉积速率快、纯度高等特点，适合高熔点氧化物薄膜的制备。磁控溅射法采用的靶材有导电铟锡合金靶和氧化铟锡陶瓷靶两种。导电铟锡合金靶通过直流磁控反应溅射沉积 ITO 薄膜，该工艺方法的优点在于沉积速率快，靶材成本相对较低，适宜于大规模的工业生产，也是目前应用最广泛的 ITO 镀膜方法。但是，该工艺同样存在一些问题，如由于放电后滞现象而难于控制溅射过程，膜的重复性差，膜电阻对溅射过程中氧分压的波动过分敏感，溅射得到的膜需要再进行热处理等。采用绝缘的铟锡陶瓷靶，通过射频磁控溅射沉积 ITO 薄膜，则使用了射频电源来解决直流磁控溅射沉积绝缘介质薄膜时存在的“液滴”、异常放电等问题；同时，使用绝缘的铟锡陶瓷靶沉积 ITO 膜的工艺调节比较简单，制备的 ITO 膜的成分和靶材的成分基本一致；但陶瓷靶的制作工艺复杂，价格昂贵，因此在工业生产中不如导电铟锡合金靶的应用广泛。

随着信息显示产业对透明导电薄膜的性能要求越来越高，ITO 电极因其在柔性基板上的表现不佳，以及主材料铟的稀缺，渐渐无法满足需求。目前已有多种替代材料在研究中，包括氧化物透明导电薄膜（TCO）[34]、金属纳米线（纳米银线等）[35]、聚合物透明导电薄膜[36]、碳纳米管透明导电薄膜[37] 等。

13.4.4 绝缘层薄膜

1. 信息显示器件中绝缘层薄膜的作用

绝缘层薄膜在 TFT 中发挥着重要的作用，一般包括栅绝缘层与多晶硅 TFT 玻璃衬底上的缓冲层。栅绝缘层能够隔绝栅极与有源层的电传导，同时作为介质层为金属电极层—栅极绝缘层—半导体层之间所形成的电容结构中提供容量，对 TFT 的性能影响很大。缓冲层能够防止玻璃中的金属离子扩散至低温多晶硅薄膜晶体管的有源层，从而降低缺陷中心形成和漏电流产生。同时，缓冲层在多晶硅薄膜晶体管的激光晶化工艺中扮演着重要的角色，适当的缓冲层厚度能降低热传导，减缓被激光加热的硅冷却速率，有助于形成较大的结晶晶粒。

2. 信息显示器件中绝缘层薄膜的应具有的性能

绝缘层的主要参数是介电常数 ε 与击穿电压 V_{BD}。除了这两个最主要的参数外，选择绝缘层材料时，同时还要考虑：薄膜均匀性、应力、对金属离子的阻挡能力、界面特性、可加工性等。

3. 信息显示器件中绝缘层薄膜的材料及镀膜工艺

信息显示器件中常用材料绝缘层薄膜包括低温氮化硅、低温氧化硅，以及氧化铪、氧化铬、氧化铝等各类金属氧化物。

（1）SiO_2 和 Si_3N_4　氧化硅与氮化硅是硅基 TFT 的栅极绝缘层与绝缘阻挡层在工业生产最常用的材料。作为硅的自然氧化物，SiO_x 与 Si 之间的浸润性及匹配性很好；另一方面，SiO_x 的制备方法成熟、工艺稳定，适用于工业化生产。氮化硅拥有高的击穿电压特性，具备自修补的功能，虽然氮化硅与多晶硅的界面包含过多的缺陷与陷阱，应用于栅绝缘层易产生阈值电压漂移，但是可利用叠层结构（SiN_x/SiO_2）克服。

在工业生产中，一般使用离子镀膜技术中的等离子体增强化学气相沉积法（PECVD）制备氧化硅与氮化硅薄膜。一般通过硅烷（SiH_4）、磷烷（PH_3）、氨气（NH_3）、笑气（N_2O）、氢气（H_2）及氮气（N_2）等工业特种气体制备氧化硅与氮化硅薄膜。常见的 PECVD 利用射频环境产生等离子体，并在 310~400℃下通入气体电离生长栅氧化层，其反应式如下：

$$SiH_4+O_2 \rightarrow SiO_2+2H_2 \tag{13-1}$$

$$SiH_4+4N_2O \rightarrow SiO_2+4N_2+2H_2O \tag{13-2}$$

$$Si(OC_2H_5)_4+O_2 \rightarrow SiO_2+4C_2H_4+2H_2O \tag{13-3}$$

$$3SiH_2Cl_2+4NH_3 \rightarrow Si_3N_4+6HCl+6H_2 \tag{13-4}$$

虽然氧化硅与氮化硅已广泛应用于目前的薄膜晶体管的工业生产中，但其依然存在界面缺陷密度高、介电常数偏低、击穿场强低和漏电流偏高的问题。

（2）Al_2O_3、HfO_2、ZrO_2 和 Y_2O_3 为了保证器件不被电荷击穿，同时对于柔性器件来说还要具备较强的力学性能，所以 MOTFT 绝缘层的厚度不能过低。高介电常数（high-k）的金属氧化物绝缘层材料，如 Al_2O_3[38]、HfO_2[39]、ZrO_2[40] 和 Y_2O_3[41] 等，相较于传统低介电常数的 SiO_2，具有更充分的物理厚度来阻止电子隧穿，有利于强化器件的可靠性和稳定性，提升对沟道电流的控制能力，从而达到低开启电压、低能耗和高迁移率的 MOTFT 器件的要求；而宽带隙的绝缘层材料则能降低空穴被绝缘层内部或半导体层/绝缘层界面捕获的概率[42,43]，从而提升器件的光照偏压稳定性。

制备金属氧化物绝缘薄膜的主要方法包括原子层沉积、磁控溅射、阳极氧化法及溶液法等。其中原子层沉积速率缓慢，而阳极氧化法则不适用于大尺寸器件阵列的制备，均不利于实际工业生产，而溶液法制备的薄膜可重复性相对较差，性能不够稳定。因此，性能足以满足需求，相对低成本、高产能的磁控溅射更适合大规模的工业生产。目前磁控溅射工艺所制备的氧化物薄膜的质量仍在改善中，例如，Zheng[44] 等人通过射频磁控溅射，采用氧化锆和氧化铝的陶瓷靶，在纯氩气氛围中室温制备了 HfO 绝缘层薄膜，并将其应用于柔性 IGZO-TFT 中，器件电学偏压在弯曲应力下均表现出了良好的稳定性。

13.5 信息显示薄膜器件的制备

信息显示领域的薄膜主要在各类信息显示薄膜器件中发挥作用，因此在讨论信息显示薄膜的制备时，要更多地考虑其在器件中的影响，如真空蒸镀法之所以在 OLED 领域占据主流，便是因为其能在有机层上沉积均匀的薄膜而尽可能不对有机薄膜造成损伤，这是其相对于其他制备方法的优势。此外，在制备信息显示薄膜时还应考虑其图案化工艺。OLED 发光元件通常以蒸镀法制备，其图案化通常在沉积时依靠掩膜版完成，相对简单；而薄膜晶体管主要通过溅射以及化学气相沉积法制备，大多需要通过光刻工艺进行图案化，相对来说较为复杂。下面以非晶硅薄膜晶体管的工业生产工艺为例，介绍由多层薄膜构成的信息显示薄膜器件的制备工艺。

非晶硅薄膜晶体管是工艺最为成熟、应用最为广泛的薄膜晶体管，是市面上最常见的 TFT-LCD 显示器驱动电路的主要元器件。其制备工艺的关键在于通过离子镀膜技术制备高质量薄膜，并通过光刻工艺将其图案化。光刻工艺是利用掩膜版形成电路器件图形的工艺。其基本工艺流程如图 13-7 所示，即先制备出完整的薄膜，通过光刻胶保护目标图案薄膜，再刻蚀去除多余的薄膜，整个 TFT 器件的制备需要多次地重复这个流程。每一次光刻需要一种掩膜版，通过不同的掩膜版将不同的薄膜以堆栈结构制备，从而形成目标的薄膜晶体管器件。

一般而言，根据离子镀膜光刻的次数来区分几种不同的 TFT 制备工艺流程，主要有七次光刻、五次光刻及四次光刻工艺流程，光刻次数的减少代表了成本的降

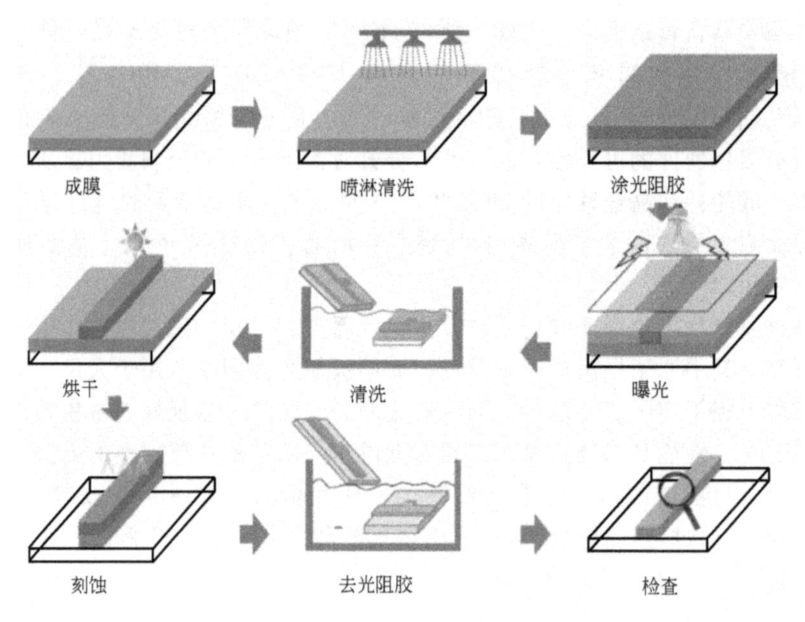

图 13-7 单次光刻的基本工艺流程

低、效率的提高及技术的进步。图 13-8~图 13-12 以目前常用的四次光刻法为例介绍了 TFT 器件的制备。

(1) 第一次光刻 通过磁控溅射法沉积栅极，并光刻形成图案，如图 13-8 所示。

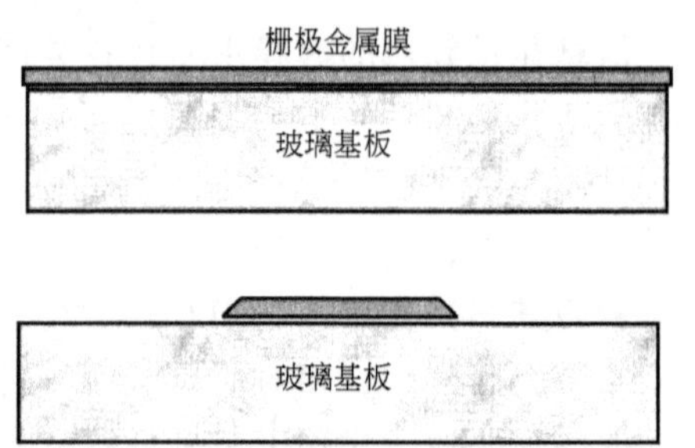

图 13-8 四次光刻工艺的第一次光刻

(2) 第二次光刻 第一步，先通过 PECVD 法连续沉积三层非金属薄膜，再溅射源极和漏极，然后涂胶，光刻形成以上四层薄膜的基本图案，保留中央的光刻胶，如图 13-9 所示。第二步，确定 TFT 的沟道并剥离中央的光刻胶，对源极、漏极与 n^+a-Si 分别单独进行刻蚀，进一步形成图案，如图 13-10 所示。

(3) 第三次光刻 通过 PECVD 沉积氮化硅保护层，并光刻出 ITO 电极接触孔，如图 13-11 所示。

(4) 第四次光刻 通过磁控溅射法沉积 ITO 透明电极，并光刻形成电极图案，器件制备基本完成，如图 13-12 所示。

在整个非晶硅薄膜晶体管的制备工艺流程中，主要采用的镀膜技术包括磁控溅射与等离子增强化学气相沉积。对于不同的薄膜采用合适的方法进行沉积，并通过光刻技术图案化，从而形成目标器件。多晶硅薄膜晶体管与氧化物薄膜晶体管的制

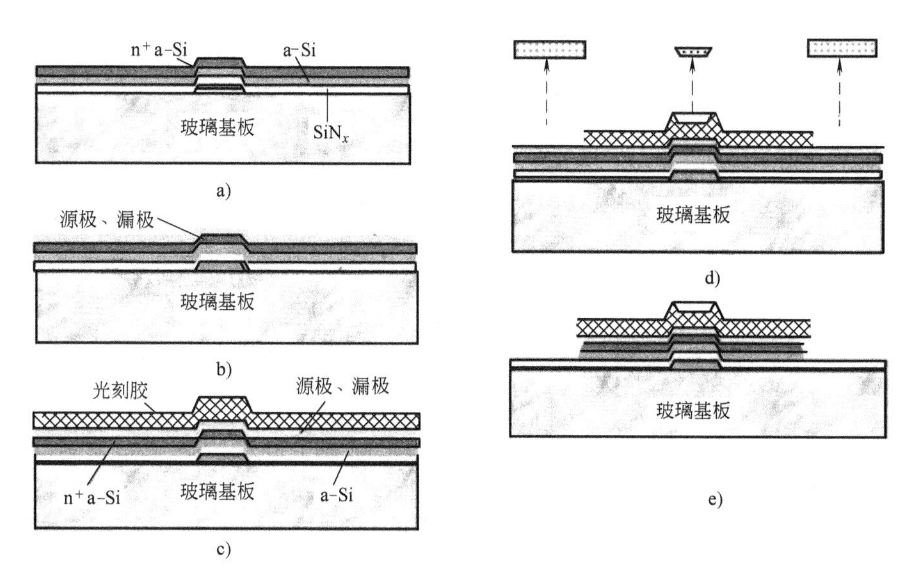

图 13-9 四次光刻工艺的第二次光刻第一步

a）PECVD 法连续沉积三层非金属薄膜 b）溅射源、漏金属电极

c）涂胶 d）曝光显影 e）刻蚀

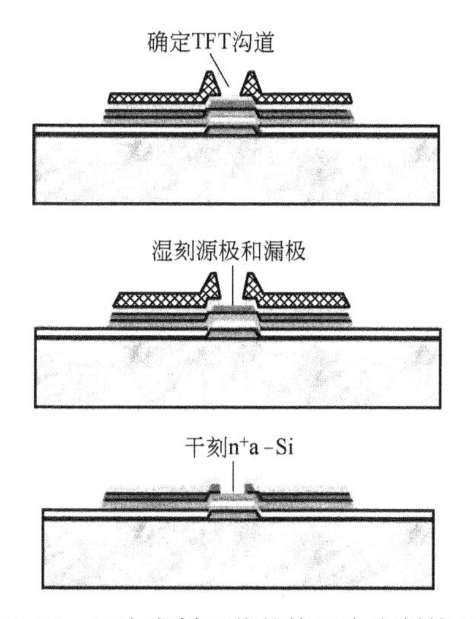

图 13-10 四次光刻工艺的第二次光刻第二步

备工艺，在思路上与非晶硅薄膜晶体管的流程一致，区别在于具体薄膜的制备方法不同，以及部分保护层结构的不同。随着技术的进步，通过优化器件结构与工艺流程减少光刻的次数，可以有效地提高薄膜晶体管面板的生产率，同时降低生产成本。

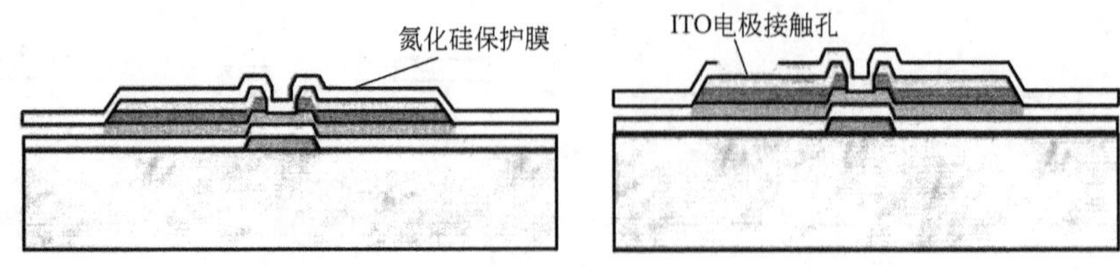

图 13-11　四次光刻工艺的第三次光刻

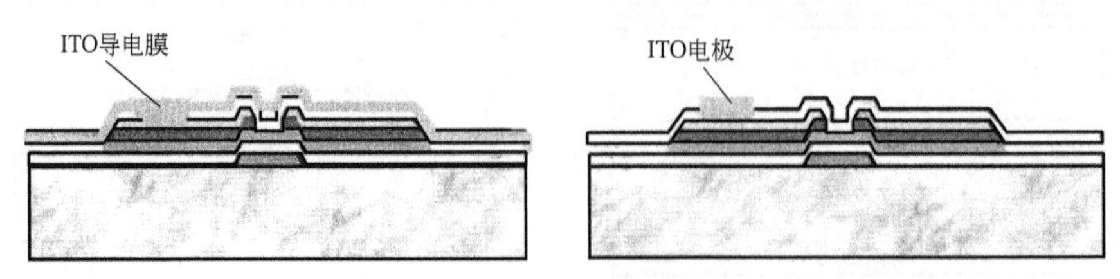

图 13-12　四次光刻工艺的第四次光刻

13.6　展望

离子镀膜技术在现代信息显示领域发挥着重要的作用，磁控溅射、等离子增强化学气相沉积与真空热蒸镀是当前信息显示薄膜工业生产中的核心工艺，是目前信息显示产业的基石技术。高性能、大面积、柔性、轻薄及可弯折是现代信息显示技术未来的主要发展方向，而这一切都离不开高质量的信息显示薄膜。等离子体在薄膜沉积中可以有效地降低薄膜沉积温度，提高成膜的质量，在不耐高温的柔性衬底的成膜工艺上有着显著优势；同时，离子镀膜技术能够稳定高效地制备均匀性良好的大面积薄膜，利于实际中的工业生产。可以预想，随着大面积柔性显示器件的进一步产业化发展，离子镀膜技术未来会在信息显示薄膜的制备中发挥更大的作用。

参 考 文 献

[1]　FORTUNATO E，BARQUINHA P，MARTINS R. Oxide semiconductor thin-film transistors：a review of recent advances [J]. Advanced Materials，2012，24 (22)：2945-2986.

[2]　谷至华. 薄膜晶体管（TFT）阵列制造技术 [M]. 上海：复旦大学出版社，2007.

[3]　黄文迎. OLED 材料研究与应用进展 [J]. 新材料产业，2010 (2)：52-55.

[4]　焦志强，黄清雨，张娟，等. OLED 材料与器件研究进展 [J]. 新材料产业，2018 (2)：25-29.

[5]　HOSONO H. Ionic amorphous oxide semiconductors：material design，carrier transport，and device application [J]. Journal of Non-Crystalline Solids，2006，352：851-858.

[6]　TERAI F，MATUNAKA S，TAUCHI A，et al. Xenon flash lamp annealing of poly- Si thin films [J]. Journal of The Electrochemical Society，2006，153 (7)：H147- H150.

[7]　杨定宇，蒋孟衡，杨军. 低温多晶硅薄膜的制备工艺研究 [J]. 真空，2008，45 (1)：41-44.

[8]　HOSHINO K，HONG D，CHIANG H Q，et al. Constant-voltage-bias stress testing of a-IGZO thin-film tran-

sistors [J]. IEEE Transactions on Electron Device, 2009, 56 (7): 1365-1370.
[9] FORTUNATO E, FIGUEIREDO V, BARQUINHA P, et al. Thin-film transistors based on p-type Cu_2O thin films produced at room temperature [J]. Applied Physics Letters, 2010, 96 (19): 1-3.
[10] 刘翔，薛建设，贾勇，等. 金属氧化物 IGZO 薄膜晶体管的最新研究进展 [J]. 现代显示，2010 (10): 28-32.
[11] 钟云肖，兰林锋，彭俊彪，等. 溶液法氧化物薄膜晶体管的印刷制备 [J]. 液晶与显示，2017, 32 (6): 443-454.
[12] NING H, ZENG Y, KUANG Y, et al. Room-temperature fabrication of high-performance amorphous In-Ga-Zn-O/Al_2O_3 thin-film transistors on ultra-smooth and clear nanopaper [J]. ACS Applied Materials & Interfaces, 2017, 9 (33): 27792-27800.
[13] SELLERS J C. Asymmetric bipolar pulsed DC: the enabling technology for reactive PVD [J]. Surface and Coating Technology, 1998, 98 (1-3): 1245-1250.
[14] LIN J, MOORE J J, SPROUL W D, et al. The structure and properties of chromium nitride coatings deposited using dc, pulsed dc and modulated pulse power magnetron sputtering [J]. Surface and Coating Technology, 2010, 204 (14): 2230-2239.
[15] KOUZNETSOV V, MACAK K, SCHNEIDER J M, et al. A novel pulsed magnetron sputter technique utilizing very high target power densities [J]. Surface and Coating Technology, 1999, 122 (2-3): 290-293.
[16] ZHENG Z, ZENG Y, YAO R H, et al. All-sputtered, flexible, bottom-gate IGZO/Al_2O_3 bi-layer thin film transistors on PEN fabricated by a fully room temperature process [J]. Journal of Materials Chemistry, C. Materials for Optical and Electronic Devices, 2017, 5 (28): 7043-7050.
[17] 李国栋. 有机气相喷涂技术研究 [D]. 成都：电子科技大学，2012.
[18] MEYER N, RUSU M, WIESNER S, et al. OVPD® technology [J]. The European Physical Journal Applied Physics, 2009, 46 (1), 12506: 1-5.
[19] PAUL K E, WONG W S, READY S E, et al. Additive jet printing of polymer thin-film transistors [J]. Applied Physics Letters, 2003, 83 (10): 2070-2072.
[20] KLEMENS P G, WILLIAMS R K. Thermal conductivity of metals and alloys [J]. International metals reviews, 1986, 31 (1): 197-215.
[21] LEE C K, PARK S Y, JUNG H Y, et al. High performance Zn-Sn-O thin film transistors with Cu source/drain electrode [J]. Physica Status Solidi (RRL) - Rapid Research Letters, 2013, 7 (3): 196-198.
[22] SIRRINGHAUS H, THEISS S D, KAHN A, et al. Self-passivated copper gates for amorphous silicon thin-film transistors [J]. IEEE Electron Device Letters, 1997, 18 (8): 388-390.
[23] LEE W H, CHO B S, KANG B J, et al. A self-passivated Cu (Mg) gate electrode for an amorphous silicon thin-film transistor [J]. Applied Physics Letters, 2001, 79 (24): 3962-3964.
[24] CHAE G S, SOH H S, LEE W H, et al. Self-passivated copper as a gate electrode in a poly-Si thin film transistor liquid crystal display [J]. Journal of Applied Physics, 2001, 90 (1): 411-415.
[25] LEE S H, OH D J, HWANG A Y, et al. Improvement in Device Performance of a-InGaZnO Transistors by Introduction of Ca-Doped Cu Source/Drain Electrode [J]. IEEE Electron Device Letters, 2015, 36 (8): 802-804.
[26] HU S B, NING H L, LU K K, et al. Mobility enhancement in amorphous In-Ga-Zn-O thin-film transistor by induced metallic in nanoparticles and Cu electrodes [J]. Nanomaterials, 2018, 8 (4): 197.
[27] 杨燕，韩颖姝，裴亚芳. OLED 电极研究进展 [J]. 中国照明电器，2014 (5): 25-29.
[28] 席俭飞，张方辉，马颖，等. 钙铝合金作为阴极对 OLED 器件性能的影响 [J]. 液晶与显示，2010, 25 (3): 355-359.

[29] 林建国，杨璐璐. 一种新型 OLED 阴极结构：102593365A [P]. 2012- 07-18.

[30] 职利，周怀营. ITO 薄膜的制备方法与应用 [J]. 桂林电子科技大学学报，2004，24 (6)：54-57.

[31] GUILLEN C, HERRERO J. Comparison study of ITO thin films deposited by sputtering at room temperature onto polymer and glass substrates [J]. Thin Solid Films, 2005, 480: 129-132.

[32] TOSHIRO M, KUNIHIRO F. Indium tin oxide thin films prepared by chemical vapour deposition [J]. Thin Solid Films, 1991, 203 (2): 297-302.

[33] KIM P Y, LEE J Y, LEE H Y, et al. Structure and properties of IZO transparent conducting thin films deposited by PLD method [J]. Journal-Korean Physical Society, 2008, 53 (1): 207-211.

[34] XU D H, DENG Z B, XU Y, et al. An anode with aluminum doped on zinc oxide thin films for organic light emitting devices [J]. Physics Letters A, 2005, 346 (1-3): 148-152.

[35] 李志航，宁洪龙，李晓庆，等. 基于多成核机制的银纳米线制备研究 [J]. 材料导报，2019 (A01)：303-306.

[36] WANG G F, TAO X M, WANG R X. Highly conductive flexible transparent polymeric anode and its application in OLEDs [C] //Proceedings 57th Electronic Components and Technology Conference (IEEE), 2007.

[37] LI J F, HU L B, WANG L, et al. Orangic light-emitting diodes having carbon nanotube anodes [J]. Nano Letters, 2006, 6 (11): 2472-2477.

[38] PRASANNA S, MOHAN R G, JAYAKUMAR S, et al. Dielectric properties of DC reactive magnetron sputtered Al_2O_3 thin films [J]. Thin Solid films, 2012, 520 (7): 2689-2694.

[39] CHUN Y S, CHANG S, LEE S Y. Effects of gate insulators on the performance of a-IGZO TFT fabricated at room-temperature [J]. Microelectronic Engineering, 2011, 88 (7): 1590-1593.

[40] WEI C, ZHENNAN Z, JINGLIN W, et al. A simple method for high-performance, solution-processed, amorphous ZrO_2 gate insulator TFT with a high concentration precursor [J]. Materials, 2017, 10 (8): 972.

[41] SONG J Q, QIAN L X, LAI P T. Effects of Ta incorporation in Y_2O_3 gate dielectric of InGaZnO thin-film transistor [J]. Applied Physics Letters, 2016, 109, 163504: 1-6.

[42] KWON J Y, JUNG J S, SON K S, et al. The impact of gate dielectric materials on the light induced bias instability in Hf-In-Zn-O thin film transistor [J]. Applied Physics Letters, 2010, 97, 183503: 1-4.

[43] PARK J C, KIM S I, KIM C J, et al. Impact of high-k HfO_2 dielectric on the low-frequency noise behaviors in amorphous InGaZnO thin film transistors [J]. Journal of Applied Physics, 2010, 49 (10), 100205: 1-4.

[44] YAO R H, ZHENG Z K, XIONG M, et al. Low-temperature fabrication of sputtered high-k HfO_2 gate dielectric for flexible a-IGZO thin film transistors [J]. Applied Physics Letters, 2018, 112 (10), 103503: 1-6.

第14章 离子镀膜在装饰性薄膜领域的应用

14.1 概述

以外观色彩等装饰效果为主要应用目的而制备的薄膜称为装饰性薄膜（简称装饰膜）。装饰性薄膜是表面处理涂镀层的主要应用之一，主要应用于钟表及首饰部件、手机等电子产品外壳、汽车零件、幕墙玻璃、雕塑、眼镜架甚至运动鞋等多方面产品的表面装饰。颜色涵盖金色系列、银色系列、灰色系列、黑色系列、彩色系列等。被镀的基体包括金属材料（不锈钢、钛合金、铝合金、锌合金、黄铜、液态金属等）和非金属材料（玻璃、陶瓷、塑料等）。纵观当前薄膜技术领域，装饰性薄膜已形成了一个比较庞大的产业。我国从无到有，从小到大，现已成为世界上装饰性薄膜的生产和应用大国。

装饰性薄膜可以通过电镀技术、阳极氧化技术、喷涂技术及真空镀膜技术来实现，其中电镀技术是最早的装饰性薄膜制备技术。阳极氧化技术是铝合金基材常用的表面保护方法，也可以应用在镁合金和钛合金表面。基材在阳极氧化后可形成多孔性结构，在孔中添加染料则可获得特定的装饰效果。热喷涂则常用于雕塑等体积较大的待处理件，装饰效果相对粗糙。目前，真空镀膜技术在众多装饰性薄膜沉积技术中异军突起，采用该技术制备的装饰性薄膜具有优异的综合性能，包括迷人的色泽、良好的耐磨性、优异的耐蚀性等[1]。

在真空镀膜技术中，大多采用物理气相沉积（PVD）技术来制备装饰性薄膜。其中蒸发镀膜的结合力较低，大部分条件下与其他工艺结合起来使用；离子镀膜，尤其是电弧离子镀，存在大颗粒而影响了涂层的外观，仅在对外观要求不高的场合上有一定的应用；而磁控溅射技术凭借其细腻美观的装饰效果，不同的靶材和气体的组合，可以大批量地制备具有不同外观的膜层，目前已成为装饰性薄膜制备技术的主流[2]。图 14-1 所示为不同领域的装饰性薄膜产品。这些膜层都可以采用磁控溅射的工艺获得理想的涂层。本章主要介绍通用方面的装饰性薄膜的类型、性能要求、膜层性能改善思路，以及未来膜层的发展方向。

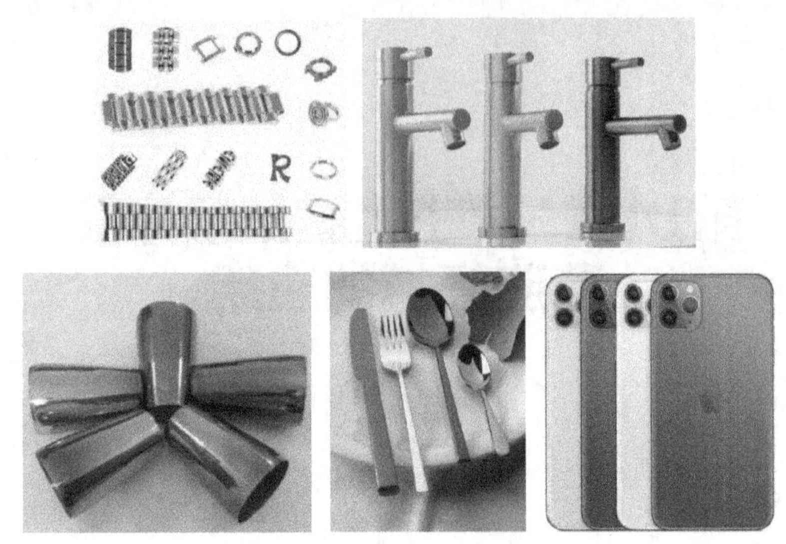

图 14-1　不同领域的装饰性薄膜产品

14.2　装饰性薄膜的颜色

薄膜本身会对入射光选择性地反射或吸收，其颜色是薄膜光学特性作用的结果[3-5]。薄膜的颜色是由反射光产生的，因此需要考虑两方面，即非透明薄膜材料对于可见光光谱的吸收特性而产生的本征颜色，以及透明或轻微吸收薄膜材料的多重反射而产生的干涉颜色。

1. 本征颜色

非透明薄膜材料对可见光光谱的吸收特性导致本征颜色的出现，其中最重要的过程是电子吸收光子能量发生跃迁。对于导电材料，电子在部分填充的价带内吸收光子能量跃迁到费米能级以上的非填充高能态，称之为带内跃迁。对于半导体或绝缘材料，在价带和导带之间存在能隙，只有吸收能量大于能隙宽度的电子，才能跨越能隙从价带跃迁到导带，称之为带间跃迁。无论何种跃迁，都会导致反射光与吸收光的不一致，这种差异使材料呈现其本征颜色。能隙宽度大于可见光谱紫外极限的材料，如大于 3.5eV，对人眼是透明的。窄能隙材料的能隙宽度小于可见光谱的红外极限，如小于 1.7eV，则呈现黑色。能带宽度在中间区域的材料可以显现出特征颜色。掺杂可以在能隙较宽的材料中引起带间跃迁，掺杂元素在能隙之间创造了一个能级，将能隙分隔成两个较小的能量区间，吸收较低能量的电子也可能发生跃迁，从而使原透明的材料呈现颜色。

2. 干涉颜色

透明或轻微吸收薄膜材料对于光的多重反射使之呈现干涉颜色，干涉是波与波之间的叠加后振幅发生的相长或相消的变化。在生活中，水洼表面如果有一层油膜，可以观察到该油膜呈现彩虹色，这就是典型薄膜干涉产生的颜色。在金属基材上沉积一层很薄的透明氧化物薄膜，可以通过干涉获得很多新颖的颜色。如果一束单一波长的光从大气入射到透明层表面，一部分在薄膜表面发生反射，直接返回大气；另一部分通过透明薄膜发生折射后，到达膜-基界面发生反射。然后继续透射透明薄膜，在膜与大气界面发生折射后返回大气。二者将产生光程差，并发生叠加干涉。光学薄膜的原理，详见第 15 章。对于自然光而言，入射光的波长为可见光波段内的所有数值，其中某个或某些波长的光的相长或相消将在视觉效果上带来特定的颜色。

14.3 装饰性薄膜的性能要求

1. 颜色标定

在装饰性薄膜的应用中，颜色的标定起着极其重要的作用。CIELAB 是目前国际公认的颜色测量系统，由国际照明委员会（CIE）开发并于 1976 年开始采用。CIELAB 方法将颜色表示为三维坐标：L^*、a^* 和 b^*。其中，L^* 是亮度，L^* 值为 0 表示样品没有反射光，并且 L^* 值为 100 表示所有入射光都被反射；a^* 坐标表示光谱中绿色（负）或红色（正）分量的强度；b^* 坐标表示光谱中的蓝色（负）或黄色（正）分量的强度。样品的颜色可以通过将这些坐标标绘为图 14-2 所示三维空间中的一个点来定义。样品的 L^*、a^* 和 b^* 值可以从分光光度计直接读取。该系统解决了颜色测量的客观性、准确性和重现性等问题。几种装饰性薄膜的颜色和 L^*、a^*、b^* 值见表 14-1。

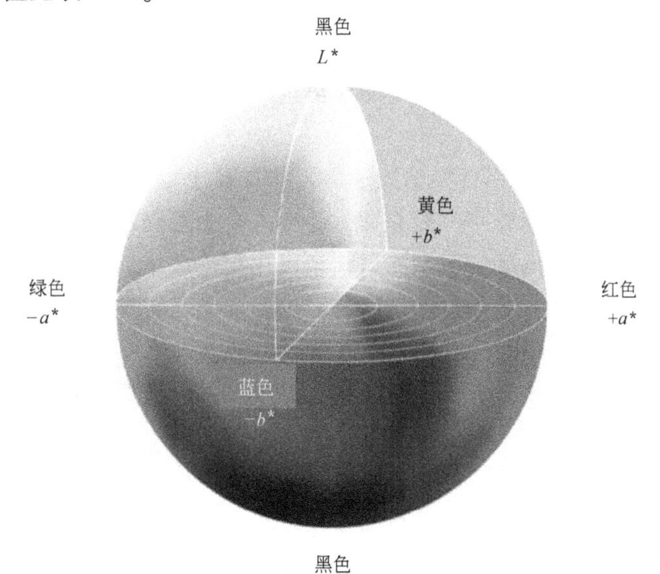

图 14-2 CIELAB 颜色空间

该三维坐标还可定量的比较颜色的差异，差异量定义为ΔE，其计算公式如下：

$$\Delta E=\sqrt{\Delta L^{*2}+\Delta a^{*2}+\Delta b^{*2}}$$

表 14-1　几种装饰性薄膜的颜色和 L^*、a^* 和 b^* 值

材料	颜色	L^*	a^*	b^*
TiN	金黄	60~75	1~12	5~32
ZrN	青黄	65~77	0.8~7	8~34
CrN	银色	78~82	-0.5~-0.5	-1~0.25
CrC	黑色	28~38	-0.25~0.2	-0.5~1.6

2. 耐蚀性

装饰性薄膜要求具有优良的耐蚀性。一般装饰性薄膜产品（如钟表、手机等）常与人手相接触，应选择耐汗液腐蚀的膜系，并要求有足够的厚度，有些产品的基材还需要预先进行耐蚀处理。在沿海地区应用的或需海运的产品，应充分考虑耐含盐液体强腐蚀的性能。在耐蚀性的评定上，对装饰性薄膜的耐蚀性检测常用盐雾试验法和人工汗液腐蚀试验。

3. 耐磨性

在产品表面耐磨性的测试方面，需进行振盘振动试验或往复线性摩擦试验。钟表行业生产中常用振盘振动试验，其具体测试方法参照 ISO 3160-3。薄膜的耐磨性主要是由薄膜硬度与膜-基结合力所决定。

4. 硬度

一般氮化物、碳化物薄膜的硬度都很高。装饰性薄膜较薄，用显微硬度计测得的硬度一般是薄膜与基片的混合硬度，比薄膜本身硬度都低。因此，只能基于特定的应用场景，结合基材、薄膜和厚度制定出生产部门的硬度检测标准。

5. 结合力

膜-基结合力测试常使用百格粘胶法，即在产品上划出 10×10 规格的方格（划痕间距为 1~3mm），所用胶带一般是 25mm 宽的半透明胶带。将胶带粘贴在整个划格区域上，然后以最小角度撕下，测试结果可用划格区域的膜层破损面积比例来评定附着力等级。另一种方法为弯曲试验法。选取样品，将样品固定在台虎钳上，选最薄部位弯曲，弯 45°~90°，样品弯曲后薄膜不开裂脱落或在弯曲处再进行粘胶纸后薄膜未脱落为合格。此外，如需获得量化结果还可以使用划痕法测定。

6. 其他

除以上所涉及的耐蚀性、耐磨性以外。装饰性镀膜的常见测试项目还包括为衡量阳光照射所引起的变色情况而进行的 UV 加速辐射测试，应用于浴室洁具饰品及厨具、炊具产品的高低温测试，交变湿热测试等。需要强调的是：产品综合性能考核与薄膜单相指标的测定是相互补充的，从使用角度来看，脱离产品单独讨论薄膜的耐受可靠性是不切实际的，产品综合性能检测更有说服力。

14.4 装饰性薄膜材料的选择与优化

14.4.1 金色系装饰性薄膜

1. Ti (Zr)-N 薄膜

钛或锆金属的氮化物薄膜，因其硬度大，熔点高，化学稳定性好，以及良好的导电性与导热性，在多个方面已得到极大应用，如刀具和模具表面的硬质薄膜。同时，它们在颜色上呈现独特的金黄色调，使得它们在装饰性薄膜领域得到广泛应用。

Ti-N 薄膜是氮化物薄膜中研究最早、应用最广泛的薄膜材料[6]。Ti 和 N 可形成间隙固溶体，也可形成间隙相。常见的 Ti-N 间隙相有 Ti_2N 和 TiN 两种。其中 Ti_2N 为密排六方结构，TiN 为面心立方结构。理想化学计量的氮化钛薄膜属于立方晶系，金黄色，呈现金属光泽。Zr-N 薄膜同样也是广泛使用的薄膜材料，同 Ti-N 薄膜相对比，二者都可获得明亮的类似黄金的色调，都具备优异的耐磨性和化学稳定性。Ti-N 薄膜的颜色偏红，Zr-N 薄膜的颜色偏青，Zr-N 薄膜的亮度会较 Ti-N 薄膜略高一些。从成本角度考量，由于锆金属的单价较高，所以 Zr-N 薄膜的成本比 Ti-N 薄膜高。

图 14-3 所示为 Zr-N 和 Ti-N 薄膜的颜色随氮与金属摩尔比增加的变化趋势。当氮与锆的摩尔比 $x(\mathrm{N})/x(\mathrm{Zr})$ 比从 0.8 增加到 0.95 时，薄膜的黄度（$+b^*$）增加，而亮度（L^*）降低，a^* 值也向正的方向发展；薄膜的色调在氮气的作用下变得更暗、更黄、更红。Ti-N 薄膜的颜色变化方向与 ZrN 薄膜相同，但是与 ZrN 薄膜相比，TiN 薄膜的化学计量范围更宽，当氮与钛的摩尔比 $x(\mathrm{N})/x(\mathrm{Ti})$ 从 0.92 增加到 1.14，TiN 薄膜的颜色变化几乎不明显。这样就可以使薄膜在较大氮含量范围保持相同的颜色。金属氮化物键合的离子模型可以解释亮度的降低和黄、红度的增加。氮越多，过渡金属的自由电子消耗越多，薄膜反射的光就越少[7,8]。

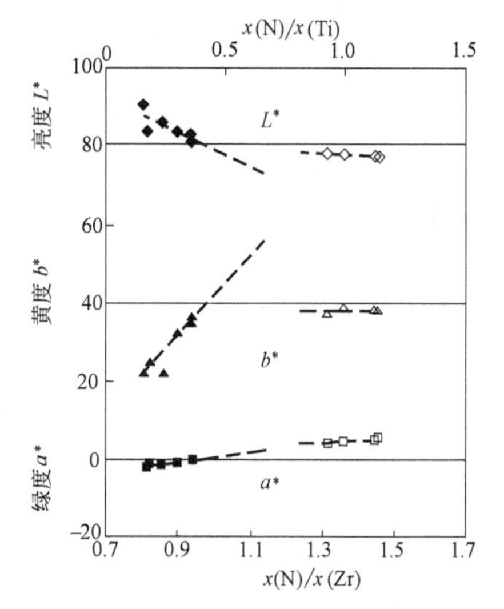

图 14-3 Zr-N（实心符号）和 Ti-N（空心符号）薄膜的颜色随氮与金属摩尔比增加的变化趋势

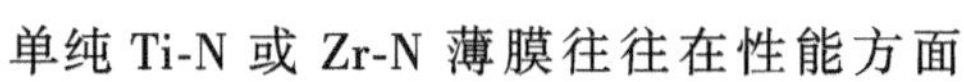

单纯 Ti-N 或 Zr-N 薄膜往往在性能方面无法全面满足应用需求，如在耐蚀性、耐磨性等方面，业者及研究人员从多方面（厚度、结构设计、制备方式等）进行了性能上的优化。Vega 等[8] 采用厚 Ti 底层

和厚而致密的 TiN 层相结合的方法，获得了较优的耐蚀性。他们还发现镀层的耐蚀性不仅与镀层的密度有关，而且与镀层的机械稳定性有关。在长期暴露下，即使涂层下的基体溶解，也必须保证 TiN 层的机械稳定性，才能保证外观不体现出腐蚀特征。Herrera-Jimenez 等研究了多层 ZrN-TiN 涂层的力学性能[9]。扫描电镜（见图 14-4）结果表明，膜厚 $L<10$nm 的涂层呈现为一个整体单层；而对于 $L=10$nm，可以看到一个多层结构，在界面处有一个混合区（固溶体）；$L \geqslant 100$nm 的涂层显示出明显的交替 ZrN 和 TiN 层，厚度分别为 140nm 和 90nm。在 L 为 10nm 时，硬度（约 35GPa，1GPa≈102HV）和弹性模量（约 320GPa）获最大值，其硬度显著高于 TiN（21GPa）和 ZrN（16GPa）单层涂层的硬度。固溶强化和界面强化是导致多层结构硬化的主要原因。通过膜层设计，可以显著提升金色膜层的耐磨性。

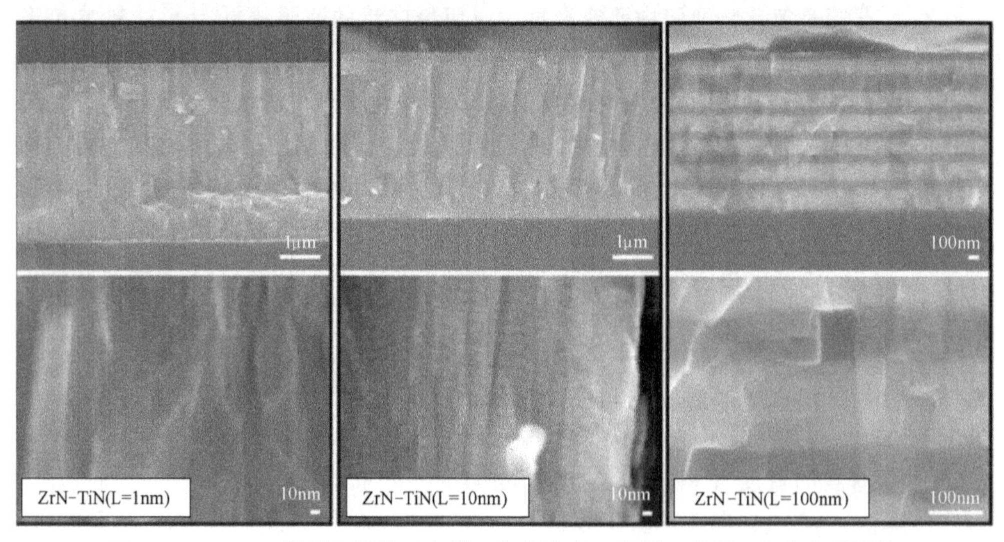

图 14-4 ZrN-TiN 膜层在低倍（上部）和高倍率（下部）的断口扫描电镜照片

Ti 及 Zr 的碳氮化物［Ti（Zr）-C-N］因其突出的红色调也常用于仿玫瑰金装饰，其他材料（HfN、TiZrN 等）也可用于装饰应用，可接近不同的金色标准（1N、2N 等）。

2. Ti-N(Zr-N)+Au 薄膜

黄金的历史与人类文明的演进相伴相随，自第一件黄金制品问世以来，就一直影响着人类文明的延伸和发展。自古以来，黄金丰富而又特殊的高光泽金色是其应用于装饰领域的重要原因。金层颜色的调节可以通过合金化来实现。在纯金中添加合金元素可以产生不同的色调，甚至全新的颜色，从而实现应用的多样性。金-银-铜系统是当今最常见的金合金体系。图 14-5 所示为金-银-铜体系三元相图与相应的合金颜色。根据该图，可调节黄、红、白三种颜色的变化。

在装饰性产业中，一直存在着困扰整个产业的难题是，如何获得同时具备优异力学性能和高亮真金颜色的装饰性涂层。对于 Ti-N 或 Zr-N 薄膜来说，都无法达到

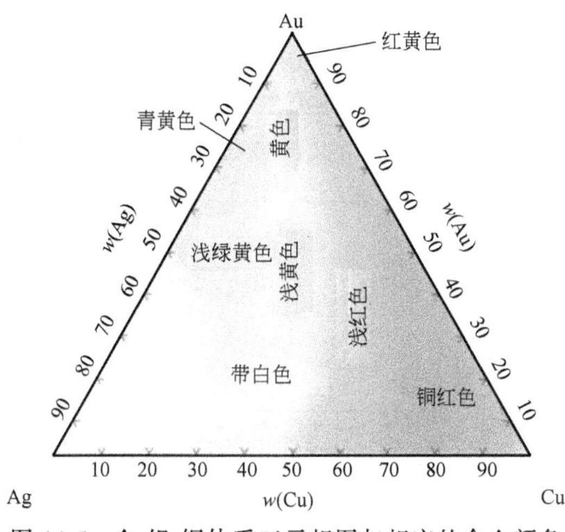

图 14-5 金-银-铜体系三元相图与相应的合金颜色

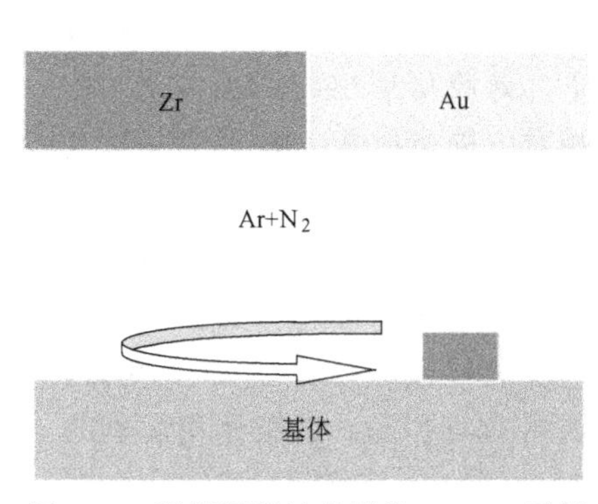

图 14-6 溅射沉积纳米层状 ZrN/Au 示例

与黄金一致的颜色。因此，通常采用的工艺是在 0.7~1μm 厚的硬质氮化钛底层（TiN 或 ZrN 等）上沉积 0.1~0.2μm 厚的薄金层。但由于金层的硬度低而容易发生磨损，并最终露出下面的 TiN 或 ZrN 层，如何提高金层 Au 层的耐磨性一直是产业界研究的重点之一。曾有研究者在氩气和氮气的气氛下，轮流溅射 Zr 靶和 Au 靶，如图 14-6 所示，由此形成 ZrN/Au 的多层结构[10]。单一层的磨损不会影响到整体颜色，这样在整个膜层的磨损周期中都可保持颜色的一致性，同时提升了金膜的耐磨性。

14.4.2 黑色系装饰性薄膜

在装饰性薄膜之中，黑色薄膜占据着非常重要的一席之地。一种完美的黑色薄膜，其 L 值要尽可能的低，同时具备金属光泽，a^* 值和 b^* 值趋近于 0 时可以更加彰显颜色的纯正性。当前时期，黑色装饰薄膜已成为装饰性薄膜领域的主流之一，发展势头迅猛，其应用范畴及产品价值更与金色薄膜不相上下。

可以作为黑色装饰薄膜的材料有很多，如 Ti-C、Ti-C-N、Ti-(C,O)、Ti-Al-(N,C,O)、Cr-C、W-C、DLC 等。目前来看，应用最多的是 Ti-C、Cr-C 等[11-13]。

Ti-C 薄膜普遍为浅灰色，碳含量高的 Ti-C 薄膜颜色呈黑色，具有金属光泽。Ti-C 薄膜内应力较大，获得黑色薄膜色调不那么纯正，黑度较高时往往会带一些蓝色调。铬的碳化物有 Cr_3C_2、Cr_7C_3 和 $Cr_{23}C_6$ 三种形式。铬的碳化物在金属碳化物中抗氧化能力最强，其中 Cr_3C_2 是最常见与最重要的一种。在目前的工业生产中，有一些生产商已可成熟使用 W-C 薄膜作为黑色装饰薄膜，其薄膜颜色纯正，力学性能优异，市场份额提升很快。但其材料成本较高，这在一定程度上限制了 W-C 薄膜的广泛使用。

在单纯金属碳化物的基础上，一些业者发展了制备黑膜的新型材料及方法，为黑色装饰膜的发展提供了新的思路和方向。Chappé 等人采用直流反应磁控溅射技术，成功地在硅衬底上沉积了 Ti(C,O,N) 薄膜[14]。在氩气（工作气体）和乙炔（碳源）的混合气体中，以适当的 N_2 与 O_2 体积比沉积反应溅射 Ti(C,O,N) 涂层。结构表征表明，膜层的结构与氧氮分压有很大的关系。在没有通入 O_2 与 N_2 的情况下，薄膜呈现出与面心立方 TiC 相对应的衍射峰。对于中间氧氮分压，衍射图显示了面心立方 TiC 和/或 TiO 和/或 TiN 相。随着薄膜中氧含量的增加，碳化钛的金属深灰色逐渐变深及变黑，如图 14-7 所示。该工作用简单的方法制备了不同暗色调的 Ti(C,O,N) 样品，也实现了只需调节一种气体混合物的流量，就可以顺利地调节装饰性能。

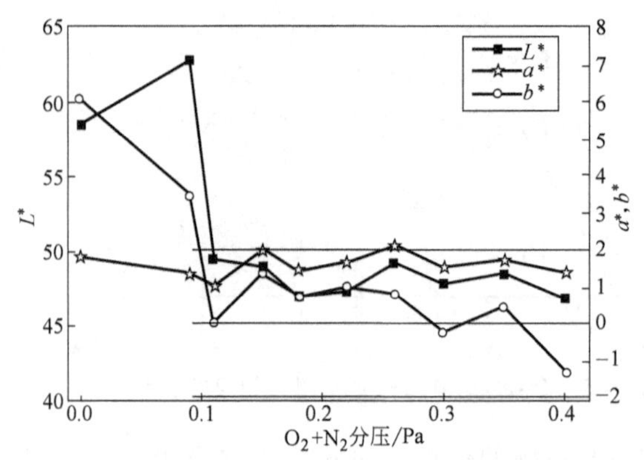

图 14-7　颜色三维坐标随 O_2+N_2 分压变化曲线

Gupta 等[12] 采用室温下碳离子注入法，在钛表面沉积了装饰性的硬质黑色涂层。将 10keV 碳离子束注入钛衬底上，注入量为 $(1\sim1.25)\times10^{18}C/cm^2$。卢瑟福背散射光谱和透射电子显微镜结果表明，注入后的钛表面形成了双层涂层结构，表层为约 50nm 的非晶碳层，底层为约 50nm 的非晶碳化钛层。拉曼光谱证实了碳化物混合层的形成。纳米压痕测试表明，碳注入后，注入表面的硬度从 3.7GPa 提高到 6.6GPa，提高了 72%。划痕试验进一步证明，注入表面的摩擦因数降低了 25%，表明涂层材料的耐磨性有所提高。颜色测量表明，碳注入使钛表面的亮度从 77 降低到 49，证实了钛表面的黑色色调。该结果表明，在高注入量下，碳离子注入 Ti 表面可获得表面硬度高、耐磨性好的黑色涂层，为材料表面装饰改性提供了一个新的思路。

此外，类金刚石膜层（DLC）由于其高硬度、低摩擦因数和良好的耐蚀性也受到了广泛的关注。单纯的 DLC 膜其色调主要呈灰黑色，L^* 值无法达到 40 以下。通过一定的掺杂可以调节颜色，但一般伴随着硬度的降低[15,16]。

目前的装饰性市场对颜色的要求愈发严苛，黑色薄膜的 L^* 值往往要求至 40 以下，甚至 L^* 值 30 以下的超级黑色薄膜更加获得客户的青睐。这种颜色的薄膜需要碳含量较高时才可获得。这种情况下，工艺稳定性变差，“靶中毒”问题不容小觑。目前，相对较好的解决方案是采用中频磁控溅射技术结合渐进式进气方式。中频磁控溅射基本可以较好地解决“靶中毒”产生的高压击穿放电，也不会出现阳极消失现象。渐进式进气可以缓解“靶中毒”程度，防止靶材从金属态到化合物状态的突变，很大程度上降低了薄膜颜色偏红或偏绿不良的出现。

14.4.3 银色系装饰性薄膜

银色氮化物或碳化物薄膜具有和不锈钢等金属基材相近的颜色上，在某些想要维持其金属本色的产品上进行该薄膜的沉积，可以在保持本色的前提下，提升产品的力学性能，延长使用寿命。常用银色薄膜材料有 Cr-N、Ti-C、Cr-C、Ta-N 等，其中最有代表性、应用最广泛的是 Cr-N 薄膜[17]。

Cr-N 薄膜具有高度耐蚀性和抗氧化性，低表面能，高硬度，与很多金属及合金都表现出摩擦亲和性，特别要强调的是该薄膜的内应力较低，可在保证膜基附着及高硬度的前提下获得厚度较大的膜层。Cr-N 薄膜的颜色为富有金属光泽的银色。这些独特的性质使该薄膜在防护型硬质薄膜及装饰性薄膜领域得到广泛使用。

银色薄膜还可以通过沉积碳化物来获得，如 Ti-C、Zr-C、Cr-C 等。碳化物薄膜一般使用碳氢气体作为反应气体，在较小反应气体流量时，可获得银色薄膜。相对于 Cr-N 薄膜，碳化物薄膜的明亮度略低，再加上碳氢气体对腔体有一定污染，故使用范围不及 Cr-N 薄膜。Ta-N 薄膜则存在着高应力，膜-基结合力差，并且相对铬或钛成本高等很多问题，还未获得广泛应用。

银色薄膜的沉积可以通过许多方法来实现，其薄膜色调与靶材相比未发生明显变化，制备难度相对较低，但高质量银灰色薄膜的获得仍需要对沉积参数的精确把控。以 Cr-N 薄膜为例，在沉积过程中，反应气体氮气的流量变化会引起颜色的一系列变化，其颜色从偏蓝的金属色向略黄色调变化，其红绿色调基本无变化。因此，Cr-N 薄膜可在金属冷色调至金属暖色调自由调配选择，同时还兼具了高硬度、强韧性和优异的耐蚀性。

14.4.4 干涉装饰性薄膜

薄膜通过干涉原理可以呈现出灰色、棕色、紫色、蓝色、金色、深红色、绿色等多种颜色[18-20]。Skowronski 曾在 2017 年发现，在不锈钢基体上采用磁控溅射工艺制备的 TiO_2 膜层随着沉积时间的变化，厚度相应的发生变化，最终导致颜色的变化[21]。二氧化钛薄膜的颜色与其厚度（d）、沉积时间（t）的关系如图 14-8 所示。

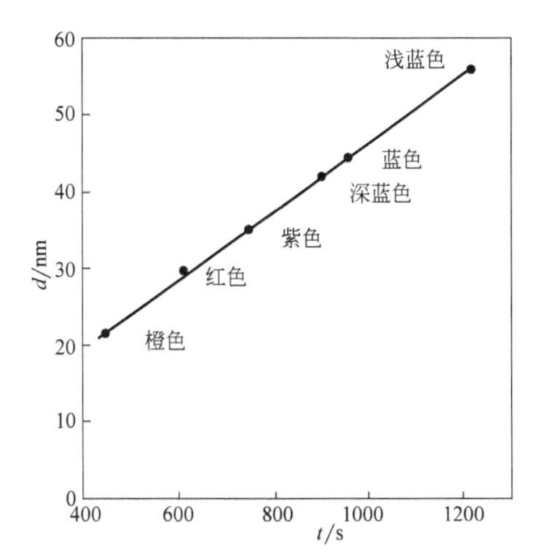

图 14-8 二氧化钛薄膜的颜色与其厚度（d）、沉积时间（t）的关系

Panjan 等展示了一个更灵活的概念色彩设计[22]。他们在不同反射率的衬底上，采用直流磁控溅射方法制备了一层 AlTiN。通过改变 AlTiN 的厚度，在 20~55nm 范围

内制备出高饱和度的可变化的颜色，包括从黄色、粉色、紫色到蓝色。此外，作者重点对比了在TiN、硅片和不锈钢表面在观察角度为10°~60°时的色差变化，对比发现TiN表面的色调变化最小，如图14-9所示。基于此，作者在采取三维转架装夹的样品上制备出纯蓝色的膜层，在样品的不同位置体现了良好的均匀性。该膜层设计也为干涉性装饰涂层在复杂几何结构产品上的应用提供了一个新的思路。

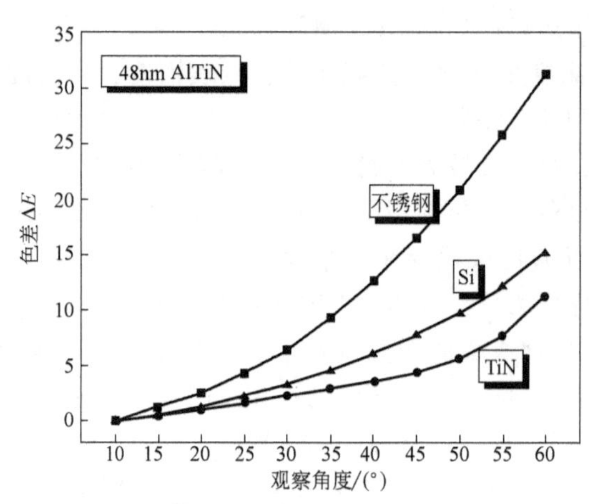

图14-9　在不同基体上所观察到的色差随观察角度变化趋势

尽管采用干涉获得的颜色极其丰富（理论上可获得可见光波段的所有颜色），但其颜色效果是由膜层厚度决定着。如果想要得到颜色均匀的产品外观，就要保证工件所有位置具有均一不变的厚度，这在PVD工艺中是非常困难的。材料从靶材到基材的过程呈现出一定的取向性，绕射性再优异的PVD工艺都无法做到形状复杂工件上的一致膜厚。即使使用多维度旋转悬挂产品方式，颜色不均的致命性问题仍然存在，这个问题严重限制了干涉颜色在形状复杂产品上的应用。除此之外，薄膜的干涉颜色已属于光学薄膜范畴，传统的装饰性镀膜设备无法满足其对单层膜厚及多层膜结构的精密要求，其后续发展需要装饰性镀膜和光学镀膜在设备和技术上的有效结合。目前，干涉颜色薄膜可量产于平板产品的单面镀膜或简单形状产品的特定颜色镀膜。

14.5　装饰性薄膜的发展趋势

14.5.1　鲜艳的颜色

新颜色的开发在离子镀装饰性薄膜领域是一个永恒的话题，相对于其他表面处理工艺（阳极氧化、喷漆等），离子薄膜有其独特的优势，但是在颜色的丰富性及鲜艳性上面则大大处于劣势。离子薄膜多为金属本征颜色或金属化合物颜色，其本征颜色集中在一个较小的范围，色调无外乎金色系、银色系、灰色系、黑色系等，在偏黄（暖色）或偏蓝（冷色）方面可以可用工艺参数或元素掺杂来实现，但要获得饱和度较高的红色、橙色、绿色等鲜艳的本征颜色还无法实现。干涉颜色可获得色彩丰富鲜艳的外观，量产能力因为其显色机制而受到极大限制。因此，鲜艳丰富的颜色一直是装饰性镀膜努力发展的方向。在丰富装饰性薄膜颜色方面，要综合考虑到材料成本，膜层的耐磨性、耐蚀性，环境友好性等多项因素。一个可能有效的途径是，将本质颜色和干涉颜色进行有效结合，希望可以获得鲜艳丰富的颜色的同时，也可以提升产品量产性；另一个可尝试的方法是寻找新颖的多元素搭配，以期获得不一样的新颜色。

14.5.2 优异的耐蚀性

PVD 装饰性薄膜往往缺乏令人满意的耐蚀性。PVD 装饰性薄膜通常为生长柱状微观结构，呈现多种生长缺陷（柱缝，孔隙、晶界等）。因此，它们不能对腐蚀敏感的衬底进行充分的保护。一般来说，PVD 薄膜具有较高的电化学位，所以膜层本身都具有较高耐蚀性，但与该层接触的各种电解质（水、汗等），容易穿透柱状间隙及孔隙等缺陷到达基体，电位高的薄膜和电位低的基材经电解质导通，形成原电池，导致电偶腐蚀，从而引起电化学位较低的基材很快发生腐蚀损坏。

采用优化沉积膜层的方法来提高产品的耐蚀性，主要是涉及“厚”和“密”。

1）“厚”。装饰性薄膜的厚度一般不超过 5μm，这种厚度是无法提供有效的防腐屏障的。而厚度的增加一方面导致沉积时间过长，对生产成本产生负面影响；另一方面，厚度的增加带来内应力的升高，往往恶化附着力，导致薄膜从基材剥落；除此之外，厚度的增加还会造成膜层的表面粗糙度值增大，降低了表面光亮度（抛光产品较明显），影响了整体装饰效果。为提升耐蚀性，单纯增加薄膜厚度往往得不偿失。

2）“密”。原电池的形成在于电解质的渗入，电解质的渗入在于膜层中缺陷造成的通路，如何杜绝或降低柱状生长结构及多种生长缺陷，提升膜层致密性，阻断电解质通路是优化产品防腐性能的主要方向。当前，有许多方案致力于膜层生长的优化、致密性的提升。例如，采取多层结构抑制柱状结构的产生；采取高密度高能量离子辅助沉积提高膜层致密性；或采取复合薄膜的形式，将硬质颗粒弥散于非晶基体之中，皆可有效的提升产品的耐蚀性。

迄今为止，PVD 薄膜防腐技术已取得长足的进步，但仍然无法彻底消除腐蚀行为，尤其是当基材为铝或铜等较活泼金属时，其防腐能力还远远不够。

14.5.3 更高的力学性能

由于对外观的要求与对颜色的限制，装饰性薄膜目前无法轻易达到硬质乃至超硬薄膜的力学性能指标。当然，采用 PVD 方法很容易获得硬度较高的薄膜，这在纳米硬度测试中也得到了证实。但是，由于装饰性薄膜的膜厚都较薄（1~3μm），当基体为硬度较低的不锈钢甚至塑胶材料时，采取压入深度较大的维氏硬度测量方法，其结果往往不尽人意。而此方法更客观地评估了产品整体的力学性能。装饰性薄膜力学性能方面的发展能够显著延长产品的使用寿命，防止表面装饰性能的降低。

采用高功率中频磁控溅射或者高功率脉冲磁控溅射技术，可以得到更加致密的膜层，从而提高膜-基结合力、耐蚀性和耐磨性。元素渗入技术（如渗氮、渗碳等）可以提升基体的硬度和耐磨性，该技术对碳钢、不锈钢和钛合金基体都有一定的应用。在原子渗入的表面制备薄膜，可以进一步提高膜-基结合力和韧性，从而大大提高耐久性。

参 考 文 献

[1] 戴达煌，代明江，侯惠君，等. 功能薄膜及其沉积制备技术 [M]. 北京：冶金工业出版社，2013.

[2] 王福贞，马文存. 气相沉积应用技术 [M]. 北京：机械工业出版社，2007.

[3] ASHBY M, SHERDIFF H, CEBON D. Materials: engineering, science, processing and design [M]. Oxford: Elsevier, 2007.

[4] 石德珂. 材料科学基础 [M]. 2版. 北京：机械工业出版社，2003.

[5] 卢进军，刘卫国，潘永强. 光学薄膜技术 [M]. 北京：电子工业出版社，2011.

[6] 宋贵宏，杜昊，贺春林. 硬质与超硬涂层：结构、性能、制备与表征 [M]. 北京：化学工业出版社，2007.

[7] NIYOMSOAN S, GRANT W, OLSON D, et al. Variation of color in titanium and zirconium nitride decorative thin films [J]. Thin Solid Films, 2002, 415 (1-2): 187-194.

[8] VEGA J, SCHEERER H, ANDERSOHN G, et al. Experimental studies of the effect of Ti interlayers on the corrosion resistance of TiN PVD coatings by using electrochemical methods [J]. Corrosion Science, 2018, 133: 240-250.

[9] HERRERA-JIMENEZ E J, RAVEH A, SCHMITT T, et al. Solid solution hardening in nanolaminate ZrN-TiN coatings with enhanced wear resistance [J]. Thin Solid Films, 2019, 688 (98), 137431: 1-6.

[10] TAKADOUM J. Nanomaterials and Surface Engineering [M]. Weinheim: John Wiley & Sons Inc, 2010.

[11] TAKADOUM J. Black coatings: a review [J]. Eur. Phys. J. Appl. Phys., 2010, 52 (3), 30401: 1-7.

[12] GUPTA P, FANG F, RUBANOV S, et al. Decorative black coatings on titanium surfaces based on hard bi-layered carbon coatings synthesized by carbon implantation [J]. Surface & Coatings Technology, 2019, 358: 386 - 393.

[13] KATSUSHI O, MASAO W, YUKIO T, et al. Decorative black TiC_xO_y film fabricated by DC magnetron sputtering without importing oxygen reactive gas [J]. Applied Surface Science, 2016, 364: 69-74.

[14] CHAPPE J M, VAZ F, CUNHA L, et al. Development of dark Ti (C, O, N) coatings prepared by reactive sputtering [J]. Surface and Coatings Technology, 2008, 203 (5-7): 804-807.

[15] 薛群基，王立平，等. 类金刚石碳基薄膜材料 [M]. 北京：科学出版社，2012.

[16] CERNY F, JECH V, STEPANEK I, et al. Decorative a-C: H coatings [J]. Applied Surface Science, 2009, 256 (3): S77-S81.

[17] ZHANG Z G, RAPAUD O, BONASSO N, et al. Control of microstructures and propertiesof dc magnetron

sputtering deposited chromium nitridefilms [J]. Vacuum, 2008, 82 (5): 501-509.

[18] PANJAN M, PANJAN P, ČEKADA M, et al. Designing the color of AlTiN hard coating through interference effect [J]. Surface and Coatings Technology, 2014, 254: 65-72.

[19] CHEN L, CHEN N, LI Y K, et al. Metal-dielectric pure red to gold special effect coatings for security and decorative applications [J]. Surface & Coatings Technology, 2019, 363: 18-24.

[20] OLIVEIRA C I, MARTINEZ MD, CUNHAL, et al. Zr-O-N coatings for decorative purposes: study of the system stability by exploration of the deposition parameter space [J]. Surface & Coatings Technology, 2018, 343: 30-37.

[21] SKOWRONSKI L, WACHOWIAK A, ZDUNEK K, et al. TiO_2-based decorative coatings deposited on the AISI 316L stainless steel and glass using an industrial scale magnetron [J]. Thin Solid Films, 2017, 627: 1-8.

[22] PANJAN M, GUNDE M, PANJAN P, et al. Designing the color of AlTiN hard coating through interference effect [J]. Surface and Coatings Technology, 2014, 254: 65-72.

第15章　离子镀膜在光学薄膜领域的应用

光学薄膜的应用十分广泛，小到眼镜，照相机镜头，手机摄像头，手机、计算机、电视的液晶显示屏，LED 照明灯，生物识别器件，大到汽车节能窗、建筑节能窗，以及医疗仪器、测试设备、光通信设备等，尤其是在国防、通信、航空、航天、电子工业、光学工业等方面有着特殊的应用。

光学薄膜可以用来得到各种各样的光学特征：

1）可以减少表面反射，以增加光学系统的透射率和对比度，如光学镜头中的减反射球面镜。

2）可以增加表面反射，以减少光的损失，如为飞机、导弹导航的激光陀螺导航系统中的反射镜。

3）可以在一个波段内获得高透射、低反射，而在相邻波段则获得低透射、高反射，实现分色的目的，如液晶显示器中的分色镜。

4）可以在一个很窄的波段实现高透过，其他波段低透过，如自动无人驾驶汽车技术或无人机上的雷达中所使用的窄带通滤光片，以及结构光人脸识别需要用到的窄带通滤光片等[1,2]。光学薄膜的应用不胜枚举，已经渗透到生活的方方面面，图 15-1 所示为三种不同应用领域的光学薄膜产品实例。本章从光学薄膜的基本原理出发，重点介绍光学薄膜的膜系结构及各种应用，并介绍相关光学薄膜的制备及检测方法。

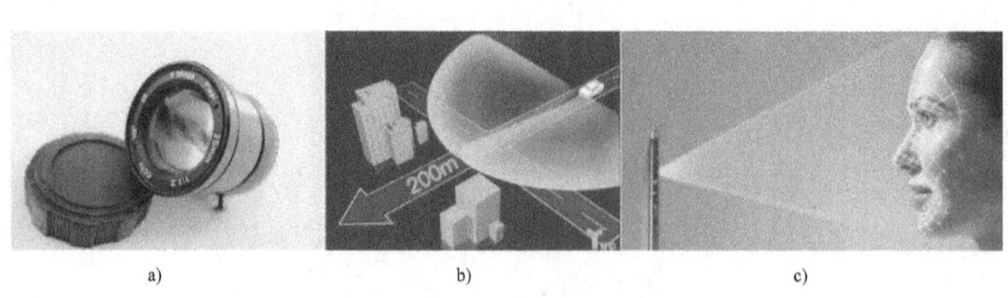

a)　　b)　　c)

图 15-1　光学薄膜产品实例

a）照相机镜头　b）Lidar 车载激光雷达　c）手机结构光人脸识别

15.1 光学薄膜的定义与基础

15.1.1 光学薄膜的定义

光学薄膜是指附着于基材之上，并与基材不同质，可以控制光束行为的薄膜。研究光学薄膜的技术称为光学薄膜技术。它是光学技术的一个重要分支，它包括薄膜光学与薄膜制备技术，前者研究光在分层媒质中的传播规律，后者研究光学薄膜的各种制备技术[3]。

光学薄膜技术研究对象是光，当光经过任何一个界面的时候会发生反射、折射等现象[4]，如图 15-2 所示。入射光和反射光在同一个介质中传播，传播速度相等。入射光进入另一个介质中，传播速度发生改变，光的方向发生改变产生折射。任何介质相对于真空的折射率，称为该种介质的绝对折射率，简称折射率，用 n 表示。光的折射与反射满足下述要求：

1）反射光线与入射光线和界面投射点处的法线共面。

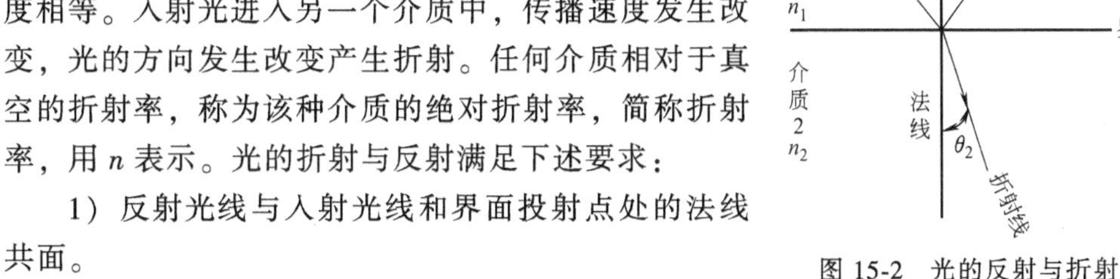

图 15-2 光的反射与折射

2）入射角和反射角的绝对值相等，即 $\theta_1=\theta_1'$。

3）折射角发生改变，入射角正弦和折射角正弦之比为两介质折射率之比，是一个常数，即

$$\frac{\sin\theta_1}{\sin\theta_2}=\frac{n_2}{n_1} \tag{15-1}$$

折射率较大的介质称为光密介质，折射率较小的介质称为光疏介质。光线从光疏物质进入光密物质中，折射角小于入射角，即 $\theta_1>\theta_2$；反之，光由光密物质进入光疏物质中，折射角会增大，$\theta_1<\theta_2$。

光学薄膜就是利用光在通过基体表面分层介质的多个界面时所产生的反射光与折射光的干涉现象，根据不同的需要，合理设计与制作，最终实现光波在界面上相位、能量等特性的调整与再分配的[5]。

根据不同的需求，人们制备了各种不同性能光学薄膜，如减反射膜、高反射膜、中性分束膜 、截止滤光片、带通滤光片、偏振分光膜、相位膜等。

15.1.2 光学薄膜的理论基础

如何通过光学薄膜来实现光束的调控，能量、相位等的再分配，涉及光学薄膜的膜系设计等诸多理论计算，由于篇幅有限，本章不做详细阐述，只列出几个重要结论，如需了解细节，请查阅参考文献［6-8］。

光学薄膜的计算基础是麦克斯韦方程及波动函数，由此计算单一界面、多界面的反射率 R 和透射率 T，$R+T+A=100\%$，其中 A 为材料的吸收率（%）。

1. 空气和基材单一界面的反射率

当光线从空气垂直入射玻璃基材时，由于在空气和玻璃基材的折射率不同，在二者之间形成一个界面。如果不考虑玻璃基材与出射介质的界面，该系统可以作为单一界面考虑。垂直入射时，$\theta_1=0$，单一界面（如空气-玻璃界面）的反射率 R 和透射率 T 的计算公式为：

$$R=\left|\frac{n_0-n_1}{n_0+n_1}\right|^2\times100\% \tag{15-2}$$

$$T=\frac{4n_0n_1}{(n_0+n_1)^2}\times100\% \tag{15-3}$$

式中　n_0——入射介质的折射率，一般为空气，其折射率为 1；

n_1——界面材质的折射率。

例如，光学玻璃的折射率为 1.52，如果光线从空气（$n_0=1$）中垂直入射，玻璃上表面反射率 R 为 4.2%，上表面透射率 T 为 95.7%。但实际中的玻璃有一定的厚度，因此存在上表面和下表面，上下表面的总反射率为 8.4%左右，上下表面的总透射率为 91.6%左右。对于没有吸收的介质材料，当光通过它时，界面的反射率与透过率之和等于 100%。对于有吸收的介质，则还需要考虑介质的吸收情况。

2. 镀单层薄膜的反射率

当在玻璃上沉积一层与玻璃材质不同的薄膜材料时，整个系统的界面将会增加到三个，如图 15-3 所示，即膜材与空气介质的界面——第一界面，膜材与玻璃基材的界面——第二界面，玻璃基材与出射介质（空气）的界面——第三界面。

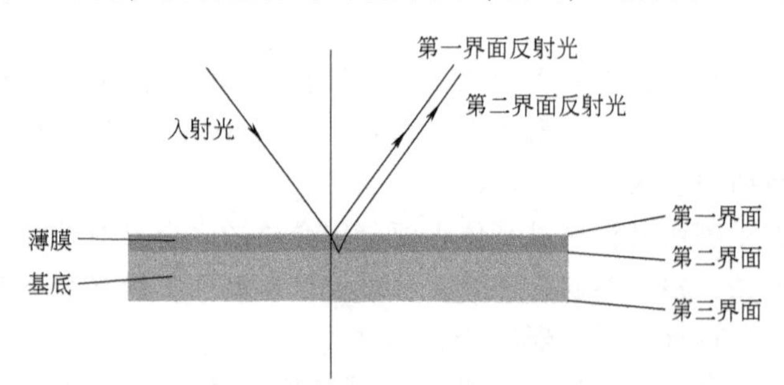

图 15-3　单层薄膜的界面与反射光

如果不考虑基材与出射介质的界面（第三界面），也还有两个界面，即第一界面和第二界面。在计算有多个界面的光学薄膜的时候，通常采用等效界面的来简化。等效界面就是将一个多界面的薄膜系统等效地看作一个单一界面。等效界面两侧的介质分别是入射介质和等效介质。入射介质空气的折射率仍旧是 n_0，等效介质具有等效光学导纳 Y，等效光学导纳 Y 相当于多层膜的总和等效折射率。因此，

薄膜系统的反射率就是等效界面的反射率，而等效界面的反射率 R 计算公式[9] 为

$$R=\left|\frac{n_0-Y}{n_0+Y}\right|^2\times100\% \tag{15-4}$$

只要求出了多层膜与基体的组合等效导纳，就可以计算出多层膜的反射率。

例如，在折射率为 1.52 的玻璃基材上镀制一层折射率为 1.38 的氟化镁，光学膜厚是中心波长的 1/4 ($\lambda_0/4$)，等效导纳 $Y=1.38\times1.38\div1.52\approx1.25$，根据式(15-4)，中心波长 λ_0 处反射率 R 约为 1.2%，反射率比未镀膜的基材 4.2%降低很多，具有减反射效果。

又如，在折射率为 1.52 的玻璃基材上镀制折射率为 2.3 的氧化铌，光学膜厚是 1/4 中心波长厚，等效导纳 $Y=2.3\times2.3\div1.52\approx3.48$，根据式 (15-4)，中心波长处反射率 R 约为 30%，反射率较基材 4.2%的反射率高很多，具有增强反射的效果。

3. 光学厚度与光程差

如图 15-4 所示，在玻璃（折射率 n_s）上镀一层薄膜（折射率 n_f），空气的折射率(n_0)。由点光源 Q 发出的一束光从空气投射到空气和薄膜的界面时，一部分光如 R_1 被反射回空气中；一部分光透射到薄膜里产生折射，折射光线在薄膜与玻璃的界面会有一束光反射回来，反射回来的光线在空气和薄膜的界面再产生折射进到空气中如 R_2，在空气与薄膜的界面 R_1 与 R_2 两束光交叠。

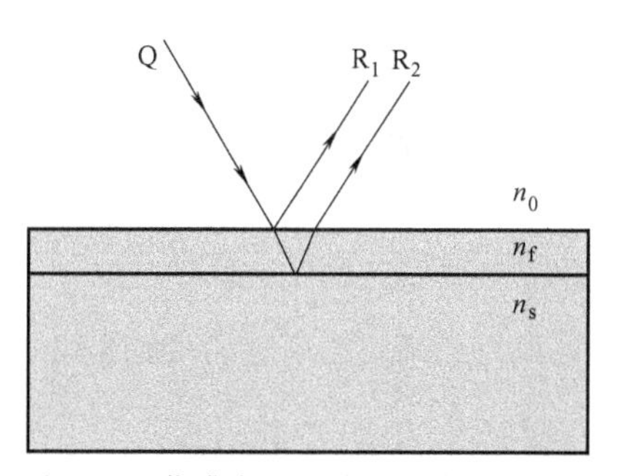

图 15-4 薄膜表面干涉场中光程差计算

根据光的波粒二象性可知，光具有波动的特点。两束光交叠的时候，会发生干涉现象。当两束光的相位差为 π 的偶数倍时，干涉相增；当两束光的相位差为 π 的奇数倍时，干涉相消。如图 15-5a 所示，当两束光频率相同、振幅相同、相位相同时，干涉后两束光的振幅相加，即干涉后两束光相增，这是镀反射膜的原理。如图 15-5b 所示，当两束光频率相同、振幅相同、相位相反时，干涉后两束光的振幅相减为 0，即成为直线，反射光的强度为 0 了，即干涉后两束光相减，这是镀减反膜（增透膜）的原理。

由图 15-4 可知，直接从薄膜反射的光 R_1 和经过薄膜两次折射的光 R_2 所走过的路程长度是不同的，它们之间差异称为光程差 ΔL。光程差会产生相位差，光程差的计算过程可以查阅相关资料，这里仅给出结论。图 15-4 中光 R_1 与光 R_2 的光程差 ΔL 为

$$\Delta L\approx 2n_f d\cos i \tag{15-5}$$

式中 n_f——薄膜的折射率；

d——薄膜的物理厚度；

i——光线的折射角；

$n_f d$——薄膜的光学厚度。

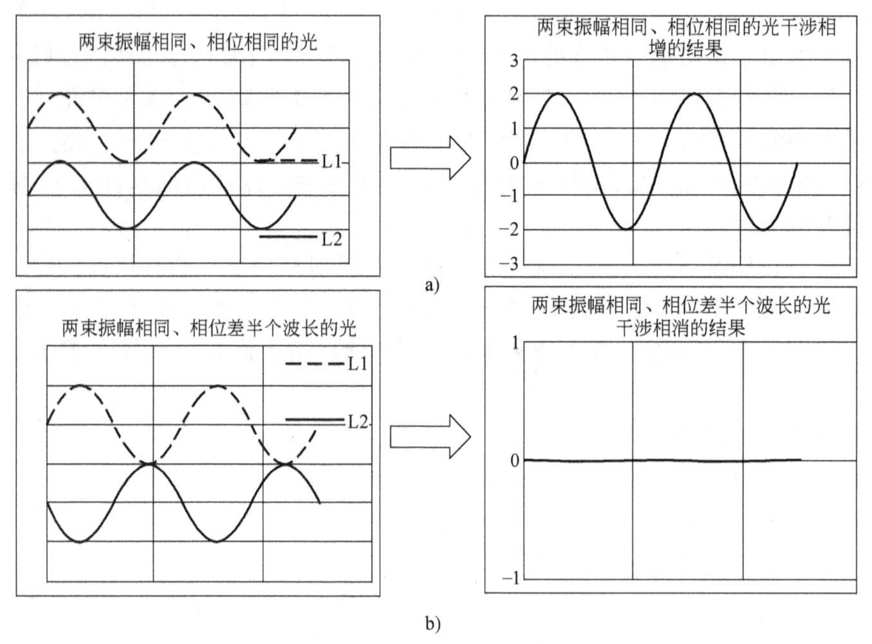

图 15-5　光的干涉相增与干涉相消

a）干涉相增　b）干涉相消

两束光的光程差 ΔL 与相位差 $\Delta\varphi$ 的关系为

$$\Delta\varphi=\frac{2\pi\Delta L}{\lambda}=\frac{4\pi n_f d\cos i}{\lambda} \tag{15-6}$$

如前所述，当两束光的相位差为 π 的偶数倍时，干涉相增；当两束光的相位差为 π 的奇数倍时，干涉相消。由此推导出单层薄膜的光学厚度 $n_f d$ 为 $\lambda/4$ 的奇数倍时，反射光干涉相消；单层薄膜的光学厚度 $n_f d$ 为 $\lambda/4$ 的偶数倍时，反射光干涉相增（这里考虑的是 0°角入射的情况，且没有考虑光从光疏介质射向光密介质的情况）。

当光从光疏介质射向光密介质时，在界面的反射光有相位突变 π，即反射光的光程突变（增加或减少）$\lambda/2$（附加光程差），即

$$\Delta L\approx 2n_f d\cos i\pm\frac{\lambda}{2} \tag{15-7}$$

同理，根据上述干涉相消或相增需满足的条件，可推导出薄膜光学厚度须满足的条件。

根据上述薄膜干涉原理，人们开发了减反射光学薄膜、高反射光学薄膜、光学滤光片等光学薄膜。

下面重点介绍减反射光学薄膜和增反射光学薄膜的基本膜系结构。

15.1.3　减反射光学薄膜

减反射光学薄膜（anti-reflection coating，AR），又称减反射膜或增透膜，它是在透镜表面镀一层厚度均匀的透明介质，使其上下表面对某种色光的反射光产生相消干涉，其结果是减少了该光的反射，增加了它的透射。在所有光学薄膜中，减反射光学薄膜起着最重要的作用。直至今天，其生产总量仍超过所有其他类型的薄膜。没有镀AR膜玻璃界面的反射率为4.2%左右，这种表面反射造成两个严重的后果：其一，光能量损失，使像的亮度降低；其二，表面反射光经过多次反射或漫射后，有一部分成为杂散光，这部分杂散光最后也达到像平面，使像的衬度降低，从而影响系统的成像质量。最简单的减反射膜系是单层减反射膜，如玻璃表面镀单层氟化镁薄膜。

随着需求的不断提高，又出现了在玻璃上镀双层减反射膜。有双层V形减反射膜、双层W形减反射膜、多层减反射膜、宽带宽减反射膜等。对于多层减反射膜，一般需要先镀高反射介质膜，再镀低反射介质膜，最后一层是低于基体折射率的薄膜，基本膜系结构是1.0-L-H-L-H-1.52（玻璃）。膜系结构式中，L代表低反射率材料，H代表高反射率材料。1.0为空气折射率，最后的数值是选用的玻璃基材的折射率值。

如图15-6所示，单层减反射膜、V形减反射膜和W形减反射膜存在明显的特征。它们的膜系中，最后一层都是镀折射率低于基体折射率的薄膜。

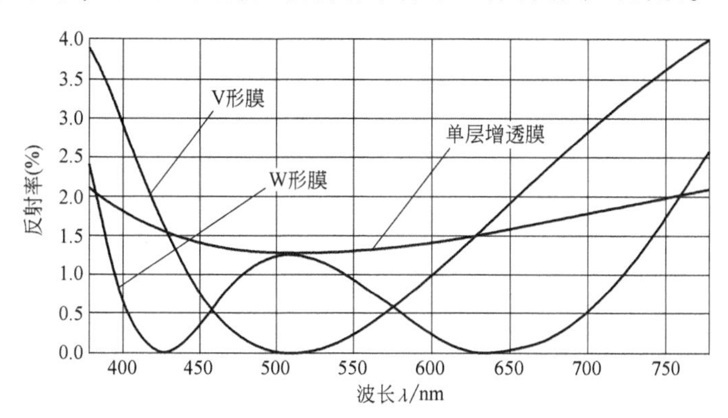

图15-6　单层减反射膜、V形减反射膜和W形减反射膜特性对比

多层减反射膜的一个设计思路是在V形膜系和W形膜系上进行改进。如W形膜系在低反射区的中央有一个反射率的凸峰，它对应于单层减反射膜的反射极小值。为了降低这个反射率的凸峰，又要保持半波长层的光滑光谱特性，可以将半波长层分成折射率略有不同的两个1/4波长层叠加。其膜系结构和三条光谱反射率曲线如下面的例子：

$$\text{a)}1.0\left|\begin{array}{c|c} 1.38 & 1.90 \\ \dfrac{\lambda_0}{4} & \dfrac{\lambda_0}{2} \end{array}\right|1.52 \Rightarrow \text{b)}1.0\left|\begin{array}{c|c|c} 1.38 & 2.0 & 1.90 \\ \dfrac{\lambda_0}{4} & \dfrac{\lambda_0}{4} & \dfrac{\lambda_0}{4} \end{array}\right|1.52\text{或 c)}1.0\left|\begin{array}{c|c|c} 1.38 & 2.13 & 1.90 \\ \dfrac{\lambda_0}{4} & \dfrac{\lambda_0}{4} & \dfrac{\lambda_0}{4} \end{array}\right|1.52$$

膜系结构式中的数字为所镀薄膜的折射率，λ_0 为所选波长的中心波长值。如桔色光的波长范围为580~620nm，中心波长 λ_0 选择600nm。$\frac{\lambda_0}{4}$ 为所镀薄膜的光学厚度。

由图15-7可知，膜系b将凸点反射率由1.26%下降至0.38%，膜系c则将反射率下降到0左右，当然低反射宽度变窄。为了增加低反射区的宽度，可以在基体上附加一层低折射率的半波长层，起着平滑作用。

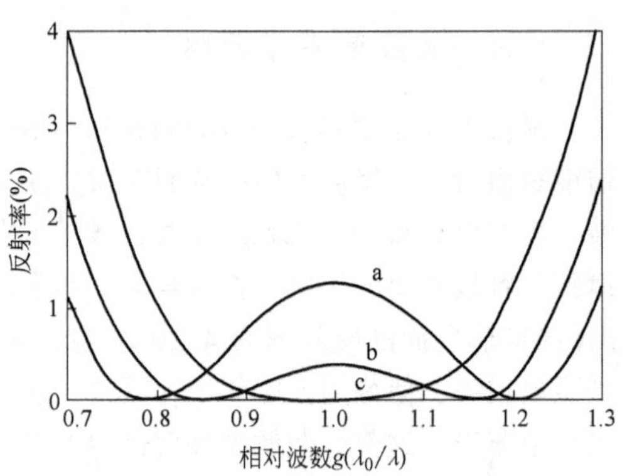

图15-7　$\lambda_0/4\sim\lambda_0/4\sim\lambda_0/4$ 减反射膜系改进前后光谱反射率曲线

图15-8所示为在玻璃基板上镀超宽带减反射膜时，设计的镀8层超宽带减反射膜系反射率曲线。

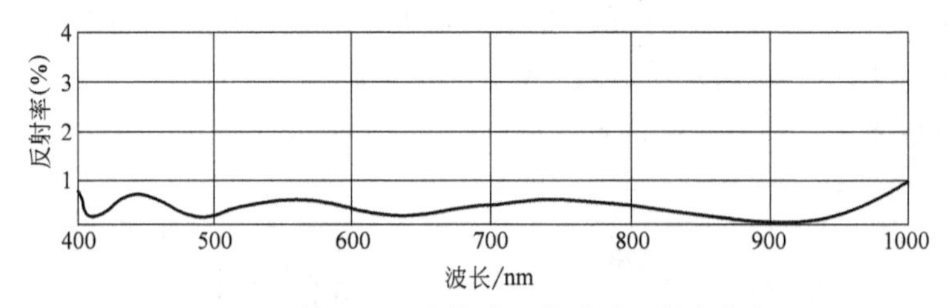

图15-8　镀8层超宽带减反射膜系反射率曲线

关于膜系结构的计算方法目前基本采用软件计算，如TFCalc、Essential Macleod等，在此不再详述，有兴趣可阅读参考文献［8,10］。

15.1.4　高反射光学薄膜

高反射光学薄膜（high reflection coatings，简称HR），又称高反射膜或增反膜，其利用薄膜干涉原理，使薄膜上下表面对某种颜色光的反射光发生相增干涉，其结果是增加了该光的反射，减少了透射。在光学薄膜中，高反射薄膜与减反射薄膜几乎同等重要。高反射光学薄膜有金属反射膜、金属加介质反射膜、全介质多层反射膜。对于光学仪器中的反射镜来说，由于单纯金属膜的特性已能满足常用需求，因此首先讨论金属反射膜。在某些应用中，若要求的反射率高于金属膜所能达到的数值，则可以在金属膜上加镀额外的介质层，以提高其反射率。本节还介绍全介质多层反射膜，由于这种反射膜具有最大的反射率和最小的吸收率，因而在法布里-珀罗干涉仪和激光器中得到广泛应用。

1. 金属反射膜

镀制金属反射膜常用的材料有铝（Al）、银（Ag）、金（Au）等，新镀的金属反射膜的反射率曲线如图 15-9 所示。

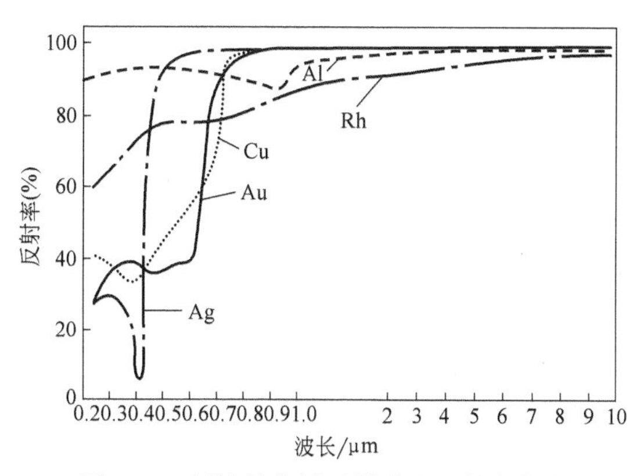

图 15-9 新镀的金属反射膜的反射率曲线

铝膜是从紫外区到红外区都具有很高反射率的唯一材料，同时铝表面在大气中会生成一层薄的氧化铝薄膜，保护里面的铝层，所以膜层比较牢固、稳定。

银膜在可见光区和红外区都有很高的反射率，而且在倾斜使用时引入的偏振效应比较小。但是，银膜与玻璃基体的黏附性很差，同时易受到硫化物的影响而失去光泽。

金膜在红外区反射率很高，它的强度和稳定性较银好，所以常用作红外反射镜。金膜与玻璃基体附着性较差，常用铬膜作为打底层。

多数金属膜都比较软，容易损坏，所以常常在金属膜外表面再加一层保护层。这样既能改进强度，又能保护金属膜不受大气侵蚀。镀了保护膜后反射镜的反射率或多或少有所下降，保护膜的折射率越高，反射率下降越多。

铑（Rh）和铂（Pt）的反射率远低于上述其他金属，但它们与玻璃的黏附力都比较高，一般只用于特殊防腐要求的场合。

上述纯金属 Al 膜的反射率一般在 90%左右。如果一个光学仪器中串置许多个反射镜，系统总的透射率将由各零件的反射率给出，如有 10 个反射镜，每个反射率为 90%，则系统总透过率约为 40%。因此，在很多情况下需要进一步提高反射率。提高反射率的方式有两种：一种是在金属膜外表面增加介质层，另一种是利用多层介质高反射膜。

2. 多层介质高反射膜

在折射率为 n_0 的基体上镀一光学厚度为 $\lambda_0/4$ 的高折射率（n_1）膜层后，反射率可以得到极大值。如果用高、低折射率交替，每层 $\lambda_0/4$ 厚度的介质多层膜，理论上可望得到接近 100%的反射率。介质膜系两边的最外层为高折射率层，其膜系结构如图 15-10 所示。层数越多，则反射率越高。理论上只要增加膜系的层数，反射率可无限接近于 100%。实际上由于膜层中的吸收、散射损失，当膜系达到一定层数时，继续加镀并不能提高反射率，反而会使其降低。图 15-11 所示为不同层数 $\lambda_0/4$ 厚的高低折射率层交替组成的介质膜系的反射率与相对波数 g 的关系。镀了 9 层膜以后，反射率接近 100%。

3. 金属加介质反射膜

如果在铝膜外侧镀制一层 $\lambda_0/4$ 的氟化镁，然后再镀一层 $\lambda_0/4$ 的硫化锌，可将金属铝膜的反射率由 91.6%提高到 96.9%。继续在上面再增加第 2 对这样的膜系，反射率可以进一步提高到99%左右，但只适于对可见光有作用。

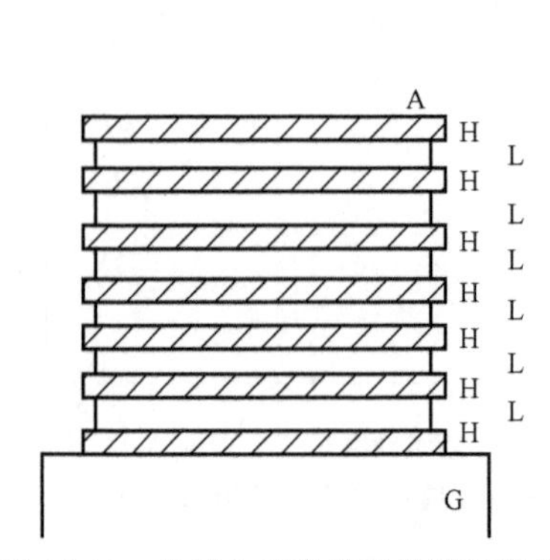

图 15-10 多层介质高反膜的膜系结构

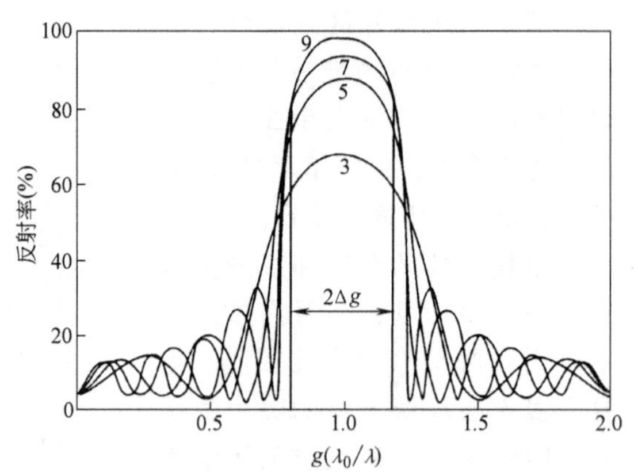

图 15-11 介质膜系的反射率与相对波数 g 的关系

15.1.5 光学滤光片

众所周知，在电路中有滤波器，其中包括带通滤波器、低通滤波器、高通滤波器和带阻滤波器。信号在电路中传输，滤波器的作用是滤除干扰信号。在光路中相对应地也有滤光片，包括带通滤光片、带阻滤光片和截止滤光片，同样滤光片的作用也是滤除干扰的光信号。与 HR 和 AR 一样，滤光片也是薄膜光学中的重要组成部分。

1. 干涉截止滤光片

干涉截止滤光片就是某一波长范围的光高透射，而偏离这一波长区域的光骤然变化为高反射。通常把抑制短波区、透射长波区的滤光片称为长波通滤光片，其典型特性曲线如图 15-12 所示；相反，抑制长波区，透射短波区的截止滤光片称为短波通滤光片，其典型特性曲线如图 15-13 所示。

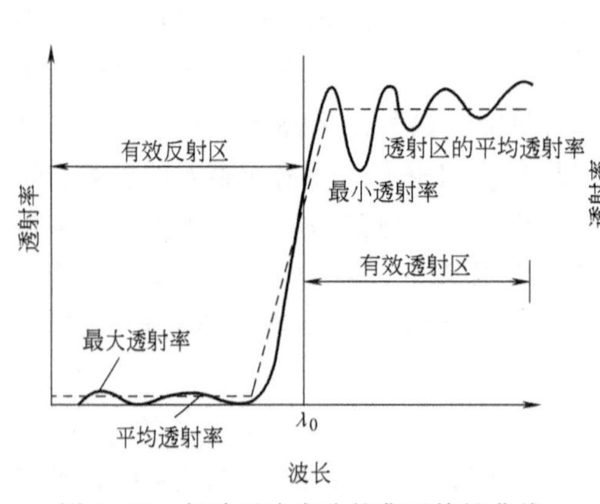

图 15-12 长波通滤光片的典型特性曲线

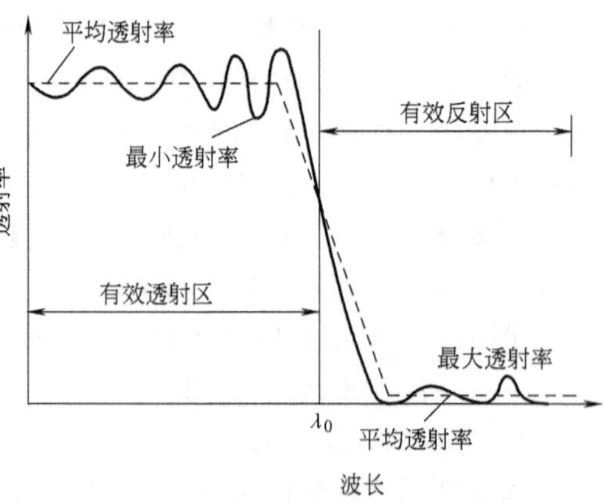

图 15-13 短波通滤光片的典型特性曲线

2. 带通滤光片

带通滤光片透射率随波长的变化曲线如图 15-14 所示。在理想情况下，滤光片通带内的透射率为 100%，理想滤光片完全可以由透射区域的带宽和通带内中心波长来描述，如图 15-14a 所示。实际的带通滤光片其通带并不是理想的方形，需要更多参数描述其特性，如图 15-14b 所示。

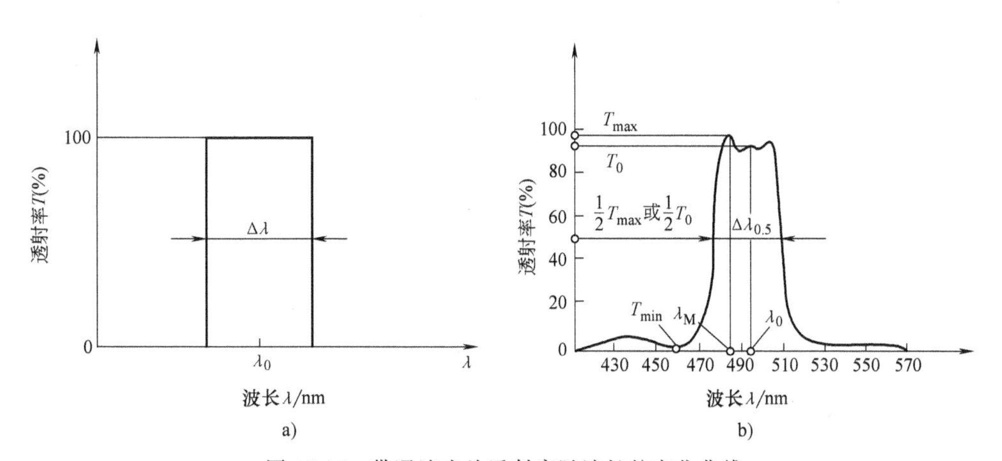

图 15-14 带通滤光片透射率随波长的变化曲线

a）带通滤光片透射率理想波形 b）带通滤光片透射率实际波形

注：λ_0 为中心波长，也称为峰值波长，它是指通带中心位置的波长，窄带滤光片的中心波长一般就是仪器或设备的工作波长，对应的透射率为 T_0；$\Delta\lambda$ 为通带的宽度；λ_M 为通带内峰值透过率 T_{max} 对应的波长；$\lambda_{0.5}$ 为透射率为峰值透射率一半处所对应的两个波长之间的差，这个量称为通带半宽度（HW），通常表达为 λ_0 的百分比 $\Delta\lambda_{0.5}/\lambda_0$。

带通滤光片根据光谱特性大致分为宽带滤光片和窄带滤光片两种。通常把相对半宽度不小于 20%的滤光片称为宽带滤光片，相对半宽度小于 5%的滤光片称为窄带滤光片。带通滤光片是一类重要的光学薄膜元件，它在化学、光谱学、激光、天文物理、光纤通信、生物学等领域得到了广泛应用。

15.2 光学薄膜的应用领域

光学薄膜的应用领域非常广泛。上节已经介绍了最常用的两种光学薄膜 AR 及 HR。下面具体介绍光学薄膜在各行业领域的应用。

15.2.1 光学薄膜在镀膜眼镜行业的应用

眼镜镜片基材有很多种，如 CR39、PC（聚碳酸酯）、1.53Trivex、1.56 中折射率塑料、玻璃等。对于矫正型眼镜镜片，无论树脂或玻璃镜片其本身的透光率都只有 91%左右，会有部分光线被镜片的两个表面反射回来。镜片的反射可使光线透过率减少并在视网膜形成干扰像，影响成像的质量，且影响配戴者的外观。因此，一般都会在镜片表面镀有减反射膜层、单层或多层膜，以提高品质。同时消费者对镜片的使用寿命、耐刮擦能力、可清洁性都提出了较高的要求。为了满足上述需求，眼镜镜片的膜系结构基本包含加硬层、减反射层、防静电层（如 ITO）、及防污层，如图 15-15 所示[11]。

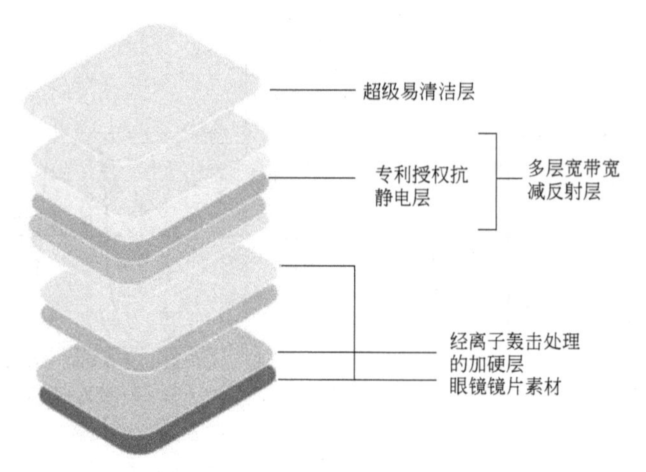

图 15-15　眼镜镜片镀膜基本膜系的结构

太阳眼镜是在强光下保护眼睛的劳保用品。戴这种镜片可以阻挡紫外线和红外线，同时外界环境的颜色并不改变，只有光线强度改变。太阳眼镜有染色、偏光、镜面镀膜太阳眼镜等，可以单独一种存在，也可以几种组合在一起使用。如镜面镀膜通常与染色太阳镜或偏光太阳镜结合，应用到镜片的外表面（凸面），透光率的降低使之非常适合于各类水上、雪地和高海拔环境，也给使用者带来炫酷的佩戴体验。这里的镜面镀膜太阳眼镜主要是在眼镜外表面镀制金属或介质薄膜以提高其反射率，实现降低透过率，保护眼睛的目的。

光致变色眼镜是一种新型的智能眼镜，在室内是透明的。在室外，由于紫外线的照射，眼镜上的光致变色材料发生转变，镜片变暗，使光的透过率大大降低。回到室内，该材料又自动变回透明的状态。

随着科技的不断进步，虚拟现实（virtual reality，VR）、增强现实（augmented reality，AR）等眼镜对光学设计、光学透镜及光学薄膜的需求也与日俱增。

15.2.2　光学薄膜在仪器设备上的应用

光学薄膜在仪器设备上的应用主要包含在望远镜、摄像机、照相机、显微镜及生化仪器设备等系统中的应用，主要薄膜种类为增透膜、高反膜等。

在望远镜中，薄膜品质的好坏直接影响着望远镜成像的质量，如果薄膜品质不好，将会使图像失真。

在显微镜中，光学表面可能有数十个，如果没有增透膜，光通量会降低一半，严重影响显微镜对细小物体的观察能力。因此，增透膜在光学镜头等仪器设备上应用广泛。

15.2.3 光学薄膜在手机产品中的应用

如图 15-16 所示，光学薄膜在手机等消费电子产品中的应用由传统的摄像头镜片向多元化方向发展，如摄像头镜头、镜头保护片、红外截止滤光片（IR-CUT）、手机电池盖 NCVM 镀膜等。

摄像头专用 IR-CUT 滤光片是指在半导体感光元件（CCD 或 CMOS）前面可滤除红外光，以使摄像头图像再现色彩与现场色彩相一致的滤光片。最常用的是 650nm 截止型滤光片。为了在夜间使用，常采用 850nm 或 940nm 截止滤光片，也有日夜两用性或夜间专用型滤光片。

图 15-16 手机中光学薄膜产品的应用示例
1—摄像头（镜片 AR）、摄像头（IR-CUT 滤光片、TOF 滤光片） 2—电池后盖光学装饰膜 3—显示屏 AR+AF 4—Face ID 滤光片、IR-CUT 滤光片、紫外滤光片

结构光人脸识别技术（Face ID）用到 940 nm 激光，因此需要用到 940 nm 窄带滤光片，且要求角度变化非常小。

手机摄像头窗口镜片主要是镀制减反射膜，以提高成像品质，有可见光减反射薄膜，也有红外减反射薄膜。为了提高外表面的可清洁性，一般会在外表面镀制防污膜（AF）。手机、平板显示屏表面一般采用 AR+AF 或 AF 表面处理，降低反射，提高阳光下可读性。

随着 5G 的到来，电池盖材质开始从金属转换成非金属，如玻璃、塑料、陶瓷等。这些材质手机电池盖的装饰大量应用光学薄膜技术。根据光学薄膜理论，以及现有光学镀膜装备、工艺发展水平，基本上任何反射率和任何颜色通过光学薄膜都能实现。此外，还可以与基材、纹理搭配，调试出各种不同颜色外观效果，比如华为手机 P20、P30 电池盖使用的光学渐变色。

如图 15-17 所示，以青色手机电池盖为例介绍光学薄膜的设计与制备。该手机电池盖包含基材、油墨层和光学薄膜层。其中，基材可以是玻璃，也可以是塑料、膜片等其他透明材质，甚至金属材质）；油墨层中的油墨可以是黑色，也可以是其他颜色，甚至渐变色。

基材上面有光学薄膜层，光学薄膜层的位置可以在玻璃的上表面（与空气接触那面），也可以是玻璃的下表面（与油墨接触那面）。光学薄膜可以是纯介质多

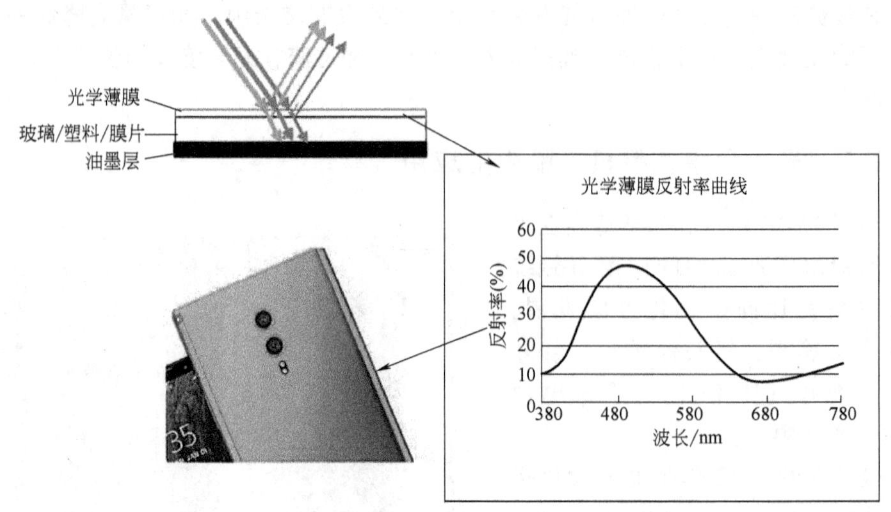

图 15-17 青色系光学薄膜结果、示例及反射率曲线

层膜，也可以是包含一些金属和介质膜层的组合膜系。本例中光学薄膜对红色光基本全透过，透过的红色光被黑色油墨吸收，因此看不到红色；蓝色和绿色光都有一定比例的反射，因此总体颜色呈青色。

青色的代表波长为 500nm，青色实际上也可以看成是蓝色与绿色的合色。按照要求，设计一个在 500nm 左右有相对较高反射率的光学薄膜膜系，如本例采用的是五氧化二铌作为高折射率材料，二氧化硅作为低折射率材料，其膜系结构如下：

1.0	Nb_2O_5	SiO_2	Nb_2O_5	SiO_2	Nb_2O_5	1.52
$\frac{\lambda_0}{4}$	1.27	0.42	1.19	0.19	1.08	玻璃

可以通过进一步调整膜系结构，调整反射率曲线的峰值位置、线形，使青色的色调做一些微调，也可以进一步调整饱和度。

15.2.4 光学薄膜在汽车行业中的应用

图 15-18 所示为传统汽车产业光学薄膜产品应用示例。例如，传统车灯需要进行高反射处理，车标需要进行高亮处理，车窗采用低辐射（Low-E）玻璃或电致变色玻璃，以保持车内温度，节约能源。随着技术的发展汽车慢慢向绿色环保、娱乐等方向发展，因而对技术的要求也越来越高。中控显示区的显示屏需要进行增透减反射处理，后视镜也向智能方向发展，抬头显示等将为汽车安全性、娱乐性带来更全新的体验。随着自动驾驶时代的到来，车载传感器数量越来越多，Lidar 激光雷达里需要用到各种截止滤光片、窄带滤光片，这是未来光学薄膜在汽车领域发展的新方向。

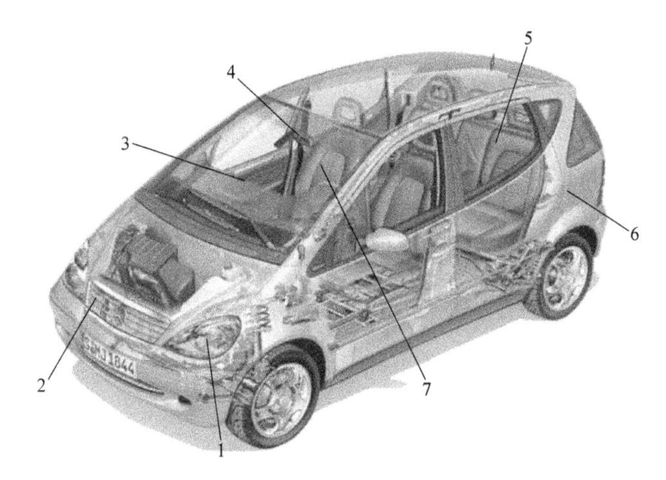

图 15-18 传统汽车产业光学薄膜产品应用示例

1—车灯（高反膜 HR） 2—车标（NCVM 增亮膜） 3—抬头显示（HUD，半透半反膜）
4—后视镜 5—中控显示［AR（+AG）］ 6—电致变色玻璃 7—车身（装饰膜）

15.2.5 光学薄膜在光通信领域中的应用

随着通信容量的不断增加，光通信系统面临着急需扩容的挑战。波分复用（WDM）和密集波分复用（DWDM）技术[9]是一种不需要增加太多成本，又可以迅速扩容的方法。采用 16 信道 OC-192WDM 传输速度可达 160GB/s，扩容潜力巨大。表 15-1 列出了光通信中几种常用的光学滤光片[12]。

表 15-1 光通信中几种常用的光学滤光片

带通滤光片	截止滤光片	特殊滤光片
50GHz	980nm 泵浦滤光片	增益平坦化滤光片
100GHz	1480nm 泵浦滤光片	色散补偿滤光片
200GHz	长波通截止滤光片	分束器
400GHz	短波通截止滤光片	ASE 滤光片
蓝/红波段分束滤光片	C/L 波段分束滤光片	增透膜
C/L 波段分束滤光片		偏振分束器

15.2.6 光学薄膜在幕墙玻璃中的应用

幕墙玻璃作为一种新型建筑装饰和节能材料，被广泛使用。幕墙玻璃实际上就是镀膜玻璃，根据所镀膜系不同，大致可分为：阳光控制玻璃、低辐射玻璃、导电玻璃、减反射玻璃、电致变色智能玻璃等。

图 15-19 所示为大气层外及空气质量数为 2 时海平面处太阳光谱辐射照度。太

阳辐射的功率峰值位于 550nm 的黄绿光处，在 0.78~2.5μm 近红外部分，太阳辐射仍然有较大的功率分布。这部分辐射虽然并不贡献于室内的采光强度，但透过窗户进入室内能使室内环境受热而升温，从而增加室内空调的负担（夏季）。阳光控制玻璃就是在玻璃上镀上一层或多层诸如铬、钛或不锈钢等金属或其化合物组成的薄膜，使产品呈丰富的色彩，对于可见光有适当的透射率，对红外线有较高的反射率，对紫外线有较高吸收率。它主要应用与热带及亚热带地区，旨在降低室内由于太阳辐射而造成的温升[13]。

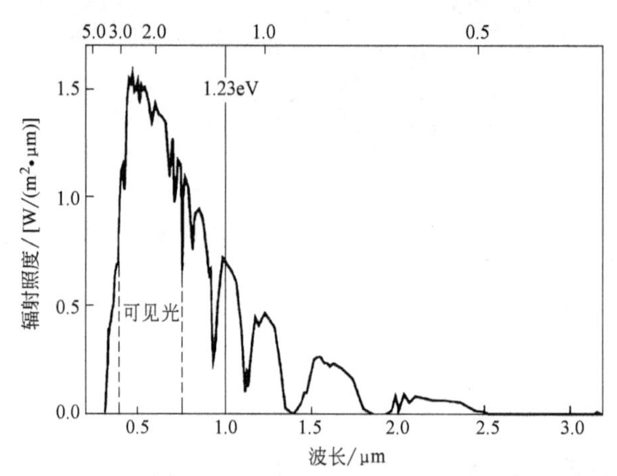

图 15-19　大气层外及空气质量数为 2 时海平面处太阳光谱辐射照度

普朗克黑体辐射理论表明，当黑体温度低于 500K 时，其热辐射功率主要落于 2.5μm 以上的中近红外波段。对于人体或处于室温的家具及室内用品等，其辐射功率峰值大致位于 10μm 波长处，如图 15-20 所示。低辐射玻璃是在玻璃表面镀制由多层银、铜或锡等金属或其化合物组成的薄膜系，使其对 0.38~2.5μm 的太阳辐射具有高的透过率，而对波长大于 2.5μm 的室内热辐射具有很高的反射率。保

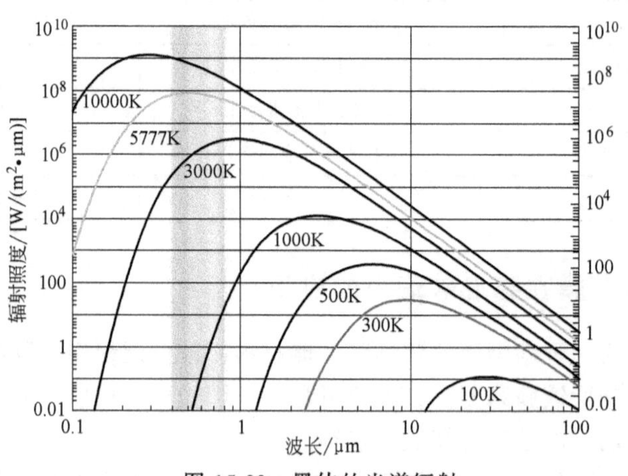

图 15-20　黑体的光谱辐射

证大量的太阳辐射热能够透过窗户进入室内的同时，阻止室内热量逃逸，起到隔热保暖作用。这种玻璃主要应用在寒冷的地区。

上面的阳光控制玻璃和低辐射玻璃都有各自适应的应用场景，不是所有地方都能用。最近几年应用较多的电致变色玻璃具有更多的灵活性，可以更大范围调节光和热的输入与损耗，因而既可减少制冷所消耗的能量，也可减少供暖所消耗的能量，同时又能改善自然光照程度，进而提高舒适度，是未来建筑材料的重要发展方向之一[14-16]。

15.2.7 光学薄膜在生物医疗领域中的应用

在采用光谱分析的生物医学光学检测技术中[17]，有三种有代表性分析方法：紫外可见分光光度法（光电比色法）、荧光分析法、拉曼分析法，分别实现了组织、细胞、分子不同级别的生物医学检测。以上三种生物医学分析中，都应用了光学滤光片。光学滤光片是决定生物医学检测系统检测精度与可靠性的关键器件。表15-2列出了三种生物医学检测方法的适用性及对其光学滤光片的要求。

表15-2 三种生物医学检测方法的适用性及对其光学滤光片的要求

生物医学检测方法	所用光学现象	适用领域	滤光片核心要求	单次镀膜的典型层数
紫外可见分光光度分析	光吸收	组织生化指标检测	带宽为8~10nm的窄带透射，截止带深大于OD6，环境适应性要求耐潮不变	30~50
荧光分析	荧光发射	细胞、DNA放大检测	带宽为20~40nm的透射，激发，发射锐截止（90%~OD6 1~2%）；截止带深截止，吸潮漂移小	50~100
拉曼分析	拉曼散射	物质分子级别能级结构的精确测量，种类检测	发射锐截止（90%~OD6 0.5~1%），吸潮漂移小	100~150

15.2.8 光学薄膜在红外波段产品中的应用

红外膜是应用于红外波段产品中的光学薄膜，它主要的透明区是中波范围0.9~5μm和长波范围8~12μm。常用的红外膜有红外增透膜和红外滤光片，主要应用于安防和军事用途，如红外隐身等。

15.2.9 光学薄膜在投影显示产品中的应用

液晶投影显示系统中，几乎所有的典型的光学薄膜都得到了应用[5]。典型的液晶投影显示光学系统包含：光源（金属卤素灯或高压汞灯）、照明光学系统（包括匀光系统和偏振转换系统)、分色与合色光学系统、液晶屏、投影光学系统等。图 15-21 所示为透射式液晶投影系统中各部位所需的光学薄膜。

1. AR+HR

由于液晶投影系统对于光学效率要求高，使用高效率的减反膜与高反膜，可以使系统光学能量在通过每一个光学界面及在折光时损耗最小，同时能最大限制的抑制杂光，消除“鬼像”，提高清晰度。

2. 红外、紫外截止滤光片

液晶投影系统中往往为提高亮度而采用高功率光源，它所发出的光谱中含有大量的紫外及红外光。利用红外、紫外截止滤光片，可以除去系统中的有害紫外光及红外热量，防止液晶老化，提高系统使用寿命。

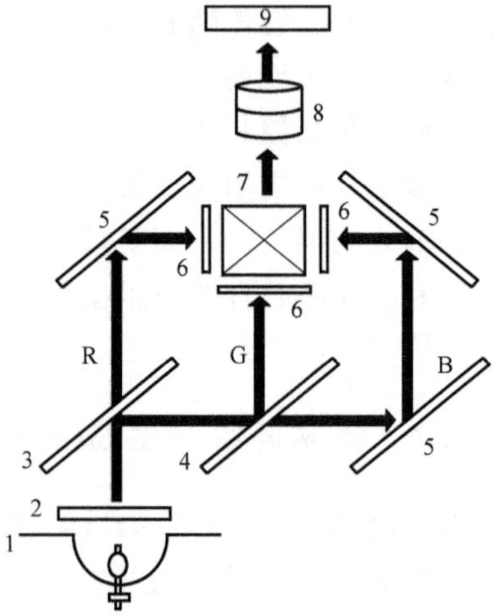

图 15-21　透射式液晶投影系统中各部位所需的光学薄膜

1—光源和冷光镜　2—UV-IR 截止滤光片
3—双色滤光片（红色）　4—双色滤光片（绿色）
5—折叠式反射镜　6—LCD 面板
7—合光棱镜　8—投影镜　9—屏幕

3. 偏振光转换用膜

液晶要求使用偏振光源，这就要求将光源发出的光转换成偏振光。利用光学薄膜制备的偏振分光元件（PBS）可将光转换成偏振光。

4. 分色与合色光学薄膜

在液晶投影显示系统中，颜色的分离与颜色的合成一般是由光学薄膜来完成的。为了提高系统的品质，一般要求制作的分色膜不仅要具有高的波长定位精度，而且为了保证颜色的高品质，还要求分色镜的光谱曲线在分离波长处具有高的陡度特性，在截止带具有深的截至度，在通带具有高的透过率、小的波纹度。

15.3　光学薄膜的制备技术

各种光学薄膜制备方法如图 15-22 所示。光学薄膜的制备方法多种多样，大致分为湿法和干法，其中干法又分为物理气相沉积（PVD）和化学气相沉积（CVD）。由于本书重点讨论真空镀膜，所以本节重点介绍物理气相沉积、化学气相沉积和原子层沉积在光学薄膜上的应用。

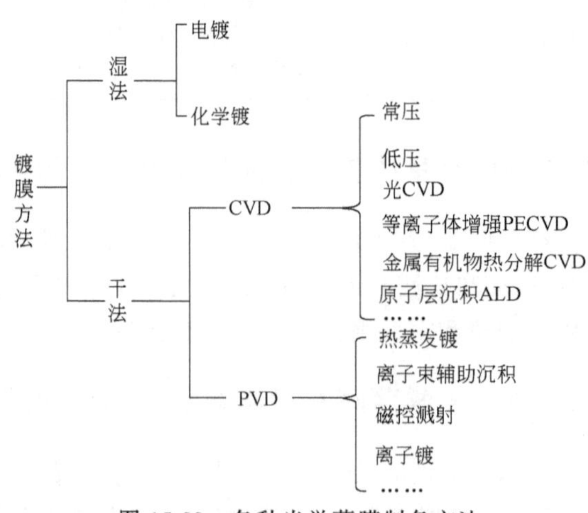

图 15-22　各种光学薄膜制备方法

15.3.1 物理气相沉积

用物理气相沉积制备光学薄膜的技术包括：热蒸发镀、离子束辅助沉积、磁控溅射、离子束溅射等。

1. 热蒸发镀

热蒸发镀是最早采用的光学薄膜制备技术。20 世纪 60—70 年代，光学薄膜器件主要采用真空环境下的热蒸发方法制造。热蒸发镀的方法有电阻热蒸发镀和电子束热蒸发镀两种。

（1）电阻热蒸发镀　电阻热蒸发原理是采用低压大电流使高熔点金属制成的蒸发源产生焦耳热，将蒸发源中放置的膜料熔化后汽化或直接升华。电阻热蒸发镀中膜料粒子动能低，膜层填充密度低，机械强度差等。电子束热蒸发镀可在一定程度上克服这些缺点。

（2）电子束热蒸发镀　电子束热蒸发镀的优点是可蒸发高熔点材料（W、Ta、Mo、氧化物、陶瓷等）；在蒸镀合金时可以实现快速蒸发，避免合金的分馏；由于使用了水冷坩埚，电子束热蒸发仅发生在被镀材料表面，因此不会导致坩埚与被镀材料之间反应与污染；由于蒸发时能量密度较大，蒸气分子动能增加，所以能得到比电阻热蒸发镀更牢固、更致密的薄膜；此外，它的热损耗小，电阻热蒸发普通材料要 1.5kW 的功率，而电子束只需 0.5kW 就足以蒸发高熔点材料。

热蒸发镀技术由于其设备简单，蒸发材料多样化，大多数材料都可作为膜层材料蒸发，因此在光学薄膜发展初期发展迅速。其主要设备生产商有莱宝（Leybold）、新科隆（Shincron）、光驰（Optorun）等。但由于热蒸发本身固有的特点，蒸发出的粒子能量只有 0.1~0.3eV，因而所得到的光学薄膜基本呈柱状结构，如图 15-23 所示。这种结构导致薄膜致密性低，膜层光学性能不稳定，工业生产中重复性、稳定性不好，产品耐候性差。目前的改进措施是，将单纯的中性粒子沉积改为在高能带电离子辅助下进行沉积，即离子辅助沉积。

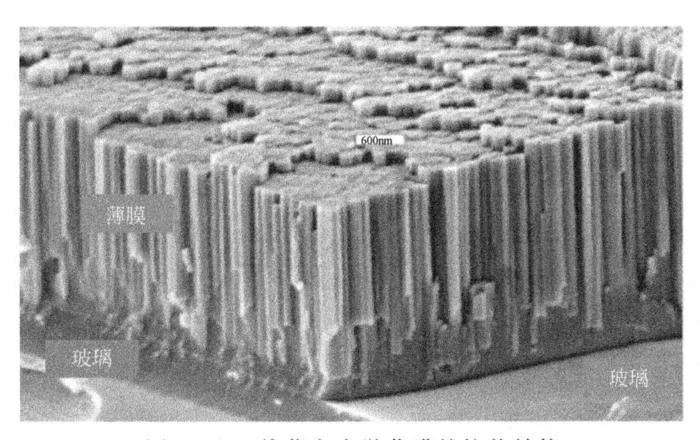

图 15-23　热蒸发光学薄膜的柱状结构

（3）离子束辅助沉积（ion assisted deposition，为 IAD；或者 ion beam assisted deposition，IBAD） 离子束辅助沉积是在真空热蒸发镀的基础上发展起来的一种辅助沉积方法。当膜料从电阻热蒸发源或电子束热蒸发源蒸发时，沉积分子或原子（沉积粒子）在基板表面不断受到来自离子源发射的荷能离子的轰击。通过能量的转移，使沉积粒子获得较大的动能，从而使薄膜生长得更致密，膜层的稳定性提高，达到改善膜层光学和力学性能的目的[18]。目前 IAD 已经成为生产高品质光学薄膜的重要方法。IAD 的技术关键首先是要有一个高效的离子源，其次是必须对特定蒸发材料找出最佳工艺参数。

IAD 技术中可供使用的离子源种类很多，常用的有考夫曼离子源、霍尔离子源、APS 等离子体源，此外，还有空心阴极离子源、微波离子源等。具体内容本书前面章节已详述，在此不再赘述。

离子源辅助光学镀膜的作用如下：

1）镀前清洗可清除被镀工件表面吸附的杂质，改变工件表面粗糙度，改变薄膜成核形态，改善附着力。

2）镀中轰击可改善薄膜的结晶状态，提高薄膜与薄膜之间界面混合能力，改善薄膜的化学配比，破坏柱状结构，形成均匀填充生长；增加原子与分子的横向迁移率，促使膜层粒子间紧密结合，有利于形成致密结构；产生强烈的淬火效应。

3）镀后轰击可起到退火作用。

目前离子束辅助沉积技术几乎已经得到光学薄膜界的公认，光通信领域的 DWDM 波分复用器、投影显示系统、数码相机、手机摄像头、生物医学检测等方面均有应用。

2. 磁控溅射技术

荷能粒子轰击固体表面（靶），将固体原子或分子溅射出的现象称为溅射。虽然磁控溅射 19 世纪 70 年代就开始在其他行业应用，但直到 20 世纪 90 年代，磁控溅射技术才开始应用到光学镀膜行业。主要原因是光学薄膜所采用的膜层材料基本上是介质材料，不导电，最初采用直流溅射电源，在反应溅射过程中产生“靶中毒”而引起打火现象，稳定性差。改用射频电源虽然克服了这些缺点，但射频溅射速率很低，因而不太适合大规模生产。

在近 50 年的发展历程中，磁控溅射技术遇到的各种问题已基本解决，反应溅射过程比较稳定。其解决方案包括：

1）采用脉冲电源或中频电源替代之前的直流电源或射频电源。

2）在溅射镀膜过程中，增加辉光等离子体监控（plasma emission monitor，PEM），反馈控制氧气等反应气体的通入量，将反应溅射控制在过渡态模式进行，而非完全氧化态模式，不但大大降低靶面被完全氧化的概率，减少打火，维持稳定，还能很大程度上提高了沉积速率。

3）将磁控溅射镀膜室和反应室分开，采用先溅射后氧化的方法镀介质膜，从而得到满足符合化学计量比的化合物。该方案的优势是纯金属材料溅射的成膜速率很快；缺点是单次成膜厚度非常薄，2~3个原子层厚度，反应气体必须离化，否则，反应不完全，化学计量比不符合要求，产生吸收等。

随着磁控溅射技术的不断完善与发展，磁控溅射技术已经在光学镀膜领域占有了一席之地，主要应用在高端精密光学滤光片、大面积玻璃镀膜（如低辐射玻璃、阳光控制玻璃等、ITO 镀膜)、光学装饰镀膜等。其中大面积玻璃镀膜主要以连续生产线的方式生产，而高端精密光学滤光片主要以单体机的形式生产。

3. 离子束溅射

用离子源发射的离子束直接轰击靶材，使其溅射、沉积到待镀工件表面成膜，该工艺过程称为离子束溅射（ion beam sputtering，IBS)。这里所使用的离子源主要是前面提到的考夫曼离子源。离子束溅射技术已在高精密光学薄膜技术中得到广泛应用，如 DWDM 产品。IBS 系统工作稳定，长时间运行时，其工作气压、束流密度和加速电压等不稳定度可控制在 0.5%以内；成膜离子能量高，光学损耗小，光学性能、力学性能好。但膜厚均匀性比电子束热蒸发镀差，而且在溅射过程中，栅极会变形，使膜厚分布产生变化，其次膜层应力也偏大。

15.3.2 化学气相沉积

化学气相沉积是前驱体相互产生化学反应，在基体上沉积反应产物，形成薄膜。这种工艺的反应速度太快，薄膜沉积非常疏松，力学性能、光学性能很差。

现在常用的解决办法是采用等离子体增强化学气相沉积（plasma enhanced chemical vapor deposition，PECVD）技术，即采用脉冲电源控制化学反应以脉冲的方式进行，在脉冲的间隔中成膜粒子有更多的时间迁移，获得更高品质的薄膜。目前更多的是采用脉冲式的射频或微波等离子体来实现，有人称这种工艺为脉冲等离子体化学气相沉积（plasma impulse chemical vapor deposition，PICVD)。

目前用 PECVD 工艺主要生产冷光镜。石英卤素射灯外面的 50mm 抛物面反射镜需要一个冷光镜，现在各种形式的灯使用的冷光镜多采用 PECVD 方式生产。

15.3.3 原子层沉积

与化学气相沉积相关的一种技术叫原子层沉积技术，该技术采用交替脉冲方式将前驱体导入反应腔室。第一次脉冲导入第一种前驱体，在基板表面吸附一层薄膜，控制蒸气压使其成为单分子层，排空前驱体；然后脉冲导入第二种前驱体，使其与第一种前驱体进行反应生成一个原子层厚度的薄膜，排空前驱体；如此交替循环多次，可以获得所需厚度的薄膜。整个镀膜过程很慢，因为需要将多余的前驱体排空。但是，它在镀制复杂形状的工件时有着巨大的优势，而且均匀性非常好，膜厚易控，易实现自动化[19]。

目前已成功采用 ALD 技术合成了高品质的 TiO_2 薄膜和 Al_2O_3 薄膜，前驱体分

别是 $TiCl_4$ 和水、三甲基铝和水。SiO_2 相对比较复杂一些。借鉴 TiO_2 与 Al_2O_3 的经验，应该可以制备出更多的光学薄膜材料。最近 Pfeiffer 等采用 HfO_2 和 SiO_2 作为高、低折射率材料，成功地制备了减反射薄膜。

15.4 光学薄膜的表征

光学薄膜的表征包含光学特性的表征、光学参数的表征及非光学特性的表征。其中，光学特性主要是指光学薄膜的光谱反射、透射及光学损耗（吸收损耗和反射损耗）特性。透射率与反射率是光学薄膜最基本的光学特性，因而薄膜透射率与反射率的测试是光学薄膜的基本测试技术。光学薄膜的光学参数包含光学薄膜的折射率、吸收系数及薄膜厚度等。由于实际工艺制备的光学薄膜在材料组分上具有化学计量偏差，在结构上不再是均一、致密的，而是存在微结构与各种缺陷，介质膜层不再完全透明，存在微弱吸收，同时薄膜折射率存在空间上的不均匀性和各相异性，薄膜不再具有无限大、光滑的界面。更为重要的是，在实际制备过程中，薄膜制备工艺参数对薄膜的光学参数影响非常大，因此薄膜光学参数的实时确认非常关键。另外，光学薄膜作为一个器件应用在实际环境中，除了器件的光学特性需要满足要求外，薄膜还有许多其他重要的非光学特性影响薄膜的使用，如薄膜的附着力、薄膜的应力、薄膜的硬度与表面粗糙度及薄膜的耐环境能力等。因此，必须对所有影响薄膜器件使用的各种参数或特性进行精确的测定。

薄膜的透射率与反射率主要采用光谱测试分析仪进行测试。用于光学薄膜测试的光谱仪可以按照测试波段的不同分成紫外-可见分光光度计、红外分光光度计及红外傅里叶光谱仪等。前两者采用光谱分光原理的分析测试系统，后者基于干涉原理的光谱分析系统。由于薄膜器件的几何结构与形状的不同，虽然都是透射率和反射率的测量，但是对于不同形状、不同精度或不同偏振要求，都可能需要不同的测试方法与技术。

参 考 文 献

[1] SURHONE L M, TENNOE M T, HENSSONOW S F. Optical coating [M]. Montana: Betascript Publishing, 2011.

[2] BAUMEISTER P W. Optical coating technology [M]. Washington: SPIE Press, 2004.

[3] 卢进军，刘卫国，潘永强. 光学薄膜技术 [M]. 2版. 北京：电子工业出版社，2011.

[4] 赵凯华. 新概念物理教程——光学 [M]. 北京：高等教育出版社，2004.

[5] 高劲松. 光学薄膜在液晶投影显示技术中的应用 [J]. 光机电信息，2000，17 (11)：7-9.

[6] MACLEOD H A. Thin-Film Optical Filters [M]. 4th ed. Boca Raton: CRC Press, 2010.

[7] 安格斯麦克劳德，周九林，尹树百. 光学薄膜技术 [M]. 北京：国防工业出版社，1974.

[8] 唐晋发，顾培夫，刘旭，等. 现代光学薄膜技术 [M]. 杭州：浙江大学出版社，2007.

[9] 顾培夫，李海峰，章岳光，等. 光学薄膜在波分复用系统中的应用 [J]. 光学仪器，2001，23（5-6）：105-109.

[10] 梁铨廷. 物理光学 [M]. 4版. 北京：电子工业出版社，2012.

[11] 乔庆军. 浅析树脂镜片镀膜的光学效果 [J]. 科技创新，2016（25）：75.

[12] 小泉达也，孙大雄，范滨. 光通信用光学薄膜与镀膜设备 [J]. 光学仪器，2001，23（5-6）：127-133.

[13] 张随新，陈国平. 阳光控制膜玻璃的光学特性及膜系设计 [J]. 真空科学与技术，1995，15（1）：36-44.

[14] 魏红莉，何峰，王平. 无机电致变色玻璃研究的新进展 [J]. 玻璃，2006（1）：34-37.

[15] 魏娜娜. 建筑用电致变色（EC）玻璃发展现状 [J]. 玻璃，2017，313（10）：18-24.

[16] 侯志红，朱福文. 窗玻璃节能技术进展 [J]. 玻璃，2015，42（12）：46-50.

[17] 阴晓俊. 生物医学光学薄膜滤光器件 [C]. 中国仪器仪表学会仪表元件分会仪器仪表元器件研讨会暨广东省仪器仪表学会学术会议，2011.

[18] 尤大伟. 制备光学薄膜的离子源技术概述 [J]. 真空科学与技术学报，2009，29（1）：107-113.

[19] PIEGARI A，FLORY F. Optical thin films and coating from materials to applications [M]. 2nd ed. Cambridge：WP（Woodhead publishing），2018.

第16章 离子镀膜在硬质涂层领域的应用

16.1 高端加工业对涂层刀具的新要求

高端制造业的飞速发展对工模具性能提出了更高要求[1]。特别是数控机床的大量使用和各种难加工材料的不断出现，要求刀具要有高的硬度、热硬性、抗高温氧化性能等，还要求在具有较高的耐磨性的同时具有低的摩擦因数。迫切的社会需求推动了硬质涂层镀膜技术的快速发展，各种高性能的涂层工模具产品不断涌现。图 16-1 所示为沉积了硬质涂层的工模具及耐磨零件。我国的刀具行业正朝着高效率、高精度、高可靠性和专用化方向发展[2]。

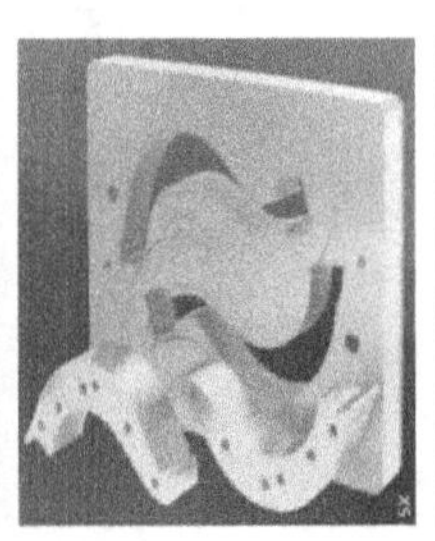

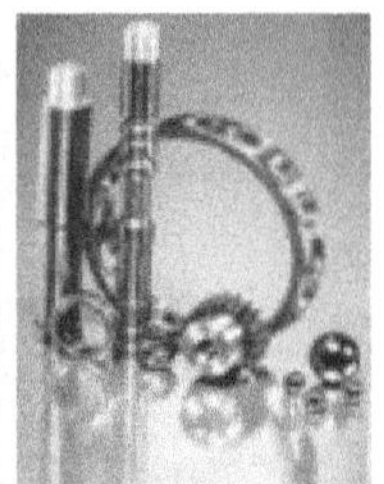

图 16-1 沉积了硬质涂层的工模具及耐磨零件

16.2 硬质涂层的类型

TiN 是最早应用于切削刀具的硬质涂层，具有高强度、高硬度、耐磨损等优点，是第一个产业化并广泛应用的硬质涂层材料，广泛应用于涂层刀具和涂层模具。TiN 硬质涂层最初是采用热 CVD 技术在 1000℃高温进行沉积的，现在可采用阴极电弧离子镀、磁控溅射镀、空心阴极离子镀、热丝弧离子镀、PECVD 等技术在 500℃下获得。该涂层在较长时期内被用于高速钢成形刀具和模具的表面硬化，金属材料加工和模具制造等领域。在 500℃下沉积 TiN，开辟了离子镀膜技术沉积涂层刀具的先河。现已在此基础上研发出多种成分的硬质涂层，以满足高端加工业发展的需求：在 TiN 的基础上研发出以氮化物、碳化物为基础的二元、三元、四元普通硬度的硬质涂层，以及以这些硬质涂层为基础的超硬纳米涂层，还有本身具有超高硬度的本征超硬涂层。

硬质涂层的主要性能指标是硬度，按照涂层硬度可以将硬质涂层分为三种类型：普通硬质涂层、超硬纳米涂层和本征超硬/极硬涂层，见表 16-1[3]。

表 16-1 硬质涂层的分类表

类型	硬度/GPa	包含涂层种类	结合键特征	硬化机制
普通硬质涂层	<40	二元、三元、四元氮化物、碳化物、硼化物、氧化物	金属键化合、离子键化合	固溶硬化、多相硬化
超硬纳米涂层	40~80	超硬纳米多层	调制周期 5~10nm	细晶强化、共格协调应变、模量差理论
		超硬纳米复合涂层	纳米晶、非晶-纳米晶、纳米晶结构硬化	纳米晶、非晶-纳米晶、纳米晶硬化
本征超硬/极硬涂层	>80	金刚石、C_3N_4、c-BN	共价键化合物	极性共价晶硬化模型

注：硬质涂层的硬度若无特别说明，一般指显微维氏硬度，1GPa 相当于 102HV。

16.2.1 普通硬质涂层

1. 普通二元氮化物涂层

表 16-2 列出了部分二元氮化物硬质涂层的性能[4]。

表 16-2 部分二元氮化物硬质涂层的性能

类型	色泽	硬度/GPa	摩擦因数	耐热温度/℃	涂层厚度/μm	热膨胀系数/$10^{-6}\cdot K^{-1}$
TiN	金黄	20±4	0.6~0.7	550±50	2~4	9.4
CrN	银灰	18±2	0.4~0.5	650±50	2~30	23
ZrN	浅黄	22±4	0.5~0.6	650±50	2~4	7.2
VN		29±2	0.2~0.5	650±50	2~4	

大多数过渡族金属的氮化物具有面心立方结构（如 TiN、ZrN、CrN 等）或六方结构（如 NbN、TaN 等）。在这些涂层中，过渡族金属主要来自于Ⅳ、Ⅴ及Ⅵ族，对其中Ⅳ及Ⅴ族金属氮化物涂层的研究最充分，应用最广泛。

CrN 涂层由于具有硬度高、耐磨性好、摩擦因数低，以及高温抗氧化性和耐蚀性优良等特点，目前主要应用于模具和汽车活塞环等耐磨零件[5]。

VN 涂层可以在较高温度下形成具有自润滑作用的 VO_2 相，在 500~700℃ 范围内的摩擦因数可低至0.26~0.4，因此可以用作高温润滑涂层[6]。

2. 普通二元碳化物涂层

表16-3列出了部分二元碳化物硬质涂层的性能。

表16-3 部分二元碳化物硬质涂层的性能

涂层类型	硬度/GPa	摩擦因数	耐热温度/℃	涂层厚度/μm	热膨胀系数/$10^{-6}\cdot K^{-1}$
TiC	30±2	0.25~0.4	450±50	2~4	8.3
Cr_3C_2	19±2	0.7~0.8	1000±50	2~30	11.7
WC	20±2	0.5~0.6	450±50	2~4	

TiC涂层的硬度为28~35GPa，弹性模量为410~510GPa。

Cr_3C_2涂层是铬的碳化物，硬度约为21GPa，弹性模量约为400GPa。由于硬度高，Cr_3C_2涂层具有很好的耐磨性和高温切削性能，是非常有应用前景的耐磨涂层之一[7]。

WC涂层熔点高，硬度高，摩擦因数低，耐磨性好，被认为是电镀硬铬涂层的替代产品。

3. 普通碳氮化物涂层

Ti-C-N涂层是在TiN二元涂层基础上进行合金化形成的三元硬质涂层。TiN晶格中的部分N原子被C原子替代，形成Ti(C,N)固溶体，Ti-C-N涂层的晶体结构仍是面心立方结构。

Ti-C-N涂层的硬度较高，通常为2300~3800HV，且与涂层中的C含量密切相关。C原子的致硬作用主要有C—Ti键强化、固溶强化和细晶强化等。

Ti-C-N涂层由于存在多种强化作用，所以硬度较高，并具有较好的耐磨性。Ti-C-N涂层的摩擦因数为0.2左右，具有良好的减摩性能。其缺点是不耐高温，耐磨性随温度的上升而急剧降低。该涂层可大量应用在丝锥、钻头和铣刀上，特别适合铝合金等非铁金属及合金的加工[8]。

4. 普通三元氮化物涂层

多数二元氮化物涂层存在硬度偏低、耐磨性及抗高温氧化性能不够理想等缺点，已无法满足日益苛刻的应用需求。在普通二元化合物基础上进行合金化，是解决上述问题的有效方法之一。表16-4列出了部分三元氮化物硬质涂层的性能表。

表16-4 部分三元氮化物硬质涂层的性能

涂层类型	硬度/GPa	摩擦因数	耐热温度/℃	涂层厚度/μm	热膨胀系数/$10^{-6}\cdot K^{-1}$
Ti-Al-N	30±2	0.4~0.6	800±50	2~4	7.5
Cr-Al-N	32±2	0.35~0.45	1050±50	2~6	7.2

Al和Cr添加到硬质涂层后可产生独特的作用。

(1) Ti-Al-N涂层　在Ti-Al-N涂层中，Al原子取代了TiN面心立方结构中的部分 Ti 原子，使晶格发生畸变、晶界增多，且随着 Al 含量的增加，涂层结构将由面心立方结构转变为纤锌矿结构。图 16-2 所示为 $Ti_{(1-x)}Al_xN$ 涂层的晶格常数与硬度随 Al 含量增加的变化曲线[9]。

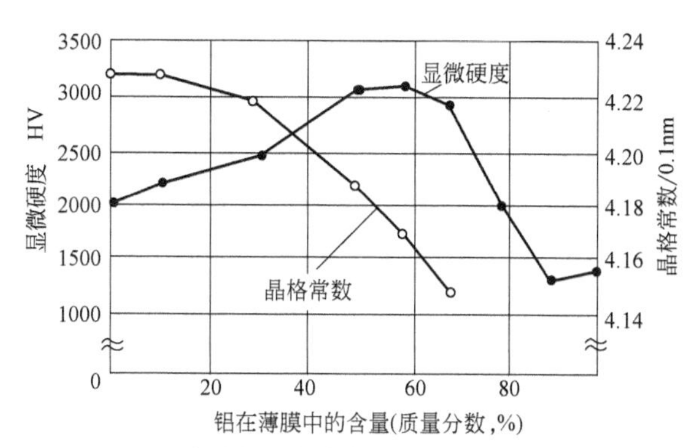

图 16-2 $Ti_{(1-x)}Al_xN$ 涂层的晶格常数与硬度随 Al 含量增加的变化曲线

图 16-3 所示为 TiN 和 TiAlN 涂层刀具寿命对比[10]。由该图可知，磨钝了的刀具经修磨再复涂后其寿命与新的涂层刀具接近；还可以看到，TiAlN 涂层刀具的寿命与比 TiN 涂层刀具的高一倍。当前 TiAlN 涂层刀具用量很大。

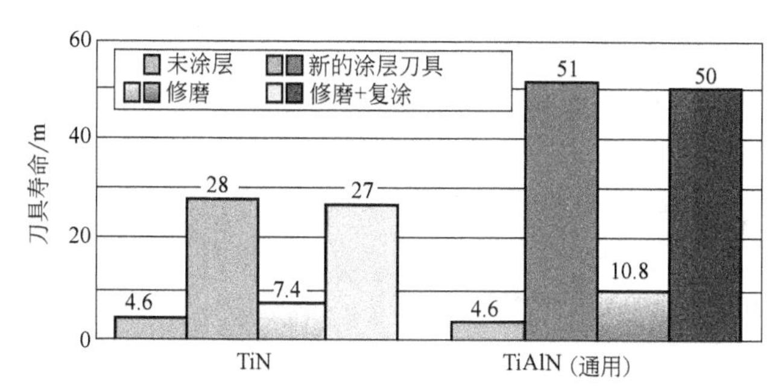

图 16-3 TiN 和 TiAlN 涂层刀具寿命对比

（2）Cr-Al-N 涂层　Al 和 Cr 在高温下形成的氧化物薄膜使得 Cr-Al-N 涂层具有更高的热硬性及抗氧化性能，使用温度可达 1000℃以上。Balzers 公司率先成功地将该涂层应用于中、高速加工工具上[11]。

目前 Cr-Al-N 涂层已成功应用于高速切削的刀具涂层。尤其是在高速切削钛合金和镍基合金等难加工材料时，切削温度往往高达 1000℃以上，远高于 Ti-Al-N 涂层的氧化温度（热稳定温度为 800℃）。而 Cr 基涂层的氧化性能、耐蚀性和抗黏结性能、韧性等都明显优于 Ti 基涂层，因而在金属成形、塑料注射成形和高速切削等领域都得到了广泛应用[12]。

5. 普通四元氮化物涂层

表 16-5 给出了部分四元氮化物硬质涂层的性能。

表 16-5　部分四元氮化物硬质涂层的性能

涂层类型	硬度/GPa	摩擦因数	耐热温度/℃	涂层厚度/μm
Ti-Al-Cr-N	32±2	0.4	900±50	2~4
Ti-Al-V-N	32±2	0.35	1050±50	2~4

(1) Ti-Al-Cr-N 涂层　四元氮化物涂层是在三元涂层的基础上进一步合金化获得的。该涂层起始氧化温度约为 1000℃，展现出优异的高温抗氧化能力[13]。研究表明，TiAlCrN 涂层麻花钻的寿命比 TiAlN 涂层麻花钻提高了 6~10 倍[14]。

(2) Ti-Al-V-N 涂层　在 Ti-Al-N 涂层中加入的 V 元素替代了某些 Ti 和 Al 的位置，同时，V 与 N 的亲和力很强，两者发生化学反应形成面心立方结构的 VN 相。V 的加入减弱了六方密排结构 AlN 相的形成趋势[14]，并产生 V_2O_5 氧化物。该氧化物具有较低的黏附性和剪切模量，即具有自润滑作用。

综上可知，硬质涂层多元化可显著提高刀具的切削寿命，尤其是高速、高温切削。

16.2.2　超硬涂层

硬质涂层的性能除了取决于涂层的成分外，还与硬质涂层的结构有关。近些年来，硬质涂层的组织结构发生了很大变化，将前面介绍的各类硬质涂层组合起来可发挥更多的作用。硬质涂层按涂层组织特征可分为单层涂层、双层涂层、梯度涂层、多层涂层、纳米多层超硬涂层和纳米复合超硬涂层，如图 16-4[15] 所示。

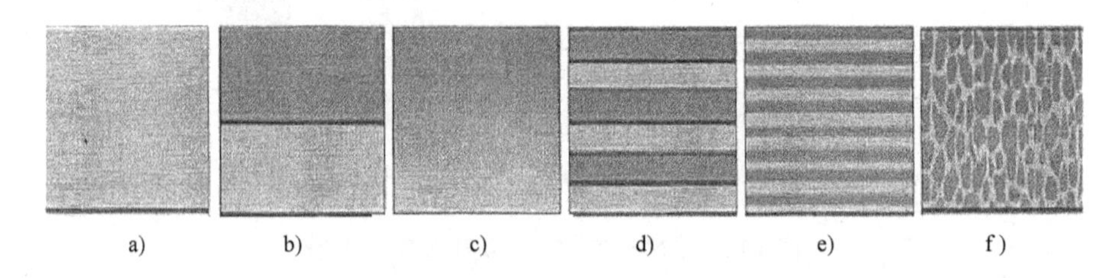

图 16-4　涂层按涂层组织特征的分类
a) 单层涂层　b) 双层涂层　c) 梯度涂层
d) 多层涂层　e) 纳米多层超硬涂层　f) 纳米复合超硬涂层

对于超硬涂层，按照涂层获得硬度的根源，可分为非本征超硬涂层和本征超硬涂层两大类。

1. 非本征超硬涂层

具有纳米多层结构的硬质涂层属于非本征超硬涂层，其超高硬度主要来源于涂层结构的纳米尺度效应。目前，根据获得超高硬度的涂层种类，可将非本征超硬涂层分为纳米多层超硬涂层（见图 16-4e）与纳米复合超硬涂层（见图 16-4f）两大类。

（1）纳米多层超硬涂层　1970年，Koehler最早从理论上提出了通过纳米多层涂层形成的超晶格层状结构对材料进行强化的方法，使原本硬度分别为21GPa和16GPa的TiN和VN组成硬度可达50GPa的纳米多层涂层[16]。

纳米多层涂层是指两种及以上材料或结构层以纳米级厚度交替排列而成的涂层体系，在厚度方向上存在纳米量级的周期性。这种结构存在大量界面，可以有效调整涂层中的位错和缺陷及其运动，增加材料的韧性，阻碍裂纹扩展，从而获得更高的硬度与弹性模量。根据材料种类的不同，纳米多层涂层主要可以分为金属/金属涂层、金属/陶瓷（氮化物、碳化物或硼化物等）涂层、陶瓷/陶瓷涂层等。其中纳米多层超硬涂层主要是陶瓷/陶瓷涂层[17]。

随着涂层技术和材料科技的不断发展，新的涂层体系也不断涌现。通过匹配多层膜的成分和调制每一层膜的厚度，可以使得纳米多层超硬涂层具有较高的硬度，见表16-6。

表16-6　超硬纳米多层涂层

涂层	调制周期/nm	硬度/GPa	制备方法	参考文献号
TiN/VN	4.8	51	MS	[18]
TiN/NbN	4	55	MS	[19]
TiN/C_3N_4	2~4	50~70	MS	[20]
TiN/AlN	3	40	AIP	[21]
TiAlN/CrN	3~3.2	55~60	AIP/MS	[22]
TiAlYN/VN	3~4	42~78	AIP/MS	[22]
NbN/CrN	3~7	42~56	AIP/MS	[22]
TiC/VC	3~10	52	MS	[23]
Ti/TiN	7.5	43	AIP	[24]

注：MS—磁控溅射，AIP—电弧离子镀。

另一方面通过形成大量界面可以阻止裂纹扩展而提高了涂层的韧性[25]。图16-5所示为纳米多层膜断口组织的扫描电镜照片，上图右下方的方框放大后如下图所示。

由图16-5可以看到，涂层层间存在明显界面，增加了很多位错等缺陷，使纳米多层涂层的耐磨性、耐蚀性得到有效提高。

图16-6所示为模具沉积不同硬质涂层与渗氮后使用寿命的对比[26]。由该图可知，具有双层涂层结构的TiN(1μm)/CrN(4μm)涂层寿命虽然比渗氮件高，但远低于TiN/CrN纳米多层膜。这体现了纳米多层膜在提高硬质涂层性能方面的异常升高效应，该效应引起了人们的广泛关注。

纳米多层超硬涂层的部分成果已在刀具涂层领域得到了应用。涂层刀具可根据具体的加工条件选择涂层成分，多层膜调制处理后既可发挥各单层涂层超硬、耐磨、抗高温氧化、自润滑等的优势，又能提高刀具的使用寿命。如TiAlN/CrAlN纳米多层膜兼具 TiAlN 涂层的热稳定性和 CrAlN 涂层的抗氧化性，适用的温度范围很大，该多层涂层展现出优异的性能[27]。

日本住友公司开发的 AC105G 等牌号的 ZX 涂层是一种 TiN 与 AlN 交替的纳米多层涂层，层数可达 2000 层，每层厚度约为 1nm。这种新涂层与基体的结合强度高，涂层硬度接近 c-BN 的硬度，抗氧化性能好，抗剥离性强，其寿命是 TiN、TiAlN 涂层的 2～3 倍。欧瑞康巴尔查斯涂层公司已将 AlCrO/AlCrN 多层复合涂层应用于齿轮滚刀表面，并已在工具镀膜行业占有绝对优势[28]。

图 16-5 纳米多层膜断口组织的扫描电镜照片

纳米多层超硬涂层的制备方法多为磁控溅射，这是因为磁控溅射的沉积速率低，制备纳米层时容易精确控制层厚。近年来，随着电弧离子镀技术的发展，以及工件转架可以实现二维或三维旋转，在设置不同靶材成分时，随着靶基距的周期性变化，通过转速调整，也可以制备出纳米多层涂层[29]，且该技术也逐步应用于工业生产。

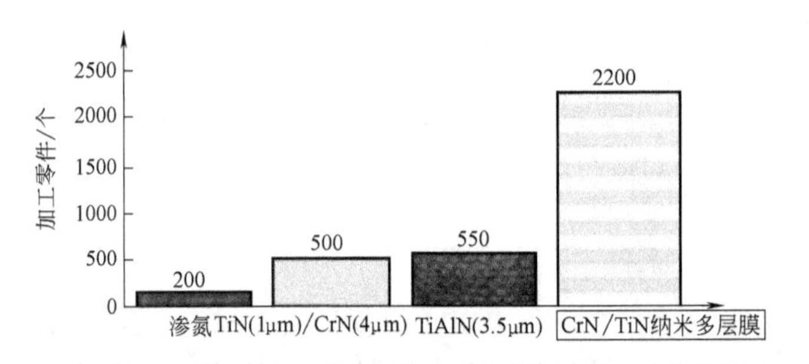

图 16-6 模具沉积不同硬质涂层与渗氮后使用寿命的对比

(2) 纳米复合超硬涂层　纳米复合超硬涂层最早是在 20 世纪 90 年代由德国慕尼黑理工大学的 Veprek 在 Koehler 模量差理论[16] 的基础上提出的，纳米晶/非晶超硬复合材料的设计理念为[30]：结晶组元尺寸要尽可能小（<10 nm），以致晶体结构近乎完美而不存在位错等缺陷，此时材料在外力作用下主要靠晶界滑移来变形，而晶界滑移比位错滑移需要更多的能量，即材料变形受阻而使其硬度提高；非晶相要尽可能薄（几个原子层厚度）的同时，要具有较高的弹性模量及三维骨骼状结构，以降低裂纹的萌生及扩展，当非晶相较厚时，材料往往以非晶相为主而使硬度降低。这种纳米晶/非晶复合结构可以使材料同时具有超高的硬度、高弹性和韧性、良好的热稳定性和抗氧化性能等[31]。

目前，对纳米复合超硬涂层的研究，主要集中在过渡族金属元素的氮化物上（如 nc-MeN/a-Si_3N_4 或者 nc-MeN/BN，其中 nc、a 分别表示纳米晶与非晶，Me 代表 Ti、Zr、Nb、W、V 等）。纳米复合超硬涂层的结构如图 16-7 所示。要形成这种纳米晶/非晶结构复合涂层，要求纳米晶相与非晶相不能融合；此外，涂层中纳米晶的晶粒尺寸是由材料的性能和沉积条件共同决定的[32]。这类涂层主要由两种氮化物相组成，所以也称作硬相/硬相纳米复合涂层。

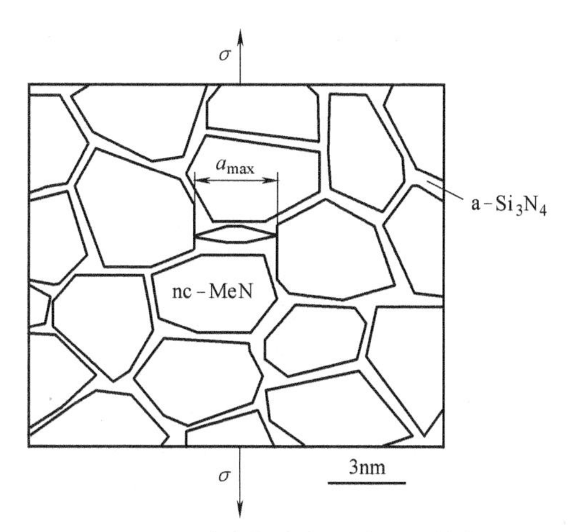

图 16-7 纳米复合超硬涂层的结构

研究发现，nc-($Ti_{1-x}Al_x$)N/a-Si_3N_4 具有很好的耐氧化性和高温稳定性。当退火温度升高到 500℃时，nc-($Ti_{1-x}Al_x$)N/a-Si_3N_4 纳米复合涂层的硬度开始升高，到 800℃时硬度达最大值 55GPa，随后有所下降；900~1200℃温度范围内，硬度稳定在 40~42GPa；1200℃以上，硬度则急剧下降。总的来说，1200℃以下，nc-($Ti_{1-x}Al_x$)N/a-Si_3N_4 涂层的硬度都在 40GPa 以上，其晶粒大小也维持在 3~5nm，表现出很好的高温稳定性[33]。

尽管 nc-MeN/a-Si_3N_4 系统具有相当高的热稳定性和高温抗氧化性能，但是它的两个构成相均由硬度较高的氮化物所组成，断裂韧度相对不高，这在一定程度上限制了它的应用。捷克材料科学家 Musil[34]又提出了另一种纳米复合涂层结构，它是由金属与过渡族金属氮化物构成的纳米复合涂层，也称作硬相/软相纳米复合涂层。这类涂层主要由 Me_1N/Me_3 组成，其中 Me_1 代表 Ti、Zr、W、Ta、Cr、Mo、Al 等，是构成硬质氮化物的元素；Me_3 代表 Cu、Ni、Ag、Au、Y 等。这类纳米复合涂层的最大特点是 Me_3 一般不固溶于 Me_1N 相，而是偏析在 Me_1N 相的晶界位置，形成 nc-Me_1N/nc-Me_3 或者 nc-Me_1N/a-Me_3 纳米复合结构。

目前，纳米复合涂层已在部分领域获得了一定应用。纳米复合涂层在干切削加工中的应用是目前高性能刀具的研究开发热点。例如：瑞士 Platit 公司利用 LARC (lateral rotating ARC-cathodes) 技术开发的新一代 nc-TiAlN/a-Si_3N_4 纳米复合涂层以及其他纳米多层涂层，其高温硬度十分优异[35]；德国 CemeCon 公司推出了新的纳米结构涂层[36]，这类涂层将硬质涂层的耐磨性及氧化物涂层的化学稳定性结合起来，在应用中表现出极佳的热稳定性；Balzers 和 Teer 等公司在硬质涂层表面上再镀上固体润滑纳米涂层（如 WC/C 和 MoS_2/Ti），使得刀具的干切削效能得到进一步提高[37]。

2. 本征超硬涂层

本征超硬涂层是指通过材料本身强键能获得高硬度的涂层材料[38]。超硬涂层材料通常由Ⅲ、Ⅳ和Ⅴ主族元素构成的单质或共价键化合物组成，目前能够满足这个标准的材料有金刚石、类金刚石（DLC）、立方氮化硼（c-BN）、碳化氮（C_3N_4）等。目前对于本征超硬涂层材料的研究主要集中在多晶金刚石、c-BN及C_3N_4等本征超硬涂层材料上。

（1）金刚石涂层　金刚石是自然界中已知硬度最高的物质，硬度约为100GPa；此外，它还具有低的摩擦因数、高的弹性模量、高的热导率、高的声传播速度、宽的能带隙，以及良好的化学稳定性等，在电子、光学、机械等领域有着广阔的应用前景。然而，天然金刚石在自然界中的存量非常少，价格昂贵，这限制了它的大规模商业化应用。

（2）类金刚石涂层　1971年，Aisenberg等[39]利用离子束沉积技术制备了一种化学组成、光学透过率、硬度及耐磨性等性能与金刚石相近的非晶碳涂层。这种碳涂层具有以sp^3键碳共价结合为主体，混合有sp^2键碳的亚稳态无序立体网状结构，称为类金刚石（DLC）涂层。由于DLC涂层中既有类似于金刚石的sp^3键合形式，又有类似于石墨的sp^2键合形式，因而其结构和性能介于金刚石和石墨之间。

研究发现，通过提高涂层中sp^3键的比例，无氢DLC涂层的硬度可达到95GPa，接近金刚石的硬度[40]。同时，DLC涂层还具有极低的摩擦因数与良好的导热性，非常适合作为摩擦学领域的耐磨涂层，如用于轴承、尺寸、活塞等表面，作为耐磨损涂层及工具涂层等。美国的IBM公司近几年研发出了用于加工电路板微细孔的DLC涂层微型钻头，使用该钻头可将钻孔速度和使用寿命分别提高50%和5倍，降低钻头成本50%。此外，由于DLC涂层在高温、高真空等不适于液体润滑的情况下具有极低的摩擦因数，已经开展了其在太空中作为耐磨涂层的应用研究。

（3）立方氮化硼涂层　氮化硼是一种Ⅲ-Ⅴ族共价化合物，和碳类似，既有软的六角sp^2杂化结构，又有类似于金刚石的sp^3杂化结构。氮化硼有四种异构体，即六角氮化硼（h-BN）、立方氮化硼（c-BN）、三角氮化硼（r-BN）和六角密排氮化硼（w-BN）。其中，c-BN具有与金刚石类似的结构，晶体中氮原子与硼原子以sp^3的形式杂化，是一种面心立方闪锌矿结构，硬度仅次于金刚石，其硬度大约为49GPa。

c-BN涂层具有比金刚石更高的热稳定性和化学稳定性，在空气中氧化后会形成高密度的B_2O_3涂层，阻止内部进一步氧化，它的抗氧化性优于金刚石，在1200℃以下不与金属铁反应，可以广泛用于精密加工和研磨钢铁材料。因此，c-BN是理想的刀具及各种机械耐磨部件的耐磨涂层，同时它也可以作为各种热挤压和成形模具的表面防护涂层[41]。c-BN涂层主要采用CVD和电弧离子镀方法制备。

（4）氮化碳涂层　早在1989年，美国伯克利大学的Liu等[42]以Si_3N_4的晶体结构为出发点，首次从理论角度预言了一种自然界中不存在，但硬度和体积模量可以达到或超过金刚石的化合物——氮化碳（C_3N_4）。

在硬度、耐磨性、摩擦因数以及导热性等方面，C_3N_4材料与金刚石的十分接近，是一种新型的超硬涂层材料，可以作为各种工业产品和特种器件的表面耐磨涂层和抗高温高压层。同时，C_3N_4的高温稳定性及化学惰性比金刚石的好，不与铁发生反应，因而将其应用于切削刀具表面，用来加工不锈钢、耐热钢、球墨铸铁、钛合金等难加工材料，可大大提高刀具的使用寿命和加工精度。此外，C_3N_4材料还可应用于超声速导弹整流罩，以提高其抗热震能力；还可以替代二硫化钼等固体润滑材料用于超高真空领域。C_3N_4涂层主要采用CVD和磁控溅射方法制备。

16.3 沉积硬质涂层的离子镀膜技术及其新发展

16.3.1 沉积硬质涂层的常规技术

1. 热CVD技术

硬质涂层多是金属陶瓷涂层（TiN等），由涂层中的金属和反应气化合反应生成。最初是采用热CVD技术在1000℃高温下由热能提供化合反应激活能，这样的温度只适合在硬质合金刀具上沉积TiN等硬质涂层，至今仍然是在硬质合金刀头上沉积TiN-Al_2O_3复合涂层的重要技术。

2. 空心阴极离子镀和热丝弧离子镀

20世纪80年代开始用空心阴极离子镀和热丝弧离子镀沉积涂层刀具。这两种离子镀膜技术都是弧光放电离子镀膜技术，金属的离化率高达20%~40%。

3. 阴极电弧离子镀

阴极电弧离子镀的出现使在工模具上沉积硬质涂层的技术得到了发展。阴极电弧离子镀的离化率为60%~90%，使得大量的金属离子、反应气离子达到工件表面仍保持很高的活性而发生反应沉积形成TiN等硬质涂层。目前，在工模具上沉积硬质涂层主要采用阴极电弧离子镀膜技术。

阴极电弧源是固态蒸发源，没有固定的熔池，弧源位置可以任意安放，使镀膜室的空间利用率提高，装炉量加大。阴极电弧源的形状有小圆形阴极电弧源、柱状弧源、矩形平面大弧源，可以相隔排布不同成分的小弧源、柱弧源、大弧源来镀多层膜、纳米多层膜。同时，由于阴极电弧离子镀的金属离化率高，金属离子可以吸纳更多的反应气体，因此获得优异硬质涂层的工艺范围宽，操作简便。但是，采用阴极电弧离子镀所镀膜层组织中有粗大的熔滴颗粒。近些年来出现了很多细化膜层组织的新技术，使电弧离子镀的膜层质量得到了提高。

16.3.2 沉积硬质涂层技术的发展

1. 增强磁控溅射镀膜技术

磁控溅射镀膜存在的膜-基结合力低、金属离化率低、沉积速率低等问题，成为几十年来大家关注的重点。下面推荐两种增强磁控溅射镀膜水平的技术。

(1) 热丝增强磁控溅射镀膜技术　为了提高磁控溅射的金属离化率，美国西南研究院在磁控溅射镀膜机中增设热灯丝[43]，通过发射高密度的高能电子流激励金属膜层原子离化、激励气体离化，使 TiAlSiN 的沉积速率提高了 24 倍。热丝增强磁控溅射镀膜技术使得用磁控溅射镀膜技术沉积纳米多层膜、纳米复合超硬涂层成为可能，应用前景广泛。

(2) 阴极电弧增强磁控溅射镀膜技术　Platit 公司 π311 机型是在镀膜室门上安装了三个柱弧源，镀膜室中间安装了一个柱弧源。该机型可用于沉积多层膜。Platit 公司又推出了 π411 机型[44]，将镀膜室中间的柱弧源改为柱状磁控溅射靶，安装的是 TiB_2 陶瓷绝缘状靶材，门上的柱弧源分别安装 Al、Cr、Ti 靶材。两种不同类型的柱状镀膜源一起镀膜，可制备出 $AlCrTi/TiB_2$ 复合硬质涂层。门上的柱弧源既是镀膜源，又提供了高密度的电子流，因而既提高了沉积速率，又提高了溅射下来的 TiB_2 膜层粒子的离化率，使 $AlCrTi/TiB_2$ 复合硬质涂层的沉积速率达到 2μm/h。

2. 高功率脉冲磁控溅射技术

1999 年，瑞典 Kouznetsov 等[45] 首先开发了采用高功率脉冲作为磁控溅射的供电模式，通过在普通磁控溅射 Cu 阴极上施加峰值功率达兆瓦级的脉冲放电，获得了 Cu 离化率高达 70%的等离子体，开辟了使用高功率脉冲磁控溅射技术的先河。高功率脉冲磁控溅射技术综合了磁控溅射可在低温沉积，涂层表面光滑、无颗粒缺陷，以及电弧离子镀金属离化率高，膜-基结合力强，涂层致密的优点，在控制涂层微结构的同时可获得优异的膜-基结合力，在降低涂层内应力与提高涂层致密性、均匀性等方面具有显著的技术优势，被认为是 PVD 发展史上近 30 年来的最重要的一项技术突破[46]，特别在硬质涂层的应用方面具有显著优势。

高功率脉冲磁控溅射技术制备的涂层更致密，力学性能和高温稳定性更好。图 16-8a 所示为采用常规直流磁控溅射制备的 TiAlN 涂层[47]，其组织为柱状晶结构，硬度为 30GPa，弹性模量为 460GPa；图 16-8b 所示为采用高功率脉冲磁控溅射制备的 TiAlN 涂层[47]，其硬度为 34GPa，弹性模量为 377GPa。较高的硬度和较小的弹性模量意味着具有更好的韧性。高功率脉冲磁控溅射制备的 TiAlN 涂层在高速切削刀具中的表现远优于其他 PVD 工艺制备的涂层。

由于高功率脉冲磁控溅射技术在沉积硬质涂层方面的优势，国际著名涂层公司 Cemecon、Hauzer、Sulzer、Balzers 等纷纷引进和发展此技术。2010 年，Cemecon 公司推出新一代的高功率脉冲磁控溅射涂层：Al-TiCrN，该涂层具有超过 30GPa 的硬

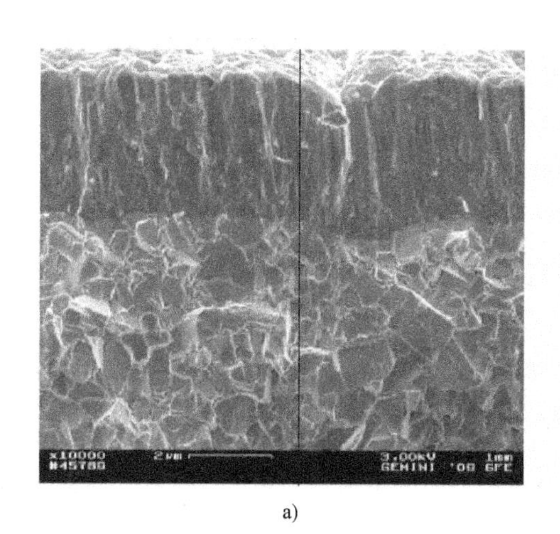

a)

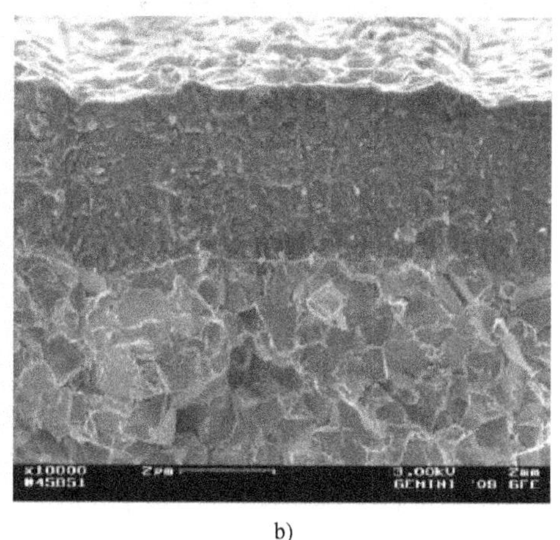

b)

图 16-8 TiAlN 涂层的断口扫描电镜照片

a）采用常规直流磁控溅射制备的 TiAlN 涂层 b）采用高功率脉冲磁控溅射制备的 TiAlN 涂层

度，超过 1000℃的使用温度，韧性和内应力得到优化，在高速切削钛合金、高温合金等难加工材料方面显示出很大优势。Sulzer 公司发展了高功率脉冲磁控溅射与电磁激励电弧组合的 HIPAC（high ionized plasma assisted coating）技术，在硬质涂层制备方面取得了很好效果[48]。

近几年，在高功率脉冲磁控溅射电源方面做了很多改进，在提高沉积速率和膜层质量、沉积 DLC 膜方面取得了进展。

3. 电弧增强辉光放电清洗技术

多年来，阴极电弧离子镀膜技术一直采用电弧等离子体中的钛离子轰击清洗工件。工件偏压为 800V 左右，钛离子的能量很高，清洗效果好，但是钛离子能量太高对工件有损伤，表面容易积存大颗粒。德国的 Vetter 等[49] 提出了电弧增强辉光放电技术，即利用阴极电弧源和特设的阳极之间产生弧光放电，然后弧光等离子体中的电子流将氩气电离，用高密度的氩离子轰击清洗工件。由于氩离子比电弧放电产生的金属离子质量小，因此溅射清洗过程中对工件表面损伤较小，可有效降低表面粗糙度值，并提高其膜-基结合力，目前被多数国外大公司所采用。随着近年来我国真空镀膜设备与技术的逐渐发展，该技术也逐渐被消化吸收，在相关设备上也逐渐开始采用，并显示出了良好的发展前景。

从 20 世纪 70 年代由化学气相沉积技术制备出 TiN 起，硬质涂层已发展了 50 多年，其主要应用领域集中在刀具、模具表面强化上，尤其是刀具涂层发展和应用最为成熟。随着工业技术的不断发展，越来越多的机械零部件也需要表面进行强化，如汽车的活塞环、缸套、喷油嘴等，齿轮泵中的齿轮等，金属基人工关节，轴及轴承，超低温制冷剂活塞，空调器压缩机滑片，内燃机活塞杆，以及一些腐蚀性环境中的零部件（如耐酸泵）等。此外，还有很多航空航天、海洋船舶等领域的耐磨零部件也需要表面强化，这也为硬质涂层的发展提供了良好的前景。关于硬质涂层向耐磨零件发展的技术将在第 17 章中介绍。

参考文献

[1] 赵海波. 国内外切削刀具涂层技术发展综述 [J]. 工具技术. 2002, (2): 3-7.

[2] 张而耕, 张体波. 涂层刀具的有限元分析 [J]. 辽宁工程技术大学学报 (自然科学版), 2016, 35 (5): 517-523.

[3] ZHANG S, SUN D E, FU Y Q. Fu, H. J. D. Recent advances of superhard nanocomposite coatings: a review [J]. Surface and Coatings Technology, 2003, 167: 113- 114.

[4] 李根, 张高会. 硬质薄膜研究综述 [J]. 宁波教育学院学报, 2010, 12 (5): 82-85.

[5] 陈波, 张利敏, 赵志强, 等. 活塞销涂层应用试验研究 [J]. 车用发动机, 2019, 241 (2): 56-59.

[6] AOUADI S M, GAO H, MARTINI A, et al. Lubricious oxide coatings for extreme temperature applications: a review [J], Surface and Coatings Technology, 2014, 257: 266-277.

[7] 宋慧瑾, 鄢强, 李玫. 金属氮化物和碳化物硬质涂层的研究及应用进展 [J]. 材料导报. 2014, 28 (24): 491-496.

[8] 覃正海, 鲜广, 赵海波, 等. 切削刀具表面 TiCN 涂层的研究现状与发展 [J]. 表面技术, 2016, 45 (6): 125-133.

[9] PALDEY S, DEEVI S C. Single layer and multilayer wear resistant coatings of (Ti, Al) N: a review [J]. Materials Science and Engineering: A, 2003, 342 (1-2): 58-79.

[10] 王福贞, "热处理技术" 和 "真空镀膜技术" 在走向融合 [J]. 真空, 2020, 57 (5): 1-6.

[11] 崔新生. Cr-Al-N 系涂层的成分与组织结构对其高温行为的影响 [D]. 广州: 华南理工大学, 2012.

[12] 张晶, 鲁学柱, 邹倩. CrAlN 涂层刀具的摩擦学研究进展 [J]. 制造技术与机床, 2012, 12: 126-129.

[13] YAMAMOTO K, SATO T, TAKAHARA K, et al. Properties of (Ti, Cr, Al) N coatings with high Al content deposited by new plasma enhanced arc-cathode [J]. Surface & Coatings Technology, 2003, 174-175: 620-626.

[14] HARRIS S G, DOYLE E D, VLASVELD A C, et al. A study of the wear mechanisms of $Ti_{1-x}Al_xN$ and $Ti_{1-x-y}Al_xCr_yN$ coated high- speed steel twist drills under dry machining conditions [J]. Wear, 2003, 254: 723-734.

[15] HASHMR S J, Coprehesive Materials Finishing [M]. Oxford: Elsevier, 2017.

[16] KOEHLER J S. Attempt to design a strong solid [J]. Physical Review B, 1970, 2 (2): 547-551.

[17] 陶斯武, 雷诺, 曲选辉. 纳米硬质薄膜的研究进展 [J]. 稀有金属与硬质合金, 2005, 33 (3): 37-41.

[18] HLEMERSSON U, TODOROVA S, BARNETT S A, et al. Growth of single-crystal TiN/VN strained-layer super/lattices with extremely high mechanical hardness [J]. Journal of Applied Physics, 1987, 62 (2): 481-484.

[19] SPROUL W D. Reactive sputter deposition of polycrystalline nitride and oxide superlattice coatings [J]. Surface and Coatings Technology, 1996, 86-87: 170-176.

[20] LI D, CHU X, CHENG S C, et al. Synthesis of superhard carbon nitride composite coatings [J]. Applied Physics Letters, 1995, 67 (2): 203-205.

[21] YAO S H, SU Y L, KAO W H, et al. Tribology and oxidation behavior of TiN/AlN nano-multilayer films

[J]. Tribology International, 2006, 39: 332-341.

[22] HOVSEPIAN P E, LEWIS D B, MUENZ W D. Recent progress in large scale manufacturing of multilayerrsuperlattice hard coatings [J]. Surface and Coatings Technology, 2000, 133-134: 166-175.

[23] DONG X C, YUE J L, WANG E Q, et al. Microstructure and superhardness effect of VC/TiC superlattice films [J]. Transaction of Nonferrous Metals Society of China, 2015, 25: 2581-2586.

[24] 杨波波，孙晖，杨田林，等. 结构调制超硬 Ti/TiN 纳米多层膜的制备及其尺寸效应 [J]. 材料研究学报，2019，33（2）：138-144.

[25] WIKLUND U, HEDENQVIST P, HOGMARK S. Multilayer cracking resistance in bending [J]. Surface and Coatings Technology, 1997, 97: 773-778.

[26] 王福贞. 阴极电弧离子镀技术的进步 [J]. 低温与真空，2020，26（2）：87-95.

[27] LI P, CHEN L, WANG S Q, et al. Microsturcture, mechanical and thermal properties of TiAlN/CrAlN multilayer coatings [J]. International Journal of Refractory Metals and Hard Materials, 2013, 40: 51-57.

[28] 王铁钢，张姣姣，阎兵. 刀具涂层的研究进展及最新制备技术 [J]. 真空科学与技术学报，2017，37（7）：727-738.

[29] DU X Y, GAO B, LI Y H, et al. Fabrication of multiscale structured hydrophobic NiCrZrN coating with high abrasion resistance using multi-arc ion plating [J]. Journal of Alloys and Compounds, 2020, 812: 152140.

[30] CHU X, BARNETT S A. Model of superlattice yield stress and hardness enhancement [J]. Journal of Applied Physics, 1995, 77 (9): 4403-4411.

[31] WIKLUND U, HEDENQVIST P, HOGMARK S. Multilayer cracking resistance in bending [J]. Surface and Coatings Technology, 1997, 97: 773-778.

[32] 任毅，周家斌，付志强，等. 纳米多层超硬膜力学性能研究进展 [J]. 金属热处理，2007，32（5）：6-9.

[33] MUSIL J, HRUBÝ H. Superhard nanocomposite $Ti_{1-x}Al_xN$ films prepared by magnetron sputtering [J]. Thin Solid Films, 2000, 365 (1): 104-109.

[34] MUSIL J. Hard and superhard nanocomposite coatings [J]. Surface and Coatings Technology, 2000, 125: 322-330.

[35] HOLUBAR P, JILEK M, SIMA M. Present and possible future applications of superhard nanocomposite coatings [J]. Surface and Coatings Technology, 2000, 133/134: 145-151.

[36] ERKENS G, CREMER R, HAMOUDI T, et al. Supernitrides: A novel generation of PVD hardcoatings to meet the requirements of high demanding cutting applications [J]. CIRP Annals-Manufacturing Technology, 2003, 52 (1): 65-68.

[37] NAVINŠEK B, PANJAN P, ČEKADA M, et al. Interface characterization of combination hard/solid lubricant coatings by specific methods [J]. Surface and Coatings Technology, 2002, 154 (2): 194-203.

[38] 黑鸿君，高洁，贺志勇，等. 普通硬质涂层和超硬涂层的研究进展 [J]. 机械工程材料，2016，40（5）：1-15.

[39] AISENBERG S, CHABOT R. Ion-beam deposition of thin films of diamondlike carbon [J]. Journal of Applied Physics, 1971, 42 (7): 2953-2958.

[40] HUANG R F, CHAN C Y, LEE C H, et al. Wear-resistant multilayered diamond-like carbon coating prepared by pulse biased arc ion plating [J]. Diamond and Related Materials, 2001, 10 (9): 1850-1854.

[41] YAN S C, LI Z S, ZOU Z G. Photodegradation of rhodamine B and methyl orange over boron-doped g-C_3N_4 under visible light irradiation [J]. Langmuir, 2010, 26 (6): 3894-3901.

[42] LIU A Y, COHEN M L. Prediction of new low compressibility solids [J]. Science, 1989, 245 (4920): 841-842.

[43] 魏荣华. 等离子体增强磁控溅射 Ti-Si-C-N 基纳米复合膜层耐冲蚀性能研究 [J]. 中国表面工程, 2009, 22 (1): 1-10

[44] ONDREJ Z, MOJMIR J. Magnetron sputtering process, US 9090961B2 [P]. 2011-02-04.

[45] KOUZNETSOV V, MACÁK K, SCHNEIDER J M. A novel pulsed magnetron sputter technique utilizing very high target power densities [J]. Surface and Coatings Technology, 1999, 122: 290-293.

[46] BRÄUER G, SZYSZKA B, VERGÖHL M. Magnetron sputtering-Milestones of 30 years [J]. Vacuum, 2010, 84 (12): 1354-1359.

[47] BOLZ S, FUB H G, REICHERT W. Latest results in HPPMS thin film coatings for cutting tools [C] //1st International IJC-PISE Workshop. Riga: [出版者不详], 2009.

[48] 王启民, 张小波, 张世宏, 等. 高功率脉冲磁控溅射技术沉积硬质涂层研究进展 [J]. 广东工业大学学报, 2013, 30 (4): 1-13.

[49] VETTER J, BURGMER W, PERRY A J. Arc-enhanced glow discharge in vacuum arc machines [J]. Surface and Coatings Technology, 1993, 59: 152-155.

第17章 离子镀膜在碳基薄膜领域的应用

碳基薄膜是一类采用物理气相沉积或化学气相沉积技术得到的以碳元素为主要成分的薄膜材料，因其具有不同的结构形式，而具有各种丰富的特殊功能，可满足航天、军工、信息、能源、医疗、高端制造业等各领域的需求。

17.1 概述

17.1.1 碳基薄膜的类型

碳元素因碳原子间的不同结合方式在自然界存在两种不同的物质：金刚石和石墨。金刚石中碳原子以 sp^3 杂化键的形式结合，石墨中碳原子以 sp^2 杂化键的形式结合。由于结构的不同，其性能有很大差异。

在采用物理气相沉积或化学气相沉积制备碳基薄膜的过程中，都会通入含氢（H）的气体。在加热或气体放电等离子体中，会形成以碳元素为主要成分的各种碳基薄膜，可以是正四面体晶态的金刚石薄膜和层状晶态的石墨薄膜，还可以是含有以上这两种杂化键的非晶态薄膜。

17.1.2 碳基薄膜的三元相图

图 17-1 所示为碳基薄膜的三元相图[1]。碳基薄膜是由 sp^3 杂化碳原子、sp^2 杂化碳原子和 H（氢）三相组成的三维交叉环状网络结构。

由图 17-1 可知，除了可以获得金刚石薄膜和石墨薄膜之外，还可以获得以下类型的非晶碳基薄膜：

1）以 sp^3 结构为主的非晶碳基薄膜，称为类金刚石碳基（diamond-like carbon，DLC）薄膜。

2）以 sp^2 结构为主的非晶碳基薄膜，称为类石墨碳基（graphite-like carbon，GLC）薄膜。

3）高含氢具有碳氢聚合物特征的类聚合物碳基（polymer-like carbon，PLC）薄膜。

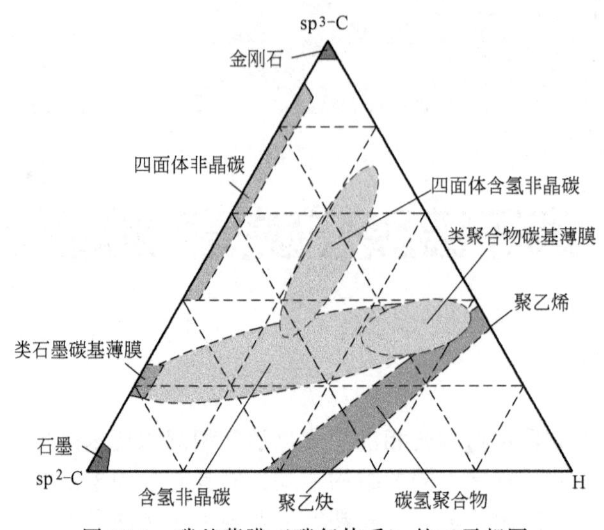

图 17-1　碳基薄膜（碳氢体系）的三元相图

图 17-1 所示相图左上方是以含四面体非晶碳为主的无氢 DLC 薄膜，左下方是以含类石墨非晶碳膜为主的 GLC 薄膜，右下方是以氢含量多的类聚合物碳基薄膜为主的 PLC 薄膜，三元相图中间区域则随沉积工艺不同可以获得氢含量不同的类金刚石膜。

碳基薄膜中的主要成分为碳，根据结构与性能需求，碳基薄膜中还可以掺杂氢、氮等非金属元素及各种金属元素（如 W、Ti、Mo、Al 等）。

不同的结构赋予它们的性能差异很大，表 17-1 中列出了金刚石薄膜和非晶碳基薄膜性能比较。

表 17-1　金刚石薄膜与非晶碳基薄膜性能比较

在 300K 时的性能	金刚石薄膜	非晶碳基薄膜
碳组成	100% sp^3	15%～85% sp^3
氢含量(质量分数,%)	0.1～1.0	1～60
密度/(g/cm^3)	>3.5	1.5～1.8
硬度/GPa	100	5～80
电阻率/Ω·cm	10^{16}	10^{-1}～10^{13}
光学能隙/eV	5.5	0.8～4.0

17.2　碳基薄膜的结构

17.2.1　金刚石薄膜的结构

金刚石薄膜是指用低压或常压化学气相沉积（CVD）方法人工合成的金刚

石薄膜。金刚石是碳的同素异形体之一，当碳原子构成金刚石时，碳原子的 2s、$2p_x$、$2p_y$、$2p_z$ 四个轨道将会形成四个 sp^3 杂化轨道，其对称轴指向四面体的四个角，形成了正四面体晶体结构，其键长为 0.154nm，键角为 109°28′。如图 17-2 所示，正四面体的四个顶点方向和其他四个原子以 sp^3 杂化键结合，形成三维网格。

图 17-2　金刚石的三维结构

17.2.2　类金刚石碳基薄膜的结构

类金刚石碳基（DLC）薄膜是一类含有金刚石键合结构和石墨键合结构的亚稳非晶态物质[2,3]。根据薄膜是否含氢，DLC 薄膜可分为含氢 DLC 薄膜和不含氢 DLC 薄膜。

1）含氢 DLC 薄膜主要为 sp^3 杂化键含量低于 70%，氢的摩尔分数为 20%~50%的 a-C：H 薄膜。

2）不含氢 DLC 薄膜主要为 sp^3 杂化键含量高于 70%的四面体非晶碳基薄膜（简称 ta-C 薄膜）。

DLC 薄膜中碳原子可共价键合另外一个到四个碳原子，每个碳原子又可通过范德瓦耳斯力与较远的原子作用，形成一种复杂的空间网络交叉结构，其中 C—C 和 C—H sp^3 键合含量在 15%~85%范围内，而氢的摩尔分数可从 1%到超过 60%，相应薄膜性能可在很大范围内变化。一般认为，sp^3 杂化键与四面体配位的金刚石 C 成键很相似，决定着薄膜的力学性能；sp^2 杂化键与三配位的石墨碳很相似，决定薄膜的光学和电学性能；薄膜中 H 的含量则会影响 sp^3 与 sp^2 杂化键的比值，因此它对薄膜的性能也有显著的影响。

17.2.3　类石墨碳基薄膜的结构

类石墨碳基（GLC）薄膜的概念是 2000 年才逐渐被提出的[4-6]。英国 Teer 团队中 Yang[7] 等人提出可将碳基薄膜分为类石墨碳基薄膜与类金刚石碳基薄膜两大类，类金刚石碳基薄膜中碳主要以 sp^3 结构为主，具有较高的硬度，而类石墨碳基薄膜中碳则以 sp^2 结构为主，但其硬度可与类金刚石碳基薄膜相当[7]。采用非平衡磁控溅射技术制备的类石墨碳基薄膜的硬度可达 4000HV，呈现出非常好的耐磨性。

17.2.4 类聚合物碳基薄膜的结构

类聚合物碳基（PLC）薄膜是一类具有氢的摩尔分数高于35%，硬度低于10GPa，光学带隙宽为1.7~4eV等类似碳氢聚合物特征的含氢非晶碳基（hydrogenated amorphous carbon，a-C：H）薄膜[8,9]。除氢外，PLC薄膜的sp^3杂化碳原子（绝大多数与氢成键）含量也较高，因此PLC薄膜位于三元相图中远离sp^2杂化碳原子的位置（见图17-1）。为了区别PLC薄膜与其他低氢含量、高硬度的a-C：H（DLC），PLC薄膜也被称作软的或高度氢化的a-C：H或DLC薄膜。

17.3 碳基薄膜的制备技术与性能

17.3.1 金刚石薄膜的制备技术与性能

1. 金刚石薄膜的制备技术

自18世纪研究发现金刚石是由碳原子构成以后，研究人员就开展了对人造金刚石的研究工作。随着20世纪50年代高压实验技术的进步，人造金刚石的研究工作取得突破性的进展。

（1）化学气相沉积（CVD） CVD技术是一种通过化学气相反应沉积金刚石薄膜的方法，也就是将参与组成金刚石薄膜化合物的元素和反应源气体（如甲烷、氢气和氩气等）通过高温或者等离子体等方法实现分解、解吸、化合等反应，并在基体表面沉积均匀的金刚石薄膜。目前为止，CVD金刚石膜常用的制备方法包括热化学气相沉积（HCVD）[10,11]和等离子体化学气相沉积（PCVD）两大类。各种气相合成金刚石薄膜的方法比较见表17-2。

表17-2 各种气相合成金刚石薄膜方法比较

方法		沉积速率/(μm/h)	最大沉积面积/cm^2	衬底	优点	缺点
热化学气相沉积	火焰法	30~100	<1	Si、Mo、TiN	简单	面积小，稳定性差
	热丝法	0.3~2	100	Si、Mo、氧化硅等	简单，大面积	易受污染
等离子体化学气相沉积	直流放电法（低压）	<0.12	70	Si、Mo、氧化硅等	简单，大面积	品质不好，沉积速率低
	直流放电法（中压）	20~25	<2	Si、Mo	快速，品质好	面积太小
	直流等离子喷射法	930	<2	Si、Mo	高速，品质好	面积较小，有缺陷
	RF法（低压）	<0.1		Si、Mo、BN、Ni、氧化硅等		沉积速率低，品质差，易污染

（续）

方　　法		沉积速率/(μm/h)	最大沉积面积/cm^2	衬底	优点	缺点
等离子体化学气相沉积	RF 法(常压)	180	3	Mo	速率高	面积小,不稳定
	ECR0.9~2.45GHz	1(低压)、30(高压)	40	Si、Mo、WC、氧化硅等	品质好,稳定好	沉积速率低,面积小
	ECR 2.45GHz	0.1	<40		低压,面积适中	沉积速率低,质量不好

（2）热丝化学相沉积技术　图 17-3 所示为热丝化学相沉积（HFCVD）过程和热丝排布[10]。该法是把工件（Si、Mo、石英玻璃片等）放在用石英玻璃管制成的反应室内，先将系统抽真空至预定值。然后通入原料气体，使反应室内的气体压力达到 10^3 ~ 10^5Pa。将外电炉升至预定温度，再使灯丝（钨丝或钽丝）加热至 2000℃以上[10,11]。热丝与基体之间的距离为 1 mm 至几十毫米之间，工件温度为 500~900℃。在这样的反应条件下，CH_4、H_2 被热解，碳以金刚石形态在工件上沉积，便获得金刚石薄膜产品。该法的优点是：设备简单，操作容易；缺点是：沉积速率慢（1~2μm/h），热丝的化学成分会污染金刚石薄膜。

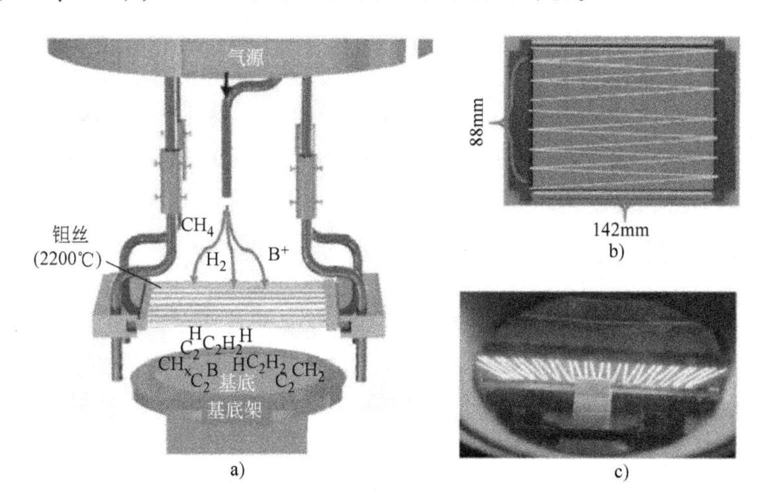

图 17-3　热丝化学气相沉积过程和热丝排布

a）热丝化学气相沉积过程　b）、c）热丝排布

（3）微波等离子体化学气相沉积技术　图 17-4 所示为微波等离子体化学气相沉积（MPCVD）过程[14]。微波发生器产生的微波，通过波导管耦合到反应器内，而产生辉光放电。反应器内的微波一方面使 CH_4 和 H_2 混合气体电离成等离子体，另一方面加热基体温度至 700~900℃。因此，微波等离子体的输出功率不仅会影响基体温度，还会影响反应物的质量[12,13]。采用这种方法，金刚石的沉积速率为 3μm/h。

目前国际上流行的装置主要包括环形天线式、圆柱谐振腔式、石英钟罩式及椭球谐振腔式四种。它们的频率多数为2.45GHz，功率为5~6kW。

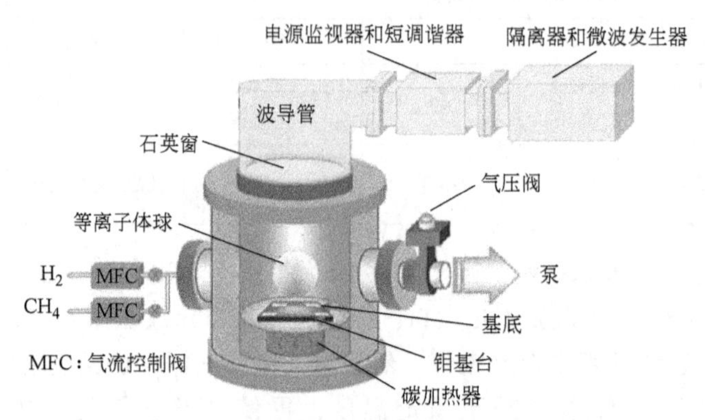

图17-4　微波等离子体化学气相沉积过程

（4）直流等离子体喷射电弧化学气相沉积技术　直流等离子体喷射化学气相沉积技术中喷管由圆筒状喷嘴（阳极）和圆筒中的棒状阴极组成，其中阴极用镍制成，阳极材料为纯铜。工作原理为：在阴极和阳极之间通入的CH_4和H_2气体产生放电，形成电弧，产生C、H、H_2等的多种等离子体；然后等离子体在压力差的作用下，以接近声速的高速度从喷嘴喷出，形成等离子体射流，撞击到水冷的籽晶基体上，最终沉积成金刚石薄膜[15,16]。该方法的优点是能在很快速率下沉积优质大尺寸金刚石薄膜，最快的沉积速率可达930μm/h；缺点是设备较复杂。著名的美国Norton公司采用该方法以工业化的规模生产优质金刚石薄膜。

2. 金刚石薄膜的性能

金刚石独特的晶体结构决定了其卓越的性能。

（1）力学性能　金刚石晶胞中相邻两个碳原子间形成的C—C共价键，使金刚石成为具有超高的硬度和弹性模量的材料。超高的硬度和耐磨性使其在机械加工领域得到广泛应用[17-19]，如用于切削工具、耐磨部件等；超高的弹性模量，有助于其在表面压力传感器方面的应用。

（2）电学性能　金刚石中相邻碳原子组成的C—C键中的电子稳定，不易被激发，禁带宽达5.5eV，约是硅的5倍。室温下金刚石的电阻率约为$10^{12}\Omega\cdot cm$，是良好的绝缘材料。但是，掺杂离子后的金刚石因具有禁带宽度宽和电化学性质稳定等优点而成为半导体，可以作为高温半导体限流器、辐射探测器、晶体管、集成电路、超级电容器电极等器件的电极材料[20,21]。

（3）光学性能　金刚石的透明性较好，除了在红外区的1.8~2.5μm波段外，在从紫外区的225nm到红外区的25μm波长范围内依然具有较好的光学透明性。这一光学特性使其成为耐腐蚀、耐磨损的红外光学窗口的材料[22,23]。

（4）热学性能　金刚石的热导率是目前所有材料中最高的，其热膨胀系数与常用来制备电子器件的硅材料的热膨胀系数相近，是微波发射器、高性能芯片及中远红外激光器的理想散热材料[24]。

(5) 化学性能　金刚石在常温常压下非常稳定，所有酸、碱对其均无腐蚀作用，是很好的耐腐蚀材料。

3. 金刚石薄膜的应用

金刚石薄膜硬度高，耐磨性好，绝缘性好，并具有优异的热、电、光、声特性，在高速计算机、超大规模集成电路、高温微电子、光电子、空间技术、激光技术及现代通信等领域内有着巨大的应用潜力[25-27]。金刚石薄膜主要用于：集成电路、激光器件的散热片，红外窗口，超大型集成电路芯片，薄膜传感器，高保真扬声器振动膜，机械零件耐磨表面层，晶体管二极管、激光二极管的热沉材料，热敏电阻片（温度达600℃），防化学腐蚀的表面层等。还有，分布均匀、尺寸可调的三维掺硼金刚石泡沫电极[28,29]的成功制备，有利于推进金刚石在电催化、电合成、电化学传感、超级电容等领域的应用等。CVD金刚石薄膜的典型应用领域见表17-3。

表17-3　CVD金刚石薄膜的典型应用领域

已实现应用领域	潜在重要应用领域(举例)
1)切削工具的超硬涂层 CVD 金刚石磨粒	1)在高温工作的半导体功率器件、抗辐射器件、高压器件、微波功率器件和高功率毫米波放大器等
2)扬声器的振动膜涂层	2)涂覆金刚石薄膜的石墨纤维增强复合材料，可用于制造抗冲击和耐热应力的基材和部件等
3)X射线窗口	3)热冲击的高强度透光材料，包括强激光窗口
4)光学基材和部件的表面涂层	4)磁盘和光盘涂层、毫米波天线罩等
5)深亚微米(0.1~0.3μm)光刻软X射线掩膜衬底	5)高效声换能器、声学反射镜等
6)半导体激光器和高功率集成电路的绝缘散热衬底	6)金刚石薄膜葡萄糖传感器
7)利用紫外线吸收边和高热导率系数制造传感器	7)掺硼金刚石薄膜泡沫电极处理封闭空间废水

17.3.2　类金刚石碳基薄膜的制备技术与性能

1. 类金刚石碳基薄膜的制备技术

20世纪70年代，Aisenberg和Chabot首次采用离子束沉积（IBD）技术在室温条件下制备出DLC薄膜以来，已成功开发出多种DLC薄膜沉积技术，主要分为物理气相沉积（PVD）和化学气相沉积（CVD）[30]。图17-5所示为常见DLC薄膜沉积技术及其对应离子能量之间的关系[31]，一般来讲，离子能量为1~100eV时，制备的DLC薄膜结构致密，薄膜中sp^3杂化键含量高，表现出良好的力学性能；能量低于1eV时，DLC薄膜沉积技术主要为热蒸发、CVD以及电化学沉积，所制备薄膜结构疏松，膜-基结合力差；能量高于100eV时，沉积机理主要为高能离子注入，所制备薄膜结构致密，膜-基结合力高，但薄膜沉积速率低。因此，中间能量段的 DLC 薄膜沉积技术更适用于实际生产。以下简要介绍适于工业规模化生产的 DLC 薄膜沉积技术。

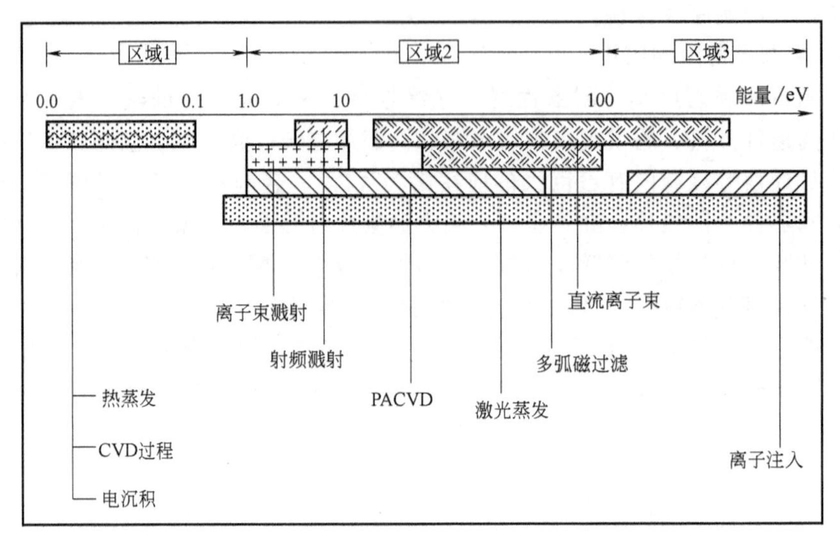

图 17-5 常见 DLC 薄膜沉积技术及其对应离子能量之间的关系

(1) 物理气相沉积技术 物理气相沉积 DLC 薄膜通常采用高纯石墨作为固体碳源，利用蒸发或者荷能离子轰击溅射使得碳脱离石墨靶材沉积在基体表面成膜，也可采用甲烷、乙炔等烃类气体作为气体碳源，常用 DLC 薄膜沉积方法主要为离子束辅助沉积、溅射沉积、真空阴极电弧沉积与脉冲激光沉积。

1) 离子束辅助沉积。20 世纪 70 年代后期，Weissmantel 等[32] 对离子束沉积技术进行改进，发展了离子束辅助沉积（IBAD）技术，即采用蒸发或溅射与离子注入相结合的复合表面离子处理技术。该技术采用两套独立的离子源，一个用于轰击溅射石墨靶产生碳离子束沉积在基体表面，同时另一个用于轰击正在生长中的 DLC 薄膜，通过这种方法获得的 DLC 薄膜在综合性能方面有很大的提高。IBAD 一般使用的离子源有考夫曼离子源、冷阴极离子源和霍尔无栅离子源。离子束辅助沉积技术具有沉积温度低、沉积条件易于控制（如离子能量和离子流密度可以在很宽的范围内独立调控）、膜-基结合力高和成本低廉等优点。

2) 溅射沉积。溅射沉积技术是目前 DLC 薄膜工业生产中最常用的沉积技术，通常利用射频电源或磁场激发的氩离子轰击固体石墨，形成溅射碳原子然后电离为离子，进而在基材表面沉积 DLC 薄膜。磁控溅射一方面能提高石墨的溅射速率，另一方面能够增加薄膜的致密度和控制薄膜中的 sp^3 杂化键含量，因此磁控溅射技术是目前低温制备 DLC 薄膜的一大主流技术。目前 DLC 薄膜溅射沉积技术主要包含普通磁控溅射技术与非平衡磁控溅射技术。其中非平衡磁控溅射靶产生的完全闭合磁场能将阴极靶前面的等离子体扩展到溅射靶前200~300mm的范围内，衬底镀膜部位完全沉浸在等离子体中，保证溅射出来的离子和粒子可同时沉积到衬底表面成膜，衬底的离子束流密度可达到$5mA/cm^2$以上。高密度的等离子体以一定的能量轰击基体，起到离子轰击辅助沉积的作用，显著改善了膜层的质量，容易获得附着力和致密度高的薄膜，同时可避免产生过高的内应力。

3）真空阴极电弧沉积。在真空下利用弧光放电产生高温来蒸发阴极石墨靶，蒸发出的碳原子在电场作用下离化，在基体负偏压作用下碳离子高速轰击基体并沉积DLC薄膜，该技术称为真空阴极电弧沉积（CVAD）。维持电弧放电的电源特点是低电压（15~150V）和高电流（20~200A），电流密度高达10^6~$10^8A/cm^2$，蒸发出的碳原子离化率达60%~80%，可输出高价态的碳离子，能量可达100eV，可用于制备sp^3杂化键含量较高的四面体非晶碳基（ta-C）薄膜。然而，石墨靶在电弧的作用下产生的宏观颗粒沉积在基体表面，显著降低薄膜的性能，Aksenov等人发展了磁偏转磁过滤阴极弧技术（filtered cathodic vacuum arc deposition，FCVAD），可显著消除薄膜中的宏观碳颗粒提高DLC薄膜的质量。制备的DLC薄膜具有高硬度（58GPa）、低摩擦因数（0.1）、高弹性模量（350GPa）、高内应力（9~10GPa）及非常高的膜-基结合力。

4）脉冲激光沉积。脉冲激光沉积（PLD）技术采用高功率脉冲激光束，蒸发石墨靶材产生高温高压的碳等离子体定向局域膨胀发射，并沉积到衬底上形成DLC薄膜。利用PLD，可制备硬度仅为几吉帕的、高sp^2含量（约70%）的a-C薄膜直至硬度高达80GPa的、高sp^3含量（75%~90%）的ta-C薄膜。制备的ta-C薄膜在大气环境下的摩擦因数低至0.1，磨损率低至$1.6\times10^{-8}mm^3/(N\cdot m)$。

（2）等离子体化学气相沉积　等离子体增强化学气相沉积（PECVD）技术利用辉光等离子体放电，将烃类混合气源离解和激发生产生各种离子和活性原子、活性基团，可在大面积衬底上反应形成高质量DLC薄膜。PECVD技术具有沉积温度低、绕镀性好、工艺参数易于控制等优点，是制备DLC薄膜最常用的技术之一。

1）常见的PECVD技术。常见的PECVD技术主要有直流辉光放电法、射频辉光放电法、电子回旋共振（ECR）化学气相沉积等。其中利用PECVD与原位渗氮再镀膜的复合沉积技术，可提高钢材与表面薄膜的结合力（69N），获得高硬度、低摩擦因数、高耐久性的硬质涂层。也可将金属元素掺入DLC薄膜内，如铁掺杂DLC薄膜具有极低的摩擦因数（≤0.01）和长寿命（在4×10^5圈后未被磨穿），而且可将DLC薄膜在大气中超滑条件从先前高载荷（≥15N）和高速率（≥0.12m/s）扩宽到中载荷（5N）和中速率（0.05m/s）[33]。

2）等离子体浸没离子注入沉积。美国西南研究院魏荣华等通过在镀件外增加一金属网笼，如图17-6所示，来增加笼内等离子体的密度和强度，开发出网格化等离子体全方位离子镀技术（PIID），可以实现大尺寸以及超大尺寸工件表面均匀沉积高膜-基结合力的DLC薄膜[34]。

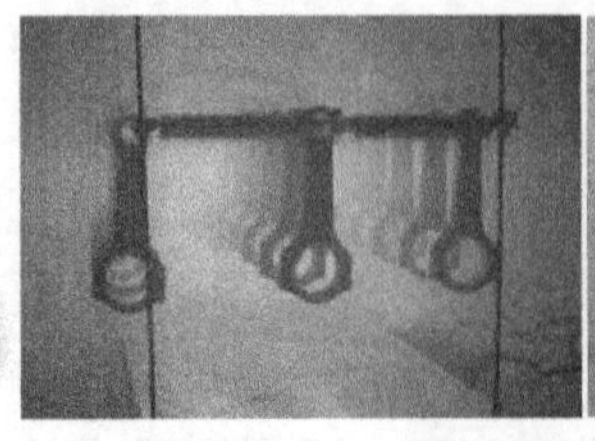

图 17-6　网格化等离子体全方位离子镀技术

美国西南研究院魏荣华等还基于空心阴极放电原理研发了一套独特的管内壁镀膜技术，可在各种管道内表面镀制 DLC 薄膜，如细长管道、弯曲管道，管道的长度可达 10m。

中国科学院兰州化学物理研究所的科研团队进一步结合原位等离子体浸没离子注入和空心阴极高密度等离子体增强复合技术，实现了 DLC 薄膜的快速与大面积沉积[35]，其设备如图 17-7 所示。目前已经利用平板阴极的空心阴极效应、外加辅助阴极的空心阴极效应和管内产生的空心阴极效应，分别在平面工件、活塞环功能面和不同形状（直管、直角管和 U 形管）、不同金属（304 不锈钢、6063 铝合金和铸铁）管道内壁沉积均匀致密的 DLC 薄膜，薄膜厚度超过 50μm，并成功开发了系列含氟、含硫、含硅和含氮类金刚石超厚薄膜技术。在平面、活塞外圆面和管道内壁沉积超厚 DLC 薄膜实物如图 17-8[35] 所示。

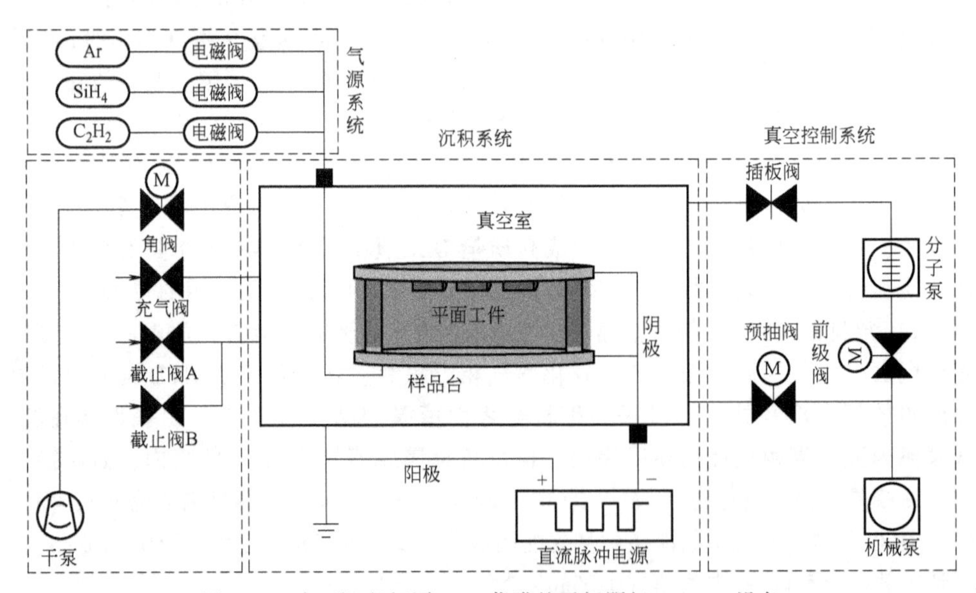

图 17-7　表面沉积超厚 DLC 薄膜的平板阴极 PECVD 设备

3）离子束化学气相沉积技术（IBCVD）。采用各种离子源（如阳极层离子源、霍尔离子源等）离化烃类气体产生碳或碳氢离子，在电场加速作用下获得能量而沉积到衬底表面形成 DLC 薄膜。孙丽丽等人[36] 利用阳极层离子源和磁控溅射复

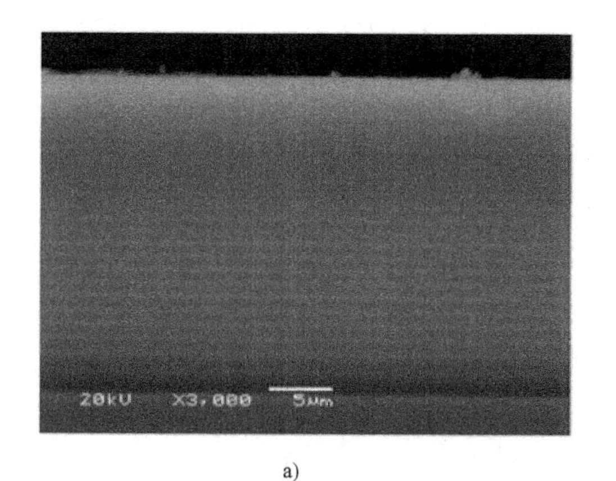

a)

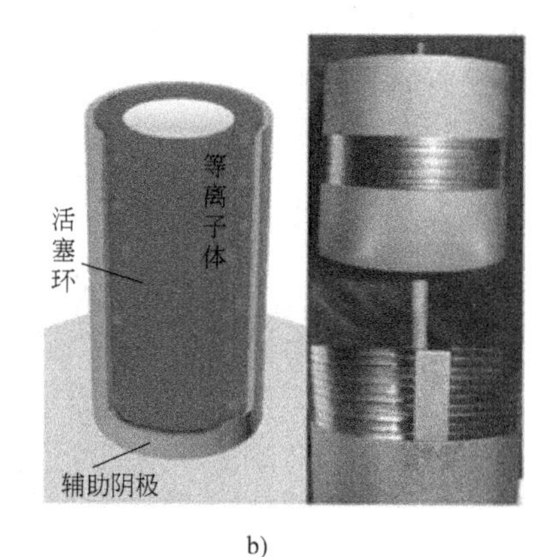

b)

c)

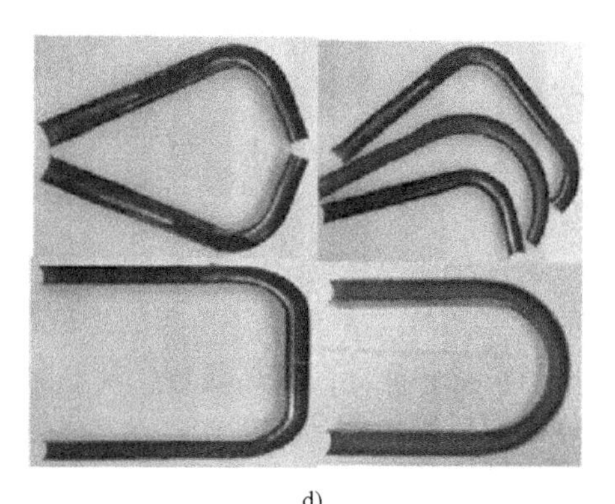

d)

图 17-8　在平面、活塞外圆面和管道内壁沉积超厚 DLC 薄膜实物

a）超薄 DLC 薄膜表面形貌　b）活塞环外表面沉积超厚 DLC 薄膜

c）不同材质管道内沉积超厚 DLC 薄膜　d）弯曲管道内沉积超厚 DLC 薄膜

合技术开展 Cu/Cr-DLC 薄膜的组分结构设计、工艺制备。沉积出高金属掺杂 DLC 薄膜/低金属掺杂 DLC 薄膜/ DLC 薄膜的多层结构，在高速钢、不锈钢、硅表面获得厚度为 1.73μm、膜-基结合力>45N、硬度达 27.1GPa、应力为 1.0GPa、摩擦因数为 0.1 左右、磨损极小的 DLC 薄膜。

2. 类金刚石碳基薄膜的性能

类金刚石碳基薄膜具有许多与金刚石薄膜相似的性能，如高硬度、低摩擦因数、高耐磨性，以及良好的化学稳定性、导热性、电绝缘性、光透性、耐蚀性和生物相容性，作为新型功能薄膜材料，在许多领域都有着巨大的应用前景。但相对于金刚石薄膜，DLC 薄膜又具有许多独特的优点，如沉积温度低，沉积面积大，沉积条件简单，表面平整光滑等，使得金刚石薄膜并不能完全取代它，特别是在某些要求沉积温度低、表面粗糙度低的场合，DLC 薄膜具有极其重要的应用价值。

通过异质元素的掺杂，可调节 DLC 薄膜的结构与性能，而且掺杂元素的种类和掺杂元素的量对其结构与力学性能有重要影响。图 17-9 所示为掺杂元素对 DLC 薄膜性能的改善作用。

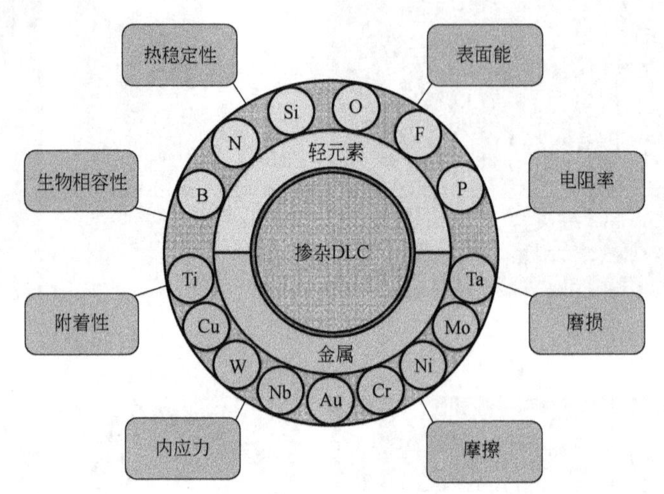

图 17-9 掺杂元素对 DLC 薄膜性能的改善作用

通过合理控制掺杂元素与 DLC 薄膜中相互交联碳基质网络的成键方式、薄膜表面化学状态、sp^3 和 sp^2 杂化的比例及活性 σ 悬键的数量，可有效缓解 DLC 薄膜内应力积累和降低薄膜高脆性，提高膜-基结合力及机械强度，并大幅度增强薄膜减摩耐磨性能，进而提高 DLC 薄膜在苛刻服役工况下的摩擦学行为稳定性、耐久性和适应性。

此外，协同利用金属纳米晶的小尺寸效应、表面效应和 DLC 薄膜基质材料的高化学稳定性及其优异机械摩擦学性能，可调控 DLC 薄膜，使其由绝缘体向半导体转变，极大拓展 DLC 薄膜在生物医学和电、光、磁等领域的应用范围。金属掺杂 DLC 复合薄膜主要通过磁控溅射、多弧离子镀和 PECVD 结合溅射的方法实现。

17.3.3 类石墨碳基薄膜的制备技术与性能

在 2000 年，英国 Teer 涂层公司利用非平衡闭合场磁控溅射装置（见图 17-10a）成功制备出一种 sp^2 杂化碳占绝对主导的非晶碳基薄膜（见图 17-10b），并命名为类石墨碳基（GLC）薄膜[4]。制备类石墨碳基薄膜的技术方法有直流辉光放电法[37]、化学气相沉积法[38]、离子束辅助溅射法[39,40]、磁控溅射法[5,6] 等。其中，磁控溅射法由于具有沉积速率高，工件温度低，膜-基结合力强，薄膜表面光滑，成膜结构致密，靶材选择广，工作气压范围大，工艺稳定，以及便于大规模生产等优点，在制备 GLC 薄膜时多被采用。GLC 薄膜具有石墨结构，使其在空气及湿度环境中均具有良好的自润滑特性，而其高硬度又可以为材料提供较高的承载能力和耐磨性，因而 GLC 薄膜在大气环境、潮湿环境及水环境中的摩擦学应用方面表现出了巨大的潜力[4]。

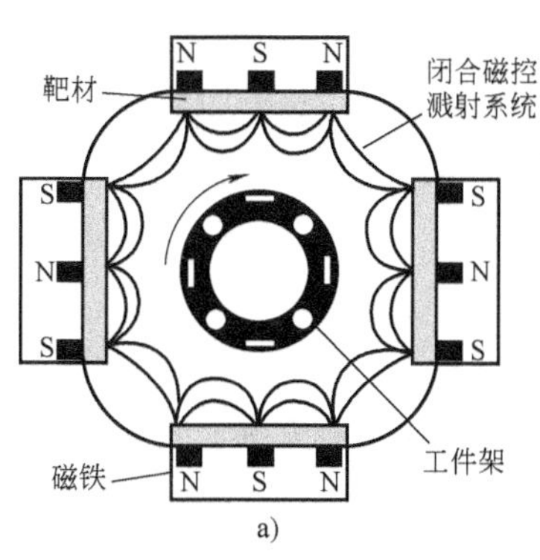

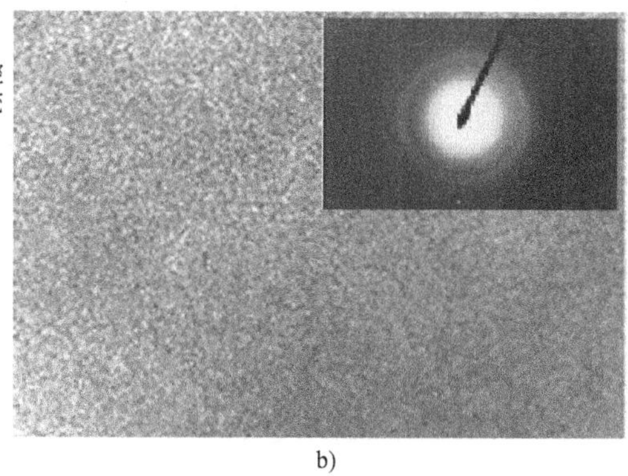

图 17-10 非平衡闭合场磁控溅射装置及类石墨选区衍射图

a）装置 b）类石墨膜的选区衍射图

我国主要有西安交通大学和中科院兰州化学物理研究所薛群基研究团队采用磁控溅射技术制备出 sp^2 含量为 60%～80%、硬度可达 25GPa 的类石墨碳基薄膜[41]。西安交通大学何家文等人制备了以 sp^2 结构为主的 GLC 薄膜，其电阻率为 10^{-4}～$10^{-2}\Omega \cdot m$，明显不同于类金刚石碳基薄膜（高 sp^3 含量）[42-44]。此外，GLC 薄膜在腐蚀介质中兼具良好的耐磨性、耐蚀性和优异的化学稳定性，因此有望应用于燃料电池中双极板和锂电池中隔膜的防护与功能化。图 17-11 所示为 GLC 薄膜在大气中和水中的摩擦因数曲线[41]。

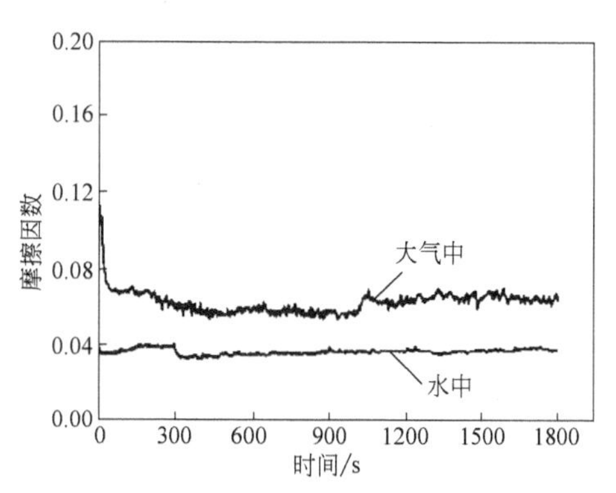

图 17-11 GLC 薄膜在大气中和水中的摩擦因数曲线

17.3.4 类聚合物碳基薄膜的制备技术与性能

类聚合物碳基（PLC）薄膜的制备方法通常采用基于等离子体放电的真空气相沉积技术。其中等离子体中的中性碳氢分子、自由基、原子团等能量一般较低（热运动），而 $C_mH_n^+$ 的能量可通过基体负偏压进行调控[8]，获得预期的性能，因此基体偏压是影响 PLC 薄膜的氢含量的关键工艺参数。常见的 PLC 薄膜沉积方法有磁控溅射、电感耦合等离子体化学气相沉积[45]、微波辅助射频等离子体化学气相沉积[46] 等。采用反应磁控溅射技术沉积 PLC 薄膜，除了要求低基体负偏压外，还要调控磁控溅射沉积与烃类分子的等离子体聚合沉积对薄膜生长贡献的比例。Liu 等[47,48] 在无外加基体偏压条件下，在 CH_4 和 Ar 混合气体中采用磁控溅射石墨靶、硅靶和硅铝复合靶，沉积了 Si-PLC、SiAl-PLC 薄膜。采用反应磁控溅射沉积 PLC 薄膜，还须降低靶材（包括石墨靶）的溅射速率，提高烃类气体的流量，否则沉积的薄膜将以靶材成分为主。目前关于 PLC 薄膜的研究还处于起步阶段，还需要国内外研究者开展大量研究工作，积累大量基础数据，才能推动 PLC 薄膜像 DLC 薄膜一样从基础研究逐步走向工程应用。

17.4 非晶碳基薄膜的应用

非晶碳基薄膜随制备工艺的不同，在结构性能方面会有差异，但也有很多类似的地方，应用领域也有近似之处。

17.4.1 类金刚石碳基薄膜的应用

DLC 薄膜具有的高硬度、低摩擦因数及良好的耐磨性能，使其非常适合作为机械减摩和耐磨防护涂层，因此 DLC 薄膜主要应用于以下几个对摩擦和磨损有特殊要求的领域，目前已经达到了实用化阶段。

（1）切削刀具领域　DLC 薄膜用作刀具（如钻头、铣刀、硬质合金刀片等）涂层，能提高刀具寿命和刀具边缘的硬度，减少刃磨时间，而且还具有非常低的摩擦因数、低黏附性和优良的耐磨性。因此，DLC 薄膜刀具所表现出的特殊性能远超过其他硬质涂层刀具，主要应用于石墨切削、各种非铁金属（如铝合金、铜合金等）切削、非金属硬质材料（如亚克力、玻璃纤维、PCB 材料）切削等。

铝合金切削加工过程中，铝合金材料会很快黏附在刀具切削面而导致被加工面加工品质下降。DLC 薄膜可以降低黏附性，所以在铝合金加工中得到了较好的应用。

硬度高、熔点比金属材料低的亚克力、玻璃纤维、PCB 材料等非金属材料，若采用 TiN、TiAlN 等涂层的刀具加工，会出现由于温度升高使被切削材料发生熔融或半熔而导致排屑不畅现象，最终致使刀具失效。沉积了 DLC 薄膜的切削刀具则可以很好解决以上的问题，特别是高硬度（3500HV）的 DLC 薄膜具有极低的摩擦因数（约 0.08），很大程度上降低了刀具在切削过程中由于摩擦产生的热量，增强了排屑性能，从而使刀具平均使用寿命提高 3~4 倍。这一特性在直径小于 ϕ10mm 的刀具上尤为突出，故 DLC 薄膜广泛应用于微钻、微铣刀领域。图 17-12 所示为表面沉积 DLC 薄膜的微钻。

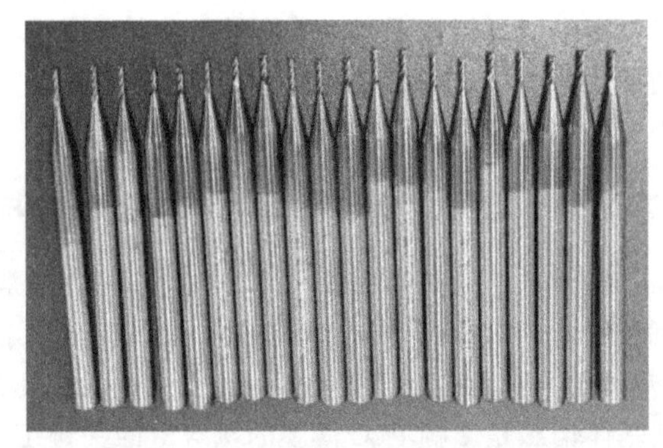

图 17-12　表面沉积 DLC 薄膜的微钻

（2）模压成形领域　传统工艺加工的模具经常出现由于脱模困难而造成产品的报废，而在模具表面镀制 DLC 薄膜可以很好地解决这一问题。在模具关键零件（型腔和型芯）表面涂覆一层 DLC 薄膜可显著降低产品脱模力，杜绝因脱模力太大而造成产品报废的现象；同时，生产率也得到了极大的提高：未镀膜之前生产不到 100 模就需要洗模，镀膜后生产 1000 模以上才需要洗模。在半导体产品的引脚成形模具中，DLC 薄膜同样得到了很好的应用。

（3）汽车发动机领域　在发动机磨损零件上沉积 DLC 薄膜，可以减少发动机滑动部件摩擦磨损，直接降低能量的损失和发动机燃油损耗。DLC 薄膜的硬度是普通电镀硬铬层或氮化层硬度的 2~3 倍，具有更高的耐磨性；同时，由于 DLC 薄膜的摩擦因数极低（<0.2），可显著降低摩擦功耗，而且对解决部件的早期异常磨损效果显著。在活塞销、共轨式燃油喷射系统、燃油直喷系统、柱塞泵、滚轮、挺柱和阀座等发动机零部件表面处理中，DLC 薄膜被广泛应用。图 17-13 所示为沉积 DLC 薄膜的汽车耐磨件。

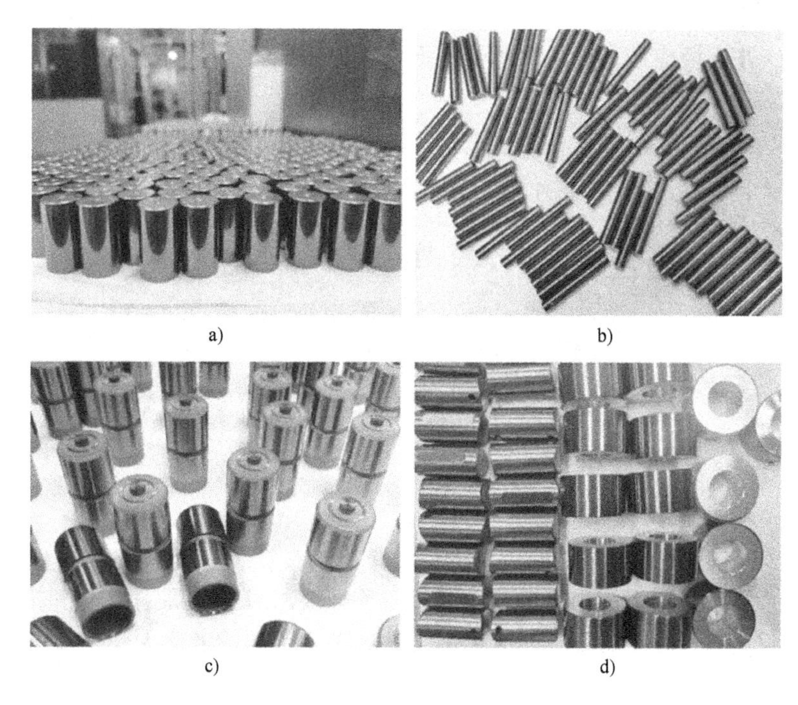

图 17-13　沉积 DLC 薄膜的汽车耐磨件

a）活塞销　b）柱塞　c）挺柱　d）滚轮

中国科学院兰州化学物理研究所与仪征双环活塞环有限公司联合开发出具有自主知识产权的 DLC 薄膜活塞环技术与工艺，可在缸径为 $\phi65 \sim \phi126$mm，经渗氮、电镀铬、CKS 及 PVD 处理的活塞环表面沉积厚度为 2~5μm 的 DLC 薄膜，DLC 活塞环台架试验后的缸套与活塞环表面均无显著的磨损。图 17-14 所示为表面沉积

DLC 薄膜的活塞环。

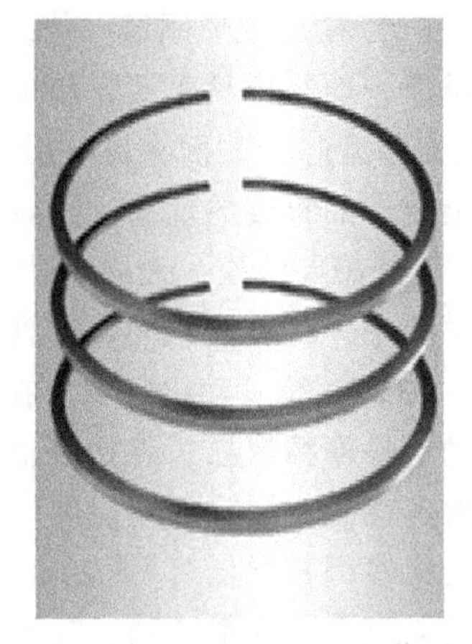

图 17-14 表面沉积 DLC 薄膜的活塞环

（4）其他机械零部件轴承、齿轮、密封等机械零部件　为降低各种轴承因运动而产生的摩擦、磨损、振动、冲击、噪声，并解决轴承的可靠性差和寿命短等问题，在轴承的制造中，摩擦副表面高硬度与低摩擦表面处理和固-液复合润滑改性技术逐渐成为改善轴承系统使役性能的重要途径。

1）滚珠轴承。采用超光滑 DLC 薄膜对轴承进行表面处理，可显著降低轴承系统的摩擦损耗。未处理的滚子运转 15h 后表面发生擦伤，而滚子表面经过 DLC 薄膜处理后运转 200h 以上也未发生擦伤，而且磨损深度也从 1.85μm 减轻到 0.68μm。图 17-15 所示为表面沉积 DLC 薄膜的滚柱轴承和滚珠。高硬度和强韧性的类金刚石碳基薄膜受到了国外大型轴承制造商的广泛关注，并逐渐应用到轴承摩擦副表面。

a）

b）

图 17-15 表面沉积 DLC 薄膜的滚柱轴承和滚珠
a）滚柱轴承　b）滚珠

2）齿轮。齿轮通常是机械装备的动力传输部件，使用时要求具有优良的耐磨性、较高的接触疲劳强度和弯曲疲劳强度，同时要求具有较高的抗冲击和抗过载能力。目前，美国 NASA 的格林研究中心、波音公司、美国西北大学，欧洲著名的涂层服务企业如 Balzers、Hauzer，以及齿轮变速箱加工企业德国采埃孚股份公司等均开展了气相沉积涂层齿轮的技术研制及性能考核试验，并陆续推出了多种用于高载、高速环境下的类金刚石碳基薄膜，取得了良好的使用效果。其中 WC/C 与 B_4C 涂层齿轮的抗胶合承载能力显著提高。相比未涂齿轮，有涂层齿轮的抗胶合载荷级提高了两级以上，传递转矩能力提高了 50%以上，寿命系数提高了 2~3。图 17-16 所示为表面沉积 DLC 薄膜的齿轮。

（5）其他方面的应用　近年来，DLC 薄膜技术和装备不断得到改进，用途也

图 17-16　表面沉积 DLC 薄膜的齿轮

在向摩擦学功能以外的领域拓展。应用范围涉及腐蚀防护、硬盘与磁盘保护膜、声学部件（高音喇叭振膜光）、光学部件（减反射膜、红外透过膜、磨粒、塑料透明保护膜）、医学部件（心脏瓣膜、关节）、电子部件（绝缘电阻、平面发射器、阻性电极）、娱乐健身（高尔夫球具）及装饰部件（手机镀膜、高档手表）等。

17.4.2　类石墨碳基薄膜的应用

类石墨碳基薄膜具有内应力低、与基体结合强度高、热稳定性好、承载能力高、导电性能优异、生物相容性好且与钢铁材料接触时不易发生触媒效应等良好性能，特别是在大气环境、潮湿环境及水环境中优异的摩擦学性能使其具有广阔的潜在应用前景。国外 Field 等人[4] 对比研究了其所制备的 GLC 薄膜与 DLC 薄膜在去离子水中的摩擦磨损行为，结果显示，由于 GLC 薄膜兼具高硬度和高石墨结构含量，其在水环境显示出了更加优异的摩擦磨损特性。关晓艳、王立平等人[49] 通过结构设计与优化，在钛合金表面沉积 GLC 薄膜，与未镀膜前的钛合金相比，摩擦因数均大幅下降，特别是在水环境下的磨损率降低了约 3 个数量级，在海水环境下其磨损率降低了约 2 个数量级。由此可见，GLC 薄膜不仅在大气环境干摩擦条件下可以表现出较好的摩擦学特性，在高湿度、水环境及海水中仍然可以表现出较好的减摩耐磨作用，这为开发环境自适应性碳基薄膜润滑防护材料，以适应水润滑系统的发展需要，开辟了一条道路。图 17-17 所示为钛合金沉积 DLC 后在去离子水和海水中的磨损率[4]。

我国薛群基院士领导的研究团队采用磁控溅射制备 GLC 薄膜，系统研究了其在水环境中的摩擦学性能。在碳化物陶瓷（SiC）、氮化物陶瓷（Si_3N_4）和碳化钨硬质合金（WC 等）摩擦副表面构筑的 GLC 薄膜，可保证摩擦副在启停或瞬时过载等润滑不足情况下的低摩擦运转，而且其良好的耐磨性又可对摩擦副表面起到有效的防护作用，因而为解决润滑条件比较差的水介质中机械摩擦副部件的摩擦磨损问题提供了有效途径。SiC 陶瓷表面制备的 GLC 薄膜在干摩擦环境下，摩擦因数为 0.074，比未镀膜的 SiC 陶瓷（摩擦因数为 0.238）降低 68.9%，磨损率为 5.2×

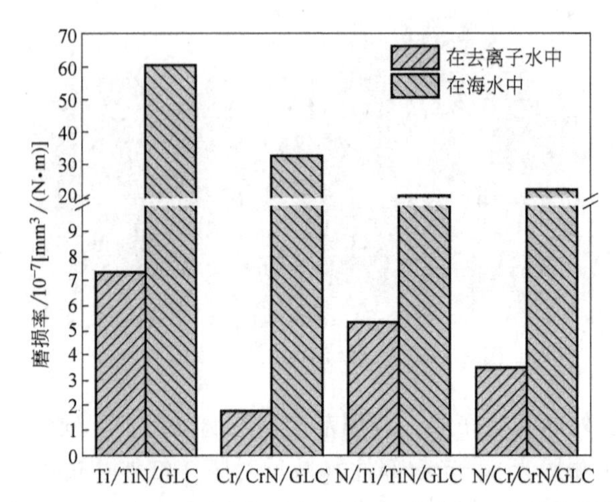

图 17-17　钛合金沉积 DLC 后在去离子水和海水中的磨损率

$10^{-7}mm^3/(N\cdot m)$，比未镀膜的 SiC 陶瓷［磨损率为 $7.5\times10^{-5}mm^3/(N\cdot m)$］降低 2 个数量级；在水环境下的摩擦，摩擦因数为 0.035，比未镀膜的 SiC 陶瓷（摩擦因数为 0.106）降低 67.0%，磨损率为 $6.2\times10^{-7}mm^3/(N\cdot m)$，比未镀膜的 SiC 陶瓷［磨损率 $4.9\times10^{-6}mm^3/(N\cdot m)$］降低 1 个数量级。

GLC 薄膜材料可在一个较大的范围内调整其电阻率，同时兼具良好的耐蚀性和优异的化学稳定性，因此有望解决制约金属双极板广泛应用的瓶颈：耐蚀性和导电性这对矛盾。研究团队通过闭合场非平衡磁控溅射系统，在钛合金双极板表面制备了综合性能优良的 GLC 薄膜，厚度约为 2μm，硬度约为 14.7GPa，弹性模量约为 191.1GPa 和结合力大于 30N；极化曲线显示 GLC 薄膜在浓磷酸中的腐蚀电位约为 198.2mV，腐蚀电流密度约为 $5.4\times10^{-7}A/cm^2$，而钛合金双极板的腐蚀电位约为-263.6mV，腐蚀电流密度约为 $6.8\times10^{-6}A/cm^2$，这表明 GLC 薄膜显著提高了钛合金双极板的耐蚀性。图 17-18 所示为表面溅射 GLC 膜的钛合金双极板。

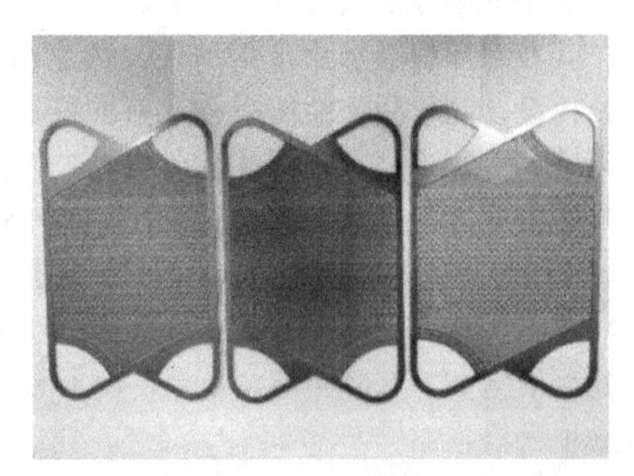

图 17-18　表面溅射 GLC 膜的钛合金双极板

17.4.3　类聚合物碳基薄膜的应用

相对于其他碳基薄膜，PLC 薄膜具有最大的带隙，最低的薄膜密度和最低的内应力，这使得它成为获得接近金刚石的击穿强度的极好的候选介电材料[50]。由于电容器的能量密度与外加电压的平方成正比，与电介质厚度成反比，因此有理由相信高能量密度 PLC 电容器薄膜可由非常薄的高击穿强度电介质制成。目前已成功通过射频等离子体增强化学气相沉积法，在电容器上制备最高能量密度（4.13J/cm^3）和击穿强度（7.2MV/cm）的 PLC 薄膜。

PLC 薄膜在空间环境中可以表现出较长寿命的超润滑性能，而被视作一种具有潜在应用价值的新型空间固体润滑材料，受到了国内外研究者的关注[9]。相比于传统润滑技术，超润滑意味着更低的摩擦功耗、振动和噪声，以及更高的力学性能指标，这对于正朝着超长寿命、超高精度、高稳定度、大转矩、低功耗、低振动、低噪声、小型化、轻量化方向发展的空间机械来说尤为重要。如图 17-19 所示，在高精度轴承表面沉积 PLC 薄膜，成功解决了 150℃氦气下的润滑问题，突破了驱动机构 P4 级高精度轴承 900 万转寿命考核。

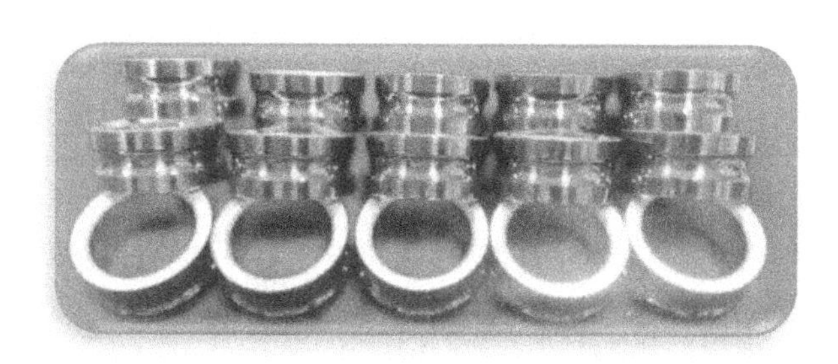

图 17-19 表面沉积 PLC 薄膜的高精度轴承

通过以上介绍可见，各类碳基薄膜具有丰富的、优异的特殊性能，碳基薄膜是极具广泛应用前景的薄膜，碳基薄膜的沉积技术会成为科技工作者研究开发的热点。碳基薄膜在国民经济的发展中将发挥重大作用，推动社会发展，取得巨大的经济效益。

参 考 文 献

[1] ROBERTSON J. Diamond-like amorphous carbon [J]. Materials Science & Engineering R Reports, 2002, 37 (4-6): 129-281.

[2] WANG Y, ZHANG X, WU X, et al. Superhard nanocomposite nc-TiC/a-C: H film fabricated by filtered cathodic vacuum arc technique [J]. Applied Surface Science, 2008, 254 (16): 5085-5088.

[3] 王鹏. 碳基纳米复合薄膜的设计、制备及其性能研究 [D]. 兰州：中国科学院兰州化学物理研究所，2008.

[4] FIELD S K, JARRATT M, TEER D G. Tribological properties of graphite-like and diamond-like carbon coatings [J]. Tribology International, 2004, 37 (11-12): 949-956.

[5] STALLARD J, MERCS D, JARRATT M, et al. A study of the tribological behaviour of three carbon-based coatings, tested in air, water and oil environments at high loads [J]. Surface & Coatings Technology, 2004, 177: 545-551.

[6] STALLARD J, TEER D G. A study of the tribological behaviour of CrN, Graphit-iC and Dymon-iC coatings under oil lubrication [J]. Surface & Coatings Technology, 2004, 188: 525-529.

[7] YANG S, CAMINO D, JONES A H S, et al. Deposition and tribological behaviour of sputtered carbon hard coatings [J]. Surface & Coatings Technology, 2000, 124 (2-3): 110-116.

[8] 崔龙辰，王军军，黄伟九. 类聚合物碳薄膜的制备及其摩擦学研究进展 [J]. 材料导报，2019，33 (5): 797-804.

[9] NOSAKA M, KUSABA R, MORISAKI Y, et al. Stability of friction fade-out at polymer-like carbon films slid by ZrO_2 pins under alcohol-vapored hydrogen gas environment [J]. Proceedings of the Institution of Mechanical Engineers Part J-Journal of Engineering Tribology, 2016, 230 (11): 1389-1397.

[10] ALI M, ÜERGEN M. Surface morphology, growth rate and quality of diamond films synthesized in hot filament CVD system under various methane concentrations [J]. Applied Surface Science, 2011, 257 (20): 8420-8426.

[11] GUO L, CHEN G. High-quality diamond film deposition on a titanium substrate using the hot-filament chemical vapor deposition method [J]. Diamond & Related Materials, 2007, 16 (8): 1530-1540.

[12] FERNANDES A, NETO M A, ALMEIDA F A, et al. Nano- and micro-crystalline diamond growth by MPCVD in extremely poor hydrogen uniform plasmas [J]. Diamond & Related Materials, 2007, 16 (4): 757-761.

[13] MAN W, WENG J, WU Y, et al. A Novel Method of Fabricating a Well-Faceted Large-Crystal Diamond Through MPCVD [J]. Plasma Science & Technology, 2009, 11 (6): 688-692.

[14] 张静. 多孔掺硼金刚石薄膜制备及其超级电容器性能研究 [D]. 北京：中国地质大学，2020.

[15] BAI Y, JIN Z, LV X, et al. Influence of cathode temperature on gas discharge and growth of diamond films in DC-PCVD processing [J]. Diamond & Related Materials, 2005, 14 (9): 1494-1497.

[16] HUANG T B, TANG W Z, LU F X, et al. Influence of plasma power over growth rate and grain size during diamond deposition using DC arc plasma jet CVD [J]. Thin Solid Films, 2003, 429 (1-2): 108-113.

[17] BUTLER-SMITH P W, AXINTE D A, DAINE M, et al. A study of an improved cutting mechanism of composite materials using novel design of diamond micro-core drills [J]. International Journal of Machine Tools & Manufacture, 2015, 88 (5): 175-183.

[18] DUMPALA R, CHANDRAN M, MADHAVAN S, et al. High wear performance of the dual-layer graded composite diamond coated cutting tools [J]. International Journal of Refractory Metals & Hard Materials, 2015, 48: 24-30.

[19] ZHAO Y H, YUE W, LIN F, et al. Friction and wear behaviors of polycrystalline diamond under vacuum conditions [J]. International Journal of Refractory Metals & Hard Materials, 2015, 50: 43-52.

[20] ALEKSON A KUBOVICM, SCHMID P, et al. Diamond-based electronics for RF applications [J]. Diamond & Related Materials, 2004, 13 (2): 233-240.

[21] KALISH R. The search for donors in diamond [J]. Diamond & Related Materials, 2001, 10 (9-10): 1749-1755.

[22] HAN J, ZHU J, LI N, et al. Superexcellent infrared protective coatings: Amorphous diamond films deposited by filtered cathodic vacuum arc technology [J]. Surface & Coatings Technology, 2007, 201 (9-11): 5323-5325.

[23] PACE E, PINI A, CORTI G, et al. CVD diamond optics for ultraviolet [J]. Diamond & Related Materials, 2001, 10 (3-7): 736-743.

[24] MOUSSA T, GARNIER B, PEERHOSSAINI H. Measurement and model on thermal properties of sintered diamond composites [J]. Journal of Alloys and Compounds, 2013, 551 (5): 636-642.

[25] 李浩. 硼掺杂金刚石薄膜电极的制备及其在密闭空间废水处理回用中的应用 [D]. 浙江大学，2016.

[26] 苏青峰. CVD金刚石薄膜材料与辐射探测器件的研究 [D]. 上海：上海大学，2006.

[27] 许平. CVD金刚石膜辐射探测器的研制与性能研究 [D]. 衡阳：南华大学，2020.

[28] MEI R, WEI Q, ZHU C, et al. 3D macroporous boron-doped diamond electrode with interconnected liquid flow channels: A high-efficiency electrochemical degradation of RB-19 dye wastewater under low current [J]. Applied Catalysis B: Environmental, 2019, 245: 420-427.

[29] ZHANG L, ZHOU K, WEI Q, et al. Thermal conductivity enhancement of phase change materials with 3D porous diamond foam for thermal energy storage [J]. Applied Energy, 2019, 233-234: 208-219.

[30] LIEBLER V, BAUMANN H, BETHGE K. Characterization of ion-beam-deposited diamond-like carbon films [J]. Thin Solid Films, 1993, 270 (2-4): 584-589.

[31] 薛群基，王立平. 类金刚石碳基薄膜材料 [M]. 北京：科学出版社，2012.

[32] WEISSMANTEL C, BEWILOGUA K, DIETRICH D, et al. Structure and properties of quasi-amorphous films prepared by ion beam techniques [J]. Thin Solid Films, 1980, 72 (1): 19-32.

[33] 王永富. 特殊纳米结构碳基薄膜设计、调控与超滑应用研究 [D]. 兰州：中国科学院兰州化学物理研究所，2018.

[34] 魏荣华，李灿民. 美国西南研究院等离子全方位离子镀膜技术研究及实际应用 [J]. 中国表面工程，2012，25 (1)：1-10.

[35] 魏徐兵，尚伦霖，鲁志斌，等. 利用PECVD快速沉积超厚类金刚石碳基薄膜技术 [J]. 真空与低温，2020，26 (5)：402-409.

[36] 孙丽丽. 铜铬共掺杂类金刚石碳基薄膜的制备、结构与物性研究 [D]. 宁波：中国科学院宁波材料技术与工程研究所，2017.

[37] MEYERSON B, SMITH F W. Electrical and optical properties of hydrogenated amorphous carbon films [J]. Journal of Non-Crystalline Solids, 1980, 35-36: 435-440.

[38] SINGH S V, CREATORE M, GROENEN R, et al. A hard graphitelike hydrogenated amorphous carbon grown at high deposition rate (>15nm/s) [J]. Applied Physics Letters, 2008, 92 (22): 129.

[39] ROSSI F, ANDRE B, VAN V A, et al. Effect of ion beam assistance on the microstructure of nonhydrogenated amorphous carbon [J]. Journal of Applied Physics, 1994, 75 (6): 3121-3129.

[40] ZENG X T, ZHANG S, DING X Z, et al. Comparison of three types of carbon composite coatings with exceptional load-bearing capacity and high wear resistance [J]. Thin Solid Films, 2002, 420-421: 366-370.

[41] 王永欣. 水环境用高性能类石墨碳基薄膜的制备及其特性研究 [D]. 兰州：中国科学院兰州化学物理研究所，2011.

[42] HUANG H, WANG X, HE J. Synthesis and properties of graphite-like carbon by ion beam-assisted deposition [J]. Materials Letters, 2003, 57 (22-23): 3431-3436.

[43] 杜军，何家文. 类石墨碳膜的制备及其与类金刚石碳膜的区分 [J]. 中国表面工程，2005，18 (4)：6-8.

[44] 付永辉，朱晓东，何家文，等. 非平衡磁控溅射沉积类石墨膜及其摩擦磨损性能研究 [J]. 摩擦学学报，2003，23 (6)：463-467.

[45] DWORSCHAK W, KLEBER R, FUCHS A, et al. Polymer-like and hard amorphous hydrogenated carbon films prepared in an inductively coupled R. F. glow discharge [J]. Thin Solid Films, 1990, 189 (2): 257-267.

[46] BOUCHET-FABRE B, DIXMIER J, HEITZ T, et al. X-ray diffraction investigation of polymer-like hydrogenated amorphous carbon films [J]. Journal of Non-Crystalline Solids, 2000, 266-269: 755-759.

[47] LIU X, YANG J, HAO J, et al. Microstructure, mechanical and tribological properties of Si and Al co-doped hydrogenated amorphous carbon films deposited at various bias voltages [J]. Surface & Coatings Technology, 2012, 206 (19-20): 4119-4125.

[48] LIU X, HAO J, XIE Y. Silicon and aluminum doping effects on the microstructure and properties of polymeric amorphous carbon films [J]. Applied Surface Science, 2016, 379 (30): 358-366.

[49] GUAN X, LU Z, WANG L. Achieving High Tribological Performance of Graphite-like Carbon Coatings on Ti6Al4V in Aqueous Environments by Gradient Interface Design [J]. Tribology Letters, 2011, 44 (3): 315.

[50] CASIRAGHI C, PIAZZA F, FERRARI A C, et al. Bonding in hydrogenated diamond-like carbon by Raman spectroscopy [J]. Diamond and Related Materials, 2005, 14 (3-7): 1098-1102.

第18章　离子镀膜在热电薄膜领域的应用

18.1　热电技术及热电器件

热电技术是利用热电材料的热电效应，直接实现热能与电能相互转化的技术。目前热电材料受到越来越多的关注，而且基于热电技术所制备的热电器件也逐步在日常生活中得到了应用。与其他能量转换器件相比，热电器件具有稳定性好、使用寿命长、无噪声等独特优点。除此之外，热电器件还可以实现热电制冷、光热探测等，这进一步拓宽了热电技术的应用范围。热电器件发电和制冷主要基于两种热电效应，即塞贝克（Seebeck）效应和帕尔贴（Peliter）效应。

18.1.1　塞贝克效应和帕尔贴效应

1. 塞贝克效应

温差发电主要基于塞贝克效应，塞贝克效应是指由两种不同导体或者半导体材料构成的闭合回路，在温差的作用下观测到电势差信号的一种热能转换到电能的现象，如图 18-1a 所示。两种不同的导体材料 a、b 构成闭合回路，在其连接处加上

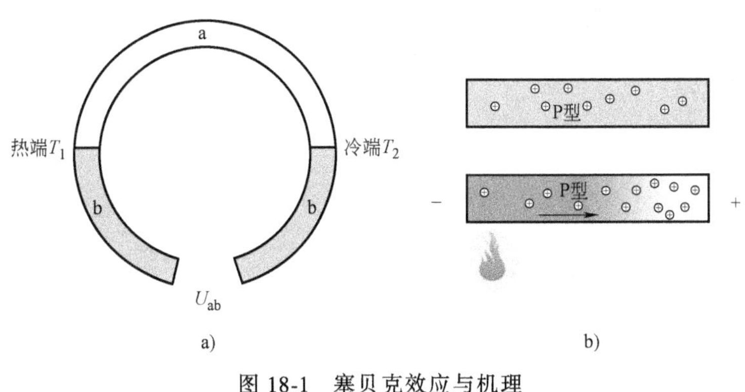

图 18-1　塞贝克效应与机理

a）塞贝克效应　b）塞贝克效应机理

不同温度，一端为 T_1（热端），一端为 T_2（冷端），此时可以在导体 b 的两个自由端测量回路中产生的电势差 U_{ab}，U_{ab} 由式（18-1）计算：

$$U_{ab}=S_{ab}\Delta T \tag{18-1}$$

式中　S_{ab}——两种导体材料 a、b 的相对塞贝克系数（μV/K）；

　　ΔT——热端与冷端温差（K），$\Delta T=T_1-T_2$。

在机理上，塞贝克效应的成因可由温度梯度下导体内部载流子分布的变化来解释。塞贝克效应机理如图 18-1 b 所示。以 P 型半导体为例，当材料两端没有温度差时，其载流子均匀分布，此时材料内并无电势差建立。当材料两端存在温差时，空穴在温度梯度的作用下将会自热端向冷端移动，并在冷端堆积，从而在材料内部形成空间电场。在该电场作用下会有一个反向的电荷漂移流，当热运动电荷扩散流和内部电场的电荷漂移流达到动态平衡，在材料的两端就会形成稳定的温差电动势。因此，材料在某一温度 T 的绝对塞贝克系数的定义可由式（18-2）表示：

$$S=\lim_{\Delta T\to 0}\frac{U}{\Delta T} \tag{18-2}$$

并且绝对塞贝克系数与温度无关，只和材料的自身性质有关。绝对塞贝克系数的正负与材料的 N-P 型有关，规定：P 型半导体温差电动势由热端指向冷端，其绝对塞贝克系数为正；对应的 N 型半导体的温差电动势由冷端指向热端，其绝对塞贝克系数为负。

2. 帕尔贴效应

帕尔贴效应是塞贝克效应的逆效应，是电能泵浦热能的一个过程，也是实现热电制冷的根本效应。当在两个不同导体构成的回路中通过电流时，其连接处会随着电流方向的不同产生吸放热的现象。如图 18-2a 所示，将两个不同的金属棒（铋棒和锑棒）连接在一起，在回路中通电后发现其接头处的水滴会结冰，当改变电流方向时其接头处变热，冰块又被融化。帕尔贴效应在机理上源于回路中两种导体的

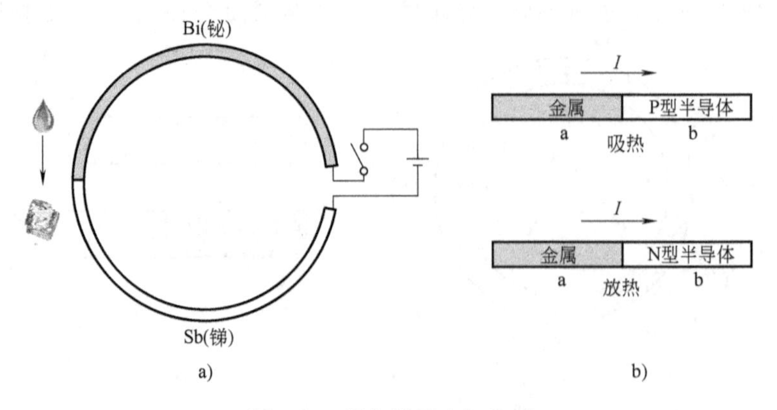

图 18-2　帕尔贴效应与机理

a）帕尔贴效应　b）帕尔贴效应机理

势能差，当电子从一种导体进入另一种导体时，会在接头处与晶格发生能量交换，以达到新的平衡。如图 18-2b 所示，电流从金属流向 P 型半导体时，电子将会在电场的作用下从低能级导体（P 型半导体）流向高能级导体（金属），此时电子将会吸收热量以获得足够的跃迁的能量，在其连接处宏观表现为吸热；反之，当电子从高能级向低能级跃迁时（金属和 N 型半导体连接，电流从金属流向 N 型半导体），其连接处宏观表现为放热。

18.1.2 热电器件

热电器件一般由 N 型和 P 型的半导体材料共同组成，它们由热并联、电串联的形式构成器件中的一个基本单元，如图 18-3 所示，基于以上两种效应热电器件就可以实现发电和制冷。通常单个热电单元的输出功率很小，所以需要将多个热电单元串接起来形成热电模块。当在器件两端施加温差时，回路中会有电流产生，进而可以发电，如图 18-3a 所示。在器件回路中通入电流时，器件两端会产生吸放热现象，进而可以实现制冷，如图 18-3b 所示。

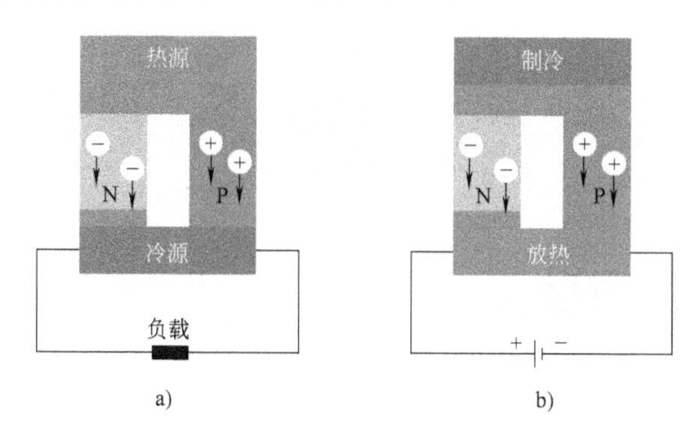

图 18-3 热电器件工作原理

a）温差发电 b）热电制冷

实现温差发电和热电制冷的技术关键是探寻性能优异的热电材料。热电材料性能的优劣一般通过无量纲热电优值 zT 来判断，性能卓越的热电材料往往具有高的 zT 值，其表达式为：

$$zT = S^2\sigma T/\kappa \tag{18-3}$$

式中 S——塞贝克系数；

σ——电导率；

κ——热导率；

T——热力学温度。

在此 $S^2\sigma$ 又称作功率因子[1-3]。由式（18-3）可见，性能优异的热电材料应该具有高功率因子和低热导率，这样才能获得大的 zT 值。热电优值 zT 越大，在同一温度条件下，其热电转化效率越高。热电块体材料的研究已经十分成熟，并且基于块体材料所制备的热电器件已经在实际生活中得到了广泛应用。图 18-4 所示为几种商业化的热电器件产品。

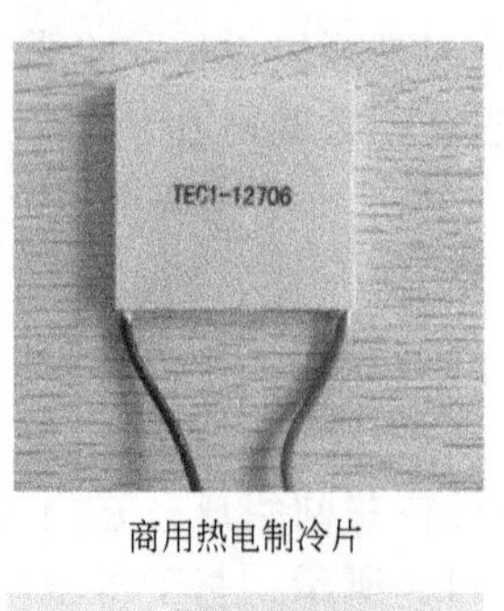

商用热电制冷片

便携式热电小冰箱

温差自动搅拌杯

温差电手表

图 18-4　商业化热电器件产品

18.2　热电薄膜材料

为了深入研究热电材料中电子传输和热输运机理，往往需要获得高质量的单晶块体，但是由于单晶块体制备工艺复杂、成功率低且成本昂贵，因此越来越多的人将目光转向了热电薄膜材料。相较于单晶块体，单晶或者类单晶热电薄膜材料的制备工艺比单晶块体简单可控，通常采用离子镀膜技术，例如脉冲激光沉积、磁控溅射、分子束外延等。薄膜材料与块体材料相比，通常有较低的热导率，这对降低块体材料热导率的研究具有一定指导意义。除此之外，基于低维热电材料的器件具有小型化、高功率密度的特点，可实现高功率器件冷却，在航空航天领域具有广泛的应用潜力。随着离子镀膜技术的日渐成熟，其在热电材料领域里的应用也逐渐增多，多种热电薄膜也相继被开发出来，如超晶格结构薄膜、柔性热电薄膜等。

18.2.1　超晶格热电薄膜

超晶格结构为两种晶格匹配很好的材料交替生长的周期性结构，每层材料的厚度在 100 nm 以下，超晶格热电薄膜是由热电材料制成的具有超晶格结构的二维纳米薄膜。早在 1993 年，Hicks 等人[4,5] 就通过理论计算证明了超晶格量子阱结构对 Bi_2Te_3 热电优值的影响，结果发现拥有超晶格量子阱结构会极大地提高材料的

zT 值。如图 18-5a 所示，当两种材料 A、B 组成超晶格结构时，材料界面处的能带发生改变，宽带隙材料 A 中的电子和空穴进入窄带隙材料 B 中，并且能量处于 B 的禁带隙内，形成能够束缚电子和空穴的能带结构，也叫作量子阱。图 18-5b 所示为 Bi_2Te_3 超晶格量子阱宽度对材料 zT 值的影响[4]。从该图中可以看出，随着量子阱宽度的减小，沿两个互相垂直的 1 面和 2 面 zT 值呈指数上升（虚线为块体 Bi_2Te_3 的 zT 值）。不同于块体材料，超晶格薄膜具有丰富的界面并且结构呈现周期性。由于超晶格薄膜维数的减少，导致载流子有效质量增加，因此材料的塞贝克系数会有很大的提高，同时众多界面的存在会有效地对声子进行散射，使晶格热导率显著降低，并且电子散射并不会明显增加，即电导率并没有被削弱。这会在整体上使超晶格薄膜获得高的功率因子和低的热导率，进而得到大的 zT 值。

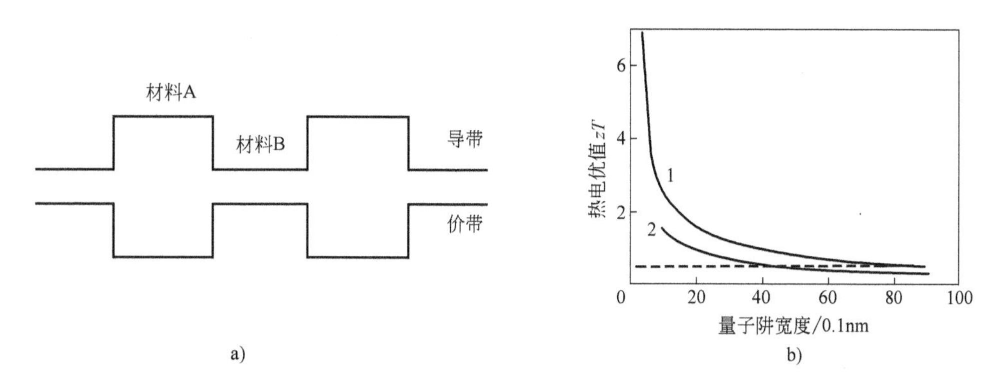

图 18-5　超晶格量子阱对热电材料性能的影响[4]

a）超晶格量子阱能带的结构　b）Bi_2Te_3 超晶格量子阱宽度对材料 zT 值的影响

1、2—相互垂直的两个测试面

18.2.2　柔性热电薄膜

块体热电材料的研究已经日渐成熟，并且基于块体材料所制备的热电器件已经在实际生活中得到了广泛应用，但是块体材料具有欠佳的柔性，这限制了其在可穿戴设备领域的应用。与之相比，柔性热电薄膜材料具有质量小、体积小、可弯折等优点[6]，并且可以用来制作可穿戴电子设备的电源。柔性热电薄膜种类繁多，其中直接将无机热电材料沉积到柔性衬底上的方法最为简单，只需要在柔性衬底上结合常用的离子镀膜技术便可完成。这种工艺通常采用聚酰亚胺（PI）作为衬底，主要是因为聚酰亚胺具有耐高温（最高可达 400℃）、柔性好、质量小、不导电、热导低、便于封装等特性。图 18-6a 所示可穿戴柔性热电器件为典型的面内型柔性薄膜热电器件，借助隔热层使器件一端接触人体皮肤，另一端直接暴露在环境中，利用手腕和环境的温差就可以产生开压信号，图示热电器件利用人体和环境温差能够产生 12.1mV 的开路电压。图 18-6b 所示为器件在手腕和环境之间温差的构建[6]。

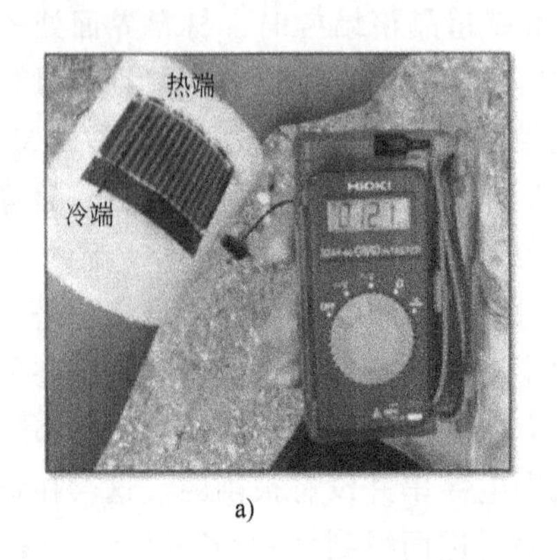

a)

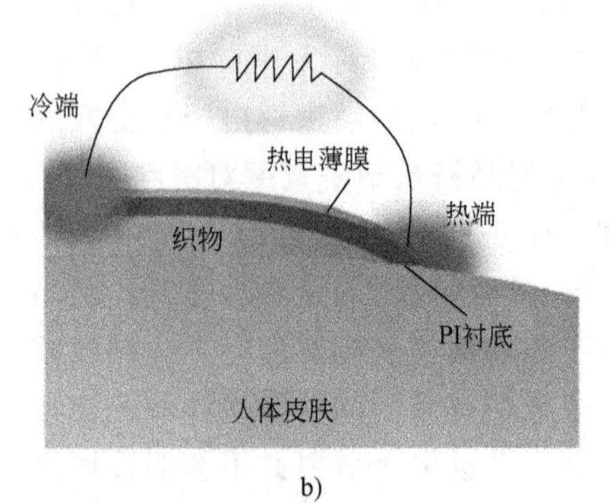

b)

图 18-6　可穿戴柔性热电器件及工作原理

a）可穿戴柔性热电器件　b）器件在手腕和环境之间温差的构建

18.3　热电薄膜制备中常用的离子镀膜技术

18.3.1　分子束外延

1. 分子束外延技术

分子束外延（MBE）是一种在单晶基片上生长高质量单晶薄膜的技术。在超高真空环境（一般在 10^{-8}～10^{-9}Pa 之间）中，对薄膜材料原始组分进行加热直至成为气态，随后经过小孔准直后形成分子束，再喷射到加热的单晶基片上沉积成膜。一般的 MBE 设备都会配有监控设备，如红外测温仪、高能反射电子衍射仪、四极质谱仪等，可以实时观测薄膜生长过程中的衬底温度、生长速度及膜厚。

2. 在热电薄制备中的应用

分子束外延技术经常用来制备一些高质量单晶薄膜或者超晶格结构薄膜。2002年，Harman 等人[7] 采用分子束外延的办法制备了 PbSeTe 基量子点超晶格热电薄膜，最终测得 Bi 掺杂的 $PbSe_{0.98}Te_{0.02}$/PbTe 的样品室温 zT 值高达 1.6，甚至高于传统的 BiTe 基块体热电材料。Harman 等人将其卓越的热电性能归因于镶嵌在三维 PbTe 基体里的高密度的 PbSe 量子点。以此为基础制备的单腿热电器件表现出优异的制冷性能，测试结果显示冷端温度能够达到低于室温 43.7K。除了超晶格的制备外，分子束外延技术在提升材料热电性能方面也有着广泛的应用。Zide 等人[8,9] 利用分子束外延技术在 InP 衬底上外延生长了 InGaAs 薄膜，在沉积过程中通入 Tb 蒸气，进而形成 TbAs：InGaAs 复合薄膜，通过改变 Tb 源温度，制备出了不同 TbAs 含量的复合薄膜。经过测试发现，TbAs 的质量分数为 0.30%～1.0%时具有较高的载流子浓度和电导率，相较于 InGaAs 基体，塞贝克系数有所提高，同时热导率有所降低。在没有优化的情况下，最终计算出 0.78%TbAs 掺杂的 TbAs：InGaAs

薄膜在 650 K 时 zT 值高达 1.6。Zide 等人认为 TbAs 纳米颗粒在复合薄膜中增强了电离杂质散射，改善了薄膜的塞贝克系数，并且 TbAs 纳米颗粒还作为电子施主，提高了复合薄膜的电导率。

18.3.2 磁控溅射

1. 磁控溅射技术

磁控溅射是一种经典的薄膜制备技术，不论在实验室还是在工业生产过程中都得到了广泛的应用。采用磁控溅射技术制备的薄膜具有附着性好、重复性好、生长速率快、薄膜均匀致密表面平整等优点，并且其可以大面积批量化制备，易于实现工业化生产。在热电薄膜制备上，该技术可以实现择优取向薄膜、微量掺杂薄膜的制备，对热电薄膜性能的改善提供多种调控手段。

2. 在热电薄膜制备中的应用

磁控溅射技术在热电薄膜的制备和性能调控方面的应用十分广泛。2017 年，Gonzalez 等人采用脉冲混合磁控溅射的技术（PHRMS），在 Se 蒸气的氛围下溅射银靶材，在玻璃衬底上沉积了符合化学计量比的 Ag_2Se 薄膜，测试发现薄膜的热导率比块体材料有了大幅的降低，室温 zT 值更是达到了 1.2，甚至高于 Ag_2Se 块体材料，完全可以和性能最好的 Bi_2Te_3 基材料相媲美[10]。2019 年，北京航空航天大学的邓元教授课题组采用磁控溅射的方法，在聚酰亚胺（PI）衬底上，制备了柔性 N 型 Bi_2Te_3 基热电薄膜，通过对磁控溅射工艺（沉积压强）的调整，得到了 C 轴择优取向的 Bi_2Te_3 柔性薄膜，使得薄膜的热电性能得到大幅的提升。随后该课题组又以 Sb_2Te_3 作为 P 型材料，制备了如图 18-7[11] 所示的柔性热电器件。测试结果显示，含有 13 对 N-P 热电腿的柔性器件在 24K 温差下，最大开路电压达到 48.9mV，最大输出功率达到 693.5nW，并且当器件穿戴在手腕上时，也可以获得一个高达 12.99mV 的瞬态开压。

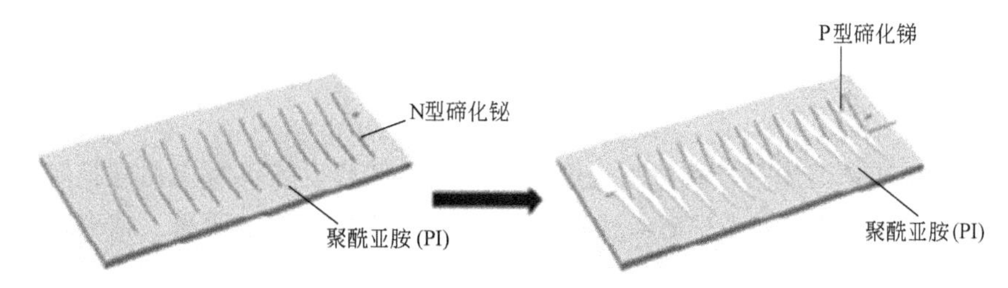

图 18-7 柔性热电器件制备流程

除了对薄膜生长的结构进行调控外，磁控溅射还可以对热电薄膜进行掺杂调控。中国科学院电工研究所的丁发柱研究员课题组采用多靶材共溅射的工艺，在柔性衬底（PI）上制备了 Ag 掺杂的 $Bi_{0.5}Sb_{1.5}Te_3$ 薄膜，如图 18-8[12] 所示。该工艺通过固定两种靶材的溅射功率，改变 Ag 靶到柔性衬底距离的方式控制 Ag 的掺杂量，电子探针显微（EPMA）分析显示这种方式实现了薄膜中 Ag 的质量分数为 0.1%~1%的微量掺杂。通过 Ag 掺杂 $Bi_{0.5}Sb_{1.5}Te_3$ 薄膜的电导率和塞贝克系数都有了很大的提升，最终掺杂量为 0.5%（质量分数）的薄膜样品最大室温功率因子达到 12.4μW/(cm·K^2)，比未掺杂样品提升了近一个数量级。该柔性薄膜具有很好的力学性能。在弯折半径为 5mm 时，经过 650 次弯折，薄膜功率因子仅仅降低了 10%。这主要得益于磁控溅射技术所制备的薄膜与衬底黏着性好的特点。

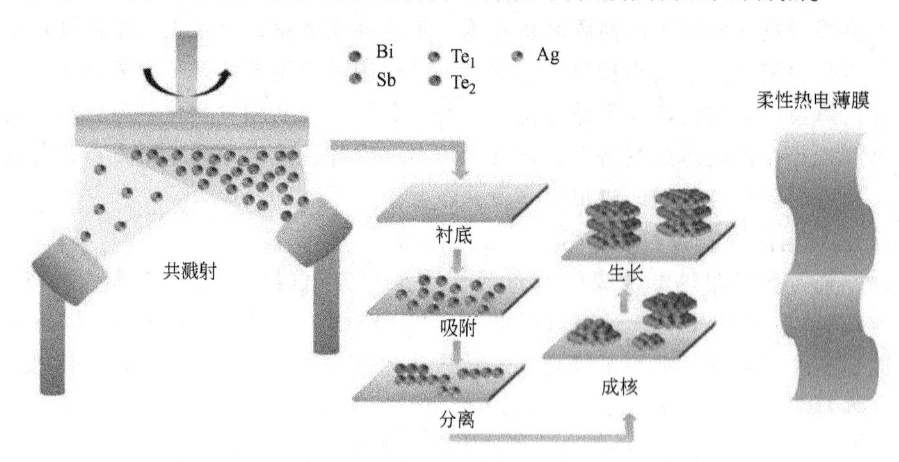

图 18-8　Ag 掺杂的柔性 $Bi_{0.5}Sb_{1.5}Te_3$ 薄膜的制备

18.3.3　脉冲激光沉积

1. 脉冲激光沉积技术

脉冲激光沉积（PLD），也叫作脉冲激光烧蚀，该工艺采用高能脉冲激光经过聚焦后轰击固体靶材，进而产生高温高压的等离子体羽辉，随后羽辉定向膨胀沉积在加热的衬底上，再经过腔内退火结晶成膜。脉冲激光沉积技术还具有以下特点：

1）通过对激光能量的控制，可以使薄膜中元素比例和靶材保持一致。

2）可以在原子尺度上精确地控制薄膜生长层数，并且可以用来制备超晶格结构。

3）等离子体羽辉可以和氛围气体发生反应。例如，制备氧化物薄膜时，通入过量的 O_2，可以减少样品中的 O 空位，以此来得到高质量的薄膜；相应地，通入还原性气体，可以增加薄膜中的 O 空位。

4）薄膜沉积速率可以通过调节工艺参数进行调节，如调节激光能量、衬底温度、氛围气体流量、靶材到基板的距离等工艺参数。

2. 在热电薄膜制备中的应用

PLD 技术最初常用来制备一些高晶体质量的氧化物热电薄膜，如 CaCoO[13]、BiCuSeO[14]、$SrTiO_3$[15] 等氧化物热电薄膜。通过采用与材料晶格常数相近的单晶衬底的束缚，使薄膜外延生长，再经过腔内原位退火提高薄膜结晶度，进而获得高热电性能的薄膜材料。PLD 技术也可以用来制备一些传统的热电薄膜，并且通过调控靶材元素组分，实现对薄膜的掺杂调控。例如，Wudil 等人[16] 采用 PLD 技术，通过溅射含 Se 靶材（$Bi_2Te_{2.7}Se_{0.3}$），对 Bi_2Te_3 薄膜进行 Se 掺杂调控，结果不仅提高了薄膜的功率因子，还使得薄膜热导率有了一定降低，最终在 Se 掺杂的薄膜中得到高达 0.92 的室温 zT 值。PLD 薄膜生长工艺还可以通过更换不同的衬底使材料沿不同取向择优生长，对于一些各向异性的热电材料，可以采用这种方法使薄膜沿着热电性能好的方向生长，这也是 PLD 技术调控热电薄膜性能的独特的优点。

18.3.4　其他常见热电薄膜制备技术

除了以上所介绍的几种技术外，还有很多离子镀膜技术在热电薄膜制备上有着广泛的应用。例如真空热蒸发，其不仅可以在柔性衬底上沉积热电薄膜材料[17,18]，而且常用来制备薄膜型热电器件的金属电极。化学气相沉积（CVD）[19] 技术也可以用来制备热电薄膜材料，但由于其反应温度较高，沉积速率低，因此 CVD 技术在热电薄膜材料制备上并不常用。在一些早期研究中，人们常用金属有机化学气相沉积（MOCVD）技术制备超晶格热电薄膜[20,21]。原子层沉积（ALD）技术可以实现薄膜单原子层逐次沉积，并且膜层厚度均匀、一致性好，研究表明 ALD 技术也可以用来制备超晶格热电薄膜[22]。

18.4　离子镀膜技术在热电器件中的应用

18.4.1　在微型热电器件研究中的应用

虽然各种离子镀膜技术在热电薄膜材料的研究中发挥了重要作用，但是由于绝大多数热电薄膜材料性能仍然达不到实际应用水平，因此无法采用这些技术进行量产。一些研究表明，薄膜型热电器件有着很大的应用潜力，但是由于这些高性能的器件制备工艺复杂，限制了其产业化的发展。例如，美国 RTI 公司采用金属有机气相沉积工艺制备了面外型（即温差垂直于器件表面的结构）Bi_2Te_3 基超晶格薄膜型热电器件，其最大制冷功率密度高达 $128W/cm^2$，输出功率密度则在 5K 温差下高达 $6.74mW/cm^2$[23,24]。Shakouri 等人则制备了 200 层 $Si/Si_{0.75}Ge_{0.25}$ 超晶格薄膜型热电器件，器件膜层厚度仅仅 3μm，室温下的最大制冷温差达到了 4K，而制冷功率密度高达 $600W/cm^2$[25]。

香港中文大学徐东艳教授等人[26] 采用自下而上集成的工艺制备了性能卓越的面外型微型热电器件。首先采用磁控溅射的工艺，在带有氧化层的 Si 衬底上制备了 150nm 的 Cr/Au 层作为底电极，然后采用光刻胶刻蚀的方法制备了掩膜板，又利用电镀的工艺沉积了 N 型 Bi_2Te_3 和 P 型 Sb_2Te_3 热电材料，随后再利用光刻胶制备掩膜板电镀 Ni 层对器件进行连接，从而完成自下而上的器件制备过程。顶部的封装依然采用镀有 Au 电极的 Si 片来完成。每一个热电基础单元形状都是直径为 ϕ200μm、高度为 10μm 的圆柱体，最终器件的热电柱多达 127 对，而器件的整体面积仅为 0.325cm^2，如图 18-9a 所示。所得的微型热电器件在 52K 的温差下输出功率高达 2990μW/cm^2，功率密度更是达到了 9.2mW/cm^2，如图 18-9b[26] 所示。深圳大学范平教授课题组[27-29] 研制出了一种新型双面膜结构的薄膜型热电发电器，其热电材料的沉积采用的是直流磁控溅射技术，并且采用此结构在柔性衬底上进一步成功研制出具有更广泛应用领域的柔性薄膜温差电池，制备出转换效率达 12.3%的单体电池与转换效率大于 10%的电池组。总体上来说，此类热电器件制备方法复杂，对设备的要求较高，导致其成本很高，目前很难进行产业化生产。

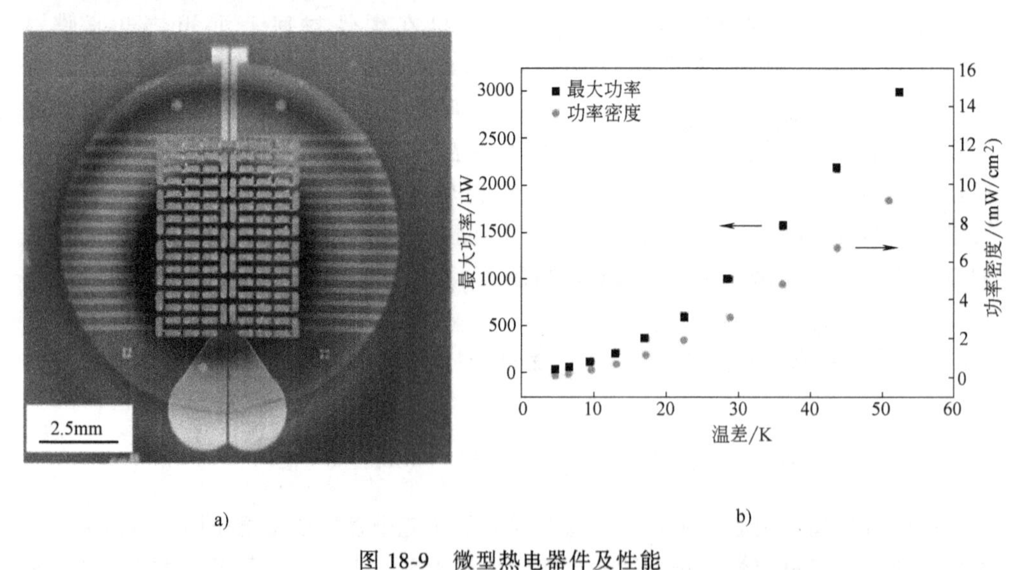

图 18-9 微型热电器件及性能

a）含有 127 个 N-P 型热电对的微型热电器件 b）不同温差下器件的输出功率和功率密度

18.4.2 在热电器件电极制备中的应用

市场上最流行的、工艺最成熟的热电器件是热电制冷片，通常可以用来实现饮水制冷，制作环保制冰机及儿童科学教具等。在高端领域，热电器件可以用来制作激光器的冷却装置，其优点是工作过程无噪声，无振动，不会对激光器工作环境产生影响。此外，还有用于地外天体与深太空探测器的放射性同位素电池（radioisotope thermoelectric generator，简称 RTG），如图 18-10[30] 所示，其主体结构包含：同位素热源、热电模块和散热器。

RTG 的工作原理主要是利用热电模块，将放射性同位素衰变产生的热能转换成电能，从而为探测器供电。最简单的热电器件通常由绝缘基板、热电基础单元和金属电极构成，如图 18-11a 所示；热电基础单元大都是 π 形结构，如图 18-11b 所示，N 型热电臂和 P 型热电臂依靠金属电极串联在一起。虽然热电器件的工作效率由热电材料的 zT 值所决定，但是热电材料和电极之间的界面电阻和界面热阻也在一定程度上影响着器件的性能，因此多种热电器件的电极焊接技术越来越受到学术界和工业界的重视。

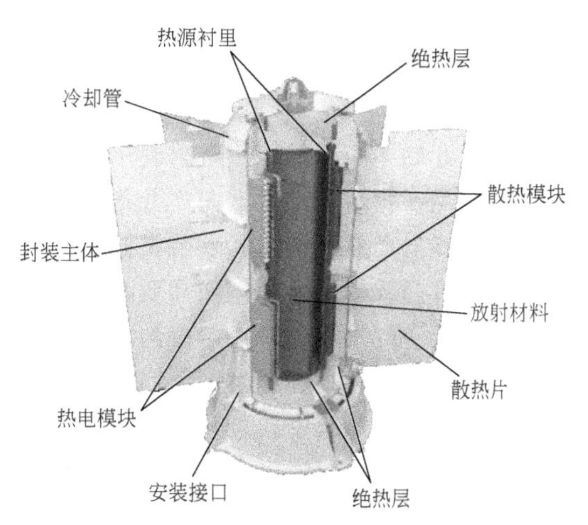

图 18-10 放射性同位素电池的结构

常用的热电器件电极焊接工艺有电弧喷涂[31,32]、高温扩散、锡焊、放电等离子烧结（SPS）一步法结合[33,34] 等。为了提高热电材料和电极材料的浸润性，通常会在材料和电极之间引入一层过渡层。例如，在采用焊锡工艺进行碲化铋器件电极连接时，通常会对材料焊接面进行镀镍处理，比较常用的方法为电镀。与电镀工艺相比，磁控溅射制备的膜层具有表面平整、附着力好的优点；但是目前存在的主要问题在于设备价格昂贵，导致生产成本提高。因此，开发低成本高性能的电极制备技术是块体热电器件产业化发展中亟待解决的问题。除了块体器件外，离子镀膜技术还经常用于制备柔性热电器件的电极，采用该工艺制备的电极不仅具有很好的柔性，而且可以使电极和热电材料之间形成良好的接触，有利于减小界面电阻，从而保证器件有小的内阻[35,36]。总的来说，离子镀膜技术在热电器件电极材料或过渡层材料的制备上具有广阔的应用前景。

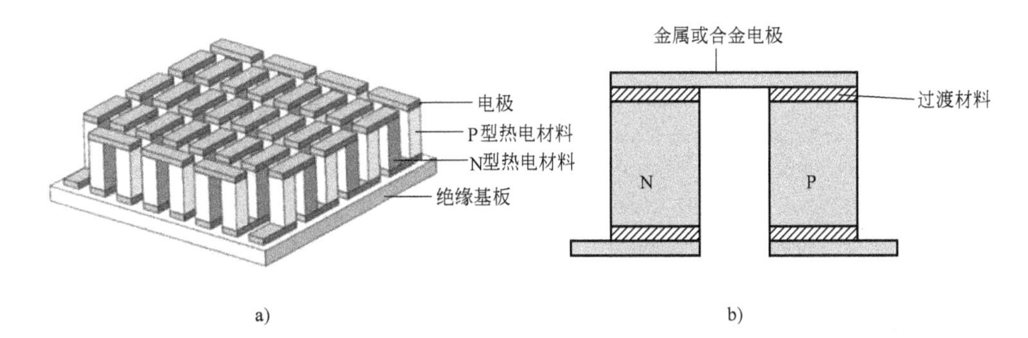

图 18-11 热电器件

a）常见的垂直型热电器件 b）热电基本单元过渡层

18.5 展望

随着研究的不断深入，热电材料不断被开发出新的体系，其热电优值也在不断地提升，但是在将热电器件推向产业化的进程上仍然十分缓慢。虽然市场上已经出现可应用的热电产品，但绝大多数都是制冷设备，应用的大都是块体热电材料，并且工作效率普遍较低，设备体积和质量较大，较之传统制冷设备并无太大优势。随着电子信息技术的发展，越来越多的电子器件逐步趋向于小型化，并具有可穿戴、低功耗的特性，这为柔性和微型可穿戴热电器件的发展提供了契机，加之各种离子镀膜技术的发展，薄膜型热电器件将受到越来越多人的关注。可穿戴热电器件可以直接利用人体皮肤表面温度发电，不用任何外力做功，是一种典型的自驱动型能源器件。虽然如今的薄膜型热电器件性能仍然做不到为常规的微型电子器件供能，但是其发展前景十分广阔，并且十分符合当前社会节能环保的理念。相信随着研究的不断深入，人们终究会开发出能够应用于日常生活的热电薄膜器件，到时再结合已经非常成熟的离子镀膜技术，一定会再次让热电材料大放异彩。

参考文献

[1] ZHANG Q, CAO F, LIU W, et al. Heavy doping and band engineering by potassium to improve the thermoelectric figure of merit in p-type PbTe, PbSe, and $PbTe_{1-y}Se_y$ [J]. Journal of the American Chemical Society, 2012, 134 (24): 10031-10038.

[2] BELL L E. Cooling, heating, generating power, and recovering waste heat with thermoelectric systems [J]. Science, 2008, 321 (5895): 1457-1461.

[3] POUDEL B, HAO Q, MA Y, et al. High-thermoelectric performance of nanostructured bismuth antimony telluride bulk alloys [J]. Science, 2008, 320 (5876): 634-638.

[4] HICKS L D, DRESSELHAUS M S. Effect of quantum-well structures on the thermoelectric figure of merit [J]. Physical Review B, 1993, 47 (19): 12727.

[5] HICKS L D, DRESSELHAUS M S. Thermoelectric figure of merit of a one-dimensional conductor [J]. Physical review B, 1993, 47 (24): 16631.

[6] WE J H, KIM S J, CHO B J. Hybrid composite of screen-printed inorganic thermoelectric film and organic conducting polymer for flexible thermoelectric power generator [J]. Energy, 2014, 73: 506-512.

[7] HARMAN T C, TAYLOR P J, WALSH M P, et al. Quantum dot superlattice thermoelectric materials and devices [J]. Science, 2002, 297 (5590): 2229-3232.

[8] CLINGER L E, PERNOT G, BUEHL T E, et al. Thermoelectric properties of epitaxial TbAs: InGaAs nanocomposites [J]. Journal of Applied Physics, 2012, 111 (9): 094312.

[9] TEW B E, VEMPATI P, CLINGER L E, et al. High thermoelectric power factor and zT in TbAs: InGaAs epitaxial nanocomposite material [J]. Advanced Electronic Materials, 2019, 5 (4): 1900015.

[10] PEREZ J A, CABALLERO O, VERA L, et al. High thermoelectric zT in n-type silver selenide films at room temperature [J]. Advanced Energy Materials, 2018, 8 (8): 1702024.

[11] KONG D, ZHU W, GUO Z, et al. High-performance flexible Bi_2Te_3 films based wearable thermoelectric generator for energy harvesting [J]. Energy, 2019, 175: 292-299.

[12] SHANG H, LI T, LUO D, et al. High performance Ag modified $Bi_{0.5}Sb_{1.5}Te_3$ films for the flexible thermoelectric generator [J]. ACS Applied Materials & Interfaces, 2020, 12 (6): 7358-7365.

[13] 吴东，李智东，赵昆渝，等. 脉冲激光沉积法制备 $Ca_3Co_4O_9$ 热电薄膜的研究 [J]. 压电与声光，2010，32 (2): 297-300.

[14] YUAN D, GUO S, HOU S, et al. Microstructure and thermoelectric transport properties of BiCuSeO thin films on amorphous glass substrates [J]. Dalton Transactions, 2018, 47 (32): 11091-11096.

[15] YAMADA Y, OHTOMO A, KAWASAKI M. Parallel syntheses and thermoelectric properties of Ce-doped $SrTiO_3$ thin films [J]. Applied surface science, 2007, 254 (3): 768-771.

[16] WUDIL Y, GONDAL M, RAO S, et al. Substrate temperature-dependent thermoelectric figure of merit of nanocrystalline Bi_2Te_3 and $Bi_2Te_{2.7}Se_{0.3}$ prepared using pulsed laser deposition supported by DFT study [J]. Ceramics International, 2020, 46 (15): 24162-24172.

[17] GONCALVES L M, COUTO C, ALPUIM P, et al. Optimization of thermoelectric properties on Bi_2Te_3 thin films deposited by thermal co-evaporation [J]. Thin Solid Films, 2010, 518 (10): 2816-2821.

[18] GONCALVES L M, ALPUIM P, ROLO A G, et al. Thermal co-evaporation of Sb_2Te_3 thin-films optimized for thermoelectric applications [J]. Thin Solid Films, 2011, 519 (13): 4152-4157.

[19] KUZNETSOVA V S, NOVIKOV S V, NICHENAMETLA C K, et al. Structure and thermoelectric properties of CoSi-based film composites [J]. Semiconductors, 2019, 53 (6): 775-779.

[20] VENKATASUBRAMANIAN R, COLPITTS T, O' QUINN B, et al. Low-temperature organometallic epitaxy and its application to superlattice structures in thermoelectrics [J]. Applied Physics Letters, 1999, 75 (8): 1104-1106.

[21] VENKATASUBRAMANIAN R, SIIVOLA E, COLPITTS T, et al. Thin-film thermoelectric devices with high room-temperature figures of merit [J]. Nature, 2001, 413 (6856): 597-602.

[22] TYNELL T, TERASAKI I, YAMAUCHI H, et al. Thermoelectric characteristics of (Zn, Al) O/hydroquinone superlattices [J]. Journal of Materials Chemistry A, 2013, 1 (43): 13619-13624.

[23] VENKATASUBRAMANIAN R, WATKINS C, CAYLOR C, et al. Microscale thermoelectric devices for energy harvesting and thermal management [C] //The Sixth International Workshop on Micro and Nanotechnology for Power Generation and Energy Conversion Applications. Berkeley, 2006.

[24] BULMAN G E, SIIVOLA E, SHEN B, et al. Large external ΔT and cooling power densities in thin-film Bi_2Te_3-superlattice thermoelectric cooling devices [J]. Applied physics letters, 2006, 89 (12): 122117.

[25] SHAKOURI A, ZHANG Y. On-chip solid-state cooling for integrated circuits using thin-film microrefrigerators [J]. IEEE Transactions on Components and Packaging Technologies, 2005, 28 (1): 65-69.

[26] ZHANG W, YANG J, XU D. A high power density micro-thermoelectric generator fabricated by an integrated bottom-up approach [J]. Journal of Microelectromechanical Systems, 2016, 25 (4): 744-749.

[27] FAN P, ZHENG Z, CAI Z, et al. The high performance of a thin film thermoelectric generator with heat flow running parallel to film surface [J]. Applied Physics Letters, 2013, 102 (3): 033904.

[28] FAN P, ZHENG Z, LI Y, et al. Low-cost flexible thin film thermoelectric generator on zinc based thermoelectric materials [J]. Applied Physics Letters, 2015, 106 (7): 073901.

[29] ZHENG Z H, LUO J T, CHEN T B, et al. Using high thermal stability flexible thin film thermoelectric generator at moderate temperature [J]. Applied Physics Letters, 2018, 112 (16): 163901.

[30] SHI X L, ZOU J, CHEN Z G. Advanced thermoelectric design: from materials and structures to devices [J]. Chemical Reviews, 2020, 120 (15): 7399-7515.

[31] 易春龙. 电弧喷涂技术 [M]. 北京：化学工业出版社，2006.

[32] 吴燕青. 无钎焊层、热耦合面高绝缘、低热阻的热电模块制造方法：200910198604.0 [P]. 2012-12-26.

[33] 龙春泉，阎勇，张建中，等. N型PbTe单体的一体化工艺研究 [J]. 电源技术，2008，032（5）：299-301.

[34] 赵德刚，李小亚，江莞，等. $CoSb_3$/MoCu热电接头的一步SPS法制备及性能评价 [J]. 无机材料学报，2009，24（3）：545-548.

[35] FENG R，TANG F，ZHANG N，et al. Flexible，high-power density，wearable thermoelectric nanogenerator and self-powered temperature sensor [J]. ACS applied materials & interfaces，2019，11（42）：38616-38624.

[36] LI Y，QIAO J，ZHAO Y，et al. A flexible thermoelectric device based on a Bi_2Te_3-carbon nanotube hybrid [J]. Journal of Materials Science & Technology，2020，58：80-85.

第19章　离子镀膜在低温离子化学热处理中的应用

19.1　概述

高端制造业的发展对零件和工模具表面提出了更高的性能要求，传统离子化学热处理已经不能满足经济发展的需求，原来等离子体增强镀膜技术的新的设计理念已经向离子化学热处理领域渗透。热处理技术和镀膜技术这两种表面强化技术在走向融合，互相助力进一步提高了工模具和耐磨零件的性能。本章介绍这两种技术融合的实例和效果。

19.1.1　离子化学热处理

离子化学热处理是热处理领域的重要分支。在离子化学热处理过程中，将所需工作气体引入真空室，通过辉光放电产生等离子体，在合适温度条件下，等离子体中的高能活性粒子渗入金属表面层，通过改变化学成分和组织结构，提高产品表面硬度、耐磨性、耐蚀性、抗疲劳性和抗氧化性等性能。离子化学热处理与传统化学热处理工艺相比，渗速更快，更节能环保。离子化学热处理也称离子渗，主要包括：离子渗氮、离子渗碳、离子氮碳共渗、离子渗硫、离子渗硼及离子渗金属等。

19.1.2　低温离子化学热处理

1. 传统化学热处理温度

常见的传统化学热处理工艺包括渗碳和渗氮，工艺温度依据 Fe-C 相图、Fe-N 相图确定。渗碳温度为 930℃左右，渗氮温度为 560℃左右。离子渗碳和离子渗氮的温度也基本控制在这个温度范围。

2. 低温离子化学热处理温度

低温离子化学热处理是近些年为了适应生产发展需要研发出的新技术。低温离子渗碳温度通常在550℃以下，低温离子渗氮温度通常在450℃以下[1]。

3. 低温离子化学热处理应用范围

（1）不锈钢低温离子化学热处理　不锈钢经一般离子化学热处理后表面的耐蚀性降低。采用低温离子化学热处理，在保证不锈钢产品不生锈和仍然保持表面靓丽装饰效果的基础上，可提高表面硬度。

（2）模具低温离子化学热处理　市场要求重载模具表面在沉积硬质涂层之前先进行低温离子渗氮，以在基体和硬质涂层之间形成硬度梯度过渡层，从而有效提高模具的抗冲击能力；而且要求为了保证硬质涂层结合力好，作为硬度梯度过渡层的渗氮层，既要表面光亮洁净，又不能形成白亮化合物层。

高端加工业发展的需要推动了低温离子化学热处理的诞生和发展。

19.2　低温离子化学热处理工艺

19.2.1　不锈钢低温离子化学热处理工艺

1. 不锈钢低温离子化学热处理效果及工业应用

国内外在不锈钢低温离子化学热处理方面做了大量开发和应用工作，不锈钢的材质主要包括奥氏体不锈钢和马氏体不锈钢。

1）典型不锈钢低温离子化学热处理数据见表19-1[2]。

表19-1　典型不锈钢低温离子化学热处理数据

钢种	渗入元素	处理温度/℃	时间/h	表面硬度HV 0.05	渗层深度/μm
AISI304（相当于06Cr19Ni10）	N	430	5	750	6
		480	5	1450	18
AISI316L（相当于022Cr17Ni12Mo2）	C	450	30	950~1250	35
		435	30	1000~1200	20~30
AISI420（相当于20Cr13）	N	430	15	1100~1400	23
	C	350	12	600HV0.1	外层白层1.8 内层扩散层35
		400	12	740HV0.1	外层白层2.2 内层扩散层50
		450	12	875HV0.1	外层白层2.6 内层扩散层70

2）国内外不锈钢低温离子化学热处理工业应用情况见表19-2[3]和表19-3。

表 19-2 国外不锈钢低温离子化学热处理工业应用情况

机构	工艺名称	渗入元素	处理温度/℃	工艺方法	典型应用产品
法国 Nitruvid	Nivox 2	N	<420	低温离子渗	核反应堆控制棒、医疗器械、泵阀组件、切割刀具、管道密封件与连接件等
	Nivox 4	C	<460		
	Nivox LH	N+C	<460		
法国 THERMI-LYON	THERMI®-SP	N/N+C		活性屏低温离子渗氮/氮碳共渗	汽车零件、医疗植入体、泵阀组件、食品机械、紧固件和表壳等

表 19-3 国内不锈钢低温离子化学热处理工业应用情况

机构	工艺名称	渗入元素	处理温度/℃	技术来源
深圳市笙歌等离子渗入技术有限公司	PHT/离子硬化	C	380~480	国家 863 计划项目
		N		
		N+C		
青岛丰东热处理有限公司	低温硬化处理	N+C	400~450	青岛科技大学
扬州科创表面硬化技术有限公司	表面硬化处理	N	400~500	
		C		
武汉铭高新材料有限公司	过饱和扩散(SD)	N+C	400~480	武汉材料保护研究所

3）不锈钢低温离子化学热处理工业应用典型产品如图 19-1 所示。

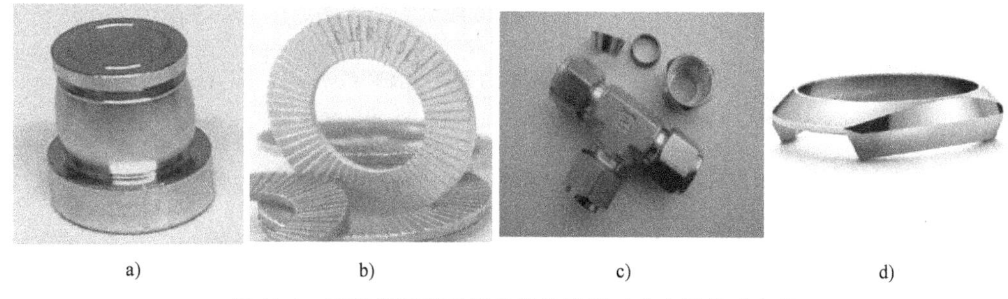

a)　　b)　　c)　　d)

图 19-1 不锈钢低温离子化学热处理工业应用典型产品

a）汽车涡轮增压器用输出销 b）防松垫圈 c）流体系统用密封卡套 d）表壳

2. 低温离子化学热处理工艺举例

对材质为 AISI316L 不锈钢的汽车涡轮增压器输出销（见图 19-1a）进行低温离子渗碳，其低温离子渗碳工艺曲线如图 19-2 所示。渗碳温度为 435℃，保温时间为 30h，渗碳层深度为 20~30μm，表面硬度为 1000~1200HV0.05，耐中性盐雾试验 720h。

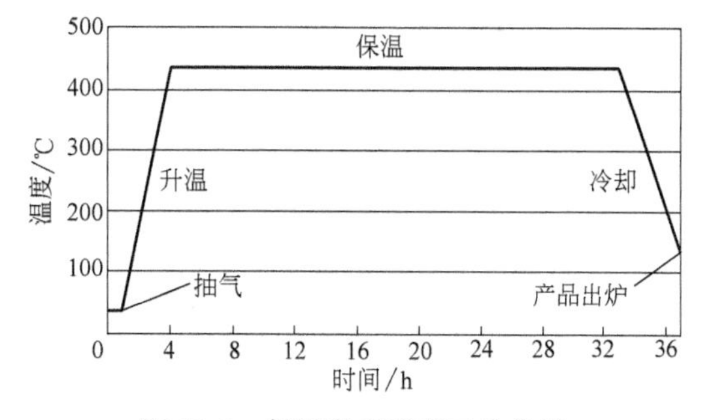

图 19-2 低温离子渗碳工艺曲线

19.2.2 工模具钢低温离子化学热处理工艺

1. 在工模具钢基体和硬质涂层间形成硬度梯度过渡层

一般工模具钢常规热处理硬度为700~800HV，表面沉积的硬质涂层硬度在2000HV以上。由于硬质涂层厚度很薄，通常为微米量级，所以硬质涂层在冲击载荷作用下容易被压塌甚至破碎。新的技术是在工模具钢的表面镀膜前先进行离子渗氮，将表面硬度提高到1000~1500HV，然后再进行硬质涂层，即采用渗-镀复合处理工艺。图19-3所示为工模具钢的硬度梯度曲线。由图19-3c可以看出，采用渗-镀复合工艺后，在工模具钢基体和硬质涂层间形成了硬度缓慢降低的硬度梯度过渡层。这样就可以有效解决硬质涂层过早失效的问题。

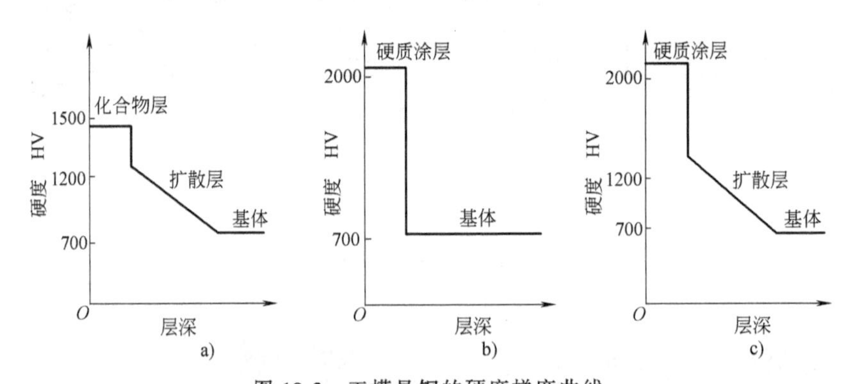

图19-3 工模具钢的硬度梯度曲线

a）渗氮层 b）硬质涂层 c）渗氮+硬质涂层

2. 工模具钢低温离子渗-镀复合处理的产品

工模具钢低温离子渗-镀复合处理的产品如图19-4所示。

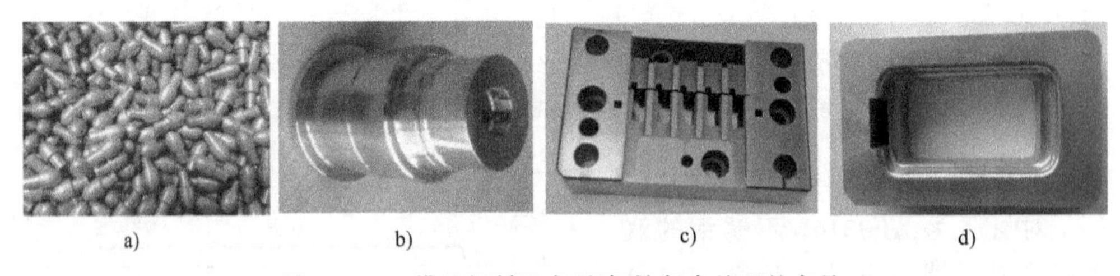

图19-4 工模具钢低温离子渗-镀复合处理的产品

a）M2（相当于W6Mo5Cr4V2）球头 b）H13（相当于4Cr5MoSiV1）冲模

c）塑料注射模 d）D2（相当于Cr12Mo1V1）拉深模

3. 工模具钢渗-镀复合处理工艺

最初工模具钢渗-镀复合处理分别在两个独立的设备中完成。渗氮是在专用离子渗氮炉内进行，然后在专用的镀膜机内沉积硬质涂层，取得了比较好的效果。

江西省机械科学研究所的尧登灿等对锌锰电池的锌筒挤压凸模进行渗氮和硬质膜 CrAlN 处理，凸模材质为 M2 高速钢，渗氮和硬质膜 CrAlN 先后在两个独立设备分别完成。渗氮设备为 LDMC-100AZ 全自动脉冲离子渗氮炉。离子镀 CrAlN 硬质膜在 AS700DTXBE 型离子镀膜设备上进行。

渗氮主要工艺参数：温度为 530℃，时间为 4h，气压为 180Pa，渗氮层深度约为 50μm。离子渗氮后抛光工件表面，去除氧化等污染物，表面粗糙度 *Ra* 值达到 0.05μm。

离子镀主要工艺参数：12 个小弧源，靶材包括 Cr 和 CrAl（Al 和 Cr 质量分数分别为 70%和 30%），温度为 450℃，离子溅射清洗 20min，镀 CrN 4min，镀 AlCrN 180min，膜层厚度约为 3μm。

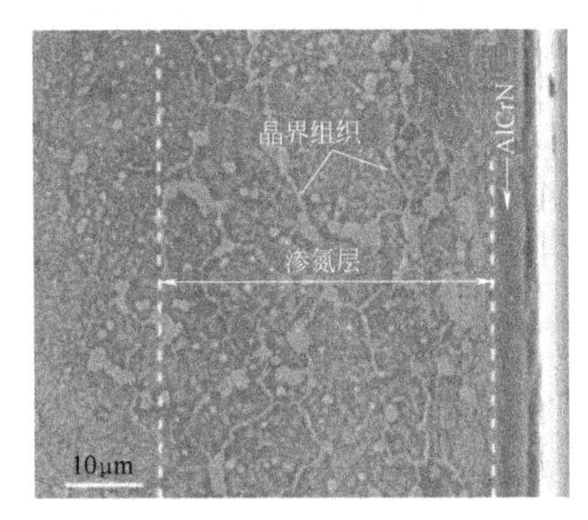

图 19-5　M2 高速钢采用渗-镀复合处理后横截面扫描电镜照片

M2 高速钢采用渗-镀复合处理后横截面扫描电镜照片如图 19-5[4] 所示。用划痕法测试膜-基结合力，M2 高速钢单镀 AlCrN 硬质膜的膜-基结合力为 52N，M2 高速钢渗-镀复合处理的膜-基结合力为 78N，这说明渗氮明显提高膜-基结合力。

对 M2 高速钢锌筒挤压凸模分别进行渗氮、单镀 CrAlN 硬质膜和渗-镀复合三种处理后，进行锌锰电池锌筒的挤压测试。统计这三种处理后的使用寿命分别为 16 万次、26 万次和 75 万次，离子渗-镀复合处理的效果明显好于单渗氮和单镀膜。

19.3　低温离子化学热处理温度的选择

19.3.1　常规离子渗氮温度

常规离子渗氮希望获得氮化物以提高表面硬度，其温度是根据 Fe-N 相图选定的，一般为 560℃。图 19-6 所示为 Fe-N 相图。渗氮温度在共析温度 592℃以下，α-Fe 中溶解氮的能力很强。渗氮过程中随着渗层中氮含量越来越高，先形成 Fe_4N，进一步形成 Fe_2N。如果钢中含有 Cr、Mo、Al、Ti 等合金元素，容易形成合金元素氮化物，产品表面硬度会更高。

1Cr18Ni9Ti（非标牌号）奥氏体不锈钢和 20Cr13 马氏体不锈钢的基体中含有比较多的 Cr，具有高的耐蚀性。而常规渗氮后，钢基体中的 Cr 被 N 夺走形成了 CrN，使得基体中局部的铬含量减少，导致耐蚀性降低。图 19-7 所示为 1Cr18Ni9Ti 经常规离子渗氮后断口组织形貌，从压痕的尺寸变化可知表面硬度显著提高，从金相腐蚀后渗氮层组织变黑可知耐蚀性降低了。

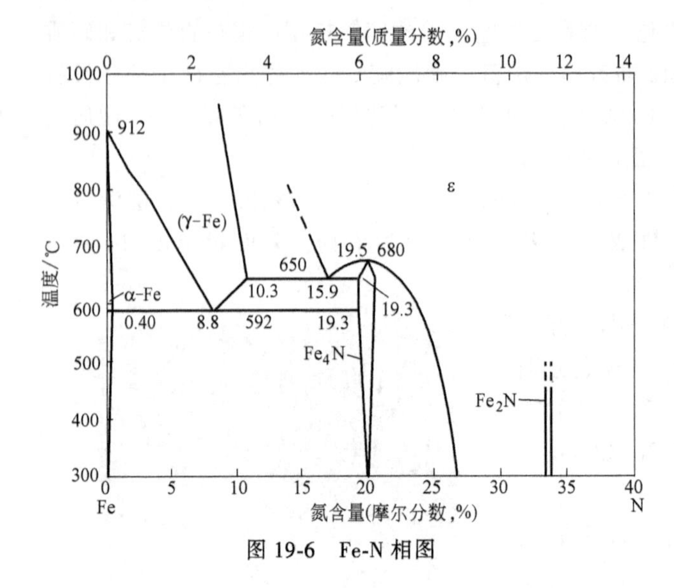

图 19-6 Fe-N 相图

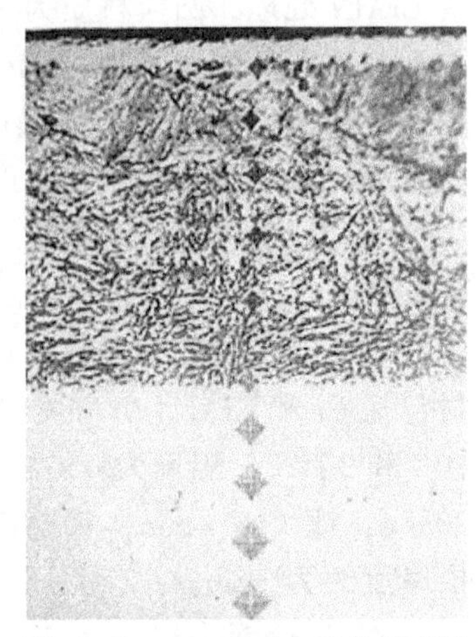

图 19-7 1Cr18Ni9Ti 经常规离子渗氮后的断口组织形貌×500

常用的模具钢包括 Cr12Mo、Cr12MoV 和 4Cr5MoSiV1 等高合金钢，含有大量的 Cr、Mo 和 V，渗氮后产品表面形成氮化物白亮层。

19.3.2 低温离子化学热处理温度

部分不锈钢产品要求在保证耐蚀性的前提下提高表面硬度；模具钢要求在渗-镀复合处理的过程中，渗氮后表面不能形成影响硬质涂层结合力的白亮层。为了满足以上要求，需要降低渗氮温度，控制产品表层氮含量不能过高。在 400~450℃，氮在钢中的溶解度低，提供形成化合物的激活能低，氮在奥氏体相中只能形成过饱和固溶体，模具钢表面的氮浓度达不到形成白亮层的浓度。因此，低温离子渗氮温度选在 450℃以下，温度过低会导致生产周期太长。

1. 奥氏体不锈钢低温离子渗氮

AISI304 不锈钢分别在 430℃和 480℃离子渗氮 5h，渗层深度分别约为 6μm 和 18μm，对应表面硬度分别为 750HV0.05 和 1450HV0.05，渗层金相组织如图 19-8 所示。用金相腐蚀液（50%HCl+25%HNO_3+25%H_2O）腐蚀样品 15s，430℃对应渗氮层颜色和基体接近，说明其耐金相腐蚀液的腐蚀能力和基体相当；480℃对应渗氮层中有大片黑色腐蚀产物，说明其耐金相腐蚀液腐蚀的能力大幅下降。

图 19-9 所示为 AISI304 不锈钢不同温度离子渗氮的 X 射线衍射图谱。AISI304 不锈钢渗氮前是奥氏体相 γ；430℃离子渗氮，因为温度低，没有 CrN 生成，相结构主要是氮扩大奥氏体相 γ_N 和铁氮化合物 ε 相，耐蚀性较好；480℃离子渗氮，因为温度高，CrN 生成，相结构主要是 γ_N、CrN 和 ε 相，CrN 生成导致渗层贫 Cr，耐蚀性变差。碳扩大奥氏体相 γ_C 生成和奥氏体不锈钢基体中的碳在渗层与基体界面

处的重新分布有关。

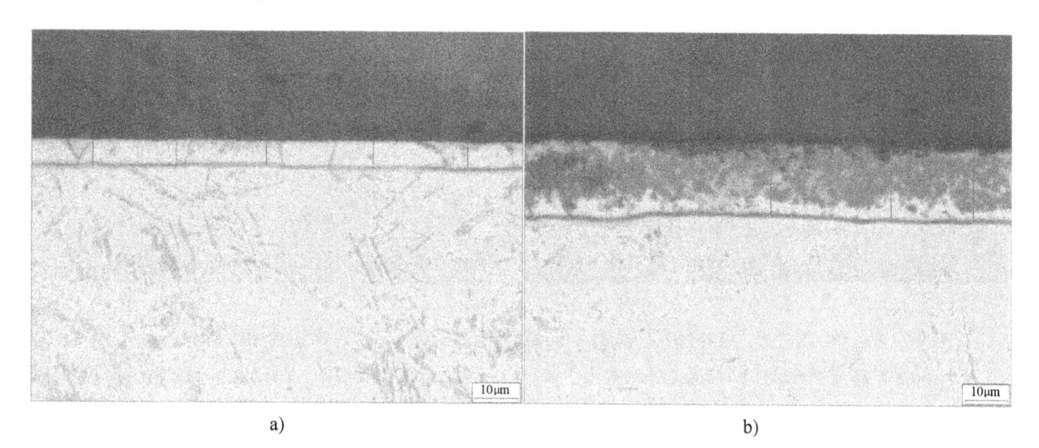

图 19-8 AISI304 不锈钢不同温度离子渗氮的渗层金相组织
a）430℃离子渗氮 b）480℃离子渗氮

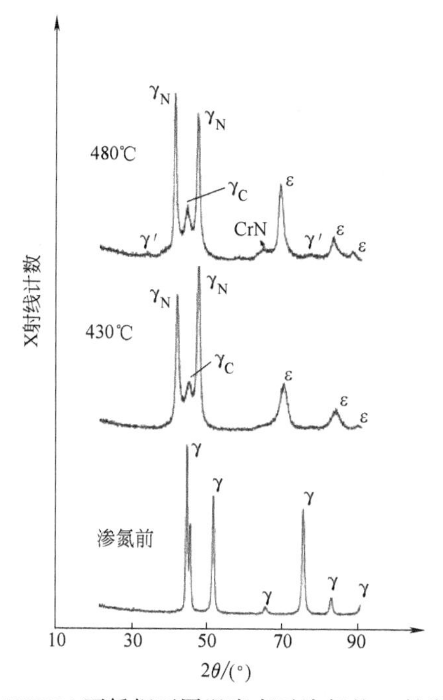

图 19-9 AISI304 不锈钢不同温度离子渗氮的 X 射线衍射图谱

2. 马氏体不锈钢低温离子渗碳

C. J. Scheuer 等人对 AISI420 不锈钢进行低温离子渗碳，时间为 12h，温度分别为 350℃、400℃、450℃和 500℃，渗层金相组织如图 19-10[2] 所示。渗层深度及渗层表面硬度见表 19-4，外层白层很薄，为 1.8～3.5μm。随着温度增加，外层白层和内层扩散层不断增加。用 X 射线衍射分析渗层结构，温度在 450℃以下时，渗层外层主要包含膨胀的马氏体相 α_C、Fe_2C 和 Fe_3C；当温度达到500℃，渗层中有 $Cr_{23}C_6$ 和 Cr_7C_3 生成，耐蚀性下降。

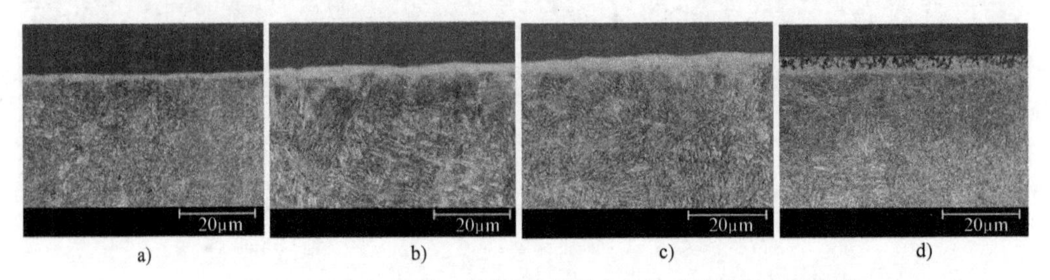

图 19-10 AISI420 不锈钢不同温度低温离子渗碳的渗层金相组织

a）350℃低温离子渗碳 b）400℃低温离子渗碳 c）450℃低温离子渗碳 d）500℃低温离子渗碳

表 19-4 AISI420 不锈钢低温离子渗层深度及渗层表面硬度

温度/℃	外层白层深度/μm	内层扩散层深度/μm	渗层表面硬度 HV0.01	碳化物
350	1.8±0.13	35	600	未生成
400	2.2±0.16	50	740	未生成
450	2.6±0.21	70	875	未生成
500	3.5±0.15	75	1175	生成

19.4 低温离子化学热处理新技术

常规辉光放电离子渗氮中，氮气、氢气被电离活化为由高能离子和高能活性受激发原子组成的等离子体，具有很高的活性，对工件的吸附能力强，在钢中的扩散能力优于气体渗氮，所以渗氮速度快；而在低温下进行离子渗氮，渗氮速度会降低很多，影响了低温离子渗-镀技术的推广应用。

为了满足高端制造业的需求，科技工作者在提高低温离子化学热处理渗入速度方面开发了很多新技术，主要创新点是提高等离子体密度。近些年来，科技工作者将离子镀膜技术中提高等离子体密度的措施应用于低温离子化学热处理技术中，取得了很好的效果，这也是在本书中增加“离子镀膜在低温离子化学热处理中的应用”这一章的原因。这些技术说明热处理技术和镀膜技术在走向融合，今后应更加自觉地将等离子体增强技术运用到离子化学热处理中。

19.4.1 增设活性屏技术

1. 安装活性屏的离子渗氮炉结构

在离子渗氮炉中增设活性屏已经有多年历史。图 19-11 所示为由 J. Georges 设计、Plasma Metal S. A. 公司生产销售的安装活性屏的离子渗氮炉[5]。其基本结构是在钟罩炉壁的内侧安装由铁丝网制作的活性屏，固定在钟罩内，随钟罩升降。活性屏离子渗氮炉通过改变气体种类，可以实现离子渗碳、离子渗氮及离子碳氮共渗。

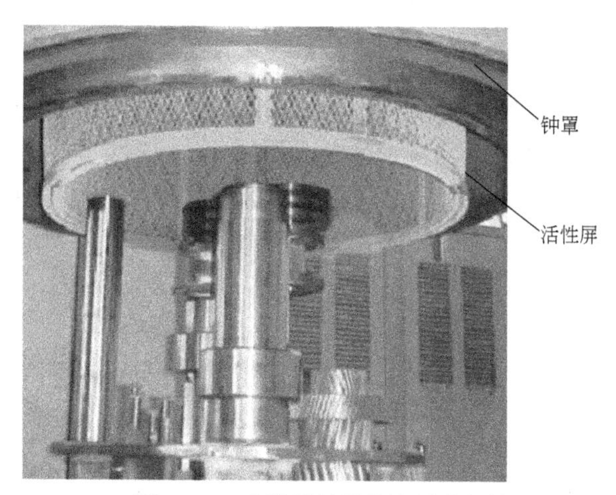

图 19-11 安装活性屏的离子渗氮炉

2. 活性屏离子渗技术的优点

在活性屏离子渗氮装置中，工件接一个负电压电源的负极，活性屏接另一个负电压电源的负极，一般电压为450~1000V，两个电源的正极接地。接通电源以后，工件和活性屏都产生辉光放电。活性屏产生的等离子体增强了工件产生的等离子体密度，提高了离子渗入的速度。活性屏自身被离子轰击加热，对工件产生辅助加热和调节渗氮炉内外围工件温度的作用。

由于增设了活性屏，可以适当降低工件所施加的电压，有利于减少打弧现象和减弱空心阴极效应，所以活性屏应用范围越来越广，在低温离子化学热处理中也得到了应用。

深圳市笙歌等离子渗入技术有限公司采用活性屏低温离子渗技术已有多年，现拥有10台低温等离子渗设备，已经实现产业化生产。图19-12所示为采用活性屏低温离子渗技术的车间，该车间可进行不锈钢工件的低温离子渗氮、离子渗碳和离子碳氮共渗。

增设活性屏的离子渗技术还属于辉光放电离子渗技术，等离子体密度

图 19-12 采用活性屏低温离子渗技术的车间

仍然比较低，生产率偏低。因此，人们又研究开发了热丝增强低温离子渗技术和弧光放电离子渗技术。

19.4.2 热丝增强低温离子渗技术

1. 热丝增强低温离子渗设备

辽宁科技大学周艳文等开发了热丝增强低温离子渗技术。图 19-13 所示为热丝增强等离子体辅助渗氮复合磁控溅射镀膜一体机[6]。这是一台增设热丝的磁控溅射镀膜机，设备内安装了 4 个磁控溅射靶，可以进行热丝增强低温离子渗和沉积硬质涂层复合处理。

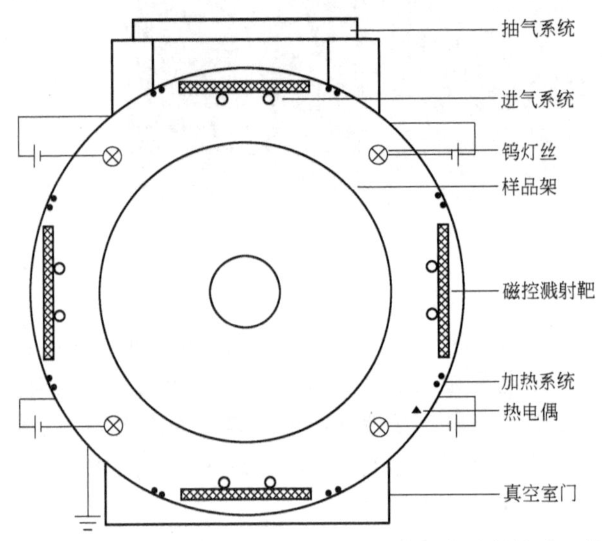

图 19-13　热丝增强等离子体辅助渗氮复合磁控溅射镀膜一体机

该设备内安装 4 套热丝机构。热丝用钨丝制作，接加速电源的负极，电源的正极接地；工件接渗氮电源的负极，正极接地；另配抽真空系统、进气系统等。试样采用 AISI316L 奥氏体不锈钢。

2. 工艺过程

（1）抽真空　抽真空达到本底真空度 3×10^{-3}Pa。

（2）清洗工件　通入氩气，打开灯丝电源，每根灯丝加热电流为 5A，灯丝加速电压调到 120V。工件的渗氮电压为 300V。接通渗氮电源后，氩气产生辉光放电，用氩离子轰击清洗工件，清洗 30min。

（3）离子渗氮　灯丝放电参数和样品偏压不变。改通氮气，真空度为 0.4Pa，温度保持在 400~420℃，渗氮时间为 2h。

3. 实验结果

传统离子渗氮的渗层深度为 3~5μm。经热灯丝增强后，低温离子渗氮的渗层深度为 9.45μm，表面硬度为 2150HV，摩擦因数从基体的 0.58 大幅度降低到渗氮后的0.09。热丝增强等离子体辅助离子渗氮效率提高2~3倍[7]。

4. 工艺参数对渗层组织的影响

（1）对渗层深度的影响 对AISI316L不锈钢进行低温离子渗氮[7,8]，渗氮温度为380℃，氮气气压为0.4Pa，渗氮时间为1h。灯丝电流选用6A、8A和10A时，所得的渗层深度分别为3.7μm、10.4μm和13.2μm，分别为相同工艺条件下传统低温离子渗氮的2~7倍。

（2）对渗氮层组织的影响 图19-14所示为不同灯丝电流渗氮层组织的扫描电镜照片[8]。灯丝电流选用6A和8A时，渗氮层耐蚀性较好，对应10A灯丝电流的渗氮层中出现黑色的化合物沉淀。这说明当灯丝电流增加到一定程度，渗氮层结构由单一固溶体相γ_N转变为γ_N与CrN沉淀并存，耐蚀性下降。

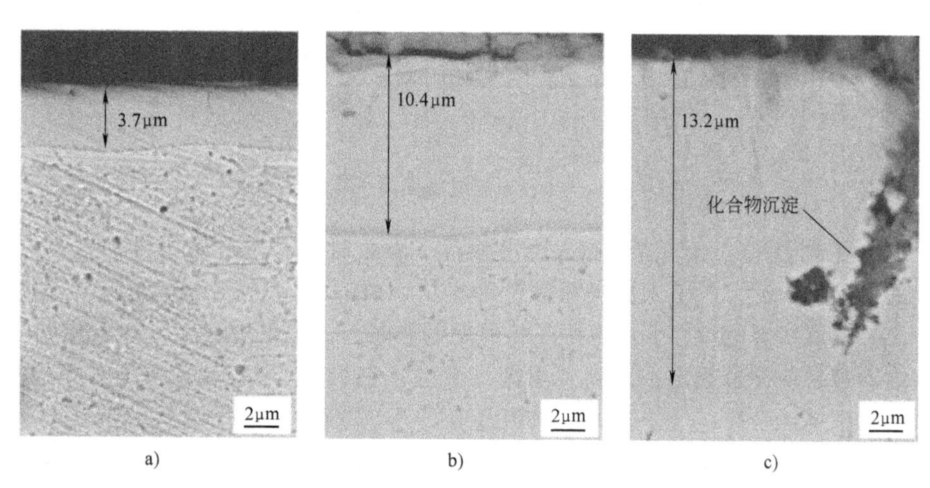

图19-14 不同灯丝电流渗氮层组织的扫描电镜照片

a）灯丝电流为6A b）灯丝电流为8A c）灯丝电流为10A

19.4.3 弧光放电增强低温离子渗技术

利用空心阴极弧光放电和热丝弧弧光放电产生高密度的弧光电子流，将渗氮气体或渗碳气体电离，得到比辉光放电中高得多的氮离子或碳离子及很多活性基团，可提高渗入速度。

1. 俄罗斯科学院高电流电子研究所的技术

俄罗斯科学院高电流电子研究所制造的TRIO设备中配有气体弧光放电源，并安装于镀膜机顶部。在镀膜前通入氩气，利用发射的弧光电子流将氩气电离，用高密度的氩离子对工件进行离子轰击清洗，然后通入氮气对工件进行离子渗氮[9]。

（1）设备 图19-15所示为气体弧光放电增强离子渗氮设备[10]。气体弧光放电源主要由空心阴极管、管内钨丝和管外电磁线圈组成，接弧电源负极。所需气体由弧光放电源的顶部输入。真空室接地是阳极，真空室内装有加热器，对真空室和工件进行辐射加热，工件放在载物台上，接工件偏压电源。气体弧光放电源的工作气压范围为 10^{-1}~10Pa，这种渗氮工艺又称为低气压弧光等离子体渗氮技术[11]。

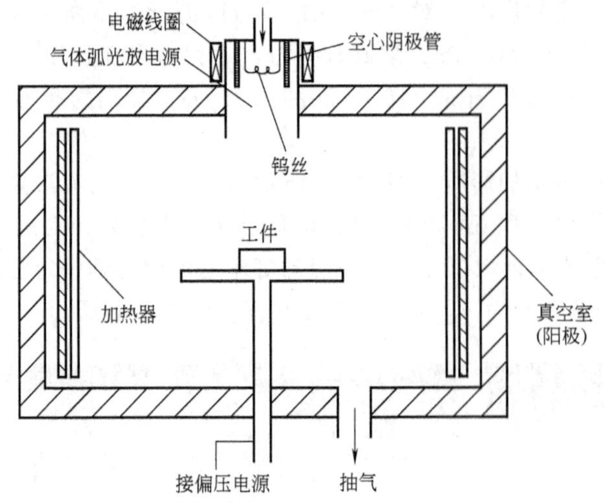

图 19-15　气体弧光放电增强离子渗氮设备

（2）工艺过程　用气体弧光放电增强离子渗氮时，首先将真空室抽到 10^{-3}Pa 量级的本底真空度，再输入氮气和氩气到 10^{-1}~10Pa；然后打开钨丝电源、弧光放电电源、电磁线圈电源和偏压电源；钨丝发射热电子，气体被电离，电子在空心阴极管内不容易快速逃逸出去而到达阳极（真空室壁），就会频繁和气体分子碰撞，气体离化率迅速升高，气体弧光放电流最高可达 150A。电磁线圈产生与气体放电源出口同轴的纵向磁场，使电子做旋转运动，可以和氩气、氮气产生更多的碰撞电离。氮离子在工件负偏压的吸引下加速到达工件表面进行渗氮。

（3）用同轴电磁场进一步增强渗氮效果　在真空室外再增加环形电磁线圈以产生轴向磁场，控制弧光电子流在镀膜室内做旋转运动，进一步提高碰撞概率，得到更多的氮离子，从而提高渗氮效率[10]。在 400℃时对 AISI316L 进行低温渗氮，工艺参数保持不变，当轴向磁场由 0T 增加到 4×10^{-3}T 和 8×10^{-3}T 时，对应渗层深度由 7.5μm 增加到 16μm 和 50μm。

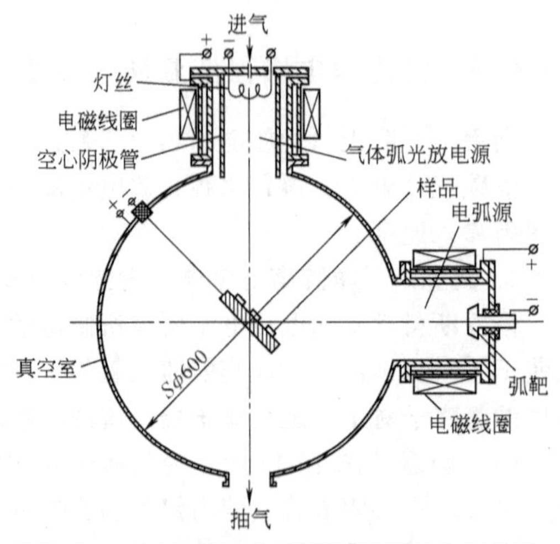

图 19-16　匹配阴极电弧源的渗-镀复合一体机

（4）渗-镀复合一体机　俄罗斯科学院高电流电子研究所还制造了匹配阴极电弧源的渗-镀复合一体机，如图 19-16[11] 所示。真空镀膜室为球形，直径为 $S\phi600$mm，顶部是气体弧光放电源，侧面是电弧源，真空镀膜室中心是可以倾斜与旋转的样品台，抽气系统位于底部。该设备可以完成先渗氮后镀膜的离子渗-镀复合处理工艺。

2. Balzers 公司的技术

Balzers 公司采用热丝弧光放电源，也称热丝弧枪，发射弧光电子流，利用弧光电子流将氮气电离，用高密度的氮离子进行低温离子渗氮。该公司还采用阴极电弧源，沉积硬质涂层，并将两者结合设计制造了渗-镀复合处理一体机。

（1）渗-镀复合处理一体机的结构　图 19-17 所示为 Balzers 公司的渗-镀复合一体机 BAI1200 的结构。热丝弧枪安装在设备顶部的中央，接弧电源负极。接通弧电压以后，热丝弧枪发射的弧光电子流射向镀膜室底部的辅助阳极，形成电子流弧柱。镀膜室两侧安装阴极电弧源，工件在电子流弧柱和阴极电弧源之间进行公自转。向真空室通入工作气体。

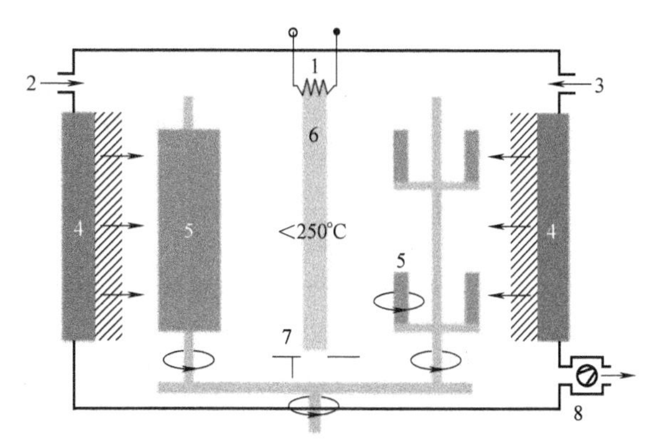

图 19-17　渗-镀复合处理一体机 BAI1200 的结构

1—热丝弧枪　2—氩气　3—反应气　4—阴极电弧源　5—工件与转架　6—电子流弧柱　7—辅助阳极　8—真空泵

（2）渗-镀复合处理效果　苏州大学徐克刚在 Balzers 公司的渗-镀复合处理一体机 BAI1200 上，对 H13 钢样品进行了渗氮和沉积 CrN 复合工艺研究[12]。

1）渗氮工艺参数：温度为 500°C，通入氮气，真空度为 6×10^{-1} Pa，渗氮时间为 60min，渗层深度约为 40μm。

2）渗氮后进行离子轰击清洗工艺参数：温度为 500～450℃，气压约为 2.5×10^{-1}Pa，清洗时间为 45min。

3）CrN 沉积工艺参数：阴极电弧源安装 Cr 靶，沉积温度为 450℃，氮气真空度为 2.5Pa，偏压为 150V，弧电流为 100A，沉积时间为 220min。获得的 CrN 厚度为 4μm。

4）结果：用划痕法测试 CrN 沉积和渗氮+CrN 沉积两种样品的膜-基结合力，分别为 49N 和 105N。这说明 H13 钢的渗氮层为表面的 CrN 镀层提供了强有力的机械支撑，促使膜-基结合力提高 1 倍多。

3. Hauzer 公司的技术

Hauzer 公司也采用了热丝弧枪作为弧光离子渗氮源，采用阴极电弧源沉积硬质涂层。热丝弧枪放在真空室顶部的侧边，接弧电源的负极，在离子渗氮阶段，热丝弧枪弧电源的正极接在对面壁上的小弧源上，从热丝弧枪发射的电子流弧柱穿过工件射向小弧源[13]。离子渗氮时，通入氮气，得到高密度的氮离子流，弧光放电离子渗氮 2h 后，渗层深度为 20μm 左右，硬度为 1200HV。

渗氮后小弧源又连接到阴极电弧源弧电源的负极上，镀膜室壁接正极，采用常规阴极电弧离子镀膜的供电方式。接通小弧源电源以后，用小弧源进行常规的沉积硬质涂层工艺，从而实现弧光放电离子渗氮和沉积硬质涂层复合处理。

从以上介绍的低温离子化学热处理新技术可见，很多增强离子镀膜过程的技术正在应用于低温离子化学热处理中，而且取得了明显效果。在高端制造业发展的促进下，离子化学热处理和离子镀膜技术“走向融合”是必然趋势[14]。

参 考 文 献

[1] BELL T, SUN Y. Low temperature plasma nitriding and carburision of austentic stainless steel [J]. Stainless Steel, 2000, 218: 275-278.

[2] SCHEUER C J, POSSOLI F A A, BORGES P C, et al. AISI420 martensitic stainless steel corrosion resistance enhancement by low-temperature plasma carburizing [J]. Electrochimica Acta, 2019, (317) 10: 70-82.

[3] 甄利平，宋学峰，马智明，等. 奥氏体不锈钢低温离子硬化处理技术在核电中的应用 [C]//第十一届中国热处理活动周论文集. 北京：中国机械工程学会热处理分会，2016.

[4] 尧登灿，张道达，孟显娜. M2 高速钢渗氮- PVD 复合涂层微观结构及力学性能分析 [J]. 江西师范大学学报（自然科学版），2019，(43) 4：382-386.

[5] 赵程. 离子化学热处理技术的最新研究概况 [C]//第八届全国表面工程学术会议暨第三届青年表面工程学术论坛论文集. 武汉：中国机械工程学会表面工程分会，2010.

[6] 杨永杰，吴法宇，滕越，等. 不锈钢 AISI316L 渗氮/(Cr,Ti)N 涂层原位复合制备 [J]. 表面技术，2019，(48) 3：91-97.

[7] 郭媛媛，滕越，高建波，等. 脉冲偏压对低温渗氮不锈钢表面结构及摩擦学性能的影响 [J]. 真空科学与技术学报，2017 (9)：902-908.

[8] 滕越，周艳文，郭媛媛，等. 热丝增强等离子体辅助渗氮中氮在不锈钢中的扩散与析出机制 [J]. 表面技术，2019，(48) 9：113-120.

[9] GONCHARENKO I M, GRIGORIEV S V, LOPATIN I V, et al. Surface modification of steels by complex diffusion saturation in low pressure arc discharge [J]. Surface and Coatings Technology, 2003, 169-170: 419-423.

[10] 刘兴龙，赵彦辉，蔺增，等. 弧光离子源耦合轴向磁场等离子体渗氮处理奥氏体不锈钢 [J]. 表面技术，2018，47 (11)：1-8.

[11] 杨文进. 低压电弧等离子体渗氮奥氏体不锈钢的研究 [D]. 合肥：中国科学技术大学，2017.

[12] 徐克刚. 氮化铬渗氮复合工艺研究 [D]. 苏州：苏州大学，2013.

[13] 王福贞. 弧光放电氩离子清洗源 [J]. 真空，2019 (1)：27-33.

[14] 王福贞. “热处理技术”和“真空镀膜技术”在走向融合 [J]. 真空，2020 (5)：1-6.